妊娠の生物学

■監　修■
中山　徹也
牧野　恒久
高橋　迪雄

■編　集■
塩田　邦郎
松林　秀彦

永井書店

■監　修■

中山　徹也　昭和大学　客員教授
牧野　恒久　東海大学医学部母子生育学系産婦人科学部門　教授
高橋　迪雄　東京大学　名誉教授／味の素株式会社

■編　集■

塩田　邦郎　東京大学大学院農学生命科学研究科細胞生化学教室　教授
松林　秀彦　東海大学医学部母子生育学系産婦人科学部門

■執筆者一覧 (アイウエオ順)■

青木　耕治	名古屋市立城西病院産婦人科　部長
東　千尋	大阪大学大学院医学系研究科器官制御外科学（産科婦人科学）教室　講師
井口　泰泉	岡崎国立共同研究機構統合バイオサイエンスセンター　教授
井箟　一彦	名古屋大学大学院医学研究科発育・加齢医学（産婦人科）講座
石川　睦男	旭川医科大学産婦人科学教室　教授
石野　史敏	東京工業大学遺伝子実験施設
伊東　宏	神戸大学医学部病理学第一教室　教授
伊藤　茂	順天堂大学医学部産婦人科学教室
今川　和彦	東京大学大学院農学生命科学研究科動物育種繁殖学教室
岩下　光利	杏林大学医学部産婦人科学教室　教授
小川　佳宏	京都大学大学院医学研究科臨床病態医学（第2内科学）教室
小倉　淳郎	国立感染症研究所獣医科学部実験動物開発室　室長
岡田　英孝	関西医科大学産科婦人科学教室
岡村　均	熊本大学医学部産科婦人科学教室　教授
荻田　和秀	大阪大学大学院医学系研究科器官制御外科学（産科婦人科学）教室
加藤　俊一	東海大学医学部小児科学教室　助教授
片渕　秀隆	熊本大学医学部産科婦人科学教室　講師
勝　義直	岡崎国立共同研究機構統合バイオサイエンスセンター
金井　克晃	東京大学大学院農学生命科学研究科獣医解剖学教室
瓦林達比古	福岡大学医学部産婦人科学教室　教授
神崎　秀陽	関西医科大学産科婦人科学教室　教授
木崎景一郎	農林水産省畜産試験場繁殖部生殖内分泌研究室
木曽　康郎	山口大学農学部獣医学科家畜解剖学講座　教授
木村　正	大阪大学大学院医学系研究科器官制御外科学（産科婦人科学）教室
楠井　千賀	大阪大学大学院医学系研究科器官制御外科学（産科婦人科学）教室
小森　慎二	兵庫医科大学産婦人科学教室　講師
古山　将康	大阪大学大学院医学系研究科器官制御外科学（産科婦人科学）教室　講師
河野　友宏	東京農業大学応用生物科学部バイオサイエンス学科動物発生工学教室　教授
佐川　典正	京都大学大学院医学研究科器官外科学（婦人科学産科学）教室　助教授
佐治　文隆	大阪府立成人病センター婦人科　部長
斎藤　滋	富山医科薬科大学医学部産科婦人科学教室　教授
酒井　仙吉	東京大学大学院農学生命科学研究科動物育種繁殖学教室
塩田　邦郎	東京大学大学院農学生命科学研究科細胞生化学教室　教授
清水　幸子	昭和大学医学部産婦人科学教室　講師
正田　朋子	山梨医科大学産婦人科学教室
鈴木　正寿	東京大学大学院農学生命科学研究科獣医生理学教室
田中　智	東京大学大学院農学生命科学研究科細胞生化学教室　助教授
田谷　一善	東京農工大学農学部獣医学科家畜生理学教室　教授
高田　邦昭	群馬大学医学部解剖学第一講座　教授
高橋　迪雄	味の素株式会社栄養健康科学研究班
竹村　昌彦	大阪大学大学院医学系研究科器官制御外科学（産科婦人科学）教室
武谷　雄二	東京大学大学院医学系研究科産婦人科学（生殖内分泌学）教室　教授
舘　澄江	東京女子医科大学解剖学・発生生物学教室　助教授
舘　鄰	麻布大学獣医学部動物応用科学科動物工学研究室　教授

玉手　健一	旭川医科大学産婦人科学教室　講師	
津田　　博	富山医科薬科大学医学部産科婦人科学教室	
辻本　雅文	理化学研究所	
堤　　　治	東京大学医学部産科婦人科学教室　教授/科学技術財団 CREST	
東城　博雅	大阪大学大学院医学系研究科生化学・分子生物学教室　助教授	
豊田　　裕	北里大学　客員教授	
内藤　邦彦	東京大学大学院農学生命科学研究科応用遺伝学教室　助教授	
中尾　一和	京都大学大学院医学研究科臨床病態医科学（第2内科学）教室　教授	
中村　仁美	大阪大学大学院医学系研究科器官制御外科学（産科婦人科学）教室	
中村　　靖	順天堂大学医学部産婦人科学教室　講師	
中山　貴弘	京都大学大学院医学研究科器官外科学（婦人科産科学）教室　講師	
仁科　秀則	順天堂大学医学部産婦人科学教室　講師	
西岡　暢子	順天堂大学医学部産婦人科学教室	
西原　真杉	東京大学大学院農学生命科学研究科獣医生理学教室　教授	
野村　誠二	名古屋大学大学院医学研究科発育・加齢医学（産婦人科学）講座　助教授	
橋爪　一善	農林水産省畜産試験場繁殖部生殖内分泌研究室	
服部　　中	東京大学大学院農学生命科学研究科細胞生化学教室	
早川　　智	日本大学医学部産婦人科学教室　講師	
平田　修司	山梨医科大学産婦人科学教室　助教授	
藤井　信吾	京都大学大学院医学研究科器官外科学（婦人科産科学）教室　教授	
藤井　知行	東京大学医学部産科婦人科学教室　講師	
藤原　　浩	京都大学大学院医学研究科器官外科学（婦人科産科学）教室　講師	
星　　和彦	山梨医科大学産婦人科学教室　教授	
牧野　恒久	東海大学医学部母子生育学系産婦人科学部門　教授	
益崎　裕章	京都大学大学院医学研究科臨床病態医科学（第2内科学）教室	
松尾　　敦	順天堂大学医学部産婦人科学教室	
松尾　博哉	神戸大学医学部産婦人科学教室　助教授	
松林　秀彦	東海大学医学部母子生育学系産婦人科学部門	
松村　洋子	大阪大学大学院医学系研究科器官制御外科学（産科婦人科学）教室	
丸尾　　猛	神戸大学医学部産婦人科学教室　教授	
水谷　栄彦	名古屋大学大学院医学研究科発育・加齢医学（産婦人科）講座　教授	
道又　敏彦	富山医科薬科大学医学部産婦人科学教室	
三瀬　裕子	京都大学大学院医学研究科器官外科学（婦人科産科学）教室	
村越　　誉	神戸大学医学部産婦人科学教室	
村田　雄二	大阪大学大学院医学系研究科器官制御外科学（産科婦人科学）教室　教授	
矢内原　巧	昭和大学　名誉教授	
山下　隆博	東京大学大学院医学系研究科産婦人科学（生殖発達加齢医学）教室	
山田　　治	農林水産省畜産試験場繁殖部生殖内分泌研究室	
由良　茂夫	京都大学大学院医学研究科器官外科学（婦人科産科学）教室	
湯原　千治	順天堂大学医学部産婦人科学教室	
吉田　幸洋	順天堂大学医学部産婦人科学教室　助教授	
米本　寿志	順天堂大学医学部産婦人科学教室	
渡辺　　元	東京農工大学農学部獣医学科家畜生理学教室　助教授	
渡邉　　肇	岡崎国立共同研究機構統合バイオサイエンスセンター　助教授	
RK Christensen	Meat Animal Research Center, US Department of Agriculture, USA	

序にかえて

　この本は，いわゆる学会の抄録集やproceedingではありません．13年間にわたる白樺湖カンファレンスで講演されたトピックスが中心になっていますが，これから生殖生物学，生殖医学を志す，若い鋭い感性で一読されれば，いつの時代にも共通する科学とは何か，科学するとは何か，が視えてくるはずである．ここには同じ領域を少しだけ先に行った人たちの軌跡があります．そして，その向こうに，いつの時代にも不変な科学に取り組む研究者の姿が鮮やかに視えて来ます．

　白樺湖は八ケ岳中信高原国定公園の北辺に位置し，立科町と茅野市にまたがる標高1,416mにある周囲約6kmの白樺林に囲まれた湖．地理的な特徴とは別に，一度この地を訪れると，改めて大気の美味しさを呼吸し，陽射しの透明さに目を細め，夜ともなると満天の星に驚き，あたりを囲む静寂さを肌で感じることになる．つまり，日頃の都会生活で意識しなかった人間の持つ，いわゆる本来の五感がゆっくり身体に満ちてくることが自覚できる．
　ローレンシア高原．北米大陸・カナダ東部，モントリオール北部に広がるモン・トレンブラン州立公園のほぼ中央，人の手がつかない森と湖が雄大に広がるなかで大地の果てしない起伏．ローレンシア高原が人々に知られているのは，森林の国カナダにあって，一きわ清澄な空気と冬季の恵まれた積雪を利用したスキーのメッカとして自国カナダはもとより，アメリカ合衆国や遠くヨーロッパから多くのスキーヤーが訪れることによる．いくつものリフトと谷間にシャーレー，この地を訪れる人は自然の中に自身がゆっくり取り囲まれていることをいやでも感じるようになる．

　2001年4月，白樺湖とローレンシア高原．この2つの関係を書こうとしている．
　今から約4分の1世紀前，正確には30年前，当時30歳になったばかりの，たまたま同年齢で，ともに内分泌学を志した高橋迪雄，牧野恒久の二人の日本人が師のRoy O. Greep教授に伴われて夏のローレンシア高原を訪れたことに始まる．Greep教授については，内分泌学を専門領域とする方々には今ここで紙数を費やすこともなかろうが，かの偉大な生物学者Frederik Hisawの高弟の一人，1930年代に下垂体前葉にLHとFSHの異なった2つの性腺刺激ホルモンの存在を見いだして以来のかくかくたる業績，雑誌Endocrinology の Editor-in-chief としてこの雑誌を世界一流のレベルに引き上げ，数々の受賞のかたわら米国内分泌学会会長を経て，すでにこのときは国際内分泌学会会長を兼ね，Earnest Knobil, David Armstrongら多くの内分泌学者をその研究室から輩出させ，ハーバード大学医学部の教授陣のなかで一きわスケールの大きな教授であった．1970年代の初頭，当時

世界で初めての生殖医学の総合的な研究の殿堂，Laboratory of Human Reproduction and Reproductive Biology (LHRRB) をハーバードのキャンパスの中央に建て，自らはDirector（所長）であり，この間，ローレンシア・マウンテン・ホルモン・カンファレンスの主宰者であった．この年の日本人参加者はわれわれ二人（吉永浩二博士はすでに米国籍）で，周囲から隔絶した自然の中での4日間，これまで全く知らなかったことを体験することになる．一人の内分泌研究者が30〜40分，自らの研究を披瀝し，その後の鋭い批評に耐えて続ける科学討議の素晴らしさ，たんなる学会講演ではなく，そこにあるのは科学する熱意，さらにそれを越えた一人の研究者の哲学感すら感じる場，最後に内分泌学の真理の前に畏怖する研究者の真摯な姿と言動．一日一日がただ呆然と過ぎて，はじめてBiologyという主宰者の太い筋書きが一本貫かれていることに気づいて，若かった二人には，これだけで将来の方向を決定するに十分な機会となる．

　もし，13年間の白樺湖カンファレンスが一つの評価が与えられるとするならば，その成功の背景にはGreep教授のBiologyの思想をあげねばならない．19世紀が病理学と細菌学，20世紀が仮に内分泌学と免疫学，そして21世紀がゲノムと臓器再生の時代としても，Biologyこそが時代を越えて科学を物語るものではなかろうか．若かったわれわれ二人が，たまたま30歳前半に本物を視る目がローレンシア高原で養われて，この13年間，Biologyの枠を決して崩さなかったことが白樺湖カンファレンスの特徴なのです．白樺湖カンファレンスは，その場を後年，竜神池のほとり，三井の森のロッジに移動することになるが，場所が少し移動しても，その開催の思想は13年間，脈々と貫かれたと言えよう．その間，世話人代表を続けていただいた中山徹也先生はじめ，多くの方々の理解と協力のうえに運営された．とくに本書の編集・上梓にあたっては，塩田邦郎，松林秀彦両先生，（株）永井書店の尽力を得た．歳月とともに参加者の方々もその研究領域での肩書きも年々変わったが，特筆すべきは，第1回のカンファレンスを開催するにあたり，当時，弱冠一大学の講師の熱意に理解を示し，何ら代価を求めず13年間支援を続けていただいたキッセイ薬品工業株式会社の存在に改めて感謝申し上げたい．企業の代表者，担当者が交代しても，毎年その理解が受け継がれたことが，このような長期間のカンファレンスの成功に結びついたことは論を待たない事実である．

　白樺湖カンファレンスはこれからも継続されます．全く新しく脱皮したその新しい姿にご期待下さい．

2001年4月

白樺湖カンファレンス世話人

牧 野　恒 久

目　　次

第1部　総　　論

1　妊娠成立の比較生物学 ……… 3

1. 生物としてのヒトの生殖のパターン ……… 4
2. 生殖周期 ……… 5
3. 生殖戦略から見た不完全生殖周期の各タイプ ……… 7
4. 妊娠相の成立 ……… 9

2　ヒトと動物の生殖様式 ……… 11

1. 生物と生殖 ……… 12
2. 生殖過程と主要生殖様式 ……… 13
   1) ミクシス生殖とアミクシス生殖
   2) 依存型生殖と非依存型生殖
   3) 交代型生殖と非交代型生殖
3. 副次的な生殖様式の分類 ……… 14
   1) 有性生殖と無性生殖
   2) 体内受精と体外受精
   3) 卵生と胎生
   4) 単回生殖と多回生殖
   5) 選択的配偶と非選択的配偶
   6) 単配偶と複配偶
4. 生殖周期 ……… 16
5. 哺乳類の生殖様式 ……… 17
6. ヒトの生殖様式 ……… 18

3　胎盤の病理学 ……… 20

1. 胎盤の肉眼的所見 ……… 20
2. 螺旋動脈 ……… 20
3. 胎盤床へのトロホブラストの侵入（アテローシス） ……… 23
4. 線溶系とくにPAI-2の役割について ……… 24

目次

4 生命と環境 — 29
1. 最近の新聞報道から ……… 29
2. 歴史的背景 ……… 30
3. 生態系への影響 ……… 31
4. ホルモンと内分泌攪乱物質 ……… 32
5. 実験動物およびヒトでの研究例 ……… 33

5 不妊治療とART — 36
1. 不妊症とは ……… 37
2. 不妊症一般検査とは ……… 37
3. IVF-ETの実際 ……… 39
   1) 排卵誘発
   2) 採　卵
   3) 胚移植
   4) 黄体ホルモン補充
   5) 胚凍結保存
4. 妊娠率改善と多胎妊娠の防止 ……… 41
5. 男性不妊の克服に限界はないのか ……… 41
6. 生殖細胞の凍結保存 ……… 42
7. OHSS（卵巣過剰刺激症候群）を避けるには ……… 42
8. 染色体異常と自然淘汰, 遺伝子診断, 割球の出生前診断 ……… 43

6 不育症 — 45
1. ヒトの生殖のロスはどのような頻度で存在するか ……… 45
2. 先天性子宮奇形でなぜ流産するのか ……… 46
3. ヒト染色体異常と不育症 ……… 47
4. 自己抗体異常はなぜ流産に結び付くのか ……… 48
5. 母・児の免疫ネットワークの破綻と流産 ……… 49

7 臍帯血造血幹細胞 — 51
1. 臍帯血細胞の生物学的特性 ……… 51
   1) 造血幹細胞とは
   2) 臍帯血造血幹細胞の生物学的特性
   3) 臍帯血リンパ球の生物学的特性
2. 臍帯血移植 ……… 55
   1) 同種造血幹細胞移植の原理

2）臍帯血移植の特徴
　　3）臍帯血移植の実施状況
　3．臍帯血バンク ……… 57
　　1）臍帯血幹細胞の採取と保存
　　2）臍帯血HLAの照合と移植

第2部　生殖細胞・胚

1　精子の構造とエネルギー源 ── 61

　1．精子の構造 ……… 61
　　1）頭　　部
　　2）尾　　部
　　3）主部と終末部
　2．精子のエネルギー源 ……… 65
　　1）ヒト精子のエネルギー代謝
　　2）クレアチンリン酸シャトル
　　3）精子尾部におけるATPの生合成
　　4）五炭糖リン酸経路

2　Y染色体上の造精関連遺伝子 ── 69

　1．Y染色体と造精機能異常 ……… 69
　2．AZF領域について ……… 70
　3．われわれのAZFc領域での検討 ……… 71
　4．単一精子での検討 ……… 71
　5．次世代への微小欠失の移行に関する検討 ……… 73
　6．AZF領域に存在する造精機能に関与する遺伝子 ……… 73
　　1）RBM遺伝子
　　2）DAZ遺伝子
　　3）TSPY遺伝子

3　卵の構造と成熟制御機構 ── 76

　1．未成熟卵の構造と特徴 ……… 76
　　1）卵母細胞の特徴的構造
　　2）卵母細胞周囲の特徴的構造
　2．未成熟卵の減数分裂停止機構 ……… 78

目次

  1）成熟促進因子
  2）MPF活性の抑制機構
 3．減数分裂の再開機構 ……… 79
  1）LHの減数分裂再開の誘起作用
  2）卵－卵丘細胞複合体の構造変化
  3）卵母細胞内のシグナル伝達系
 4．減数分裂の進行 ……… 82
 5．成熟卵の減数分裂停止機構 ……… 82

4 排卵数調節のメカニズム — 86

 1．卵胞発育と排卵に重要な卵胞刺激ホルモンと黄体形成ホルモン ……… 86
 2．FSHとLHの分泌調節 ……… 87
 3．新しい卵巣ホルモン「インヒビン」……… 87
  1）インヒビンの構造と分泌細胞
  2）FSH分泌抑制因子としてのインヒビン
  3）発育卵胞数の情報担体としてのインヒビン
  4）発育卵胞数の調節因子としてのインヒビン
 4．卵胞成熟の情報担体としてのエストラジオール ……… 93
 5．動物繁殖および生殖医療へのインヒビンの応用 ……… 94
  1）新しい発想による過排卵誘起法「インヒビンワクチン法」
  2）インヒビンの受動免疫を応用した過排卵誘起法
  3）ヒト生殖医療へのインヒビンの応用

5 生殖腺の発生，性分化 — 98

 1．生殖腺形成，性分化における各体細胞の動態 ……… 99
  1）支持細胞（セルトリ細胞と卵胞上皮細胞）
  2）ステロイド産生細胞（ライディッヒ細胞と内卵胞膜細胞）
  3）MFG－E8分泌細胞
  4）*Sry*に依存した中腎からの筋様細胞と血管を含む
   間葉系細胞の精巣白膜，間質への供給
 2．生殖腺形成，性分化にかかわる遺伝子 ……… 101
  1）生殖腺形成に必須の遺伝子群
  2）精巣の分化，形成を担う遺伝子
  3）卵巣への分化を担う遺伝子群

6 生殖機能の中枢性制御機構 — 108

 1．GnRHパルスジェネレーター ……… 108

2．GnRHサージジェネレーター ……… 110
  3．脳の性分化 ……… 112

7　胚の発生調節機構 —————————————— 116

  1．体外培養による胚発生の制御 ……… 117
    1）哺乳類初期胚のための培地
    2）初期発生のエネルギー源
    3）初期発生の調節因子
  2．培養条件と遺伝子発現 ……… 126
  3．胚ゲノムの活性化 ……… 127

8　内分泌攪乱物質の生殖細胞・胚への影響 —————— 131

  1．ヒト卵胞液（卵子）への汚染 ……… 131
  2．内分泌攪乱物質と着床前初期胚 ……… 132
    1）着床前初期胚
    2）ダイオキシンの影響
    3）ビスフェノールAの影響
  3．胚作用のメカニズム ……… 134
  4．内分泌攪乱物質の次世代影響 ……… 135
    1）流死産・催奇形性
    2）出生後の発育・性成熟
    3）雄性機能（精子形成）
    4）雌 性 機 能

第3部　子宮内膜・着床・免疫

1　子宮内膜機能の局所調節 —————————————— 141

  1．子宮内膜局所調節因子 ……… 142
    1）増 殖 因 子
    2）サイトカイン
    3）その他の子宮内膜関連因子
  2．性ステロイドホルモンによるIL-15産生の制御 ……… 145
    1）cDNA expression array法による子宮内膜における遺伝子解析
    2）子宮内膜細胞からのIL-15の分泌
    3）子宮内膜におけるIL-15の役割

2　サイトカインクロストーク —————————————— 150

1．着床とサイトカイン ……… 150
　1) 胞胚と子宮内膜上皮との接着
　2) トロホブラストの子宮内への浸潤
　3) 母体免疫担当細胞と着床について
　4) 着床に必須のサイトカイン
2．妊娠維持とサイトカイン ……… 153
　1) NK細胞と妊娠維持
　2) トロホブラストの増殖・分化とサイトカイン
3．免疫学的立場からみた母子接点の場における
　　サイトカインクロストーク ……… 156

3　妊娠における Th1/Th2 バランス —————————————— 159

1．Th1/Th2 パラダイムと妊娠 ……… 159
2．ヒトの妊娠と Th1/Th2 ……… 160
3．異常妊娠と Th1/Th2 ……… 160
4．胸腺外 T 細胞 ……… 162

4　子宮 NK 細胞 —————————————— 165

1．uNK 細胞の分化 ……… 166
2．uNK 細胞と細胞外基質との相互関係 ……… 167
　1) in vivo での検討
　2) in vitro での生存性の検討
　3) 走化性
　4) ECM レセプターの発現
3．uNK 細胞のアポトーシス ……… 168
4．流産と uNK 細胞 ……… 169
5．血管新生と uNK 細胞 ……… 170

5　末梢血免疫担当細胞の胚着床促進作用 —————————————— 173

1．マウス末梢血免疫担当細胞の胚着床促進作用について ……… 173
　1) 偽妊娠マウスにおける作用
　2) マウス着床遅延状態における作用
　3) 免疫担当細胞の作用機構の解析
　4) マウス胚盤胞の in vitro 発育に及ぼす作用
2．ヒト末梢血免疫担当細胞の胚着床促進作用について ……… 178

1）ヒト末梢血単核球のマウス胚盤胞および
　　　　BeWo細胞発育能に及ぼす作用
　　　2）ヒトPBMCのヒト子宮内膜上皮細胞に対する作用
　3．ヒトとマウスの比較 ……… 180

6　着床とインターフェロン関連遺伝子 ─── 182
　1．母親の妊娠認識の概念 ……… 182
　2．反芻動物における妊娠認識 ……… 183
　3．妊娠認識ホルモンとしてのIFN ……… 184
　4．IFN τの生理活性と着床期における作用 ……… 185
　5．IFN τ遺伝子の発現制御機構 ……… 186

7　着床と脱落膜形成 ─── 191
　1．脱落膜形成の準備期 ……… 191
　2．脱落膜形成 ……… 192
　3．材料と方法 ……… 192
　4．結　　果 ……… 194
　　　1）間質細胞の分裂と2核細胞の分布
　　　2）2核細胞の微細構造
　5．考　　察 ……… 198

8　子宮内膜細胞外マトリックス ─── 201
　1．細胞外マトリックス（ECM）の構成と子宮内膜ECM ……… 201
　2．細胞外マトリックス分解酵素 ……… 203
　3．子宮内膜に発現するサイトカインと細胞外マトリックスの改変 ……… 204
　4．着床に伴う細胞外マトリックスの改変調節 ……… 205

9　不育症における免疫機構 ─── 210
　1．不育症の危険因子とその検査 ……… 210
　2．不育症と自己抗体 ……… 211
　3．不育症と抗リン脂質抗体 ……… 212
　4．不育症と母児間免疫異常 ……… 215
　5．NK細胞活性に影響する心理社会因子と内分泌異常 ……… 216
　6．不育症と夫リンパ球免疫療法 ……… 217

第4部 栄養膜細胞・絨毛細胞

1 栄養膜細胞の分化と制御 ——— 223

1. 栄養膜細胞系列の出現および着床後の胎盤形成過程 ……… 223
   1) 着床以前
   2) 着床以降
2. 栄養膜幹細胞（TS細胞）：新しい栄養膜細胞分化のモデル系 ……… 226
   1) TS細胞株の樹立
   2) TS細胞の分化（in vitro）
   3) TS細胞の分化（in vivo）

2 絨毛細胞のアポトーシス調節機構 ——— 229

1. 絨毛性栄養膜細胞の機能発現調節 ……… 229
   1) 絨毛性栄養膜細胞の増殖と分化
   2) 絨毛性栄養膜細胞におけるアポトーシスとBcl-2蛋白の発現
   3) Bcl-2蛋白による絨毛性栄養膜細胞の機能発現調節
   4) Peroxisome proliferatorによる絨毛性栄養膜細胞の機能発現調節
2. 絨毛外栄養膜細胞におけるアポトーシスならびにその関連因子発現の調節 ……… 234
   1) 絨毛外栄養膜細胞におけるアポトーシス発現
   2) 絨毛外栄養膜細胞におけるアポトーシス関連因子の発現
   3) 脱落膜血管周囲の絨毛外栄養膜細胞におけるアポトーシスとその関連因子の発現
   4) 正常胎盤ならびに妊娠中毒症合併胎盤のEVTにおけるアポトーシスとその関連因子発現の比較

3 絨毛マクロファージ ——— 238

1. 絨毛マクロファージの起源 ……… 238
2. 絨毛マクロファージの細胞性格と機能 ……… 239
3. トロホブラストの増殖と機能発現 ……… 240
4. 絨毛性ゴナドトロピンの摂取と分解 ……… 242
5. 妊娠の異常からみた絨毛マクロファージ ……… 245

4 絨毛のHLA抗原 ——— 247

1. 胎盤の構造 ……… 247
2. HLA抗原と絨毛細胞 ……… 247

3. HLA-Gの特徴 ……… 249
　1）短い細胞内ドメイン
　2）alternative splicing
　3）分泌型HLA-G
　4）HLA-Gのきわめて乏しい多型
　5）限られた発現部位
4. HLA-Gの機能 ……… 251
　1）HLA-Gの抗原提示
　2）NK細胞に対する作用
　3）サイトカインを介した作用
5. HLA-Gと妊娠中毒症 ……… 252
6. 腫瘍とHLA-G ……… 253
7. HLA-G*0105N ……… 253
8. HLA-C, HLA-Eと絨毛細胞 ……… 253

5　絨毛細胞表面ペプチダーゼ — 256

1. 細胞表面ペプチダーゼとは ……… 256
2. Aminopeptidase A ……… 257
3. Neutral endopeptidase ……… 260
4. Aminopeptidase N ……… 263
5. Dipeptidyl peptidase IV ……… 264
6. Placental leucine aminopeptidase/oxytocinase ……… 264

第5部　胎　盤

1　胎盤におけるIGFの役割 — 269

1. 妊娠中のIGF系の動態 ……… 270
2. 胎盤に対するIGF系の作用 ……… 270
3. 胎盤・脱落膜間のIGF調節系 ……… 274

2　胎盤におけるレプチンの役割 — 276

1. レプチン発見の歴史的背景 ……… 276
2. ヒト胎盤由来ホルモンとしてのレプチン ……… 278
　1）母体血中レプチン濃度とその由来
　2）胎児循環におけるレプチン

3）合併症妊娠におけるレプチン産生
　3．胎盤絨毛細胞におけるレプチン産生調節 ……… 281
　4．胎盤由来レプチンの意義 ……… 282
　5．実験動物を用いた妊娠におけるレプチンの作用の解析 ……… 283

3 胎盤ステロイド代謝酵素 — 286

　1．妊娠中エストロゲン生成機序 ……… 286
　2．胎児におけるステロイド代謝酵素の特性 ……… 289
　　1）アロマターゼ
　　2）サルファターゼ

4 胎盤における Superoxide Dismutase — 295

　1．生殖生理におけるSOD/NOS ……… 296
　　1）排　　卵
　　2）受　　精
　　3）胚発育，着床
　　4）黄体機能
　2．妊娠におけるSOD/NOS ……… 298
　　1）妊娠初期
　　2）妊娠中・後期
　　3）胎　　児
　　4）妊娠中毒症

5 胎盤関門における糖輸送 — 304

　1．糖輸送と細胞膜の糖輸送体 ……… 304
　2．ヒト胎盤の構造 ……… 304
　3．ヒト胎盤における糖輸送体 ……… 305
　4．ラット胎盤の構造 ……… 308
　5．ラット胎盤における糖輸送機構 ……… 308

第6部　分娩・胎児

1 早産とホスホリパーゼA2 — 315

　1．ホスホリパーゼA2 ……… 315
　2．妊娠とホスホリパーゼA2 ……… 317

1）羊水および血清中のホスホリパーゼA₂の測定
　　2）ホスホリパーゼA₂アイソザイムの分布と子宮収縮との関連
　3．炎症マーカーとしてのホスホリパーゼA₂ ……… 319

2　ヤギ胎仔を用いた子宮外保育実験　　　　　　　　　　　　　　　　323

　1．子宮外保育システムの概要 ……… 323
　　1）母体子宮内から子宮外保育システムへの胎仔の移行
　　2）子宮外保育システムの構成
　　3）人工羊水槽
　　4）体外循環の維持
　　5）胎仔のモニター
　　6）体 動 抑 制
　2．子宮外保育中の胎仔の状況 ……… 326
　3．長期保育実験 ……… 326
　4．実験モデルとしての応用 ……… 327

3　子宮収縮とオキシトシン　　　　　　　　　　　　　　　　　　　　329

　1．子宮平滑筋の特徴 ……… 329
　2．子宮収縮調節とオキシトシン ……… 330
　3．陣痛発来とオキシトシン ……… 333
　　1）陣痛発来と子宮筋
　　2）陣痛発来と視床下部

4　オキシトシンレセプターの発現調節　　　　　　　　　　　　　　　339

　1．分子生物学の導入 ……… 340
　2．オキシトシンレセプターの発現調節研究 ……… 342

5　オキシトシナーゼ　　　　　　　　　　　　　　　　　　　　　　　349

　1．オキシトシナーゼの歴史 ……… 349
　2．オキシトシナーゼ活性の生化学的特性 ……… 350
　3．妊娠中のオキシトシナーゼの動態 ……… 350
　4．オキシトシナーゼ遺伝子解析 ……… 351
　　1）P-LAPcDNAクローニング
　　2）P-LAPゲノム構造
　5．オキシトシナーゼ蛋白組織分布 ……… 352
　6．リコンビナントオキシトシナーゼ ……… 353
　7．オキシトシナーゼの新たな展開 ……… 354

第7部 ゲノム・クローン

1 卵母細胞のゲノムインプリンティング ― 359
1. 発生からのアプローチ ……… 360
2. ゲノムインプリンティングの進行 ……… 363

2 胎児と胎盤におけるゲノムインプリンティング ― 366
1. 胎児と胎盤の生育に関係するインプリンティング遺伝子 ……… 367
   1) *Igf2* の関係する代謝系
   2) *Peg1/Mest* 遺伝子の関係する代謝系
   3) *Silver - Russell* 症候群
   4) *PEG1/MEST* KO マウスの示す母性保育行動の異常
   5) *Peg3* 遺伝子の成長への関与
   6) *Meg3/Gtl2 - Peg9/Dlk1* 領域
2. 絨毛癌とゲノムインプリンティング ……… 373

3 マウス体細胞核移植クローン技術 ― 374
1. マウス体細胞核移植クローンの成果 ……… 374
2. マウス体細胞核移植クローンの効率を左右する因子 ……… 376
3. マウス体細胞核移植クローンの正常性 ……… 377
4. 今後に期待されること ……… 379

4 胎盤栄養膜巨細胞形成の分子機構 ― 380
1. 栄養膜巨細胞の出現と特徴 ……… 380
2. 栄養膜巨細胞の形成における細胞周期の調節 ……… 381
3. 栄養膜巨細胞の倍数性と多糸染色体構造 ……… 382

● 索　引 ― 387

第1部 総 論

PART 1 / Introduction

妊娠成立の比較生物学

はじめに

　妊娠と胎盤形成が哺乳類を特徴付ける生殖機能であることには異論がないが，哺乳類の中にも胎盤をまったく形成しない卵生の単孔類（カモノハシなど），尿膜が漿膜と接着せずに卵黄嚢胎盤しか形成しない有袋類（カンガルーなど），また真獣類と総称される漿尿膜胎盤を持つものがおり，逆に卵胎生のサメには卵黄嚢胎盤を持つもの，胎生の爬虫類には漿尿膜胎盤を持つものもいるから，妊娠と胎盤形成は両方の意味で哺乳類固有のものとはいえない．しかし，大多数の哺乳類の胎子は妊娠によって雌性生殖道内で成育を続け，分娩後の新生子は哺乳という形で栄養補給を受けている．この様式は，動物界全体を見れば新生子の生産数を犠牲にして，その損耗を極力減らす方向に向けた強い適応と考えられ，妊娠機構の導入は，現在哺乳類が栄えている最大の理由の一つである．

　雌の生殖活動は，個体維持に大きな負担をかける妊娠，哺乳の過程を経過しないと完成しない．このような大きな負担に耐えるために，性成熟は体成長を待って，また性腺老化は他の生理機能の老化に先んじて現れ，その種に想定される寿命より以前に生殖機能は停止すると考えられる．高等な霊長類では，雌の生殖機能の停止は排卵に伴う月経周期が認められなくなることで最も容易に認識されるから，閉経と表現される．ちなみに，雄の性腺老化は雌のそれよりも一般に長期間維持される．雄の生殖活動は精子を提供することに尽きるから，雌の場合のように特別の停止時期を設定することに積極的な意義がないことが理由なのであろう．ただし，野生の状態では，雄の個体間には基本的に生殖に関する強い競争が存在するから，生殖能力が維持されていても生殖活動に参加しうるか否かは別問題である．

　生殖年齢を越えると，からだの正常な機能を維持することに対するさまざまな不具合が生じてくるが，これらは生活習慣病と総称される概念と重なり合うものである．これらが生殖年齢内で起き，かつ遺伝的背景があれば世代を重ねつつ淘汰の対象になるが，生殖年齢以後に起きるものは淘汰の対象になり得ないから，生殖年齢以後にこのような不具合が集積してくることは避けられない．集積した不具合は個体の生存に当然大きなマイナス効果を持つ．そもそも生殖年齢を過ぎた個体の生存は，生殖年齢内にある個体，あるいは性成熟前の個体の生存と強い競争関係を持つから，生殖年齢を過ぎた個体が早期に死を迎えることは，種の維持，繁栄と言う観点から言えば合目的的であり，種の生殖年齢と寿命がほぼ一致するという観察される事実ともよく符合する．現在ヒトには最長30年にも及ぶ生殖年齢を越えた寿命が存在するが，これは不具合に対抗する医学的手段が開発されたことが最大の要因であろう．

3

1　生物としてのヒトの生殖のパターン

　ヒトの妊娠成立に至る過程を他の哺乳類のそれと比較することが本稿の趣旨である．比較のためには，現代人の生殖活動のある部分が，本来の生物としてのヒトのそれと大きく隔たっていることを認識する必要がある．比較生物学の対象となるのは「生物学的なヒト」であり，現代の「文明人」ではない．

　哺乳類では，哺育の間に親が示す行動発現を子が感受することにより，子に敵味方の区別，採食可能な食物，社会的オリエンテーションなどが「刷り込まれる」．これを可能にしている大枠の仕組みは，もちろん遺伝子に依存している．しかし，子が生まれた環境に適応したさまざまな行動様式が発現するためには遺伝的な枠組みだけでは不十分で，出生後に持ち越された中枢神経系回路形成の可塑性を利用した，ステレオタイプな行動様式の「刷り込み」が一部貢献していると考えられる．したがって，この刷り込みの過程を保証する哺乳期間は環境により大幅に変わるものではなく，種に固有な期間が存在すると考えることのほうが合理的である．固有の哺乳期間を保証するための最も大切な条件の一つは，哺乳中に次の妊娠が始まらないことであり，吸乳刺激が中枢神経に作用して排卵に至るために必要なホルモン分泌を抑制する仕組みが多くの動物種で実証されている．乳子の栄養摂取の自立性が高まり，吸乳刺激の強度が排卵を抑制するのには不十分になり，排卵に引き続く妊娠が開始することで哺乳期間は設定されている．

　生物としてのヒトとわれわれ文明人との間で，この哺乳期間が大きく異なっていると考えられている．現在「生物としてのヒト」がいるわけではないから，すべては推測であるが，人間に極めて近いチンパンジー，ゴリラの分娩間隔は4～5年で，カラハリ砂漠でいまも狩猟採取生活をしている，クン族のそれも4年であるという民俗学者の調査結果がある[1]．分娩間隔が4～5年ということは，これから妊娠期間を引いた約3～4年が哺乳期間であることを意味している．このような枠組みでの哺乳は昼夜を分かたず1時間に3回程度の頻度で行われ，一回の哺乳はわずか数分で終わるという[2]．このような頻度で哺乳が行われていれば，排卵は完全に抑制される．頻繁な移動を伴う狩猟・採取生活では，母親と子は常時一緒にいて，移動の間も短い間隔で哺乳し続けていたに相違ない．高等な霊長類のなかでヒトの女性の乳房が脂肪組織の混在により際立って大きく，柔軟な可動性を持つのは，二足歩行中に授乳するための適応であったのかもしれない．

　ヒトもこのような哺乳の形態をとっていたとの推論が正しいとし，さらに現在より初潮が遅く，閉経が早かったとの推定を加えれば，ヒトの女性は10～15年掛けて2～3人の子を生むことで一生を終えていたと考えられる．人類400万年の歴史のほとんどすべての期間を通じて，人口の倍増には10万年を要していたという計算があり，新生児期の損耗を考えれば，ヒトはチンパンジー，ゴリラと同様にほぼ静止人口を保つタイプの動物であったと考えられることから，ヒトの哺乳様式に関する以上の推論は正しいと考えられる．

　現代のヒトは1年間隔で子供を生むことも決して珍しくない．分娩間隔の短縮化によっ

て，人口倍増に要する期間は50年を切り，激しい人口増加が起きている．このような事態を招いている生物学的な理由は，ヒトが生理的な哺乳の方式を放棄したためと考えられる．人類は約1万年前に，それまでの狩猟・採取による移動生活から，農耕・牧畜などによる定住生活が始まり，母親の社会的役割が大きく変化した．定住生活の成立は，定住の場である家屋のなかに乳児を置いて，その間に母親が積極的に農業労働に従事することを可能にした．一方で女性の労働参加が農業の生産の効率に大きく貢献するから，哺乳間隔は極限まで延長し，排卵を抑えるのに必要な哺乳頻度が保てなくなったのであろう．乳児側における哺乳間隔の延長に対する適応は，おそらく本来小腸へつながる管として機能すればよかった胃が拡大して，乳汁を貯蔵する器官として転用されることで達成されたのであろう．哺乳間隔の延長により，哺乳による排卵抑制効果が失われれば，たとえ哺乳中でも妊娠が開始するから，先に生まれた子供に対する授乳期間は必然的に短縮せざるをえなくなった．一方，家族が多くの子を持つことは家族単位での農業生産性に貢献するから，このような哺乳様式がいわば社会習慣として文明人に定着していったのであろう．その結果，約1万年前の「文明の発祥」以後，他の霊長類とは異なり，ヒトは食糧の供給が満たされれば，それに応じて人口が増加するような，形式上はマッカーサーの言うrタイプの動物[3]の見掛けを持つようになったのであろう．

2　生殖周期[4]

「完全生殖周期」と「不完全生殖周期」の関連は図1に示したように，前者は卵胞発育，排卵・発情・交尾，妊娠・分娩，哺乳が繰り返す周期であり，後者は交尾が欠けたために以後の経過が省略されて，再び卵胞発育に戻る周期である．不完全生殖周期は妊娠が成立しなかった場合に，次の妊娠の機会を作るための周期であり，野生の動物では稀にしか観察されないが，今日のヒトあるいは飼育動物では日常的に観察される．不完全生殖周期では排卵が短期間に周期的に繰り返されることから，排卵周期とも呼ばれる．動物では発情が，霊長類では月経が繰り返されることに着目して，それぞれ性（発情）周期，月経周期という呼び名も一般的である．

不完全生殖周期のパターンは，排卵誘起に必要なLHサージ成立要件と，黄体のプロジェステロン分泌能という観点で3つに分類される（図2）．まずLHサージ成立要件では，成熟卵胞由来の高濃度のエストロジェンに，視床下部のGnRH（性腺刺激ホルモン放出ホルモン）サージ・ジェネレーター[5]が反応することでLHサージが誘起される「自然排卵動物」と，高濃度のエストロジェンの存在に加えて，交尾刺激による神経-内分泌反射が加わって始めてLHサージが誘起される「交尾（反射）排卵動物」に二分される．

自然排卵動物は，さらに3～4週間の長い性周期を回帰する「完全性周期動物」と，4～5日の短い性周期を回帰する「不完全性周期動物」に二分される．性周期の長さにこのような著しい長短が生まれるのは，前者では排卵後にプロジェステロンを分泌する黄体（機能黄体）が形成されるが，後者では黄体にプロジェステロン分泌機能を奪う機能が内在

I 総　　論

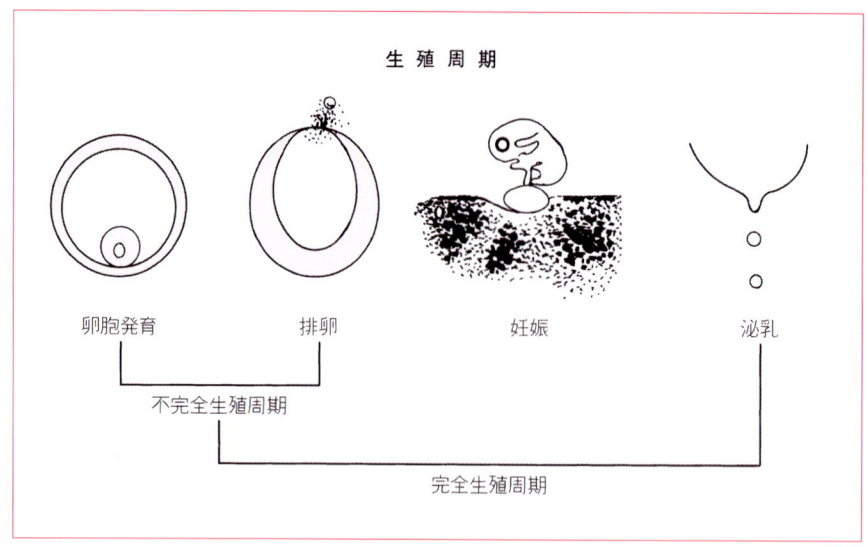

図1　生殖周期
完全生殖周期は哺乳類の成熟雌が生殖年齢にあるときに回帰している周期で，妊娠，泌乳を含む．泌乳の期間は，環境によって変化するので，ヒトの場合，生物としての本来の泌乳期間を推定する必要がある．妊娠，泌乳がない場合は不完全生殖周期が回帰し，早期に次の排卵を迎える．

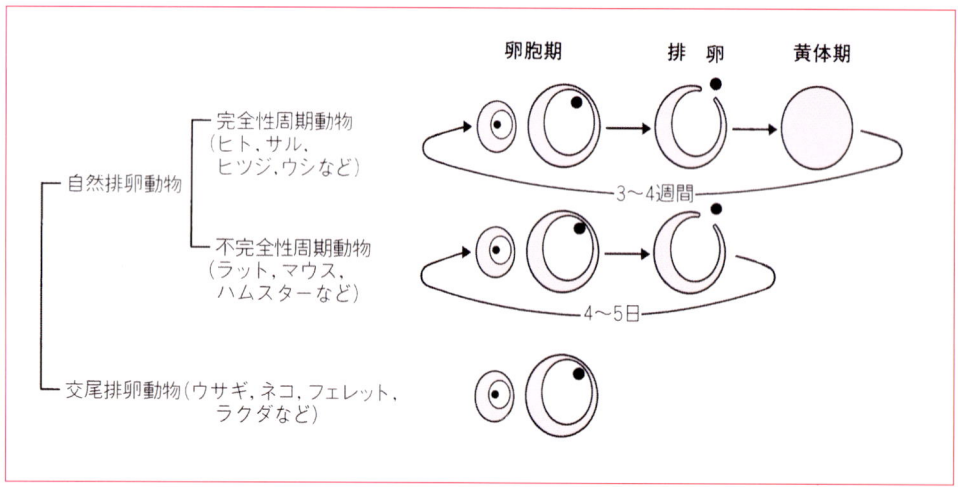

図2　哺乳類の性周期のタイプ
排卵の仕方，黄体のできかた（本文参照）で，哺乳類の性周期を3つに分類することができる．不完全性周期が原型的タイプで，他の2つは生態学的適応の結果生じたと推定される．交尾が無いと排卵が起こらない交尾排卵動物は，発情が長く継続し，多数の雄を集めることができる．

されていて，機能黄体が形成されないからである．

　末梢のプロジェステロン濃度が高まると，その中枢作用により，性腺刺激ホルモン放出ホルモン（GnRH）のパルス状の分泌を司るGnRHパルスジェネレーター[5]の活性を抑制することが知られている．この視床下部に存在する神経機構の活動は成熟卵胞の発育を開始させ，維持するために必要な性腺刺激ホルモン（FSHとLH）の分泌に必須である．排卵後機能黄体が形成され，約2週間プロジェステロン分泌が継続する完全性周期動物では，その間GnRHパルスジェネレーターの活動が抑制されているから，成熟卵胞の発育は再開されず，排卵間隔は最短でも2週間，これに卵胞成長に要する期間，霊長類では月経の経過期間などが合わさって排卵の間隔が決まってくる．一方，ラットのような不完全性周期動物では排卵の前後に交尾が起こらないと，黄体細胞に20α-水酸化脱水素酵素遺伝子が発現し，合成されてくるプロジェステロンをNADPH依存性に生物活性のない20α-ジヒドロプロジェステロンに異化するために，プロジェステロンはほとんど末梢に分泌されない．したがって，不完全性周期動物では黄体形成の直後からGnRHパルスジェネレーターの活動が開始して，短い卵胞発育期間を経た後，4～5日で次回の排卵を迎えることができる．

3　生殖戦略から見た不完全生殖周期の各タイプ

　「交尾排卵」はネコ，フェレットなどの小型の肉食動物，あるいはラクダなどに見られ，分類学的にではなく，生態学的に特定の動物種，つまり，普段は生殖集団を形成してないような動物に見られる．例えば小型の肉食動物は餌の獲得が困難であることから，非繁殖期には個体同士の生息域が重なり合わないように生息している．このような生態の動物では，交尾が完了するまで発情を継続させる仕組み，つまり，エストロジェンのサージ・ジェネレーター活性化作用に加えて，交尾刺激が加わらないと排卵に必要なGnRHの分泌が起きないような仕組みを備えている．この仕組みによって発情雌のまわりに複数の成熟雄を集めることが可能になり，雄間の競争を介して雄に選択圧を掛けることが可能になる．

　「不完全性周期」では交尾刺激がない場合は黄体は機能化されない．したがって，交尾がなく妊娠の可能性がない場合には，直ちに次の排卵が起こり，次の生殖の機会を早めるという適応的な仕組みが発現する．餌の供給という制限要因が失われるとネズミの個体数が（現代のヒトのように？）爆発的に増えるのは，妊娠・泌乳期間が短いことに加えて，このような仕組みを有するからである．生殖の効率を上げることは，あらゆる生物種にとって最も基本的な適応であるから，不完全性周期は交尾排卵，次に述べる完全性周期と比較すれば，哺乳類の最も原型的な排卵周期であると考えられる．この文脈では，完全性周期動物は妊娠の可能性がないにもかかわらず，無駄に機能黄体ができてしまう適応性の悪い動物と理解される．

　大型で世代の間隔が延長した動物は，ほとんど「完全性周期」を示す．そのような動物が生殖の効率を犠牲にして得たものは何だったのだろうか．性周期に機能黄体を組み込む

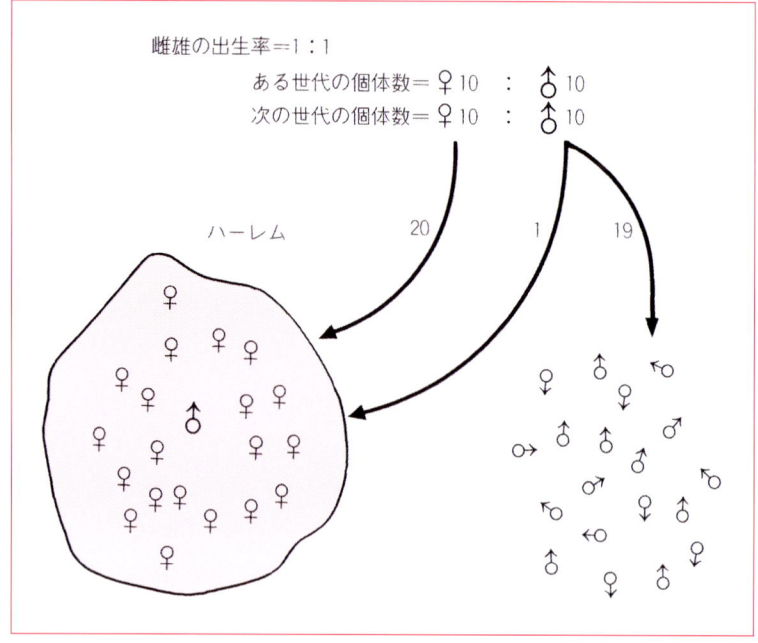

図3 世代間隔が延長した大型の哺乳類の進化・適応は，ハーレムを形成して雄に選択圧を掛けることで達成されてきたと考えられる．人類は，未熟な産児の育児のヘルパーとして父親が存在していたために，400万年前の誕生時からハーレム型の群れは作っていなかったと考えられる．

ことによる排卵間隔の延長は，当然発情の発現間隔を延長させる結果となり，成熟雌の群れのなかで，少数が発情している状況を作りだす．したがって，この状況は雄の交尾行動を許容する少数の雌をめぐって，成熟雄の間に強い競争関係をもたらし，結果として1頭の雄が一つの群れの多数の雌と生殖の機会を持つというハーレム（図3）の形成をしばしば促すことになる．ハーレムの形成は，大きな母集団から優れた遺伝的背景を持つ生殖雄を選択する．完全性周動物が大きな生息域を獲得しているという事実は，このような生殖戦略が極めて優れていたことを示している．

ヒトなどの高等な霊長類の黄体からはプロジェステロンに加えて多量のエストロジェンが分泌され，妊娠期にもエストロジェンレベルは他の多くの動物に比べて著しく高く設定されている．このことは雌の雄に対する許容性を高める効果を持つに違いない．生殖集団の雌が基本的にすべて雄に対する許容性を持てば，集団内での成熟雄の生殖に関する競争関係を低下させ，ハーレム形成は阻害され，したがって，複数の成熟雄が群に存在することを可能にする．人類の誕生（二足歩行をする大型霊長類の出現）は約400万年前と推定されているが，その歴史のほとんどすべてにわたって，ヒトは集団で大型の動物を狩猟していたと考えられる．狩を行う主体の男性を集団に残れるようなにした根拠はエストロジェンの生理作用に帰せられるのであろう．ちなみに，ヒトの適応は狩の効率と極めて強

い相関を持った「言語能力」あるいは「知能」にもっぱら左右されることになり，大脳の発達がヒトという種の適応，進化を最も特徴づけることになる．

4　妊娠相の成立

　プロジェステロンは黄体から分泌され，哺乳類の妊娠の成立と維持に必須なホルモンである．卵胎生の爬虫類では排卵後の卵胞から黄体と呼ばれる組織が形成されて，プロジェステロンを分泌され，これが本来産卵されるはずの卵を孵化するまで卵管に止めることで卵胎生が成立する[6]．この事実はプロジェステロンの妊娠成立・維持に対する根源的な作用の一つが，子宮／卵管平滑筋の自律運動抑制作用であることを示唆している．

　プロジェステロンはステロイドの生合成経路のエストロジェン／アンドロジェンの前駆物質でもあり，卵胞のエストロジェンの生合成過程が黄体形成により中断することで分泌される中間代謝産物である．すなわち排卵はLHサージにより誘起されるが，このLH分泌は17α-ヒドロキシラーゼ／C17-20リアーゼの活性を抑制し，プロジェステロン以後の代謝経路がブロックされる．一方，コレステロールからプロジェステロンへの代謝はこのLHサージにより促進されるから，結果としてプロジェステロンが細胞外に分泌されてくる[7]．

　ラット，マウスなどの不完全性周期動物は，前述したように，排卵の前後に交尾刺激がない状態で形成された黄体（性周期黄体）にはプロジェステロン分泌機能がない．しかし，不完全性周期動物に交尾刺激が加わった場合，つまり引き続き妊娠の成立が予期される場合には黄体は機能化される．この役を担うのは下垂体ホルモンのプロラクチン（PRL）で，交尾刺激が加わると，神経－内分泌反射により1日2回の律動分泌が開始する．PRLが黄体細胞のプロジェステロン異化酵素の20α-水酸化ステロイド脱水素酵素の遺伝子発現を抑制し，合成されたプロジェステロンは異化されることなく分泌されるようになり，妊娠の開始が可能になる．PRLの律動分泌は，開始数日後からプロジェステロンの視床下部に対する一種のポジティブ・フィードバック作用で維持されるようになる[8]．

　すべての動物で，妊娠期間中のプロジェステロン血中濃度は相対的に高く保たれており，このプロジェステロンは妊娠開始期には例外なく卵巣の黄体細胞から供給されている．しかし，多くの動物で性周期黄体の寿命は2週間に設定されており（イヌは例外的に60日を越える），この期間は受精卵が着床して，母体が妊娠を認識する迄の時間を保証していると考えられる．したがって，妊娠が成立するためには2週間以内に着床後の胎膜・胎盤の形成に依存した，性周期黄体を延長する機構が働き始めなければならない．現在までの知見では，この機構は霊長類と非霊長類に大別できる．非霊長類の動物では，一般に子宮を摘出すると性周期黄体の寿命が延長する．この現象は，子宮内膜が産生して，特殊な血管構築で高濃度で卵巣組織に移行するプロスタグランジン$F_{2}\alpha$が性周期黄体の寿命の決定要因の1つになっているためであると解釈されている．この合成を胎盤・胎膜の形成が抑制することで，性周期黄体は退行できなくなり，結果として寿命の延長が図られている[9]．

これに対して，霊長類では子宮を摘出しても性周期黄体の寿命が延長しないので，性周期黄体の寿命の延長，つまり妊娠黄体への移行には独特のメカニズムの存在が推定される．そのようなメカニズムの一環として，胎盤絨毛が産生する絨毛性性腺刺激ホルモン（CG）のステロイド合成促進作用が関与していることは確かである．霊長類ではこのような役割を持つCG産生の開始を，性周期黄体の寿命（約2週間）が尽きる前，かつ受精卵の着床直後に設定する必要があるために，妊娠の成立が未確定な黄体期に子宮内膜は既に活発な増殖を開始する．このために，妊娠不成立の場合はこの組織を排除する月経という霊長類に特異な現象が起きるのである．

おわりに

妊娠の生物学という観点からいえば，本稿は妊娠の前段階の着床に至るメカニズムの種差を概観したことになる．着床，妊娠についても，もちろん大きな種差が存在することはいうまでもないが，本稿以後の記載では，それぞれが種差についても配慮されつつ記載されているので，本稿の記載はここで終わることとしたい．

文献

1) Konner M & Worhman C : Science **207**, 788 (1980).
2) Short RV : J Reprod Fert **28** (supple), 3 (1980).
3) MacArther RH & Wilson EO : in The Theory of Island Biogeography (Princeton Univ Press, 1967).
4) 高橋迪雄（監修）: in 哺乳類の生殖生物学（学窓社，東京, 1999）.
5) Nishihara M et al : in Biology of Pregnancy (eds Nakayama T & Makino T), 11 (Keiseisha, Tokyo, 1995).
6) Jones RE : The Vertebrate Ovary - Comparative Biology and Evolution (ed Jones RE), 731 (Plenum, New York and London, 1978).
7) 高橋迪雄 : in 現代医学の基礎-5. 生殖と発生（eds 伊藤正男ほか）, 42（岩波書店，東京, 1999）.
8) 高橋迪雄ほか : 日本内分泌学雑誌 **57**, 131 (1981).
9) Niswender GD & Nett TM : Physiology of Reproduction Vol 1 (eds Knobil E & Neill JD), 781 (Raven Press, New York, 1993).

〔高橋迪雄〕

ヒトと動物の生殖様式

はじめに

　宇宙の偶然が生んだ地球では，適度の温度と，水と酸素に加え多量の炭素の存在が生命と呼ばれる存在を可能にした．生命を属性としてもつ物質の存在形態が生物であり，生命をもたない無生物と区別されるが，生物と無生物の区別は必ずしも明確ではない．すなわち，生命を明確に定義することが難しいのである[1]．

　複製可能な生体高分子，すなわち核酸をもつか否かで区別することは一つの有力な手がかりであるが，それだけで十分でないことは，精製した核酸や核酸とタンパク質の混合溶液が，われわれの常識では生命と言い難いことからも明らかであろう．一方，核酸とタンパク質が秩序ある複合体を形成したウイルスが，生命であるか否かについては議論の余地がある．しかし，生命の定義について精緻な議論を展開するのが本章の目的ではない．

　先に，「常識では生命と言い難い」と述べたが，生物ないし生命にかかわる議論には，結局のところ常識，すなわち長年にわたって人類が蓄積した経験に基づいた平均的な判断，あるいは「知的な憶測」（intelligent guess）とでも言うべきものが最も頼りになる．このことは生物学の特性でもある．

　生物の科学である生物学，あるいは生物の本質的な属性である生命についての科学，すなわち生命科学において生命の定義が不明確であることは，他の基礎科学の分野からみると不思議なことのように思われようが，生物学は地球上に現存する，または過去に存在した生物について人類が得た知識や推論を体系化したものであり，地球以外の天体に存在することが推測される「生物」に当てはまるか否かについてはまったく保証がない．

　この点で，生物学は他の基礎科学，すなわち数学や物理学あるいは化学などと非常に異なっている．一般に生物学は基礎科学として考えられているが，他の基礎科学において見いだされた現象や法則が，地球以外の広大な宇宙空間のほとんどすべての場所でも真実であり，その意味で演繹的であり得るのに対して，生物学はあくまでも地球上の生物の存在を前提とした帰納的な科学である．つまり，生物学は基本的に経験の科学である．

　生命現象の細胞レベル，分子レベルの理解が深まるにつれ，原理的な側面を強調した生命科学が誕生したが，地球上の生命のドメインにおける人類の経験を離れられない事情に今のところ変わりはない．

　このような観点から，以下ではわれわれの生物ないしは生命についての経験と常識を，動物の生殖現象について簡単に整理しながら，生殖様式に関する議論を進めてみたい．

1 生物と生殖[2]

　人類の長年の生物についての経験が教えることの一つに，生物が「個体」を形成するという事実がある．もちろん，個体性のあいまいな生物も数多く存在するが，それらは一般に個体性の明確な生物から派生したものと考えてよい．すなわち，一般的な生物の特徴の一つに，外界から区別され，個々に独立した個体を形成するという事実を挙げることができる．

　さらに，われわれは生物が一定の範囲のなかで「同じ」であると言い得る程度に似た個体を複製することを知っている．複製のもとになる個体を親と呼び，複製される個体を子と呼ぶと，親と子が一見非常に異なっている生物でも，観察を継続すれば，その生活史のどこかで必ず「同じ」個体が生じてくるはずである．

　生物学で「同じ」というのは，論理的な厳密さと客観性で定義される数学的な「同じ」とは異なり，多少異なった，しかし本質的に同一であると考えられる現存および過去に存在した生物個体，あるいはそのような個体を要素とする集合，およびその部分集合間の関係について用いられている表現である．生物学で「本質的に同一」というのは，結局のところ生命科学者のコンセンサスとしての常識による判断である．具体的な例として，たとえば血液中の物質の「正常値」を挙げてみよう．正常値には必ず範囲があり，その範囲は結局，常識的（統計は一種の数値化された常識である）に健康な個体のもつ値の範囲として決められる．その範囲が一致することが「同じ」であるが，正常値の範囲から外れた値を示して健康な個体もある一方で，正常値の範囲でも異常の生ずる場合もあるだろう．

　生物を存在として構成している要素を分解して，一つ一つの要素を形質（character）と呼び，形質を比較して同一性を論ずるという方法は古典的な分類学で確立された．分類学では，死後の標本で解析可能な形態学的要素のみを形質と定義したが，最近の生物学では細胞やその微細構造，あるいは化学的に同定される物質の種類や量，または運動のしかたや行動パターンなど，生物が生きているときにのみ認められる動的な性質もすべて含めて形質と呼んでいる．つまり，生物個体は，形質の秩序立てられた組合せとして認識され，定義される．

　したがって，この表現を用いれば，地球上の生物では，「秩序立てられた形質の組合せによって特徴づけられる生物個体において，そのような組合せが本質的に同一であると認められる一定の変異の枠のなかで，自然の環境条件下，もしくは環境条件の調節以外の人為的操作によらないで，継代的に伝達され，しかもそのような伝達が反復して起こる現象が認められ」，るのであり，この現象を生殖（reproduction）と呼んでいるのである[2]．

　継代的に伝達される形質，すなわち遺伝形質は遺伝情報（genetic information）の発現に基づくから，上の文章中の「秩序立てられた形質の組合せ」という表現は，「生物個体の存立に，必要にして十分な遺伝情報の組合せ，すなわち遺伝情報の完全ゲノムセット（complete genomic set of genetic information）と言い換えることができる[2]．

したがって，一般に生殖とは，自然環境条件下，または自然環境条件の至適化以外の人為的操作によらないで起こる完全ゲノムセットの反復的継代伝達であるということができる．

以上の定義は，私が「生殖生物学入門」[2]のなかで下したものであるが，自然条件の至適化以外の人為操作によらない，という制約を含めるか否かについては当然議論の余地がある．私の立場は，これまでの議論で明らかなように自然史的視点を重視するので，上のような定義になるのである．

2 生殖過程と主要生殖様式

生殖では多様な生物現象が，段階的に継続して進行するが，それらを便宜的に区分けしたのが生殖過程であり，生殖過程の種に特有なパターンを共通の特徴で類型化したものが生殖様式 (mode of reproduction) である[2]．生物の生殖様式は，大まかに3通りの方法で区分することができる[2]．すなわち，①ミクシス生殖とアミクシス生殖とに区分する方法，②依存型生殖と非依存型生殖とに区分する方法，③交代型生殖と非交代型生殖とに区分する方法，である[2]．仮にこれらを主要生殖様式の3大カテゴリーとすると，それぞれの組み合わせで2^3すなわち8通りの生殖様式を分類することができる．

1 ミクシス生殖とアミクシス生殖

ミクシス生殖 (mictic mode of reproduction) では，生殖に際して異なる個体のゲノム情報が混合する．有性生殖はその典型的なものであるが，ミクシス生殖すなわち有性生殖ではない．無性型のミクシス生殖も存在する．一方，アミクシス生殖 (amictic mode of reproduction) では，個体間のゲノム情報の混合は起こらない．教科書などで広く用いられている無性，有性という表現にこだわれば，アミクシス生殖はすべて無性生殖である．

2 依存型生殖と非依存型生殖

依存型 (dependent mode) 生殖とは，「親による子の保護に依存する型の生殖」を省略した用語である[2]．したがって，非依存型 (non-dependent mode) 生殖は「親による子の保護に依存しない型の生殖」を省略した表現ということになる[2]．依存型生殖様式の形態には，抱卵 (brooding)，胎生 (viviparity)，哺乳 (lactation)，保育 (nursing)，養育 (bringing-up) などがある．

3 交代型生殖と非交代型生殖

交代型生殖では世代により異なる生殖様式がとられる．ミクシス生殖世代とアミクシス生殖世代とが交互に現れる世代交代 (alteration of generations) が最もよく知られている．世代による交代だけでなく，環境条件，系統などによって異なる生殖様式をとる動植物もある．同一種で，2種類以上の生殖様式を用いている場合の生殖様式を交代型 (alterative mode），単一の生殖様式による場合が非交代型（non-alterative mode）である[2]．

以上の主要生殖様式の組合せで，生物の生殖様式は先に述べたように大まかに8通りに分類することができる．

3　副次的な生殖様式の分類[2]

前節で主要生殖様式について述べたが，ほかにも生殖過程を分類するさまざまな方法がある[2)-7]．それらのなかで哺乳類の生殖様式に関係のあるものとしては，①有性生殖（sexual reproduction）と無性生殖（asexual reproduction），②体内受精（internal fertilization）と体外受精（external fertilization），③卵生（oviparity）と胎生（viviparity），④単回生殖（monotelic reproduction）と多回生殖（polytelic reproduction），⑤選択的配偶（selective mating）と非選択的配偶（non-selective matingまたはrandom mating），⑥単配偶（monogamy）と複配偶（polygamy）などがある．

1　有性生殖と無性生殖

有性生殖と無性生殖との区分を副次的とすることには異論もあるであろう．事実，一般的な生物学の教科書では，この区分が主要な生殖様式の区分として用いられている．しかし，ミクシス生殖とアミクシス生殖との区分がより本質的な生殖様式の区分と考えられ，有性生殖と無性生殖は明らかにその下位の区分になる[2]．

有性と無性は，配偶子の多形の有無で決められる．同一種のなかで配偶子に多型が認められるのが有性生殖であり，多型が認められないのが無性生殖である．多型は二型が最も一般的で，同種のなかに小配偶子（精子）をつくる雄個体と，大配偶子（卵子または卵細胞）をつくる雌個体とが存在する生殖様式が典型的な有性型ミクシス生殖である．一方，配偶子にまったく多型が認められず，すべて同型の配偶子である場合には，無性型のミクシス生殖になるが，少なくとも動物では完全に無性型のミクシス生殖はほとんど例がないといってよい．植物には同型配偶子の例が知られているが，主に形態学的な同型であり，生化学的な違いも含めてまったく差がないかどうかは不明である場合が多い．

2　体内受精と体外受精

受精が体内で起こるか，体外で起こるかは，生殖器官の分化や胚発生に大きな影響を与える意味で重要な区分である．一般に，体外受精動物の生殖器官は単純であるのに対して，体内受精動物のそれは複雑であり，また雌雄差も著しい[3]．

3　卵生と胎生

卵生と胎生の区別は，胚のふ化，すなわち卵膜からの脱出が母親の体外で起こるか，体内で起こるかによって行われる[8]．卵生の動物のなかには，体外受精を行うものと体内受精を行うものとがある．胎生の動物はその定義からすべて体内受精である．体内受精を行

う卵生の動物の場合には、卵内である程度胚発生の進んだ状態で産卵される（鳥類や爬虫類など）。爬虫類のなかには、胎生だと考えられていたものが、その後の観察で実は卵生であり、産卵と同時にふ化するのだということが明らかにされたものもある（コモチカナヘビ、*Lacerta vivipara*）。体外受精を行う動物で、配偶子として精子に対応する卵子を未受精卵として産卵する動物（ウニなど）をとくに卵子性（ovuliparity）ということもある。

胎生には、母体（または父体）組織と胚組織の複合組織である胎盤を形成する真胎生（true viviparity）と、胎盤を形成せず卵が母親の胎内でふ化するだけの卵胎生（ovoviviparity）とがある。また、一度に一個の胚を妊娠する単胚胎生（monoembryony；または単胎）と、多数の胚を妊娠する多胚胎生（polyembryony；または多胎）[7]とに分けることもできる。多胚胎生は、さらに偶発的多胚胎生（accidental polyembryony）と生理的多胚胎生（physiological polyembryony）に分類され、また一卵性多胚胎生（monozygotic polyembryony）と多卵性多胚胎生（polyzygotic polyembryony）を区別することができる。

偶発的多胚胎生はヒトの双子のように偶発的に起こるものであり、また生理的多胚胎生のうち一卵性多胚はココノオビアルマジロ（*Dasypus novemcinctus*）（一卵性4子）、ムリタアルマジロ（*Dasypus hybridus*）（一卵性7子から12子）などで自然の正常な妊娠現象として起こることが知られている。多卵性多胚は、齧歯類や偶蹄類のイノシシ科などで典型的な例が見られる。

胎生は生物進化の極めて早い時期に出現したが、そのメリットが十分に生かされて主要な生殖様式としてほぼ完成したのは哺乳類になってからである[9]。ほぼ完成したというのは、後にヒトの生殖様式の項で述べるように、雌または女性に著しい物理的、生理的、ないしは精神的な負担を強いることで成立している点で、生物学的に十分完成していないと考えられるからである[9]。

4 単回生殖と多回生殖

動物のなかには、一生のうちに一回だけ生殖活動を行うもの（単回生殖：monotelic reproduction）と、繰り返し複数回行うもの（多回生殖：polytelic reproduction）とがある。ジュウシチネンゼミ（*Magicicada septendecim*）は一生が17年にも及ぶが、生殖活動は地上に出現した年に一回だけ行う。脊椎動物では、魚類のサケが長い回遊ののち河川に遡上して産卵後死亡することはよく知られている。一方、大部分の哺乳類は一生の間に何回も繰り返して生殖活動を行う（以前の私の著書[2]では、一回産卵性、多回産卵性と訳してある。これは、この用語が無脊椎動物や魚類について用いられることが多く、既成の訳語に準拠し、卵が卵巣から離れることを産卵とみなせば、そのまま哺乳類にも使えると考えたからであるが、やはり無理があるので、本項では単回生殖、多回生殖とした）。

多回生殖を行う動物では、生殖活動が一定のパターンで繰り返され、生殖周期（reproductive cycle）を示す。

5 選択的配偶と非選択的配偶[10) 11)]

　有性型ミクシス生殖において，雌雄個体の間に生殖を目的として形成される関係が配偶関係であり，配偶関係が選択的に行われるか，無作為に非選択的に行われるかで区分することができる．海産無脊椎動物では，多数の雌雄の個体が一斉に放精や放卵（サンゴ虫類，ウニ，ヒトデ類など）を行う現象がよく知られている[12)]．脊椎動物でも，魚類では巨大な密集群形成（swarming）による共同繁殖（communal breedingまたはcommunal reproduction）を行う種がある（カリフォルニア沿岸産のグラニオン（*Leuresthes tenuis*および*L. sardina*），わが国のクサフグ（*Fugu niphobles*）など）[13)]．このような場合には，精子と卵細胞の組合せは無作為に起こり，したがって配偶関係も非選択的に形成される．

　同時的雌雄同体（simultaneous hermaphroditism）の動物で，非選択的配偶による共同繁殖を行う種では，同一の個体に由来する精子と卵子（または卵細胞）が受精することを妨げる，自家不稔（self sterility）または自家不和合（self incompatibility）と呼ばれる機構が発達している場合がある（ホヤ類）[14)]．

6 単配偶と複配偶[10) 11)]

　配偶関係において，雌雄が一対一の関係を維持している場合が単配偶であり，雌または雄の一個体に多数の異性個体が配偶する場合が複配偶である．複配偶には雌一個体に多数の雄が配偶する多雄配偶（または一妻多夫：polyandry）と，雄一個体に多数の雌個体が配偶する多雌配偶（または一夫多妻：polygyny）とがある．

4　生殖周期[15)–18)]

　生殖現象と個体発生とは互いに密接な関係にあり，後者は前者の主要な一部であるということができる．生殖過程の一連の現象を大まかに整理してみると，①生殖系列細胞と体細胞系譜の分化，②生殖系列細胞の増殖と分化，③完成期生殖細胞の形成，④完成期生殖細胞の放出，⑤受精，⑥個体発生の開始となり，多回生殖の場合は④から②へと回帰し周期を形成するが，各周期において⑤と⑥が成立する場合もあるし，成立しない場合もある．前者，すなわち⑤，⑥の過程が成立する周期を，完全生殖周期（complete reproductive cycle），また成立しない周期を不完全生殖周期（incomplete reproductive cycle）と呼ぶ[17) 18)]．

　生殖周期は体外受精種，体内受精種の区別を問わず，また雌雄いずれにも認められるが，周期の長短や，一生のうちでの頻度は動物種によって異なる．生殖周期の支配因子は体内時計と環境要因であるが，体内時計が外界の環境要因に依存して決定される場合には，繁殖期（breeding season）が生ずる[18) 19)]．

　哺乳類では，個体発生が真胎生すなわち妊娠を伴うので雌の周期性が顕著である．哺乳類雌の完全生殖周期では，卵形成（卵胞発育），排卵（発情・交尾），受精，個体発生（妊娠・

分娩，哺乳）が周期的に起こる[17)18)]．受精が成立しないと，排卵と卵形成が周期的に繰り返される．受精が成立しなくても，交尾の刺激のみで妊娠に伴う内分泌学的変化が誘発される（偽妊娠）こともあるが，不完全周期であることに変わりはない．偽妊娠の場合は，胎児の存在する正常の完全生殖周期の場合よりも早期に②に回帰する．

　一般に哺乳類の雌雄個体では，下垂体を中心とする内分泌機構による調節が行われて，複数の生殖周期が重複して起こることはない[18)]．すなわち，妊娠やほ乳中は卵巣における卵胞の発育が抑制される．しかし，例外もあり，たとえばラットおよびマウスでは分娩後間もなく卵胞が成長して後分娩排卵（post-partum ovulation）が起き，発情して交尾すれば受精が成立する[20)]．受精卵は胚盤胞まで発生するが，先の妊娠で生まれた新生児による乳の吸飲刺激が十分な強さで続いている限り，胚盤胞の着床は起こらず着床遅延（implantation delay）の状態にある[20)]．新生児による乳の吸飲刺激の強度が低下すると，胚盤胞は着床（遅延着床：delayed implantation）し，新しい妊娠状態に入る[20)]．すなわち，2つの周期が重なって起こっていて，後からの周期が途中で停止して待機状態に入り，先の周期が終了すると同時に，停止していた周期が進行しはじめる，とみなすことができる．ウマでも，分娩後6日ごろまでに分娩後発情が起こり，多くの場合，排卵が認められる[18)]．交尾後，妊娠が成立して，2つの完全生殖周期が重複して起こる場合のあることが知られている[18)]．

　雄の生殖周期についても，本節の冒頭で述べた定義に従えば，不完全生殖周期，完全生殖周期を区別することができる．雄では雌の場合のような自律的な生殖周期の明確でない種も多いが，繁殖期をもつ種では雌と同様に顕著な自律的生殖周期が認められる．たとえば，単配偶の鳥類では，抱卵や子育てを雄が雌と同様に行うので，完全生殖周期の重複は起こらない．複配偶の場合には，多雌配偶であれば雄の完全生殖周期が重複し，多雄配偶（鳥類の場合，複数の雄が抱卵し，1匹の雌が卵を供給する．シギ類）であれば雌の完全生殖周期が重複して回帰する．

　自律的な配偶子形成過程の周期性に基づく自律的な生殖周期が無い哺乳類の雄では，雌の生殖周期によって規定された他律的な生殖周期が生ずる（齧歯類，食肉類，霊長類など）．

5　哺乳類の生殖様式[5)7)18)]

　真獣類の哺乳類は，①ミクシス型，②依存型，③非交代型生殖で特徴づけられる生殖様式を持ち，さらに体内受精，真胎生，哺乳，保育が高度に発達し，また生殖周期が顕著に発達した多回生殖を行い，一般に多雌配偶型の複配偶生殖を行う動物群として特徴づけられる．単孔類は卵生であるが，哺乳，保育は高度に発達した依存型生殖様式を持ち，基本的に他の哺乳類と変わらない．

　このように，特定の生物種または生物群が固有の生殖様式を選択することを生殖戦略（reproductive strategy）は呼ぶが，戦略という語を用いることに批判的な研究者も多い．

依存型生殖様式のなかでも真胎生と哺乳は，哺乳類できわめて高度に発達していて，このグループの動物の著しい特徴となっている[21]．このような生殖様式に適応して，内部生殖器，外部生殖器が分化し，形質の雌雄による顕著な二形性が認められる．

単胚胎生，多胚胎生については先に哺乳類の例で説明した．

とくに雌雄による二形性の顕著な形質を性形質と呼び，さらに第一次性形質（primary sexual characters；生殖巣），第二次性形質（secondary sexual characters；生殖巣以外の生殖器官），第三次性形質（tertiary sexual characters；乳腺，体毛，体色など），第四次性形質（quternary sexual characters：行動，言語など）に分類する[22]．性形質は性徴と呼ばれることもある．顕著な二形性は，限られた形質すなわち性形質に認められるが，細かくみると二形性はほとんどの器官で見いだされると言っても過言ではない．たとえば，脳[23]や肝臓[24]は一般に性形質とは考えられていないが，脳ではシナプスの分布，肝臓では代謝機能に雌雄差のあることが知られている．

個体発生の過程で，第一次性形質の決定が行われることを，厳密な意味で性決定（determination of sex）と呼んでいる[2)25)]．性決定機構は離散量的性決定機構と連続量的性決定機構に分類され，前者はさらに二因子型，多因子型，環境因子型に分類される．後者は雌雄同体動物に一般的な機構である[2)25)]．

哺乳類は，離散量的性決定機構のなかの二因子型の機構を持ち，大部分の種がXY型であると考えられるが，XO型もまれに存在することが知られている．

6　ヒトの生殖様式

ヒトの生殖様式は，もちろん基本的に哺乳類のそれの範囲を出ないが，他の哺乳類と異なる特徴もある．

当然のこととして，大脳皮質の支配が強く，たとえば有性ミクシス生殖に伴う生殖行動（epigamic behavior）でも，配偶選択（mate choice）でも，複雑さの点で他の哺乳類とは格段に異なる．配偶選択は生殖過程のなかでも最も淘汰圧のかかりやすい過程であるから，同時にヒトとしての特徴が最も顕著に現れる過程であるともいえる．

先に述べたように，哺乳類は多雌配偶型の複配偶を生殖様式として選択していると考えられており，ヒトが例外であると考える根拠はない．しかし，大脳皮質の発達は高度の社会構造と社会制度を生み，多くの社会で社会的単配偶ないしは限定的複配偶を社会的選択として行っている．

妊娠における着床と，高度に発達した胎盤形成から始まって，出産後のほ乳・保育から高等教育に至るまで，きわめて高度の進化を遂げた依存型生殖様式も，ヒトの生殖様式の大きな特徴である．高度に発達した胎盤形成は，子宮における顕著な脱落膜形成を伴い，ヒトを含む霊長類では卵巣の排卵周期に伴って子宮内膜の月経周期が起こる．

生物進化の一般的な時間のスケールからみると，非常に急速に起こったヒトの進化は，胎生の進化を未完成のまま進んだように見える．妊娠・出産という自然の生殖現象に，本

来疾患の診断や治療を目的とする医学の介助が必要である事実は端的にそのことを物語っている．さらに不妊症に対する医学の介入も生物学的に見るときわめて特異であり，ヒトは医学の進歩を前提とした進化というまったく新しい生物進化の道程を歩み始めているといえる．今後，胚操作や初期胚レベルの遺伝子治療，あるいは遺伝子操作がどのような展開をするか，あるいはより正確な表現としてはどのような展開が許されるか，ということは人類全体の大きな課題であろう．

おわりに

生殖過程は，進化における淘汰圧の最も分かりやすい過程であり，また種の成り立ちの非常に重要な部分が生殖隔離にあるとすれば，種の多様性は生殖過程の多様性であると言ってもあながち誤りではなかろう．しかし，多様な生殖過程も，その基礎生物学的に本質的ないし原理的と思われる部分を抽出し，様式化して分類すると，比較的少数のカテゴリーにまとめられることは本章で述べた通りである．ただ分類するだけでは意味が少ないが，そうして一般化することで研究の目的や課題が整理され，また得られた結果の位置づけを生物学全般にわたる広い視野から行うことが可能になる点に意味がある．用語や概念のなかには，私の試案と言うべきものもあり，また訳語についてもさらに検討を要するものが少なくない．限られたスペースで十分に意を尽くしたとはとても言い難いが，ご批判を頂ければ幸いである．

文献

1) Monod J：in 偶然と必然（渡辺 格ほか訳，みすず書房，東京，1972）．
2) 舘 鄰：in 生殖生物学入門（東京大学出版会，東京，1990）．
3) 山岸 宏：in 比較生殖学（東海大学出版，東京，1995）．
4) 団 勝磨ほか編：in 無脊椎動物の発生，上巻（培風館，東京，1983）．
5) Bluem V：Vertebrate reproduction (Springer-Verlag, Berlin, 1985)．
6) Jameson EW：Vertebrate reproduction (John Wiley & Sons, New York, 1988)．
7) Lombardi J：Comparative vertebrate reproduction. (Kluwer Academic Publishers, Boston, 1998)．
8) 舘 鄰，川島誠一郎：ふ化（in 現代生物学大系 発生・分化 B，江上信雄ら編），40（中山書店，東京，1980）．
9) 舘 鄰ほか：胎生の進化（in ホルモンと生殖 II，日本比較内分泌学会編），267（学会出版センター，東京，1979）．
10) Bateson P ed：in Mate choice (Cambridge University Press, Cambridge, 1983)．
11) Thornhill R & Alock J：in The evolution of insect mating systems (Harvard University Press, Cambridge Mass, 1983)．
12) Adiyodi KG & Adiyodi RG eds：in Reproductive biology of invertebrates. Vol 1 (John Wiley & Sons, New York, 1966)．
13) 本間義治：魚類における生殖行動（in 行動とホルモン，日本比較内分泌学会編），115（学会出版センター，東京，1979）．
14) Satoh N：in Development biology of ascidians (Cambridge University Press, Cambridge, 1994)．
15) Parks AD ed：in Marshall's physiology of reproduction. Vol 1, part 2, 3 rd ed (Longmans, London, 1960)．
16) Knobil E et al (eds)：in The physiology of reproduction (Raven Press, New York, 1994)．
17) 鈴木義祐：排卵機構と黄体相の調節（in ホルモンと生殖 II，日本比較内分泌学会編），65（学会出版センター，東京，1979）．
18) 髙橋迪雄監修：in 哺乳類の生殖生物学（学窓社，東京，1999）．
19) Mahler P & Hamilton III：in Mechanism of animal behavior (John Wiley & Sons, New York, 1966)．
20) Enders AC ed：in Delayed implantation (The University of Chicago Press, Chicago, 1963)．
21) Gubernick DJ et al：in Parental care in mammals (Plenum Press, New York, 1981)．
22) Young WC ed：in Sex and internal secretions (Williams & Wilkins, Baltimore, 1961)．
23) 新井 康：in 脳の性差—男と女の心を探る（共立出版，東京，1999）．
24) Andrews WHHH：in 肝臓（水野丈夫ほか訳，朝倉書店，東京，1980）．
25) Bull JJ：in Evolution of sex determining mechanism (The Benjamin/Cummings Publishing, London, 1983)．

〔舘　鄰〕

I 総論

3

胎盤の病理学

はじめに

　胎盤は母体と胎児間の循環，代謝，ホルモン，免疫など重要な役割を果たす．受精卵着床後，合胞体栄養細胞の侵入によって絨毛が形成され，母体の間質細胞から脱落膜が形成され，16週目には胎盤の基本構造が完成する．16週以後は細胞性栄養細胞は退行性変性を示して著減し，絨毛膜，脱落膜は増加し，胎盤は次第に大きくなる．妊娠初期にはヒト絨毛ゴナドトロピン（hCG）が増加し，妊婦の血中hCG値が上昇し，hCG高濃度は妊娠反応の根拠となる．ヒト胎盤性ラクトゲン（hPL）は妊娠初期には低値であるが次第に増加し，妊娠34～36週に最高値となる（表1）．胎盤の果たす免疫学的役割はIgGに代表される液性抗体で主要組織適合抗原によって調節されている[1)2)]．本文では胎盤の病理学にとって最も大切な肉眼所見を述べ，ついで螺旋動脈の役割，胎盤床へのトロホブラストの侵入，線溶系とくにPAI-2の役割について触れたい．諸種の胎盤疾患についての各論は専門書にゆずりたい．

1　胎盤の肉眼的所見

　胎盤の重量は胎児の1/7であり，重い場合，軽い場合，各々原因を確かめる必要性がある．胎盤の大きさ（長径，横径，厚さ）も大切で，とくに厚い場合（3cm以上）は機能不全を伴うことが多いので注意を要する．卵膜，羊膜の付着状態，臍帯の胎盤への挿入部位や，臍帯の状態（巻絡の有無，2動脈，1静脈）の確認も必要である．肉眼像では血管異常がはっきりしない場合には，牛乳やバリウムを用いて血管像を観察あるいは軟線撮影すると確認できる．胎盤の羊膜側の観察により表面がきれいであるか，混濁していないか，結節形成がないかを慎重にチェックする．母体側すなわち脱落膜からみると15～20個のコティールドン（葉：Cotyledon）からなり，それらの中央部に螺旋動脈（spiral artery：SA）が垂直に分布する（図4）．SAは実体顕微鏡で容易に観察されるが，1本～数本がひとつのコティールドン中にみられ，SAを含む水平の方向での標本を作成するとSAを確実にチェックすることができる．

2　螺旋動脈（spiral artery：SA）

　SAは筋性動脈で子宮動脈より分枝し，非妊娠時には子宮筋層から子宮内膜底部に分布する．妊娠時には子宮筋層から脱落膜底部に分布し，胎盤への血流量を調節する100～300

胎盤の病理学 ③

表1 Change in placental aging

Gestation		6〜11weeks	12〜23weeks	24〜31weeks	32〜36weeks	37〜41weeks	42〜43weeks
Macroscopic characteristics			flat and massive	coasely lobulated	lobulated	Cauliflower like, lobulated	Cauliflower like, lobulated
Nrs. of cotyledons			12.1±6.2	20.2±4.2	35.1±5.5	50.1±5.2	56.2±6.0
MICROSCOPIC	Cahracteristics	two layers: inner: C-cells outer: S-cells with rich cilia	S-cells, decreased C-cells, broad intra-villous space	single layer S-cells, columnar, moderaty wide villous space	thin S-cells, narrow intra-villous space	thin S-cells, narrow intra-villous space	fibrin (+) calicification (+) narrow intra-villous space
	hCG, hPL and SP-1 in S-cells	hCG					hPL, SP-1
	SK %		1.2±0.3	2.3±0.2	5.0±0.4	10.5±3.4	22.0±5.4
PCV	Capillaries	poorly developed, centrally	developing, centrally	developed, peripherally	congestive, VSM (+)	congestive, VSM (++)	congestive, VSM (+)
	Interstitium	edematous HC (++)	HC (+)	HC (+〜)	HC (+〜)	HC (+〜)	HC (+〜)
Spiral artery			narrow lumina, thick media	atherosis (+)	wide lumina, atherosis (++)	wide lumina, atherosis (++)	wide lumina, atherosis (++)

Nrs.: numbers, PCV: peripheral chorionic villi, SK: syncytial knots, VSM: vasculosyncytial membrane, HC: Hofbauer cells

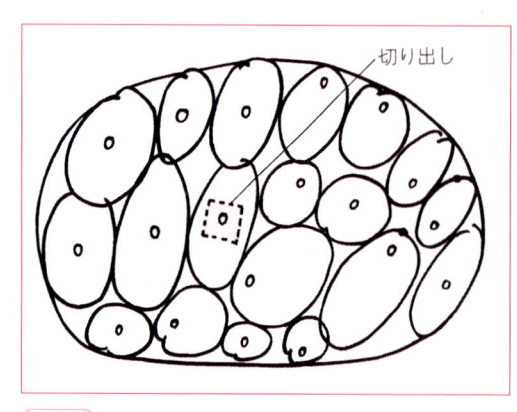

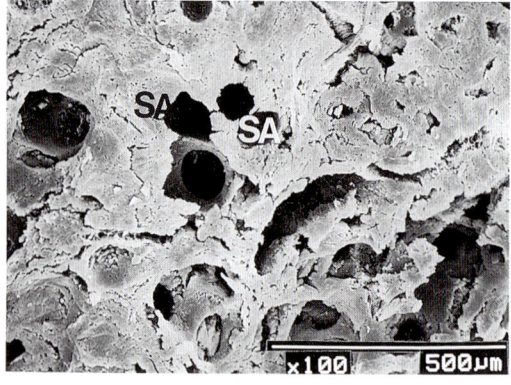

図4 胎盤の肉眼像（母体側）

図5 妊娠31週螺旋動脈（SA）
（走査電顕，×100）

μ径の血管である（図5）．トロホブラストの侵入のないSAの壁は厚く（図6左），侵入のあるSA壁は薄く壁の弾性を失っている（図6右）．SAの透過型電子顕微鏡像（図7）は，腔が大きく壁にはトロホブラストの侵入がみられ，基底膜は薄く静脈との鑑別が困難である．図8は妊娠28〜40週胎盤の螺旋動脈の壁の厚さを計測したものであるが，正常妊娠ではトロホブラストの壁への侵入（アテローシス）によって壁の厚さが次第に薄くなるのに対して，妊娠中毒症においてはアテローシスの程度が低く，壁の厚さが厚く，弾性を残

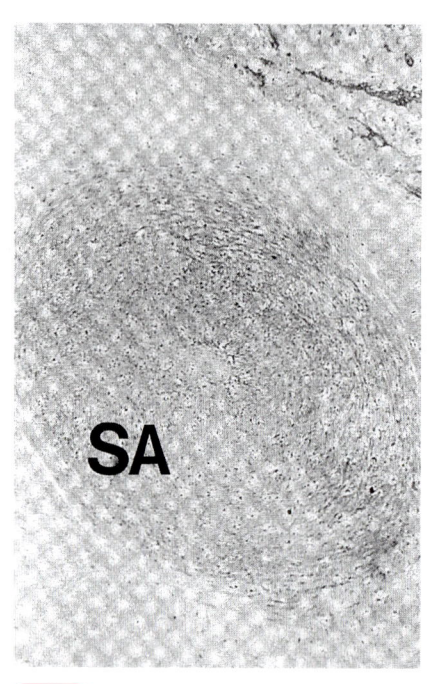

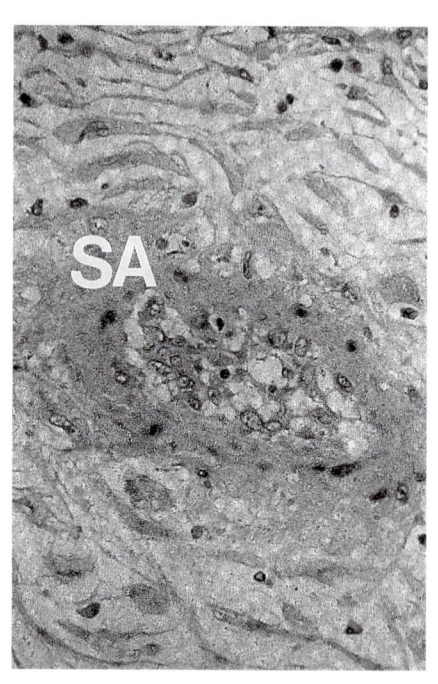

図6 左：妊娠31週胎盤の螺旋動脈．壁へのトロホブラストの侵入がみられない．PTAH染色×40．
右：妊娠34週胎盤．トロホブラストの侵入をみる．Sp1染色×100．

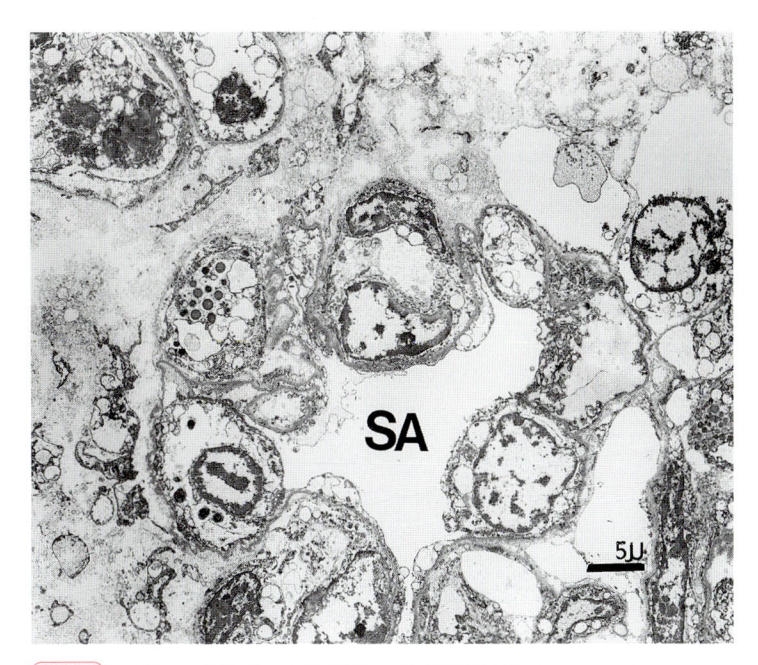

図7 妊娠34週胎盤の螺旋動脈の透過型電顕像（×2000）

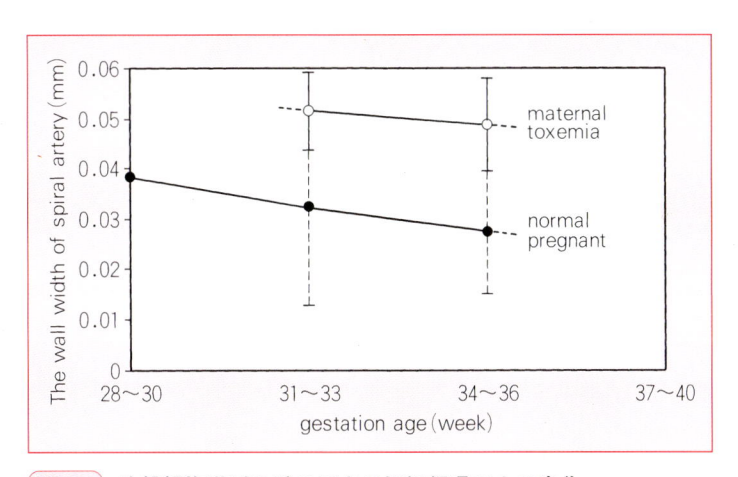

図8 胎盤螺旋動脈の壁の厚さの妊娠経過による変化

したままで血管抵抗が高く，胎盤への動脈血流量が減少する結果をもたらすと考えられる（表2）[3]．

3　胎盤床へのトロホブラストの侵入（アテローシス）

　中間型トロホブラストの脱落膜やSAへの侵入は妊娠初期よりみられる．中間型トロホブラストはCAM5.2染色や種々の接着因子による染色で脱落膜細胞と容易に区別できる（図9）．このアテローシス機構については種々のサイトカイン，遊走因子の関与が予測さ

表2 Cahracteristic tendencies seen in severe pre-eclamptic and eclamptic placentae

		Severe pre-eclamptic placentae	Eclamptic placentae
Gestation		28 to 36 weeks	37 to 40 weeks
CV	S-cells	thick, SK (++)	thin, SK (+)
	C-cells	persistent, but a few	few
	Interstitium	fibrosis (++)	fibrosis (+)
	Capillary	congestion (+), VSM (+)	congestion (++), VSM (++)
SV	Artery	sclerotic wall (+)	Sclerotic wall (−)
	Vein	congestive	more congestive
IVS		narrower	narrow
Decidual Spiral Artery		hyalinization (+) foamy cells (+)	hyalinization (++) foamy cells (++)

S-cells : Syncytiotrophoblasts　　CV : Chorionic villi
C-cells : Cytotrophoblasts　　　　SV : Stem villi
IVS : Intervillous space　　　　　SK : Syncytial knot

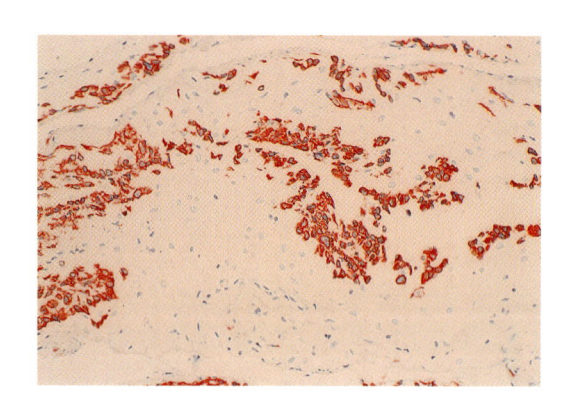

図9　妊娠8週胎盤
中間型トロホブラストのSA血管壁への侵入.
CAM5.2染色×100

れているが，アテローシスがSAに不十分であれば妊娠中毒症を生じ，過剰侵入が生ずれば胞状奇胎や絨毛癌の発症の基盤となると仮定すると，今後の研究によって従来の考え方が大きく変わる可能性がある．

4　線溶系とくにPAI-2（plasminogen activator inhibitor-type 2）の役割について

　胎盤における出血や血栓，梗塞を生ずる因子として線溶系酵素が考えられているが，胎盤における役割については未だ明らかではない．通常，妊娠が進行するにつれて線溶系機能は低下し，凝固系機能が亢進する．PAI-2は胎盤から発見された酵素でu-PA（ウロキナーゼ型プラスミノーゲン・アクチベータ）の機能を阻害する．u-PAはt-PAと異なり

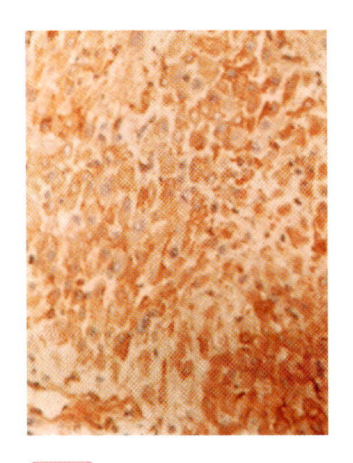

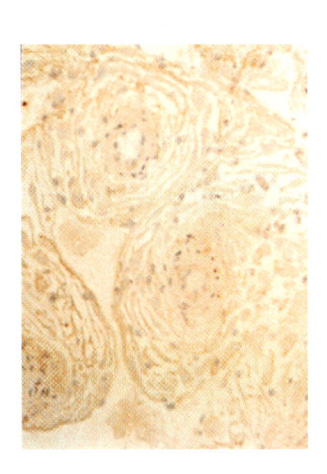

図10 胎盤におけるu-PAR（ウロキナーゼ型プラスミノーゲン・アクチベータ・レセプタ）の免疫染色（×100）

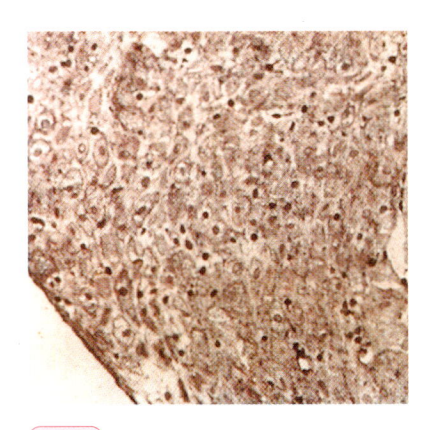

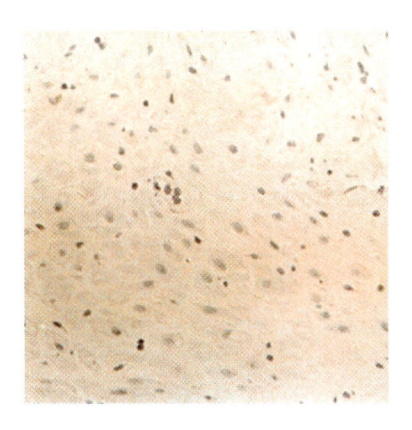

図11 胎盤における in situ hybridization 法による u-PAR mRNA 染色
左：陽性　右：陰性

　フィブリンによって活性化されない．また，u-PAは腫瘍細胞内にみられ転移や浸潤能と関係があるといわれている．ヒト胎盤（16～40週）50例にu-PAR，u-PA，PAI-1，PAI-2の免疫染色を行い，またu-PARのRNAおよびDNAプローブを作成し，さらにin situ hybridigationをu-PAR mRNAを用いて行い，さらにNorthern blot解析を行ったので以下報告する．

　u-PAR（ウロキナーゼ型プラスミノーゲン・アクチベータ・レセプタ）は脱落膜細胞の胞体，膜に強く陽性である．絨毛内のHofbauer細胞の細胞質に弱陽性，S細胞，血管内皮細胞にも弱陽性に染色される（図10）．実際，in situ hybridizationによるu-PAR mRNAによる免疫染色では脱落膜細胞の細胞質ならびに核に陽性所見がみられ（図11左），対照は陰性であった（図11右）．また，絨毛のS細胞ならびに血管内皮細胞も陽性で（図12左），対照は陰性であった（図12右）．Western blot法によるu-PAR蛋白の測定では絨毛ならびに脱落膜いずれからも同一のラダーが得られた（図13）．また，胎盤のu-PAR mRNAの

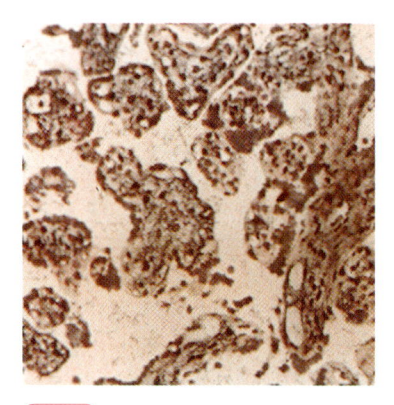

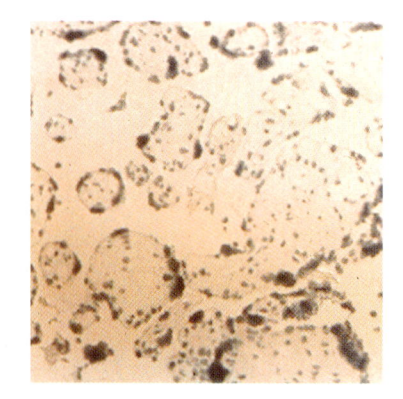

図12 胎盤における in situ hybridization 法による u-PAR mRNA 染色
左：陽性　右：陰性

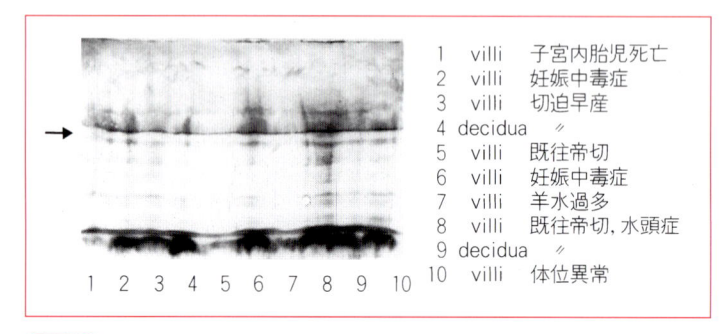

図13 Western blot 法による u-PAR 蛋白発現
矢印の部分に一致するラダーがいずれの症例からも得られている．

1	villi	子宮内胎児死亡
2	villi	妊娠中毒症
3	villi	切迫早産
4	decidua	〃
5	villi	既往帝切
6	villi	妊娠中毒症
7	villi	羊水過多
8	villi	既往帝切, 水頭症
9	decidua	〃
10	villi	体位異常

Western blot 法により，妊娠初期に増加し後期に低下することから，線溶系機能は妊娠が進行するにつれて低下し，逆に凝固系機能が亢進することが明らかとなった（図14）[4]．

線溶系酵素である PA（プラスミノーゲン・アクチベータ）には，組織型（t-PA）とウロキナーゼ型（u-PA）の二種類が存在することが知られている．t-PA は二重反転渦巻構造を持つ2つのクリングル・ドメインと EGF 様のドメインを持つ分子量70KD の糖蛋白である．t-PA は主として血管内皮細胞で産生され，フィブリンが存在するとプラスミノーゲンを強く活性化するのに対して，u-PA はフィブ

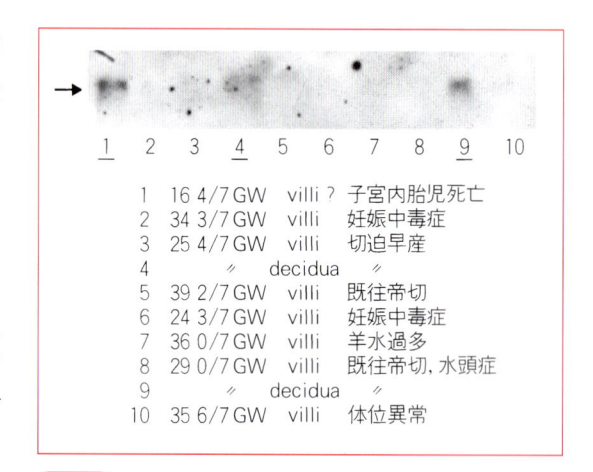

1	16 4/7 GW	villi?	子宮内胎児死亡
2	34 3/7 GW	villi	妊娠中毒症
3	25 4/7 GW	villi	切迫早産
4	〃	decidua	〃
5	39 2/7 GW	villi	既往帝切
6	24 3/7 GW	villi	妊娠中毒症
7	36 0/7 GW	villi	羊水過多
8	29 0/7 GW	villi	既往帝切, 水頭症
9	〃	decidua	〃
10	35 6/7 GW	villi	体位異常

図14 Northern blot 法による胎盤の u-PAR mRNA の発現

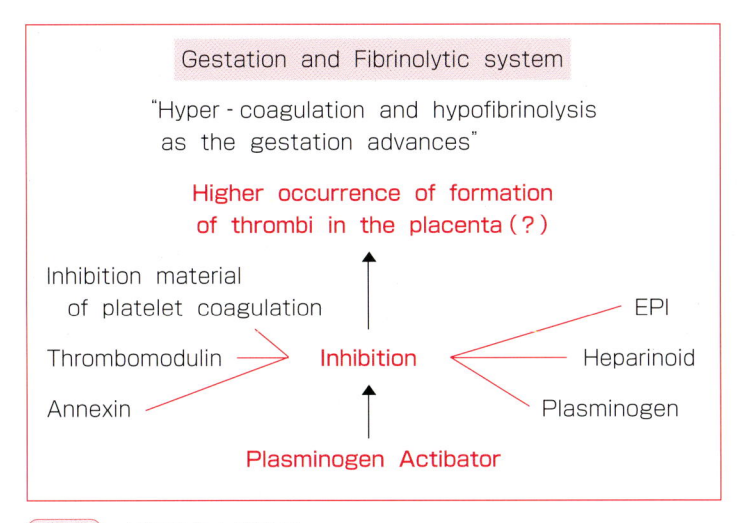

```
         Gestation and Fibrinolytic system
      "Hyper - coagulation and hypofibrinolysis
          as the gestation advances"

          Higher occurrence of formation
           of thrombi in the placenta (？)
                         ↑
  Inhibition material
    of platelet coagulation                   EPI
   Thrombomodulin  →   Inhibition  ←   Heparinoid
        Annexin                          Plasminogen
                         ↑
               Plasminogen Actibator
```

図15　妊娠胎盤と線溶系

リンによって活性化されない．一方，PAの活性化を抑えるPAI-1は肝臓で産生され，PAI-2は胎盤で産生される．PAI-2はu-PAの活性化を選択的に阻害することも知られている[5]．現在，胎盤機能とPAI-2，u-PAについての研究はほとんどなく，せいぜい血中の値の測定をしている論文がみられるにすぎない．しかし，PAI-2やu-PAIやレセプターの変動は血中値とともに胎盤の組織レベルで検索され，対照胎盤のそれと比較検討されるべきであって，それによって多くの今まで原因不明といわれてきた胎盤疾患の病態が明らかになると考える．すなわち，妊娠中毒症胎盤[6]やSLE，サラセミア妊婦にしばしば発症する胎盤血球症や梗塞などの発症原因の解明に役立ち，ひいてはそれらの疾患に対する治療法開発へと連なると期待される．また，線溶系機能と妊娠，胎盤機能には深い関係があるが，PA，PAI，PAIRやPAI-2などのほかにヘパリン様物質，血小板由来の凝固因子，トロンボモデュリンやアネキシン等々が深く関係しており，これらの因子によって線溶系機能の変化・亢進と阻害は胎盤内で絶えず行われていると考えられる（図15）．また，ウイルスや細菌などの感染症の合併によって胎盤の機能は大きく変化するが，ここではそれに触れる余裕がない．

おわりに

胎盤の病理学を以下の4点で解説した．

第1は肉眼所見，大きさや重量，厚さなどが大切で，肉眼所見をきっちりと把握，理解することが最も大切であることを強調した．

第2はSA（螺旋動脈）の重要性を記述した．SAは胎盤血量を調節する重要な筋性動脈で，この病理形態像の把握と理解なしには，胎盤の病理診断を正確に行うことは困難であると考える．

第3はSAのみならず脱落膜などへの中間型トロホブラストの侵入（アテローシス）の重要

性を解説した．アテローシスによってSAは抵抗性の高いresistant arteryからほぼ静脈と似たpassive vesselへと変貌する．これら中間型トロホブラストと脱落膜細胞との識別はCAM5.2による免疫組織化学染色が有効である．また，妊娠中毒症胎盤におけるSAはアテローシスが十分に進行していないことを述べた．

　第4は妊娠と胎盤，線溶系機能について解説した．正常妊娠胎盤においては妊娠初期において機能亢進しており，妊娠経過が進むにつれて機能低下することが判明した．胎盤においてはu-PAとPAI-2の役割が最も大切で，それらは脱落膜細胞で産生されると想定された．これらの線溶系因子によって胎盤の出血・凝固機能はコントロールされており，そのメカニズムの破綻が種々の胎盤疾患の発症と結びつくと考えられた．これらの線溶系因子以外にも多くの因子が胎盤機能に関与していると考えられ，今後それらの関与についての研究成果によって胎盤機能と胎盤疾患の関係の全貌が明らかにされることを期待している．

　　　［謝　辞］
　　本論文は神戸大学第一病理大学院生　西田佳史先生，同研究生　平野博嗣先生（現：大阪医大第二病理助手），神戸大学第一病理講師　今井幸弘先生（現：米国ハーバード大学留学中）方との協同研究を行ったものである．ここに深い感謝の意を表します．

文　献

1) 伊東　宏：in 妊娠・分娩・産褥と内科疾患, 77：63 (中山書店, 東京, 1994).
2) Honjoh Y et al：Kobe J Med Sci **40**, 1 (1994).
3) Nishimura Y et al：Kobe J Med Sci **40**, 13 (1994).
4) Nishida Y et al：Kobe J Med Sci **40**, 31 (1998).
5) 越川直彦ほか：実験医学 **12**, 71 (1994).
6) Totok Utoro et al：Kobe J Med Sci **40**, 217 (1989).

〔伊東　宏〕

4 生命と環境

はじめに

　環境問題としてはフロンガスによるオゾン層の破壊，地球の温暖化，砂漠化，絶滅危惧種の増加などに加えて，化学物質の問題がある．ダイオキシン類やPCB類などのように残留性が高く，健康に悪影響を与える恐れのある物質が社会問題となっている．PCB類は製造・使用が禁止されているが，分解性が悪く，体内にも蓄積し生物濃縮する．ダイオキシン類もPCB類と同様に生物濃縮し，発ガン物質として認知され，緊急対策により焼却炉からの排出を低減化することが取り決められている．農薬も残留性の高いものや，毒性の強いものは代替品に変えられてきている．残留性の高い化学物質だけでなく，今までは安全と考えられて環境中に放出されていた農薬，界面活性剤，プラスチックの原材料などの物質の中に，生体のホルモン受容体，特に女性ホルモン受容体に結合することにより，あたかも女性ホルモンと同じ様な働きをする化学物質，男性ホルモンや甲状腺ホルモンの受容体に結合してホルモン作用を阻止する物質など（環境ホルモン，内分泌攪乱物質）が明らかになった[1)-3)]．とくに男性の生殖健康が低下しているとの懸念がある[4)]．ヒトでは精子数がこの50年間で半減し[5)]，アメリカでは先天奇形の尿道下裂がこの20年間で2倍になり[6)]，精巣癌が増加しており30代がピークであるとの報告もあり[7)]，胎児期での内分泌攪乱物質が原因になっているとの仮説も提出されている．また，ダイオキシン類やPCB類などは生物濃縮により食物連鎖の上位の動物であるヒトのみならず，イルカ，クジラ，アザラシおよび猛禽類などの皮下脂肪に高濃度で蓄積されている．内分泌攪乱物質は水系に入り水棲動物の生殖を攪乱する懸念がある．世界の沿岸では有機スズによる巻貝の雌に雄の生殖器ができるインポセックス現象が見られている[8)]．環境庁や建設省などは河川中の内分泌攪乱物質を測定し，さらに，雄のコイでの卵黄タンパク発現を指標にした生物調査も開始している．厚生省ではヒトを対象にした精子数や体内の内分泌攪乱物質の濃度調査や，子宮内膜症との関連，水道水中の濃度調査も行われている．科学技術庁では，生活者ニーズの研究および戦略的基礎研究の元に，内分泌攪乱物質の研究を行っている．さらに，文部省の科学研究費の細目にも「内分泌攪乱物質」が入れられ，特定研究も採択されており，基礎的な研究の進展が期待される．

1　最近の新聞報道から

　新聞に報道された記事からいくつか紹介すると，労働省は大阪府能勢町のごみ焼却施設を解体していた作業員35人の血中から，最高値が平均の200～300倍にのぼる高濃度ダイ

オキシン類が検出されたと発表した．健康な一般人の平均は20〜37 pgに対して，35人の平均値は680 pg 最高値は5,380 pgであった．また，神奈川県の河川から環境規準濃度の8,000倍ものダイオキシン類が検出され，某企業のダイオキシン汚染水の配管が雨水の配管に接続されていたことも報道されている．一方，調理用手袋から，塩化ビニルやプラスチックの可塑剤のフタル酸類が食材に移行することが報告され，ヨーロッパ連合(EU)の規準を越えることから，厚生省は調理用手袋の使用を禁止した．東京都衛生局は，室内の内分泌攪乱物質の濃度調査から，可塑剤のフタル酸エステル類を9種類検出し，その内6種類は内分泌攪乱物質とされている．外気と比べて，フタル酸ジ-n-ブチルが9.7倍，フタル酸ジエチルが8.8倍，フタル酸ジ-2-エチルヘキシルが4.5倍であった．さらに，環境庁の報告では，発ガン性があり，喘息を悪化させるディーゼル車からの排ガスに含まれる微粒子(DEP)の大気中の濃度が，東京，神奈川，埼玉，大阪では，アメリカのロサンゼルス，デンバーなどの大都市の市街地や郊外よりも，最高で9倍も高くなっていること，国内での総排出量は年間約6万トンにおよび，単位面積で比較すると，アメリカの13倍，EUの2倍になると推計している．建設省では，国家公務員宿舎の建て替えなどでは，クロルピリホスなど，有機リン系のシロアリ駆除剤の使用を禁止した．これは，アメリカ環境保護庁(EPA)の禁止措置に基づいたものであるが，一般家屋への使用は通産省の管轄としている．また，焼却炉の煙突に煤煙フィルターを取り付けたところ，ダイオキシンの環境中への放出が極めて低くなったとの報道もある．また，オゾン層の破壊が進んでいることも報道され続けている．少し注意を払いながら新聞を読むだけで，環境関連の記事から世の中の関心事がわかる．

　環境中には人工的に合成された多くの化学物質が放出され，野生動物の健康に大きな脅威となっている．今までの環境問題は，致死作用，ガン化あるいは催奇形性といった健康影響に焦点があてられてきた．しかし，最近見い出された多くの事例から，体内のホルモンを攪乱するといった，今までにはなかった新たな観点からの研究が必要となってきている．本稿では，化学物質のなかで，性ホルモン類似の働きをしたり，性ホルモンや甲状腺ホルモンの働きを邪魔することにより，野生動物やヒトへも，生殖障害や，先天奇形を引き起こす可能性があるとして問題にされている内分泌攪乱物質(環境ホルモン)について，最近の動向を紹介する．

2　歴史的背景

　レイチェル・カーソンは1962年の「沈黙の春」で，DDTをはじめとする化学物質による大規模な汚染が野生動物の繁殖力の減少と関連していることを指摘した[9]．野生動物の生殖異常は農薬やPCB類などの化学物質による汚染が原因であると考えられている．下記のように，アメリカフロリダ州のアポプカ湖のワニ，フロリダ州のヒョウ，パリのセーヌ川の雌性化したウナギ，イギリスの河川でのローチ(コイ科の魚)の生殖異常など，多くの地域の多種類の野生動物種で生殖異常や性器異常等がみられることから，化学物質の曝露

を受けた野生動物に生理的な攪乱が生じている．また，多くの動物実験からも，化学物質のホルモン作用や生殖影響が指摘されていた．さらに，ヒトでは精巣ガンの増加，尿道下裂，停留精巣の増加が報告され，ヒトの精子数は過去50年間で半減したとの報告もある．これらのことから，野生動物に見られる現象はヒトにも関連しており，ヒトの生殖に深刻な問題が生じる可能性があることから，1991年に，世界自然保護基金(WWF)のコルボーンが，実験動物学，生態学，医学，環境化学などの分野の科学者をアメリカウイスコンシン州のウイングスプレッドに集めて研究分野を越えた会議を開き，環境中に放出された化学物質の野生動物，実験動物およびヒトへの影響について議論した．化学物質には生体内でホルモン受容体を介してホルモン類似作用や阻害作用を及ぼす物があり，多くの野生動物種はすでにこれらの化学物質の影響を受けており，これらの化学物質は人体にも蓄積されている[10]，との合意を得た．この会議以降，多くの分野の研究者が一同に会して話し合うことが多くなった．コルボーンは10月に環境のノーベル賞とも言われる，ブループラネット賞を受賞した．

　このような作用を示す一連の化学物質は内分泌攪乱物質（環境ホルモン）と呼ばれている．1999年のアメリカ科学アカデミーの報告書では，Hormonally Active Agentsとしている[11]．

3　生態系への影響[1)-3) 8)]

　海産巻貝の雌で雄の生殖器（ペニスおよび輸精管）を持つものが，イギリス，アメリカ，日本でも見つかっている．この現象の原因は船底防汚塗料として用いられていたトリブチルスズ(TBT)化合物である．TBTは極めて毒性が強く致死量よりも低いところで雌に対して雄の性徴（インポセックス）を不可逆的に誘導する．日本では39種の巻貝でインポセックスが見い出されている．

　イギリスでは，1980年代に雌雄同体のコイ科の魚のローチが見つかり，河川水の分析から天然のエストロゲンや経口避妊薬として用いられたエチニルエストラジオールが見い出された．これらのホルモンが下水施設を通して流れたことによって雌雄同体の魚の出現に関与した可能性もある．イギリスの環境庁では雄のニジマスを下水処理施設の下流に置き，バイオマーカーとして血清中のビテロゲニンを定期的に調べた．雄でのビテロゲニン発現はエストロゲン様物質の影響と判断できることから，魚類の環境調査に用いられている．イギリスの環境庁を中心にした調査の結果，下水処理場からの放出水にはエストロゲン様の化学物質が存在することが結論された．エアー川では雄の魚のビテロゲニン濃度が汚染されていない場所の産卵雌と同じであり精巣も小さかった．エアー川の近くの羊毛洗浄工場では，界面活性剤として用いられているノニルフェノールエトキシレートの分解産物であるノニルフェノールがエストロゲン作用の原因物質と推定されている．成熟雄のニジマスを用いた実験から，ノニルフェノールはビテロゲニン産生と精子形成の抑制を引き起こすことが示されている．河川水からは，ヒトや家畜からと考えられるエストラジオールや

エストロンに加えて，エチニルエストラジオールも見い出されている．さらに，イギリスでは湾のカレイの雄を調べてビテロゲニンの産生と精巣での卵の発現を見い出しており，エストロゲン様物質の汚染を懸念している．魚の雄性化の例として，フロリダのパルプ製紙工場の下流で，カダヤシの雌が雄性生殖器官を発達させた例がある．工場排水にはシトステロールがあり，微生物でC-19ステロイドに転換されて観察されたようなアンドロゲン様作用が出たのであろう．われわれは，酸化チタンを用いた光触媒により，エストロゲンやビスフェノールAなどが分解されることを発見し，特許を申請している．

多摩川ではオスのコイの約3割で精巣が小さく精子形成の悪い生殖異常がみられ，また5割でビテロゲニン発現が見い出された．多摩川ではノニルフェノール，ビスフェノールA，フタル酸類，エストロゲンが検出されている．建設省や環境庁の調査では，全国で約2割の雄のコイでビテロゲニン発現が認められているが，化学物質が原因と断定することはできない．内分泌攪乱物質は相加的に作用することも報告されており，複数の化学物質の複合作用の研究も重要である．

フロリダのアポプカ湖は1980年に近くの化学工場の事故で流出した農薬，ジコホール，DDT，DDEなどの混合物の汚染の結果として，アメリカワニの孵化率が極めて低く，幼弱な雄のワニの大半で生殖器が矮小化していた．さらに血中のテストステロンが極めて低い特徴がある．また，卵の中の化学物質の量が多いことから，母親の体内に蓄積されていた化学物質が卵へと渡されて異常を引き起こしたものであろう．

DDTおよびDDEは壊れにくく生物濃縮するので，アメリカの五大湖では今だに問題である．魚を食べるメリケンアジサシの生殖率が有機塩素系物質汚染のあるミシガン湖のグリーンベイでは極端に低下している．ワシカモメも汚染地域では卵殻が8～10％薄くなっており，このカモメの50～100％で右側に輸卵管があり，エストロゲン物質に曝露された証拠である．

4　ホルモンと内分泌攪乱物質

エストロゲンは標的細胞に作用する場合は核内のエストロゲン受容体タンパクに結合し，2量体になってDNA上の遺伝子のエストロゲン反応エレメントに結合して遺伝子発現を誘導する．エストロゲンによって発現誘導される遺伝子としては，ラクトフェリン，プロゲステロン受容体などがある．とくに，魚類，両生類，爬虫，鳥類では卵黄タンパク(ビテロゲニン)の発現が誘導される．ホルモン(リガンド)とホルモン受容体は鍵と鍵穴と言われてきたように，1対1の対応が有ると考えられてきた．しかし，エストロゲン受容体に関しては50種類以上もの合い鍵(化学物質)があり，弱いながらエストロゲン活性を示すことがわかっている．さらに，エストロゲン受容体にはα，βの2種類があり[12]，γが発見されたとの情報もあるし，膜受容体も見い出されている．それぞれの受容体の作用の違いについてはまだ詳細は解明されていない．そのうえ，核内受容体と転写因子の関連も詳細に検討されつつあり，受容体を介さず直接転写因子に作用する化学物質もあるかもし

れない．極めてホットな分野であろう．内分泌攪乱物質にはエストロゲン様作用だけではなく，エストロゲン拮抗作用，アンドロゲン拮抗作用，甲状腺ホルモン拮抗作用なども研究対象になっている．

さらに，核受容体スーパーファミリーの一つとして，新たなオーファン受容体，SXRが見い出されている[13]．SXRは肝臓，小腸，大腸に発現しており，CYP3遺伝子がSXRの標的となっている．大半のCYP3はSXRを活性化する．マウスとヒトではSXRを発現させる物質が異なることから，代謝の違いが，内分泌攪乱物質のマウスとヒトへの作用の違いとなっている．BPAと植物性エストロゲンはヒトとウサギでSXRを発現させ代謝が起こるが，齧歯類では発現誘導が低いことから，代謝されていない可能性がある．PCBは逆に，齧歯類ではSXRの発現誘導があるが，ヒトとウサギでは低い．SXRの発現を元に，内分泌攪乱物質を整理することで，ヒトと実験動物への作用の違いを明確にできると思われる．

5 実験動物およびヒトでの研究例

1950年にはDDTなどの農薬に女性ホルモン（エストロゲン）様作用があることが，1960年代にはPCB類にもエストロゲン様作用があることが動物実験によって証明されていた．1970年には，ヒトで流産防止のために妊娠中に服用した合成エストロゲンであるジエチルスチルベストロール（DES）が生まれた女児の腟ガンの原因となっている事例も見い出された．

内分泌攪乱物質とされている多くの化学物質のほとんどはエストロゲンの受容体に結合してエストロゲン様の作用を示す．著者らはエストロゲンの作用を新生仔期および胎仔期（周生期）のマウスを用いて研究してきた[14)15)]．周生期にエストロゲンを投与された雌マウスでは一つの卵胞に多数の卵が囲まれる多卵性卵胞が高率に発現する．多卵性卵胞からの卵は受精しにくく，視床下部・下垂体系の異常により無排卵にもなる．エストロゲン様物質の影響でアメリカワニの卵巣にも多卵性卵胞ができる．子宮，輸卵管，腟では癌化することもある．とくに，腟はエストロゲン依存的に細胞増殖を示すが，周生期のエストロゲン投与によりエストロゲン非依存的に細胞増殖を続け癌化に至ることもある．雄では精子形成の低下あるいは停止，前立腺の過剰増殖，癌化なども報告されている．さらに，骨形成の異常，免疫系の低下，生殖行動の異常なども起こる．これらの不可逆的異常は生後数日以内にエストロゲンを投与したときにのみ誘導され，エストロゲンに対する異常反応には臨界期がある．これに対して，臨界期をはずれたエストロゲン投与に対してはホルモン存在下でのみ反応し，ホルモンがなくなればもとに戻るという可逆的な反応をする．

胎盤形成に対する出生直後のエストロゲン及びアンドロゲンの影響に関しては詳細に検討されている[16)]．しかし，内分泌攪乱物質の影響に関してはこれからの問題であり，戦略的基礎研究の課題のひとつでもある．

卵巣を摘出し，体内のエストロゲンを無くした雌マウスにエストロゲンおよび内分泌攪乱物質を投与し，子宮重量の増加を指標として調べた結果，ビスフェノールA，ノニル

フェノール，メトキシクロールはエストロゲンの10,000倍以上の投与で子宮重量が増加したことから，エストロゲン活性は弱いながらも確実に存在することが明らかである．さらに，ラクトフェリン遺伝子の発現を指標にしても，エストロゲン作用を確認している．エストロゲンによって発現が誘導される遺伝子および発現が減少する遺伝子も，differential display法およびDNA microarray法を用いて見出している．近い将来，エストロゲン反応遺伝子の整理ができるであろう．

アフリカツメガエルや海産メダカのマミチョグも卵をエストロゲンの入った水で発生させた結果，生殖および骨形成に異常を示す個体も多く，特に頭部の骨形成が不完全であり，臨界期もある．ノニルフェノールやビスフェノールAをマミチョグの雄に投与すると，ビテロゲニン遺伝子の発現が雄の肝臓で誘導された．

最近のトピックとしては，7,928人の男子のうち51人に尿道下裂が見られ，ベジタリアンに尿道下裂の子供が有意に多いという疫学的な調査が発表されている[17]．また，DDTの分解や，色素の合成のときにできると考えられている，トリス4クロロフェニルメタンとトリス4クロロフェニルメタノールが，海棲哺乳動物だけでなくヒトの組織中からも見い出されており[18]，しかも構造がDDTに類似し，エストロゲン受容体との親和性も強いことが分かり[19]，新たな内分泌攪乱物質の可能性がある．

おわりに

内分泌攪乱物質は成体に対してはおそらく可逆的に作用し，原因物質を除去あるいは少なくすることにより問題の解決が図られると思われる．しかしながら，胎仔期から新生仔期では不可逆的な作用を及ぼす可能性がある．また，水系に棲息するカエルや魚に関しては，卵の発生ステージによってはホルモン様化学物質に対して敏感な時期があり，発生異常，性分化の異常が引き起こされる可能性もある．生殖に異常をきたせば種の絶滅にもつながる恐れがあるので，胚および胎仔に対する内分泌攪乱物質の影響の研究および検出系の確立が急務であると同時に，胎仔期から新生仔期に内分泌攪乱物質に曝露された個体の免疫系，行動を含めた長期的な研究も必要であろう．

エストロゲン様物質を胎仔期に投与すると，極低用量であっても何らかの影響を及ぼすという，"低用量効果"が報告されている[20)-23)]．低用量効果を及ぼすためには，化学物質が胎盤を透過して胎仔に届くことが必要である．合成エストロゲンを妊娠マウスに投与すると胎仔に移行し，とくに胎仔の生殖腺付属器官に多く存在していることが知られている．われわれの実験結果から，ビスフェノールAは，胎盤形態の異なるマウスおよびニホンザルでも，胎盤を透過し，30分〜1時間後には胎仔の組織に存在していることが明らかとなった．また，ヒトの臍帯からもビスフェノールAが検出されている[24]．ラットを用いたビスフェノールAの代謝に関する研究からは，代謝酵素の遺伝子発現は胎仔ラットの肝臓では発現していないが，生後3日から発現が起こり，生後2週目から成体と同じ程度の発現になるとされている[25]．したがって，胎仔期に曝露されたビスフェノールAは胎児の肝臓では分解できない可能性が高い．このように，動物胎仔の肝臓での化学物質の代謝に関する研究が必要である．

人間が作り出した化学物質は1,000万種類以上もあり，そのなかで現代生活にかかわりの深いものとして75,000種類の化学物質があると言われている．OECD（経済協力開発機構）は，新たに性ホルモン様作用を検出する試験法を作っている．また，環境中の動物に対する影響を考慮して，魚類，両生類および鳥類に対する影響も調べることになっている．ヨーロッパ連合でも内分泌攪乱作用をもつ疑いのある66物質をリストしている．

　内分泌攪乱物質の作用機構を明らかにする基礎研究に加えて，ホルモン作用を簡便に検出する系を，日本を始めOECDやアメリカの環境保護庁でも開発している．近い将来には化学物質のホルモン作用の有無は明らかにされるであろう．DNA microarrayなどを用いて，遺伝子発現から化学物質の毒性やホルモン類似作用を明らかにする系を開発しなくてはならない．ヒトをはじめとする哺乳動物への影響の可能性，魚類，両生類，鳥類への影響の可能性は，代謝，蓄積性，量，作用のタイミングなどによって異なる．化学物質の環境中での運命などの今後の長期的な研究が必要である．化学物質の溶出しない使い方を工夫し，環境に対してはPRTR（環境汚染物質の排出移動登録制度）を利用して，環境中に放出される化学物質を削減する努力も必要である．

文　献

1) Colborn T & Clement C (eds)：in Chemically-Induced Alterations in Sexual and Functional Development, 403 (The Wildlife/Human Connection, Princeton Sci Pub, 1992).
2) Estrogens in the Environment：Environ Health Perspect **103** (Suppl 7), 1 (1995).
3) Soto A, Sonnenschein C & Colborn T (eds)：Special Issue：Endocrine Disruption and Reproductive Effects in Wildlife and Humans. Comments Toxicol **5**, 315 (1996).
4) Glwercman A et al：Int J Androl **15**, 373 (1992).
5) Carlsen E et al：Br Med J **306**, 609 (1992).
6) Ekborn A et al：APMIS **106**, 225 (1998).
7) Dolk H：Lancet **351**, 770 (1998).
8) 環境庁リスク対策検討会監修「環境ホルモン」，167（環境新聞社，1997）.
9) Carson R：Silent Spring (1962)，青樹訳「沈黙の春」新潮社 (1964).
10) Colborn T et al：in Our Stolen Future, 306 (Dutton, New York, 1996)，長尾訳「奪われし未来」，翔泳社 (1997).
11) National Research Council：in Hormonally Active Agents in the Environment, 430 (National Academy Press, Washington DC, 1999).
12) Couse JF et al：Endocr Rev **20**, 358 (1999).
13) Blumberg B et al：Genes Dev **12**, 3195 (1998).
14) Iguchi T：Int Rev Cytol **139**, 1 (1992).
15) Iguchi T & Sato T：Am Zoologist **40**, 402 (2000).
16) Ohta Y：Int Rev Cytol **160**, 1 (1995).
17) North K et al：BJU International **85**, 107 (2000).
18) Minh TB et al：Environ. Health Perspect **108**, 599 (2000).
19) Lascombe I, et al：Environ. Health Perspect **108**, 621 (2000).
20) vom Saal F et al：Proc Natl Acad Sci USA **94**, 2056 (1997).
21) Howdeshell K et al：Nature **401**, 763 (1999).
22) Gupta C：PSEBM **224**, 61 (2000).
23) Sheehan D：PSEBM **224**, 57 (2000).
24) Takada H et al：Abstract B-6. Endocrine Disruptor 1st Annual Meeting at Kyoto, Dec 11-12 (1998).
25) Yokota H et al：Abstract D-3. Endocrine Disruptor 1st Annual Meeting at Kyoto, Dec 11-12 (1998).

〔井口泰泉／渡邊　肇／勝　義直〕

I 総　　論

5

不妊治療と ART

はじめに

　高度生殖医療あるいは補助生殖医療（Assisted reproductive technology；ART）は不妊治療の最終到達点として，現在の日常診療になくてはならないものになっている．ARTの代表は体外受精・胚移植（in vitro fertilization & embryo transfer：IVF‐ET）[1]であるが，GIFT（gamete intrafallopian transfer：配偶子卵管内移植）[2]，ZIFT（zygote intrafallopian transfer：接合子卵管内移植）[3]，ICSI（intracytoplasmic sperm injection：卵細胞質内精子注入法）[4]，胚凍結[5]なども含まれる（図16）．1978年，英国で初のIVF-ETによる児が誕生して以来[1]，世界中で数多くの児が出生しており，日本でもIVF-ETにより平成10年12月31日現在合計47,591人の児が誕生した[6]．最近では1年間に1万余人の児が出生している．しかし，その妊娠率は今だに決して高いものではない．平成10

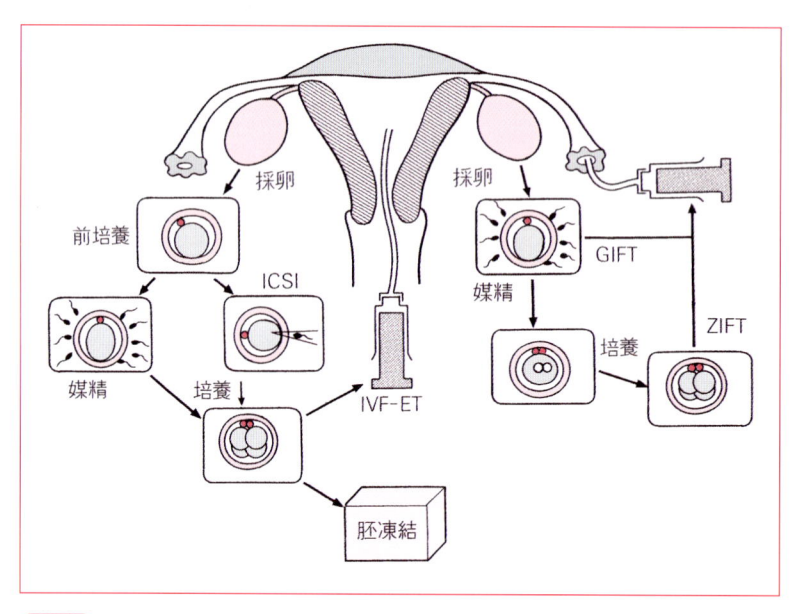

図16　ART の種類
IVF‐ET：in vitro fertilization and embryo transfer
GIFT：gamete intrafallopian transfer
ZIFT：zygote intrafallopian transfer
ICSI：intracytoplasmic sperm injection
胚凍結

年度の全国平均によると，移植あたりの臨床的妊娠率は22.6%にすぎず[6]，この数字は私たちの東海大学病院においてもほぼ同じであった（過去11年間の全症例，23.2%）．本稿では不妊診療におけるARTの位置づけとその問題点を述べる．

1 不妊症とは

日本では，あるカップルが妊娠を目指して2年で妊娠しない場合に不妊症と定義される．米国ではこの期間が1年となっており，頻度は10〜15%といわれている[7]．いずれにしても期間が重視されているだけで，その原因は問わない．これは不妊の原因がすべて解明されているわけではないことによるもので，例えばある未婚の女性が「私が不妊症か調べて欲しい」といわれても，それは卵管が閉塞しているとか卵巣がないとかいう特殊な場合を除き現状では不可能で，不妊という結論が出せない．第1に，着床以降に関する部分がほとんどわかっていないこと．これはIVF-ETの妊娠率が低い最大の理由であると考えられ，着床について解明されればIVF-ETの妊娠率がかなりよくなるだろうと推定される．第2に，ある男性とある女性の間に起きる受精や着床といった現象が別の男性とその女性にあてはまるとは限らないこと．これは免疫現象が解明されていないためでもある．第3に，不安や抑うつといった精神的要因が関与していること．ある種の精神的要因を解除することにより妊娠が成立する場合があるという報告がある[8]．精神因子に関しては，日本では真剣に取り組まれていないが欧米では議論が盛んである．私たちの東海大学病院では精神科医と協力して診療にあたっているが，そのような病院は日本には他にほとんど見あたらない．いずれにしても，妊娠の成立や不妊の原因のすべてが解明されているわけではない．

2 不妊症一般検査とは

不妊原因別の検査および治療を表3に示す．不妊症一般検査とは，このうち精液検査，頸管粘液検査，フーナーテスト（性交後試験），基礎体温，超音波検査，内分泌検査，子宮卵管造影検査，月経血培養検査，子宮内膜組織検査などを指す．これらの検査を一通り行った後，異常な点を総合的に治療していくのが不妊症の治療である．しかし，一般検査で異常が発見されない場合が10〜15%程度あり，これを機能性不妊（原因不明不妊）と呼ぶ[9]．腹腔鏡を行うことにより機能性不妊は10%以下になるといわれているが，これは入院や全身麻酔を伴う侵襲性のある検査である．

妊娠の成立には，図17に示すように，卵の発育と成熟・排卵・卵管采での卵のキャッチ・精子の卵管への侵入・受精・胚の子宮への移動・着床というステップがある．これらのステップのどこに障害があるかを検査するのであるが，実際の検査では機能を調べることはできないので，あくまで器質的なことを調べているにすぎない．例えば，子宮卵管造影検査では，卵管での胚の移動の確認はできず，卵管通過性の有無をみているだけである．

I 総　　論

表3　不妊原因別の検査および治療

不妊原因	検　　査	治　　療
男性因子 （乏精子症，無精子症）	精液検査 内分泌検査 抗精子抗体	AIH, IVF-ET, ICSI AID
頸管因子	頸管粘液検査 フーナーテスト 抗精子抗体	AIH IVF-ET
排卵因子 （排卵障害，POF）	基礎体温 超音波卵胞計測 LHサージ検査 内分泌検査	排卵誘発 手術 IVF-ET
卵管因子 （閉塞，狭窄，癒着）	子宮卵管造影 卵管通水通気検査 腹腔鏡	手術 IVF-ET
受精障害	(IVF-ET)*	ICSI
子宮因子 （奇形，筋腫，癒着， ポリープ，結核）	子宮卵管造影 子宮鏡 超音波検査 月経血培養	手術 GnRHa 抗菌剤
黄体機能不全	子宮内膜組織検査 内分泌検査	黄体ホルモン補充
子宮内膜症	腹腔鏡 超音波検査	手術 GnRHa IVF-ET

AIH：配偶者間人工授精，AID：非配偶者間人工授精
POF：premature ovarian failure（早発卵巣不全）
GnRHa：gonadotropin-releasing hormone agonist
抗精子抗体は免疫性不妊ともいう
子宮因子と黄体機能不全は着床因子の一部である
*IVF-ETは検査ではないが，これを行うことによってはじめて受精障害が明らかになる

　両側卵管通過障害があれば，精子と卵が出会うことはないので不妊であるが，卵管通過性があるからといって精子や胚の移動があるとは限らないからこれは卵管の機能をみる検査ではない．不妊の原因がすべて解明されていないことが，機能性不妊を生む最大の理由であるが，一般検査では機能の評価ができないということに第2の理由がある．さて，表3で着床因子を除いた治療欄の全てにIVF-ETと記されているように，妊娠するためのこれらのステップのすべてをスキップして着床まで飛んだものがIVF-ETである．よってIVF-ETは最も妊娠率が高い不妊治療，言い換えると究極の不妊治療であるが，それにしては妊娠率が1/4とは低すぎると言わざるを得ないのである．これは，まだまだ解明されるべき現象が多いということを意味している．

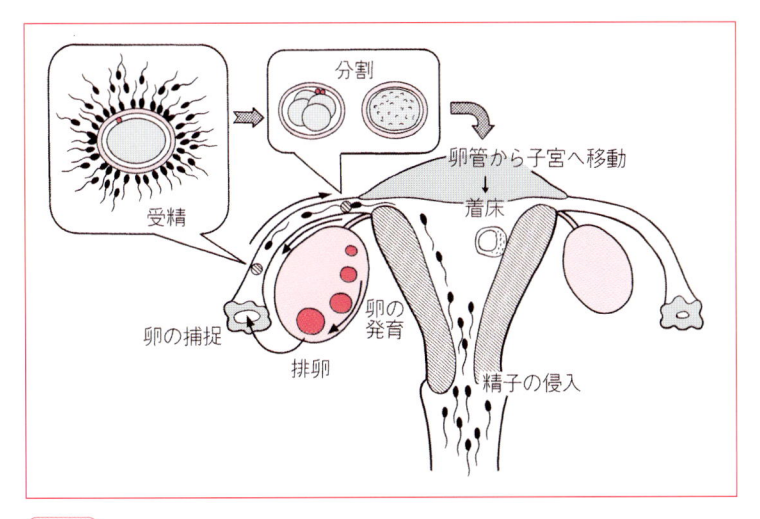

図17 妊娠の成立
卵：発育・成熟後排卵し，卵管采で卵のキャッチが行われ，卵管膨大部へ到達する．
精子：子宮を通り卵管へ侵入し卵管膨大部へ到達する．
受精卵：受精成立後分割しながら胚は子宮へ移動し着床する．

3　IVF－ETの実際（図18）

現在，ARTのうち98％はIVF‐ETである[6]のでその実際の方法を簡単に解説する．

1　排卵誘発

採卵できた卵が受精の段階と分割の段階で目減りしてしまうため，良好胚を複数個得るには排卵誘発が必要である．排卵誘発には様々な方法があるが，重要なことは排卵直前の成熟卵を得ることである．未熟卵排卵の原因であるpremature LH surgeを抑制するためにGnRHa(gonadotropin-releasing hormone agonist)によるdown regulationをかけ，hMG(human menopausal gonadotropin)製剤あるいはpFSH（pureFSH）製剤を使用する方法が広く行われている．しかし，hMGの使用はOHSS(ovarian hyperstimulation syndrome：卵巣過剰刺激症候群)発症のリスクを有するため特に採卵後の慎重な管理が必要となる．一方，clomiphen citrate単独や自然周期ではpremature LH surgeを抑制できず，採卵のタイミングを逃してしまうことがある．

2　採　　卵

当初全身麻酔のもとに腹腔鏡下で採卵が行われていたが，経腟超音波ガイド下に採卵が行えるようになってからは，外来のみでの採卵が可能となった．それに伴い診療所でのIVF-ETが増加し，平成12年3月31日現在日本では合計474施設が登録されている[6]．す

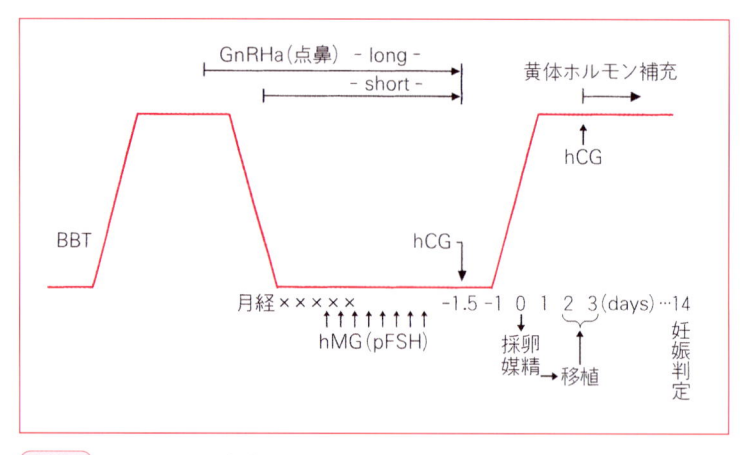

図18 IVF-ETの実際

排卵誘発：GnRHa＋hMG（or pFSH）により卵胞発育をはかる
（GnRHaは使用開始の時期によりlong法とshort法がある）
採卵への切替：hCGで卵の最終成熟を促す（採卵の36～38時間前）
採卵：経腟超音波ガイド下採卵（day0：採卵日をday0とする）
移植：経腹超音波ガイド下移植（day2～3）
黄体ホルモン補充：胚移植後から開始（day2～3）
妊娠判定：採卵後2週目（day14）

なわち，今ではどんなに小規模な施設でもIVF-ET実施が可能である．

3　胚移植

　胚移植はカテーテルチューブにあらかじめ3個以内の胚を入れ，経腹超音波ガイド下に経腟的に移植する．胚のグレードはVeeckの分類を用い評価し，基本的にGrade 1，2の胚を，場合によりGrade 3の胚を移植に用いる[10]．通常Grade 1，2を良好胚，Grade 4，5を不良胚という．

4　黄体ホルモン補充

　IVF-ETにおいて黄体ホルモン補充は必要不可欠である．これは採卵時に顆粒膜細胞を吸引しているためと，GnRHaでdown regulationをかけているために黄体ホルモンが不足することによる．日本では黄体ホルモン製剤は筋注用しかないため，座薬製剤に作り替えたり，代用薬のdydrogesteroneの経口投与が行われている．したがって，IVF-ETでは必ず何らかの黄体ホルモン補充が行われている．

5　胚凍結保存

　日本産科婦人科学会の見解によると，4胎以上の多胎妊娠は母児ともにリスクが高いこと，4個以上移植しても妊娠率に変化はなく多胎率が増加することから，移植する胚を3

個以内にするよう勧告されている[11]．また減数手術(例えば4胎から双胎へある胎児を選択的に中絶するなど)の是非については日本産科婦人科学会ではいまだその結論は出ていない．したがって，現実的には良好胚の余剰を認める場合があり，受精卵凍結保存の必要性が生じる[12]．しかしながら，平成12年3月31日現在日本ではIVF-ETを行っている施設の約半数の234施設が胚凍結可能な施設として登録されているにすぎない[6]．

4　妊娠率改善と多胎妊娠の防止

　妊娠率改善は多胎妊娠の防止と相反することであるため，主として良好胚の選別にその視点が向けられてきた．従来採卵後2～3日目に移植していたが，最近5日目にblastocystを移植するBT (blastocyst transfer)が盛んに行われ良好な成績が報告されている[13]．着床可能な良好胚は5日目までの体外培養が可能であり，そこまで生育した胚は着床率が良い．また，新たな胚の評価により，2～3日目にも良好胚の選別が可能であり，良好な着床率を報告している施設もある[14]．医療費をすべて国家の費用で賄っている北欧では良好胚の選別についての研究が盛んであり，1ないし2胚移植により多胎妊娠を防ぎつつ妊娠率を上げることに成功している[15]．

　もうひとつの手段は胚の凍結保存である．一回に多くの胚移植をするのではなく，何回かに分けて2～3個の胚を移植することで，一回の採卵あたりの合計の妊娠率を増加させようという考えである．胚の凍結保存は今では安全にかつ効率よく行われており，解凍胚移植あたり15～20％の臨床的妊娠率が得られている．

5　男性不妊の克服に限界はないのか

　現在の生殖医療の方向のひとつは男性不妊の克服に向けられている．マスコミをしばしば賑わせるのもこの分野である．ICSI (intra cytoplasmic sperm injection)の登場により精子濃度10万/ml以下の高度乏精子症に対しても受精卵を得ることができるようになった[16]．日本でも男性不妊に対してIVF-ETの適応が拡大され，多くの夫婦がその恩恵を受けている[17]．ICSIは未熟な精子もその対象となるため，閉塞性無精子症ではTESE (testicular sperm extraction)により精巣から精子を直接吸引採取する方法や，MESA (microsurgical epidydimal spem aspiration)により精巣上体から精子を吸引することによりその利用が可能である．造精機能が障害されている無精子症でもごく少数の精子あるいは後期精子細胞という精子になる直前の細胞が精巣内に存在していることがあり，TESEをトライする意義がある．ただし，前期精子細胞である円形精子細胞は，そのままでは細胞が大きくICSIができない．このほか，マウスで培養したり他人の精子を途中まで用いるなど様々なアイデアがあるが，これらのアイデアは発表されるたびに波紋を呼んでいる．

　確かにICSIにより，男性不妊の患者にも子供をもうけることができるようになった．しかし，ICSIで選ばれる精子が果たして良い精子であるかについてはあまり議論されていな

い．選ばれた精子に異常がないとは断定できず，精子の状態が悪ければ受精率が低下することが予想される．また，ICSIで生まれてくる男児に将来父親と同じような男性不妊をもたらす可能性も否定できず，実際に男性不妊の家系は遺伝的に集積しているという報告もある[18]．よって，これからは良い精子をいかに選ぶかということを考えなければならないであろう．また，精子採取は特別な場合を除いて無菌操作でない（用手的採取）ため，細菌などを同時に卵子に注入している可能性も否定できない．今後，より安全で確実な精子調整およびICSI手技の開発が待たれる．また，造精機能のない無精子症の患者に妊娠を成立させることについては，その是非が議論されるべきかもしれない．

6 生殖細胞の凍結保存

精子および胚の凍結保存は実用化され，既に日々の臨床に組み込まれている．しかし，未受精卵の凍結保存にはまだまだ高いハードルが残されており，広く実用化されるには至っていない．これは解凍した時の生存率・受精率が極めて低いことが十分には解決されていないからである[19]．そこで，最近では卵巣の組織そのものを凍結保存しようという方向に研究が進んでいる．

胚の凍結保存は使用権や廃棄権など法律や倫理上多くの問題を生じることになるため，むしろ未受精卵や精子の凍結保存技術を進めるべきであると考えられている．なぜならば，未婚の男性あるいは女性が抗ガン剤などの治療により生殖細胞へのダメージを受けることが予想される場合，生殖細胞を来るべき時まで安全に保存することができるからである．現在のところ，精子凍結はそのような患者やAID (artificial insemination with donor,s semen) の精子の備蓄に使われている．課題は卵子の保存である．

7 OHSS（卵巣過剰刺激症候群）を避けるには

OHSSはIVF-ETの治療のなかで最も危険な副作用である．排卵誘発剤であるhMG（あるいはpFSH）製剤と採卵前に使用するhCGがその発症の基盤にあり，卵巣腫大，血管透過性亢進，腹水胸水貯留，血液濃縮などが悪循環を招き，ときには致死的になることもあり，厳重な管理と予防が必要である．真の病因については明らかになっていないが，血中のestradiol値が5,000pg/ml以上と高値となった場合にハイリスクであることがわかっているため，最近ではprolonged coastingという方法をとり予防的効果を上げている[20]．これはestradiolが5,000pg/ml以上となった場合hCGも排卵誘発剤も使用せずに数日待って，estradiol値が3,000pg/ml程度に低下してからhCGを投与し採卵にもっていく方法である．また，OHSSは妊娠成立により悪化するため，その周期に妊娠成立を回避するため全胚を凍結保存する予防策も行われている．そもそも，排卵誘発剤を使用しなければこのような副作用は回避できるのであるが，仮に自然周期でIVF-ETを行った場合10%以下の妊娠率であり[21]，現代のARTではある意味避けては通れない問題のひとつである．

8 染色体異常と自然淘汰,遺伝子診断,割球の出生前診断

　受精卵の4割に染色体異常があることが知られている[22].通常このような卵は子宮に着床する前か,妊娠初期に流産として自然淘汰される.このような染色体異常や遺伝疾患をもった受精卵を子宮にもどすことのないよう,受精卵の細胞の一部を取り出して遺伝子診断が実現可能になってきた.

　妊娠中期(15〜18週)に行われる羊水検査や妊娠初期に行われる絨毛検査では,染色体異常の診断や遺伝子診断が可能であるが,異常が認められた場合,治療法がない,あるいは確立していないために,その胎児を中絶することも稀ではない.このような出生前診断の矛盾を解決するために胚の段階での遺伝子診断は考案された.遺伝子診断により遺伝性疾患を発症しないと診断された受精卵を子宮に戻すというものである.IVF-ETにより得られた4から8細胞期胚から1〜2割球を取り出し,遺伝子診断に用いる.短時間で正確な診断結果を得ることが必要であり,今のところ限られた疾患にのみ特定の施設で可能であるにすぎない.本法はIVF-ETを不妊治療以外に臨床応用することになるため,その適用範囲については,たとえば重篤な遺伝性疾患がある場合など,日本産科婦人科学会に申請し個別に審議され認められた場合に限られている[23].

おわりに

　何らかの原因で卵子や精子が採取できない夫婦の場合,donationを認めなければ子供を持つことはできない.donationは本来の治療ではないため法的整備や倫理的問題を含んでいる.

表4　IVF-ETに関する日本産科婦人科学会の見解の抜粋

適　応
1. 不妊の治療として行われる医療行為である
2. 他の医療行為では妊娠成立の見込みがないと判断されるものを対象とする
   (卵管性不妊症,乏精子症,免疫性不妊症,原因不明不妊症など)
3. 戸籍上の夫婦間に限られる
4. 心身ともに妊娠・分娩・育児に耐える状態にある
5. 夫婦は方法,成功率,副作用,限界につき十分な理解をする

実　施
1. 四胎以上の多胎妊娠は母子の生命リスクを高めるため移植胚数は原則として3個以内とする
2. 実施者は医師であり,受精卵を慎重に取り扱う
3. 遺伝子操作を行わない
4. 夫婦および出生児のプライバシーを尊重する

臨床応用
1. 不妊治療以外への臨床応用は個別に審議し決定する
2. 着床前診断は医療行為であり、重篤な遺伝性疾患に限り適用される

〔文献11) 17) 23) により改変引用〕

I 総論

精子に老化はほとんどないが，卵には質的低下が認められるため[24]，donationを認めていない日本などでは閉経するまでに妊娠しなければ子供をもつことを諦めざるをえない．かつて，脳死が死と認められるまで臓器移植を求めて海外に繰り出していたが，今不妊症患者も卵のドナーを求めて海外に流出している．

ARTのほとんどが，個人医院でも実施可能である．日本ではARTは日本産科婦人科学会の見解に基づいているだけであり（表4），何ら法的な規制がない．大学病院では必ず倫理委員会があり，それぞれ倫理規定を設け研究や診療に歯止めがかかっている．しかし，近年の日本のマスコミを賑わす記事のほとんどが，大学病院ではなく民間の大きな不妊センターから発せられていることは事実である．ARTの研究および実施は，最終的に個々の医師の倫理観に委ねられている．

文献

1) Steptoe PC et al : Lancet **2**, 366 (1978).
2) Asch RH et al : Lancet **2**, 1034 (1984).
3) Yovich JL et al : Fertil Steril **48**, 854 (1987).
4) Palermo G et al : Lancet **340**, 17 (1992).
5) Trouson A et al : Nature **305**, 707 (1983).
6) 荒木 勤：日産婦誌 **52**, 962 (2000).
7) Mosher WD et al : Fertil Steril **56**, 192 (1991).
8) Domar AD et al : Fertil Steril **58**, 144 (1992).
9) Crosignani PG et al, Hum Reprod **8**, 977 (1993).
10) Veeck LL : in Atlas of the Human Oocyte and Early Conceptus **2**, 121 (1991).
11) 日産婦誌 **51**, 33 (1999).
12) 日産婦誌 **51**, 27 (1999).
13) Gardner DK et al : Fertil Steril **72**, 216 (1999).
14) Catherine R et al : Fertil Steril **73**, 558 (2000).
15) Royen EV et al : Hum Reprod **14**, 2345 (1999).
16) VanSteirteghem A et al : Hum Reprod **8**, 1784 (1993).
17) 日産婦誌 **51**, 15 (1999).
18) Meschede D et al : Hum Reprod **15**, 1604 (2000).
19) Porcu E et al : Fertil Steril **68**, 724 (1997).
20) Sher G et al : Hum Reprod **10**, 3107 (1995).
21) Claman P et al : Fertil Steril **60**, 298 (1993).
22) 大濱紘三：日母医報 平成4年4月5日 (1992).
23) 日産婦誌 **51**, 38 (1999).
24) Abdalla HI et al : Hum Reprod **12**, 827 (1997).

〔松林秀彦／牧野恒久〕

6 不育症

はじめに

すべての生物・種は新たに生命を再生産（reproduce）することなしにはその種属そのものの維持は望めない．生命再生産に要する期間すなわち妊娠期間は各々の種属でその種固有の妊娠期間が厳然と定められており，この至適妊娠期間が破綻すると生命の再生産はあり得ないことになる．

ヒトに限って言えば，近年のめざましい生殖医学の発展にもかかわらず，その生殖のロスや妊娠維持機構には不明の点が少なくない．不育症とは妊娠の成立は望めるものの，妊娠を維持する機構が何らかの原因で毎回破綻し，成熟した生児が得られないものと一般に定義される．その範疇に入るものとして自然流産，早産，周産期における胎児・新生児死亡などの反復が考えられるが，自然流産の反復が最も多い．

平成11年のわが国の出生総数は約117万件で，その一方で約30万件以上の自然流産があったと推定される．出生数は約50年前の250万件に比較すると半数以下になっており，文字通りの少産少子の社会的環境下にある．

ヒトの妊娠をある一定の期間維持する生体内の機構には内分泌，免疫，代謝その他多くの機構が関与しており，妊娠維持複合体（pregnancy maintenance complex : PMC）という概念でこれらの相互作用を理解することが理にかなう方法であろう．

ここでは，ヒトの妊娠を維持する重要な因子を検証し，妊娠破綻のメカニズムやそれらの因子の臨床的意義についてまとめてみた．

1　ヒトの生殖のロスはどのような頻度で存在するか

妊娠の維持機能を臨床的な立場から考える場合，妊娠維持と対をなす妊娠の破綻すなわち流産の臨床像を今一度整理することも興味のあることである．自然流産はヒトの妊娠中ある一定の割合で生殖のロスとして惹起される．一般に自然流産の全妊娠に占める割合は，妊娠を取り扱う施設や対象とする母集団によって少しずつ差があるが約15％とされている．私どもが1979年より1988年までの10年間の妊娠11,077例を追跡調査したところ，流産率は16.95％であった[1]．海外ではStickle[2]が米国の5,712,000例の妊娠を調査し，1,537,000件の流産例を観察し，流産率を約27％とした報告もある．いずれにせよ，自然流産は全妊娠のなかでかなりの割合で存在することになり，今わが国の年間の妊娠総数を200〜250万件と推定すると年間の自然流産の総数は約30〜40万件にのぼることになる．

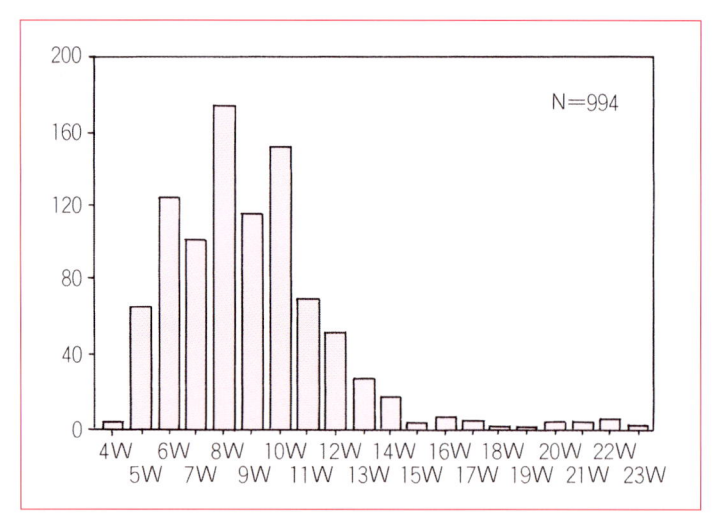

図19　994例の自然流産が惹起された妊娠週数
（Makino Tら，1992[3]）による）

　一方，自然流産が惹き起される週数の報告にも幅がある．この一つの理由としては流産時期の判定の難しさが考えられ，流産の時期の表現が月数・週数の両者にまたがり，実際の流産が臨床上のどの時点で定義するかによって流産時期に差が生じる．私どもが自然流産例で子宮内容除去術が施行された週数が明らかな994例の症例をまとめたところ[3]，84.2％の流産は妊娠12週以前に生じたことが判明した（図19）．このほか，反復する月経周期中に超早期流産（chemical aborition）が約30〜40％存在するという報告もある[4) 5)]．

2　先天性子宮奇形でなぜ流産するのか

　骨盤腔の中央で膀胱と直腸の間に位置する子宮は，生殖臓器の中でもいくつかの重要な機能を担っている．いうまでもなく，子宮は妊娠・分娩に直接かかわる生命再生産の臓器であるが，古典的な，胎児を発育・成熟させる場を提供する臓器という概念から，近年はより複雑な機能をもつ臓器として新しいとらえ方がされはじめた．

　先天性の子宮奇形の頻度・統計の報告はきわめて少ない．その理由の一つは，多くの子宮奇形は，それらが存在していても初経の年齢やその後の月経周期にはほとんど影響を及ぼさず，結婚後自然流産を反復し，精査の結果，はじめて発見されることが多いからである．成書に記された先天性子宮奇形の頻度としてはZabriskie[6]の報告が引用される．この報告では，29,939の妊娠に92例の先天性子宮奇形が見い出されたとし，その頻度は0.3％としている．一方で，自然流産を反復するいわゆる不育症患者のルーチン検査で見い出される先天性子宮奇形の頻度はより高いことが予想される．著者ら[3]は，不育症婦人1,120人中1,000人に子宮卵管造影を施行し，147例（14.7％）に何らかの子宮奇形を見い出した．同じく著者ら[7]は，子宮卵管造影の症例を1,200例に増やして検討して188例（15.7％）に

表5 先天性子宮奇形の頻度*

	症例数
弓状子宮	133 (70.7%)
部分中隔子宮	42 (22.3%)
完全中隔子宮	5 (2.7%)
	188 (100%)

* 1,200例の子宮卵管造影から見い出された188例の分類 （Makinoら，1992[3]による）

表6 先天性子宮奇形147例の自然流産回数

	n	流産回数	平均
弓状子宮 （0＜X/M＜1/3）	95	292	3.1
部分中隔子宮 （1/3≦X/M＜1）	40	124	3.1
完全中隔子宮（X/M≒1）	8	27	3.4
単角子宮	4	13	3.3

（Makinoら，1992[3]による）

表7 先天性子宮奇形71症例の子宮形成術前後の妊娠予後

	術前	術後
症例数	71	46
妊娠総数	233 (100%)	46 (100%)
自然流産	228 (97.9%)	7 (15.3%)
早産	4 (1.7%)	0
死産	1 (0.4%)	0
正期産	0	37 (80.4%)
妊娠継続中	0	2 (4.3%)

（Makinoら，1992[7]による）

表8 先天性子宮奇形47症例の非子宮形成術下における次回妊娠予後

	n	%
自然流産	152	94.4
死産	1	0.6
正期産	7	4.4
妊娠継続中	1	0.6
計	161	100.0

（Makinoら，1992[7]による）

同じく何らかの先天性子宮奇形を認めている．したがって，不育症においてはおよそ14～16％の症例に先天性子宮奇形が存在するものと思われる（表5）．

先天性子宮内腔形態異常が流産を起こす機序の一つに子宮中隔の子宮内腔の胎児・胎盤・羊水腔などに対する機械的刺激が主張されてきた．しかしながら，私どもの検討では流産回数と子宮内腔の変形の度合いは一致しない（表6）[3]．さらに検討を重ねると，奇形子宮から得られた中隔組織中の動脈分布は正常子宮組織のそれと比較して明らかに疎な部分が多く，脈管分布の異常が自然流産好発の原因の一つであることを示唆してきた[8]．この知見に基づいた子宮形成術を不育症71例に施行し，脈管の再構築を試みたところ，80％以上に正期産に至る妊娠維持が可能であり（表7），対照群の非外科的療法群47例では次回妊娠時に94.4％が再び自然流産している（表8）．

3　ヒト染色体異常と不育症

次代の新しい生命が夫婦それぞれの染色体のいわばレプリカとして成り立つ以上，夫あるいは妻の染色体異常ないし保因者は，生命の再生産（妊娠）の際，この新しい生命に対し何らかの影響をもたらすことは想像に難くない．不育症夫婦の中に含まれる染色体異常者の頻度は表9のように，不育症夫婦949組を対象にkaryotypeを分析すると100組104名

I 総論

に染色体異常が見い出された．この調査ではいわゆる染色体変異の範疇に入るinversion 9（9番目の染色体の逆位）や分析細胞の1～2％にみられる不均衡異常，すなわちモザイクとされたものも含めて解析してある．このように不育症夫婦の10.5％に何らかの染色体異常が存在することが判明した．ここで興味があるのは，見い出された染色体異常の種類とその流産頻度である．

表9 不育症と夫婦の染色体異常

染色体検査終了者	949組	1,898名
染色体異常	100組	104名
染色体異常率	100組/949組＝10.5%	
	104名/1,898名＝5.5%	

(牧野ら，1991[12]による)

不育症夫婦の染色体異常の中で最も頻度の高いものは，夫婦ともに相互転座やロバートソン転座などの転座群である．続いて前述の逆位群やモザイクなどが多い．これら夫婦の解析を進めてみると，夫婦の年齢や流産回数とこれらの異常の間に相関はみられない．換言すれば，2～4回の自然流産を反復する夫婦の染色体を分析してみると約9～10％の異常がいずれかに存在することになる．これら夫婦の既往妊娠と予後を調べてみると，相互転座32名における114回の妊娠中105回（92.1％）の自然流産を，ロバートソン転座12名における43回の妊娠中34回（79.1％）の流産を観察した（表10）．全体では総妊娠数370回中320回（86.5％）が流産に終わったことになる．

以上の臨床統計は，不育症夫婦に対する染色体検査の必要性と，診断後の適切な遺伝相談が必要なことを物語っている．

表10 不育症夫婦の染色体異常と流死産率

	N	総妊娠数	流死産数	生児数	流死産率(%)
相互転座	32	114	105	9	92.1
ロバートソン転座	12	43	34	9	79.1
逆位	33	121	105	16	86.8
superfemale	6	21	18	3	85.7
Turner mosaicism	10	34	29	5	85.3
その他	11	37	29	8	78.4
Total	104	370	320	50	86.5

(牧野ら，1991[12]による)

4 自己抗体異常はなぜ流産に結び付くのか

不育症症例中にsystemic lupus erythematosus (SLE) やその他の免疫異常，動静脈血栓症など多彩な臨床症状を示す一群があることが以前から指摘されてきた．これらの症例では，活性化部分トロンボプラスチン時間（aPTT）が延長したり，血液凝固抑制因子であ

るlupus anticoagulant(LAC)と呼ばれるリン脂質抗体がしばしば血清に出現する．これらの症例を分析すると抗リン脂質抗体が多くの例で陽性である．

抗リン脂質抗体とは生体細胞膜の主要な構成成分である各種のリン脂質，すなわち中性荷電のフォスファチジルエタノールアミン，陰性荷電を持つカルジオリピン，ホスファチジルセリン，ホスファチジルイノシトールなどに対する自己抗体を指す．

表11　リン脂質の機能
・細胞膜の絶縁物質(バリアー)として
・細胞膜を介した情報伝達のメッセンジャーとして
・受容体として
・血液凝固因子との相互作用
・細胞膜へのアンカーとして

抗リン脂質抗体症候群(anti‐phospholipid syndrome：APS)とは前述の抗リン脂質抗体あるいはそれらに対する結合蛋白(β_2-glycoprotein I，kininogenなど)などが陽性で，臨床症状として習慣流産，若年性の心筋梗塞，脳梗塞，肺血栓梗塞症，動静脈血栓症，血小板減少症などの中でいずれかを有するものと定義する[9]．この症候群の中心となる抗リン脂質抗体はanticoagulantと呼ばれるにもかかわらず，血管内皮細胞や血小板細胞膜上のリン脂質に作用し，トロンボキサンA_2の放出促進やプロスタサイクリンの生産を抑制し出血傾向を高めるよりはむしろ血栓形成などを促進する．最近ではこれらの抗体はトロンボモデュリンに作用し，protein Cの活性化を抑制し，このprotein Cの持つ強力な凝固抑制作用を阻止するとも報告されている．

妊娠維持機構の中で，これらの抗リン脂質抗体は胎盤系の血管・血流へ作用し習慣流産，子宮内胎児死亡，胎児発育不全などを惹き起こすが表11に掲げた多彩なリン脂質の機能を考えると，より複雑にヒト妊娠維持機構に関連しているものと思われる．

5　母・児の免疫ネットワークの破綻と流産

母児の免疫ネットワークと妊娠維持機能は生殖医学研究の魅力ある課題であるが，未解明の点も少なくない．

ヒト妊娠の維持機構とかかわる因子として，絨毛因子があげられる．胎児側の母体への接触点としてHLA‐G抗原の存在，母胎サプレッサ細胞を特異的に移動させる作用，いわゆる遮断抗体(blocking antibodies)の産生，サイトカインの産生，絨毛ゴナドトロピンの産生と黄体ホルモン産生刺激などがそれである．子宮因子としては脱落膜内の特異的な免疫担当細胞分布や，CD56bright細胞の存在，各種のサイトカインの産生が指摘されてきた．受精卵(胞胚)からの免疫因子としては，以前から体外受精の際の培養液中にリンパ球の増殖を抑制の因子の存在が報告されている[10]．一方，妊娠を破綻させると思われる免疫機構には，MHC抗原の呈示や遮断抗体の欠落，抗リン脂質抗体の存在，子宮内の免疫抑制因子の欠落，胎児－胎盤系へ傷害的に作用するサイトカインの産生が候補としてあげられてきた．これらを大別すると，ヒト妊娠維持機構を脅かす妊娠時の免疫ネットワークは母胎の免疫系，胎児の免疫系，母児相関の免疫系に分けられ，Th1/Th2バランスという

表12 反復自然流産に対する免疫療法
1. Immuno-stimulation Therapy 　(1) リンパ球皮内免疫 　(2) 全血輸血 　(3) 静注用ヒト免疫グロブリン製剤(IVIG) 2. Immuno-suppression Therapy 　(1) 副腎ステロイドホルモン 　(2) アスピリン 　(3) ダナゾール

表13 反復自然流産に対する免疫療法の成績

免疫療法施行数	473
妊娠成立例	279
出産例	199
出生児数	235
流産例	57
妊娠中	23
出生児獲得率＝ 　出産例/(出産例＋流産例)×100 = 77.7%	

観点からも，それらが複雑に影響し合うことが容易に想像される．

　他の流産因子が可及的に否定され，断片的にこれらの免疫機構の破綻が考えられる場合に表12のような一般的な免疫療法が採用され妊娠維持に成功することがある．配偶者の夫リンパ球を用いて母親側を免疫し，習慣流産を阻止しようとするいわゆる免疫療法がBeerらによって報告され[11]本法に準じた免疫療法は表13のように高い成功率をあげることがある[12]．

おわりに

　生殖のロスはすべての生物に存在する現象である．これらはある場合にはselective mechanismとして，またはある程度の余剰の生殖を見越しての調節的なロスとして作用する．妊娠という生殖機能を維持したり破綻させる機構は極めて複雑であるが，ヒトの場合，この現象の解明と治療はつねに社会的背景と無関係ではない．

　女性の結婚年齢の高齢化と少産少死の上に成り立ってきた現代の家族計画が，反復する自然流産（不育症）によって破綻することは，女性の社会的進出や生活の多様化に対して極めて深刻な影響を及ぼすことになった．

　不育症が今改めて見直され始めた理由にはこのような社会的背景があるものと思われる．

文　献

1) 牧野恒久：日産婦誌 **41**，1015（1989）．
2) Stickle G：Am J Obstet Gynecol **100**，422(1968)．
3) Makino T et al：Eur J Obstet Gynecol Reprod Biol **44**，123（1992）．
4) Oka C et al：Acta Obstet Gynecol Jpn **43**，239（1991）．
5) Wilcox AJ et al：N Engl J Med **319**，189(1988)．
6) Zabriskie JR：West J Surg **70**，293（1962）．
7) Makino T et al：Int J Fertil **37**，167（1992）．
8) Makino T：in Fertility and Strility；A Current Overview(eds Hedon B, Bringer J, Merkes P)，135 (Perthenon, New York, 1995)．
9) Hughes GRV et al：J Rheumatol **13**，486(1986)．
10) Daya S et al：Am J Reprod Immunol **11**，98 (1986)．
11) Beer AE：Am J Obstet Gynecol **141**，987(1981)．
12) 牧野恒久ほか：日産婦誌 **43**，1642（1991）．

〔牧野恒久〕

7 臍帯血造血幹細胞

はじめに

臍帯血とは児の娩出後に胎盤と臍帯に残存した血液を指すが，基本的には胎児の末梢血である．臍帯血中には幼若な血液細胞が多数含まれることは古くから知られていたが，造血幹細胞の存在が発見されたのは1970年代のことである[1]．

本章では臍帯血中に含まれる造血幹細胞の生物学的特性と，その臍帯血造血幹細胞を用いて行われる臍帯血移植の特徴について概説する．

1 臍帯血細胞の生物学的特性

1 造血幹細胞とは

赤血球，白血球，血小板などの異なった機能を持つ血液細胞はすべて同一の起源を有し，最も未分化な細胞を全能性造血幹細胞(pluripotent hematopoietic stem cell)といい，多能性前駆細胞(multipotent progenitor)，単能性前駆細胞(mono-potent progenitor)などの前駆細胞(progenitor)を経て各血球へと分化する．幹細胞は分化する能力と同時に自己複製能力をも持ち，永続的な造血を維持することができる（図20）．

造血幹細胞は通常骨髄中に存在するが，微量ながら成人の流血中にも見い出される．また，特殊な条件下では末梢血中にも造血幹細胞が誘導されることがある．化学療法や感染症などで一時的に骨髄機能が抑制された直後の回復期には造血幹細胞が大量に末梢血中に出現する．さらに，顆粒球コロニー刺激因子(G-CSF, granulocyte colony stimulating factor)を健康人に数日投与すると，幼若顆粒球のみならず造血幹細胞をも末梢血中に動員することが可能となっている．

2 臍帯血造血幹細胞の生物学的特性

胎児の造血は卵黄嚢の血島に始まり，ここでは脾コロニー形成細胞(colony forming unit in spleen, CFU-S)，造血前駆細胞(colony forming unit in culture, CFU-C)，原始赤血球などが認められる．しかし，長期の造血を維持する未分化幹細胞は卵黄嚢にはなく，AGM (aorto-gonad-mesonephros)という領域にあることがマウスで明らかにされた[2]．AGM自体は造血組織ではないため，幹細胞は胎児肝に移動して造血を開始し，胎生後期には脾臓や骨髄へ移動して造血を営むようになる．これらの発生途上の造血幹細胞は未分

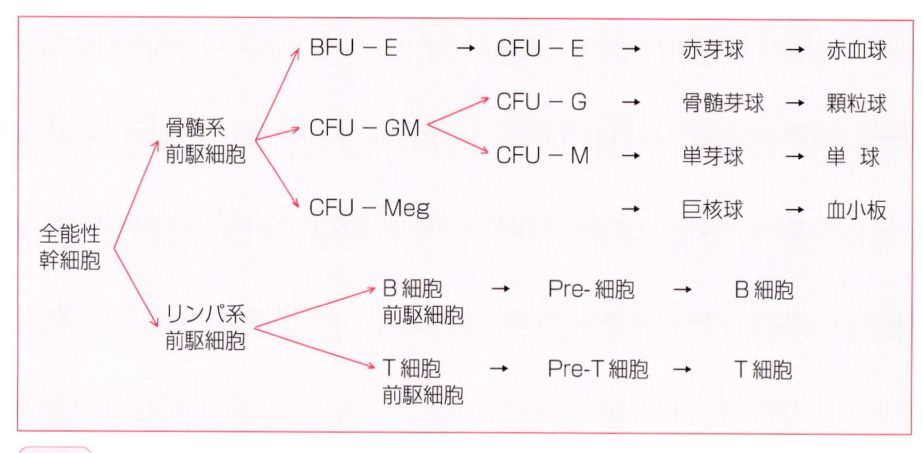

```
                       BFU-E    →  CFU-E         赤芽球  →  赤血球
         骨髄系     ↗
         前駆細胞  →  CFU-GM  ↗  CFU-G         骨髄芽球 →  顆粒球
       ↗           ↘           ↘  CFU-M         単芽球  →  単球
 全能性             CFU-Meg  →                    巨核球  →  血小板
 幹細胞
       ↘  リンパ系 ↗  B細胞      →  Pre-細胞   →   B細胞
          前駆細胞    前駆細胞
                  ↘  T細胞前駆細胞 → Pre-T細胞  →   T細胞
```

図20 造血幹細胞の分化

化で増殖能力に富み，胎児流血中にも多数存在する．

成人骨髄の造血幹細胞と比較した臍帯血造血幹細胞の特徴は以下のようにまとめることができる．

1）表面抗原

ヒトの造血幹細胞はCD34抗原という表面抗原を発現している単核球ポピュレーション中に含まれ，最も未分化な幹細胞はCD34$^+$CD38$^-$という亜分画中に存在するものと考えられている．CD34抗原陽性細胞全体の成人骨髄中での頻度は4％前後であるが，臍帯血中では2％に満たない．しかし，CD34$^+$CD38$^-$亜分画の頻度は成人骨髄よりも臍帯血の方が高い[3]．

2）コロニー形成能

造血幹細胞をin vitroでアッセイする方法として寒天培地上でのコロニー形成試験がある．形成されるコロニーには複数の血球lineageが混在する混合コロニーと，単一血球の前駆細胞からなるコロニーとがある．混合コロニーの方が，そしてコロニーサイズの大きいものほど未分化な幹細胞であると考えられている．

臍帯血単核球をメチルセルロース上で培養すると巨大なコロニーが形成され，骨髄由来のコロニーは顕微鏡下で観察可能であるのに対して，臍帯血由来のコロニーは肉眼でも確認できるほど大きなコロニーである（図21）．

CD34陽性細胞を分離して，96穴プレートにて1穴1細胞で液体培養を試みると，骨髄＜末梢血＜臍帯血の順でコロニー形成率が高くなっている．また，コロニーの細胞数を実測すると，臍帯血では骨髄よりも多くの細胞数のコロニーが多い．さらに増殖した細胞の形態や染色などにより細胞の起源を同定すると，臍帯血では複数のlineageからなる混合コロニーが多く含まれている（表14，図22）．

3）LTC-IC（long-tern culture initiating cell）

放射線照射した骨髄ストローマ細胞上で長期間（5週間）共培養後にコロニー形成をす

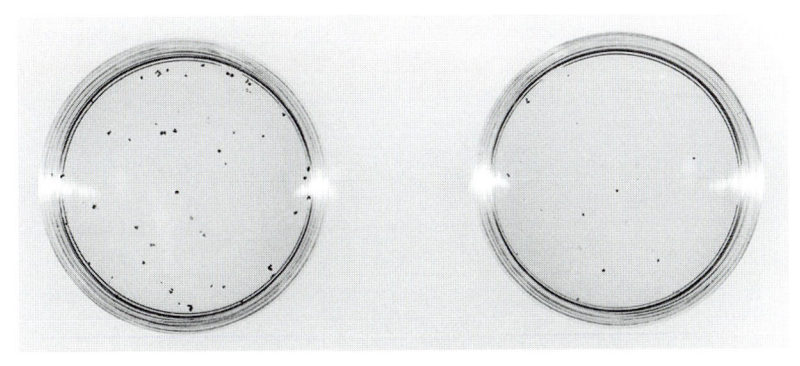

図21 骨髄と臍帯血のコロニーの比較
メチルセルロース寒天培地でのコロニー形成で，通常骨髄からのコロニーは肉眼では観察できにくいが，臍帯血では肉眼でも識別できるほどの巨大なコロニーが多数観察できる．

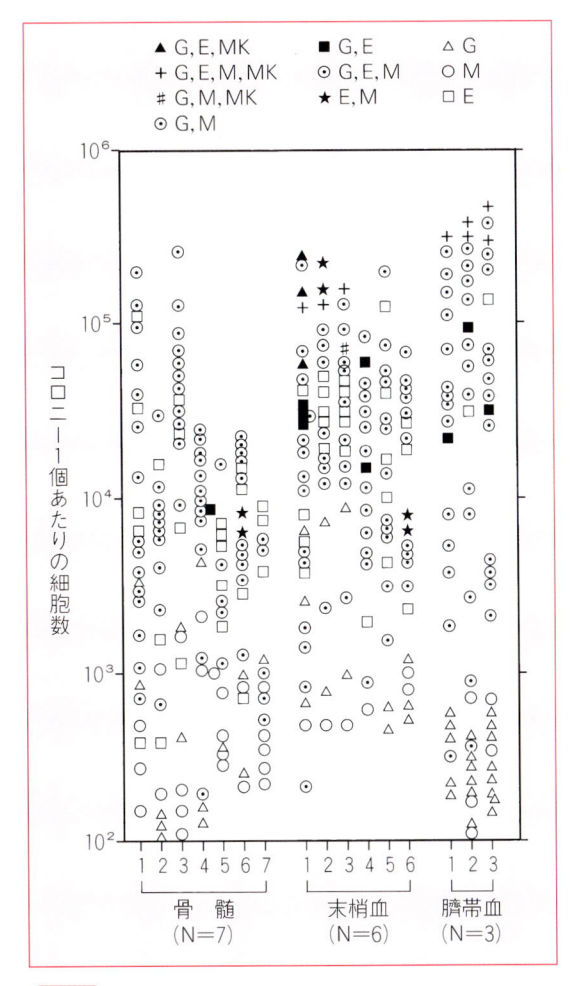

図22 CD34陽性細胞のコロニー形成能の細胞源による比較

I 総論

表14 造血幹細胞の細胞源によるCD34陽性細胞のコロニー形成率の比較

検査項目	骨髄（N=7）	末梢血（N=6）	臍帯血（N=3）
コロニー形成率	38.0%	40.0%	47.0%
巨核球混合コロニー	0.0%	5.5%	6.9%
10^5個以上のコロニー	3.7%	14.4%	26.6%

る細胞をLTC-ICといい，in vitroでアッセイ可能な最も未分化な幹細胞とされている．臍帯血からはLTC-ICが高頻度で同定でき，CD34$^+$CD38$^-$あるいはCD34$^+$c-kit$^-$の亜分画に特に多く含まれている[4]．

4）NOD-SCID中で増殖可能な造血幹細胞

最近，ヒトの造血幹細胞をヒト以外のin vivoで増殖することが可能になった．NOD-SCIDマウスという免疫不全マウス中にCD34陽性細胞を移植するとヒトCD45陽性細胞が同定される．このようにSCIDマウスに生着して増殖しうるような最も未分化な細胞をscid-repopulating cell（SRC）という．SRCは定量的な評価という点では必ずしも優れた方法とは言えないが，小型動物でヒトの未分化造血幹細胞の存在の有無を確認できるという点で活用されている．半定量的ながらも臍帯血CD34陽性細胞からは骨髄や末梢血よりも高頻度でSRCが証明され，SRCはCD34$^+$CD38$^-$あるいはCD34$^+$c-kit^{low}亜分画に存在することが報告されている[5]．

3 臍帯血リンパ球の生物学的特性

リンパ組織は胎生20週頃から発生し，骨髄や胎児肝で産生されたリンパ球は胎児胸腺に移動しT細胞に成熟する．胎生後期から出生時までのリンパ球は成人のリンパ球と比較すると様々な点で機能が未熟である．

1）表面抗原

臍帯血Tリンパ球はナイーブ細胞のマーカーとされるCD45RAとCD38の発現率が高く，メモリー細胞のマーカーとされるCD45ROの発現が低い．B細胞ではCD5の発現率が高い．CD3，CD4，CD8などのマーカーは成人とほぼ同程度に発現されている[6]．

2）T細胞のサイトカイン産生能

インターフェロン-γ，-α，TNF-α，TGF-β，GM-CSFなどのサイトカイン産生能は成人より低いが，IL-1β，IL-2，IL-6，IL-12などのサイトカインは成人と同程度に産生される[7]．

3）アロ抗原反応性

リンパ球混合培養（mixed lymphocyte response, MLR）の反応性については成人より低いとする報告と変わらないとする報告とがあるが[8]，われわれの検討ではMLR 1次反応性は成人リンパ球よりやや低く，2次反応性は著明に低かった．

2　臍帯血移植

1 同種造血幹細胞移植の原理

1）適　応
　造血幹細胞移植は白血病，再生不良性貧血，先天性免疫不全症，一部の先天性代謝異常疾患に対して行われる根治療法である．しかし，致命的な合併症があるために化学療法などの他の治療法では治癒を望みえないような重症例に限定される．

2）HLA抗原
　造血幹細胞移植においては，ドナーとレシピエントの組織適合性が移植の成否を左右する．ヒトの組織適合抗原であるHLA-A，B，DRの3つの遺伝子によって規定されるそれぞれ2つづつ，合計6個の抗原が一致していることが条件となる．

3）拒絶とその予防
　宿主となる患者の造血能と免疫能を超致死量の抗癌剤，免疫抑制剤，放射線照射などを組み合わせた前処置により涸渇させたうえで，健康なドナーからの骨髄，末梢血，臍帯血などの造血幹細胞を移植して正常な造血能と免疫能を再建する（図23）．前処置が不十分であったり，移植された造血幹細胞が量的あるいは質的に劣ったものである場合には，残存する宿主のリンパ球により拒絶されたり，生着不全に陥ったりすることがある．

4）GVHDとその予防
　移植された細胞中には大量のリンパ球が含まれており，ドナーとレシピエントの間のHLA抗原やその他の組織適合性抗原の違いにより，宿主を非自己と認識して免疫反応を起こすことになる．この反応を移植片対宿主病（graft-versus-host disease；GVHD）といい，移植後1週頃から出現する急性GVHDと3ヵ月すぎ頃から出現する慢性GVHDとが

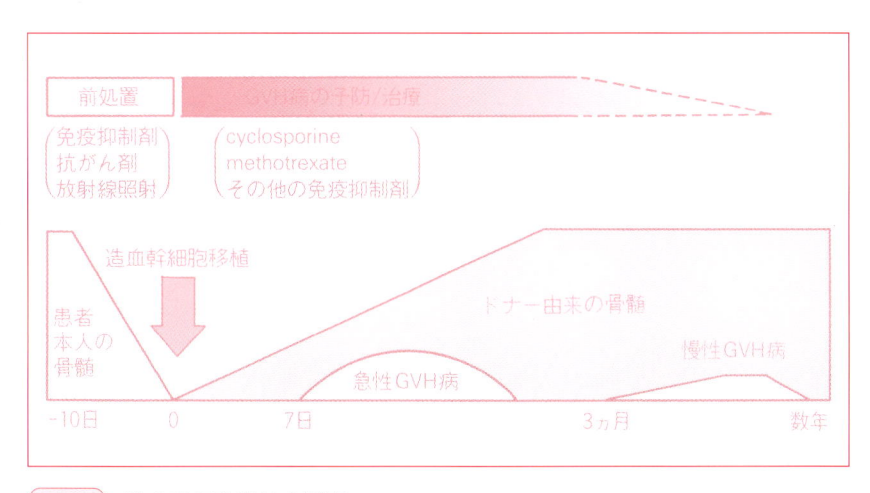

図23　造血幹細胞移植の原理

ある．

　急性GVHDは皮膚，消化管，肝臓などの臓器に対する反応がみられ，皮疹，下痢，黄疸などの症状を呈する．それぞれの臓器症状の重症度の組み合わせにより全身の重症度が判定され，0度からIV度までに分類されている．II度以上を重症，III〜IV度を最重症と表現し，最重症例は致命的となることが多い．

　急性GVHDは重症化してからの治療では救命できないことが多いため，計画的な予防を行わなければならない．GVHDの予防はサイクロスポリン，タクロリムス(FK506)，メソトレキセートなどを単独あるいは組み合わせて行う．

　慢性GVHDは膠原病に類似した症状（皮膚の乾燥・硬化，sicca口内炎，乾性結膜炎，肝障害，食道炎，閉塞性細気管支炎など）を呈し，緩徐に進行し数ヵ月から数年の期間持続する．多くは免疫抑制剤による治療に反応して軽快する．

5）感染症

　造血幹細胞移植後は量的あるいは質的な免疫不全状態が長期間持続するため，種々の日和見感染症が多発し重症化する．移植された造血幹細胞が生着するまでの無造血期には細菌あるいは真菌による敗血症，肺炎など，生着後にはヘルペスウイルスを中心としたウイルス感染症が好発する．

2　臍帯血移植の特徴

骨髄移植や末梢血幹細胞移植などと比較すると，臍帯血移植にはいくつかの特徴がある．

1）生着と拒絶・生着不全

　骨髄移植においては患者体重1kgあたり2〜3×10⁸/kgの有核細胞が必要とされるが，臍帯血移植ではその10分の1程度の細胞数でも生着が可能である．臍帯血幹細胞の増殖能力が高いことを反映したものであるが，生着までに要する日数は長く，また最終的に生着しない症例が10〜20％程度存在することが問題である[9)-13)]．

2）GVHD

　骨髄移植と比較すると，重症急性GVHDの頻度は低く，HLAが完全に一致していないドナーからの移植も可能である．臍帯血中リンパ球の未熟性によるもので，同胞間ではHLA6抗原中3抗原，非血縁者間では4〜5抗原一致のドナーからの移植が実施されている[9)-13)]．

3）感染症

　移植後100日までの期間には細菌，真菌，ウイルスなどの感染症の合併率が高く，早期死亡の最大の原因となっている．移植後の造血回復の遅延とリンパ球の未熟性によるものと理解される．

3　臍帯血移植の実施状況

　当初同胞間あるいは血縁者間臍帯血移植が少数ながら実施され，1990年代後半になり臍帯血バンクの設立とともに非血縁者間臍帯血移植が徐々に行われるようになり，最近では

わが国においても年間50〜100例の移植が実施されるようになっている．そのほとんどは15歳以下の小児であり，比較的病期の早い白血病患者では骨髄移植と変わらない成績を上げている．しかし，再生不良性貧血や代謝異常などの非腫瘍性疾患，成人の白血病患者などでは生着不全が多いため，慎重に適応が決められている．

3 臍帯血バンク

　造血幹細胞移植を必要としながら血縁者や骨髄バンクにドナーを得られないような患者のために，非血縁者からの臍帯血移植を可能にするためのシステムが臍帯血バンクである．

1 臍帯血幹細胞の採取と保存

　臍帯血の採取は胎児の娩出と臍帯の切断が完了した後に行う．胎盤の娩出前に臍帯静脈から採血バッグで採取する方法と，娩出後に胎盤を吊して同様に臍帯静脈から採血バッグで採取する方法とがあり，いずれも50〜100ml程度の臍帯血が採取可能である．胎盤娩出前の採取は産婦人科医，助産婦，看護婦などの産科スタッフによって行われるが，胎盤娩出後の場合には専任の採取要員が必要である．
　採取後の臍帯血はHES（hydroxy-ethyl-starch）などの比重液にて赤血球を除去して，白血球分画をDMSOなどの凍害保護剤を用いて液体窒素中に冷凍保存する．適切に管理されれば少なくとも5年以上の保存が可能である．

2 臍帯血HLAの照合と移植

　必要とする患者のHLAと体重を日本さい帯血バンクネットワークのインターネットの

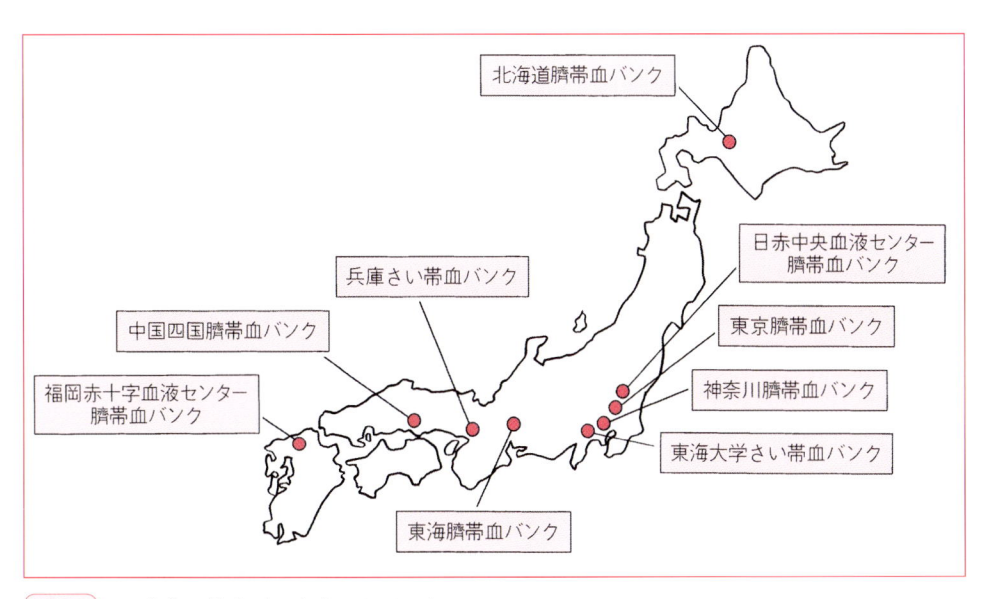

図24 日本さい帯血バンクネットワーク

ホームページで入力すると，適合する臍帯血の検索をすることが可能となっている．この日本臍帯血バンクネットワークは全国の9つの臍帯血バンクの連合体で，厚生労働省からの補助金によって運営されている (図24)[14]．

おわりに

臍帯血幹細胞を用いての造血幹細胞移植は開始されたばかりであるが，今後臍帯血幹細胞を体外で増幅したうえで移植する方法の開発や，造血幹細胞以外の幹細胞の研究と臨床応用が検討されるものと予想される．移植医療から再生医療へとその応用範囲は広く，今後の発展が期待されるところである．

文献

1) Kundtzon S：Blood **43**, 357 (1974).
2) Medvinsky A et al：Nature **364**, 64 (1993).
3) Cardoso AA et al：Proc Natl Acad Sci USA **90**, 8707 (1993).
4) Prosper F et al：Blood **88**, 2033 (1996).
5) Hogan CJ et al：Blood **90**, 85 (1997).
6) Han P et al：Br J Haematol **89**, 733 (1995).
7) Lewis DB et al：J Clin Invest **87**, 194 (1991).
8) Harris DT et al：Proc Natl Acad Sci USA **89**, 10006 (1992).
9) Wagner JE et al：Lancet **346**, 214 (1995).
10) Kurtzberg J et al：N Engl J Med **335**, 157 (1996).
11) Gluckman E et al：N Engl J Med **337**, 373 (1997).
12) Kato S et al：Int J Hematol **67**, 389 (1998).
13) Rubinstein P et al：N Engl J Med **339**, 1565 (1998).
14) Kato S et al：Bone Marrow Transplant **25**, s68 (2000).

〔加藤俊一〕

第2部　生殖細胞・胚

PART 2 / Germinal cell・Embryo

精子の構造とエネルギー源

はじめに

精子は父親由来の遺伝子を卵子まで輸送するために高度に分化した細胞であり，遺伝子の保持機能と自律的な運動機能を有する．本稿では，この二つの機能を中心としてヒト精子の構造とエネルギー源について現段階での知見を総説する．

1　精子の構造

ヒト精子の全長は約50 nmであり，精巣内での精子形成過程を経て形態が完成するが，構造的には頭部と尾部に分類される．頭部には，遺伝子を卵のなかに運び込むための過程に関与する先体と，父方の遺伝子が凝集した核が存在する．尾部は，結合部，中片部，主部ならびに終末部に分類され，尾部の鞭毛により遺伝子を卵まで輸送するための自律的な運動を行う．

1　頭部

精子の頭部の前方には，先体 (acrosome) と呼ばれる細胞器官が細胞膜と核膜の間に存在する．精子頭部は，この先体が存在する先体部 (acrosomal region) とその後方の先体後域 (postacrosomal region) に分類される．

1) 先体部と先体後域

精子成熟過程で，精子細胞のGolgi装置で形成された顆粒は，互いに癒合して大きな顆粒となり，核膜と接して先体を形成する．先体の内部にはGolgi装置でつくられたリソソーム酵素など多くの酵素が蓄えられている．先体部は，前方から，隆起している先体頂端部 (marginal segment または apical segment)，先体主部 (principal segment) ならびに先体赤道部 (equatrial segment) の三部分から構成される．先体頂端部と先体主部は頭帽 (acrosome cap) とも呼ばれる．先体赤道部はもっとも内腔が狭く，層板構造を呈しており，卵との融合がこの部分で生じる．先体は精子細胞膜および精子核膜と密着するが，先体内膜と核膜との薄い間隙 (subacrosomal space) には，アクチンなどのタンパク質が存在し細胞骨格 (subacrosomal cytoskeleton) を形成する．

先体の外側の細胞膜は先体外膜 (outer acrosome membrane) と呼ばれるが，受精前の先体反応 (acrosome reaction) では，先体外膜が崩壊する．この結果，新たな精子細胞膜 (先体内膜；inner acrosome membrane) が露出すると同時に，精子が卵透明帯の通過す

る際に機能する先体内の物質(先体物質)が放出される．

　先体後域の細胞膜と核膜の間には，先体後域細胞骨格(postacrosomal cytoskeleton)あるいは先体後域緻密層(postacrosomal dense lamina)と呼ばれるsubacrosomal cytoskeletonと連続した構造物がある．

2）核

　精子細胞核は，精子成熟過程において，細胞質の中央から辺縁へ移動するとともに，核タンパク質の変換とクロマチンの濃縮が生じ，種特異的な形態へ変形をとげる．当初，細かい顆粒状であったクロマチンは，核の変化とともに濃縮され粗な顆粒状になるが，さらなる濃縮により最終的に電子密度の高い均質な核となる．一部，核小胞と呼ばれるクロマチンを含まない空胞が核の先端近くに残る．この精子核の濃縮は，核タンパク質の変化と関連する．すなわち，精子の形成の最終段階において精子細胞から精子形成が行われる頃に，精子の核蛋白は体細胞型核蛋白であるヒストンから精子核特有な変遷タンパク質に置換されたのち，システインを多く含む塩基性核蛋白であるプロタミンへと置換される．プロタミン分子はDNAのminor grooveに結合し，side‐by‐side型のクロマチン配列を形成し，精子核を体細胞に比して非常にコンパクトなものにしている．さらに，精子が精巣上体を通過する間に，プロタミン分子内や近接したプロタミン分子間にジスルフィド結合(S-S結合)が形成され，精子核は強固に凝縮し極めて安定したものとなる．この精子核の濃縮は，精子核の成熟と呼ばれ，射出後の外的環境によるDNAの損傷を防止しているほか，卵子の強固な透明帯を通過する際に必要な変化であると考えられている．

2 尾　　部

　尾部は，形態的には，結合部(connecting piece)，中片部(middle piece)，主部(principal piece)ならびに終末部(end piece)に分類され，また，構造的には，軸糸(axoneme)，ミトコンドリア鞘(mitochondrial sheath)，外緻密線維(outer dense fiber)ならびに線維鞘(fibrous sheath)により構成される鞭毛(flagellum)である．

1）結　合　部

　頭部と尾部を繋ぐ部分は結合部(頸部)と呼ばれ，小頭(capitulum)と分節柱(segmented culumns)よりなる．小頭は核の後端部の挿入窩(implantation fossa)に形成されている基底板(basal plate)と結合する．分節柱の内部には，中心小体周囲物質(pericentrial material)に囲まれた中心小体からなる近位中心体(proximal centriole)が存在する．

　中心体は，自己複製する小器官で受精時に卵子に引き継がれる最も重要な器官の一つである．受精に際して，精子尾部が頸部から切り離されるとき，近位中心体が放出される．受精後の有糸分裂の開始までに，精子の中心体は複製され，紡錘体の両極で中心の位置を占めて有糸分裂紡錘体を組織する．精子のみが中心体を卵子に持ち込み，卵割の過程を開始することができる．

　なお，精子の中心体には，近位中心体のほかに遠位中心体(distal centriole)があるが，これは精子形成過程の精子細胞で機能的であった遺残物で，軸糸と平行に存在し，精子尾

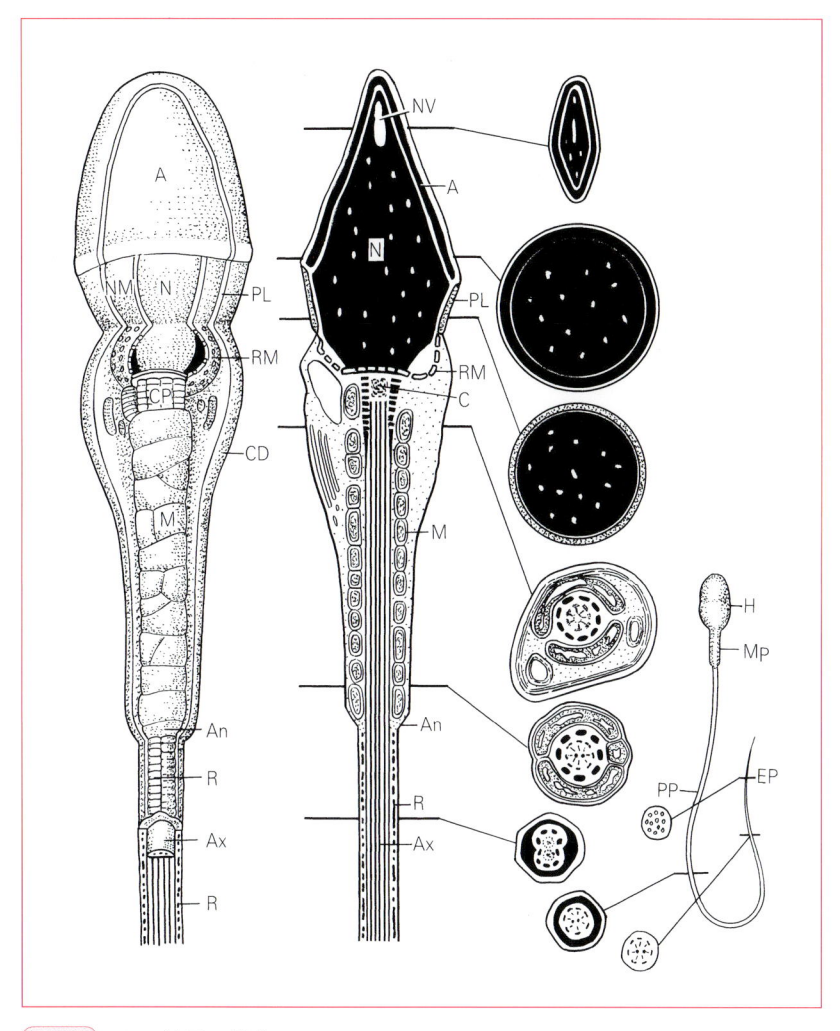

図25 ヒト精子の構造
H：頭部，MP：中間部，PP：主部，EP：終片部，A：先体，N：核，NM：核膜，PL：先体後部緻密層，RM：余剰核膜，CD：細胞質小滴，CP：結合部，M：ミトコンドリア，An：環帯，R：線維鞘肋骨部，Ax：軸糸，C：近位位中心体，NV：核小胞．
〔Holstein AFら：Atras of human spermatogenesis. pp217-219, Grosse Verlag, Berlin, 1981[11]による〕

部の軸糸（axoneme）の産生に関与する．

2）中片部

結合部の後方の細胞膜と外緻密線維の間にミトコンドリアが存在する．この部を中片部と呼ぶ．

初期精子細胞のミトコンドリアは細胞膜近くに分散しているが，環帯が尾側に偏位するにつれて，外緻密線維の外側を螺旋状に包むように約100個のミトコンドリアが配列し，ミトコンドリア鞘（mitochondrial sheath）と呼ばれる構造を形成する．この精子のミトコ

ンドリアの構造は本質的には体細胞と同一であるが，半月状の形態を示す．この特徴的な形態は，主にミトコンドリア外膜に存在するシステインならびにプロリンを多く含む複数のタンパク間にジスルフィド結合（S-S 結合）が形成されることによるものと考えられている．このミトコンドリアカプセルと呼ばれる構造により，精子ミトコンドリアは機械的に強度が強く，低い浸透圧環境の下でも膨化が起きにくい．最近の研究で，このミトコンドリアカプセルを構成するタンパクの一つが，ミトコンドリアの外膜に発現するセレン含有抗酸化酵素であるリン脂質ヒドロペルオキシドグルタチオンペルオキシダーゼ(PHGPx)であると報告された．この報告では，PHGPx が精子形成過程では本来の抗酸化酵素として機能するが，最終成熟段階ではジスルフィド結合を形成して抗酸化作用を失うとともにミトコンドリア外膜の構造蛋白に変化することが明らかにされた[1]．

　ミトコンドリアには，ミトコンドリア固有の DNA が存在する．有性生殖を行う生物では，ほとんどの場合，父親の胚細胞由来のミトコンドリア DNA は子に伝わらず，母親の胚細胞の細胞質に存在するミトコンドリア DNA のみが細胞質を介して遺伝する（細胞質遺伝）ため，その遺伝様式はメンデル則に従わない（非メンデル遺伝）．この現象はミトコンドリア DNA の母性遺伝と呼ばれる．このミトコンドリア DNA の母性遺伝は，受精卵のホモプラスミー状態の維持，ならびに精子の異常ミトコンドリア DNA の遺伝の防止，という二重の生物学的意義を持っているものと考えられる．最近，精子のミトコンドリアには，精子形成段階で細胞内のタンパク分解の標識であるユビキチンが結合しており，受精後にこのユビキチン化ミトコンドリアが受精卵のプロテアソームに認識され，選択的に分解されることが報告され，ミトコンドリア DNA の母性遺伝は受精卵による精子由来のミトコンドリアの積極的な破壊により成立しているものと考えられている[2]．

3 主部と終末部

1）主部と終末部の構造

　主部は，軸糸，外側粗大線維ならびに線維鞘から構成される．軸糸は精子尾部の中心に存在し，繊毛と同様の 9 ＋ 2 構造を持つ．すなわち，軸糸は，中心に対になった二本の中心微小管（中心小管；central microtuble）と，それを取り囲む 9 対のダブレット微小管（周辺微小管；outer doublet）から構成される．軸糸の周囲には外側粗大線維が存在する．外側粗大線維は結合部の分節柱の末端部から始まり，合計 9 本存在し，軸糸の 9 対の微小管ダブレットの外側にそれぞれ縦列する．中片部のミトコンドリア鞘の末端部にはヤンセン輪があり，ここを境界として線維鞘が外側粗大線維を囲む．線維鞘は，2 本の縦走する線維状の物質より構成されおり，主部の近位部では 9 本の外側粗大線維のうち 2 本（3 番と 8 番）と結合している．

　終末部では，微小管は不規則に配列するようになり，また，外側粗大線維ならびに線維鞘は認められなくなる．

2）鞭毛の微細構造と機能

　鞭毛は精子運動の原動力となる．鞭毛運動は，軸糸の微小管が相互に滑ることにより引

き起こされる．

　周辺微小管は，13個のチューブリン分子からなるA小管と，11個のチューブリン分子からなるC形をしたB小管から構成される．微小管の直径は外径がおよそ25nmであり，内径がおよそ14nmである．それぞれの周辺微小管は，ネクシンと名付けられた弾性的な蛋白でつながっている．また，二本の中心小管の周囲には中心鞘突起と呼ばれる構造があり，A小管からはこの中心鞘突起へ向けてスポークと呼ばれる針様構造がみられる．

　A小管には，外腕ならびに内腕の二種類のダイニン腕が存在し，隣接するダブレット微小管のB小管と架橋を形成する．ダイニン分子は，巨大なATPase分子（ダイニン-ATPase）であり，ATPの加水分解と共役して微小管の滑りを引き起こす．この結果，鞭毛の運動が惹起される．

　なお，線維鞘にはA‐kinase anchoring protein（AKAP）と呼ばれるタンパクが存在し，protein kinase A（PK‐A）のRⅡ（type Ⅱ reguratory subunit）やRⅡと類似の構造を持つAKAP結合タンパクと結合する．PK‐AやAKAP結合タンパクは，精子の運動の調節やcapacitationに関与していると考えられている．

2　精子のエネルギー源

1　ヒト精子のエネルギー代謝

　精子におけるエネルギー代謝は，細胞質における解糖系とミトコンドリアにおける細胞呼吸により行われる．

　解糖系はグルコースやフルクトースなどの六炭糖をEmbden-Meyerhof回路によりピルビン酸に分解する系であり，六炭糖一分子あたり2分子のピルビン酸ならびに2分子のATPを産生する嫌気的な反応系である．精漿中には六炭糖として主としてフルクトースが含まれており，精漿中ではフルクトースが精子の主要なエネルギー源となる．一方，雌性生殖路内においてはグルコースが主要なエネルギー源となる．この解糖系は主に鞭毛の運動に用いられるATPを合成する．

　一方，ミトコンドリアにおいては，解糖系によって産生されたピルビン酸や脂肪酸，アミノ酸などを原料として細胞呼吸が行われる．すなわち，これらの原料からアセチルCoAが酸化的に生成され，Krebs回路によりこのアセチル基がCO_2と電子に分解されたのち，この電子の伝達と酸化的リン酸化によりADPのATPへのリン酸化が生じる．この細胞呼吸は好気的な反応系であり，きわめて効率のよいATPを産生系である（ブドウ糖一分子の分解により得られるエネルギーが，嫌気的代謝ではATPに換算して2分子であるのに対して，嫌気的代謝である酸化的リン酸化では36〜38分子にも達する）．精子においては，乳酸を取り込んでピルビン酸に変換してミトコンドリアで利用する系が存在する．この乳酸の細胞膜における輸送にはmonocarboxylate transporter（MDT）が関与していること，また精子特異的な乳酸脱水素酵素LDH‐C4がこの反応に関与していること，などが推定さ

II 生殖細胞・胚

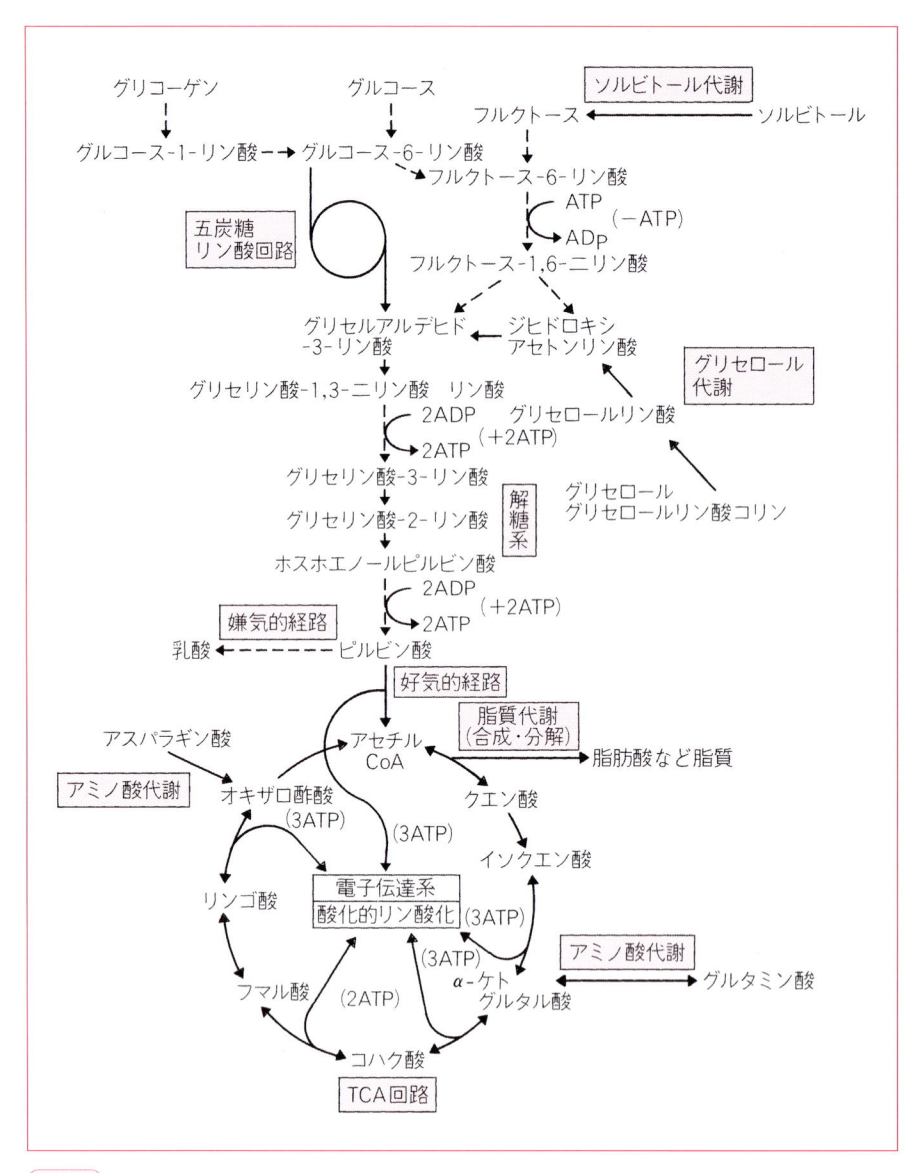

図26 精子のエネルギー代謝の概略図
破線は嫌気的解糖経路，実線は好気的代謝経路であることを示す
〔森沢正昭ら：発生生物学，実験生物学講座 11, pp65, 丸善，東京，1985[12] による〕

れている[3].

2　クレアチンリン酸シャトル

　これまで，精子におけるATPの産生部位はもっぱらミトコンドリアであり，産生したATPが鞭毛の末端まで拡散し，ダイニン-ATPaseに供給されて運動が生ずるものと考えられてきた．しかしながら，単なる拡散では，精子が激しく運動するときにATPが鞭毛の

末端まで拡散する途中でダイニン-ATPaseにより分解されてしまうと考えられる．この点について，ウニの精子をもちいた研究の結果，クレアチンリン酸シャトル系によるエネルギーの運搬が行われていることが明らかにされた．すなわち，①ミトコンドリアにおいて生成されたATPのエネルギーがミトコンドリアのクレアチンキナーゼによってクレアチンに転移され（クレアチンリン酸の合成），②このクレアチンリン酸が鞭毛内を移動し，③クレアチンリン酸の脱リン酸化に共役して，尾部のクレアチンキナーゼによりATPが合成される，という系である．しかしながら，哺乳類ではこのクレアチンリン酸シャトル系は十分に発達していないとされ，ヒト精子における検討でも，クレアチンキナーゼ阻害剤を作用させても精子の運動性に変化が認められないことが明らかにされている[4]．

3　精子尾部におけるATPの生合成

そこで，ヒト精子尾部におけるATPの供給源についての検討が行われ，尾部の線維鞘における解糖系が注目されている[5]．すなわち，精子細胞膜には，六炭糖の輸送タンパクであるglucose transporter (GLUT)が存在していること，このうちGLUT3ならびにGLUT5は中片部に，GLUT2は尾部の主部に局在する[6]．また，解糖系の第一段階の酵素であるhekokinase (HK)は，ミトコンドリアのみならず頭部や精子尾部の主部の線維鞘に高レベルで存在する[7]．最近，ヒトHK type I (HKI)の遺伝子構造が明らかにされ，遺伝子の5'-側のalternative splicingによって精巣特異的な複数のHKIサブタイプ (HKI-ta，HKI-tb，HKI-tc，HKI-td)のmRNAが転写されること，精子にはこのうちHKI-taならびにHKI-td mRNAが存在すること，これらはミトコンドリア外膜にあるporinに結合する配列を欠いている[8]．一方，解糖系の酵素であるglyceraldehide 3-phosphatase dehydrogenase (GAPDH)の研究の結果，精子には体細胞と異なるGAPDHであるGAPDH-2が発現していること，GAPDH-2は中片部には存在せず，尾部主部に存在する線維鞘に結合している[9]．

これらの成績から，精子の尾部に解糖系が存在し，そこで生合成されたATPがダイニン-ATPaseに供給され精子の運動エネルギー源となるほか，尾部に存在するPK-Aに供給され精子運動の調節やcapacitationに関与するものと考えられる．

4　五炭糖リン酸経路

精子の中片部にはHKIが存在するにもかかわらず解糖系の酵素が存在しないことから，同部においては生成したグルコース-6-リン酸が解糖系による代謝を受けない．この点に関して，ヒト精子においてglucose 6-phosphatase dehydrogenase (G6PDH)の活性が報告されていること，このG6PDHは五炭糖リン酸経路 (pentose phosphatepathway)の第一酵素であること，五炭糖リン酸経路を介した標識グルコースの代謝が認められること，などから，ヒト精子の中片部においては五炭糖リン酸経路によるグルコースの代謝系が存在しているものと考えられている[5,10]．

おわりに

　精子の構造とエネルギー源について，ヒトの精子についての知見を中心に概説した．ヒト精子におけるエネルギー産生経路，ならびに，産生したエネルギーと精子運動能や capacitation などの調節機構との関連については現在なお未解明な点がおおく，今後の研究の展開が待たれる．

文　献

1) Ursini F et al : Science **285**, 1393 (1999).
2) Sutovsky P et al : Nature **402**, 371 (1999).
3) Halestrap AP & Price NT : Biochem J 343, 281 (1999).
4) Yeung CH et al : Mol Hum Reprod **2**, 591 (1996).
5) Travis AJ et al : J Biol Chem Dec 13, 2000 [epub]
6) Angulo C et al : J Cell Biochem **7**, 189 (1998).
7) Naz RK et al : J Androl **17**, 143 (1996).
8) Andreoni F et al : Biochim Biophys Acta **1493**, 19 (2000).
9) Welch JE et al : J Androl **21**, 328 (2000).
10) Urner F & Sakkas D : Biol Reprod 60, 973 (1999).
11) Holstein AF & Roosen-Runge EC : Atras of human spermatogenesis, 217 (Grosse Verlag, Berlin, 1991).
12) 森沢正昭，毛利秀雄ほか：in 発生生物学（実験生物学講座 11），65（丸善，東京，1985）．

　　　　　　　　〔平田修司／正田朋子／星　和彦〕

2 Y染色体上の造精関連遺伝子
― AZF (azoospermia factor) について ―

はじめに

一般に正常の夫婦においては，不妊症になる確率は，10〜15%であると考えられている．その原因は大きく分けると排卵異常，卵管異常などの女性側要因，乏精子症に代表される造精機能障害などの男性側要因，そして原因不明の3つにわけることができる．この不妊症の原因における男性側要因は，全体の25〜30%を占めている．この男性側要因を頻度別に分析すると，一番目が精索静脈瘤，二番目は特発性，三番目が閉塞性となっている(表15)．このように原因が明らかでない特発性要因の占める割合は非常に大きい．一方，男性を遺伝的に規定しているY染色体が，性の決定や造精機能に関与していることは以前より指摘されてきた．すでに，ヒトにおいて性決定遺伝子の一つと考えられるSRY遺伝子が，Y染色体の短腕に存在することも明らかになっている[1]．また，造精機能に関与する遺伝子が，Y染色体に存在することも以前より指摘されてきた．それに加えて近年の分子生物学的手法の進歩は，以前では分からなかった染色体の構造を塩基配列のレベルまで解析することを可能としてきた．そして，ヒト染色体の全塩基配列の決定するといる世界的プロジェクトが進められ，すでに90%以上におよぶ塩基配列が決定されるようになってきた．このような状況において，Y染色体の長腕のいくつかの領域が造精機能に関与していることが明らかになってきた．

表15　男性不妊の原因別分類（発生頻度順）

1.	精索静脈瘤	38.2 (%)	7. 薬 剤	1.0
2.	特発性	24.8	8. 内分泌	1.0
3.	閉塞性	13.2	9. 炎 症	1.0
4.	停留精巣	3.2	10. 染色体異常	0.2
5.	抗精子抗体	2.5	11. その他	13.6
6.	射精障害	1.3		

Campbell's Urology (1998)より一部改変し引用

1　Y染色体と造精機能異常

Y染色体と造精機能との関連に関する研究は，無精子症患者におけるY染色体の構造異常の研究から始まった．1976年に，TiepoloとZuffardiは，1,170名の男性の染色体のキナクリン染色による顕微鏡観察を行った．そして，6名の無精子症の男性においてY染色体の長腕のYq11の領域に欠失が存在することを報告した．さらに，そのうちの2例においては，それらの父親の染色体についても同様に検討し，欠失の存在しない正常のY染色体

表16 Y染色体長腕のAZF領域での微小欠失の検索

研究者	年	患者数	Microdeletion AZFa	AZFb	AZFc	欠失の検出率%
Nakahori et al[21]	1996	153	−	4	16	13
Qureshi et al[22]	1996	100	4	−	4	8
Vogt et al[17]	1996	370	3	3	7	5
Brown et al[29]	1997	345	−	2	33	11.3
Girardi et al[23]	1997	160	−	5	5	6.3
Kremer et al[30]	1997	164	−	−	7	4.3
McElreavey et al[31]	1997	100	−	3	6	14
Simoni et al[32]	1997	168	−	−	5	3
van der Ven et al[33]	1997	204	−	1	1	1
Vogt et al[34]	1997	700	5	6	21	4.6
Ours[19]	1998	157	−	−	12	7.6

であることを明らかにした．このことは造精機能異常とY染色体の長腕の欠失が関連しているということ，およびその欠失がその父親から子供にいく段階で発生したことを示しており，Y染色体と造精機能の間には関連性があることを指摘した[2]．このようにY染色体上に造精機能の発達に関与する因子が存在することが示され，その因子はAzoospermia factor（AZF）と名付けられた．その後，染色体の解析やサザンブロット解析により無精子症の患者において同様の欠失が存在することが多数報告されてきた[3)-11]．さらに近年はY染色体の構造も次第に明らかになり，polymerase chain reaction（PCR）法の出現により急速にY染色体のAZF領域に関する研究が進歩した[12)-16]．このPCR法により多くの研究者がY染色体のAZF領域の欠失に関して多くの報告をしてきた（表16）．

2 AZF領域について

AZF領域は，当初はY染色体上の長腕のYq11に1つ存在すると考えられていたが，その後のY染色体の欠失の研究により，その領域の中でさらに重要なより狭い範囲の3つの領域に分けることができると考えられるようになった[17]．VogtらはYq11の領域にあるAZF領域を，AZFa，AZFb，AZFcの3つの領域に分けた．一方，ReijoらはAZFa，AZFb，DAZの3つに分けた[18]．ともにほぼ同様の領域を表しているので，本稿ではVogtの分類に従って述べることとする．Vogtらの分類によるとAZFaはY染色体のYq11領域のinterval D3-6，AZFbはinterval D13-16，AZFcはinterval D20-22の領域に相当する．これらの領域の欠失と造精機能の異常との関連を精巣生検の結果をもとに分類すると以下のようになる．AZFa領域の欠失においては完全な造精機能障害が発生し，組織的にはSertoli-cell only syndrome状態になっていることが明らかになった．AZFbの領域の欠失では，造精機能は減数分裂前か最中に停止した状態になっていることが明らかになった．AZFc領

域での欠失では特定の段階での造精機能の異常はなく，種々の段階での造精機能障害の存在が明らかになった．これらのことより，AZFにおける造精機能障害はひとつの原因遺伝子の異常によるのではなく，複数の要因（遺伝子）が関与していることが示唆された．

3　われわれのAZFc領域での検討

　われわれも無精子症および乏精子症患者157名を対象として末梢血よりDNAを分離し，16種類のprimer setを用いてPCR法を行い，AZFc領域を中心に微小欠失の有無を検討した（図27）[19]．この方法は，Y染色体の特定の領域に特異的なprimer setを設定してPCR法を行い，その領域のゲノム遺伝子の増幅をするという方法である．実際に，その領域がゲノム上に存在すればPCR法により特定の大きさのDNAの断片が増幅され，電気泳動にて確認することができる．しかし，もし微小欠失によりゲノム上にその領域が存在しなければDNAの断片が増幅されない．このようにして，それぞれの領域でのDNA断片の増幅の有無を検討して微小欠失を有無を判定した（図28）．さらに，ここで発見した欠失の有無を確認するためにサザンブロット法を行った．その結果，12の症例に微小欠失を明らかにした（図29）．

4　単一精子での検討

　通常のPCR法を用いた微小欠失の検討は，末梢血より分離したDNAを用いて行う．というのは，欠失の有無の検討はゲノム遺伝子についての検討であるので，末梢血より分離したDNAと生殖細胞（精巣）より分離したDNAは同じであるということを前提としてい

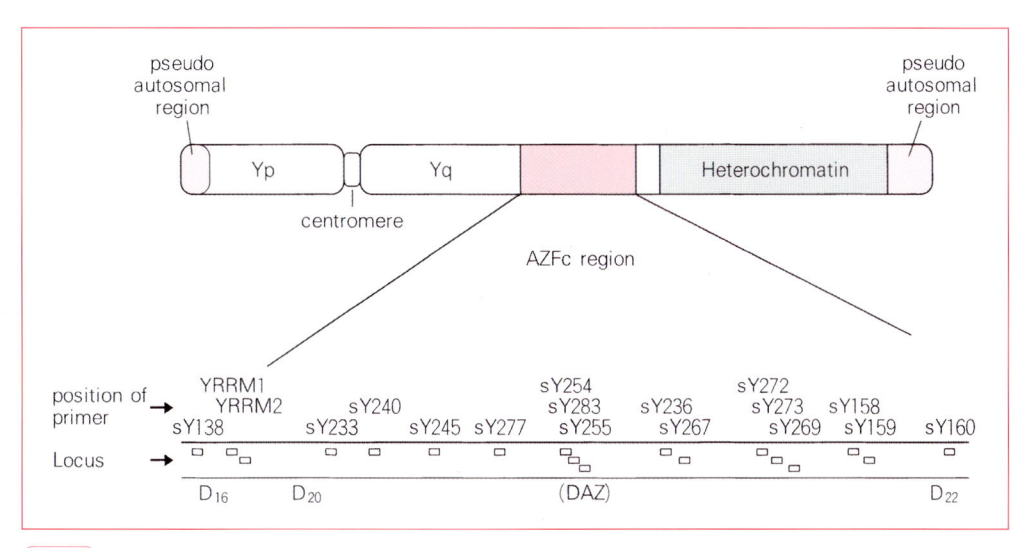

図27　今回使用した16個のY染色体長腕上AZFc遺伝子領域近傍のプライマー位置を示す

II 生殖細胞・胚

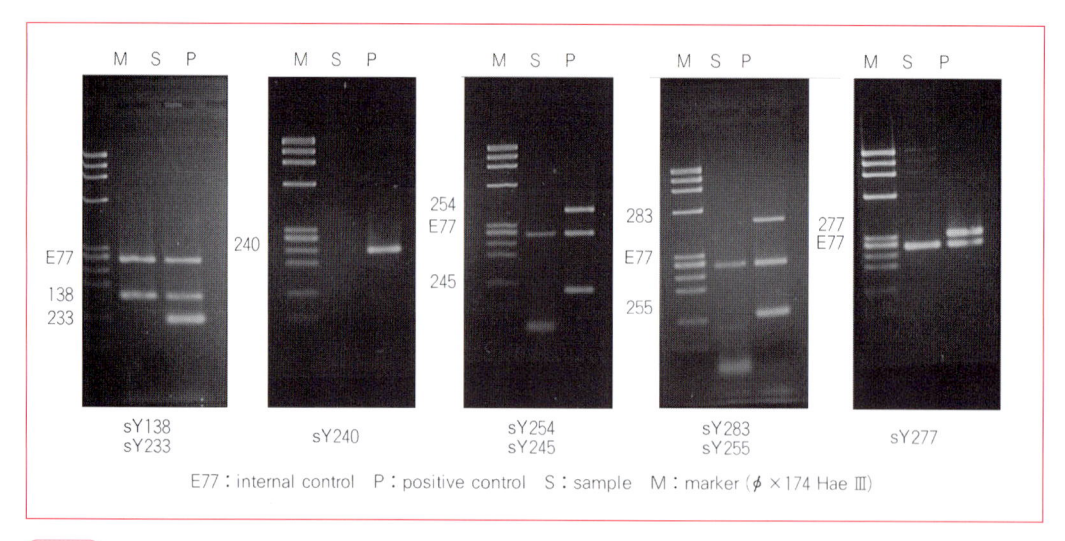

図28 PCR法による微小欠失の解析

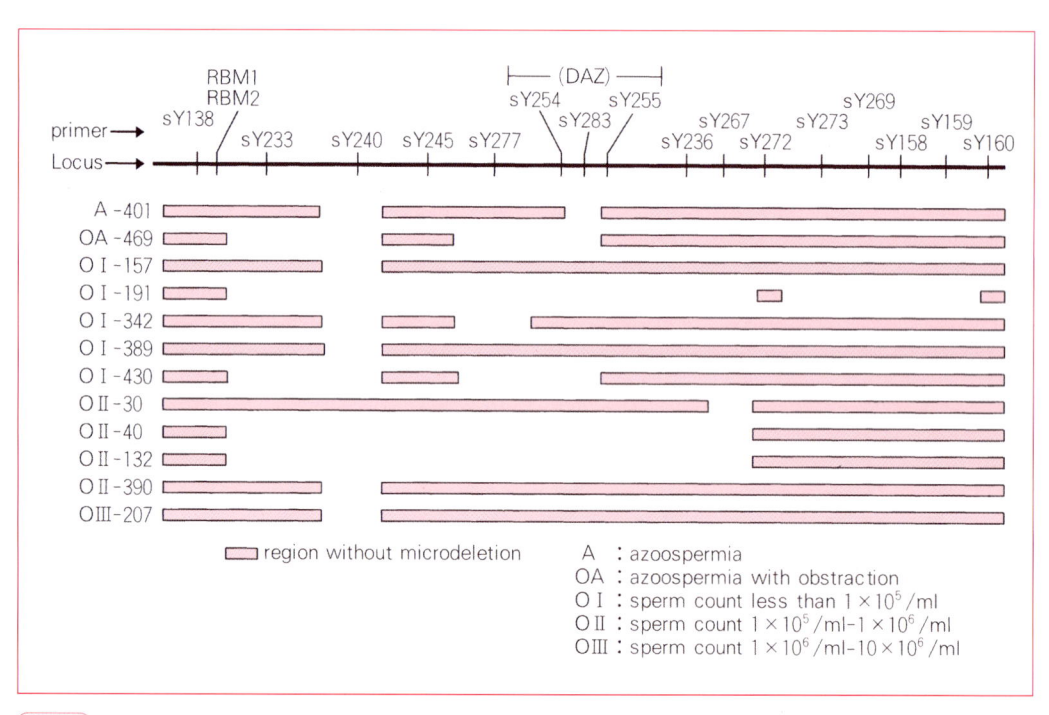

図29 Y染色体のAZF領域での微小欠失を認めた不妊男性のまとめ

る．しかし，末梢血と生殖細胞とは発生原基の由来が異なるので，必ずしも同じであるといえない．そこで，われわれ微小欠失を認めた患者の精子について同様の欠失が存在するかを直接検討した．この場合，精子には性染色体はXかYのどちらかしか含まれていないので，まずY染色体が含まれるかどうかをY染色体短腕に存在するSRY遺伝子の存在の有

72

表17　単一精子を用いたPCRによるY染色体上の微小欠失の解析

	乏精子症男性	正常男性
SRY	12/30 (40%)	15/50 (30%)
sY254	0/12 (0%)	13/15 (86.7%)

無で確認したのち，Y染色体が存在する精子においてDAZ領域に含まれているsY254の遺伝子の増幅の有無をPCR法にて検討した．その結果，表17に示すように患者精子では，末梢血に認めた欠失が精子でも同様に存在していることが確認された[20]．

5　次世代への微小欠失の移行に関する検討

近年の生殖医療の進歩で，従来であれば妊娠が不可能であった不妊夫婦でも妊娠することが可能となってきた．男性不妊においても同様である．そこで注目されているのは，今回指摘してきたY染色体の欠失がその子孫に移行（遺伝）するという問題である．従来，Y染色体の欠失は造精段階で発生すると考えられており，その場合はその欠失を持って生まれた男性は不妊となり，通常の場合には子孫にその微小欠失は遺伝しないと考えられていた．一方で，Y染色体の微小欠失と造精機能障害の程度は必ずしも一致しない．そのため，実際に親子でY染色体の欠失が存在した症例も報告はされている[12,17,21-24]．しかし，これはあくまで稀な症例であると考えられていた．ところが，今日の生殖医療の進歩は，これら通常では妊娠しないと考えられた症例でも児を得ることが可能となってきた．その場合，微小欠失が子孫に受け継がれることが指摘されてきた[25,26]．実際にわれわれも微小欠失をもつ乏精子症症例において顕微授精を行い，妊娠し男子を得た3症例について，父親が持っていた微小欠失が移行するかどうかを検討した．その結果，父親と同様の欠失が存在することを明らかにした．このことより，顕微授精により妊娠した場合は明らかに欠失は遺伝することが判明した．しかし，それらの男子において父親と同様の造精機能障害が発生するかは今後の検討を待たなくてはいけない．

6　AZF領域に存在する造精機能に関与する遺伝子

AZF領域に存在する遺伝子としては，これまでにいくつかの遺伝子が報告されている（表18）．これら遺伝子は，大きく2つに分けることができる．一つは精巣に特異的に発現する遺伝子と，もう一つはX染色体あるいは常染色体にも存在し精巣以外でも発現する遺伝子である．一般に，精巣を含め非特異的に発現する遺伝子は必ずしも造精機能に関係するわけではなく，精巣におけるhouse keeping geneとしての働きがあると考えられている．一方，精巣にて特異的に発現する遺伝子は，造精機能を含めた精巣における特異的な働きがあると考えられているが，これまでに造精機能に重要な遺伝子はまだ明らかではな

表 18 AZF の候補遺伝子

遺伝子名	略語	発現部位	Yq11 での位置
Basic protein Y, pl9	BPY1	testis	D8
Basic protein Y, pl10	BPY2	testis	AZFc
Chromo domain Y	CDY	testis	D10-11 ; 23-24
Deleted Azoospermia	DAZ	testis	AZFc
DEAD box Y	DBY	multiple	AZFa
Drosophia fat facets related Y	DFFRY	Multiple	AZFa
Essential initiation translation factor 1A Y	EIFIAY	multiple	AZFb
PTP-BL related Y	PRY	testis	AZFc
RNA binding motif	RBM	testis	AZFb;AZFc
Selected mouse cDNA Y	SMCY	multiple	AZFb
Testis-specific protein Y encoded	TSPY	testis	AZFb
Testis transcript Y1	TTY1	testis	AZFc
Testis transcript Y2	TTY2	testis	AZFc
Ubiquitous transcribed Y	UTY	multiple	AZFa
XK related	XKRY	testis	D10-11

Vogt ら[35] の文献より改変引用

い.以下に代表的な遺伝子について簡単に説明する.

1　RBM（RNA binding motif）遺伝子

1993年にMaらが,無精子症の患者のY染色体（Yq11.23）に微小欠失が存在していることを明らかにした際に,その領域の中にあるYRRMとして報告された精巣特異的に発現している遺伝子である[10].その後複数存在することが明らかになり,アミノ酸の配列よりRNAに結合するドメイン構造が存在することが分かっており,RBMといわれるようになった.このRBM蛋白は減数分裂前の核内に非常に多く発現しており,造精段階でのRNAの合成に関与してると考えられている.

2　DAZ（deleted in azoospermia）遺伝子

1995年にReijoらが報告した精巣特異的に発現している遺伝子である[27].DAZ蛋白はspermatidの細胞質と精子の尾部に発現している.この蛋白もRBMと同様にRNAに結合するドメイン構造が存在することより,その機能としてmRNAの翻訳に関与していると考えられている.しかし,当初想定されたほどには,この遺伝子は必ずしも造精機能に必須のものではないと考えられている.

3　TSPY 遺伝子

精巣特異的に発現している遺伝子である.その蛋白はspermatogoniaから spermatocyte

の段階で発現することが明らかになっている[28]．その機能としては，proto - oncogene SET や nucleosome - assembly factor NAP - 1 とのアミノ酸の相同性があることより，spermatogonia の増殖に関連することが想定されている．

上記以外にも表18に示すような遺伝子が同定されてはいるが，それらの機能に関してはまだ明らかではない．今後の研究が待たれる．

おわりに

Y染色体の長腕のAZF領域における微小欠失の意義については多くの点で明らかではない．一般に，この欠失があることにより造精機能障害が発生するが，そのために致死的になったり，その他の病気を誘発したりするものではなく，不妊症以外は健康に生活することができると考えられている．このことより，AZF領域に造精機能に関連する特異的かつ重要な遺伝子が存在することが推定される．しかし，現在までにいくつかの遺伝子は同定されているが，いまだに造精機能に深く関与する遺伝子は発見されていない．また，どのような機序で欠失が発生するか，あるいはどうして特定の領域（AZF）での発生が起こるのかも明らかでない．このように，Y染色体の長腕の微小欠失と造精機能障害との間には多くの不明な点が存在している．現在，ヒトゲノムプロジェクトが進められているが，Y染色体は，他の染色体と比べて構造や遺伝子配列での多型が多く，ヒトゲノムプロジェクトでも一番遅れている領域である．そのため，造精機能に関与する特定の機能をもった遺伝子を同定することには時間を要すると考えられる．今後さらなる研究が待たれるところである．

文　献

1) Sinclair AH et al：Nature **346**, 240 (1990)．
2) Tiepolo L et al：Hum Genet **79**, 1 (1976)．
3) Fitch N et al：Am J Med Genet **20**, 31 (1985)．
4) Andersson M et al：Hum Genet **79**, 2 (1988)．
5) Hartung M et al：Ann Genet **31**, 21 (1988)．
6) Johnson MD et al：Am J Obstet Gynecol **161**, 1732 (1989)．
7) Skare J et al：Am J Med Genet **72**, 155 (1990)．
8) Vogt PH et al：Hum Genet **89**, 491 (1992)．
9) Ma K et al：Hum Mol Genet **1**, 29 (1992)．
10) Ma K et al：Cell **75**, 1287 (1993)．
11) Kobayashi K et al：Hum Mol Genet **3**, 1965 (1994)．
12) Chang PL et al：Hum Reprod **14**, 2689 (1999)．
13) Vollrath D et al：Science **258**, 52 (1992)．
14) Reijo R et al：Lancet **347**, 1290 (1996)．
15) Foresta C et al：J Clin Endocrinol Metab **82**, 1075 (1997)．
16) Pryor JL et al：N Engl J Med **336**, 534 (1997)．
17) Vogt PH et al：Hum Mol Genet **5**, 933 (1996)．
18) Kostiner DR et al：Hum Reprod **13**, 3032 (1998)．
19) Kato H et al：J Hum Genet **46**, 110 (2001)．
20) Komori S et al：J Hum Gene **46**, 76 (2001)．
21) Nakahori Y et al：Hormone Res **46**, 20 (1996)．
22) Qureshi SJ et al：Mol Hum Reprod **2**, 775 (1996)．
23) Giraidi SK et al：Hum Reprod 12, 1635 (1997)．
24) Kleiman SE et al：J Androl **20**, 394 (1999)．
25) Kent - First MG et al：Lancet **348**, 332 (1996)．
26) Kent - First MG et al：Mol Hum Reprod **2**, 943 (1996)．
27) Reijo R et al：Nature Genet 10, 383 (1995)．
28) Schnieders F et al：Hum Mol Genet **5**, 2005 (1996)．
29) Brown LG et al：Abstract Cytogenet Cell Genet **79**, 1 (1997)．
30) Kremer JAM et al：Hum Reprod **12**, 687 (1997)．
31) McElreavey K et al：Abstract Cytogenet Cell Genet **79**, 1 (1997)．
32) Simoni M et al：Fertil Steril **67**, 542 (1997)．
33) K van der Ven K et al：Mol Hum Reprod **3**, 55 (1997)．
34) Vogt PH et al：Cytogent Cell Genet **79**, 1 (1997)．
35) Vogt PH：Mol Hum Reprod **13**, 2098 (1998)．

〔小森慎二〕

3

卵の構造と成熟制御機構

はじめに

　哺乳動物の卵形成は，始原生殖細胞（primordial germ cell：PGC）が雌胎児の生殖原基に移動するところから始まる．PGCはそこで卵祖細胞（oogonium）へ分化し体細胞分裂によって盛んに数を増す．やがて出生前（一部の種では出生直後）にすべての卵祖細胞がほぼいっせいに減数分裂を開始して卵母細胞（oocyte）となり，第一分裂前期の複糸期で停止する．卵母細胞には減数分裂の停止中に種々の物質が蓄積され，体積は300倍以上にも増加する．この過程は卵の成長と呼ばれる．十分成長した卵母細胞は，動物が性成熟に達し，性腺刺激ホルモンが分泌されると減数分裂を再開し，第二分裂中期に至って再び減数分裂を停止する．イヌなどを除く大部分の哺乳動物ではこの状態で排卵され受精が起こる．第一分裂前期で停止中の未成熟卵が，第二分裂中期の受精能をもつ成熟卵に至るまでの減数分裂の過程を卵の成熟と呼ぶ．

　このように卵形成過程は3つの時期，すなわち数が増える「増殖期」，体積が大きくなる「成長期」，および減数分裂を行う「成熟期」に大別できる．これらの卵形成過程の制御のうち，卵成熟の制御機構については，ここ10年ほどの間に海産無脊椎動物やアフリカツメガエル（Xenopus）の卵を中心に解析がなされ，哺乳動物卵においてもある程度の知見が得られてきている．本稿では，とくに哺乳動物の卵成熟期に焦点をしぼり，この時期の卵が持つ特徴的な構造，およびこの過程の制御機構について記すことにする．

1　未成熟卵の構造と特徴

1　卵母細胞の特徴的構造

　成長期を終了した未成熟卵のもつ最も大きな形態的特徴はその大きさである．増殖中の卵祖細胞の直径が約15μmであるのに対し（図30A），成長期を終了した未成熟卵は齧歯類で約80μm（図30D），その他の種では120～140μmにも達し，その間に発生に必要なエネルギー源，制御因子，mRNAなどを蓄積する．転写活性の低い，成熟期から初期卵割期に必要なタンパク質のmRNAは翻訳されない安定な状態で細胞質に蓄積され，母性（maternal）mRNAと呼ばれる．一部の母性mRNAは約30～50塩基のポリAを持つが，3'-UTRのポリA付加配列上流にウリジンリッチなCytoplasmic Polyadenylation Element（CPE）配列を持ち，未成熟卵ではCPE特異的結合タンパク質であるCPEBがここに結合

卵の構造と成熟制御機構 ③

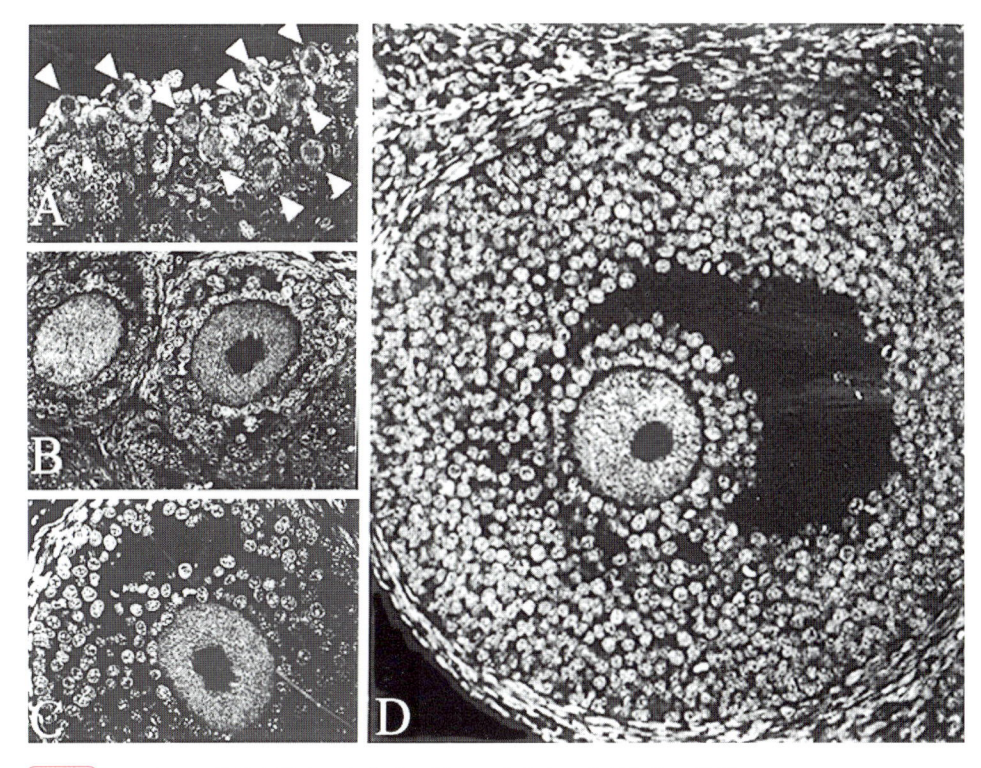

図30 マウスの成体卵巣内に存在する種々の大きさの卵母細胞の状態
A：直径15μmの未成長卵（矢頭）．
B：成熟能をもたない直径約60μmの成長途上卵．数層の顆粒膜細胞に包まれる．卵周囲に透明帯の形成が見られる．
C：成熟能をもつ直径約70μmの成長途上卵．卵胞腔の形成が始まっている．
D：直径約80μmの成長卵．卵胞腔が発達し，卵丘細胞と卵胞壁の細胞が区別できる．

して翻訳を抑制している[1,2]．成熟開始に伴いこのCPEBがリン酸化され，これにより約100〜200塩基のポリAの伸張と，翻訳活性の上昇が起こる[3]．CPE配列は少なくとも後に述べるmos，M期cyclinのmRNAには存在することが知られており，これらの翻訳の制御に関与している[4,5]．この母性mRNAの蓄積があるため，未成熟卵ではmRNAの存在をもって遺伝子の発現状態を推定することはできない．

　成長期を終了した未成熟卵は核も大型で卵核胞（germinal vesicle：GV）と呼ばれ，通常1個の核小体をもつ．一般に体細胞はS期以前のG1期（静止状態ではG0期と表現することもある）で停止しておりDNA量は2Cであるのに対し，この核内のDNAはすでに複製を終え4Cの状態になったG2期で静止し，相同染色体は対合しシナプトネマ構造をとっている．またインプリンティングの状態も体細胞とは異なっている（第7部の1，2の項参照）．

2 卵母細胞周囲の特徴的構造

　成長期を終了した未成熟卵は周囲を透明帯（zona pellucida）と呼ばれる厚さ約 10μm の糖タンパク質のカプセルに覆われる．マウスでは卵の直径が約 45μm のころに透明帯が盛んに合成される．さらにその周囲は顆粒膜細胞（granulosa cell）に包まれ卵胞（follicle）を形成する．卵胞内に卵胞液が蓄積してくると，卵周囲は卵丘細胞（cumulus cell）と呼ばれる5層ほどの顆粒膜細胞細胞によって取り巻かれるようになる（図30C, D）．最内層の卵丘細胞は特に放射冠細胞（corona radiata）と呼ばれ，透明帯を貫通する微小突起を持ち卵とギャップジャンクション（gap junction：GJ）を介して連絡している．また，卵丘細胞同士もGJを介してお互いに連絡している．この密接に連絡し合った卵と卵丘細胞は卵-卵丘細胞複合体（COC）と呼ばれる．GJには膜貫通タンパクであるコネキシン（connexin：Cx）の6量体よりなるチャンネルが存在し[6)7)]，成長期に蓄積される物質の多くはこのチャンネルを通して卵丘細胞から卵への輸送が行われる[8)]．Cxには多くのファミリーが存在するが哺乳類の卵および卵丘細胞にはCx43，Cx32が存在することが示されている[9)10)]．このGJ構造は卵の成熟制御に重要な働きを持っている．

2 未成熟卵の減数分裂停止機構

1 成熟促進因子（Maturation Promoting Factor：MPF）

　減数分裂の停止機構を理解するためには，減数分裂を開始させるための因子について述べる必要がある．現在，減数分裂も含めすべての真核生物の細胞分裂を誘導する因子としてMPFが知られている．このMPFは触媒サブユニットのp34^{cdc2}と制御サブユニットのサイクリン（cyclin）Bのヘテロダイマーよりなる蛋白質リン酸化酵素（キナーゼ）である（図31A）[11)]．MPFがリン酸化する基質として現在までにコンデンシン（condensin）とラミンBが確定している[注]．コンデンシンは13Sのタンパク質複合体であり，リン酸化されるとDNAに結合しトポイソメラーゼI存在下でDNAにスーパーコイルを導入して染色体の凝縮を誘導する[12)13)]．一方，ラミンBは膜結合性の核膜裏打ちタンパク質であり，リン酸化されると脱重合して核膜を膜小胞に分散させる[14)]．すなわち，MPFが活性化してこれらをリン酸化することにより，染色体の凝縮と核膜の消失という分裂期に見られる最も顕著な形態的変化が起こることになる．この現象は細胞周期のどの時期であっても他に優先して誘導され，他の因子の影響を受けないことから，MPFはこの現象の最下流に位置し，直接

　注）このほかヒストンH1も分裂期にリン酸化されており，in vitroではMPFの基質としてMPF活性測定によく用いられる．そのため，ヒストンH1キナーゼ活性はしばしばMPF活性の同義語として用いられる．ヒストンH1のリン酸化は，一般に染色体凝縮に関与していると信じられているが，実際にin vivoでヒストンH1がMPFの基質となるか，また，そのリン酸化と分裂期の現象との関連は現在のところ明らかではない．

に作用する実行因子と考えられる．つまりMPFの酵素活性が上昇すると細胞が分裂期の状態になり，低下すると分裂期から脱出するのである．

2 MPF活性の抑制機構

　未成熟卵の減数分裂停止機構には卵の成長段階によって2つの異なる機構が働いている．成長期前半の小さい卵母細胞は減数分裂を再開する能力を持たない．例えばマウスの場合，卵成長は出生の数日後から開始し10日齢の卵巣には直径60μmほどの卵が存在しているが，この卵は成熟能を持たない（図30B）．このような成熟能を持たない卵母細胞にはMPFのサブユニットのうち$p34^{cdc2}$が存在しないことが示唆されている[15)16)]．MPFを持たない卵は相同染色体の対合や組替えは起こせても，その後に起こる顕著な染色体の凝縮と核膜の崩壊は起こし得ず，これが第一分裂前期の複糸期で停止してしまう一因と考えられる．また，このような卵細胞質にはMPF活性化の抑制因子の存在も示唆されている[17)18)]．

　減数分裂を開始する能力はマウスでは直径70μmをこえる卵には備わっている[19)]（図30C）．これ以降成長期を終了した卵には，少なくとも$p34^{cdc2}$がすでに存在している[15)16)]．ある種の魚類や両生類では成長期を終了した卵にcyclin Bが存在しないことが示されており，これらの種ではcyclin Bが無いことが成長期を終了した卵の減数分裂停止の原因となっている[20)21)]．哺乳動物では，ウシ卵にはcyclin Bが存在しないという報告があるが[22)]，齧歯類卵ではcyclin Bの存在は確定しており[23)24)]，ブタ卵でも存在が示唆されている[25)]．これらの卵では$p34^{cdc2}$/cyclin B複合体がすでに存在しており，MPF活性は$p34^{cdc2}$のリン酸化によって抑制されている[26)]（図31B）．$p34^{cdc2}$には3つのリン酸化部位〔スレオニン161（T161），スレオニン14（T14），チロシン15（Y15）〕が存在し，いずれもcyclin Bとの結合後にリン酸化されるようになる．このうちT161は活性促進部位でありcyclin Bと結合すると常にリン酸化されている．一方，T14，Y15は活性抑制部位であり，ここがリン酸化されたMPFの活性は抑制されpre-MPFと呼ばれる．この活性抑制部位のリン酸化はWee 1とMyt 1というキナーゼにより[27)28)]，また脱リン酸化はcdc25よって起こり[26)]，これらの活性のバランスによりcyclin B結合後の$p34^{cdc2}$の活性が決定されることになる．成長期を終了した卵にはMyt 1活性が存在し，cdc25活性は低く抑制されているため，ここに存在するMPFはほぼすべてpre-MPFとなっており，そのため分裂期に入れず減数分裂が停止していると考えられる．

3　減数分裂の再開機構

1 LHの減数分裂再開の誘起作用

　哺乳動物を含む脊椎動物卵の減数分裂の再開は，下垂体より分泌される黄体形成ホルモン（LH）が引き金となる．LHは卵に直接では無く，卵周囲の卵丘細胞に作用する．哺乳動物以外ではLHが卵を取り巻く濾胞細胞（卵丘細胞に相当）に作用することにより，この細

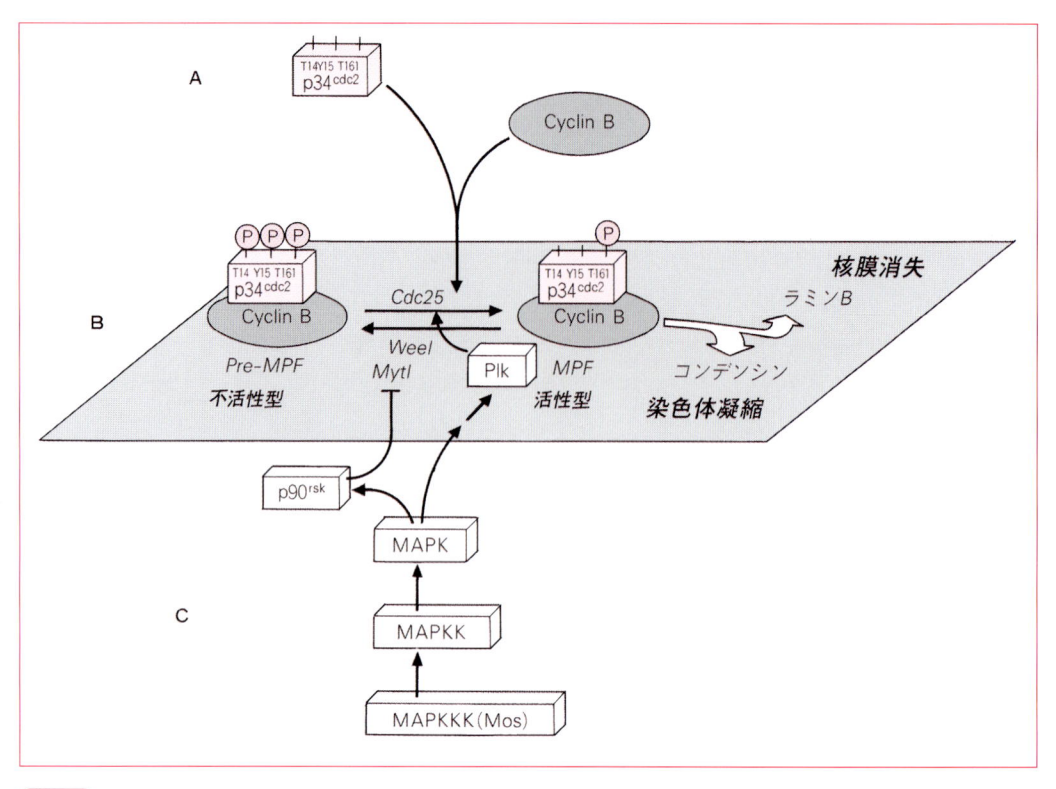

図31 MPF活性制御の模式図
（A）Cyclin B合成による制御．（B）リン酸化による制御．（C）MAPK
カスケードによる制御．この制御はXenopusのみで確定している．

胞が成熟誘起ホルモン（MIH）を産生し，これが卵に作用することによって最終的にMPFを活性化する．ヒトデ，魚類のアマゴ，Xenopusでは，MIHが同定されており，それぞれ1-メチルアデニン，17α20β-ジヒドロキシ-4-プレグネン-3-オン，プロジェステロンである．これらの種では濾胞細胞を取り除いてしまえば，たとえLHを作用させてもMIHは産生されず減数分裂は再開しない[29]．

　これに対し哺乳動物ではこの過程に対するLHと卵丘細胞の作用が大きく異なる．哺乳動物の卵-卵丘細胞複合体は卵胞から取り出すとLHが無くても自発的に減数分裂が再開する．したがってLHは減数分裂を再開させるために必須の要因ではない．卵胞液にはこの自発的な再開の抑制作用があり，この抑制物質は古くは卵成熟抑制因子（Oocyte Maturation Inhibitor：OMI）と呼ばれた[30]．OMIの実態は現在でも明らかではないが，卵丘細胞を介して作用することがわかっている[31]．すなわち哺乳動物では，卵丘細胞はMIHを産生して減数分裂に促進的に働くのではなく，むしろ逆に卵の減数分裂再開を常に抑制的に制御していると考えられる．卵胞液はこの抑制効果を維持する作用があり，LHはこの抑制作用を取り除くことによって減数分裂を再開させるのである．

2 卵－卵丘細胞複合体（COC）の構造変化

卵成熟の過程に見られる大きな形態的変化として卵丘細胞層の膨化が上げられる．これは卵丘細胞が盛んにヒアルロン酸を産生して細胞間に蓄積することによる[32]．先に卵丘細胞間にはギャップジャンクション（GJ）が存在し互いに連絡していることを述べたが，このような膨化した卵丘細胞間ではGJ機能は低下している[33]-[35]．LH刺激後，COCのコネキシン（Cx）の発現が減少することが知られており[36][37]，このGJ機能の低下がLHの作用の一つとして上げられる．GJは卵-放射冠細胞間と卵丘細胞間に存在するが，減数分裂の再開に，前者の消失が重要とする報告と[34][38][39]，後者の消失が重要とする報告がある[35][40][41]．いずれにせよ，LHは卵丘細胞に作用しヒアルロン酸合成刺激，Cx発現抑制などにより卵丘細胞間のGJを消失させ，これにより放射冠細胞から卵への抑制作用が低下し卵の減数分裂が再開するという仮説が考えられる．体外培養では一般に極めて単純な培地が用いられ，COCがもつGJの構造を維持できず減数分裂が再開するが，卵胞液（OMI）にはこれを維持する作用があり[42]，そのため減数分裂の再開に抑制的に働くと推察できる．

卵丘細胞からGJを介して卵へ送られる減数分裂再開の抑制因子の実態，およびその作用機構は明らかではない．一つの候補としてcAMPが示唆されている[43]．しかし，家畜卵ではcAMPのみでは完全に減数分裂の再開を抑制することはできず[44]，cAMP以外の物質も関与しているであろう．

3 卵母細胞内のシグナル伝達系

卵丘細胞からの刺激がMPF活性化に至るまでの卵細胞内のシグナル伝達系に関しては，現在のところ唯一XenopusにおいてMAPキナーゼ（MAPK）カスケードの必要性が示されている[45]（図31C）．MAPKカスケードは3段階のキナーゼ，すなわちMAPK，MAPKキナーゼ（MAPKK），MAPKKキナーゼ（MAPKKK）よりなる細胞内シグナル伝達系である[45]．XenopusにおいてはMIHであるprogesterone刺激によりMAPKKKの一種であるMosタンパク質の合成が開始し，MosはMAPKKをリン酸化して活性化し，さらにMAPKKはMAPKをリン酸化して活性化する[46]．このときMosタンパク質の合成開始にはcAMP濃度の低下が必要とされる[47]．MAPK以降の機構は十分には解明されていないが，1つの経路としてMAPKがp90[rsk]をリン酸化して活性化し，p90[rsk]はMyt 1をリン酸化して抑制することが報告されている[48]．またPolo様キナーゼ（Plk）を介してcdc25の活性化を示唆する報告もある[49]．Myt 1の活性抑制とcdc25の活性化は，pre-MPF/MPFバランスをMPF方向へ移行させ，卵は減数分裂を再開する．

哺乳動物卵においてもMPFの活性化とほぼ同時にMAPKは活性化し，成熟期間を通して高活性が維持される[50]-[53]．このMAPK活性の減数分裂に対する必要性を調べるため，成熟過程にMAPKが活性化しないmos遺伝子欠損マウスが作成された[54][55]．その結果，マウスでは少なくとも減数分裂の再開にMAPK活性は必要ないことが確定している．一方，ウシ卵では減数分裂再開直前にMosが合成されることが示され[56]，また，ブタ卵では減数

分裂の再開にMAPK活性の必要性が示唆されるなど[57)58)]．減数分裂の再開の制御機構に関しては，齧歯類と他の哺乳動物との相違が目立つ．MPF活性化に対するMAPKの必要性についてはさらに検討が必要であるが，MPF活性化にpre-MPFのY15の脱リン酸化が必要であることはマウス，ラット，ブタに共通に示されている[59)-61)]．

4　減数分裂の進行

　MPFが活性化されると，染色体の凝縮，核膜の崩壊（germinal vesicle breakdown：GVBD）が起こる．このGVBDは減数分裂の再開の指標となる（図32A）．GVBDを境に合成されるタンパク質の種類が劇的に変化する．Cyclin BはGVBD以後は合成されており，これによりMPF活性はさらに上昇することになる[25)]（図32B）．高MPF活性は分裂中期（metaphase）を誘導し，染色体はスピンドルの赤道面上に整列する．

　これに引き続く分裂後期(anaphase)の開始は，一般に体細胞分裂では蛋白質分解によって制御されている[62)63)]．すなわち，染色体の分離には姉妹染色分体をつなぎとめているコヒーシン（cohesin）の遊離が必要であり，コヒーシンの遊離は，その触媒酵素であるセパリン（separin）の抑制因子であるセキュリン（securin）の分解が引き金となる．セキュリン，cyclin Bはどちらもユビキチン系により分解されるが[62)]，これらの分解基質にユビキチンを転移させ分解を誘導する因子がAnaphase Promoting Complex（APC）である[63)]．APCはMPFによって活性化することが示されており[64)]，体細胞分裂ではM期に上昇したMPF活性によりAPCが活性化され，セキュリンとcyclin Bが分解され，染色体の分離とM期脱出が誘導されるのである．しかし，第一減数分裂は体細胞分裂とは大きく異なっている．ここで分離するのは姉妹染色分体ではなく相同染色体なので，この時期セキュリンは分解されない．また，MPF活性も若干低下するが，基底レベルにまで到達することなく再び活性化され，第二分裂を開始するのでcyclin Bの分解もわずかである．つまり，第一減数分裂ではAPCは抑制された状態であると考えられ，事実，第一減数分裂の進行にはAPCが必要ないことが最近報告された[76)]．この第一分裂後のMPF再活性化にはMos/MAPKの存在が重要である（図32C）．抗体などによるMos抑制やmos欠損マウスの卵では，MPF活性は再活性化せず，間期に入ることが示されている[65)66)]．このとき，MPFをリン酸化するwee 1が抑制されていることの重要性も示唆されている[67)]．これらの報告は，APC活性やwee 1活性の抑制とMos/MAPKとの関連を想像させるが，現在のところ第一減数分裂の進行は不明の点が多く，詳細は今後の研究に待たねばならない．

5　成熟卵の減数分裂停止機構

　MPFの再活性化により染色体は脱凝縮することなく第二分裂中期に誘導される．減数分裂の第二分裂中期に達した成熟卵はここで再び停止する．この卵細胞質を分裂を繰り返している初期胚の割球に注入するとやはり分裂中期で停止することから，この成熟卵がもつ

卵の構造と成熟制御機構 ③

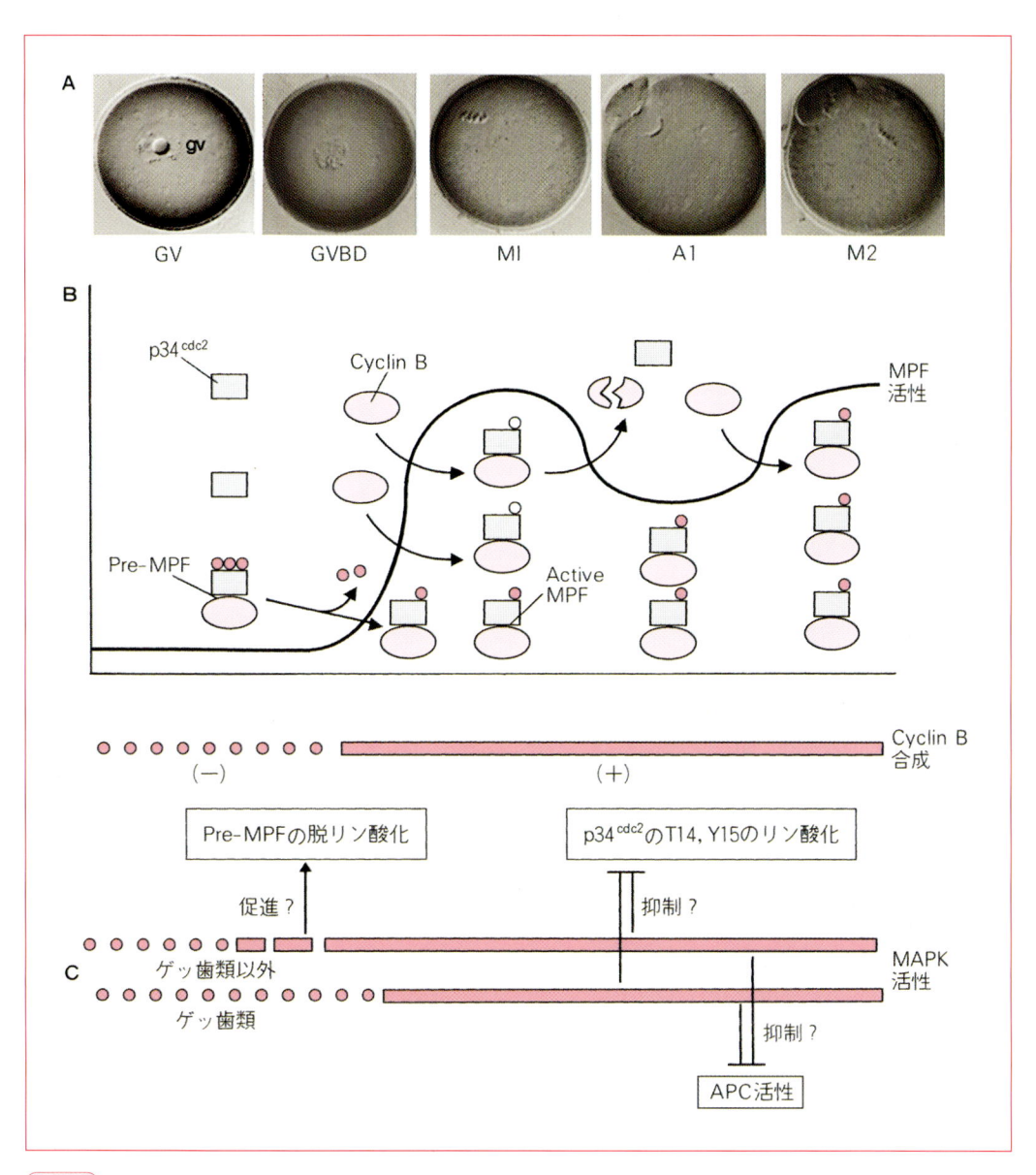

図32 卵成熟過程の制御機構の模式図
(A) 成熟過程のマウス卵の染色体の状態．(B) MPFサブユニットの状態．
(C) MAPK活性とその予想される作用．
GV：卵核胞期，GVBD：卵核胞崩壊期，M1：第一分裂中期，A1：第一分裂後期，M2：第二分裂中期

細胞分裂抑制因子はcyctostatic factor (CSF) と名付けられた[68]．CSFの実態は先ほどからしばしば登場しているmos/MAPKであることが示されている (図32)[69)70)]．さらにMAPKの下流のp90[rsk]がこれを仲介することが示唆されている[71)72)]．減数分裂を第二分裂中期で停止させる機構の一つとしてp90[rsk]がcyclin B分解に必要なAPC活性を抑制する

II 生殖細胞・胚

ことが報告されているが[73],この点はいまだ十分には解明されていない.

おわりに

哺乳動物における卵成熟制御機構について現在得られている知見を概説したが,これらの制御機構のうち第一分裂に関する部分はすべて卵細胞質中に組み込まれており核は必要ないこと[74,75],また第二分裂のMPF再活性化以降の部分には核内の因子が必要であることも最近示唆されている[74].以上に述べてきたように,成熟期の制御機構は精力的に研究が行われ,卵形成過程の中では最も解析が進んでいるが,いまだ得られた知見は断片的である.さらに,解析の対照はマウス卵が多いが,卓越した繁殖力をもつ齧歯類の卵は他の哺乳動物とは異なる点が多く,これらの結果を哺乳動物全体に敷衍する場合には注意を要する.今後齧歯類以外の動物種の卵も含め,さらなる解析が期待される.

文献

1) Gebauer F et al：Proc Natl Acad Sci USA **93**, 14602 (1996).
2) Barkoff AF et al：Dev Biol **220**, 97 (2000).
3) Mendez R et al：Nature **404**, 302 (2000).
4) Gebauer F et al：BioEssays **19**, 23 (1997).
5) Tay J et al：Dev Biol **220**, 1 (2000).
6) Loewenstein WR：Cell **48**, 725 (1987).
7) Risek B et al：J Cell Biol **110**, 269 (1990).
8) Haghighat N et al：J Exp Zool **253**, 71 (1990).
9) Barron DJ et al：Dev Genet **10**, 318 (1989).
10) Valdimarsson G et al：Mol Reprod Dev **30**, 18 (1991).
11) Nurse P：Nature **344**, 503 (1990).
12) Kimura K et al：Cell **90**, 625 (1997).
13) Kimura K et al：Science **282**, 487 (1998).
14) Peter M et al：Cell **61**, 591 (1990).
15) de Vantery C et al：Dev Biol **187**, 43 (1997).
16) Dedieu T et al：Mol Reprod Dev **50**, 251 (1998).
17) Fulka Jr J et al：J Exp Zool **235**, 255 (1985).
18) Christmann L et al：Mol Reprod Dev **38**, 85 (1994).
19) Hirao Y et al：J Exp Zool **267**, 543 (1993).
20) Hirai T et al：Mol Reprod Dev **33**, 131 (1992).
21) Ihara J et al：Mol Reprod Dev **50**, 499 (1998).
22) Levesque JT et al：Biol Reprod **55**, 1427 (1996).
23) Rime H et al：Dev Biol **133**, 169 (1989).
24) Choi T et al：Development **113**, 789 (1991).
25) Naito K et al：Dev Biol **168**, 627 (1995).
26) King RW et al：Cell **79**, 563 (1994).
27) Liu F et al：Mol Cell Biol **17**, 571 (1997).
28) Honda R et al：FEBS letter **318**, 331 (1993).
29) 山下正兼：in 生殖細胞 (eds 岡田益吉, 長濱嘉孝), 143 (共立出版, 東京, 1996).
30) Tsafriri A et al：Endocrinology **96**, 922 (1975).
31) Tsafriri A et al：J Reprod Fertil **64**, 541 (1982).
32) Eppig JJ：Nature **281**, 483 (1979).
33) Buccione R et al：Biol Reprod **43**, 543 (1990).
34) Sutovsky P et al：Biol Reprod **49**, 1277 (1993).
35) Isobe N et al：J Reprod Fertil **113**, 167 (1998).
36) Valdimarsson G et al：Mol Reprod Dev **36**, 7 (1993).
37) Granot I et al：Hum Reprod Suppl **4**, 85 (1998).
38) Hyttel P et al：J Reprod Fertil **76**, 645 (1986).
39) Hyttel P：Anat Embryol **176**, 41 (1987).
40) Larsen WJ et al：Dev Biol **113**, 517 (1986).
41) Larsen WJ et al：Dev Biol **122**, 61 (1987).
42) Mattioli M et al：Gamete Res **21**, 223 (1988).
43) Tsafriri A et al：J Reprod Fertil **64**, 541 (1982).
44) Bilodeau S et al：J Reprod Fertil **97**, 5 (1993).
45) Gotoh Y et al：Mol Reprod Dev **42**, 486 (1995).
46) Sagata N：BioEssays **19**, 13 (1997).
47) Frank-Vaillant M：Mol Biol Cell **10**, 3279 (1999).
48) Palmer A et al：EMBO J **17**, 5037 (1998).
49) Gavin AC et al：Mol Biol Cell **10**, 2971 (1999).
50) Sobajima T et al：J Reprod Fertil **97**, 389 (1993).
51) Inoue M et al：Zygote **3**, 265 (1995).
52) Fissore RA et al：Biol Reprod **55**, 1261 (1996).
53) Zernicka-Goetz M et al：Eur J Cell Biol **72**, 30 (1997).
54) Colledge WH et al：Nature **370**, 65 (1994).
55) Hashimoto N et al：Nature **370**, 68 (1994).
56) Tatemoto H et al：J Exp Zool **272**, 159 (1995).
57) Inoue M et al：Biol Reprod **58**, 130 (1998).

58) Kagii H et al : J Reprod Dev **46**, 249 (2000).
59) Choi T et al : Biomedical Res **13**, 423 (1992).
60) Goren S et al : Biol Reprod **51**, 956 (1994).
61) Aquino FP et al : J Reprod Dev **41**, 271 (1995).
62) Hershko A et al : Annu Rev Biochem **67**, 425 (1998).
63) Zachariae W et al : Genes Dev **13**, 2039 (1999).
64) Kotani S et al : J Cell Biol **146**, 791 (1999).
65) Furuno N et al : EMBO J **13**, 2399 (1994).
66) Araki K et al : Biol Reprod **55**, 1315 (1996).
67) Nakajo N et al : Genes Dev **14**, 328 (2000).
68) Masui Y : Develop Growth Differ **33**, 543 (1991).
69) Sagata S et al : Nature **342**, 512 (1989)
70) Haccard O et al : Science **262**, 1262 (1993).
71) Bhatt RR et al : Science **286**, 1362 (1999).
72) Gross SD et al : Science **286**, 1365 (1999).
73) Gross SD et al : Curr Biol **10**, 430 (2000).
74) Iwashita J et al : Proc Natl Acad Sci USA **95**, 4392 (1998).
75) Sugiura K et al : J Mamm Ova Res **16**, 130 (1999).
76) Peter M et al : Nat Cell Biol **3**, 83 (2001).

〔内藤邦彦〕

4

排卵数調節のメカニズム

はじめに

　哺乳類の雌は，性成熟期に達するとそれぞれの種に固有の周期で固有の数の卵を排卵する．たとえば，ヒトは約28日，ウシは約21日周期で1個の卵を，モルモット，ヒツジやヤギは14～21日周期で2～4個の卵を，さらに，ラットやハムスターは4～5日周期で12～16個の卵を排卵する．1回の排卵で1個の卵を排卵する動物を単排卵動物，これに対して，1回の排卵で複数個の卵を排卵する動物を多排卵動物と呼ぶ．一対の卵巣の片側を摘出しても発情周期や月経周期が延長したり，排卵数が半減することはなく，残された側の卵巣からその種に固有の数の卵が引き続き排卵される．このような事実から，1回の月経周期あるいは発情周期で排卵される卵の数は，それぞれの種に固有な数が遺伝的に決定されているものと考えられる．このような，動物種それぞれに固有の数の排卵数は，どのようにして決められているのであろうか．本稿では，この様な動物種に固有な排卵数の調節メカニズムについて最新の知見を紹介する．

1　卵胞発育と排卵に重要な卵胞刺激ホルモン（FSH）と黄体形成ホルモン（LH）

　下垂体前葉から分泌されるFSHは，卵胞顆粒層細胞に作用して卵胞の発育を促進するホルモンである．FSHのリセプターは卵胞顆粒層細胞に存在し，卵胞発育の初期には大量のFSHを必要とするが，胞状卵胞に発育後は基底レベルのFSHで，その後の発育が維持される．

　正常に発情周期（月経周期）を回帰している雌動物に，FSH作用の強いホルモンを投与すると，その種に固有の数以上の多数の卵を排卵させることができる[1)-3)]．このような種に固有の数を超えて排卵することを過排卵と呼ぶ．逆に，発情周期中にFSHの分泌レベルを低下させる処置を加えると，種に固有の数以下に排卵数を減少させることができる[4)]．このような事実を考え合わせると，動物の排卵数は，下垂体から分泌されるFSHの分泌量によって決定されていることになる．したがって，排卵数の決定に関しては下垂体からのFSH分泌を調節している機構が鍵を握っていることになる．

　卵巣での卵胞発育は，FSHとLHの2つの性腺刺激ホルモンの協同作用によって促進される．LHのリセプターは卵胞の卵胞膜内膜に存在し，LHが作用すると卵胞膜内膜細胞はアンドロジェンを分泌し，このアンドロジェンが卵胞顆粒層細胞に移行して，FSHの作用

により活性化されたアロマターゼによりエストロジェンに変換される．このエストロジェンが，さらに顆粒層細胞に作用してFSHのリセプター数を増加させ，FSHの作用を増強する．LHのリセプターは，発育初期の卵胞では卵胞膜内膜のみに存在するが，卵胞が成熟するに従って顆粒層細胞にも発現が誘導される．FSHは，顆粒層細胞でのLHリセプターの発現を促進する．このように，卵巣ではFSHとLHの協同作用によって卵胞の発育が進み，成熟した卵胞から大量のエストロジェンが分泌され，このエストロジェンのポジティブフィードバック作用で視床下部からLH放出ホルモン（LH-RH），次いで下垂体からLHの大量放出（サージ）が誘起され，成熟卵胞は排卵する．このようなメカニズムにより卵胞の発育と排卵が調節される．

2　FSHとLHの分泌調節

　FSHとLHは，ともに下垂体前葉の性腺刺激ホルモン分泌細胞から分泌される糖蛋白質ホルモンである．FSHとLHの分泌は，視床下部から神経分泌されるLH-RHによって促進される．視床下部から放出されたLH-RHは，下垂体門脈を通って下垂体前葉へ運ばれ，性腺刺激ホルモン分泌細胞に作用して，FSHとLHの両方のホルモンの分泌を促進する．とくに，LHの分泌はLH-RHの作用に強く依存しており，両者の分泌は平行して起こる．FSHとLHの作用を受けた卵胞の顆粒層細胞からはインヒビンとエストロジェンが，黄体からはプロジェステロンが分泌される．これらの卵巣ホルモンがフィードバック作用により，逆に上位の視床下部および下垂体に作用してLH-RH，FSHあるいはLHの分泌を抑制あるいは促進する．従来からFSHとLHの分泌調節に関しては，LH-RHとステロイドホルモンのみによって調節されているものと考えられていた．しかし，FSHとLHの分泌はしばしば一致しないで解離する現象がみられ，LH-RHとステロイドホルモンの調節作用のみでは説明が困難な現象があることが知られていたが，近年新たに存在が確認された糖蛋白質ホルモンであるインヒビンの作用を加えることにより，説明が可能となった．インヒビンは，下垂体前葉に作用してFSHの分泌を抑制的に調節するが，視床下部への作用はない．

3　新しい卵巣ホルモン「インヒビン」

1　インヒビンの構造と分泌細胞

　インヒビン研究の歴史は古く，1930年代にその存在が推定され，1985年にようやくアミノ酸配列が決定された糖蛋白質ホルモンである[5]．インヒビンは，α鎖とβ鎖の2つのサブユニットがS-S結合によって架橋されている．β鎖は，さらに2つのβAとβB鎖からなる．α鎖のアミノ酸配列は，ウシ，ブタ，ヒトおよびラットで約80％の相同性がみられるが，βA鎖は4種間で全く同一，βB鎖はわずかに1アミノ酸残基の置換がみられ

るだけであり，種属による相同性が極めて高いホルモンである．活性型は，分子量32KDaであり，α鎖とβA鎖が結合したものをインヒビンA，α鎖とβB鎖が結合したものをインヒビンBと呼んでいる．いずれのインヒビンも下垂体に直接作用してFSH分泌を抑制する．分泌源は，雌では主として卵胞顆粒層細胞，雄ではセルトリ細胞とライディヒ細胞であるが，霊長類の雌ではさらに黄体細胞と胎盤からも分泌される[6]．

2 FSH分泌抑制因子としてのインヒビン

　1980年代後半からインヒビンのラジオイムノアッセイが開発され，各種動物の血中インヒビン濃度の変化が明らかにされた．さらに，1990年代後半になり，インヒビンをインヒビンA，インヒビンBおよびインヒビンα鎖の前駆体であるインヒビンpro-αCに分離して測定可能なエンザイムイムノアッセイが開発され，各種動物で末梢血中各種インヒビン濃度の変化が明らかにされつつある．ここでは，多排卵動物としてゴールデンハムスター[7][8]および単排卵動物としてヒト[9]ならびにウシおよびウマの血中インヒビン濃度と他の生殖関連ホルモンの分泌パターンを紹介する．

1）ゴールデンハムスター

　成熟雌ゴールゼンハムスターの発情周期中の血中インヒビンをインヒビンAおよびインヒビンBに分離して測定した成績を図33に示した[8]．2種類のインヒビンの分泌パターンは若干異なっており，卵巣での卵胞発育と考えあわせると，インヒビンBは比較的小型の卵胞からも分泌されるのに対し，インヒビンAは排卵直前の大型卵胞から大量に分泌されるものと推察される．また，FSHの分泌パターンと比較すると，排卵後インヒビンBが速やかに上昇することから，FSHの第2サージの終息にはインヒビンBの抑制作用が重要であろうと推察される．ゴールゼンハムスターと同様な発情周期を示すラット[9][10]でも，血中インヒビン濃度とFSH濃度の間に負の相関関係が認められる．

　以上の結果から，多排卵動物であるゴールデンハムスターやラットでは，卵胞発育に伴って分泌されるインヒビンが下垂体からのFSH分泌量を常に抑制的に調節しているものと推察される．

2）ヒ　　ト

　ヒトは，平均27日周期で排卵を繰り返す単排卵動物である．図34には，ヒト月経周期中のインヒビンAとBを分離測定した成績を示した[11]．ヒトでは，他の動物と異なり，黄体がインヒビンを分泌することが知られている．図34に示した結果から，血中インヒビンB濃度は卵胞期に高いのに対し，インヒビンA濃度は黄体期に高く，インヒビンAとインヒビンBが異なった分泌パターンを示している．これまでの報告とも考えあわせると，ヒトでは卵胞が主としてインヒビンBを分泌し，黄体は主としてインヒビンAを分泌するものと考えられる．血中FSH濃度の変化と比較すると，インヒビンB濃度が上昇する卵胞期後期およびインヒビンA濃度が上昇する黄体期ともに，血中FSH濃度は低値を示す負の相関関係にある．

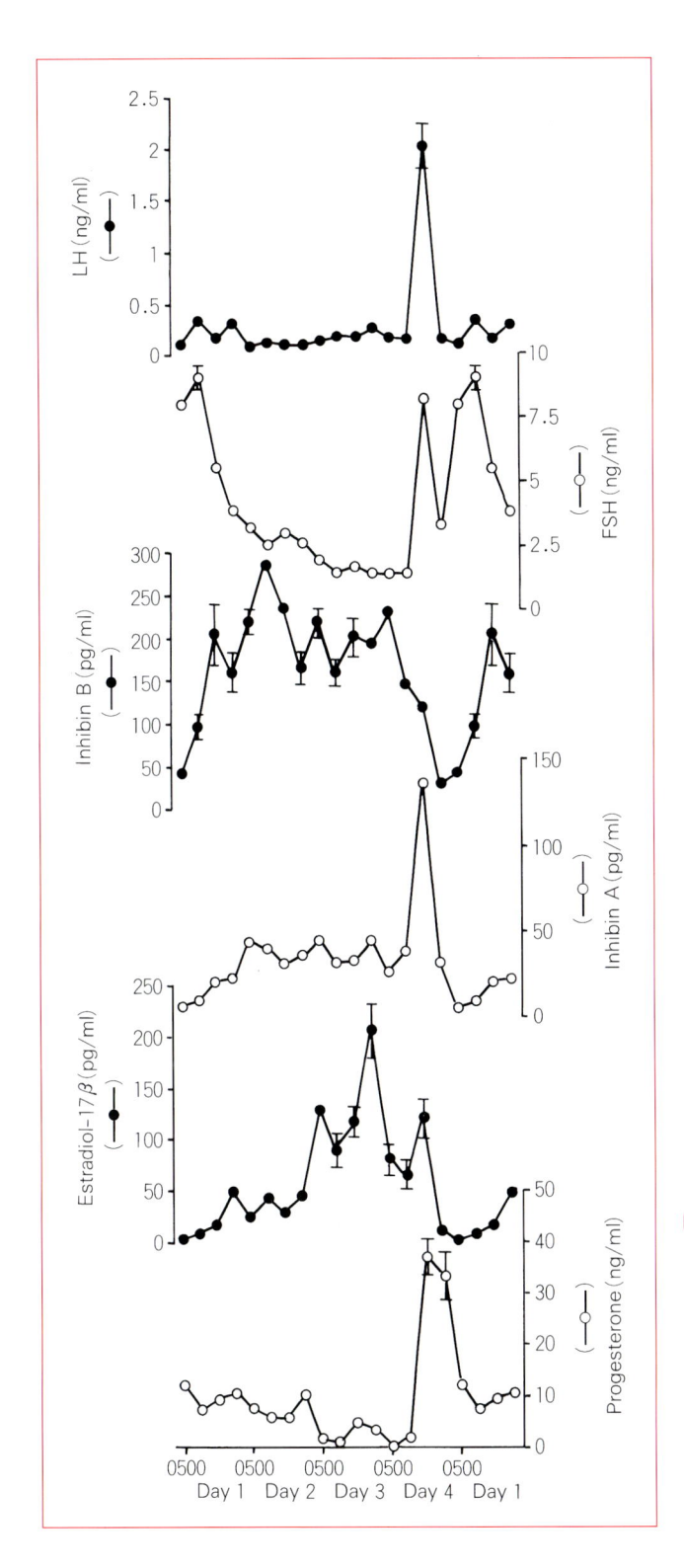

図33 ゴールデンハムスターの発情周期中の血中LH，FSH，インヒビンB，インヒビンA，エストラジオールおよびプロジェステロン濃度の変化

Day 1：発情期，Day 2：発情休止期第1日，Day 3：発情休止期第2日，Day 4：発情前期

〔Ohshima K et al, J Endocr **162**, 451 (1999) による〕

3）ウシおよびウマ

ウシとウマは典型的な単排卵動物であり，発情周期中で排卵から排卵までの間にウシでは2～3回，ウマでは1～2回の卵胞発育波（ウェーブ）が出現する．すなわち，複数個の卵胞が発育を開始し（卵胞の動員），やがてその中から1個の卵胞のみが発育を続け，主席卵胞となる（主席卵胞の選択）．主席卵胞以外の卵胞は，やがて発育を停止して退行する．このようにウシとウマでは，一発情周期の間に「卵胞の動員」と「主席卵胞の選択」の2種類の現象が起こる．いずれの動物でも，血中FSHとインヒビン分泌パターンは負の相関関係を示している．また，各卵胞発育波出現の前には必ず血中FSH濃度の上昇があり，このFSHにより発育を開始した卵胞群から分泌されるインヒビンにより，下垂体からのFSH分泌が抑制される結果，主席卵胞以外の卵胞は退行するものと考えられている[12)13)]．同様なインヒビンとFSHの関係はモルモット[14)]でも観察される．

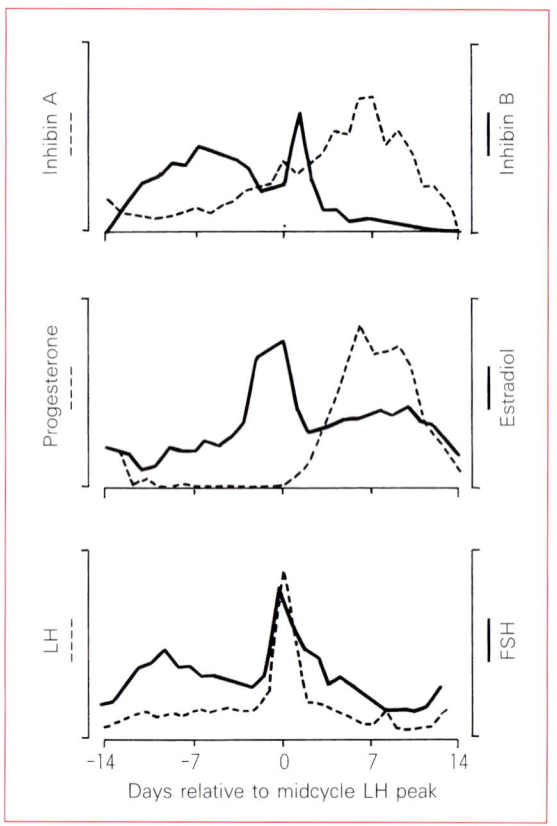

図34 ヒトの月経周期中の血中インヒビンAとインヒビンB，プロジェステロンとエストラジオールおよびLHとFSH濃度の変化
〔Groome NP et al, J Clin Endocrinol Metab 81, 1401 (1996) による〕

3 発育卵胞数の情報担体としてのインヒビン

発情周期を示す雌動物では，卵胞の発育に伴って血中インヒビン濃度の上昇が認められる．このような発情周期中の動物にFSH様作用の強いホルモンを投与すると，その種に固有の排卵数をはるかに超えた数の卵胞の発育を促進することが可能である[1)～3)]．このように，卵巣に多数の発育卵胞を有する動物のインヒビン分泌量はどうなるであろうか．いずれの動物においても，卵巣に過剰数の卵胞が発育している動物では，血中インヒビン濃度が著しく高い値を示すことが報告されている[1)～3)]．また，卵巣に多数の卵胞が発育して，血中インヒビン濃度が上昇している個体では血中FSH濃度が低値に抑制される[1)～3)]．ラットでも卵巣に大型健常卵胞の数が大きく変化する妊娠期と泌乳期の血中インヒビン濃度を測定すると，血中インヒビン濃度は卵巣での大型健常卵胞数と平行して変化することが報告されている[15)]．

以上の成績を考えあわせると，卵巣に発育する卵胞数に相当する量のインヒビンが血中

に放出されるものと考えられる．言い換えると，卵胞は発育の過程でインヒビンを分泌することにより，自らの存在を下垂体に伝達していることになる．

4 発育卵胞数の調節因子としてのインヒビン

　ここまで説明してきたように，卵巣に作用して卵胞数を増加させる主要なホルモンはFSHである．したがって，FSHの分泌量を調節することにより発育卵胞数の調節が可能であり，このFSHの分泌量を調節するホルモンすなわち「インヒビン」が発育卵胞数を調節する鍵となるホルモンであると言える．図35に，「下垂体からのFSH分泌－卵胞発育－インヒビン分泌－FSH分泌量の調節」に関する模式図を示した．「下垂体は，卵巣に発育している卵胞から分泌されるインヒビンの量を，卵巣で発育する卵胞数として感知し，FSHの分泌量を調節する．これによって，動物は種に固有の発育卵胞数，すなわち排卵数を調節する．」とする仮説である．したがって，卵巣から分泌されるインヒビンの量が少量であれば，FSHの分泌量を増加して卵巣での発育卵胞数を増加し，その種に固有な卵胞数に達した時点でFSHの分泌量を基底レベルにまで抑制する．また，卵巣に過剰数の卵胞が発育した場合には，FSHの分泌量を速やかに低下し，それ以上の数の卵胞が発育しないよう調節するものと考えられる．以上の事実から，インヒビンは，①卵胞数の情報担体であり，②FSH分泌量の調節因子として作用し，FSHの分泌量を介して，③種に固有の発育卵胞数，すなわち排卵数を調節するホルモンであると考えられる．

　以下に，上記の仮説を証明する目的で実施した実験の結果を紹介する．実験に際しては，あらかじめインヒビンあるいはエストラジオールに対する抗血清を作製し，これを動物に投与することにより，免疫学的に内因性インヒビンあるいはエストラジオールの作用を中和した場合の下垂体からのFSHとLH分泌量の変化および卵巣での卵胞発育の変化を観察した．これにより，卵胞発育におけるインヒビンとエストラジオールの生理的役割について考察した[7)16)17)]．実験結果を図36に示した．

　インヒビンあるいはエストラジオールの抗血清を成熟雌ゴールデンハムスターに投与す

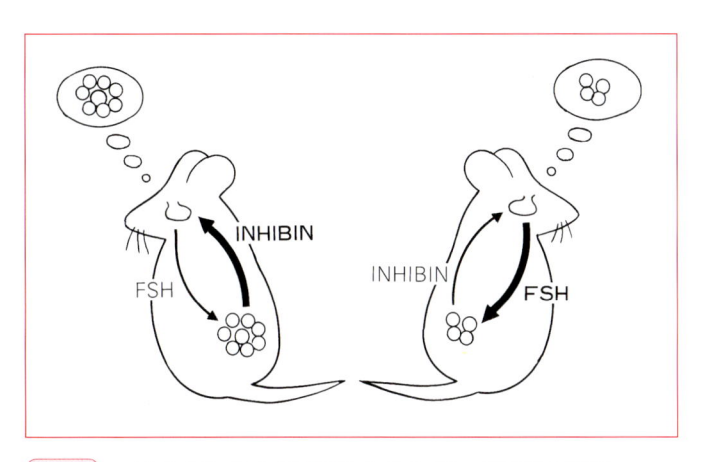

図35　インヒビンによる下垂体からのFSH分泌量の調節

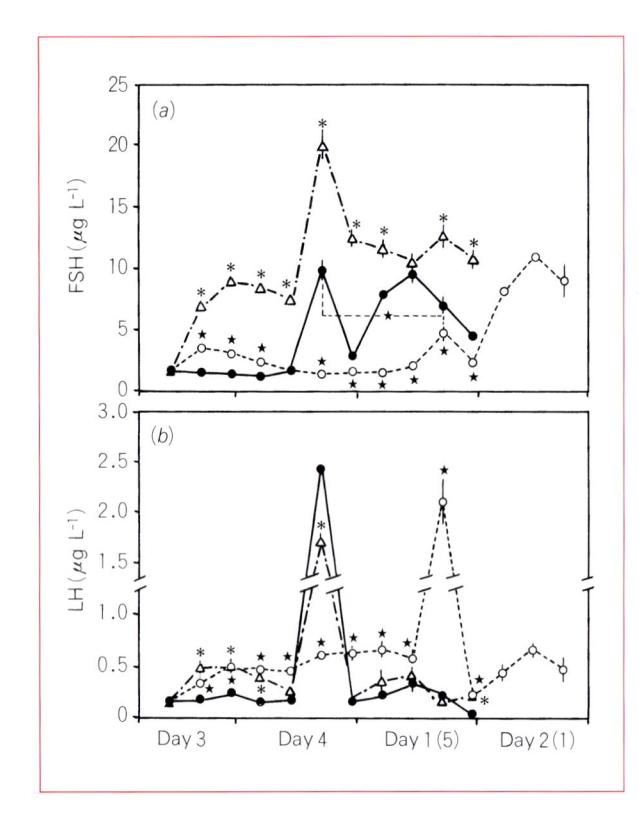

図36 ゴールデンハムスターの発情周期Day 3，11時に抗エストラジオール血清（○），抗インヒビン血清（△）あるいは正常ヤギ血清（●）を投与した場合の血中FSH（a）およびLH（b）濃度の変化
Day 1：発情期（排卵日），Day 2：発情休止期第1日，Day 3：発情休止期第2日，Day 4：発情前期
〔Kishi H et al, Reprod Fert Dev **9**, 447（1997）による〕

表19　雌ゴールデンハムスターのDay2（（発情休止期第1日）11時に抗インヒビン血清投与後の排卵数

抗インヒビン血清投与量（μl）	排卵数（n＝5）
0	13.0±0.7
25	8.5±3.0
50	33.2±5.9*
100	50.0±4.1*
200	52.0±1.7*

＊対照群（0μl）との有意差を示す．

ると，インヒビン投与群では血中FSH濃度が著しく上昇するが，エストラジオール投与群ではわずかにしか上昇しない（図36）．表19には，インヒビン抗血清を投与したゴールデンハムスターの排卵数を示した．このように，インヒビン抗血清を投与した動物では，抗血清の投与量に依存して排卵数の増加が認められるが，排卵日は変化しない（図36）．同様の現象は，ラット[18]，ウシ[19)-21)]あるいはウマでも認められる[22]．

以上のように，多排卵動物および単排卵動物のいずれの動物においても，インヒビン抗血清によって内因性インヒビンを中和することにより，インヒビンによるFSH分泌抑制作用が解除されて下垂体から大量のFSHが分泌され，このFSHの作用により卵巣で卵胞発

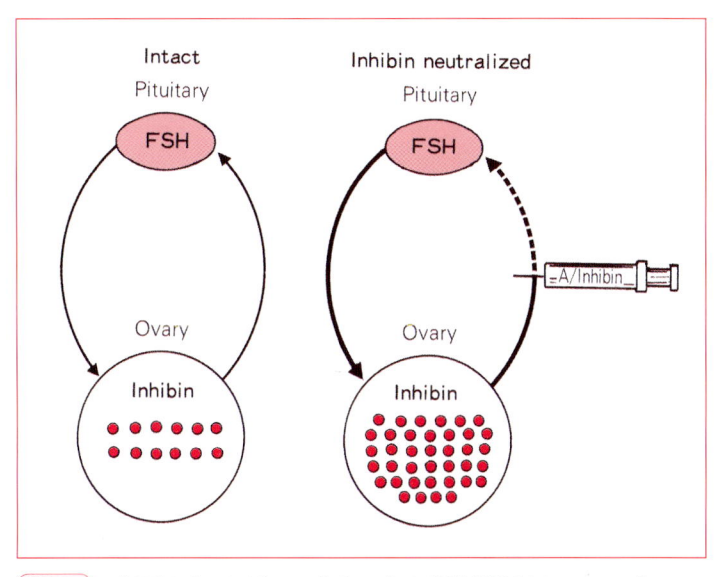

図37 内因性インヒビンの中和による過排卵誘起のメカニズム

育が促進された結果，過排卵が誘起されるものと解釈される．図37に，このようなインヒビンによるFSH分泌を介した発育卵胞数調節の模式図を示した．

4 卵胞成熟の情報担体としてのエストラジオール

　インヒビンと同様に，卵胞顆粒層細胞から分泌されるエストラジオールも，卵胞の発育に伴って分泌が増加する．しかし，インヒビンは卵胞発育の初期から分泌が亢進するのに対して，エストラジオールは卵胞が十分に成熟した頃に分泌量が急激に増加する．このようなエストラジオールの生理的役割を解明する目的で，エストラジオールに対する抗血清を用いたゴールデンハムスターでの中和実験の結果を図36[17]に示した．エストラジオールの抗血清をDay 3（発情休止期第2日）に投与して，内因性エストラジオールを中和すると，LHとFSHのサージが1日遅延して排卵も1日延期するが，過排卵にはならない．また，インヒビンを中和したときのようにFSHの大量放出は起こらない．同様の反応はラット[23]やウシ[20]でも報告されている．このような反応の結果を図38に模式的に示した．すなわち，「発育を開始した卵胞は，十分に成熟し，排卵可能な状態にまで発育した情報をエストラジオールを情報担体として視床下部，下垂体に伝達し，LH-RHの大量放出を誘起することにより，下垂体からLHサージを誘起して成熟した卵胞を排卵へと導く」ものと考えられる．言い換えると，視床下部と下垂体は，卵巣に発育した卵胞の成熟度を卵巣から分泌されるエストラジオールの分泌量として感知し，排卵の時期を決定するものである．

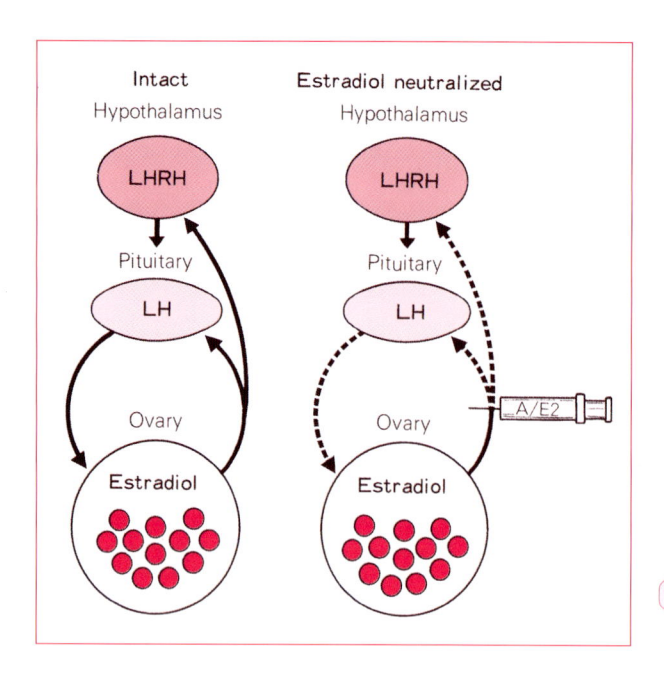

図38 内因性エストラジオールの中和による排卵日遅延のメカニズム

5 動物繁殖および生殖医療へのインヒビンの応用

1 新しい発想による過排卵誘起法「インヒビンワクチン法」

　現在，家畜繁殖およびヒトの生殖医療の領域では，体外授精や胚移植の技術は日常的な技術となっている．また，実験動物分野でも各種のトランスジェニック動物やノックアウト動物の作出にあたり，胚移植技術は必須の実験技術となっている．このような胚移植に際しては，使用する実験動物から多数の胚を採集することが必要であり，現在では動物にウマ絨毛性性腺刺激ホルモン（eCG）あるいはFSHを投与して過排卵を誘起する方法が用いられている．しかし，外因性のホルモンを投与する上記の方法では必ずしも安定した過排卵成績が得られず，より安定した過排卵誘起法の開発が求められているのが現状である．近年，研究が進められている「インヒビンワクチン法」は，動物にインヒビンを能動免疫することにより，動物体内にインヒビンに対する抗体の産生を促し，産生されたインヒビン抗体により内因性インヒビンを免疫学的に中和し，FSH分泌抑制作用を解除させて，自らの下垂体から内因性FSHの分泌を促し，これによって卵胞発育を促進して過排卵を誘起する新しい過排卵誘起法である．いわゆる自己免疫を応用した新しい過排卵誘起法である．このようにして，動物体内にインヒビンに対する抗体を産生することができれば，単排卵動物が常に数個の卵を排卵することが可能となる．つまり，単排卵動物を多排卵動物に変換することが可能となるものと考えられる．これまでにインヒビンの能動免疫法により，モルモット[24)25)]，ヒツジ[26)27)]，ウシ[28)29)]，ウマ[30)31)]などで排卵数の増加が報告されている．

ウシやウマなどの大型家畜へのインヒビンワクチン法の応用については，インヒビンワクチン法に従来から用いられているFSH投与法を組み合わせるなど，今後更に改善が必要である．これまでの報告では，ウシでインヒビンワクチン法に経腟採卵法を組み合わせて多数の卵を採集したKonishiら[32]の成績が発表されている．この経腟採卵法とは，大型動物で超音波画像診断装置を用いて卵巣を観察しながら，特殊な機材を用いて腟を通して卵胞から直接卵を吸引する方法であり，ウシやウマなどの大型家畜で応用されている採卵技術である．この方法で採卵された卵は，体外受精させて胚移植に使用するものであり，胚の凍結保存法とも組み合わせると極めて有用な方法である．経腟採卵法を用いることにより，卵胞は排卵させることなく吸引採集することから，いわゆる「インヒビンワクチン法＋経腟採卵法」として，大型家畜では多数の卵を採集する最も有用な方法と考えられる．現在，ウシでは1週間に2回の経腟採卵の実施が可能であることからも，その有用性が期待される．

2 インヒビンの受動免疫を応用した過排卵誘起法

あらかじめ作製したインヒビン抗体を雌動物に投与することにより，内因性インヒビンを免疫学的に中和し，自己下垂体からのFSH分泌量を増加させることにより，過排卵が誘起できることは，すでに述べた．このいわゆるインヒビン抗体療法による内因性FSH分泌促進効果は，これまでにラット[33]，ハムスター[7,16,17]，モルモット[14]，ウシ[19-21,34]，ウマ[22]およびヤギ[35]で効果が確認されている方法であり，極めて有効な過排卵誘起法である．本法の効果は，使用するインヒビン抗体価によって異なるが，1回のみの投与で採卵する小型実験動物（ラット，マウス，ハムスター，モルモットなど）では，これまで用いられているeCGやFSH投与法と比較してもメリットが大きい方法である．一方，本法は動物に異種蛋白質を直接投与する方法であることから，アレルギー反応やショックなどを引き起こす可能性があり，繰り返し実施することは難しい．

3 ヒト生殖医療へのインヒビンの応用

インヒビンをヒト生殖医療へ応用する場合，2つの応用方法が考えられる．第1の応用方法は，インヒビンのFSH分泌抑制作用を利用した卵胞発育・排卵の抑制である．第2の応用方法は，インヒビンの分泌を抑制することにより，自己下垂体から内因性FSHの分泌量を増加させ，これによって多数の卵胞を発育させて過排卵を誘起する方法である．第1の方法では，作用時間の長いヒトインヒビンアゴニストを開発することが必要である．これまでに得られているインヒビンのFSH分泌抑制作用は短時間であることから[36]，継続的にFSH抑制を行う場合には，作用時間の長い，すなわち半減期の長いインヒビンを開発する必要がある．第2の方法における問題点は，これまで述べてきた動物への応用にはインヒビンの受動免疫法を用いていることである．受動免疫法に用いるインヒビン抗体は，異種蛋白質であるとともに単回のみの使用となることから，本法のヒトへの応用は不可能である．したがって，この第2の方法を応用するためには，インヒビンのアンタゴニストの

開発が必須条件となる．このように，インヒビンをヒトの生殖医療へ応用するためには，今後の研究により，インヒビンの特異的かつ作用の強いアゴニストおよびアンタゴニストの開発が必要である．インヒビンの特異的なアゴニストとアンタゴニストが発見されれば，これまでの方法以上に有効な卵胞発育・排卵誘起法として臨床応用が可能となるものと期待される．

おわりに

哺乳類の生殖形態は，動物種により大きく異なっている．哺乳類の繁殖戦略(reproductive strategy)は，r戦略とk戦略に大別される．r戦略をとる動物は，一般に小型で短命であるが，性成熟に達するのが早く，発情周期および妊娠期間が短く，産子数の多いのが特徴である．一方，k戦略をとる動物は，大型で長命であるが，性成熟が遅く，発情周期および妊娠期間が長く，産子数も少ない．いずれの戦略をとるにしても，それぞれの動物が置かれた環境から強く影響を受けてきたものであるが，この戦略の違いの大きな特徴は雌の排卵数の違いによるものであり，遺伝的に決定されたものである．排卵数の違いは，すなわち発育卵胞数の違いである．このように，哺乳類の生殖生理学上最も基本的な事項である「種に固有の排卵数の調節メカニズム」について最近の知見をまとめると，下垂体から分泌されるFSHの分泌量が最も重要な調節要因となっている．したがって，FSHの分泌量を調節するメカニズムが，すなわち排卵数の調節メカニズムである．

このような背景から，FSH分泌調節因子として現在最も注目されているインヒビンが哺乳類の排卵数調節の鍵を握る第一義的ホルモンである．インヒビンは哺乳類に共通するFSH分泌調節因子であるが，リセプターの存在が2000年にやっと確認された[37)-39)]．今後，リセプターの性状や作用機構が解明されることにより，動物やヒトへの臨床応用への道が開けるものと期待される．

文献

1) Kaneko H et al : Jpn J Anim Reprod **36**, 77 (1990).
2) Kaneko H et al : Biol Reprod **47**, 76 (1992).
3) Kishi H et al : J Reprod Dev **43**, 33 (1997).
4) Noguchi J et al : J Endocr **139**, 287 (1993).
5) 笹本修司：日獣会誌 **40**, 71 (1987).
6) Nozaki M et al : Biol Reprod **43**, 444 (1990).
7) Kishi H et al : J Endocr **146**, 169 (1995).
8) Ohshima K et al : J Endocr **162**, 451 (1999).
9) Watanabe G et al : J Endocr **126**, 151 (1990).
10) Woodruff TK et al : Endocrinology **137**, 5463 (1996).
11) Groome NP et al : J Clin Endocrinol Metab **81**, 1401 (1996).
12) Kaneko H et al : J Reprod Dev **41**, 311 (1995).
13) Ginter OJ : Anim Reprod Sci **60-61**, 61 (2000).
14) Shi F et al : Biol Reprod **60**, 78 (1999).
15) Taya K et al : J Endocr **121**, 545 (1989).
16) Kishi H et al : J Endocr **151**, 65 (1996).
17) Kishi H et al : Reprod Fert Dev **9**, 447 (1997).
18) 田谷一善：Hormone Frontier in Gynecology **1**, 371 (1994).
19) Kaneko H et al : J Endocr **136**, 35 (1993).
20) Kaneko H et al : Biol Reprod **53**, 931 (1995).
21) Takedomi T et al : Theriogenology **47**, 1507 (1997).
22) Nambo Y et al : Theriogenology **50**, 545 (1998).
23) Arai K et al : J Reprod Dev **42**, 185 (1996).
24) Shi F et al : J Reprod Fert **118**, 1 (2000).
25) Shi F et al : Endocrine J **47**, 451 (2000).
26) Henderson KM et al : J Endocr **102**, 305 (1984).
27) Mizumachi M et al : Endocrinology **126**, 1058

28) Scanlon AR et al：J Reprod Fert **97**, 213(1993).
29) Morris DG et al：J Reprod Fert **97**, 255(1993).
30) McKinnon AO et al：Equine Vet J **24**, 144 (1992).
31) McCue PM et al：Theriogenology **38**, 823 (1992).
32) Konishi M et al：Theriogenology **46**, 33(1996).
33) Arai K et al：Biol Reprod **55**, 127(1996).
34) Akagi S et al：J Vet Med Sci **59**, 1129(1997).
35) Araki K et al：J Androl **21**, 558(2000).
36) Sasamoto S et al：J Endocr **89**, 205(1981).
37) Robertson DM et al：Rev Reprod **5**, 131(2000).
38) Chong H et al：Endocrinology **141**, 2600(2000).
39) Matzuk MM：Endocrinology **141**, 2281(2000).

〔田谷一善／渡辺　元〕

5

生殖腺の発生，性分化

はじめに

　ヒトを含めた哺乳類の精巣，卵巣は生殖細胞を取り囲むように支持細胞が存在し，その外側に基底膜，ステロイド産生細胞が位置するという基本構造を示す．この生殖細胞を取り巻くさまざまな体細胞群が，生殖細胞の分化，発育に必須の環境を作り，その分化を制御している．このような生殖腺を構成する体細胞群はどのようにして発生し，どのようにして精巣，卵巣を形作るのであろうか？

　哺乳類の生殖腺は中腎の腹側の泌尿生殖堤の肥厚により始まり，その後生殖細胞が腸間膜を経て生殖腺に侵入し，体腔に突出した生殖原基を形成する（図39）．マウスでは，胎齢10.0～10.5日（以下 dpc）にかけて，中腎の腹側，体腔上皮との間に細胞が集積し，10.5～11.5dpcにかけて，始原生殖細胞が生殖腺に到着すると同時に，生殖腺は中腎との境界が明瞭に区別できるようになる．この時期，まだ形態的には雌雄を識別することはできないが，そ

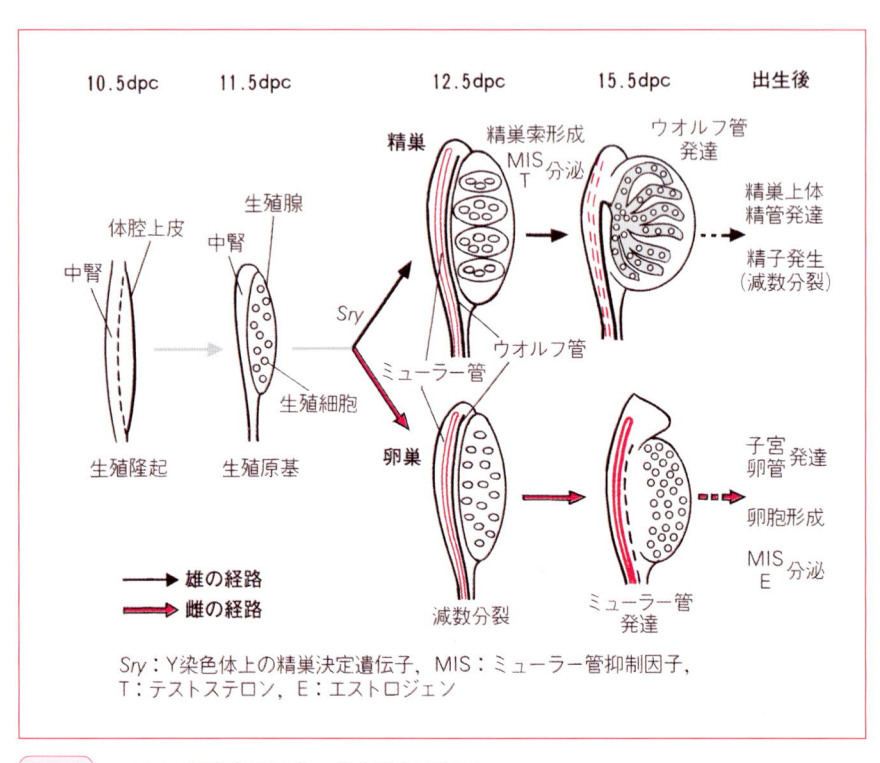

図39　マウス生殖腺の形成，分化過程の概略

の後，12.5dpcにおいて，Y染色体上の精巣決定遺伝子Sryを持つ個体では，未分化生殖腺が形態的に精巣に分化することになる．すなわち，セルトリ細胞と生殖細胞で構成された精巣索(将来の精細管)，血管に富んだ白膜，間質が形成され，ライディッヒ細胞が間質領域内に出現する．一方，卵巣に分化した場合，生殖細胞は減数分裂を開始し卵母細胞へと分化するが，雄の場合と異なり形態的には未分化生殖腺と比べ変化に乏しく，また卵巣での卵胞形成の開始は出生前後まで待たなければならない．性分化後，精巣においてセルトリ細胞からはミューラー管抑制因子(以下，MIS)が，ライディッヒ細胞からテストステロン(T)が分泌され，MISは生殖腺の背側に付着している中腎組織内のミューラー管(将来，卵管，子宮などの雌性生殖器に発達)を退縮させ，テストステロンはウォルフ管(後の精巣上体，精管などの雄性生殖器)を発達させることになる．逆に，卵巣においてはこれらのホルモンが分泌されず，雄とは逆にミューラー管が発達，ウォルフ管は退行することになり生殖器は雌型となる．

　以上のように，生殖腺の発生，分化過程は，(1)生殖原基の形成過程，(2)精巣決定遺伝子Sryに依存した生殖腺自体の性分化の過程(一次性決定)，(3)その後の分化した精巣，卵巣から分泌される性ホルモンに支配される分化過程(二次性決定)に区別することができる．本稿では，主に生殖原基の形成と一次性決定過程における細胞，遺伝子レベルでの生殖腺の分化メカニズムについて，最近の研究成果をふまえて解説する．

1　生殖腺形成，性分化における各体細胞の動態

　生殖腺の形成は体腔上皮と中腎の間に細胞が集積することにより始まり，そのため生殖腺を構成する様々な体細胞群は体腔上皮，中腎，間充織から派生すると考えられている[1]．体細胞の分化過程において，精巣の分化が卵巣よりも形態的に早く生じるため，雄の体細胞の動態について多くの研究がなされている．そこで，まず精巣を中心に，生殖腺形成，性分化過程における各体細胞の動態について簡単に述べたい．

1　支持細胞（セルトリ細胞と卵胞上皮細胞）

　生殖腺の発生，性分化において主役となる体細胞は支持細胞(雄ではセルトリ細胞，雌では卵胞上皮細胞)である．雄において，セルトリ前駆細胞はSryの発現の場であると考えられており，セルトリ前駆細胞主導のもと，ほかの生殖腺を構成するすべての細胞が雄型となり，結果として精巣を形作ることになる．マウスでは，セルトリ前駆細胞は10.5〜11.5dpcにかけて，生殖原基内に一次性索と呼ばれる細胞塊として認められる．一次性索は中腎細管と連続した構造をとっていることから，セルトリ前駆細胞の多くは，中腎細管から由来していると考えられている[2]．また，最近において，蛍光標識による細胞の追跡実験により，少なくとも体腔上皮由来の細胞の一部がセルトリ細胞に分化することが明らかとなっており[3,4]，起源の異なる少なくとも2種類のセルトリ細胞が存在する可能が推測される．

　マウスでは，性分化期(12.0〜12.5dpc)においてセルトリ前駆細胞は短期間に精巣索を

構築する．この過程において，セルトリ前駆細胞は基底膜成分であるラミニンの分泌[5]，また細胞質内の基底側にはアクチン束，ビメンチン[6]，サイトケラチン[5]を発達させ，その結果，セルトリ前駆細胞の上皮細胞化が誘導される．また，分化したセルトリ細胞からは，上述した MIS 以外にも雄特異的に Dhh (Desert hedgehog)[7]，testatin (cystein protease inhibitor)[8,9]，protease nexin-1 (serin protease inhibitor)[10]，vanin-1 (vascular non-inflammatory molecule-1)[10,11] が分泌されることが報告されている．Dhh はライディッヒ細胞に作用し，その後の精細胞の分化に必須であり，また protease nexin-1, testatin, vanin-1 は精巣の形態形成に関与しているものと推測される．

卵巣の卵胞上皮細胞は雄のセルトリ細胞に相当する体細胞から分化すると一般的に考えられているが，雌では形態的な卵胞は出生前後まで識別できないため，現在のところ推測の域を越えていない．

2　ステロイド産生細胞（ライディッヒ細胞と内卵胞膜細胞）

精巣索形成に伴い，ライディッヒ細胞は間質領域に出現し，マウスでは12.5dpcにおいて 3β-HSD (3β-hydroxysteroid dehydrogenase；テストステロン合成酵素) 陽性細胞として識別できるが[12]，12.5dpc 以前のその前駆細胞の起源については現在のところよく分かっていない．しかし，11.5dpc の中腎組織を除去した未分化生殖腺の培養実験から，ライディッヒ細胞は生殖腺内の1ヵ所に限局して分化することが明らかになっており，少なくともこの時期，ライディッヒ前駆細胞は既に生殖腺内に位置していることが推測される[13,14]．また，非常に興味深いことに Wnt-4 遺伝子欠損マウスにおいて，卵巣が雄性化し卵巣内に 3β-HSD 陽性細胞が分化することが明らかとなっている〔後述の3の2）項を参照〕[15]．これは，卵巣実質内においても，ライディッヒ前駆細胞と相同の体細胞が存在していることを強く示唆している．この体細胞が雌において，内卵胞膜細胞に分化するのかどうかは非常に興味深い問題であり，今後の研究が待たれる．

3　MFG-E8 分泌細胞

MFG-E8 (milk fat globule-EGF factor 8) は，EGF様リピートと Discoidin 様リピートを持つ分子量55kDaのインテグリン結合蛋白であり，2番目のEGFドメイン内のRGD配列を介して，インテグリン $\alpha v\beta 3$ に結合することが明らかとなっている[16,17]．胎子期において，生殖原基はMFG-E8の主要産生臓器であり，MFG-E8分泌細胞はライディッヒ細胞以外の間質を構成する新たな体細胞 (11.5dpcでは，$Wt1^-$，$Emx2^-$，$Lhx9^+$ 細胞群の一部) として見い出された[18]．その動態は，10.0から10.5dpcにかけて体腔上皮細胞から生殖原基内に移住し，その後，生殖腺の間質と中腎との境界部領域を占め，性分化後も精巣，卵巣内の間質領域に限局して存在する．しかし，その後15.5dpcまでに消失するため，成体においてどの種の体細胞に寄与するのかは現在のところ不明である．一方，分泌されたMFG-E8蛋白は，一過性に (11.5から12.5dpcの間) 胎子の精巣，卵巣内の中腎との境界領域の間質に蓄積していることから，生殖腺そのものの構築に接着因子として機

4 　Sryに依存した中腎からの筋様細胞（peritubular myoid cell）と血管を含む間葉系細胞の精巣白膜，間質への供給

　裏打ちする中腎組織を除去してXYの未分化生殖腺を培養した場合，生殖腺内のライディッヒ細胞の分化は認められるが，精巣索形成が阻害されることが知られている[19]．また標識した中腎組織と生殖腺を再結合した培養実験により，11.5から12.5dpcにかけて，雄においてのみ中腎から血管を伴った間葉系細胞が生殖腺の白膜，間質領域に侵入し，精巣索周囲の筋様細胞などに分化することが明らかとなっている[19]．これらの結果から，精巣の筋様細胞が中腎の間充織由来であり，雄特異的に中腎から生殖腺内へ移動し，その結果，精巣索の形成に深く関与していることが推測される．また，中腎組織を除去し，換わりにマトリゲル（基底膜の再構成ゲル）内で未分化生殖腺を培養した場合，精巣索形成の誘導が認められることが知られており，中腎から移住した間葉系細胞の機能はマトリゲルにより相補されることが示唆されている[2)14)]．これらの報告を合わせて考察すると，恐らく雄特異的に移住した中腎の筋様前駆細胞は，セルトリ前駆細胞周囲にファイブロネクチンなどの細胞外基質を供給することにより，精巣索の形態形成に重要な役割を担っていることが推測される．その後の一連の研究により，この中腎間葉系細胞の生殖腺内への移動はSry依存的であり，11.5から12.5dpcの生殖腺形成の初期において認められ，セルトリ細胞の分化（Sox9遺伝子の発現上昇，次項の2）Sox9を参照）にも重要であることが明らかとなっている[4) 20)-22)]．

　以上，生殖腺を構成する体細胞の動態について解説したが，これらの体細胞の一連の分化メカニズムは，ゲノム内の遺伝子群によって，時間的，空間的に制御されている．そこで，次にその生殖腺形成，性分化に関与する個々の遺伝子について簡単に解説する．

2 　生殖腺形成，性分化にかかわる遺伝子

1 　生殖腺形成に必須の遺伝子群

1）Wt 1
　*WT 1*はヒトWilms' 腫瘍抑制遺伝子で，Znフィンガー構造を持つ転写因子をコードしており，WAGR，Denys-Drash，Fraiser症候群の原因遺伝子でもある[23]．生殖腺での*Wt 1*の発現は，雌雄とも，体腔上皮，支持細胞，中腎管などを含む生殖原基の広い範囲に認められる[24]．ES細胞においては，Sryにより*Wt 1*の発現が上昇することが明らかとなっているが[25]，性分化過程でその発現量に顕著な性差は認められない[26]．しかし，Wt 1は，Sf-1による*Mis*遺伝子の活性化に対して正の補助因子として機能していることが報告され[26]，精巣への分化カスケードの一端を担っていることが示唆されている．*Wt 1*欠

損マウスは，腎臓発生異常を呈するとともに泌尿生殖堤の肥厚が認められず，14.5dpcまでに生殖腺は退行する[27]．

2) *Emx 2*, *Lim 1*, *Lhx 9*

*Emx 2*は，終脳背側領域の形成，泌尿生殖器の発生に関与するホメオボックス遺伝子で，ショウジョウバエで見い出された empty spiracles（ems）遺伝子の脊椎動物における相同遺伝子である[28]．*Emx 2*の発現は，中腎管，体腔上皮と，おもに支持細胞に認められ，*Emx 2*$^{-/-}$マウスは中腎管が退行し，生殖腺形成が認められない[29]．また，*Lim 1*（*Lhx 1*）と*Lhx 9*は，1つのホメオドメインと2つのCysに富むLimドメインを有する転写因子をコードする遺伝子である．*Lim 1*は頭部形成に必須の遺伝子であり，その欠損マウスは通常，10dpc頃に胎生致死となるが，ごくまれに頭部欠失した状態で胎子が生まれることが知られており，その個体においては腎臓と生殖腺が特異的に欠失していることが報告されている[30]．しかし，*Emx 2*$^{-/-}$，*Lim 1*$^{-/-}$個体での生殖腺発生過程の詳細な解析はなされていないため，そのメカニズムに関してはよく分かっていない．

一方，*Lhx 9*は，中枢神経と肢芽で発現する新たなLIM型ホメオ蛋白として見い出されたが[31]，胎子生殖腺においても，その発現は9.5dpcから生殖腺形成領域に既に認められ，性分化後，精巣では白膜，間質領域，体腔上皮に広く発現する[32]．*Lhx 9*を欠損した個体では，11.5dpcにおいて生殖隆起内の体細胞の増殖が認められず，生殖腺原基が形成されない．また，*Lhx 9*$^{-/-}$生殖隆起において，*Sf-1*の発現が顕著に低下していることが報告されており，*Lhx 9*は恐らく*Sf-1*陽性細胞（支持細胞と恐らくライディッヒ前駆細胞）の増殖，分化に関与していることが推測される．

2 精巣の分化，形成を担う遺伝子

1) *Sry*

Sry（Sex determining region on Y）はY染色体上の精巣決定遺伝子であり，HMGボックスと呼ばれるDNA結合ドメインをもつ転写因子をコードする[33]．*Sry*遺伝子の導入により，XX雌個体の生殖腺，生殖器の雄化が誘導されることが実験的に証明され，*Sry*が未分化生殖腺から精巣を誘導しうるY染色体上の唯一の遺伝子であることが明らかとなった[34]．哺乳類の精巣決定遺伝子である*Sry*は，哺乳類以外の動物には存在しないと考えられており，また各哺乳動物間においても，*Sry*因子の一次アミノ酸配列はHMGボックス以外保存されておらず，HMGボックス領域が性決定に必須の機能を担うことが明らかとなっている．*Sry*は，マウスでは形態的に精巣へ分化する数日前に（11.5dpcをピークに10.5から12.5dpcにかけて），一過性にセルトリ前駆細胞を含む生殖腺の体細胞に発現しており[35]，恐らく雄特異的な遺伝子を誘導する，あるいは雌特異的遺伝子の発現を抑制することによって，未分化生殖腺を精巣の方向に誘導するものと推測される．しかし，*Sry*によって直接制御されている標的遺伝子は，現在，まだ同定されていない．

2) *Sox 9*

上述の*Sry*のHMGボックス（DNA結合領域）と高い相同性（＞60％）を示す転写因子群

〔Soxファミリー（Sry型 HMG box）と呼ばれている〕が，哺乳類から無脊椎動物まで幅広い種において同定され，現在，哺乳類では約30種類のSox遺伝子が見い出されている．生殖腺においては，Sox 3，Sox 8，Sox 9などの発現が知られている．そのなかでヒトの性転換を伴う骨形成不全症（campomelic dysplasia）の原因遺伝子であるSOX 9が，骨形成と精巣の分化に重要な機能を担っていることが明らかとなっている[36)37)]．マウス生殖腺でのSox 9の発現はセルトリ前駆細胞に認められ，Sryの発現開始時期と一致して，その発現量は雄で上昇，雌では抑制される[38)]．また，ニワトリ，カメ，ワニなどの他の脊椎動物の生殖腺においても雄特異的な発現を示すことから，Sox 9は脊椎動物に保存された精巣形成遺伝子であることが推測される．Sox 9の標的遺伝子としてMis遺伝子が判明しており，Sf-1，Gata 4とともにセルトリ細胞でのMis発現を制御していることが示唆されている[39)]．

3）Sf-1（別名：Ad4bp）

Sf-1（Steroidogenic factor-1；Ad4bp）は，成体ではすべてのステロイドホルモン産生細胞に発現しており，ステロイド合成に不可欠なステロイドP450酵素群の遺伝子の発現を制御している[40)41)]．Sf-1の発現は，生殖原基では体腔上皮と中腎の頭側部において認められ，その後，生殖腺での発現部位はセルトリ細胞とライディッヒ細胞に認められる[42)]．性分化期においては雌に比べ雄において高い発現を示し，胎子期，生後を通してMisの発現と非常によく一致した挙動を示す．また，Mis遺伝子の転写調節領域にSf-1結合部位が認められ，Sf-1結合部位を人工的に破壊することによりその発現活性が減少することから，Sf-1はMis遺伝子の発現量を直接調節していると考えられている[39)]．また，Sf-1は，ステロイド産生細胞であるライディッヒ細胞の分化や，ステロイドP450酵素群の誘導を介して，テストステロン合成にも関与していることが推測される．なお，Sf-1遺伝子欠損マウスの解析から，Sf-1は副腎と生殖腺の形成に必須であることが判明しており，生殖腺形成にも重要な役割を担っていることが明らかとなっている[43)]．

4）M33

M33は，ホメオボックス遺伝子群を負に制御する因子として同定されたPolycomb遺伝子の一員である．Polycomb遺伝子群産物は巨大な複合体を染色体上に形成し，クロマチンレベルでの遺伝子群の発現調節に関与していると考えられている．M33は広範囲の細胞，組織に発現しているが，M33欠損マウスは脊椎形成異常と性転換を主な表現型とする[44)]．すなわち，XY個体の生殖器は卵巣，卵精巣を示し，XX個体の卵巣も小型で卵胞数が少ない．生殖腺の発生過程では，11.5dpcにおいて生殖腺の肥厚が乏しく，中腎と明瞭に区別できない．また，その後の発生過程を通して生殖腺の発育不全を示し，雄個体においては精巣索の形成が認められない．これらのことから，M33は生殖腺を構成する体細胞の細胞増殖の制御あるいは性分化関連遺伝子の発現に関与していると推測されるが，その標的遺伝子については明らかになっていない．

5）Dmrt-1

Dmrt 1は，DM（Doublesex/Mab-3）ドメインと名付けられたDNA結合ドメインを持

つ転写因子をコードし，ショウジョウバエ，線虫の性分化因子である*doublesex*(*dsx*)2と*mab-3*の脊椎動物における相同遺伝子である[45]．*Dmrt 1*は，ヒトでは男性の性転換症の原因遺伝子がマップされている第9染色体のp24.3に位置し[45]，またニワトリ*Dmrt 1*はZ染色体上にマップされる(ニワトリではZZが雄，ZWが雌)[46]．さらに，マウス，ヒト，ニワトリを含め様々な脊椎動物において，*Dmrt 1*の生殖腺での発現は性に依存した発現特異性を示すことから[46)-50)]，線虫，ハエからヒトまで保存された性分化関連遺伝子の一つであることが強く示唆される．マウス生殖腺での*Dmrt 1*の発現は，10.5から13.5dpcまで雌雄両者とも認められ，精巣では，その発現はセルトリ細胞，生殖細胞に認められる[49]．さらに，その発現に性差が現れるのは14.5dpc以降で，雄では成体精巣まで発現が維持されるのに対し，雌では急速に減少し，16dpcまでに消失する．以上のことから，*Dmrt 1*は生殖腺の性分化期の後期(マウスでは14.5dpc以降)において，精巣の形成，発達に重要な機能を担っていることが推測される．

6) *Gata 4*

*Gata*ファミリーはZnフィンガー構造を持つ転写因子GATA結合蛋白遺伝子群で，生殖腺では*Gata 1*，*Gata 4*，*Gata 6*が発現していることが知られている．とくに*Gata 4*は，生殖腺の性分化過程において性に依存した発現特異性を示し，11.5dpcにおいて雌雄とも生殖腺の支持細胞で発現が認められ，形態的に性分化の起こる12.5dpc以降，雄での発現はセルトリ細胞に強く維持されるのに対し，卵巣では13.5dpc以降，顕著に減少する[51]．また，*Mis*遺伝子の転写調節領域内に保存されたGATA結合部位が存在し，この結合配列を介して，*Gata 4*が特異的に転写活性化を誘導できることが明らかとなっており[51)52)]，恐らくセルトリ細胞での*Mis*遺伝子の性特異的発現機構の一端を担っていることが示唆される．

3 卵巣への分化を担う遺伝子群

1) *Dax 1*

DAX-1(DSS-AHC critical region on the X chromosome)は，*Sf-1*と類似したステロイドホルモン受容体ファミリーに属する転写因子群に属し，X染色体上のDSS(dosage sensitive sex reversal：遺伝子量効果に依存した性転換；このDSS領域の重複をもつ男性患者においては，*SRY*遺伝子が正常に存在するにもかかわらず性の逆転を来す)領域から，その原因遺伝子の候補として単離された[53]．マウス*Dax-1*は，雌雄とも*Sry*の発現時期に一致して発現が開始され，雄では形態的に精巣が分化する時期にはその発現量が急速に減少するのに対し，雌では高い発現量が維持されていることが明らかとなっている[54]．また，Dax-1は，Sf-1による転写活性化に対し拮抗的に作用すること[26]，またSf-1がステロイド産生能を誘導するのに対し，Dax-1はステロイド合成を顕著に減少させることが報告されており[55]，Dax-1のSf-1に対する負の作用により，性分化期のセルトリ細胞での*Mis*の発現またはライディッヒ細胞の分化が抑制されているものと推測される．マウスにおいて，*Dax-1*を操作した雄個体が，*Sry*に対して拮抗的に作用しうることが明らかにされているが[56]，まだ，DSSの原因遺伝子かどうかの確証には至っていない．

2) Wnt-4

Wnt遺伝子ファミリーは，ショウジョウバエで見い出されたsegment polarity遺伝子群（体節内で極性形成に関与する遺伝子群）の一つであるWinglessの脊椎動物における相同遺伝子で，分泌蛋白をコードしている．胎子生殖腺ではWnt-4，Wnt-6，Wnt-7が発現している．Wnt-7はミューラー管の上皮細胞に特異的に発現しており，雄ではミューラー管でのMis受容体の発現に関与し，その欠損雄マウスは出生後までミューラー管が残存する[57]．一方，雌のWnt-7欠損マウスもミューラー管の分化に異常が認められ，卵管，子宮の形成不全となり，不妊を呈する．

Wnt-4は，11.0dpcにおいては中腎，生殖腺両者に発現が認められ，生殖腺での発現は11.5dpc頃から雄では急速に減少するのに対し，雌では高い発現量を維持していることが明らかとなっている[15]．一方，中腎での発現は，生殖腺での性特異的発現とは異なり雌雄差が認められず，ミューラー管周囲の間葉系細胞に雌雄とも強く発現している．Wnt-4欠損マウスは，雄の精巣の分化には全く異常が認められないが，雌雄ともにミューラー管が形成されない．さらに興味深いことに，卵巣内において，14.5dpcから出生後まで3β-HSDの発現が認められることから，卵巣実質内にライディッヒ細胞が分化することが示唆されており，Wnt-4は雌の性分化過程においてライディッヒ前駆細胞の分化を抑制していることが推測される[15]．

以上を簡単にまとめると，Wt 1，Emx 2，Sf-1，Lhx 9，Lim 1により生殖腺原基が形成され，Wt 1，Emx 2は主に支持細胞において，Sf-1は支持細胞とステロイド産生細胞，Lhx 9はMFG-E8分泌細胞を含む間質を構成する体細胞群を発現の場とし，互いに作用し合いながら生殖原基を形作ることになる．精巣への分化カスケードは，Y染色体上のSryの支持細胞での発現により，Sox 9，Sf-1，Gata 4の高い発現が誘導され，セルトリ細胞が分化し，Mis遺伝子が活性化される．さらに，これらのカスケードの下流にDmrt 1が位置し，精巣の発達に関与すると考えられる．Sf-1はライディッヒ前駆細胞の分化を誘導し，テストステロンが分泌され，MISとともに生殖器を雄型に変換する．一方，Sryを持たない雌においては，Sox 9，Sf-1，Gata 4の発現が急速に減少し，逆にDax 1，Wnt-4の高い発現が維持される．Dax 1によりSf-1の機能が阻害され，Misの発現が抑制される．また，Dax 1とWnt-4により，卵巣内のライディッヒ前駆細胞の分化が抑制される（図40）．

おわりに

本稿では，細胞，分子生物学レベルでの性腺の発生，分化メカニズムについて総括した．現在，DNAチップを用いた解析技術の発達により，発現量の違いによる大容量の遺伝子スクリーニングが可能になり，生殖腺形成，性分化にかかわる因子を根こそぎ単離，同定することが可能になっている[10]．そのため，生殖腺形成，性分化過程の詳細な遺伝子カスケードの全貌が明らかになるのも時間の問題であり，今後，今だ原因不明のヒトの性転換，生殖腺形成不全症の

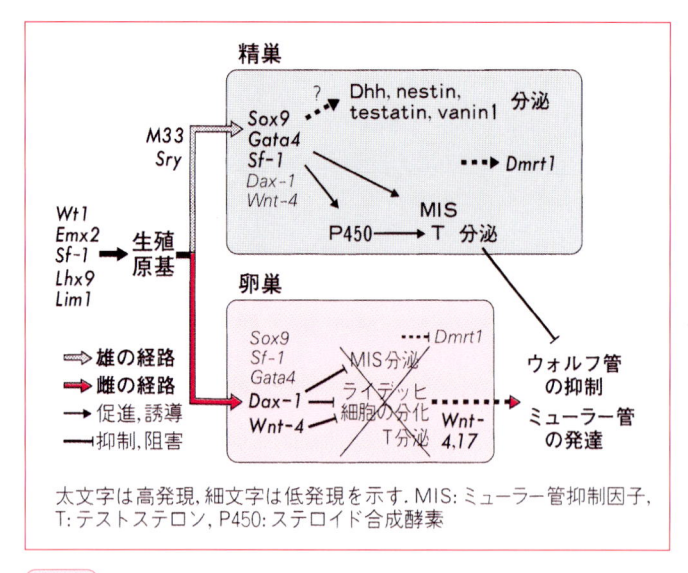

図40 生殖腺形成，性分化過程の遺伝子カスケード

　原因遺伝子の解明，また家畜の遺伝子改変による性操作など，医学，獣医学，畜産学への応用が期待できる．

　本稿において，生殖細胞の発生に関する知見は，残念ながら紙面の関係上，割愛させていただいた．生殖細胞あるいは性分化にさらに興味のある方は，他の日本語の総説[58)-63)]も参照していただきたい．本稿により，生物系の大学院生，若手の医師，研究者が，生殖腺の発生，性分化に少しでも興味をもっていただければ，筆者にとって非常に幸いである．

> **謝　辞**
> 本稿の執筆過程において御協力いただいた東京都臨床医学総合研究所　金井正美博士，東京大学農学部長　林　良博教授，同大学　九郎丸正道助教授に感謝致します．また，本稿で一部で紹介した筆者らの研究室の成果につきまして，共同研究者の諸先生方にこの場をお借りし深く御礼申し上げると同時に，また執筆の機会を与えていただいた中山徹也先生をはじめ，監修，編集の諸先生に深く感謝致します．

文　献

1) Byskov AG：Physiol Rev **66**, 71 (1986).
2) Mackay S：Int Rev Cytol **200**, 47 (2000).
3) Karl J & Capel B：Dev Biol **203**, 323 (1998).
4) Capel B：Mech Dev **92**, 89 (2000).
5) Frojdman K et al：Int J Dev Biol **33**, 99 (1989).
6) Kanai Y et al：Biol Reprod **46**, 233 (1992).
7) Bitgood MJ et al：Curr Biol **6**, 298 (1996).
8) Tohonen V et al：Proc Natl Acad Sci USA **95**, 14208 (1998).
9) Kanno Y et al：Int J Dev Biol **43**, 777 (1999).
10) Grimmond S et al：Hum Mol Genet **9**, 1553 (2000).
11) Bowles J et al：Genesis **27**, 124 (2000).
12) Nordqvist K & Tohonen V：Int J Dev Biol **41**, 627 (1997).
13) Merchant-Larios H et al：Int J Dev Biol **37**, 407 (1993).
14) Kanai Y et al：Microsc Res Tech **32**, 437 (1995).
15) Vainio S et al：Nature **397**, 405 (1999).
16) Stubbs JD et al：Proc Natl Acad Sci USA **87**,

17) Taylor MR et al：DNA Cell Biol **16**, 861(1997).
18) Kanai Y et al：Mech Dev **96**, 223 (2000).
19) Buehr M et al：Development **117**, 273 (1993).
20) Martineau J et al：Curr Biol **7**, 958 (1997).
21) Capel B et al：Mech Dev **84**, 127 (1999).
22) Tilmann C & Capel B：Development **126**, 2883 (1999).
23) Little M et al：Bioessays **21**, 191 (1999).
24) Mundlos S et al：Development **119**, 1329(1993).
25) Toyooka Y et al：Int J Dev Biol **42**, 1143(1998).
26) Nachtigal MW et al：Cell **93**, 445 (1998).
27) Kreidberg JA et al：Cell **74**, 679 (1993).
28) Simeone A et al：EMBO J **11**, 2541 (1992).
29) Miyamoto N et al：Development **124**, 1653 (1997).
30) Shawlot W & Behringer RR：Nature **374**, 425 (1995).
31) Bertuzzi S et al：Mech Dev **81**, 193 (1999).
32) Birk OS et al：Nature **403**, 909 (2000).
33) Sinclair AH et al：Nature **346**, 240 (1990).
34) Koopman P et al：Nature **351**, 117 (1991).
35) Jeske YW et al：Nat Genet **10**, 480 (1995).
36) Foster JW et al：Nature **372**, 525 (1994).
37) Wagner T et al：Cell **79**, 1111 (1994).
38) Kent J et al：Development **122**, 2813 (1996).
39) Arango NA et al：Cell **99**, 409 (1999).
40) Morohashi KI & Omura T：FASEB J **10**, 1569 (1996).
41) Morohashi K：Genes Cells **2**, 95 (1997).
42) Hatano O et al：Development **120**, 2787 (1994).
43) Luo X et al：Cell **77**, 481 (1994).
44) Katoh-Fukui Y et al：Nature **393**, 688 (1998).
45) Raymond CS et al：Nature **391**, 691 (1998).
46) Raymond CS et al：Dev Biol **215**, 208 (1999).
47) Smith CA et al：Nature **402**, 601 (1999).
48) Moniot B et al：Mech Dev **91**, 323 (2000).
49) De Grandi A et al：Mech Dev **90**, 323 (2000).
50) Guan G et al：Biochem Biophys Res Commun **272**, 662 (2000).
51) Viger RS et al：Development **125**, 2665 (1998).
52) Tremblay JJ & Viger RS：Mol Endocrinol **13**, 1388 (1999).
53) Zanaria E et al：Nature **372**, 635 (1994).
54) Swain A et al：Nat Genet **12**, 404 (1996).
55) Zazopoulos E et al：Nature **390**, 311 (1997).
56) Swain A et al：Nature **391**, 761 (1998).
57) Parr BA & McMahon AP：Nature **395**, 707 (1998).
58) 堤　裕編：ホルモンと臨床 **45-1**(1997).
59) 岡田ら編：蛋白質核酸酵素 **43-3**(1998).
60) 金井＆金井（分担執筆）：生命科学がわかる．AERA Mook, 朝日新聞社 (1998).
61) 広川（分担執筆）：実験医学 **17-3**(1999).
62) 中馬＆中辻（分担執筆）：遺伝子医学 **4-2**(2000).
63) 諸橋（分担執筆）：蛋白質核酸酵素 **45-9**(2000).

〔金井克晃〕

6

生殖機能の中枢性制御機構

はじめに

哺乳類における生殖は，脳，下垂体，性腺の機能が協調することにより初めて進行する．性腺の機能は下垂体から分泌される性腺刺激ホルモンにより制御されているが，その分泌はさらに視床下部から下垂体門脈へと放出される性腺刺激ホルモン放出ホルモン (gonadotropin-releasing hormone：GnRH) により制御されている．GnRHはアミノ酸10個からなるペプチドで，1971年にSchallyら[1]，およびGuilleminら[2]の研究グループにより，数十万頭のブタやヒツジの脳を用いて単離・同定されたホルモンである．性腺刺激ホルモンには黄体形成ホルモン (luteinizing hormone：LH) と卵胞刺激ホルモン (follicle stimulating hormone：FSH) の2種類があるが，GnRHの発見に先立つ1970年に，Knobilら[3]はアカゲザルの血中LHレベルが約1時間の周期で規則的に変動しているということを発見し，LHは持続的にではなく間歇的に，すなわちパルス状に分泌されていることを明らかにした．この発見が契機となり，性腺刺激ホルモンのパルスパターン，とくにその頻度が性腺機能を決定していることが明らかにされるとともに，このようなパルスを発生させる視床下部の神経機構，すなわちGnRHパルスジェネレーターの機構解明の研究が進められるようになった．

パルス状分泌は雌雄に共通する基礎的な性腺刺激ホルモン分泌パターンであるが，雌性動物においては，基礎的なパルス状分泌以外に，排卵直前に性腺刺激ホルモンの一過的な大量分泌，すなわちサージ状分泌が見られる．この性腺刺激ホルモンのサージ状分泌は，発育した卵胞から分泌されるエストロジェンが視床下部に作用してGnRHの大量放出を起こし，同時に下垂体に作用してGnRHに対する反応性を高めることにより誘起される．この現象はエストロジェンによる「正のフィードバック」と呼ばれているが，雌の脳でだけ見られる現象である．雌雄の脳には性行動を誘起する神経機構にも差が存在し，このような脳の雌雄差は胎子期あるいは新生子期の一定の時期 (臨界期；種によりその時期は異なる) に，雄では精巣から分泌されるアンドロジェンが脳に作用することにより生じる[4]．近年の研究により，このような脳の性分化の分子機構の一端が明らかになりつつある．

本稿では，脳によるパルス状およびサージ状の性腺刺激ホルモン分泌の調節機構，ならびに性ステロイドによる脳の性分化誘導機構について，われわれの最近の知見を中心に紹介したい．

1　GnRHパルスジェネレーター

性腺刺激ホルモンのパルス状分泌は，視床下部に存在するGnRHパルスジェネレーター

によりGnRHが間歇的に下垂体門脈に放出されるために誘起される．このGnRHパルスジェネレーターの電気活動が多ニューロン発射活動記録法を用いてKnobilらによりアカゲザルにおいて[5]，また筆者やMoriらによりラットおよびシバヤギにおいても記録されている[6]．図41にラットにおけるGnRHパルスジェネレーターの電気活動とLHのパルス状分泌を示したが，パルス状LH分泌と同期して顕著に上昇する一群のニューロンの活動電位が観察される．GnRHが適当な間隔を置いて放出されるという現象は，下垂体のGnRHに対する反応性を維持するのに極めて重要で，GnRHを持続的に投与したりあるいは生理的頻度よりも高い頻度で投与すると下垂体は次第にGnRHに対する反応性を失い，性腺刺激ホルモンの分泌はかえって低下してしまう．一方，GnRHを生理的頻度よりも低い頻度で投与すると，下垂体は性腺刺激ホルモンのパルス状分泌を維持できるものの，性腺刺激ホルモンのパルス頻度の低下は性腺機能の低下につながる．

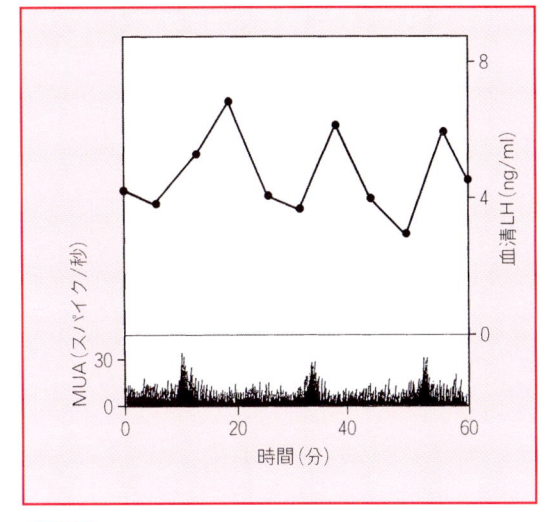

図41 ラットにおけるパルス状LH分泌と視床下部GnRHパルスジェネレーターの電気活動

　動物の生殖機能はそれぞれの種に固有の環境要因が満たされた場合初めて賦活されるが，このような環境要因として特に重要なものには，光周期，栄養条件，社会的順位，ストレス，フェロモン，性ステロイドなどがある．これらの因子は最終的に視床下部で統合され，GnRHのパルス頻度に変換されて出力され，生殖機能に影響を与えるものと考えられる．ここでは，感染ストレスがGnRHパルスジェネレーターの興奮性にどのような機序で影響を与えるかを検討したわれわれの研究を紹介したい．感染ストレスが生殖機能を抑制することはよく知られているが，感染は通常神経系ではなく免疫系を介して中枢に伝えられる．すなわち，微生物や抗原の侵入を認識したマクロファージなどの免疫系の細胞はサイトカインと呼ばれる液性の情報伝達物質を放出し，免疫系を活性化するとともに中枢へその情報を伝達する．サイトカインは血液脳関門を透過できないとされているが，おそらく血液脳関門を欠く脳室周囲器官に作用し，プロスタグランジンなどを介して睡眠，発熱，摂食抑制などを誘発する．同時に，コルチコトロピン放出ホルモン（corticotropin-releasing hormone：CRH）ニューロンを興奮させ視床下部－下垂体－副腎系を賦活し，生体の適応力を強めるものと考えられている．

　人為的に感染時と類似した生体反応を誘起することが知られているリポ多糖（細菌の細胞壁の構成成分）をラットの静脈内に投与すると，GnRHパルスジェネレーターの電気活動は強く抑制された．このとき，感染初期相に特に血中に大量に放出されるサイトカイン

である腫瘍壊死因子（tumor necrosis factor：TNF）-αに対する抗体を脳室内に前投与すると，リポ多糖のパルスジェネレーター抑制効果が大幅に緩和された．さらに，TNF-αの静脈内あるいは脳室内投与はともにパルスジェネレーターの活動を抑制したことから，リポ多糖の効果の少なくとも一部はTNF-αの脳への作用に依存していると考えられた[7]．一方，プロスタグランジン合成阻害薬であるインドメタシンはTNF-αのパルスジェネレーター抑制効果をほぼ完全にブロックしたことから，プロスタグランジンがTNF-αの作用を仲介していることが示唆された[8]．感染時にはTNF-αをはじめとするサイトカインが脳に作用して，おそらく脳室周囲器官近傍のグリア細胞などからのプロスタグランジン放出を誘起し，GnRHパルスジェネレーターの興奮性を抑制することにより生殖機能を低下させることが考えられた．

　一般にストレスにより放出が促進されるCRHは，副腎皮質からのグルココルチコイドの放出を高めて個体の維持を図るとともに，脳内ではGnRHパルスジェネレーターの興奮性を低下させて生殖機能を抑制している．ところが，CRH受容体阻害薬のα-ヘリカルCRHを脳室内に前投与すると，むしろTNF-αのGnRHパルスジェネレーター抑制効果を増強することが判明した[8]．これは，TNF-αによってCRHの脳内での放出が高まることが，パルスジェネレーターの興奮性の低下を防ぐという意外な結果である．そこで，感染時のパルスジェネレーターの抑制におけるグルココルチコイドの役割について，副腎摘除ラットを用いてさらに検討を行った．副腎摘除によっても，GnRHパルスジェネレーターの興奮性やLHのパルス状分泌に変化は認められなかった．ところが，TNF-αのパルスジェネレーター抑制効果は副腎摘除により顕著に増強され，またこの作用はコルチコステロンを前投与することにより見られなくなった．これらのことから，感染ストレス時に分泌の高まるグルココルチコイドは免疫系の過剰な活性化を抑制する，あるいは脳内でのプロスタグランジン合成を抑制するなどの作用を発揮し，GnRHパルスジェネレーターの興奮性低下を緩和するのではないかと考えられた（図42）．拘束ストレス，低栄養ストレス，感染ストレスなど様々なストレスにより生殖機能は抑制されるが，ストレスによるパルスジェネレーターの抑制経路にはストレス特異性があり，さらにその抑制効果もエストロジェンやグルココルチコイドなどのステロイドにより修飾されているものと思われる．

2　GnRHサージジェネレーター

　雌性動物では，卵胞が発育して血中エストロジェン濃度が上昇すると，性腺刺激ホルモンのサージ状分泌が起こり，排卵とそれに引続く黄体形成が誘起される．このような性腺刺激ホルモンのサージ状分泌を発生させる神経機構と，上述したようなパルス状分泌を発生させる神経機構とはどのような関連があるのだろうか．GnRHのサージ状分泌はGnRHのパルス状分泌の頻度・振幅の増大したもの，すなわちGnRHパルスジェネレーターの過大な興奮により誘起されるとの考えも提唱されている．そこで，この点を検討するために，ラットを用いてサージ状分泌が起こっている間のGnRHパルスジェネレーターの電気活動

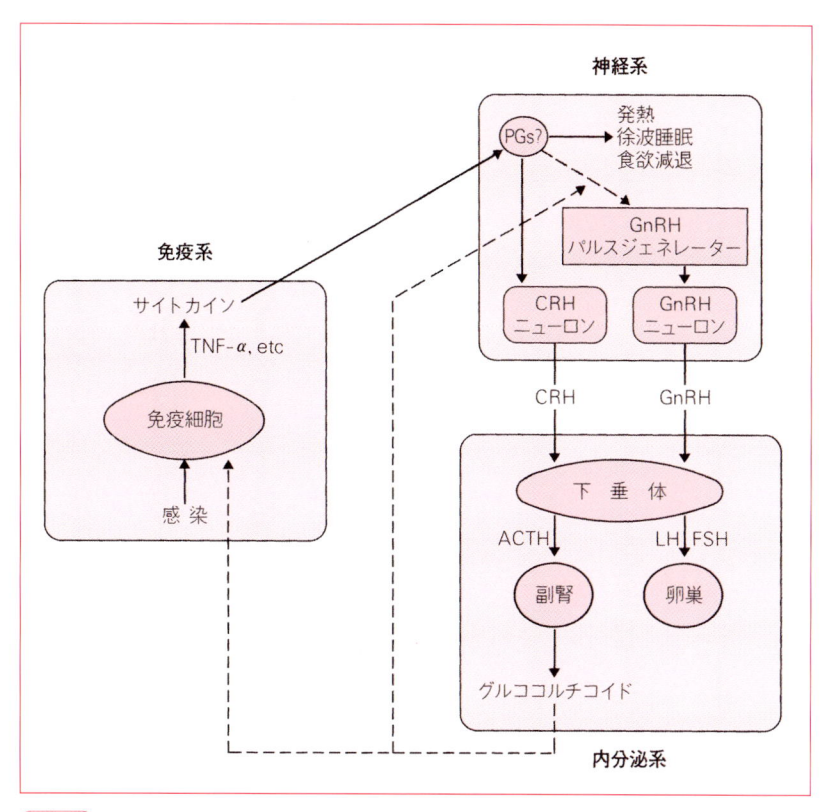

図42 感染ストレスの視床下部－下垂体－性腺系と視床下部－下垂体－
副腎系への影響を示す模式図
実線矢印は促進，点線矢印は抑制を示す．

の記録を行った結果，サージ出現時にはGnRHパルスジェネレーターの活動はむしろ抑制された状態にあることが分かった[8]．同様の現象は，シバヤギ[10]，アカゲザル[11]においても報告されている．これらの動物においては，すべてLHサージの出現時には下垂体門脈へのGnRHの大量放出が起こっていることが確かめられているので，サージ状分泌の誘起にはGnRHニューロンの過大な興奮を伴っているはずである．にもかかわらず，いずれの種においてもLHサージ出現時にはパルスジェネレーターの活動は抑制されていることから，①GnRHパルスジェネレーターの電気活動にはGnRHニューロン自体の電気活動は反映されていないこと，②サージ状分泌はGnRHパルスジェネレーターとは異なる神経機構（GnRHサージジェネレーター）により誘起されていること，の2点が示唆された[12]．すなわち，図43に示すように視床下部にはパルスジェネレーターとサージジェネレーターの2つの独立した神経機構が存在すると考えられる．ちなみにこのように考えると，エストロジェンはパルスジェネレーターに対しては抑制的に作用して性腺刺激ホルモンのパルス状分泌を低下させ（負のフィードバック），一方サージジェネレーターに対しては促進的に作用してそのサージ状分泌を誘起することが考えられ（正のフィードバック），同じエストロジェンが性腺刺激ホルモンの分泌に対して相反する作用を発現するという不可解な現象

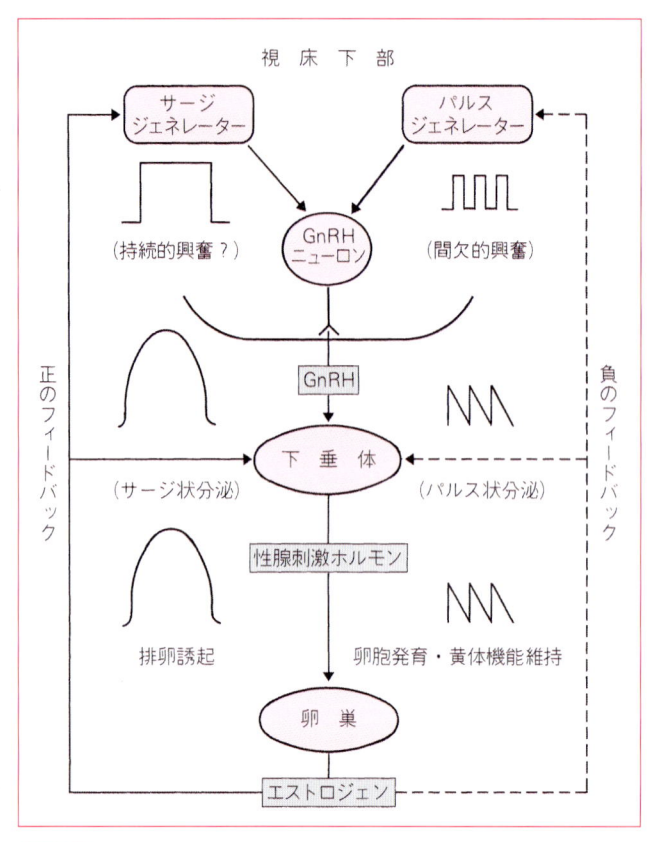

図43 視床下部-下垂体-性腺系におけるエストロジェンの負および正のフィードバック作用の発現機構に関する仮説を示す模式図
実線矢印は促進，点線矢印は抑制を示す．

を説明することができる．また，GnRH分泌はこのように性腺から分泌される性ステロイドによるフィードバック制御を受けているにもかかわらず，GnRHニューロンには性ステロイド受容体が存在しないことが報告されている[13]．したがって，性ステロイドはまず他のニューロンに作用し，間接的にGnRHニューロンに影響を与えていると考えられ，このような性ステロイド感受神経機構としてパルスジェネレーター，サージジェネレーターを想定することも合理的に思える．しかしながら，GnRHパルスジェネレーターとは異なり，サージジェネレーターの活動を反映すると考えられる神経活動はまだ記録されておらず，GnRHサージを誘起する神経機構に関しては，さらなる追究が必要であると考えられる．

3 脳の性分化

成熟した両性間で見られる内分泌動態や性行動などの機能的違いは，これらの機能を支配する神経核における神経細胞の数やシナプス形成パターンなどの形態学的な雌雄差が反

映されたものである．このような神経細胞の数やシナプス形成パターンなどの雌雄差は，性分化の臨界期に脳がアンドロジェンに曝露されるか否かによって生じる．アンドロジェンは脳の細胞内において芳香化酵素によりエストロジェンに代謝されてエストロジェン受容体と結合し，特定の遺伝子の転写を介して最終的に脳の性分化が誘導される．ラットの場合，雌の新生仔においても血中にはエストロジェンが存在するが，同時期には高親和結合性のエストロジェン結合タンパク（α-フェトプロテイン）が大量に存在するために，雌の脳にはエストロジェンは作用できないものと考えられている（図44）．

われわれは脳の性分化の分子機構を明らかにするために，性ステロイドにより転写が促進され，雄型の神経回路形成に関与する遺伝子の同定を試みた[14]．ラットを用いて脳の性分化の時期にアンドロジェン処置により視床下部において発現の上昇する遺伝子をcDNAサブトラクション法を用いて探索したところ，グラニュリン（granulin）前駆体遺伝子が単離された．グラニュリンはin vitroにおいて上皮系の細胞を含む数多くの細胞の増殖を制御する成長因子として知られている[15]．グラニュリン遺伝子は1つの前駆体タンパクをコードしており，そこから約6 kDaの7つのペプチドがプロセシングされてくるが，それぞれはgranulin motifと呼ばれる12個のシステインを含む特徴的なアミノ酸配列を有する．Granulin motifは哺乳類，魚類，昆虫などに普遍的に保存されており，グラニュリンが種を越えて重要な役割を担っていることが窺われる．ラットのグラニュリン遺伝子は様々な臓器に発現しているが，興味深いことに胎盤，卵巣，精巣，精巣上体，副腎などステロイド感受性組織で特に高い発現が観察されている．培養系での細胞増殖に対する作用は数多く報告されているが，in vivoの実験系でグラニュリン前駆体および7つのペプチドの役割について解析された報告はなく，グラニュリンが生体内でどのような生理作用を持つかについては，現在のところ明らかにされていない．

脳の性分化の臨界期におけるグラニュリン遺伝子の発現動態を検討したところ，出生1日前から1日後までは雌雄同じレベルであるが，その後雄では生後10日までほぼ一定の発現量を示すのに対し，雌では徐々に発現量が減少し，生後10日では雄の1/4にまで減少した．さらにグラニュリン遺伝子のプローブを用いたin situ hybridizationにより，生後

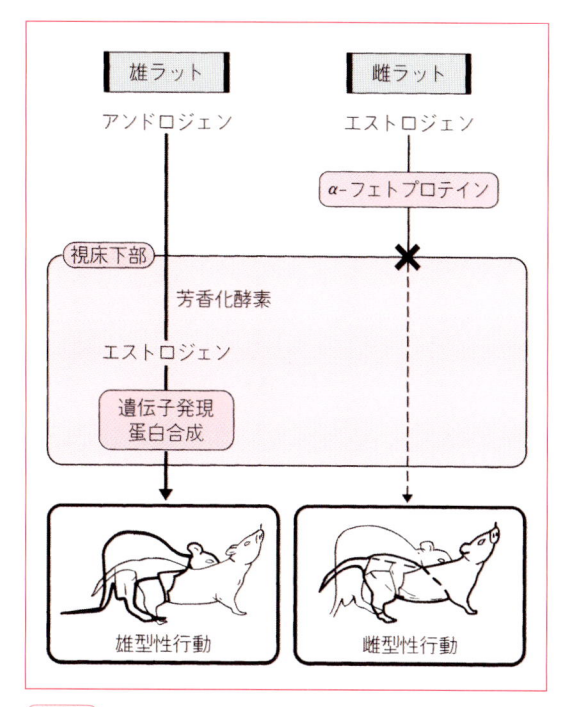

図44 性ステロイドによる脳の性分化の過程を示す模式図

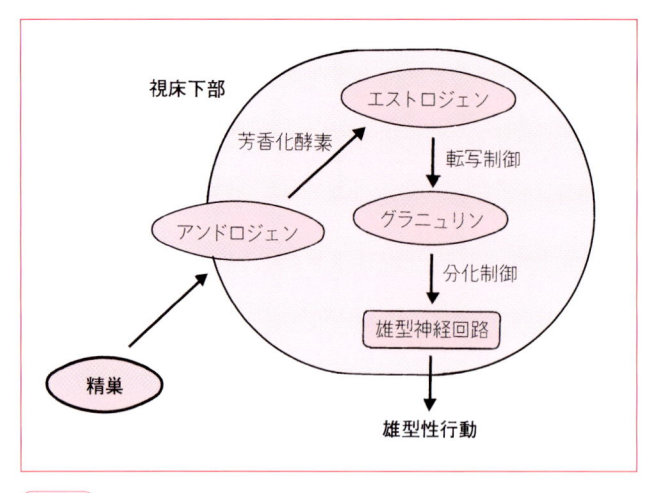

図45 脳の性分化におけるグラニュリンの役割を示す模式図

　5日の雄ラットの視床下部において，グラニュリン遺伝子は視床下部腹内側核と弓状核に特に強く発現していることが示された．腹内側核や弓状核は，大きさやシナプスの形成パターンに雌雄差の観察されることが知られており[16]，グラニュリンがこれらの神経核における細胞死や回路形成に関与していることを示唆するものであった．

　脳の性分化とグラニュリン遺伝子発現の関連を個体レベルで検討するために，グラニュリン遺伝子に対するアンチセンスオリゴデオキシヌクレオチド（アンチセンスODN）を生後2日の雄ラットの脳室内に投与し，グラニュリンの発現を抑制することを試みた[17]．処置後，ラットは正常に発育し，アンチセンスODNは体重や摂食量に対して影響しなかった．さらに，成熟後の血中LH，テストステロン濃度にも差は見られなかった．しかし，アンチセンスODN処置雄ラットの成熟後の雄型性行動を観察したところ，mounting, intromission, ejaculationなどの雄型の性行動の発現頻度が著明に減少した．また，アンチセンスODN処置雄ラットを去勢してエストロジェン処置を行ったところ，少数例ながら雌型の性行動，すなわちロードーシスが誘起された．これらの結果より，図45に示すように，新生期の性ステロイドによるグラニュリン遺伝子の発現は雄性行動を司る神経系の形成に必須の役割を演じており，その発現が阻害されると，遺伝的雄でもその性行動は雌型かそれに近い状態に止まっていることが考えられた．

おわりに

　生殖機能の制御のために脳が出力する最も重要な分子であるGnRHを合成・分泌するGnRHニューロンは，胎仔期に鼻プラコードで形成され，終神経の経路に沿って脳に侵入し，視床下部まで移動することが報告されている[18]．このことは嗅覚系と生殖機能の密接な関連を示唆しており，興味深い．本稿では，このGnRHニューロンの興奮制御系として，GnRHパルスジェネレーターとGnRHサージジェネレーターの2つの神経機構を想定して解説したが，それら

を構成するニューロンの実体や，周期的に信号を発振する仕組み，すなわちその時計機構など，依然として不明な点も多く残されており，今後の研究の進展が期待される．これらの神経機構のうち，GnRHサージジェネレーターは雌性動物だけで機能すると考えられる神経機構である．われわれは臨界期の脳で性ステロイドにより発現誘導され，脳の性分化に関与する遺伝子としてグラニュリンを同定し，その発現をアンチセンスODNによって抑制すると，少なくとも成熟後の雄型性行動が抑制されることを示した．GnRHサージジェネレーターの形成にかかわる脳の性分化にもグラニュリンが関与しているか否かは興味深い問題であるが，その解明は今後の課題としたい．

文献

1) Matsuo H et al：Biophys Res Commun **43**, 1334 (1971).
2) Burgus R et al：Proc Natl Acad Sci USA **69**, 278 (1972).
3) Dierschke DJ et al：Endocrinology **87**, 850 (1970).
4) Arnold AP & Gorski RA：Annu Rev Neurosci **7**, 413 (1984).
5) O'Byrne KT & Knobil E：Method Neurosci **20**, 100 (1994).
6) Nishihara M et al：Method Neurosci **20**, 114 (1994).
7) Yoo MJ et al：Endocrine J **44**, 141 (1997).
8) Yoo MJ et al：J Reprod Develop **43**, 181 (1997).
9) Nishihara M et al：Neuroendocrinology **59**, 513 (1994).
10) Tanaka T et al：Neuroendocrinology **56**, 641 (1992).
11) Kesner JS et al：Proc Natl Acad Sci USA **84**, 8745 (1987).
12) Nishihara M et al：Rev Reprod **4**, 110 (1999).
13) Shivers BD et al：Nature **304**, 345 (1983).
14) Suzuki M et al：Neurosci Lett **242**, 127 (1998).
15) Bhandari V et al：Endocrinology **133**, 2682 (1993).
16) Mastumoto A & Arai Y：Endocrinol Japan **30**, 277 (1983).
17) Suzuki M et al：Physiol Behav **68**, 707 (2000).
18) Schwanzel-Fukuda M & Pfaff DW：Nature **338**, 161 (1989).

〔西原真杉／高橋迪雄／鈴木正寿〕

7 胚の発生調節機構

はじめに

　哺乳類における胚発生の調節機構を解析するためには，体外（in vitro）の制御された環境下で胚の育てるための培養条件の確立が必須である．ここでは最も詳細に研究されているマウスの知見を中心にして，着床前胚（preimplantation embryo）の発生調節機構を概観してみたい．マウスにおける受精から着床までの初期胚発生過程の概要を図46に示す[1)2)]．

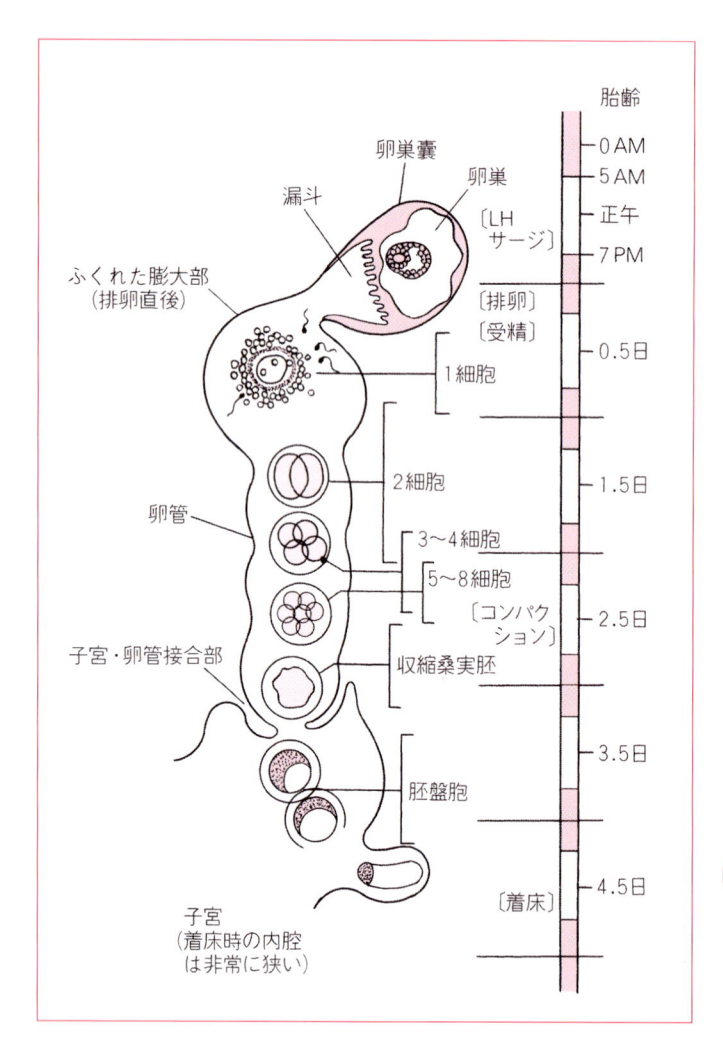

図46　マウス胚の着床前発生概要
〔B Hoganら：Cold Spring Harbor Laboratory Press, 1994[1)]より一部改変引用〕

1 体外培養による胚発生の制御

1 哺乳類初期胚のための培地

マウス初期胚（early embryo, ここでは着床前胚の意味で用いる）の培養は，Whitten (1956)[3]およびBrinster (1963)[4]の先駆的研究に始まり，1970年代の初めには，培地の基本的な骨格がほぼ出来上がった．すなわち，クレブス・リンゲル重炭酸緩衝液（Krebs-Ringer bicarbonate buffer solution，以下KRBと略す）を基本として，エネルギー源としてグルコースに加えて，乳酸およびピルビン酸を含み，さらに血清たんぱく質および抗生物質を含む組成である．表20には，その一例としてWhittenの培地（WM）[5]を示す．類似の組成を持つ培地として，WhittinghamのM16培地[6]およびBrinsterの培地（BMOC）[7]などがよく知られている．これらの，いわば第一世代の培地は今日においても広く用いられ，マウスのみならず多くの哺乳動物種の初期胚に関する研究に多大の貢献をした．ほぼ時期を同じくして，マウスの体外受精用培地も開発された．表20に掲げるTYH[8]は，その一例である．しかし，これらの培地は完成されたものではなく，改良の努力が続けられている．その成果は，より新しい世代の培地である，CZB[9]およびkSOM[10]の組成に

表20 初期胚発生のための培地組成（単位：mM）*

成　分	kSOM	CZB	WM	HTF	G1	G2	SOF	TYH
NaCl	95.00	82.00	88.00	101.60	85.16	85.16	107.70	119.37
KCl	2.50	4.86	4.78	4.69	5.50	5.50	7.16	4.78
$CaCl_2$	1.71	1.71	-	2.04	1.80	1.80	1.71	1.71
乳酸Ca	-	-	1.71	-	-	-	-	-
$MgSO_4$	0.20	1.18	1.19	0.20	1.00	1.00	-	1.19
$MgCl_2$	-	-	-	-	-	-	0.49	-
NaH_2PO_4	-	-	-	-	0.50	0.50	-	-
KH_2PO_4	0.35	1.17	1.19	0.37	-	-	1.19	1.19
乳酸Na	10.00	30.10	21.60	21.40	10.50	5.87	3.30	-
ピルビン酸	0.20	0.26	0.25	0.33	0.32	0.10	0.33	1.00
グルコース	0.20	-	5.56	2.78	0.50	3.15	1.50	5.56
グルタミン	1.00	1.00	-	-	1.00	1.00	-	-
タウリン	-	-	-	-	0.10	-	-	-
$NaHCO_3$	25.00	25.00	22.60	25.00	25.00	25.00	25.00	25.07
EDTA	0.01	0.10	-	-	0.01	-	-	-
血清アルブミン (mg/ml)	1	5	3	※	2	2	32	4
アミノ酸	※※	-	-	-	※※	※※	-	-
文献番号	10	9	5	12	13	13	11	8

*抗生物質およびフェノールレッドを除く
※血清を5%加える，※※表21参照

反映されている．さらに表20には，比較のために，Tervitら[11]によってヒツジの卵管液の組成に似せて作られて，ヒツジ，ウシ，ヤギなどの反芻動物胚の培養に用いられてきた人工卵管液SOF (synthetic oviduct fluid) 培地およびQuinn[12]によるヒト胚のためのHTF (human tubal fluid) 培地とGardnerらのG1/G2培地[13]の組成も示した．いずれも基本的な組成がほぼ一致していることが理解されよう．

2 初期発生のエネルギー源

　マウス初期胚の栄養要求に関する著しい特徴の一つは，1957年Whitten[14]により見い出された．それは発生の進行に伴い利用可能なエネルギー基質が大きく変化することである．すなわち，当時，体細胞の呼吸(TCA回路)に関する研究に常用されていたエネルギー基質としてグルコースのみを含むKRBのなかでは，8細胞胚は胚盤胞まで難なく発生するものの2細胞胚はまったく発生しなかったが，培地へ乳酸を加えることで2細胞期から胚盤胞への発生が可能になった．このきっかけは，吸湿性が高いために正確な秤量が難しい塩化カルシウムに代えて乳酸カルシウムを用いたところ発生するようになったという，偶然の発見に基づいているといわれるが，晩年，彼自身から聞いたところによると，長い研究人生のなかで最も興奮した瞬間であったと述懐している．ちなみに，Whittenは，胚培養に関する業績に外に，雄由来のフェロモンによって雌の発情・排卵が早まるという「Whitten効果」の発見者としても名高い．

　次いで，Brinster[15]は，マウス2細胞胚の発生に及ぼす解糖系およびTCA回路の中間代謝産物の効果について系統的な検討を行い，2細胞胚の発生を可能にする基質は，乳酸以外では，ピルビン酸，ホスホエノールピルビン酸，およびオキザロ酢酸の3者に限られること，ピルビン酸は乳酸よりも低い濃度で発生を促すが，両者が共存するとさらに有効であり，そのときの最適モル濃度比はおよそ100：1であることを示した．さらに，Biggersら[16]は，1細胞期から2細胞期への胚発生，および卵核胞期からの卵子の減数分裂の再開は，いずれもピルビン酸あるいはオキザロ酢酸の存在下においてのみ可能であることを示し，初期胚の利用可能な基質が発生の初期ほど限局されており，その特性は卵子自体に内在していることを明らかにした．発生初期の胚がグルコースを利用できない原因については，Barbehennら[17]が酵素サイクリング法を用いて詳細に分析し，ホスホフルクトキナーゼ (PFK) の段階で解糖経路がブロックされていることを示した．8細胞期を過ぎると，PFKを含めて解糖系の酵素活性は急上昇し，胚の代謝は体細胞のそれに近づくことが多くの実験を通して明らかになった．これらの成果は第一世代の培地組成に反映され，グルコース，乳酸，ピルビン酸の3者を含む培地が確立された．ただし，ここまでの培養実験では，1細胞胚から出発した場合は2細胞期までの発生の観察にとどまった．その理由は，2細胞期を超えて発生させることが，ほとんど出来なかったためである．

3　初期発生の調節因子

1）"2-cell block"の問題

　マウス胚を1細胞期から培養したときに，発生が2細胞期で停止する現象は，"in vitro 2-cell block"と呼ばれ，長年にわたり研究者を悩ませるとともに，胚発生の調節機構を探るための興味深い研究課題を提供してきた．すでに，1960年代から，①1細胞胚であっても，切り出した卵管膨大部の中に入れて器官培養すれば胚盤胞に達すること[18]，および②1細胞期から胚盤胞までの発生の成否は，胚の遺伝的背景の影響を強く受ける．すなわち，近交系マウスの胚では完全なブロックが起こる場合でも，近交系間の雑種第一代（F1）雌由来の胚では発生する[19]ことが知られていた．しかし，大部分の系統のマウス胚では1細胞期から胚盤胞までの一貫培養は困難で，たとえば体外受精由来胚の移植も2細胞期で行わなければならなかった[20]．このような困難な状況は，その後約10年間続いたが，やがて2つの方向から突破口が開かれた．

2）キレート剤と酸化ストレス

　その一つは，Abramczukら[21]によって見い出されたEDTAの発生改善効果である．彼らは，マウス1細胞胚を単層培養細胞上で共培養することによって胚盤胞への発生が可能になることを見い出し，上清中の有効因子がEDTAの微量混入によることを突き止めた．この偶然の発見がきっかけとなって，マウス1細胞胚の培養成績は格段に向上し，安定することになった．われわれも体外受精由来マウス胚の胚盤胞への発生率が，WM培地へのEDTAの添加によって用量依存的に増加することおよび，その効果は初期の卵割期において特に顕著であることを認めた[22]．図47Aには，EDTAの発生促進効果の一例を示す．さらに，EDTAの存在下に培養された胚は移植によって正常な産子に発生すること[23]，および類似の効果を持つキレート剤であるDTPA，DPTA-OHおよびCyDTAはEDTAよりも微量（約1μM）で効果を発揮することを見い出した[24]．ただし，1mMを超える濃度にCaおよびMgイオンを含む培地に添加されたμM濃度のキレート剤が如何にして効果を発揮するかについては，培地中に含まれるごく微量の未同定の有害重金属イオンをキレートしているのであろうという憶測以上に納得の行く説明はいまだに欠けている．しかし，その発生改善効果は歴然としており，1980年代以降に開発されたマウス胚発生培地には，ほぼ例外なく10～100μMのEDTAが加えられることになった（表20参照）．EDTAの発生改善効果は，マウス以外の動物種でも認められている．最近のGardnerら[25]の報告によれば，アミノ酸を補ったSOF培地（SOFaa）内での体外受精由来ウシ胚の胚盤胞への発生は，100μM EDTAの添加によって有意に改善され，その効果はマウス胚の場合と同様に初期の卵割期（最初の72時間，およそ8細胞期まで）に添加されたときに顕著であった．ただし，その後の胚盤胞への発生にはEDTAはむしろ抑制的に作用した．

　一方，初期胚発生のために最適な酸素濃度は大気中の濃度（約20%）よりも遥かに低く，約2～5%であり，大気中の濃度では発生の阻害を受けることが早くから指摘されていたが[5]，その原因として酸化ストレスが注目されるに至った[26]．実際，スーパーオキシド・

ジスムターゼ（SOD）の培地への添加が"2-cell block"の回避に有効であることがNodaらによって示された[27]．さらに，Christiansら[28]によれば，マウス胚ゲノムから最初に転写される遺伝子の一つである熱ショックたんぱく質，*hsp70.1*のmRNAレベルは，体外培養の環境下で増加し，その過剰発現が培地へのSODの添加によって部分的に緩和される．これらの成績は，発生の停止が，体外の高い酸素分圧に胚がさらされた結果として生じる酸化ストレスに起因することを示唆している．われわれも[29]，"2-cell block"に関する系統差の検討のなかで，WM培地内で低率ながらも2細胞期を超えて発生する，いわゆる"partially blocking strain"（ICR）では，SODはEDTAと同様に4細胞期以降への発生を顕著に改善することを認めた．しかし，発生が2細胞期で完全に停止する"completely blocking strain"であるAKR系マウス胚では，SODもEDTAもまったく無効であり，発生停止には，さらに別の機序が介入していると考えられた．

なお，初期胚の活性酸素障害については引き続き活発な研究が行われており，最近のLiuらの報告[30]によれば，マウス1細胞胚に対する過酸化水素処理でアポトーシスが誘導され，この過程にはミトコンドリアの障害が関与していること，および，穏やかな酸化ストレスであっても胚の細胞周期の停止と細胞死を引き起こす可能性があることが指摘されている．また，Nagaoら[31]は，マウス初期胚の発生におけるミトコンドリアDNA(mitDNA)の役割について検討し，*Mus spretus*由来のミトコンドリアを持つコンジェニックマウスの2細胞胚は，*Mus musculus domesticus*由来ミトコンドリアを持つ胚に比べて酸素分圧に対する高い感受性を示すことを報告している．

3）グルコースとリン酸による発生の阻害

"2-cell block"の問題は，マウス以外の齧歯類の胚では一層深刻であった．ラットでは，すでに1974年に，受精培地で2細胞期に達した体外受精胚の移植によって正常な産子が得られることが示されていたが[32]，4細胞期以降への発生は培養条件下ではほとんど起こらなかった．ゴールデン・ハムスターの場合はさらに困難で，Yanagimachi & Chang (1963)[33]による体外受精成功の画期的報告以来，多くの研究にもかかわらず，4細胞期以降への発生はもとより，体外受精由来2細胞胚の移植によっても胎子への発生がみられない状況が長く続いた．しかし，1988年に至り，Schini & Bavister[34]によって培地中のグルコースとリン酸がハムスター胚の"2-cell block"を引き起こす原因であることが示され，手詰まりの状況が打破された．この知見に基づき，彼らは両成分を除外しアミノ酸を補充したハムスター胚発生用培地，HECM-1 (hamster embryo culture medium-1)を作製し，同じ原理に基づいてグルコースを含まないマウス胚のための培地，CZB（表20）も作製した．ただし，CZBでマウス胚を育てるためには，8細胞期でグルコース添加培地に移し変える必要がある．8細胞期以降はグルコースの利用が高まり，胚盤胞の形成にはほとんど必須の成分となるためである．また，受精の成立にもグルコースは必須であるので，受精培地も別に必要であり，結局，体外受精からスタートすると合計3種の培地を準備しなければならない．この方式は実用上必ずしも有利とはいえないが，発生段階に応じて異なる組成の最適な培地を用いるという，いわゆる"sequential media"の考えは，その

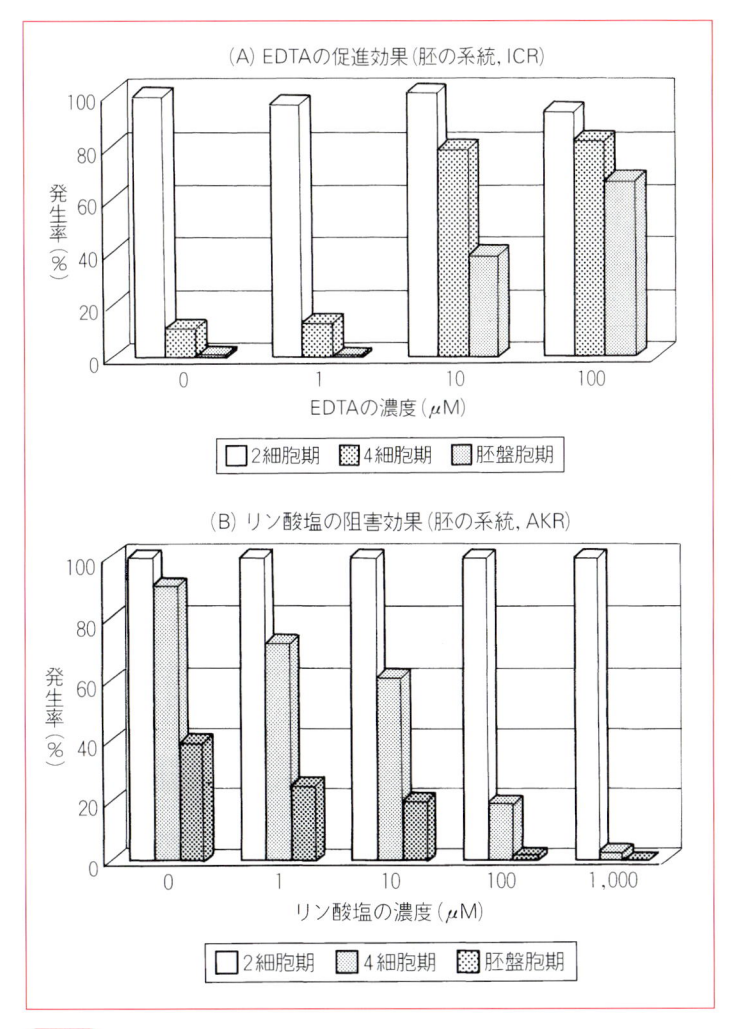

図47 体外受精由来マウス胚の発生に及ぼすEDTAの促進効果とリン酸塩の阻害効果
基礎培地はいずれもWM（表20），ただし（B）ではグルコース濃度を0.5mMに下げている．
〔図AはToyodaら：In；Development of preimplantation embryos and their environment (K Yoshinagara編)，p171 (1989)[24] による／図BはHaraguchiら：Biol Reprod, (1996)[36] による〕

後の研究に大きな影響を与えた．ラットの1細胞胚についても，HECM-1と同様の培地で"2-cell block"を回避できることがMiyoshiら[35]によって示された．この場合には，ごく微量のリン酸塩の存在が致命的であった．微量のリン酸塩が"2-cell block"を起こすことは，AKRマウス胚でも観察されている（図47B）[36]．ヒト胚でも，これらの2つの成分を除くことで発生が改善されることがQuinnによって報告された[37]．Petters & Wells[38]が哺乳類に共通する"universal basal medium"として提唱している培地にも，グルコー

スとリン酸塩は含まれていない．ただし，一見，矛盾しているが，彼ら自身のブタ胚発生培地であるNCSU-23およびNCSU-37は，いずれもWMと同濃度のグルコースとリン酸塩を含んでいる．

　このように動物種によって必ずしも一定しないが，最近の培地では，グルコースとリン酸塩の濃度を最小限に抑えるように設計されているものが多い．表20のkSOM[10]はその代表例であり，多くのマウスの系統において1細胞期から胚盤胞までの一貫培養を可能にした．また，ヒト体外受精胚の胚盤胞への培養における高い発生率が注目されている"sequential media"であるG1/G2培地[13]のうち，コンパクション以前の卵割期胚の培養に用いるG1培地の組成も，ほぼ同じ内容になっている．ただし，この場合でも，G1培地中のグルコース濃度（0.5mM）は受精成立には低すぎることが想定され，"sequential media"の方式で最適環境を設定するためには，マウスと同様に，受精，卵割期，およびコンパクション以降の発生のために3種類の培地を準備することが望ましいであろう．

　グルコースとリン酸が卵割期に発生に対して阻害的に働く機序については，十分に明らかではないが，第一世代の培地に含まれるグルコース濃度（5.5mM，100mg/dl）は，元来，哺乳類の血糖値に相当するものであり，ヒト卵管液中の濃度（排卵期で約0.5mM）と比較すると一桁高い値である．生理的なレベルを超える高濃度のグルコースが胚の解糖系を異常に亢進させて呼吸を抑制する，いわゆるクラブトリー（Crabtree）効果によって発生を阻害している可能性は，Seshagiri & Bavister[39]によって指摘されているが，Moleyら[40]はさらに高い濃度についても検討し，TCA回路の抑制に至る一つのモデルを提唱している．図48に示すように，培地中の高濃度のグルコースは胚の中の遊離グルコース濃度を上昇させ，アルドース・レダクターゼによるソルビトールの生成と，それに続くフルクトースの生成を通して胚内のNADH/NAD$^+$比を高め，これによってクレブス回路の酵素活性を抑制して胚の発生を遅らせるのであろうと推測している．ただし，彼らは糖尿病における受胎障害のモデルとして52mMという高濃度のグルコース区を設定しているので，特殊な条件下でのみ成り立つ代謝異常を見ている可能性はある．ウシ胚についても，体外で生産した胚では，体内で発生した胚に比較して好気的解糖が異常に亢進していると報じられている[41]．

　一方，リン酸についても，クラブトリー効果およびパスツール（Pasteur）効果への関与が古くから論議されているが[42]，マウスおよびラット胚では，"2-cell block"への影響はグルコースよりも遥かに強烈である．AKRマウス胚を用いたわれわれの成績[36]ではWM培地のグルコース濃度を5.5mMから0.5mMに下げても，その効果は微々たるものであったが，さらにリン酸を除去したときの効果は眼を見張るものがあり，4細胞期以降への発生率を3％から一挙に92％にまで高めた（図47B）．これらの胚の胚盤胞への発生率は約42％とやや低値であったが，胚盤胞の移植により正常個体への発生も確かめられた[43]．興味深い点は，培地中のリン酸塩（実際にはKH$_2$PO$_4$）の存在によって，細胞周期の制御因子MPF（M-phase promoting factor，またはmaturation promoting factorともいう）のサブユニットであるcdc2キナーゼのリン酸化が影響を受けることである．すなわち，リン

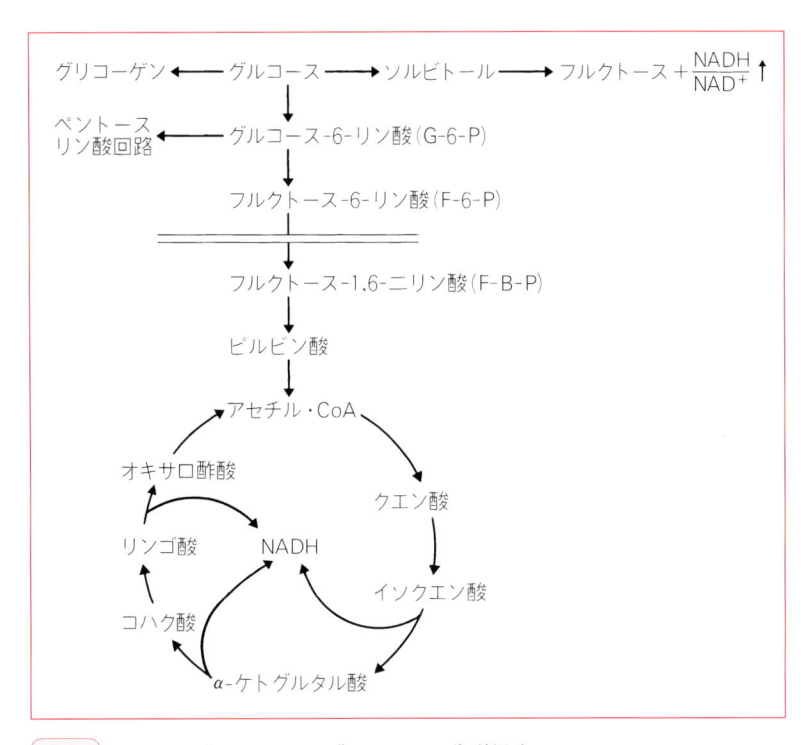

図48 マウス初期胚におけるグルコースの代謝経路

F-6-PとF-B-Pとの間の二重線は桑実胚より前の胚では解糖系がホスホフルクトキナーゼ(PFK)のレベルで阻止されていることを示す．
〔Moleyら, Biol Reprod (1996)[40]による〕

酸塩の存在下では胚のcdc2分子はリン酸化された不活性型にとどまっているが，リン酸塩除去培地ではcdc2分子は脱リン酸化されて活性型に転換し，実際にMPF活性が高まって細胞周期は2細胞期のG2期から脱出してM期へ進み，さらに4細胞期以降へ発生することが見い出された．"2-cell block"を起こしている胚でMPFが不活性の状態に止まっていることは，すでにAokiら[44]によって報告されているが，そのリン酸化状態と培地中のリン酸塩との関係が明らかになり，発生停止の分子機構を細胞周期の面から解析する道が開かれた．ただし，この実験系では，わずか1μMの低い濃度のリン酸塩で有意の抑制が現れ，その抑制効果は1mMまで用量依存的に増加する．一方，マウス卵管内における胚の微小環境中のリン(P)の濃度は，Robleroら[45]の元素分析によれば，1細胞胚および2細胞胚が存在する部位である膨大部と峡部でそれぞれ約3.9mMおよび8.5mMであり，また，Barbehennら[46]によるマウス胚内の無機リン濃度の測定結果では，2細胞期から桑実胚まで，約5.6〜6.6mMのレベルを維持している．これらの数値に比べて，培養条件下で発生阻止を起こすリン酸塩の濃度はけた違いに低い．ちなみに，0.35mMのリン酸塩を含むkSOM内でのAKR胚の発生率は，グルコース濃度を0.5mMに下げ，リン酸塩を除いた修正WM培地内の成績とくらべ遜色ない（未発表データ）．ある特定の成分の効果は，他の成分とのバランスの上に現れることを示唆しており，今後の幅広い解析が待たれる．

4）アミノ酸

マウス初期胚の培養は1950年代の先駆的研究から無血清の条件で検討されてきたが，培地はほぼ例外なく血清アルブミンを含んでいた(表20)．通常はウシ血清アルブミンが用いられるが（ヒト胚の場合はヒト血清アルブミン），製品によってその純度は変動しやすく，研究者にとって悩みの種の一つであった．とくに，血清中のさまざまな成分を吸着しているために，成長因子などの微量成分に関する精密な実験を行う場合の障害ともなっていた．再現性の高い，無血清・無タンパク培地の開発が望まれていた．

最近，Biggersら[47]は，kSOMを基本として，その血清アルブミンをアミノ酸と水溶性ポリビニールアルコール（PVA）に置き換えた無タンパク培地，KSOMpva/aaを開発した．そのアミノ酸組成を表21に示す．すでにkSOMに1mMの濃度で含

表21　初期胚発生培地に添加するアミノ酸組成

アミノ酸	kSOMaa	G1	G2
アラニン	0.05	0.10	0.10
アルギニン	0.30	-	0.10
アスパラギン	0.05	0.10	0.10
アスパラギン酸	0.05	0.10	0.10
シスチン	0.05	0.10	0.10
グルタミン酸	0.05	0.10	0.10
グリシン	0.05	0.10	0.10
ヒスチジン	0.10	-	0.20
イソロイシン	0.20	-	0.40
ロイシン	0.20	-	0.40
リジン	0.20	-	0.40
メチオニン	0.05	-	0.10
フェニルアラニン	0.10	-	0.20
プロリン	0.05	0.10	0.10
セリン	0.05	0.10	0.10
スレオニン	0.2	-	0.40
トリプトファン	0.025	-	0.05
チロシン	0.1	-	0.20
バリン	0.2	-	0.40
文献番号	47	13	13

（単位：mM）

まれていたグルタミンに加えて，さらに合計19種類の必須および非必須アミノ酸がリストアップされている．その処方はEagle[48]によって体細胞の培養のために作られた最小必須培地（minimum essential medium, MEM）に従っているが，濃度は原法の1/2にしている．半分に減じても胚盤胞への発生率に差が見られないこと，および原法の濃度ではすべての成分を溶解させるのが困難なためである．一方，Lane & Gardner[49]は，マウス胚の発生と生存性に及ぼすアミノ酸の効果を詳細に分析し，Eagleの非必須アミノ酸およびグルタミンは8細胞期までの3回の細胞周期に対して促進的に働くが，グルタミン以外の必須アミノ酸は全く効果がないことを示した．対照的に，8細胞期以降の発生について，非必須アミノ酸およびグルタミンは卵割を促進しないが胚盤胞の形成とハッチングを促すこと，および必須アミノ酸は卵割速度を増加させ，内部細胞塊の発達を刺激することを報告している．さらに，8細胞期以降，必須アミノ酸の存在下で発生した胚盤胞は移植後の胎子への発生率が高いことも報じている．これらの知見は，彼らが開発したヒト胚の発生用培地であるG1/G2(表20, 21)の基礎となっている．すなわち，両者を通してグルタミンを1mMの濃度に含み，さらにG1には非必須アミノ酸だけが，またG2には必須，非必須のすべてのアミノ酸がEagleの原法通りの濃度で加えられている．ただし，G1/G2培地は無タンパク培地ではなく，ヒト血清アルブミンを2mg/mlの濃度に含む処方になっている．

初期胚の発生におけるアミノ酸の役割については，アミノ酸を含まない第一世代培地で1細胞期から胚盤胞までの発生が曲がりなりにも可能であり移植後も胎子へ発生し得ることから，初期胚発生に必須のものではなく何らかの調節的役割が想定されている．エネルギー代謝の調節，細胞内の浸透圧あるいはpHの調節などが候補として検討されている．とくに，卵管液内に非常に高い濃度で検出されるグリシン[50]とタウリン[51]については，"organic osmolyte"としての役割が重視されている．これらのアミノ酸は，それぞれ，初期胚に発現しているGlyトランスポーターおよびβトランスポーターによって胚の細胞内に輸送され，浸透圧保護作用を発揮すると考えられている．グルタミンについても，同様の作用機序が想定されている[52]．

5）成長因子と接着分子

　種々の成長因子が胚の発生調節に関与している可能性は，RT-PCR法によって着床前胚における成長因子とそのレセプター遺伝子の発現が検出できるようになって以来[53]，活発な研究領域となった．初期胚が成長因子を生産してオートクリンあるいはパラクリン的に自身の発生を制御していることは，比較的少量の培地のなかで胚を集団で培養することで発生率が高まることから示唆されていたが，実際，Paria & Dey[54]は2細胞期マウス胚を用いて，この可能性を実証した．すなわち単独で培養された胚の低い発生率は，培地へのEGFあるいはTGF-αまたはTGF-βの添加により有意に上昇することが示された．その後，インスリンおよびインスリン様成長因子（IGF-I，IGF-II）についても，卵割の促進，内部細胞塊の細胞増殖の促進，および胚盤胞へのグルコースの取りこみの促進などの効果が示されるに至った[55][56]．これらの作用回路を図49に示す．IGF-IIについては，栄養外胚葉で作られ，同じ胚の栄養外胚葉細胞の2型/M6P受容体を介するオートクリン経路による刺激が想定されている[57]．一方，TGF-αについては，内部細胞塊で生産されて栄養外胚葉に作用するパラクリン的経路が重視されている[58]．また，TGF-βスーパーファミリーに属するアクチビンについては，Luら[59]によって，マウス胚の"2-cell block"を解除する働きがあることが報じられた．アクチビンの発生促進効果はウシ胚でも観察されている[60]．対照的に，TNF-αは，p60 TNF-αレセプターを介して細胞増殖と胚盤胞形成に対して抑制的に作用すると報告されている[61]．

　着床前胚の発生に必要な接着分子としては，E-カドヘリンが挙げられる．このカルシウム依存性の膜貫通型接着分子の重要性は，抗体によるコンパクションの阻害効果から推定されていたが，実際，遺伝子ターゲッティングによるE-カドヘリン欠損胚では，細胞間接着が破綻し，胚盤胞の形成に至らずに死滅することが明らかになった[62][63]．E-カドヘリンのmRNAおよびタンパク質の合成は，コンパクションに先だって4細胞期から始まっている．一方，インテグリン・ファミリーのなかのβ1欠損胚では内部細胞塊の形成が障害され，着床期に死亡することも報告されている[64][65]．内部細胞塊の形成不全による胚致死は，EGFレセプター欠損胚でも観察されているが，この場合には遺伝的背景によって表現型が異なるようである[66]．

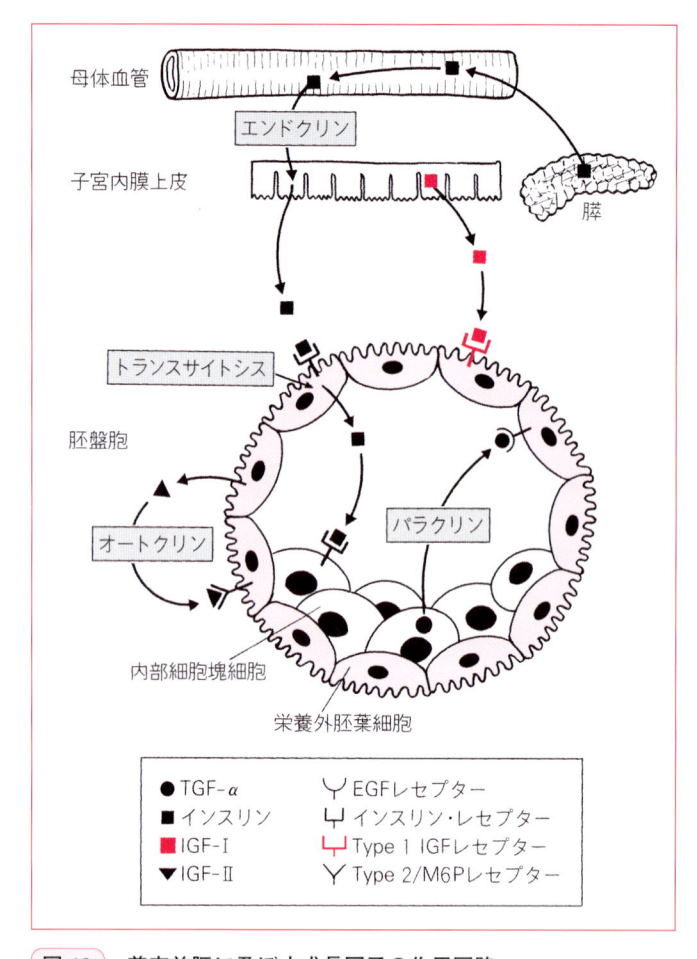

図49 着床前胚に及ぼす成長因子の作用回路
〔Kaye PL : Rev Reprod (1997)[57] により一部改変引用〕

2　培養条件と遺伝子発現

　最近，Dohertyら[67]は，WM培地およびkSOMaa培地（アミノ酸を補充したkSOM，アミノ酸組成については表21参照）で2細胞期から胚盤胞まで培養されたマウス胚におけるインプリント遺伝子の発現を比較し，元来，母方由来の対立遺伝子だけが特異的に発現するようにインプリントされているはずの*H19*遺伝子が，WM培地内で発生した胚では常軌を逸して父方由来のものまで発現していることを見い出した．さらに，その遺伝子上流の制御領域もWM培地内で発生した胚では低メチル化されていた．一方，kSOMaa培地地内で発生した胚では，そのような異常は見られずに，生体内で発生した胚にほぼ一致する発現様式を示した．この結果は，初期胚発生の環境が遺伝子発現のエピジェネテックな制御に影響を与えることを示しており，きわめて興味深い．

初期胚の培養条件と遺伝子発現との関係は，基礎的興味に止まらず，実用的見地からも重視される研究課題である．とくに，近年，ウシの体外生産胚(in vitro produced embryo)に由来する産子がしばしば異常に大きくなり，流産，難産および出生後の高い死亡率を伴う，いわゆる過大子症候群（Large calf syndrome）[68]との関連において注目されている．この症候群には培地中の血清成分の関与が疑われているが，実際，Wrenzyckiら[69]によると，血清添加培地と無タンパク培地（ポリビニールアルコールを含む）で発生させたウシ胚ではmRNA量に違いが見られ，polyAポリメラーゼ，グルコース・トランスポーター1（Glut‑1），およびインターフェロン・タウの遺伝子発現は無タンパク培地内の胚で有意に高く，一方，熱ショック蛋白（Hsp70.1）のそれは血清添加培地で有意に亢進していた．また，Blondinら[70]は，体外生産胚由来のウシ胎子では，肝臓におけるIGF‑II mRNAレベルが体内発生胚に比べて約2倍に上昇していると報じている．しかし，体外生産胚由来のウシ周産期胎子および新生子について，特に深刻な異常は見られなかったとの報告もある[71]．この問題は，原因（胚の体外生産）と結果（周産期の異常）が時間的に離れていて介在する因子が数多く想定されること，および適当な実験動物モデルが存在しないことなどのために，因果関係の解析が困難であるが，クローン動物作製などの胚工学の実用化に当たって避けて通れない課題である．少なくとも，体外培養の条件下で起る現象の解析に当たって，体内の条件から逸脱していないかどうか，常に慎重に検討する必要があることを暗示している．

3　胚ゲノムの活性化

　胚の発生は，受精によって開始するが，受精卵の遺伝子が直ちに転写されて発生を制御するわけではない．発生の最初の過程は，必然的に卵子内に蓄えられていた母性遺伝子産物の働きに依存している．しかし，発生初期のある時期を境として，母親由来のmRNAおよびタンパク質は分解されて消失し，代わって胚自身のゲノムから転写された遺伝情報によって胚の発生がコントロールされるようになる．この変化は，"maternal to zygotic transition"（MZT）と呼ばれ，発生の開始を制御する重要事象として多くの研究者の興味を引いてきたが，最近はそれに加えて，体細胞クローン個体作出の基礎となる移植核のリプログラミング機構との関連で一層広範囲の関心を引くに至っている．

　従来からこの現象が詳しく調べられているアフリカツメガエル（*Xenopus*）およびショウジョウバエ（*Drosophila*）では，それぞれ最初の12回および14回の卵割は，M期とS期のみで構成される同調性の高い細胞周期の繰り返しで進行し，この間，胚ゲノムからの転写は起こらないことが知られている．胚はただひたすら単細胞から多細胞への変換に専念し，その後にMZTによって細胞の分化と形態形成を誘導する胚ゲノムからの転写が始まる．*Xenopus*では，この時期は胞胚期の中頃に相当し，細胞周期が非同調性になり，細胞が運動性を示すようになるなどの形態的変化から"mid‑blastula transition"と呼ばれる時期に一致している．

ある一定回数の卵割の後にMZTが生じる機構についてはNewport & Kirschner[72]によって滴定モデル(titration model)が提唱されている．この魅力的な仮説によれば，*Xenopus*の卵細胞質内にはDNAに結合して転写を非特異的に抑制するサプレッサーが蓄えられているが，卵割の進行に伴って細胞数が増加し，胚のDNA総量が限界に達すると，サプレッサーはすべて滴定し尽くされ，抑制が解除されて転写が可能になるという．同様の考えは，*Drosophila*についても提唱されているが，この場合には，細胞周期を駆動する分子であるMPFの活性化因子，STRING（cdc25フォスファターゼ）が底をつくためであるという[73]．

一方，哺乳類の場合には，かなり趣を異にする．まず，胚自身の遺伝子の転写が非常に早い時期から起こる．マウスでは1細胞期，すなわち前核期のS期を過ぎた頃から，すでに一部の遺伝子の転写が始まる[74,75]．その後，2細胞期になると，きわめて短いG1期に少数の遺伝子が，さらに後半を占める長いG2期には多くの遺伝子が転写される．したがって，この変化は，MZTよりもむしろ「胚ゲノムの活性化」(embryonic genome activation, EGA)と呼ぶ方が実態に即しており，実際に，マウスではこの表現が多く用いられている．齧歯類以外の動物ではEGAの開始はもっと遅く，たとえばブタでは4細胞期[76]，ウシ，ヒツジ，ウサギでは8～16細胞期に起こるが，これらの動物の胚でも，一部の遺伝子の転写はEGA以前に開始していることを示唆する結果が得られている[77]．

哺乳類の胚でゲノムの活性化が早く起こるのは，発生の当初からエネルギー源の供給を必要とするなど，母体内の環境への依存度を強めたことと密接に関係しているように思われる．マウス胚においてEGAは1細胞期および2細胞期の初期に始まっているが，その主要な部分は2細胞期の後半に起こる．この時期になってはじめてエンハンサーによる制御が可能になり，遺伝子特異的な転写機構が備わると考えられている．われわれが，前核期でマイクロインジェクションされたメタロチオネイン・プロモーターの活性をLacZの発現を指標として検討した結果でも，この外来遺伝子の転写はすでに1細胞期で始まっているものの，亜鉛およびEDTAによる誘導は，2細胞期の後期以降になって初めて観察されるという結果を得た[78]．

EGAと"2-cell block"との関係は，いまだ明確にされていない．Christiansら[79]によると，環境の変化に対応して，ストレス-誘導遺伝子のトランスアクチベーターとして働く熱ショック因子-1タンパク(HSP-1)の遺伝子を欠損させたマウス(*Hsf 1 -/-*)では，正常に排卵し，受精するにもかかわらず，受精卵はほとんどが1細胞期に止まり発生しない．このとき，精子は野生型個体(*Hsf 1 +/+*)由来であっても結果は同じで，受精卵を救済できない．しかし，1細胞期から転写が始まる*Hsp 70.1*遺伝子の活性は，ホモ欠損マウス(*Hsf 1 -/-*)由来の受精卵でも認められるので，EGAとHSP-1との間に直接の関係はないという．また，Tongら[80]は，卵母細胞に特異的に発現する遺伝子(*Mater*)が，2細胞期を越えてマウス胚を発生させるために必須の母性遺伝子であることを報告している．この遺伝子を欠いている卵子に由来する2細胞胚では，対照よりも減少しているものの，EGAに依存する転写因子の合成が認められるので，この場合も*Mater*がEGAのすべてに必要

とは考えにくい．

　最近，Koら[81]は，マウス胚の着床前発生における遺伝子の発現パターンを解析するために大規模なcDNA解析を行い，未受精卵から胚盤胞までの各段階で合計9,718個の遺伝子の発現を認めた．そのなかの約75％は終始低い発現で経過したが，約22％の遺伝子は発生段階に特異的な一峯性発現（single-peak expression）を示した．図50に見られるように，卵子内に蓄えられていた母性mRNAの分解（1～4群）と，入れ替わるように現れる胚ゲノム由来のmRNA（第5群以下）の出現パターンが示されているが，それは2細胞期に一挙に現れるのではなく，各発生段階に特異的に発現する遺伝子が数多く存在することが明らかになった．また，そのほとんどは未知の遺伝子であった．今後，これらの遺伝子の機能が解明され，初期発生の遺伝子支配の全容が明らかになる日も，それほど遠くないかも知れない．

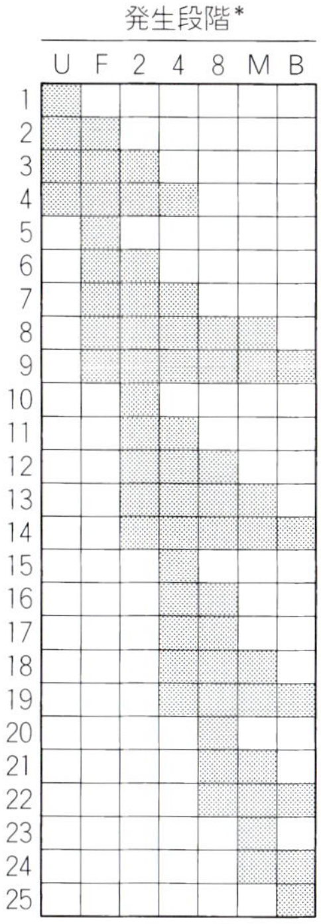

	発生段階*	発現遺伝子数		
	U F 2 4 8 M B	既知	未知	合計
1		23	268	291
2		7	24	31
3		2	9	11
4		0	2	2
5		45	198	243
6		4	8	12
7		3	1	4
8		1	1	2
9		3	4	7
10		35	247	282
11		3	8	11
12		0	1	1
13		0	1	1
14		8	1	9
15		42	206	248
16		7	6	13
17		0	3	3
18		1	2	3
19		6	0	6
20		59	288	347
21		7	18	25
22		7	7	14
23		49	338	387
24		12	0	12
25		110	51	161

図50 マウス胚の着床前発生における遺伝子の発現パターン
＊U：未受精卵，F：受精卵（1細胞期）
2，4，8：2，4，8細胞胚
M：桑実胚，B：胚盤胞
〔MSH Koら：Development（2000）[81]による〕

おわりに

　胚の発生調節機構について，きわめて片寄った論点のみではあるが，筆者らの成績を中心に概観した．哺乳類のように体内で発生が進行する動物では，その胚を体外に移して発生調節機構を解析することが必須であるが，体外の環境によって胚の表現型が影響を受けることは避けられない．したがって，胚培養の環境が改善されるたびに解析結果を検討し直す，"version-up"が常に求められるように思われる．しかし，in vitroは所詮in vitroであって，in vivoにはなり得ないとすると，量子力学における不確定性原理にも似た課題が根底に横たわっているようにも思われる．

文　　献

1) Hogan B et al：in Manipulating the Mouse Embryos, Second Edition (Cold Spring Harbor Laboratory Press, 1994). (山内一也ほか訳，マウス胚の操作マニュアル，第二版，近代出版，東京，1997)
2) 豊田　裕：モダンメデア **36**, 168 (1990).
3) Whitten WK：Nature **177**, 96 (1956).
4) Brinster RL：Exp Cell Res **32**, 205 (1963).

5) Whitten WK : Adv Biosci **6**, 129 (1971).
6) Whittingham DG : J Reprod Fert **14** (Supple), 7 (1971).
7) Brinster RL : in Pathways to Conception (Sherman AI ed), 247 (Thomas CC, Springfield, IL, 1971).
8) 豊田 裕ら：家畜繁殖誌 **16**, 147 (1971).
9) Chatot CL et al : J Reprod Fert **86**, 679 (1989).
10) Lawitts JA & Biggers JD : Methods in Enzymology **225**, 153 (1993).
11) Tervit HR et al : J Reprod Fert **30**, 493 (1972).
12) Quinn P : Fertil Steril **44**, 493 (1985).
13) Gardner DK & Lane M : Hum Reprod Update **3**, 367 (1997).
14) Whitten WK : Nature **179**, 1087 (1957).
15) Brinster RL : J Reprod Fert **10**, 227 (1965).
16) Biggers JD et al : Proc Natl Acad Sci USA **58**, 560 (1967).
17) Barbehenn EK et al : Proc Natl Acad Sci USA **71**, 1056 (1974).
18) Whittingham GD : J exp Zool **169**, 391 (1968).
19) Whitten WK & Biggers JD : J Reprod Fert **17**, 399 (1968).
20) Whittingham DG : Nature **220**, 592 (1968).
21) Abrumczuk J et al : Dev Biol **61**, 378 (1977).
22) 星 雅樹, 豊田 裕：日畜会報 **56**, 931 (1985).
23) Suzuki H & Toyoda Y : J Mamm Ova Res **3**, 78 (1986).
24) Toyoda Y et al : in Development of preimplantation embryos and their environment (eds Yoshinaga K, Mori T), 171 (Alan R Liss Inc, New York, 1989).
25) DK Gardner et al : Mol Reprod Dev **57**, 256 (2000).
26) Nasr-Esfahani MM & Johnson MH : Development **109**, 501 (1990).
27) Noda Y et al : Mol Reprod Dev **28**, 356 (1991).
28) Christians E et al : Development **121**, 113 (1995).
29) Toyoda Y et al : J Mamm Ova Res **9**, 180 (1992).
30) Liu L et al : Biol Reprod **62**, 1745 (2000).
31) Nagao Y et al : J Reprod Dev. **44**, 129 (1998).
32) Toyoda Y & Chang MC : J Reprod Fert **36**, 9 (1974).
33) Yanagimachi R & Chang MC : Nature **200**, 281 (1963).
34) Schini SA & Bavister BD : Biol Reprod **39**, 1183 (1988).
35) Miyoshi K et al : J Reprod Fert **100**, 21 (1994).
36) Haraguchi S et al : Biol Reprod **55**, 598 (1996).
37) Quinn P : J Assist Reprod Genet **12**, 97 (1995).
38) Petters RM & Wells KD : J Reprod Fert **48** (Supple), 61 (1993).
39) Seshagiri PB & Bavister BD : Mol Reprod Dev **30**, 105 (1991).
40) Moley KH et al : Biol Reprod **54**, 1209 (1996).
41) Khurana NK & Niemann H : Biol Reprod **62**, 847 (2000).
42) Koobs DH : Science **178**, 127 (1972).
43) Haraguchi S et al : J Reprod Dev **42**, 273 (1996).
44) Aoki F et al : Dev Biol **154**, 66 (1992).
45) Roblero L et al : J Reprod Fert **46**, 431 (1976).
46) Barbehenn EK et al : J Embryol exp Morph **43**, 29 (1978).
47) Biggers JD et al : Biol Reprod **63**, 281 (2000).
48) Eagle H : Science **130**, 432 (1959).
49) Lane M & Gardner DK : J Reprod Fert **109**, 153 (1997).
50) Dawson KM et al : Biol Reprod **59**, 225 (1998).
51) Dumoulin JCM et al : Biol Reprod **56**, 739 (1997).
52) Lawitts JA & Biggers JD : Mol Reprod Dev **31**, 189 (1992).
53) Rappolee DA et al : Science **241**, 1823 (1988).
54) Paria BC & Dey SK : Proc Natl Acad Sci USA **87**, 4756 (1990).
55) Gardner HG & Kaye PL : Reprod Fertil Dev **3**, 457 (1991).
56) Pantaleon M & Kaye PL : Mol Reprod Dev **44**, 71 (1996).
57) Kaye PL : Rev Reprod **2**, 121 (1997).
58) Dardik A & Schultz RM : Development **113**, 919 (1991).
59) Lu RZ et al : Jpn J Anim Reprod **36**, 127 (1990).
60) Yoshioka K et al : J Reprod Fert **118**, 119 (2000).
61) Pampfer S et al : Endocrinology **134**, 206 (1994).
62) Larue L et al : Proc Natl Acad Sci USA **91**, 8263 (1994).
63) Riethmacher D et al : Proc Natl Acad Sci USA **92**, 855 (1995).
64) Stephens LE et al : Genes Dev **9**, 1883 (1995).
65) Fässler R & Meyer M : Genes Dev **9**, 1896 (1995).
66) Threadgill DW et al : Science **269**, 230 (1995).
67) Doherty AS et al : Biol Reprod **62**, 1526 (2000).
68) Walker SK et al : Theriogenology **45**, 119 (1996).
69) Wrenzycki C et al : Mol Reprod Dev **53**, 8 (1999).
70) Blondin P et al : Biol Reprod **62**, 384 (2000).
71) Sangild PT et al : Biol Reprod **62**, 1495 (2000).
72) Newport J & Kirschner M : Cell **30**, 687 (1982).
73) Edgar BA & Lehner CF : Science **274**, 1646 (1996).
74) Matsumoto K : J Mamm Ova Res **12**, 65 (1995).
75) Latham KE : Intern Rev Cytol **193**, 71 (1999).
76) Anderson JE et al : Biol Reprod **61**, 1460 (1999).
77) Chandolia RK et al : Biol Reprod **61**, 1644 (1999).
78) Takeda S et al : J Reprod Dev **43**, 321 (1997).
79) Christians E et al : Nature **407**, 693 (2000).
80) Tong ZB et al : Nat Genet **26**, 267 (2000).
81) Ko MSH et al : Development **127**, 1737 (2000).

〔豊田 裕〕

内分泌攪乱物質の生殖細胞・胚への影響

はじめに

　二十世紀の科学文明は，人類に繁栄をもたらすと同時に，地球環境の汚染という大きな問題を生じた．ダイオキシンやビスフェノールAなどの化学物質のいくつかは内分泌攪乱物質（環境ホルモンとも呼ばれる）として，野生動物の生殖異変を引き起こしているとされる[1]．これらの内分泌攪乱物質は，毒性作用とは別に低用量における働き（low dose effect）を有するとされ[2]，とくに生殖機能への影響が注目されはじめている．近年ダイオキシン類はダイオキシンレセプターを，その他の多くの内分泌攪乱化学物質はエストロゲンレセプターα（ERα）またはβ（ERβ）を通じ，細胞組織に作用することが明らかになってきた[3]．ここで取り上げる生殖細胞・初期胚は発生の最初の段階で，ヒトの生殖医療では操作の対象となる．この時期の胚にも上記レセプターも発現することが知られ，内分泌攪乱物質の直接的作用も懸念される．ここでは内分泌攪乱物質の生殖細胞・胚への影響について，最新の研究成果を含めて解説する．

1　ヒト卵胞液（卵子）への汚染

　内分泌攪乱化学物質のヒトへの汚染は生殖器官にも及ぶことが推察される．卵巣・卵子，精巣・精子への汚染の有無あるいは程度を知る必要がある．Jarrellらは，カナダの3つの都市で得られた体外受精時の卵胞液中ポリ塩化ビフェニール（PCB）などの濃度を測定し，受精率や妊娠予後との関連を検討した[4]．PCBは電気製品，熱媒体として用いられたが，現在生産中止となっているが，いまだに環境中から検出されている内分泌攪乱物質の一つである．血液中と同様に卵胞液中にもPCBは検出されたが，そのレベルは低くその濃度と受精率との相関を認めなかった．また，地域による汚染レベルの差は確認されたが体外受精の成績には影響を認めなかった．この成績からは内分泌攪乱物質は卵胞液をも汚染するが，現状では卵のクオリティーなどに影響を与えるには至っていないと考えられる．

　われわれは環境研究所と共同で，体外受精患者のインフォームドコンセントのもとにヒト卵胞液中のダイオキシンの検出を試みた[5]．ガスクロマトグラフィーマススペクトロメトリー（GC/MS）法により，polychlorinated dibenzodioxin（PCDD）およびpolychlorinated dibenzofuran（PCDF）がすべての検体から検出され，卵胞液中に約1 pg/ml（0.01pgTEQ/ml）存在することが明らかになった．血中濃度よりは低いが，生殖器官への汚染言い換えれば，卵子自身が汚染の対象となっていることが示された．

ビスフェノールA（BPA）は，ポリカーボネイト樹脂・エポキシ樹脂等の原料として現在も広く用いられている．カップラーメンの容器，缶コーヒーや哺乳ビンなどから相当量が溶出する．BPA濃度の測定については，河川水などの環境試料ではGC/MS法による測定が行われ，その検出頻度が高いことが明らかになった．生体試料による検討はなされていなかったが，最近ELISA法による比較的容易な測定法が開発された[6]．これらは試料にアセトニトリルを加え除蛋白し，固相抽出後に濃縮，抗BPAモノクローナル抗体固相化イムノプレートを用いた競合ELISA法である．体外受精の卵胞液中のBPA濃度を測定すると，BPAはすべての検体から検出され，2.01±0.33（1.60～2.50）ng/ml存在した．血液中にも同程度のBPAが検出されたが，卵胞液中と血中濃度の間には明らかな相関は認められなかった．また，卵胞液中BPA濃度IVFのパラメーター間にも相関は認められなかった．

ヒト卵胞液中にダイオキシンやBPAが検出されることは，内分泌攪乱物質の汚染が生殖器官におよぶことを示す．この汚染が不妊症や具体的なヒトの疾患と結びつくレベルとは考えにくいが，リスクの評価は必要になる．次にわれわれの用いている初期胚発育モデルとその成績を示す．

2　内分泌攪乱物質と着床前初期胚

1　着床前初期胚

われわれは生殖医療の一環として受精卵（着床前初期胚）の培養を行う．これはin vitroであるが，胚移植によりin vivoに戻る．着床前初期胚の体外培養はin vitroでin vivoを再現するという意味もある．また，胚発育は一般的に外因性物質の影響を受けやすく，培養系への物質添加によりその物質が胚発育へ与える作用も検討される[7]．われわれは内分泌攪乱物質の影響を胚発育を指標として評価を試みている．具体的には，マウス2細胞期胚を用いて検討を行っている．マウスの場合，排卵誘発剤（PMS・hCG）を用いた過排卵処置を施すと，同じ発育段階にある受精卵を多数個（一匹当たり20～30胚）を得ることができる利点もある．そこで過排卵処置マウスを交配後，2細胞期胚を卵管より回収して実験に供する．胚は95％空気，5％CO_2，37℃のもとで，各種環境ホルモンを各種濃度添加した培養液中で発育させ，24時間後の8細胞期胚，48時間後の胚盤胞形成率を得る．また，胚盤胞に達したものについては，核染色を施したうえで構成する細胞数を算定するなどのパラメーターも採用できる．さらに，胚を仮親の子宮に移植し着床率や出生率などを調べることも可能である．

2　ダイオキシンの影響

ダイオキシンの影響を実験する際には最も毒性の高い2,3,7,8-tetrachlorodibenzo-p-dioxin（TCDD）を用いる．TCDDを1～5pM添加したとき，2細胞期の8細胞期への発育率は有意に抑制された[5]．この作用は10～100pMでは検出されなかった．これより

TCDDは低濃度では胚発育に抑制的に作用することが示された．ところが，2細胞期胚から胚盤胞への発育率では1～5 pMで観察された抑制効果は認められない．そこで，8細胞期胚の胚盤胞への発育率を見ると，TCDDは胚盤胞形成に促進的に作用した．これよりTCDDの胚発育に対する作用は，胚発育時期に特異的にかつ特定の濃度域で抑制的ないし促進的に作用することが示唆された．通常TCDDのin vitroにおける作用域はnMレベルであることから，胚のTCDD感受性は高いとも考えられる．

TCDDの胚発育への直接作用を胚盤胞の細胞数の面から検討した成績も興味深い．形態的にはTCDD添加により胚盤胞は対照群と同様でどちらも区別できかねたが，細胞数はTCDDの用量反応的に有意の増加を認めた．これよりダイオキシンは初期胚発育に直接作用をもつことが裏付けられ，少なくとも8細胞期以降の胚への低濃度での影響は単なる毒性ではなく，細胞の増殖や分化を促進することにあると考えられた．

3 ビスフェノールAの影響

BPAの添加では，2細胞期から8細胞期への胚広い濃度範囲（fMレベルから100 μM）にわたり発育率は大きな影響を受けなかった（図51の○）[8]．ところが2細胞期胚から胚盤胞への発育率では1～3 nMでは促進効果が観察され（図51の●），逆に100 μMでは有意に低下した．

BPAとエストロゲンのレセプターレベルの拮抗剤であるタモキシフェンの同時添加は，2細胞期から8細胞期への胚発育にはなんら影響を与えなかった（図52A）．ところが，興味深いことに胚盤胞発育率への，1～3 nMの促進効果および100 μMの抑制効果ともにエストロゲンのレセプターレベルの拮抗剤であるタモキシフェンの同時添加で，それぞれの効果がキャンセルされた（図52B）．

BPAの胚盤胞発育への用量反応性をみると，100 μMの高濃度における抑制作用と1～3 nMの低濃度域における促進作用に分けて考えることができる．高濃度における作用は，従来の毒性量による用量反応性のある部分と考えることができる．これに対して，1～3 nMの低濃度域については毒性量と異なり，用量反応性を認めず作用も毒性と逆反応であると判断できる．しかもこの濃度は，環境中に存在し，ヒトの血液や卵胞液で検出される濃度と大きな差異はない．これはvom Saalら[9]の報告に

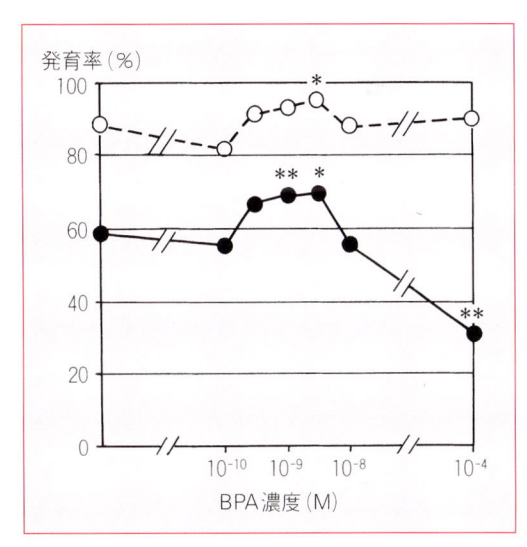

図51 ビスフェノールAの初期胚発育への影響
ビスフェノールA（BPA）を2細胞期胚培養系に添加して24時間の8細胞期胚の割合（○）および胚盤胞（●）の割合をみた．
＊と＊＊は，それぞれ対照と比較して$p<0.05$，$p<0.01$．

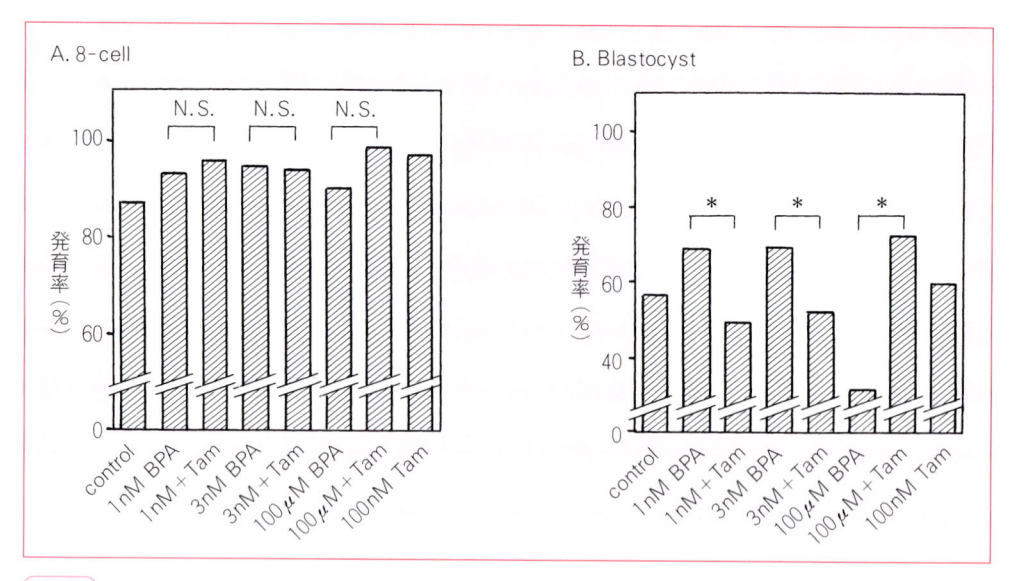

図52 ビスフェノールA作用のタモキシフェンによる抑制
ビスフェノールA（BPA）およびタモキシフェン（Tam）を2細胞期胚培養系に添加して24時間後の8細胞期胚の割合（A）および胚盤胞（B）の割合をみた．＊はp＜0.01．

あるBPAのlow dose effectと同様の作用が初期胚モデルで観察されたものと考察される．その場合，胚における内分泌攪乱物質の作用のメカニズムが注目される．

3 胚作用のメカニズム

　ダイオキシン類は先に述べたように，エストロゲンレセプターそのものに直接結合せず，特異的レセプターであるarylhydrocarbon receptor（Ahレセプター）を有する[10]．TCDDの細胞の増殖や分化を促進作用としては，胎児の口蓋部におけるものが知られている[11]．この作用は口蓋裂の発生に直接関与し，興味深いことに，ダイオキシンが胎盤を通過して，直接胎児自身のAhレセプター[12]に作用するためと考えられている．その根拠としては，AhレセプターのノックアウトマウスにおいてはTCDD投与によって口蓋裂が生じないことが明らかにされている[13]．

　この特異的Ahレセプターは初期胚にも検出され[14]，ダイオキシンの胚への作用はAhレセプター介することが示唆される（図53）．TCDDはepidermal growth factor（EGF）のレセプターをダウンレギュレートすることが知られており[15]，TCDDの胚発育への制御機構にはEGF作用を介している可能性もある．TCDDはEGF同様，マウス新生仔期に眼瞼開裂や歯牙の発育を促すことも報告されている[15]．

　BPAの場合，ERα，ERβのいずれにも結合し作用することが知られる．マウス初期胚には，ERα，ERβがともに発現していることはすでに報告した[16]．発現量は2細胞期以

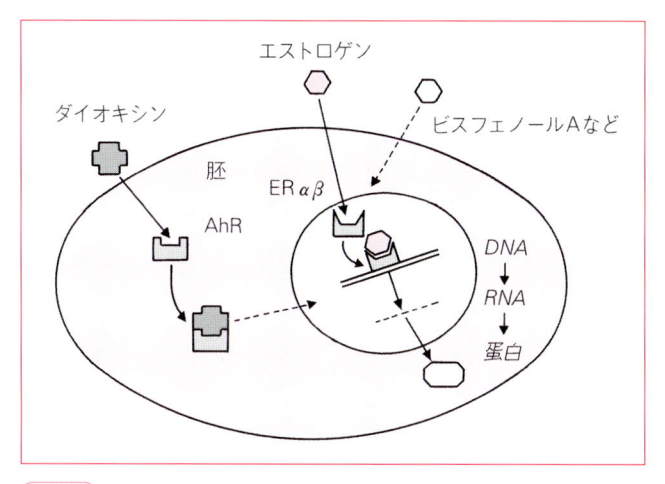

図53 内分泌攪乱物質の初期胚発育への影響
初期胚においてもエストロゲンレセプター（ERα，β），ダイオキシンレセプター（AhR）が発現し，レセプターを介した初期胚発育への影響が示唆される．

降減少し，ERαは8細胞期以降，ERβは桑実胚以降に再び発現し胚盤胞で増加する．これはERα，ERβともに2細胞期以前はマターナルのメッセージにより，発育に伴いいったん消失し，後に自己のゲノムの発現として認められ，ERα，ERβでは時期的に差異があると判断される[16]．

BPAの作用は初期胚に発現するERα，ERβを介するものと推測され，図52に示したようにエストロゲンレセプターの拮抗剤により作用が修飾を受ける実験成績もこれを支持すると考える．BPAのERα，ERβの作用特異性については，HeLa細胞にそれぞれを発現させBPA作用を検討した[17]．BPAはエストロゲンの非存在下では，ERα，ERβともにエストロゲン作用を示した．ところがERαについてはエストラジオール存在下では，抗エストロゲン作用を示した．この抗エストロゲン作用はERβでは検出されず，エストロゲン作用にサブタイプ特異性があることが示唆される．

4　内分泌攪乱物質の次世代影響

1　流死産・催奇形性

ダイオキシンを初めとした内分泌攪乱物質のほとんどは胎盤通過性を有する．したがって，流早産・死産や催奇形性が問題になる．実際，先に述べたように，各種妊娠動物におけるダイオキシン投与実験から，致死量よりはるかに低い量で生殖異常は惹起される．マウスではLD50値が100ないし200μg/kgとされるが，妊娠マウスへの500ng/kg/dayまたは3μg/kg/day（妊娠6〜15日投与）で，それぞれ胎仔に水腎症や口蓋裂が生ずる．口蓋裂には臨界期（妊娠11，12日）があり，妊娠14日目では生じないことが知られてい

た．これらの異常はダイオキシンが胎盤を通過して，直接胎児自身の局所のAhレセプターに作用するためと考えられている．その根拠としては，ダイオキシン以外でも，Ahレセプターと結合するジベンゾフランやコプラナーPCBでも引き起こされることが示された．さらに先に述べたように，Ahレセプターのノックアウトマウスにおいては，ダイオキシン投与によって上記異常が生じないことが報告されている[13]．

2 出生後の発育・性成熟

　内分泌撹乱物質は，高濃度における毒性作用とは別に環境中に存在するレベルの低用量における働きを有するとされる[2]．vom Saalらは微量のBPAを妊娠マウスに投与し，出生後の発育や性成熟を観察した．その結果，出生時の体重はBPA投与により変化しないが，生後3週における体重はBPA投与群で有意に増加すること，および雌における性成熟の促進効果を報告した[9]．これはBPAのlow dose effectが次世代において発現したと解釈される．

　われわれは着床前にBPAに被爆した胚を仮親の子宮に移植し，着床率，出生率さらに出生後の発育などを検索した[18]．その結果，BPAに被爆した胚の着床率や出生率には差異を見い出すことはできなかった（表22）．ところが，生後3週の体重には統計的に有意な増加がみられた．vom Saalらの妊娠マウス投与実験と同様な結果であるが，彼らの成績は妊娠中期以降である点で，われわれの着床前と異なる．いずれの時期の被爆でも，出生後すなわち後世代影響が同様な表現型として出現することが興味深い．

　これら実験成績と近年ヒトに見られる初経年齢の低下などの種々の生殖機能の変化との関連は不明であるが，一つの作業仮説として内分泌撹乱物質の関与も念頭において研究を進めるべきと考える．

3 雄性機能（精子形成）

　母体投与されたダイオキシンは，胎盤および母乳を介して胎仔，新生仔期に作用し出生後の性機能にも現れる．これは次世代における生殖機能という点でより重要である．精巣機能に関しては，Mablyらが妊娠15日のラットにダイオキシンを投与し，用量反応的に精子数の減少を報告した[19]．異常が現れた最小投与量は64ng/kgであった．Grayらはさら

表22　着床前のビスフェノールA被爆の出生後発育への影響

胚	リッターサイズ pups/litter	出生体重 (g)	離乳時体重 (g)	(n)
Control	4.3 ± 1.4	1.71 ± 0.23	9.7 ± 2.8	(34)
1 nM BPA	4.1 ± 1.3	1.74 ± 0.26	13.5 ± 1.6*	(29)
100 μM BPA	5.3 ± 2.2	1.77 ± 0.30	13.0 ± 1.6*	(32)

リッターサイズおよび出生時，離乳時（出生21日目）の平均（±SD）体重を示した．
＊はコントロールに比較して p＜0.001

に50 ng/kgでも精子の異常を認めた[20]．これらは，毒性量の1000分の1レベルで生殖異常が惹起されるということと同時に，昨今の人類の精子減少傾向にダイオキシン曝露が関係している可能性を示唆する．ただし，ヒトの精子数が減少傾向にあるか否かについては地域差やその他の要因との関連を含めた検討が必要とされている[21]．

4 雌性機能

雌性機能への影響としてはHeimlerらの報告がある[22]．彼らはダイオキシン1 μg/kgを妊娠15日のラットに投与し，雌仔ラットにおける発育卵胞数およびアポトーシスの変化を観察した．その結果，未熟，成熟のいずれの卵胞数においても減少が認められたが，アポトーシスには差異を認めなかった．また，Grayらは，さらに少量のダイオキシンで雌仔ラットの腟開口の遅延や卵巣機能の低下を報告している[23]．生後のゴナドトロピンレベルの低下を示すデータもある[24]．母獣投与によるこれらの成体投与実験による成績は，成体の生命を脅かすよりはるかに低いレベルのダイオキシンが，次世代の特に生殖機能への悪影響が存在することが示された．

おわりに

内分泌攪乱物質とヒトの疾患，生殖機能への影響などはいまだ不明な部分が多い．汚染の進行，蓄積は必ずや未来の人類に害をなすであろうことが予測される．生殖医療に携わる立場から，着床前初期胚発育を一つの実験モデルとして示したが，その次世代への影響も検討が進んでいる．これを含め様々な角度から問題の解明に取り組まなければならないと考える．

文献

1) Corborn T et al：Our stolen future. Penguin Book USA Inc, New York (1996).
2) Sheehan DM：Proc Soc Exp Biol Med **224**, 57 (2000).
3) Kuiper GG et al：Endocrinology **139**, 4252 (1998).
4) Jarrell JF et al：Can Med Assoc J **148**, 1321 (1993).
5) Tsutsumi O et al：Biochem Biophys Res Commun **250**, 498 (1998).
6) Kodaira T et al：Biomed Res **21**, 117 (2000).
7) Morita Y et al：Am J Obstet Gynecol **171**, 406 (1994).
8) Takai Y et al：Biochem Biophys Res Commun **270**, 918 (2000).
9) Howdeshell KL et al：Nature **401**, 763 (1999).
10) Sogawa K & Fujii-Kuriyama Y:J Biochem **122**, 1075 (1997).
11) Abbott BD & Birnbaum LS：Toxicol Appl Pharmacol **106**, 418 (1990).
12) Schmidt JV et al：J Biol Chem **268**, 22203 (1993).
13) Mimura J et al：Genes Cells **2**, 645 (1997).
14) Peters JM & Wiley LM：Toxicol Appl Phamacol **134**, 214 (1995).
15) Partanen AM et al：Lab Invest **78**, 1473 (1998).
16) Hiroi H et al：Endocrine J **46**, 153 (1999).
17) Hiroi H et al：Endocrine J **46**, 773 (1999).
18) Takai Y et al：Reprod Toxicol **15**, 71 (2001).
19) Mably TAS et al：Toxicol Appl Pharmacol **114**, 118 (1992).
20) Gray LE et al:Toxicol Appl Pharmacol **146**, 11 (1997).
21) Safe SH：Environ. Health Perspect **108**, 487 (2000).
22) Heimler I et al：Reprod Toxicol **12**, 69 (1998).
23) Gray LE et al:Toxicol Appl Pharmacol **146**, 237 (1997).
24) Chaffin CL et al：Biol Reprod **56**, 1498 (1997).

〔堤　治〕

第3部 子宮内膜・着床・免疫

PART 3 / Endometrium・Implantation・Immunity

1 子宮内膜機能の局所調節

はじめに

　子宮内膜は，月経期，増殖期，分泌期とダイナミックな変化を遂げる．このような子宮内膜の周期的な増殖と分化の過程は，主に卵巣性ステロイドホルモンにより巧妙に調節されている．しかし最近の研究により，図54のように卵巣から分泌される性ステロイドホルモンを介した内分泌系調節と，子宮内膜内でのパラクラインやオートクライン作用などの局所調節との2つの制御を受けていることが明らかとなってきた．さらに子宮内での局所調節には，胚・胎盤，子宮内膜細胞（腺上皮細胞・間質細胞）および免疫担当細胞の3つの要素による相互作用があり，子宮内膜の生理機能が維持されていると想定される．

　本稿では増殖因子，サイトカインなどの子宮内膜関連因子について概説し，さらに内分泌系による局所因子調節の例として，最近われわれが明らかとした子宮内膜でのインターロイキン（interleukin：IL）-15について，その性ステロイドホルモンによる産生・分泌調節機構を述べる．

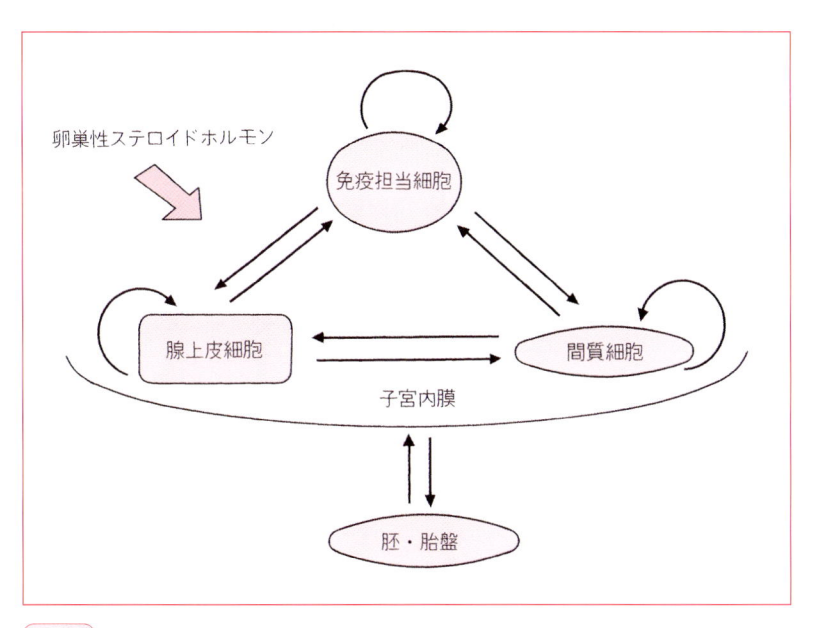

図54 子宮内膜における局所因子による相互調節作用

III 子宮内膜・着床・免疫

1 子宮内膜局所調節因子

1 増殖因子

　増殖因子である，上皮増殖因子（epidermal growth factor：EGF），インスリン様増殖因子（insulin-like growth factor：IGF），血小板由来増殖因子（platelet derived growth factor：PDGF），肝細胞増殖因子（hepatocyte growth factor：HGF），トランスフォーミング増殖因子（transforming growth factor：TGF）-β，血管内皮増殖因子（vascular endothelial growth factor：VEGF）などが子宮内膜に存在することが確認されており[1)2)]，子宮内膜の生理機能に関与することが報告されている（表23）[3)]．

　エストロゲンにより子宮内膜増殖は誘導されるが，この作用の一部はEGFを介していると考えられている．子宮内膜でのEGF受容体の発現量は，増殖期前期から漸増し，増殖期後期に急増して，分泌期で急激な低下がみられる[4)]．このことはEGFが子宮内膜細胞の増殖に関与していることを強く示唆している．

　マウスでは着床期胚でのEGF受容体の存在，並びに無血清培地での胚培養系へのEGF添加での胚発育の促進作用などが知られている．EGFレセプターの欠損マウスでは着床前の死亡や着床後の胚の死亡も報告され[5)6)]，EGFの重要性は動物実験成績からも強く示唆される．

　IGFやPDGFなどは，培養子宮内膜間質細胞の増殖促進作用を認め[7)]，EGFと同じく増殖期子宮内膜でオートクラインまたはパラクラインに働く重要な増殖因子と考えられる．

　HGFは，培養実験から子宮内膜の腺上皮細胞の増殖を促すことが示唆されている．また血中のHGF値は，増殖期では低値を示しているが，分泌期中後期で高値となる．さらに

表23　子宮内膜における増殖因子やサイトカインとその機能

機　能	サイトカインや増殖因子
内膜の増殖/分化の制御	IL-1, IL-6, TNF-α, M-CSF, G-CSF, IFN-γ, TGF-β, EGF, IGF-I, IGF-II, PDGF
細胞接着因子/細胞外マトリックスの誘導	TGF-β, IFN-γ, IL-1, TNF-α
免疫細胞浸潤/走化	IL-1, TNF-α, IFN-γ, TGF-β
免疫細胞増殖/活性化	IL-1, IL-6, IL-15, M-CSF, G-CSF, LIF, SCF
免疫細胞機能抑制	TGF-β
胚/胎盤の増殖/分化	IL-4, IL-6, M-CSF, GM-CSF, LIF, SCF, TGF-β, IGF-II, HGF

　IL：インターロイキン，TNF：腫瘍壊死因子，M-CSF：マクロファージコロニー刺激因子，G-CSF：顆粒球コロニー刺激因子，IFN：インターフェロン，TGF：トランスフォーミング増殖因子，LIF：白血病抑制因子，SCF：幹細胞因子，GM-CSF：顆粒球マクロファージコロニー刺激因子，EGF：上皮増殖因子，IGF：インスリン様増殖因子，PDGF：血小板由来増殖因子，HGF：肝細胞増殖因子

（神崎秀陽ほか，1999[3)]より改変引用）

妊娠が成立するとHGFは増加し，妊娠絨毛の増殖が盛んな妊娠初期に一致してその血中濃度が最も高い．このことから，HGFは，妊娠中の絨毛細胞の増殖調節に関与している増殖因子の1つであるとも考えられる．実際，HGF欠損マウスでは迷路層絨毛細胞の極端な減少による胎盤形成不全が観察されている[8]．

TGF-βの子宮内膜における作用としては，間質細胞の増殖を抑制して分化へと導き，また細胞外マトリックスの産生やその受容体増加を刺激して，妊娠脱落膜組織にみられるような組織構築をもたらすと考えられる．さらにTGF-βはその強力な免疫細胞への増殖阻害作用から，妊娠成立後の維持機構において重要な免疫調節因子でもあるという仮説も提唱されている．

ラットの着床過程の初期に起こる現象として子宮内膜の血管の透過性亢進が知られている．また絨毛細胞の浸潤に伴って，子宮内膜間質部では急激な血管新生が起こっている．このような血管の透過性亢進や血管新生のメカニズムについては不明な点も多いが，最近VEGFの関与が示唆され，VEGFの子宮内膜増殖や胚着床への役割が検討されつつある．

2 サイトカイン

サイトカインは，当初は免疫調節物質として発見されたが，その後，造血系，内分泌系，神経系など生命現象に深くかかわっていることが明らかになった．最近の研究はサイトカインが免疫担当細胞ばかりでなく，各種臓器で免疫細胞以外の上皮細胞や間質細胞からも分泌され，広く生体機能を制御する局所因子であることを示している．すなわち，インターロイキン(interleukin：IL)，インターフェロン(interferon：IFN)，コロニー刺激因子，腫瘍壊死因子(tumor necrosis factor)などのサイトカインが分泌され相互情報伝達がなされ，局所でのサイトカインネットワークが形成されている．

子宮内膜で月経周期や妊娠成立により変動することが報告されてきたサイトカインには，IL-1，IL-4，IL-6，IL-10，IL-11，IL-12，TNFα，IFNγ，マクロファージコロニー刺激因子(macrophage colony-stimulating factor：M-CSF)，白血病抑制因子(leukemia inhibitory factor：LIF)などがある[1)2)]．子宮内膜において，想定されている各種サイトカインの役割については表23[3)]に示すように，子宮内膜機能や胚・胎児の発育など多彩ものがある．

さらに子宮内膜では，妊娠時には母体免疫系が胎児抗原を認識し，その結果，局所で産生されるサイトカインが胚や胎盤の発育に重要であるとするimmunotropism modelが提唱されている[9)]．このようにサイトカインは，子宮内膜において胚と母体間の相互の情報伝達物質の1つであると考えられているが，その役割はなお推測の域を出てはおらず，遺伝子欠損の動物実験で明確に示され，ヒトにおいてもその意義が証明されているのは後述する一部にしか過ぎない．

1) IL-1

ヒトの子宮において，IL-1の遺伝子や子宮内腔中のIL-1濃度が，増殖期に比べ分泌期に高い[10)]．生体内に存在し，IL-1受容体アンタゴニストとしての役割を担っているIL-

1 receptor antagonist（IL-1ra）濃度は，月経周期を通じて変化していないことから，分泌期においてIL-1の活性が増加していることが推測される[10]．IL-1には，子宮内膜間質細胞におけるプロスタグランジン（PG）合成酵素であるシクロオキシゲナーゼ（COX）-2の遺伝子を誘導することも知られ[11]，IL-1による子宮内膜でのPGを介した作用も想定されている．

さらにマウスの実験では，胚培養系にIL-1raを添加しても胚の接着性や発育には影響は与えないが，マウス腹腔内にIL-1raを投与すると着床率が著明に低下することが示されている[12]．このように子宮局所でのIL-1作用の抑制が着床障害をもたらすことからも，IL-1が妊娠成立に重要なサイトカインであることが示唆されている．

2）LIFとIL-11

LIF欠損マウスでは，雄では妊孕性に問題がないもの，雌マウスは完全な不妊となっている[13]．このLIF欠損雌マウスから回収した胚を正常マウス子宮へ移植すれば妊娠は成立するが，正常マウスから得た胚をLIF欠損雌マウスへ移植しても妊娠は見られない．さらに，交配後に腹腔内へLIFを持続注入すればこのLIF欠損雌マウスでも着床が成立する．つまり，LIFは，着床する際の母体側の必須因子であることが示された．

ヒト子宮内膜においてLIFの発現は，増殖期に比べ分泌期内膜で著増して，その産生の主体は腺上皮細胞である[14]．子宮内膜組織の培養の検討によると，正常女性では増殖期に比べ分泌期子宮内膜でLIFの高い分泌能を示している[15]．しかし不妊症患者では分泌期内膜でLIF分泌の増加が認められず，分泌能に相対的低下がある[15]．このことからも，LIFはヒトにおいても，着床に関わる重要な子宮局所因子であることが示唆される．

IL-11は，LIFと同じIL-6サイトカインファミリーに属している．IL-11の受容体であるIL-11レセプターα鎖（IL-11Rα）欠損マウスでは，子宮内膜の脱落膜の形成が阻害されて妊娠が成立しないが，IL-11Rα欠損マウスから得られた胚盤胞を正常マウスに移植されると妊娠することが明らかとなった[16)17]．つまり，IL-11が，妊娠成立の母体因子として，子宮内膜細胞の分化に重要であることが証明された．ヒトにおいても，IL-11の発現は免疫組織染色により分泌期内膜に強く認められている[18]．

3 その他の子宮内膜関連因子

子宮内膜では，月経周期や妊娠成立により変動する因子が多く，表24のように，とくに着床期の子宮内膜では多種多様な発現が報告されており[19]，その機能的意義が注目されている．

着床成立には胚と子宮内膜の両者の条件の同調が必要であり，胚と子宮内膜の相互間で多くのシグナルの伝達が行われていると考えられている．最近では，子宮内膜には胚を受け入れることができる一定の受容期が存在し，この限られた期間がimplantation windowと呼ばれている．子宮内膜には種々のインテグリンが発現しており，そのなかでもインテグリンαVβ3はimplantation windowの開いている時期に一致して子宮内膜上皮に発現している．また，不妊症例ではインテグリンαVβ3の発現が減弱していることより，子

表24 子宮内膜における着床期に発現する各種の局所因子

pinopodes
heparin binding - epidermal growth factor (HB - EGF)
integrins
calcitonin
leukemia inhibitory factor (LIF)
interleukin 1β
cyclooxygenase - 2 (COX - 2)
HOXA - 10
transforming growth factor β (TGFβ)
insulin like growth factor binding protein - 1 (IGFBP - 1)
fibronectin
matrix matalloproteinases (MMPs)
tissue inhibitor of metalloproteinases (TIMPs)

〔Guidice L, 1999[19] より改変引用〕

宮の胚受容能の指標の一つとして用いることができる[20].

　転写因子の一つであるHoxa - 10については，これが子宮内膜の着床部に一致して発現すること，またHoxa - 10のノックアウトマウスでは着床が障害されることなどが報告されている[21].

　古くから着床部位でのプロスタグランジン(PG)濃度は上昇しており，PG合成阻害剤であるインドメタシンは着床を抑制し，またPGの投与でその抑制効果が代償されることなどが知られていた．しかし，PGの合成律速酵素であるCOX - 1欠損マウスでは排卵や受精を始め生殖能力に問題がない[22]ことから，PGの生理作用については疑義が持たれていた．ところが，最近作成されたCOX - 2欠損マウスは，排卵，受精，着床，子宮内膜の脱落膜化のいずれの段階も障害されるために不妊となることが示された[23]．このようにマウス子宮内膜のCOX - 2の発現は着床現象において必須であることが明らかとなりPGの役割は再認識されている．

2　性ステロイドホルモンによるIL-15産生の制御

1　cDNA expression array法による子宮内膜における遺伝子解析

　着床やその後の妊娠維持機構に関する子宮内膜の研究は，なおその病態解明とは程遠い現状にある．ヒトの子宮内膜の研究は，実験モデルとしての倫理的な制約のみならず，実験動物では着床の形態様式が異なるため，そのアプローチは困難である．しかし，着床やその後の妊娠維持におけるヒトの子宮内膜の研究は，生命科学の研究対象として大変魅力的であり，生殖医学の見地からも不妊治療にブレイクスルーをもたらすものと期待される．

　われわれもこれまでに培養ヒト子宮内膜間質細胞を用いて，differential display法によ

III 子宮内膜・着床・免疫

りプロゲステロンで抑制される遺伝子，CD63を単離したことを報告している[24]．しかし，この方法には未知の遺伝子を多数解析しなければならないという問題があった．そこで，ヒト子宮内膜において月経周期で変動する既知遺伝子の解析を試みるために，手術により得られた増殖期と分泌期の子宮内膜よりRNAを抽出し，cDNA expression array法を施行した[25]．cDNA expression arrayには，多種多様な既知のサイトカイン，増殖因子，シグナル分子，転写因子のユニークなcDNA断片などが含まれている．そこで，これらを対象に増殖期と分泌期の子宮内膜の遺伝子の発現を比較し，変化のある遺伝子を解析した．

2 子宮内膜細胞からのIL-15の分泌

分泌期において発現量の増加が認められるスポットを選別したところ，この一つがサイトカイン，IL-15であることが分かった（図55左）[25]．子宮内膜組織のNorthern blot法においても，増殖期に比べ分泌期においてIL-15 mRNAの発現増加を認めた（図55右）．また，妊娠初期絨毛組織と脱落膜組織を比較すると，明らかに脱落膜組織でIL-15 mRNAの発現増加が認められた（図56）．卵巣性ステロイドであるエストロゲンやプロゲステロンなどは，最終標的組織である子宮内膜へ作用して生物学的作用を発現している．卵胞期にエストロゲンの影響下に増殖期内膜が形成され，黄体期にはさらにプロゲステロンの影響を受け分泌期内膜となって妊卵着床を受容する．そして，妊娠が成立すると子宮内膜は脱落膜に変化して胚発育に適切な環境を提供している．すなわちIL-15はプロゲステロン作用が優位な分泌期子宮内膜や妊娠初期脱落膜で増加していることが確認された．

さらにヒト子宮内膜間質培養細胞を用いた実験においては，プロゲステロン添加後の早期（3日後）では，IL-15 mRNAの発現に変化は認められなかった[26]．そして，培養による細胞分化（脱落膜化）が確認できる9日後では，IL-15 mRNAの発現は著増した（図57）．

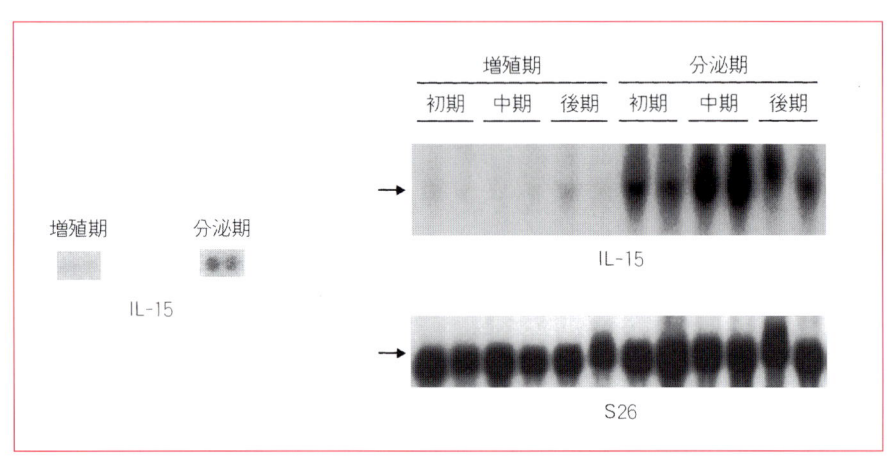

図55 子宮内膜におけるcDNA expression array法による解析結果（左），Northern blot法による子宮内膜におけるIL-15の発現動態，S26はコントロール（右）．
〔Okada S et al：Expression of interleukin-15 in human endometrium and decidua. Mol Hum Reprod 6：75-80, 2000より改変引用〕

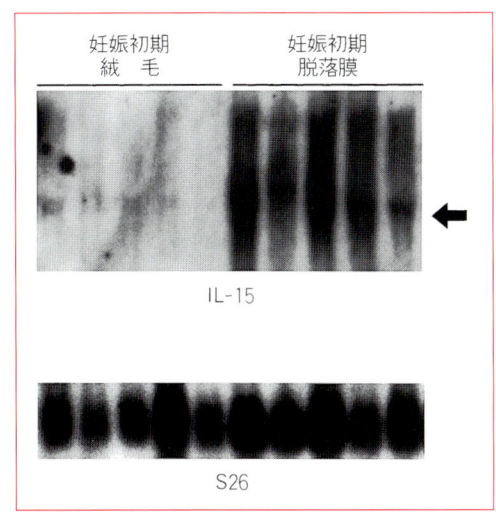

図56 Northern blot法による妊娠初期絨毛組織と脱落膜におけるIL-15 mRNAの発現動態（S26はコントロール）
〔Okada S et al：Expression of interleukin-15 in human endometrium and decidua. Mol Hum Reprod 6：75-80, 2000より改変引用〕

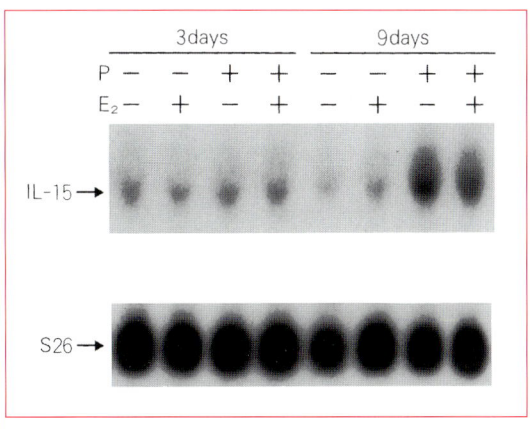

図57 培養子宮内膜間質細胞におけるNorthern blot法によるIL-15 mRNA発現解析
E2：エストロゲン添加群，P：プロゲステロン添加群，E2＋P：エストロゲンとプロゲステロン添加群
〔Okada H, et al：Progesterone enhances interleukin-15 production in human endometrial stromal cells in vitro. J Clin Endocrinol Metab 85：4765-4770, 2000より改変引用〕

一方，コントロール群（無添加群），エストロゲン単独添加群では，IL-15 mRNAの発現に変化を認めなかった．さらに，培養ヒト子宮内膜間質細胞から分泌されるIL-15量をELISA法で測定すると，プロゲステロン単独添加群で明らかな分泌増加を認めた．また，興味深いことに，プロゲステロンとエストロゲンの同時投与群では，IL-15分泌の著しい相乗効果が認められた（図58）[26]．つまり，IL-15はヒト子宮内膜でプロゲステロンにより誘導される局所因子の一つであり，その遺伝子転写以後の分泌過程にはエストロゲンの役割も大きいことが判明した．

3 子宮内膜におけるIL-15の役割

　IL-15は，サルの腎上皮細胞から分泌され，T細胞株の増殖を促進する因子として，1994年にcDNAが単離されている[27,28]．IL-15は，特異的なIL-15レセプターα鎖とIL-2レセプターと共通のβ鎖，γ鎖から構成されている[29-31]．そのためにIL-15の生理活性はIL-2の作用と類似しており，T細胞・ナチュラルキラー（NK）細胞，B細胞などのリンパ球へ作用する[32]．とくにIL-15レセプターα鎖やIL-15のノックアウトマウスの解析より，IL-15がNK細胞の発生や分化に深くかかわっていることが報告されている[33,34]．

　周知のごとく，子宮内膜局所における免疫担当細胞は月経周期や妊娠に伴って特徴的な量的・質的変動を示している[35]．子宮内膜においてT細胞は分泌期に増加するが，B細胞はごく少数で周期的な変化は観察されていない．マクロファージの発現や分布は月経期間

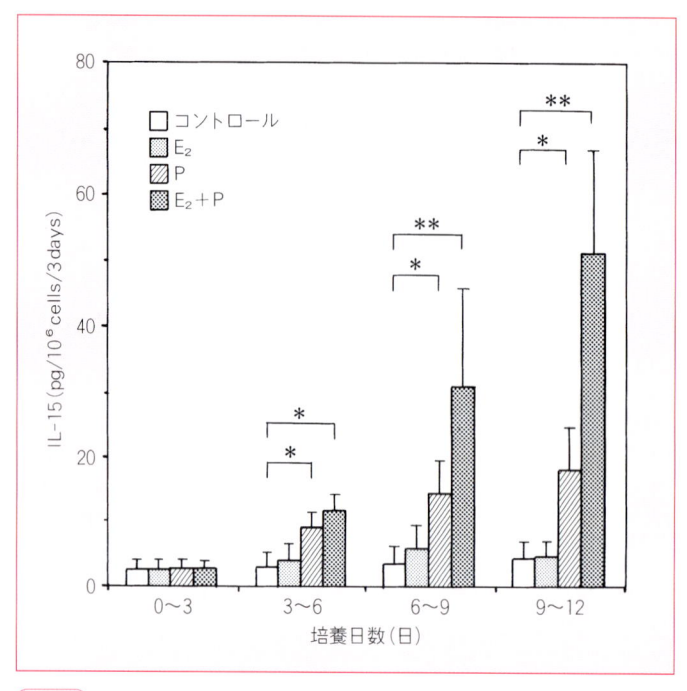

図58 培養子宮内膜間質細胞における性ステロイドによる
IL-15の分泌動態
E2：エストロゲン添加群，P：プロゲステロン添加群，
E2＋P：エストロゲンとプロゲステロン添加群
〔Okada H, et al：Progesterone enhances interleukin-15 production in human endometrial stromal cells in vitro. J Clin Endocrinol Metab 85：4765-4770, 2000より改変引用〕

中比較的一定しているが，分泌期後期にやや増加する．子宮NK細胞は分泌期中期以降で急増し，妊娠初期にはリンパ球の60％を占めるようになる．子宮内膜におけるこのような特徴的な変動には，内分泌系の制御下に進む内膜細胞の分化に伴って変化するサイトカインを含むさまざまな因子が関与していると考えられている．

　子宮NK細胞は，IL-2レセプターβ鎖とγ鎖を発現しており，IL-2添加により培養細胞の増殖効果が認められる[36)37)]．しかし，生体内の子宮内膜局所においてIL-2の発現は認められない[38)39)]．一方，子宮内膜から分離したリンパ球（子宮内膜の間質細胞の混入があり供培養になる）の培養実験より，プロゲステロン添加で有意な増加が認められた[40)]．しかし子宮NK細胞を含むリンパ球には，性ステロイドレセプターは発現していない[41)]．すなわち，プロゲステロンによる間質細胞の分化に伴って発現・分泌される局所因子が，子宮NK細胞の増加に働くことが示唆されていた．

　そして，IL-15がIL-2と同様の生理活性を担っていること，またIL-15がヒト子宮内膜でプロゲステロンにより誘導される局所因子であることより，IL-15は子宮NK細胞の増殖や分化に関与している可能性は非常に高い．さらに，子宮NK細胞の月経周期や妊娠に伴う特徴的な量的・質的変動とヒト子宮内膜でのIL-15の発現動態とが一致しているこ

とからもこのことが推察できる．ノックアウトマウスの解析からも，この子宮NK細胞の増殖や分化の中心的な役割をIL-15が担っている事が示唆されている[42)43)]．また最近，IL-15は培養子宮NK細胞を増加させるとも報告されている[44)]．

このようにIL-15は性ステロイドホルモンによって子宮内膜局所において産生・分泌が制御されるサイトカインの1つであることが明らかになったため，今後，不妊や流産例における動態解析が，免疫学的な妊娠維持機構の解明とも関連しつつ進められるであろう．

おわりに

以上述べてきたように，子宮内膜機能の卵巣性ステロイドホルモンによる内分泌調節には，パラクラインやオートクライン作用などの局所調節が介在することが明らかとなっている．今後子宮内膜機能の局所調節因子の検討・解明がさらにすすめば，着床不全や流産の診断・治療への新たな展望が開かれるものと期待される．

文献

1) 神崎秀陽ほか：臨床婦人科産科 **54**, 1049 (1998).
2) 神崎秀陽ほか：産科と婦人科 **66**, 603 (1999).
3) 神崎秀陽ほか：in 新女性医学体系14「受精と着床」, 151 (中山書店, 東京, 2000).
4) Giudice LC：Fertil Steril **61**, 1 (1994).
5) Miettinen PJ et al：Nature **376**, 337 (1995).
6) Threadgill DW et al：Science **269**, 230 (1995).
7) Chegini N et al：Endocrinology **130**, 2373 (1992).
8) Uehara Y et al：Nature **73**, 702 (1995).
9) Wegmann TG et al：Immunol Today **14**, 353 (1993).
10) Simon C et al：Reprod Immunol **37**, 64 (1997).
11) Huang JC et al：J Clin Endocrinol Metab **83**, 538 (1998).
12) Simon C et al：Endocrinology **134**, 521 (1994).
13) Stewart CL et al：Nature **359**, 76 (1992).
14) Kojima K et al：Biol Reprod **50**, 882 (1994).
15) Delage G et al：Hum Reprod **10**, 2483 (1995).
16) Bilinski P et al：Gene Dev **12**, 2234 (1998).
17) Robb L et al：Nat Med **4**, 303 (1998).
18) Dimitriadis E et al：Mol Hum Reprod **6**, 907 (2000).
19) Guidice L：J Reprod Med **44**, 165 (1999).
20) Lessey BA et al：Fertil Steril **63**, 535 (1995).
21) Benson G et al：Development **122**, 2687 (1996).
22) Langenbach R et al：Cell **83**, 483 (1995).
23) Lim H et al：Cell **91**, 197 (1997).
24) Okada H et al：Mol Hum Reprod **5**, 554 (1999).
25) Okada S et al：Mol Hum Reprod **6**, 75 (2000).
26) Okada H et al：J Clin Endocrinol Metab **85**, 4765 (2000).
27) Grabstein KH et al：Science **264**, 965 (1994).
28) Bamford RN et al：Proc Natl Acad Sci USA **91**, 4940 (1994).
29) Anderson DM et al：J Biol Chem **270**, 29862 (1995).
30) Giri JG et al：EMBO J **14**, 3654 (1995).
31) Carson WE et al：J Exp Med **180**, 1395 (1994).
32) Waldmann TA et al：Annu Rev Immunol **17**, 19 (1999).
33) Lodolce J et al：Immunity **9**, 669 (1998).
34) Kennedy M et al：J Exp Med **191**, 771 (2000).
35) 神崎秀陽ほか：in 図説産婦人科View31「不妊の基礎―病態の解明を目指して」, 170 (メジカルビュー社, 東京, 1998).
36) King A et al：Immunol Today **12**, 432 (1991).
37) Nishikawa K et al：Int Immunol **3**, 743 (1991).
38) Saito S et al：Int Immunol **5**, 559 (1993).
39) Jokhi PP et al：J Immunol **153**, 4427 (1994).
40) Inoue T et al：J Clin Endocrinol Metab **81**, 1502 (1996).
41) King A et al：Hum Reprod **11**, 1079 (1996).
42) Croy BA et al：J Reprod Immunol **35**, 111 (1997).
43) Liu C et al：Immunol Today **21**, 113 (2000).
44) Verma S et al：Biol Reprod **62**, 959 (2000).

〔岡田英孝 / 神崎秀陽〕

2 サイトカインクロストーク

はじめに

　妊娠現象は，異物（semiallograft）である胎児が母体から拒絶されることなく，子宮内で発育するという極めて神秘的な現象である．哺乳動物において，受精卵は子宮内膜上皮に接着し，その後，トロホブラストが子宮間質に浸潤し（着床），やがて母体血管とトロホブラストは直接接するようになり，胎盤形成後に胎児は胎盤を介して栄養成分を摂取し発育する．卵性生殖を司る鳥類や爬虫類から，子宮内で胎児を育む哺乳類への進化は，多くの偶然が重なったものであろうが，まさに奇跡であると言えよう．従来，妊娠の維持にはプロゲステロンなどのホルモンが重要であると考えられてきたが，これらホルモンの作用はサイトカインと称される分子量2万前後の糖蛋白を介したものであることが明らかになってきた．また，胎盤形成にもサイトカインは重要な役割を果たす．例えばトロホブラストの子宮内への浸潤は，interleukin（IL）-1, Transforming growth factor（TGF）βがmatrix metalloprotease（MMP）機能を調節して浸潤能を調整しているが，胎性爬虫類においても胎盤にIL-1やTGFβが存在することが報告されている[1]．つまり卵性生殖から胎性生殖への大きな変革は，性ステロイドホルモンとサイトカインによるクロストークにより成されたものであるとも言える．本項では着床期におけるサイトカインクロストークにつき概説する．

1 着床とサイトカイン

1 胞胚と子宮内膜上皮との接着

　胞胚と子宮内膜上皮との接触・接着には接着分子が関与している．このうち，着床との関係が明確になっているものにtrophininとインテグリンファミリーがある[2,3]．trophininは胞胚ならびに着床期の子宮内膜上皮に発現しており，トロフィニン同志で結合する．インテグリンファミリーでは，着床許容期周辺の子宮内膜上皮にのみα4β1，αVβ3が発現してくることより，これらの分子は着床に深く関与していると考えられている．胞胚においてもαVβ3が鏡像的に発現しているので，αVβ3がosteopontin，ビトロネクチン，フィブリノーゲン，フィブロネクチン，von Willebrand因子をリガンドとして最初の接着に関与しているものと考えられている．これらインテグリンを介する接着には炎症反応に関与するケモカインの刺激が必須である．すなわち，ケモカイン刺激によりケモカイン受容体のG蛋白を介する情報伝達が生じ，細胞内骨格線維Fアクチンが重合化し，そ

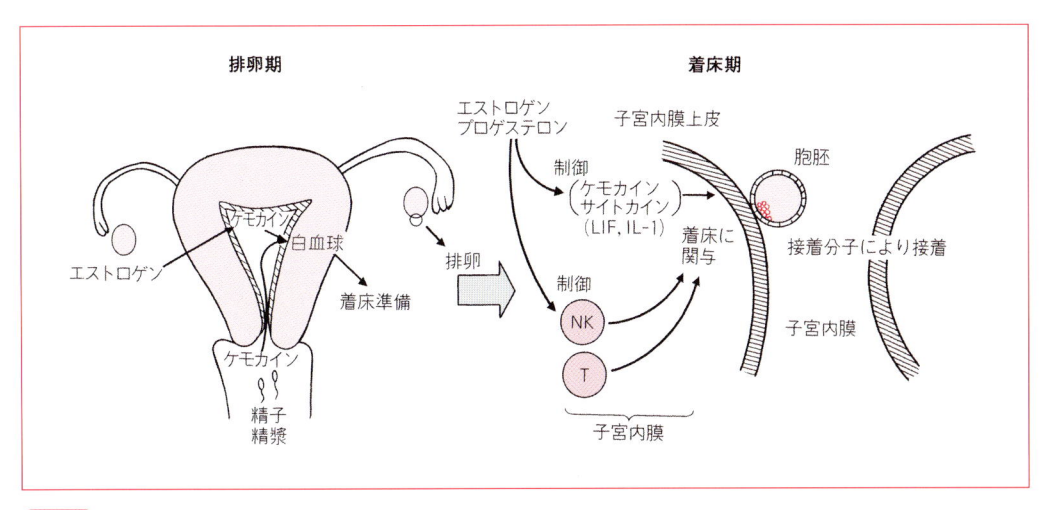

図59　排卵期，着床期における子宮内でのサイトカイン，ケモカインの役割

の結果，インテグリンの細胞外立体構造が変化して，インテグリンによる接着が誘導される．ヒトにおいて着床期にあたる分泌期中期に白血球が子宮内膜で最も増加する．また，妊娠すると，さらに子宮内膜中で白血球が増加する．白血球はケモカインにより遊走するため，着床期には種々のケモカインが子宮内膜中に存在することが考えられる(図59)[4]．ケモカインと着床についての詳細な検討はほとんどないが，子宮内膜中のIL-8が性ホルモンの影響を受け，周期的に変化しているとの報告がある[5]．また，精液中にも種々のケモカインが含まれており，性交により子宮内膜にケモカインを介して炎症が惹起され，着床に備えているとも解釈される(図59)[6]．ケモカインと着床についての今後の詳細な検討が望まれるが，異物としての精子と性ホルモンを介したケモカインの制御と，胚からの因子がクロストークして着床が成立すると考えられる．

2 トロホブラストの子宮内への浸潤

トロホブラストはMMP-2，9を産生しており，コラーゲンⅣを消化分解して基底膜を貫通する．胎盤や脱落膜組織から産生されるEGF，TGFα，PDGF，IL-1，TNFα，FGFなどはトロホブラストからのMMP産生を高める．逆にトロホブラスト，脱落膜細胞や子宮内膜腺細胞から産生されるTGFβ1はトロホブラストからのMMP-2の産生を減少させ，同時にTIMP-2の産生を亢進させ，トロホブラストの浸潤を制限している．最近hypoxiaとトロホブラストの浸潤に関する興味深い知見が報告された．hypoxiaになるとhypoxia-inducible factor-1 (HIF-1) が誘導され，トロホブラストでのTGFβ3産生が誘導される．TGFβ3はトロホブラストの分化を抑制し，増殖活性を高める一方で，トロホブラストの浸潤を防ぐ[7]．妊娠9週以降になると胎盤のPO_2が高まるため，TGFβ3の産生が減少し，トロホブラストは子宮筋層内へも浸潤し，脱落膜中のラセン動脈のmasculoelastic coatを破壊し，ラセン動脈は拡張し絨毛間隙へ豊富な血液が流入する．妊

娠中毒症例では脱落膜中へのトロホブラストの浸潤が十分でないため，ラセン動脈の masculoelastic coatが残ってしまい，血管が収縮するため十分な絨毛間隙への血流流入が起こらない．妊娠中毒症胎盤ではTGFβ3の産生が亢進しており[8]，何らかの理由でhypoxiaが妊娠9週以降も持続するため，TGFβ3が強発現し，トロホブラストが浸潤できないのかもしれない．トロホブラストの浸潤にもサイトカイン同士がクロストークして胎盤形成に役立っている．

3 母体免疫担当細胞と着床について

マウスの着床許容期は偽妊娠3〜5日であり，偽妊娠2日目のマウス子宮に胚盤胞を移植しても決して妊娠しない．ところが，同マウスに妊娠4日目の脾細胞(脾細胞には免疫担当細胞が多く含まれる)を静注し，胚盤胞を移植すると胚着床が誘導される．一方，非妊マウス脾細胞にはこのような作用はない[9]．藤原らは，さらにこの作用は脾細胞中のT細胞分画にあることを明らかにしている．偽妊娠3日目に卵巣を切除後，プロゲステロンを投与した着床遅延マウスではエストラジオール(E2)を投与しないと着床できないが，E2非投与でも妊娠4日目の脾細胞を輸注すると着床が成立する．この際，子宮には着床に必須のサイトカインであるleukemia inhibitory factor (LIF) mRNAが誘導されたことより，妊娠脾細胞はE2の作用を代償して，胚着床に必要な子宮内膜分化を卵巣を介さず，サイトカインを介して誘導している可能性がある[10]．すなわち，着床時には母体のT細胞が子宮へと遊走し，子宮内でのサイトカインを介して胚とクロストークしていることになる．

4 着床に必須のサイトカイン

多くのサイトカインが着床に関与しているが，それぞれ相補的に作用するため1つのサイトカインの作用がなくても他のサイトカインがこれを補い，着床不全とはならない．現在のところ着床に必須のサイトカインとしてLIFとIL-1が同定されている．

LIFは胚性幹(ES)細胞の分化抑制因子として知られているが，LIFノックアウトマウスを作製すると，雄での生殖能が正常であるのに対して，雌では胞胚形成が正常であるのにもかかわらず着床不全を呈する．ノックアウトマウスの胞胚を正常雌マウスの偽妊娠子宮に移植すると妊娠は成立することから，LIFが着床に必須のサイトカインであることが判明した[11]．ヒトでも子宮内膜上皮や，後述するCD16⁻CD56^bright NK細胞やTh2細胞からLIFが分泌されており，不妊婦人の子宮内膜中でのLIF分泌量の低下も指摘されている．ただし，LIFがどのような機序で子宮内で産生されているのかについては，未だ十分には解明されていない．先程の妊娠マウスのT細胞が子宮内でのLIF発現を高め着床に寄与することや，後述するTh2細胞がLIFを産生することから，着床期には胚もしくは子宮からTh2細胞を局所に遊走させるケモカインが分泌され，Th2細胞が子宮へと遊走してくるのかもしれない．

IL-1も着床に必須である[12]．IL-1およびIL-1受容体は着床期に強く産生または発現するが，マウスの着床期にIL-1受容体アンタゴニストを投与してIL-1活性を阻害する

と，胞胚の発育は阻害されていないが着床が阻害される．IL-1とLIFとの関連は明らかではないが，IL-1はcyclooxygenase (COX)-2を誘導することが知られている．COX-2は着床期の着床局所にみられる血管透過性の亢進部に一致して発現をみとめ，着床の終了とともに消失する[13]．このCOX-2の誘導は卵巣ステロイドホルモンではなく，受精卵の存在に依存する[13)14]．マウスやラットではCOX阻害剤を投与することで着床は阻止される[15]．以上より，IL-1がCOX-2を誘導し着床に関与していることが推察される．ここではサイトカインとプロスタグランジンの間でクロストークが認められる．

　M-CSF（CSF-1）も着床に必須とされたが，その後の研究により，M-CSFの欠損により（op/opマウス）着床不全にはなるが，正常に着床する胚も存在することが明らかとなった．

2　妊娠維持とサイトカイン

1　NK細胞と妊娠維持

　異物である胎児を許容するために，子宮内の母体リンパ球は免疫抑制状態にあると考えられてきたが，妊娠初期脱落膜中の母体リンパ球は活性化状態にあり，多くのサイトカインを分泌していることが明らかとなった（表25）[16)-19)]．脱落膜中には，末梢血で0.5％程度しか存在しないCD16⁻CD56^{bright}NK細胞という特殊なリンパ球が70～80％にまで増加する（表26）[16)]．ただし，妊娠中期，末期になるとこのNK細胞はほとんど認められなくなる．このNK細胞はuNK細胞とも呼ばれ，マウスでは顆粒膜間膜腺細胞（granulated metrial gland：GMG）と呼ばれている．GMG細胞は妊娠8日より子宮内で増加し，妊娠12日でピークとなり，妊娠13日以降は漸減する．他の哺乳類でもNK細胞が妊娠初期に限って子宮内に増加することより，uNK細胞は着床もしくは胎盤形成に重要な役割を果たすことが予想されていた．GuimondらはCD3εのトランスジェニックマウスでNK細胞とT細胞を欠くTGE26マウスを用いて詳細に検討を行い，GMG細胞がなくても着床には影響がないが，胎盤の発育が不良で脱落膜での血管壁の肥厚や血栓の形成が認められ，妊娠12～14日で段階的に流産が起こることを報告した

表25　脱落膜中のCD16-CD56brightNK細胞および単核球が産生するサイトカイン

cytokine	CD16⁻CD56^{bright}NK細胞	単核球
IL-1β	−	＋
IL-2	−	＋
IL-3	−	＋
IL-4	−	＋
IL-5	−	＋
IL-6	−	＋
IL-8	＋	＋
M-CSF	＋	＋
G-CSF	＋	＋
GM-CSF	＋	＋
SCF	−	＋
LIF	＋	＋
IFNγ	＋	＋
TNFα	＋	＋
TGFβ1	±	＋
TGFβ2	＋	＋
TGFβ3	＋	＋

III 子宮内膜・着床・免疫

表26 脱落膜と末梢血中のリンパ球・サブセットの比較

リンパ球サブセット	脱落膜 (%)	末梢血 (%)
T細胞	12.2 ±4.6	71.8 ±3.5
CD4+-T細胞	5.6 ±2.1	43.4 ±6.5
CD8+-T細胞	4.7 ±1.9	24.9 ±7.2
NK細胞		
CD16+NK細胞	2.7 ±1.2	20.3 ±4.3
CD16-CD56bright NK細胞	84.8 ±5.2	0.5 ±0.3
NKT細胞	0.39 ±0.48	0.05 ±0.05
B細胞	0.9 ±0.3	8.4 ±2.5

[20]．これらの血管壁の変化は，GMG細胞がiNOSを発現し局所でNOを産生するためと解釈されている．さらに，彼女らはNK細胞は存在するが，T細胞，B細胞を欠損するSCIDマウスの骨髄をTGE26マウスに移植することによりNK細胞のみを再構築したところ，上記で観察された流産は認められなくなったため，GMG細胞は胎盤形成に重要な役割を果たすことを証明した[21]．表25に示すように脱落膜中のCD16-CD56bright NK細胞はIL-8，M-CSF，G-CSF，GM-CSF，LIF，IFNγ，TNFα，TGFβ2，TGFβ3を産生する．このうちLIFは着床に必須であり，M-CSFもトロホブラストの増殖・分化に深く関与しており，IL-8はインテグリンを介した細胞接着ならびに血管新生に，TGFβ3はトロホブラストの過度の浸潤を防ぐために作用していると考えられる．

2 トロホブラストの増殖・分化とサイトカイン

　トロホブラストには表27に示すごとく，多くのサイトカイン受容体が発現している．母子接点の場(トロホブラスト，胎盤間質細胞，Hofbauer細胞，脱落膜細胞，子宮内膜腺細胞，脱落膜リンパ球など)で産生された種々のサイトカインは，オートクリン，パラクリン的にトロホブラストに作用し，胎盤形成に作用する(表28)．
　これらサイトカインのなかでトロホブラストの増殖，分化に関するものはいずれも受容体にチロシンキナーゼ活性を有していることが特徴である[22]．また，hCGの放出反応に関しても，JAK-STAT系というチロシンキナーゼ活性が重要であることが判明してきている[23]．このようにトロホブラスト機能にはチロシンリン酸化が深く関与している．サイトカイン同士のクロストークを検討すると，HGFとEGFは増殖に関しては相加的に，hCG分泌に関してはEGFの作用のみ，M-CSFとSCFとの併用は増殖に関して相加的に，hCG分泌に関しては互いの作用を打ち消すように作用する[22]（サイトカインクロストーク）．
　最近，マウスのトロホブラスト幹細胞(stem cell)が樹立された[24]．トロホブラスト幹細胞はFGF4受容体を発現しており，内細胞塊もしくはepiblastからFGF4が産生され，幹細胞は分化することなく増殖する．内細胞塊もしくはepiblastより遠位になるとFGF4濃度が減少し，トロホブラストは分化する．この現象は極めて興味深く，トロホブラスト幹細胞の増殖には胎芽が必要であり，胎盤形成には胎芽が重要な役割を果たすことを示唆し

表27 トロホブラストにおけるサイトカインレセプターの発現とその生理作用

サイトカインサセプター	リガンド	発現	分布	生理作用
βC(GM-CSFRβ)		−		なし
IL-3R	IL-3	−		なし
IL-5R	IL-5	−		なし
GM-CSFR	GM-CSF	+	?	
gp130		+	?	
IL-6R	IL-6	+	S>C	hCG 放出
LIFR	LIF	+	?	hCG 放出, hCG 産生は抑制
γC(IL-2Rγ)		+	S>C	
IL-2Rα	IL-2	−		なし
IL-2Rβ	IL-2	−		なし
IL-4R		+	S=C	hCG 放出
IL-7R	IL-7	+	S=S	hCG 放出
IL-9R	IL-9	?	?	
IL-15R	IL-15	?	?	
G-CSFR	G-CSF	+	S<C	?
c-fms	M-CSF	+	S<C	増殖促進, 分化誘導
c-kit	SCF	+	S<C	増殖促進, 分化抑制
c-met	HGF	+	S<C	増殖促進
Flt-1	VEGF, PIGF	+	S<C	増殖促進
Flt-4	?	+	S=C	?
EGFR	EGF	+	S>C	増殖促進, 分化誘導, アポトーシス阻止
c-erbB4	HB-EGF	+	S>C	分化誘導

S : syncytiotrophoblast, C : cytotrophoblast

ている(胎児とトロホブラスト間のサイトカインを介したクロストーク).

トロホブラストの増殖・分化には,トロホブラスト自身から産生されるサイトカインならびに子宮内膜(脱落膜)から産生されるサイトカインが重要であることは知られてきたが,Hofbauer細胞から産生されるサイトカイン(M-CSF,VEGF)がトロホブラストの増殖・分化に重要な役割を果たすことも明らかとなってきている[25](Hofbauer細胞とトロホブラストのクロストーク).

サイトカインとトロホブラストの増殖・分化に関する成績は,主として in vitro の実験系から得られたものであるが,ノックアウトマウスの系においても知見が得ら

表28 成長因子・サイトカインの絨毛細胞に与える生理作用

リガンド	生理作用
成長因子	
EGF	増殖, 分化誘導
PDGF	増殖, 分化誘導
FGF	増殖, 分化抑制
PIGF	増殖, 走化
HGF	増殖
HB-EGF	分化誘導
サイトカイン	
M-CSF	増殖, 分化誘導
SCF	増殖, 分化抑制
IL-6, LIF, IL-11	hCG 放出促進
IL-4, IL-7	hCG 放出促進
TGFβ	hCG 放出抑制, 浸潤抑制

III 子宮内膜・着床・免疫

れている．HGFノックアウトマウスでは肝臓の発育が不良であるばかりでなく，胎盤形成も極めて不良となり，このため妊娠中期に胎児は死亡する[26]．今後，*in vivo* におけるサイトカインの役割が，次々に明らかになっていくものと考えられる．

3 免疫学的立場からみた母子接点の場におけるサイトカインクロストーク

異物である胎児・胎盤が母体免疫系から攻撃されない1つの機序として，脱落膜中のT細胞がTh2優位になっていることが挙げられる[27)28]．T細胞は産生するサイトカインによりTh1細胞とTh2細胞に大別される（図60）．Th1細胞は細胞傷害性T細胞を誘導するため，流産や妊娠中毒症を引き起こす[24-31]．一方，Th2細胞はIL-4, IL-5, IL-6, LIFなどを産生し抗体産生を誘導するが，脱落膜中ではTh1細胞が増加しないようにTh2細胞が調節を行っている．

妊娠維持にはプロゲステロンが重要であることが知られていたが，プロゲステロンとTh2細胞が密接に相関することが判明してきている（図61）[19,32,33]．妊娠黄体ならびに胎盤から産生されたプロゲステロンはTh0細胞からTh2細胞への分化を促進する．Th2細胞から産生されたIL-4, IL-6はhCGの放出を促進し，妊娠黄体からのプロゲステロンの

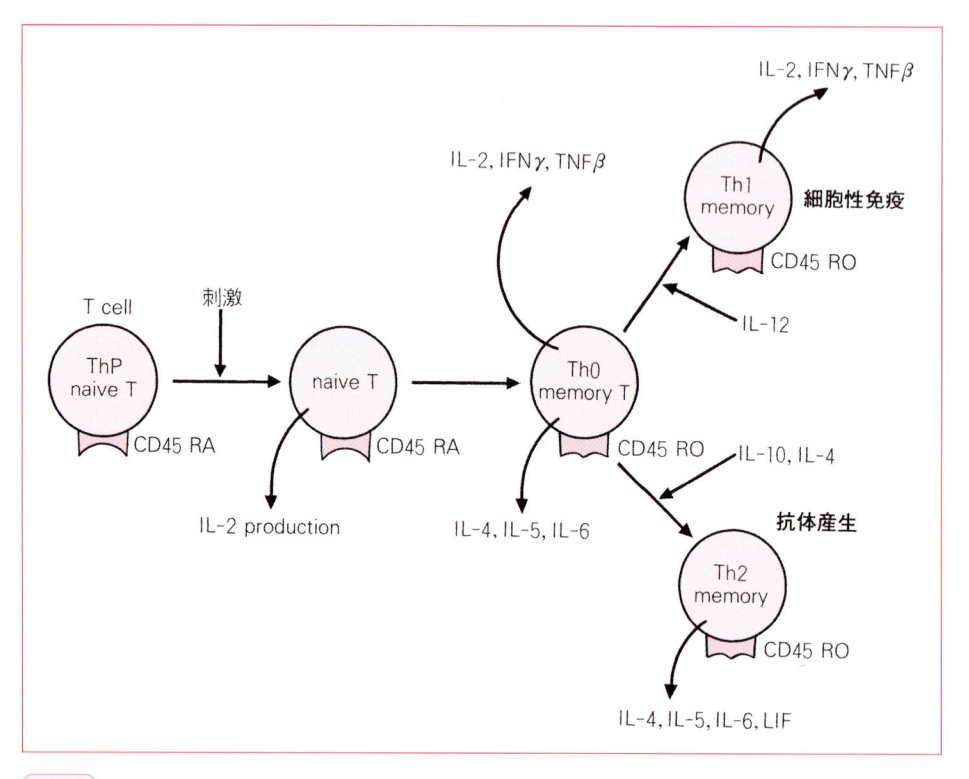

図60 Th1，Th2細胞とその産生するサイトカイン

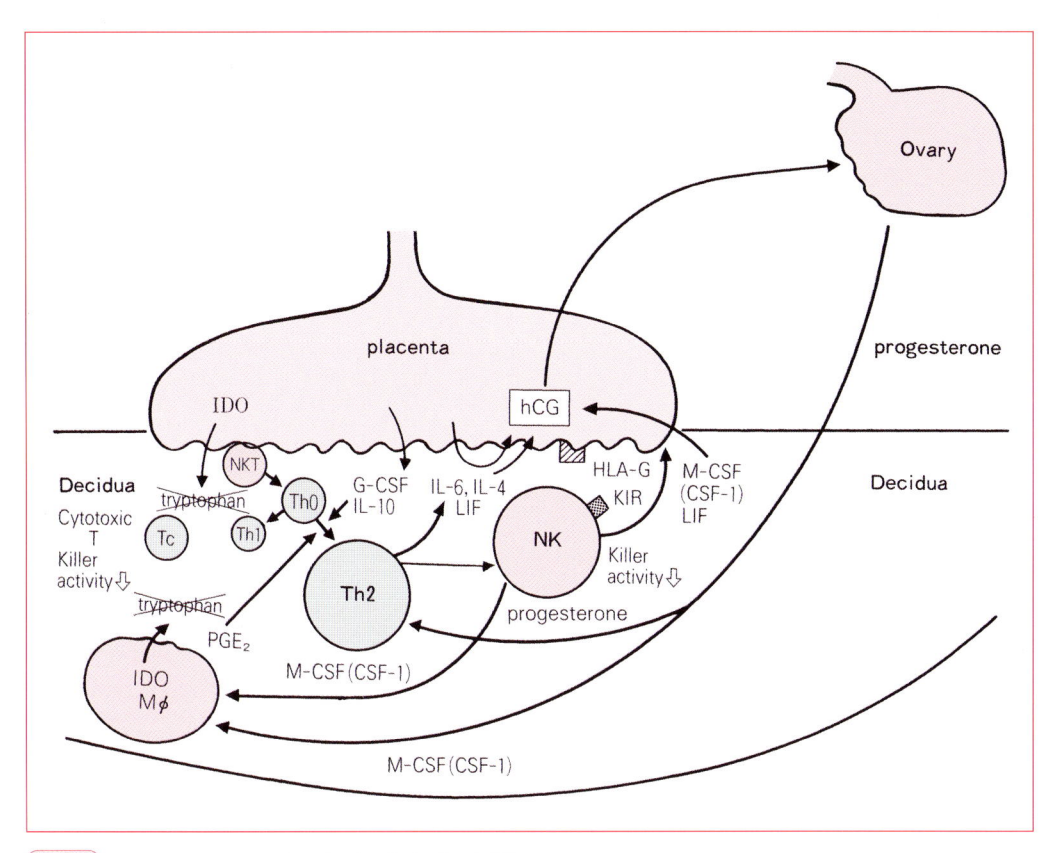

図61 妊娠時における内分泌系と免疫系の相関

産生を亢進させ，妊娠維持に作用する．そのほかにもトロホブラストから産生されるIL-10，G-CSFによりTh2細胞が誘導され，さらに脱落膜中に存在するNKT細胞によりIL-4が産生され[34]，Th2が誘導され妊娠が継続される．

　マウスにおいて，エストロゲンとプロゲステロンは子宮内膜中のM-CSF濃度を1,000倍にまで増加させる．M-CSFはトロホブラストからのhCG産生を高め，妊娠黄体からのプロゲステロン産生に寄与する．また，M-CSFは脱落膜でのマクロファージの分化にも寄与する．トロホブラストならびに脱落膜マクロファージはトリプトファン異化酵素（IDO）を有し，トリプトファン濃度を減少させる．その結果，細胞傷害性T細胞活性が著しく抑制され，胎児が拒絶されないことが判明してきている．IDOのinhibitorを妊娠マウスに投与すると，同系マウス同士の交配では流産が起こらないが，組織適合性抗原の異なる系での交配では母由来のリンパ球が胎盤に侵入し，流産が引き起こされる[35]．このように，母体ならびに胎児・胎盤系の内分泌系・免疫系は，サイトカインを介して互いに密接にクロストークし，その結果，妊娠が維持されていることが明らかとなった．

おわりに

従来，謎であった妊娠現象が次第に明らかになってきている．胚と子宮内膜や胎盤と脱落膜は，性ステロイドホルモン，サイトカインを介して密接に相関しており，互いに調節しあって妊娠が成立していることが明らかとなっている．つまり，胚もしくは胎児と母体が相互に助け合って妊娠が成立しているのである．サイトカインクロストークを理解したうえで，不妊治療を行いえる日は意外と早いかもしれない．

文献

1) 早川 智ほか：産科と婦人科 65，945 (1998)．
2) Suzuki N et al：Proc Natl Acad Sci USA 95，5027 (1998)．
3) 斎藤 滋ほか：in 哺乳類の生殖生化学―マウスからヒトまで―(eds 中野 實，荒木慶彦)，261 (アイピーシー，東京，1999)．
4) Garcia-Velasco et al：Fertil Steril 71，983 (1999)．
5) Arici A et al：Clin Endocrinol Metab 83，1783 (1998)．
6) Robertson SA：第20回米国生殖免疫学会 (2000)での発表．
7) Caniggia I et al：J Clin Inverst 105，577 (2000)．
8) Caniggia I et al：J Clin Inverst 103，1641 (1999)．
9) Takabatake K et al：Hum Reprod 12，583 (1997)．
10) Takabatake K et al：Hum Reprod 12，2102 (1997)．
11) Stewert U et al：Nature 359，76 (1992)．
12) Simon C et al：Endocrinology 134，521 (1994)．
13) Chakaraborty I et al：J Mol Endocrinol 16，107 (1996)．
14) Song JH et al：Endocrinology 139，3629 (1998)．
15) Lau IF et al：Prostaglandins 4，795 (1973)．
16) Nishikawa K et al：Int Immunol 3，743 (1991)．
17) Saito S et al：Immnunology 75，710 (1992)．
18) Saito S et al：Immnunology 32，105 (1993)．
19) 斎藤 滋：日産婦誌 52，1246 (2000)．
20) Guimond NI et al：Biol Reprod 56，169 (1997).
21) Guimond NI et al：J Exp Med 187，217 (1998)．
22) 斎藤 滋：日本産婦人科新生児学会誌 7，1 (1997)．
23) Saito S et al：Biochem Biophys Res Commun 231，429 (1997)．
24) Tanaka S et al：Science 282，2072 (1998)．
25) Khans S et al：Biol Reprod 62，1075 (2000)．
26) Uehara Y et al：Nature 373，702 (1995)．
27) Saito S et al：Am J Reprod Immunol 42，240 (1999)．
28) Piccinni M-P et al：Nature Med 4，1020 (1998)．
29) Hill JA et al：JAMA 273，1933 (1995)．
30) Saito S et al：Am J Reprod Immunol 471，297 (1999)．
31) Saito S et al：Clin Exp Immunol 117，550 (1999)．
32) Piccinni M-P et al：J Immunol 155，128 (1995)．
33) Saito S：J Reprod Immunol 47，87 (2000)．
34) Tsuda H et al：Am J Reprod Immunol (in press)．
35) Munn DH et al：Science 281，1191 (1998)．
39) Jokhi PP et al：J Immunol 153，4427 (1994)．
40) Inoue T et al：J Clin Endocrinol Metab 81，1502 (1996)．
41) King A et al：Hum Reprod 11，1079 (1996)．
42) Croy BA et al：J Reprod Immunol 35，111 (1997)．
43) Liul C et al：Immunol Today 21，113 (2000)．
44) Verma S et al：Biol Reprod 62，959 (2000)．

〔齋藤 滋／津田 博／道又敏彦〕

3 妊娠における Th1/Th2 バランス

はじめに

　両親由来の遺伝子を有する胎児を子宮内で一定期間育て分娩する真胎生は進化の上では無脊椎動物の一部よりみられる生殖様式である．しかし，脊椎動物では軟骨魚類から特異免疫能が発達しており，異物である胎児の母体内生着を許すにはこれをコントロールする必要が生じる．現在　母児間の免疫学的寛容のメカニズムとして以下の機構が想定されている．①母児間の接点である胎盤の絨毛細胞は単型のHLA-Gを発現し母体のCTL（cytoxic lymphocyte）を誘導できない．②胎盤に接する脱落膜においては抑制性の免疫細胞が存在する．③脱落膜免疫細胞は胎児胎盤を認識してサイトカインを産生し絨毛の発育を調節する．④妊娠母体においてはTh2優位になり，Th1によって誘導される細胞性免疫応答は抑制される．

　これらの機構による母児免疫応答の破綻は妊娠初期には不妊症や習慣流産，後期には妊娠中毒症や子宮内胎児発育遅延の原因になると考えられている．

1　Th1/Th2 パラダイムと妊娠

　抗原特異的な免疫応答において中心的な役割を担うCD4陽性のヘルパーT（Th）細胞はB細胞による抗体産生や細胞傷害T細胞の機能を調節する．近年，Th細胞が産生サイトカインによってTh1 Th2の二種類に大別されること，そして二つのバランスの変化が自己免疫疾患やアレルギーなどの病態に密接に関係していることが明らかになった[1]．Wegmannらは哺乳類の正常妊娠はTh2優位の現象でありTh1の免疫応答は妊娠維持に不利に作用するという仮説を提唱した[2]．実際，妊娠マウスにTh1型の免疫応答を誘導する *Leishmania major* を感染させると流産が生じ[3]，自然流産率の高いDBA×CBAの系においては胎盤のIL-4，IL-10産生が低いという報告がある[4]．また，Th1サイトカインであるIFN-γはin vitroでtrophoblastの増殖を阻害し[5]，in vivoでもIL-2を妊娠マウスに投与すると胎児胎盤の吸収が生じること[6)7]，その機序は活性化した細胞傷害T細胞による胎盤細胞のapoptosisであること，同様にIFN-γやTNF-αも胎児胎盤を傷害し妊娠を終わらせることが報告されている[8]．興味深いことに，この拒絶は必ずしもalloの免疫応答を必要としないため，poly-ICでNKを活性化した同系妊娠マウスでも胎児吸収が起きること，この活性は，poly-ICで活性化した脾細胞でもtransferできることが報告された[9]．

2 ヒトの妊娠とTh1/Th2

ヒトでも妊娠中のマラリア感染が流早産の原因となることが報告され[10]，習慣流産患者末梢血リンパ球を絨毛癌可溶化抗原で刺激するとTh1サイトカインが誘導されることが報告された[11]．また，Th1型の免疫応答によって組織破壊が生じる慢性関節リウマチは妊娠中に軽快しTh2型の免疫応答が主体となるSLEは妊娠によって増悪することが知られている[12]．しかし，正常妊婦においてTh2が優位であるという具体的証拠は少ない．筆者らは正常妊婦末梢血のTh1/Th2細胞比をフローサイトメトリーで測定したところ非妊婦と有意差を認めなかったが胎児由来の絨毛に接する胎盤後血では末梢血に比較しTh2優位であることを明らかにした[13)14]．胎盤脱落膜局所での免疫応答を模倣するため，絨毛癌細胞株と健常者リンパ球と共培養するとTh2サイトカインの産生が誘導された．絨毛癌細胞はIL-4やIL-10などTh2を誘導するサイトカインは産生しないがprostaglandinsやTGF-βなど多くの活性物質を産生し，絨毛細胞表面のHLA-G自体もTh2サイトカインを誘導する可能性が報告されている．筆者らは絨毛細胞がTh2特異的なケモカインであるThymus and activation-regulated chemokine(TARC)を大量に産生することを明らかにした[15]．

3 異常妊娠とTh1/Th2

免疫機序による習慣流産には，夫に由来する同種抗原に対して拒絶反応を生じる同種免疫性のものと抗リン脂質抗体など自己抗体産生による血栓形成や絨毛細胞障害など自己免疫性のものがある．子宮筋腫や奇形などの器質的疾患や染色体異常，感染を除外した習慣流産患者を自己抗体の有無を指標に自己免疫性ものと同種免疫性のものに分類して検討すると，前者では健常者に比較しTh2優位，後者はTh1優位であった[14]．Th1優位の患者に対して夫リンパ球による免疫療法を行うと大部分の患者でTh2優位が誘導され，Th1/Th2比が下がった患者ではそうでない患者に比較して統計的に有意に高い妊娠率が得られた（図62）[14)16]．また，妊娠中のTh2優位の粘膜免疫応答は日和見感

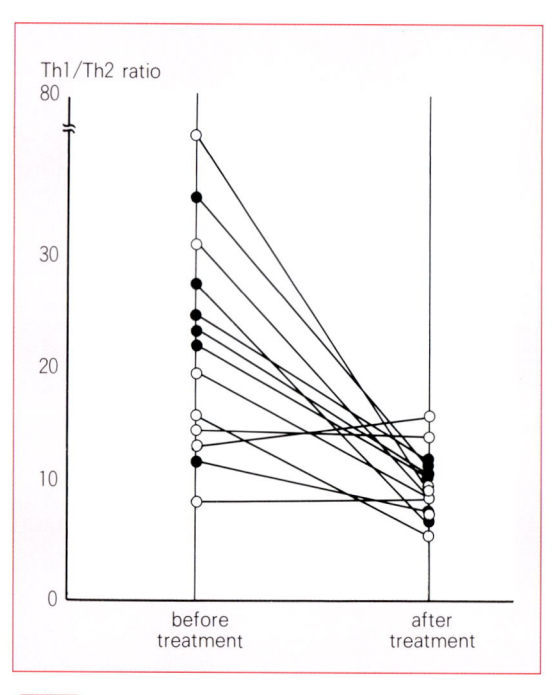

図62 習慣流産患者Th1/Th2比に対する夫リンパ球免疫療法の効果
○：治療終了6ヵ月以内に妊娠成立せず，あるいは再度流産．●：治療終了6ヵ月以内に妊娠成立
〔Hayakawa S et al：Am J Reprod Immunol **43**, 97 (2000) による〕

染の原因になると考えられるが，筆者らは重症型妊娠悪阻の一部において消化性潰瘍の原因菌として注目される*Helicobacter pylori*の慢性感染と急性増悪が関与していることを明らかにした[17]．

　近年，妊娠中毒症患者において血中のサイトカインを検討した報告が見られる．特にTh1誘導サイトカインであるIL-12は妊娠中毒症に血小板減少と溶血，肝障害を伴うHELLP症候群において著しい上昇をみるとされる[18)19)]．筆者らはin vitroでヒト末梢血リンパ球および脱落膜リンパ球をIL-12単独あるいはIL-2と同時に刺激することによって胎盤絨毛初代培養細胞や絨毛癌細胞に傷害性を獲得することを明らかにした[20]．これはTh1サイトカインが胎盤傷害に作用する直接の証拠の一つとなる所見である．
移植片である胎児胎盤の拒絶を防ぐにはTh2優位が望ましいと考えられるが，Th2の過剰優位は自己免疫素因を有する患者やアレルギー患者の増悪の原因となる可能性がある．筆者らは，C57BL/6（雄）×BALB/C（雌）異系妊娠マウスにIL-12処理によってTh1優位としたvirgin BALB/C CD4リンパ球を移入すると胎児胎盤の吸収が見られるが，IL-4処理によりTh2優位にした場合でも同様の所見が見られること，すなわち両者いずれも過剰優位は胎児に対して傷害性に働くことを明らかにした[21]．さらに，IL-12処理リンパ球

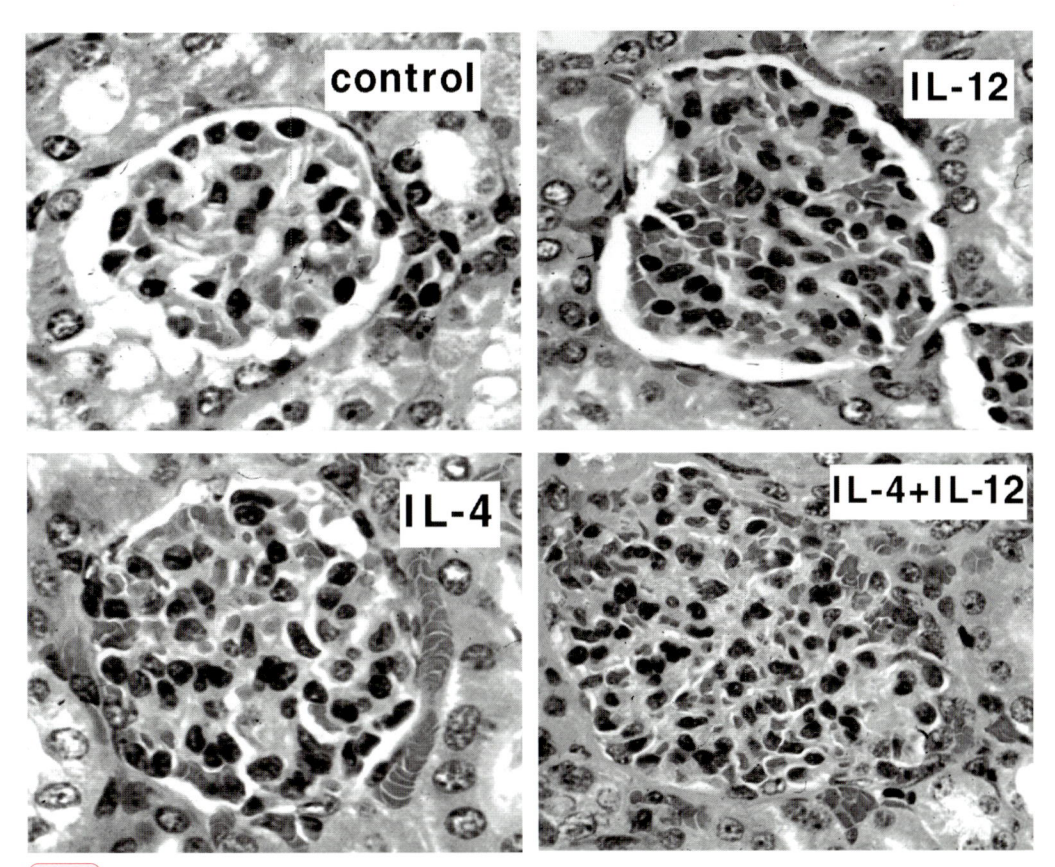

図63　IL-12，IL-4処理雌脾細胞移入による妊娠マウス腎の変化
〔Hayakawa S et al：J Reprod Immunol **47**，121（2000）による〕

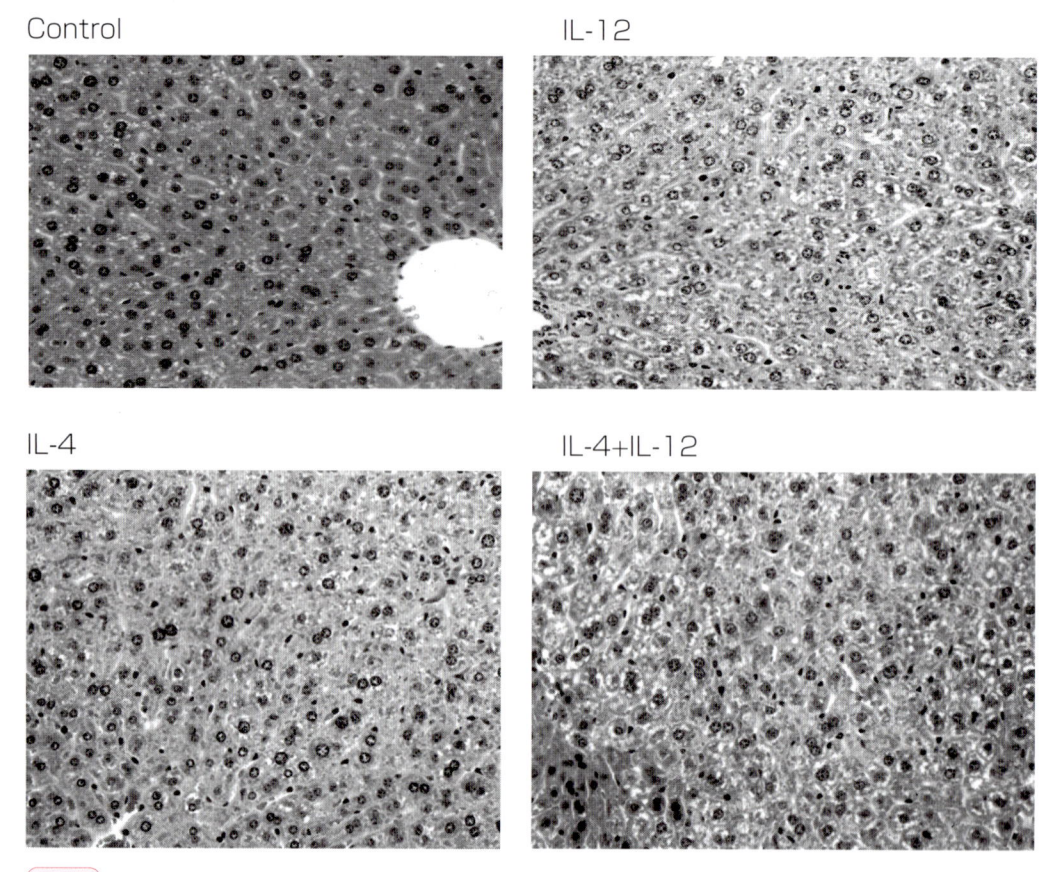

| Control | IL-12 |
| IL-4 | IL-4+IL-12 |

図64 IL-12, IL-4処理雌脾細胞移入による妊娠マウス肝の変化
〔Hayakawa S et al：J Reprod Immunol **47**, 121 (2000) による〕

の移入によってメサンギウム細胞の増殖を主体とした糸球体腎炎が見られるが，IL-4でも基底膜の肥厚を中心とした腎変化が見られること，ただし肝障害はIL-12処理においてのみ見られることを明らかにした（図63, 64）．また，妊娠マウスの血圧がIL-12/IL-4処理いずれの系においても上昇することを明らかにした．この妊娠中毒症モデルでは移植片である胎児胎盤の存在下においては臓器移植の拒絶反応や多くの自己免疫疾患同様にTh1, Th2両者が相乗的に作用して病態形成に関与していると考えられる．

4　胸腺外T細胞

　ヌードマウスや胸腺摘除後も少数のT細胞が見られることからマウスでは胸腺を経ないで分化するT細胞の存在が報告された．ヒトでもその存在が予想されていたがその実態は不明であった．筆者らは未分化なT cell receptor (TCR) 分子の再構成に必須のRAG-1, RAG-2をマーカーとして世界で初めてヒトの脱落膜で分化する胸腺外T細胞の存在を証明した[22]．驚くべきことに脱落膜胸腺外T細胞の母細胞は未熟なNK細胞と考えられてい

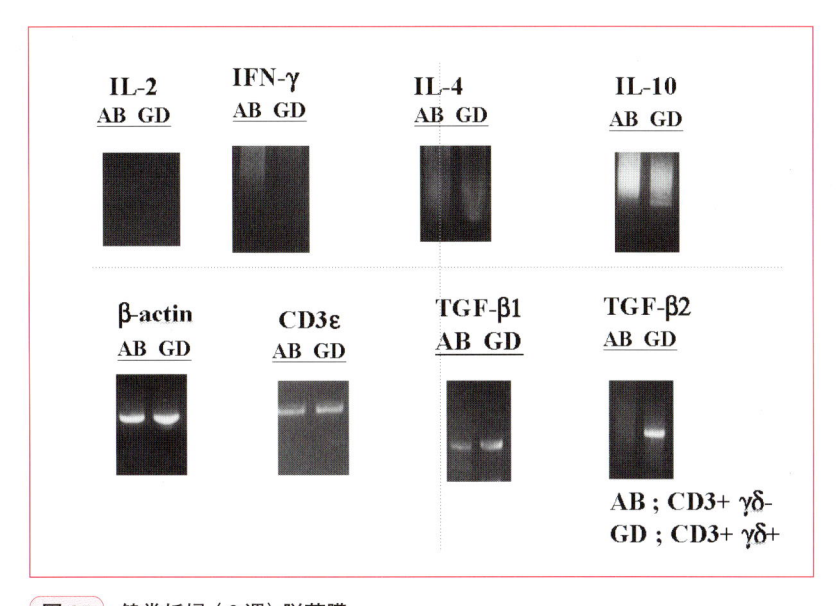

図65 健常妊婦（8週）脱落膜
αβ，γδT細胞は絨毛癌可溶化抗原刺激によってTh2サイトカインを産生する

たCD56[bright]LGLであった．この知見は複数の施設によって追試証明されたが[23)24)]，筆者らはさらに脱落膜におけるVγIT細胞の分化と妊娠維持における機能を証明した[25)]．同時期に腎癌腫瘍内リンパ球やアレルギー患者鼻粘膜リンパ球が同一のレセプターを使用することが相次いで報告され[26)27)]，現在ではγδT細胞にはtype Iのサイトカインを産生するものとtype IIのサイトカインを産生するものの二種類があることが明らかになった[28)]．γδT細胞は個体発生の初期から存在し，成人では表皮や腸管粘膜上皮内など限られた部位に存在する．ヒト・マウスともに使用するT細胞レセプター遺伝子がγδ各々数個づつと少なく，自己のMHCに呈示された多様な異物抗原を認識するよりは，多様性のない自己MHC類似抗原（CD1やTLaなど）や熱ショック蛋白HSP60などを認識する．各種感染症で早期からγδT細胞の増加が認められることから，感染の初期防御に関与していると考えられるが，粘膜では過剰な免疫応答を抑制するなど局所の免疫調節に関与する可能性が報告されている．Suzukiらは，異系妊娠（C3H/He×AKR/J）マウスでは脱落膜のγδTリンパ球が著しく増加すること，そしてこの細胞群がTGF-βの介して母マウスT細胞のアロ免疫応答性を強く抑制することを報告した[29)]．脱落膜においてはαβT細胞も末梢に比較して少数のTCRレパトアを使用するが，最近，TsudaらはVα24Vβ11を使用しCD161陽性のNKT細胞が末梢血に比較してより多く存在することを報告した[30)]．筆者らの検討では健常妊婦脱落膜T細胞をMACSで分離し絨毛癌可溶化抗原で刺激すると，αβ，γδT細胞ともにTh2サイトカインやTGF-β mRNAを発現することが明らかになった（図65）．

おわりに

消化管をはじめとする粘膜免疫においてはTh1型の細胞性免疫応答よりもIgA，IgMなど分泌型のIgを主体としたTh2型の液性免疫応答が主体となる．これが腸内細菌叢を制御し食物アレルギーを防ぎ子宮では胎児の生着を可能としているのであろう．しかし，一方では上皮から生じる悪性腫瘍に対しては拒絶応答を有効に誘起できない．その意味で妊娠を含む粘膜免疫の成立や異物認識機構の理解から，臓器移植や悪性腫瘍，免疫不全症の解析や治療の新たな展望が開ける可能性がある．

文献

1) D'Elios M et al：Transplant Proc **30**, 2373 (1998).
2) Wegmann TG et al：Immunol Today **14**, 353 (1993).
3) Krishnan L et al：J Immunol **156**, 653 (1996).
4) Chaouat G et al：J Immunol **154**, 4261 (1995).
5) Haynes MK et al：J Reprod Immunol **35**, 65 (1997).
6) Tezabwala BU et al：Immunology **67**, 115 (1989).
7) Shiraishi H et al：Clin Lab Immunol **48**, 93 (1996).
8) Yui-J et al：Placenta **15**, 819 (1994).
9) Kinsky R et al：Am J Reprod Immunol **23**, 73 (1990).
10) Fried M et al：J Immunol **160**, 2523 (1998).
11) Hill JA et al：JAMA **273**, 1933 (1995).
12) Ostensen M：Ann New York Acad Sci **876**, 131 (1999).
13) 早川　智：日本輸血学会誌 **45**, 747 (1999).
14) 早川　智：日産婦誌 **51**, 626 (1999).
15) Nagai N et al：submitted.
16) Hayakawa S et al：Am J Reprod Immunol **43**, 97 (2000).
17) Hayakawa S et al：Am J Perinatol **17**, 243 (2000).
18) Dudley DJ et al：J Reprod Immunol **31**, 978 (1996).
19) Daniel Y et al：Am J Reprod Immunol **39**, 376 (1998).
20) Hayakawa S et al：Am J Reprod Immunol **41**, 320 (1999).
21) Hayakawa S et al：J Reprod Immunol **47**, 121 (2000).
22) Hayakawa S et al：J Immunol **153**, 4934 (1994).
23) Kimura M et al：Cell Immunol **162**, 16 (1995).
24) Mincheva-Nilsson L et al：J Immunol **159**, 3266 (1997).
25) Hayakawa S et al：Am J Reprod Immunol **35**, 233 (1996).
26) Olive C et al：Cancer Immunol Immunother **44**, 27 (1997).
27) Pawaukar R et al：J Allergy Clin Immunol **95**, 190 (1995).
28) Seo N et al：J Interferon & cytokine Res **19**, 555 (1999).
29) Suzuki T et al：J Immunol **154**, 4476 (1995).
30) Tsuda H et al：Am J Reprod Immunol (in press).

〔早川　智〕

4 子宮 NK 細胞

はじめに

母子境界領域の免疫応答は，受精卵着床から胎盤形成を経て分娩に至るまでの妊娠の成立（すなわち，胚子の生存）にとって決定的な要因の一つである．免疫担当細胞のうち，種普遍的に出現し最も著しい変動を示すのは顆粒リンパ球である．顆粒リンパ球の形態，時期，頻度および分布に種差はあるが[1)-16)]（表29），ここでは最近データ蓄積の著しいマウス妊娠子宮でみられる顆粒リンパ球に注目した．

マウス妊娠子宮では，間膜腺（metrial gland）が胚着床後すぐに子宮広間膜側の筋層に挟まれた形で形成され，各着床部位で発達する（図66）が，分娩前には萎縮する．間膜腺構成細胞の約20％は多数の大型の細胞質顆粒（マウスで直径5 mmまで）を含む巨大なリンパ球様細胞（マウスで直径50mmまで）によって占められている．この細胞はその局在から顆粒性間膜腺細胞（granulated metrial gland cell，以下GMG細胞）と呼ばれてきた．GMG細胞は，間膜腺だけでなく基底脱落膜にも局在するが，分化・増殖は間膜腺のみで起こる[17)18)]．その起源は，ラット骨髄細胞で再構築したマウス[19)20)]およびマークしたマウス骨髄細胞で再構

表29 各動物における妊娠子宮にみられる顆粒リンパ球

動物	名称	細胞のサイズ	顆粒のサイズ	PAS	文献
マウス	Granulated metrial gland cells, uterine NK dells	30～50μm	2～5μm	+	1
ラット	Granulated metrial gland cells, uterine NK dells	25～30μm	1～3μm	+	1,2
ハムスター	Endometrial granulocytes	15～20μm	2～4μm	+	3
エジプト野性マウス	Granulated endometrial cells	NR	0.6～3.6μm	+	4
ハタネズミ	granulated metrial gland cells	20～30μm	2～4μm	+	5
食虫目	Endometrial glanulocytes	～30μm*	～4μm*	+	6
コウモリ	Endometrial glanulocytes	NR	NR	+	7
反芻類**	Endometrial glanulocytes	10～13μm	2～4μm	+	8,9
ブタ	Endometrial glanulocytes	～15μm*	～4μm*	+	8
ウマ	Endometrial glanulocytes	～15μm*	～4μm*	+	10,11
サル	Endometrial glanulocytes	10μm	0.5μm*	+	12,13
ヒト	Endometrial glanulocytes, decidual NK cells	12～15μm	～4μm	+	14,15,16

NR：報告なし，*木曽らの計測による．**ヒツジ，ヤギ，ウシ，シカ

III 子宮内膜・着床・免疫

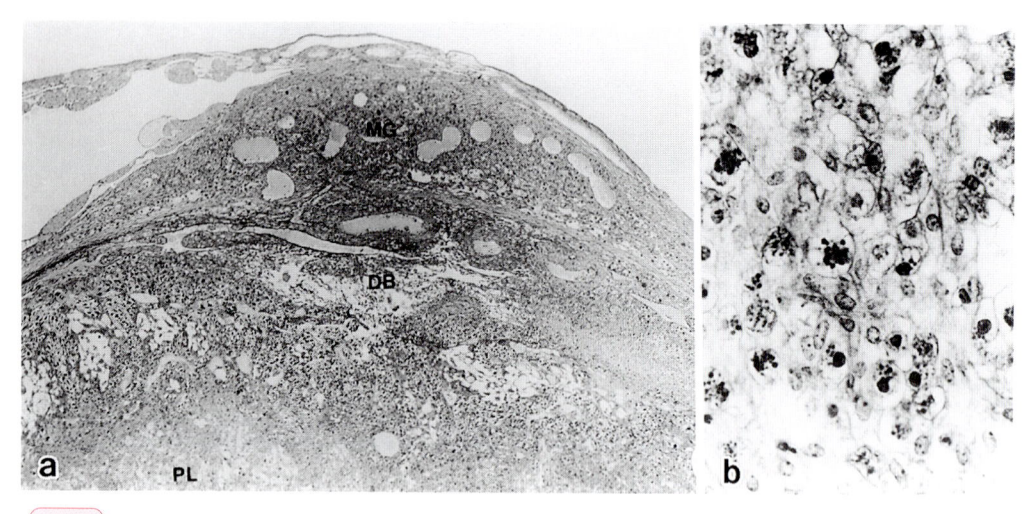

図66 妊娠12日のマウス着床部位（PAS染色）
a）着床部位の横断像．DB;基底脱落膜，MG;間膜腺，PL;胎盤迷路部（×40）
b）間膜腺の強拡像．PAS陽性顆粒を持つuNK細胞が多数見られる（×400）

築したマウス[21)22)]を用いて，骨髄由来であることが明確に証明された．GMG顆粒は好酸性，PAS陽性で，細胞傷害性蛋白（perforinとserine esterase）を含む[23)-25)]．その表面抗原型はasialo-GM1, Ly49G2（以前のLGL-1），NK1.1, Thy-1, FcR, 4H12, GMG-1, CD45に陽性であるが，CD3, CD4, CD5, CD8, IgM, $\alpha\beta$-TcR, $\gamma\delta$-TcR, F4/80, Mac-1には陰性である[25)-31)]．これらの顆粒の形態と表面抗原性は，GMG細胞がNK細胞サブセット，つまり子宮NK（uNK）細胞であることを示している．uNK細胞はIL-2R α, β, γを持ち，IL-2添加によりYAC-1に対して低い細胞傷害活性を示す[32)]が，IL-2無添加ではIL-1, CSF-1, LIF[33)], EGF[34)]を分泌する．ここではuNK細胞の分化と機能に関する知見を項目別に述べる．

1 uNK細胞の分化

　着床後～胎盤形成期の成熟したuNK細胞は，細胞および顆粒のサイズが大きいが，着床前の未熟なuNK細胞はそれらが小さく，Ly49G2抗体[35)36)]でのみ同定可能である．Ly49G2⁺細胞は非妊娠子宮で散在であるが，着床と同時に分化し始める．非妊娠子宮片の異所性移植実験[37)]から，uNK前駆細胞が非妊娠子宮内に既に存在していたこと，およびその分化に雄側のいかなる因子も必要としないことが明らかにされた．実際，偽妊娠でもその分化は誘導される．また，ドナーとレシピエントの年齢を色々組み合わせた異所性移植実験[38)]および着床遅延モデルでのuNK細胞分化の解析から[39)]，その分化には脱落膜化反応が必要であることがわかった．しかし，uNK細胞を欠損するTgE26マウス（T⁻B⁺NK⁻，詳細は後述）の子宮片を端々結合により，正常マウス子宮に移植し，その2週後に交尾させた実験およびその逆の移植実験では，前者では脱落膜化が起こってuNK細胞の

分化がみられたのに対して，後者では脱落膜化は起こったにもかかわらず uNK 細胞の分化はみられなかった[40]．これは uNK 前駆細胞の多くが他の組織から来たこと，長期間子宮に居住せず寿命は約 2 週であること，脱落膜化反応は十分条件ではないことを示唆している．

それでは，その前駆細胞がいつ頃子宮内で出現するかを胎生期から性成熟までの子宮を使って調べると，Ly49G2$^+$細胞は生後 2 週で初めて出現し，性成熟期まで増数し，それ以降は変わらなかった．この出現時期と動態は，SPF 施設で飼育されたマウスおよび SCID （T$^-$B$^-$NK$^+$）マウスにおいても同様であった[41)42)]．これらは，Ly49G2$^+$細胞の子宮内出現がT細胞と違って[43]生後の出来事であり，微生物学環境因子やT・B細胞に影響されないことを示唆している．

要するに，uNK 前駆細胞は骨髄で作られ，末梢血に乗って生後に子宮へと運ばれる．子宮に長期間住むことなく還流しており，妊娠の成立と同時に末梢血から子宮へと急速かつ大量に動員され，脱落膜反応にともなって分化するものと考えられる．

2 uNK 細胞と細胞外基質（ECM）との相互関係

uNK 細胞は着床と同時に無顆粒（あるいは小型の顆粒）性の小さい細胞から大型顆粒を含む巨大な細胞に分化し，基底脱落膜と間膜腺のみに局在するようになる．一方，妊娠子宮は ECM のプールであり，ECM レセプター，VLA-インテグリンファミリーは標的細胞への NK 細胞の付着，移動能力，生存性，傷害性，サイトカイン遺伝子発現の制御などに重要な役割を担っている[44)～46)]．したがって，uNK 細胞と ECM との相互関係を知ることは重要である．

1 in vivo での検討

全身性進行性硬化症マウス（Tsk/+）[47]と遺伝的リンパ節欠損マウス（aly/aly）[48]での uNK 細胞の研究がある．Tsk マウスはコラーゲン I と III を過剰発現[49]し，Aly マウスはリンパ性組織の微小環境の異常とされている[50)51)]．Tsk マウスの uNK 細胞は正常に分化したが，壁側脱落膜や着床間領域などの通常では見られない部位にも存在した．一方，aly マウスの uNK 細胞は分布は正常であったが，分化の遅延が見られた．これらは ECM が uNK 細胞の分化や分布に影響を与えることを示唆する．

2 in vitro での生存性の検討

単離 uNK 細胞を ECM 無しで培養すると 48 時間で全細胞が死ぬが，ECM 上で培養すると 2 週間生存し，特にラミニン（LN）上では細胞小器官がよく保持され，フィブロネクチン（FN）上では細胞が伸張し，ビトロネクチン（VN）上では様々な形態の細胞が見られた[17)52)]．これらは ECM が uNK 細胞の生存性に影響を与えることを示唆するが，培養 uNK 細胞の顆粒は in vivo のそれとは異なっていたので，培養による変質が疑われる．

3 走化性

uNK細胞は胎盤形成期に間膜腺と基底脱落膜に集合・蓄積してくる．この高度の局在性に関してuNK細胞の走化性とECMとの相関をケモタキシスチャンバーを使って調べると，単離uNK細胞はECMと胎盤外円錐の栄養膜に反応して走化性を示し，IL-2や白血病阻止因子などに対してはまったく示さなかった．LNとVNに対して最も強度の走化性を示し（図67），FNと胎盤外円錐の栄養膜に対しては同程度であったが，これは栄養膜がFNを産生することが知られているのでそれと一致する[18]．これらはuNK細胞の走化性とECMが緊密な関係を持つことを示唆する．

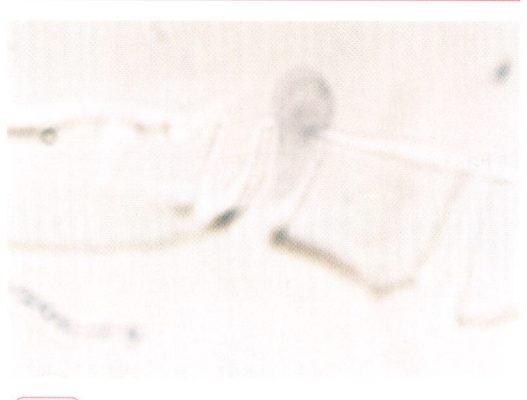

図67 単離uNK細胞はケモタキシスチャンバー膜の小孔を図の上から下へと通過している．チャンバー膜の下にはビトロネクチンを添加している．（×800）

4 ECMレセプター（ECMR）の発現

uNK細胞のECMR発現をVLA抗体を使って組織化学的に検索すると，未熟型にも成熟方にもすべてのuNK細胞でVLA-β1が発現していた．着床前～着床期（妊娠3～6日）の未熟なuNK細胞ではVLA-α1，VLA-α3（CO/LN-R），VLA-α4，VLA-α5（FN-R）およびVLA-α6（LN-R）が発現していたが，胎盤形成期（妊娠8～15日）の成熟したuNK細胞ではVLA-α4とVLA-α5（FN-R）のみ発現しており，その他のものは見られなかった[53]．これは前述したFN上で培養したuNK細胞が伸張したことと符合する．このECMR発現の胎盤形成初期（妊娠6～8日）での変化はuNK細胞の膜分子が変化したことによるのか，あるいは異なるサブセットが生まれ出たことによるのかは実験的疑問として残るが，重要な変化がこの時期起こっているものと思われる．

上記4項目の結果は，uNK細胞とECMとは緊密な相互関係を持っていることを示している．

3 uNK細胞のアポトーシス

uNK細胞は妊娠の経過とともに増殖するが，妊娠後期になると減少を始め，満期には見られなくなる．また，間膜腺も萎縮し痕跡程度でしか残らない．uNK細胞の消失については子宮外への流出，細胞死などが考えられてきた[1]．実際，妊娠15日のuNK細胞は核濃縮や細胞質の空胞化などのアポトーシス様変化を示し，特に顆粒の異形化が顕著である．免疫組織学的にDNAの断片化を検出すると，妊娠15日のuNK細胞の核は陽性であり，単

離uNK細胞から抽出DNAの電気泳動では明瞭なラダー状のパターンを示す．しかし，妊娠12日のuNK細胞の抽出DNAではラダーが見られないことから，妊娠後期（15日以降）のuNK細胞の減少にアポトーシスが関与していることが示唆された[54]．遺伝的にFas（CD95）抗原を欠損するlpr/lprマウスでは，妊娠後期においてもuNK細胞が多数存在する[55]．また，妊娠12日のuNK細胞にはFas抗原の発現がみられなかったが，妊娠15日ではFas抗原が発現していた．さらに，妊娠12日および15日からの単離uNK細胞にFasリガンドを添加して培養すると，無添加と比較して15日の単離uNK細胞においてアポトーシスを起こした細胞数が有意に増加した[56]．これらは，妊娠後期でのuNK細胞のアポトーシスはFas/Fasリガンドシステムを介することを示唆するが，lprマウスでもuNK細胞数は減少傾向を示したので，Fas/Fasリガンドシステムだけではないであろう．一方，分娩遅延モデルではuNK細胞は妊娠満期でも多数存在した．さらに，単離uNK細胞にFasリガンドとプロジェステロンを添加して培養すると，プロジェステロン無添加と比較して妊娠15日の単離uNK細胞においてアポトーシスを起こした細胞数が有意に減少した[39]．これらはプロジェステロンによってアポトーシスが抑制されたことを示唆する．

4　流産とuNK細胞

uNK細胞は細胞傷害性蛋白（perforin）を持つこと，IL-2存在下でYAC-1に対して低い傷害活性を持つことなどから，流産への関与が否定しきれない．

自然流産モデル〔CBA（H-2^k）♀×DBA（H-2^d）♂〕[57]-[59]では，妊娠10〜16日の流産率は24%であったが，perforin陽性，asialoGM1陽性のuNK細胞は流産胎盤においても間膜腺および基底脱落膜に局在し，胎盤迷路部や胎子遺残物に侵襲しなかった．その細胞密度は正常と有意差はなく，さらに，perforinは依然細胞内に含有されており，流産に際して分泌された形跡は見られず，流産と正常との間でuNK細胞の形態に差違は見られなかった[59]．つまり，MHCクラスII抗原不適合による自然流産に，uNK細胞は関与していないものと思われる．また，人工流産モデル〔妊娠B6マウスへのIL-2投与〕[59][60]では，妊娠12日で流産率は48.5%であったが，uNK細胞密度は，流産部が正常部に比べて有意に減少していた．しかし，正常部および流産部の間膜腺で多くのuNK細胞が観察されたが，胎盤迷路部や胎子領域へは侵入せず，両部位のuNK細胞および顆粒に大きな形態的相違は見られなかった．流産部での減少は胎子摘出実験でも同様の結果であることから胎子の喪失から引き起こされた結果であろうと推察される[59]．つまり，IL-2投与による人工流産にもuNK細胞は関与していないらしい．以上の流産モデルの結果は，uNK細胞の機能が流産誘起とは異なるところにあることを示唆している．

一方，IL-2Rβ鎖を過剰発現する遺伝子改変マウス（Tg2Rβ）では着床は正常に起こるが，胎盤完成期に流産が誘起された[61]．間膜腺と基底脱落膜には多くのuNK細胞が存在し（図68），胎子側胎盤への侵入が見られるなど，通常では見られない像が観察された．本マウスでの流産とuNK細胞の関連は今後の課題であるが，uNK細胞の異常な分化は流産

を誘起する可能性があることを示す唯一のモデルである．

5　血管新生とuNK細胞

母体胎盤形成の本質的事象として，母体血管の新生とその構築の変化と調和があげられる．ヒトCD3ε遺伝子を過剰発現させたTgE26マウスは，T細胞およびNK細胞を欠損する(B細胞は正常)が，同時にuNK細胞も欠損している．TgE26では胎盤の発達が悪く(対照の半分)，間膜腺は形成されない(図68)．TgE26では着床は正常に起こるが，妊娠12～14日に段階的に流産が起こる．この時の胎盤内では血管壁の肥厚や血栓の形成等の病理学的変化が見られ，局所的な血圧の上昇が起こっている[62)63)]．血管鋳型標本での解析から，特に基底脱落膜を通過するラセン動脈に血管構築の異常が見られた[64)65)](図69)．このような病変はヌードマウスやSCIDマウスでは見られないことから，uNK細胞欠損による結果と思われた．すなわち，uNK細胞は血管新生・構築を通して胎子の生存と胎盤の形成に不可欠な機能を持つものと考えられる．このことは，TgE26(T⁻B⁺NK⁻)にSCID(T⁻B⁻NK⁺)の骨髄を移植し，TgE26にuNK細胞を再構築した実験でさらに明らかになった[22)]．uNK細胞を再構築したTgE26では，胎盤の大きさ，間膜腺の形成が回復し，胎子の生存率が上がり血管病変がほとんど見られなくなった[22)]．これらは，uNK細胞が胎盤形成期においてinduciable NO synthetaseの産生により[66)]，血管平滑筋を拡張し胎盤血

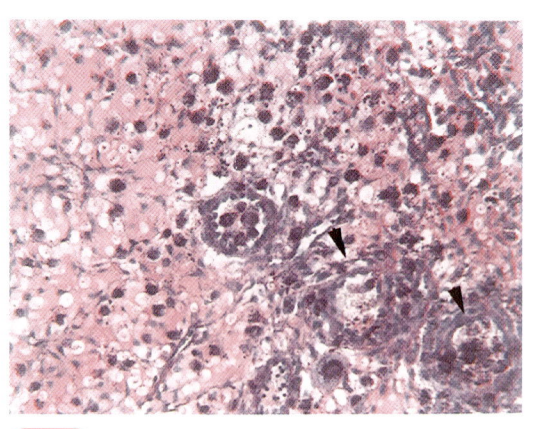

図68　妊娠10日のTg2Rβマウスの基底脱落膜
多くのuNK細胞が存在し，動脈壁は肥厚している(矢頭)．(×400)

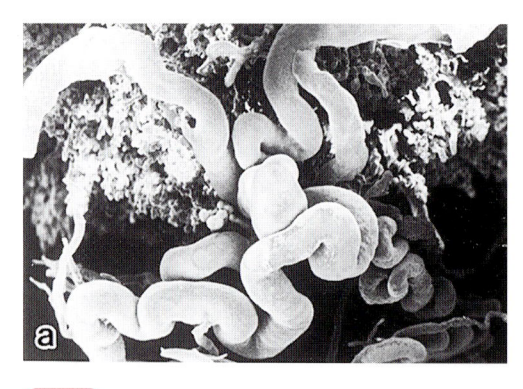

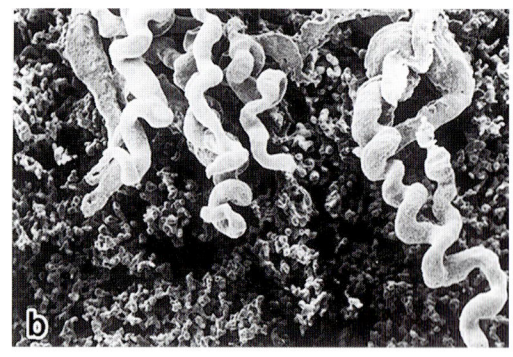

図69　基底脱落膜内のラセン細動脈の血管鋳型標本
対照マウス(a)と比較して，TgE26(b)のラセン細動脈は細く，所々で途切れている．(×40)

流を促進させ，また胎盤形成期における血管新生にも関与していることを示唆した．さらに最近，TgE26とよく似て脱落膜の血管構築に異常を持ち，uNK細胞を欠損するRAG2$^{-/-}$・γc$^{-/-}$マウスにIFN-γを投与するとuNK細胞を欠損したままで脱落膜の血管は新生し，その構築は修正され，基底脱落膜の異常が改善されることが分かった[67]．uNK細胞がこの妊娠時期の最もメジャーなIFN-γの分泌細胞である[68)-70)]ことから，上記の結果はuNK細胞由来のIFN-γが妊娠の維持に最も重要であることを明確に示している．

おわりに

uNK細胞の機能と分化に関してさらなる探求が必要であるが，uNK細胞は哺乳類が生み出した有効な生殖戦略の一つであり，母子境界領域での免疫応答を理解するうえで最も有効な指標であるような気がする．

文　献

1) Peel S：Adv Anat Embryol Cell Biol **115**, 1 (1989).
2) Head JR：Nat Immun **15**, 7 (1996-7).
3) Bulmer D：J Anat **136**, 329 (1983).
4) Floyd AD et al：Anat Rec **190**, 396 (1978).
5) Stewart IJ et al：J Anat **182**, 75 (1993).
6) van der Horst CJ：Trans R Soc S Africa **XXXII**, 435 (1950).
7) Rasweiler JJ IV：Am J Anat **191**, 1 (1991).
8) Croy BA et al：J Anim Sci **72**(Suppl), 9 (1994).
9) Hansen PJ：J Reprod Fert **49**(Suppl), 69 (1995).
10) Enders AC et al：Am J Anat **192**, 366 (1991).
11) Steven D：J Reprod Fert **31** (Suppl), 41 (1982).
12) Lee CS et al：J Anat **187**, 445 (1995).
13) Cardell RR et al：Am J Anat **124**, 307 (1969).
14) King A et al：Immunol Today **12**, 432 (1991).
15) Minchea-Nilsson I et al：J Immunol **152**, 2020 (1994).
16) Loke YW et al：Cell Biology and Immunology, Cambridge Univ Press (1995).
17) Croy BA et al：Micro Res Tech **25**, 189 (1993).
18) Kiso Y et al：in Reproductive Biology Update (eds Miyamoto H & Manabe N), 327 (Shoukadoh Co, Kyoto, 1998).
19) Peel S et al：Cell Tissue Res **233**, 647 (1983).
20) Peel S et al：J Anat **139**, 593 (1984).
21) Lysiak JJ et al：Biol Reprod **47**, 603 (1992).
22) Guimond M-J et al：J Exp Med **187**, 217 (1998).
23) Parr EL et al：Biol Reprod **37**, 1327 (1987).
24) Zheng LM et al：J Cell Sci **99**, 317 (1991).
25) Parr EL et al：J Immunol **145**, 2365 (1990).
26) Redline RW et al：Lab Invest **61**, 27 (1989).
27) Mukhtar DDY et al：J Reprod Immunol **15**, 269 (1989).
28) Parr EL et al：Biol Reprod **44**, 834 (1991).
29) Daki NM et al：Reprod Immunol **16**, 249 (1989).
30) Linnemeyer PA et al：J Immunol **147**, 2530 (1991).
31) Stewart IJ et al：J Immunol Method **172**, 125 (1994).
32) Croy BA et al：Cell Immunol **133**, 116 (1991).
33) Croy BA et al：J Reprod Immunol **19**, 149 (1991).
34) Kusakabe K et al：J Vet Med Sci **61**, 947 (1999).
35) Mason LH et al：Immunol **145**, 751 (1990).
36) Mason LH et al：J Exp Med **182**, 293-303 (1995).
37) Kiso Y et al：Transplantation **54**, 185 (1992).
38) Nakamura O et al：J Reprod Immunol (in press, 2001).
39) Hondo E et al：J Reprod Immunol (in press, 2001).
40) Croy BA et al：Int Workshop on Embryogenesis and Implantation (1999).
41) Kiso Y et al：Biol Reprod **47**, 227 (1992).
42) Yoshizawa M et al：J Vet Med Sci **56**, 415 (1994).
43) Croy BA et al：J Reprod Immunol **23**, 223 (1993).
44) Hemler M：Ann Rev Immunol **8**, 365 (1990).
45) Lotzova E et al (eds)：NK Cell Mediated Cytotoxicity Receptor Signalling and Cytotoxicity (CRC Press, Boca Raton, FL, 1992).

46) Shimizu Y et al : FASEB J **5**, 2292 (1991).
47) Kiso Y et al : Cell Tissue Res **268**, 393 (1992).
48) Kiso Y et al : J Vet Med Sci **59**, 1137 (1997).
49) Jiminez SA et al : J Biol Chem **261**, 657 (1986).
50) Miyawaki S et al : Eur J Immunol **24**, 429 (1994).
51) Kuramoto T et al : Int Immunol **7**, 991 (1996).
52) Croy BA et al : J Reprod Immunol **32**, 241 (1997).
53) Kiso Y et al : J Reprod Immunol **27**, 213 (1994).
54) Kusakabe K et al : J Vet Med Sci **61**, 1093 (1999).
55) Delgado SR et al : J Leukoc Biol **59**, 262 (1996).
56) Kusakabe K et al : J Vet Med Sci (in press, 2001).
57) Clark DA et al : Am J Reprod Immunol **29**, 199 (1993).
58) Zheng LM et al : Biol Reprod **48**, 1014 (1993).
59) Kiso Y et al : J Reprod Immunol **42**, S20 (abstr) (1999).
60) Tezabwala BU et al : Immunology **67**, 115 (1989).
61) Namba Y et al : J Vet Med Sci **63**, 99 (2001).
62) Guimond M-J et al : Biol Reprod **56**, 169 (1997).
63) Guimond M-J et al : Am J Reprod Immunol **35**, 501 (1996).
64) Greenwood JD et al : Placenta **21**, 693 (2000).
65) Namba Y et al : J Reprod Immunol (in press, 2001).
66) Hunt JS et al : Biol Reprod **57**, 827 (1997).
67) Ashkar AA et al : J Exp Med **192**, 259 (2000).
68) Saito S et al : Int Immunol **5**, 559 (1993).
69) Platt JS et al : J Leukoc Biol **64**, 393 (1998).
70) Ashkar AA et al : Biol Reprod **61**, 493 (1999).

〔木曽康郎〕

5 末梢血免疫担当細胞の胚着床促進作用

はじめに

　着床成立後，三次絨毛が形成され胎盤機能が活発になる妊娠4週以降，脱落膜に存在する免疫担当細胞は妊娠維持において重要な働きを担っていると考えられており，その調節機構の破綻により流産や妊娠中毒症などの妊娠経過の異常が引き起こされることが報告されている[1)-3)]．胚着床期の子宮内膜においては，免疫担当細胞が積極的に着床促進的に働いていることを示した報告は現在のところ認められないが，子宮内膜に存在する免疫担当細胞の各細胞分画が月経周期および妊娠成立に伴って変化すること[4)]や，着床前の胚と子宮内膜とのcross-talkの存在[5)]などを考慮すると，胚着床過程において子宮内膜に存在する局所免疫担当細胞が，早期より何らかの生理的役割を担っている可能性も考えられる．

　一方，受精後ごく初期より母体血中にはearly pregnancy factorなどの胚由来の物質がすでに検出されることより[6)]，母体末梢血中に存在する免疫担当細胞もこの時点で胚由来物質の修飾を受け，胚の存在を認識している可能性がある．着床部位局所においては受精8日目に胚の栄養膜に裂孔が形成され，子宮内膜では血管の拡張と類洞化が起こり，受精12日目には胚栄養膜は血管内皮や内膜腺管を侵蝕し，末梢血および腺管分泌物は裂孔内に流入する．その結果，末梢血免疫担当細胞は胚組織と直接接触することになる．さらに，この場で胚栄養膜細胞から分泌されるhCGなどの生理物質の作用を受け，再び全身循環に戻る．われわれは，このような妊娠初期の末梢血免疫担当細胞が胚から分泌される生理物質により，あるいは胚の存在を認識することにより，何らかの機能的変化をきたしている可能性を想定し，妊娠初期のマウスの末梢血免疫担当細胞が胚着床に対して及ぼす作用について検討を行った．その結果，マウスにおいては妊娠時の末梢血免疫担当細胞が胚着床促進作用を有していることが明らかとなり，またヒト末梢血免疫担当細胞も，一部ではあるが同様の機能を発現していることが認められた．本稿では，これらの検討結果を提示し，新しい概念である末梢血免疫担当細胞の胚着床促進作用について述べる．

1　マウス末梢血免疫担当細胞の胚着床促進作用について

1　偽妊娠マウスにおける作用

　Closed ColonyであるICR系および近交系であるBALB/c系マウスにおいて，偽妊娠雌へ胚移植を施行する実験系を用い，末梢血免疫担当細胞のimplantation windowに及ぼす

III 子宮内膜・着床・免疫

作用について検討を行った．

成熟雌マウスが妊孕性のない精管結紮オスとの交尾を行うと，この腟刺激により偽妊娠黄体が形成される．そこから分泌されるプロゲステロンにより，子宮内膜は着床準備のため分化を開始する．交尾後2日目すなわち偽妊娠2日目までは，このマウスに胚移植を行っても移植された胚は生存できない子宮内環境となっている．偽妊娠3日目になるといわゆるimplantation windowが開き，移植された胚の生存が可能な状態となり，さらに偽妊娠4日目に起こるエストロゲンサージがtriggerとなり胚着床過程が開始する（図70）．

妊娠時の末梢血免疫担当細胞の胚着床に対する作用を検討するため末梢血免疫担当細胞の貯蔵臓器である脾臓より免疫担当細胞（以下splenocyte）を採取し，胚着床および生存を許容しない時期である偽妊娠2日目のマウスに2×10^7個/個体を静脈内投与して同時に胚移植を行った（図70A）．投与されたsplenocyteの細胞数はマウス一個体における全身循環の全単核球数の4〜5倍にあたるので，この操作により全身の末梢血単核球はその大部分が妊娠時のものに置換されたことになる．

その結果，胚着床期にあたる妊娠4日目の個体由来splenocyteの投与により移植胚の着床が成立した（図71）．また，ホルモン環境は妊娠状態と全く同じである偽妊娠4日目の個体由来splenocyteには胚着床促進効果が認められなかったことより，この妊娠時のsplenocyteの作用発現には，胚由来の因子の作用が重要であることが推察された[7]．

ICR系マウスにおいて認められたこの胚着床促進効果は，個々の個体が遺伝的に同一で

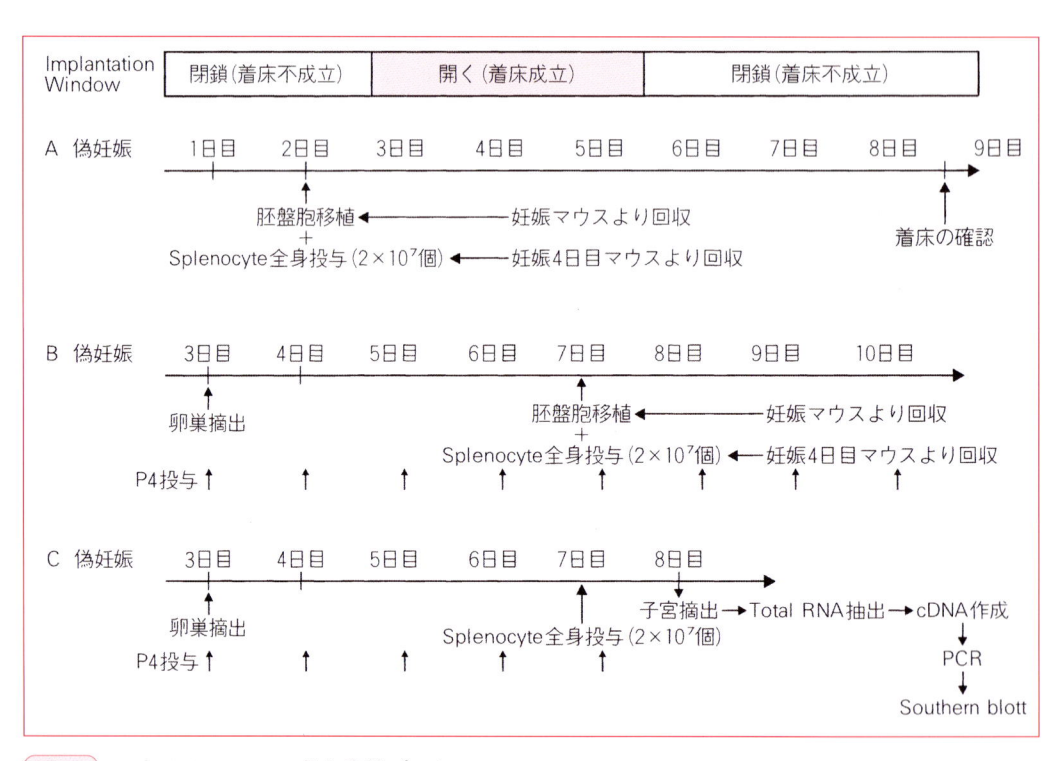

図70 マウスSplenocyte投与実験プロトコール

ある近交系のBALB/cマウスでもさらに顕著に認められたことより，マウスsplenocyteの着床促進効果発現は個体間の差異に伴う単純な免疫反応により引き起こされたものではなく，妊娠に伴って誘導された変化であることが推察された．

この現象は，マウス末梢血免疫担当細胞においては妊娠に伴い，恐らく胚由来の因子により機能的変化が生じることを示唆している．また，この機能的変化は着床現象に深く関連しており，エストロゲンやプロゲステロンなどの内分泌調節系の作用が不十分である状態でも，末梢血免疫担当細胞がそれらの作用を補うことにより胚着床を誘導する能力を有していることが示された．

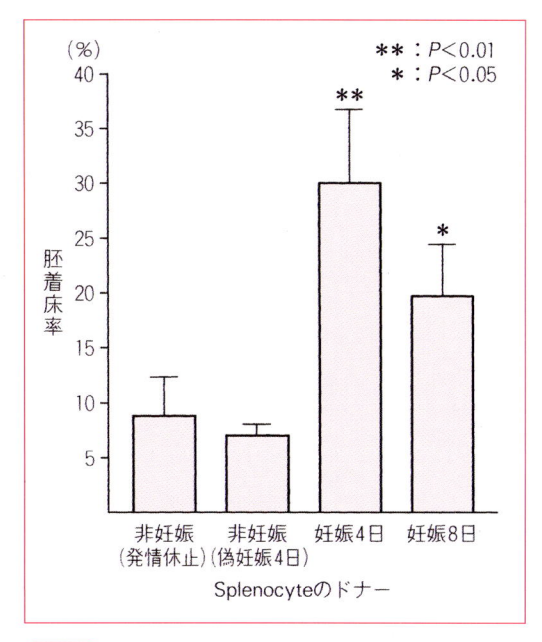

図71 偽妊娠2日目ICR系マウスへの胚移植におけるSplenocyteの着床促進作用

2　マウス着床遅延状態における作用

偽妊娠マウスにおいて，3日目に卵巣を摘出したのちプロゲステロンの補充を続けると，マウス子宮において胚生存の可能な状態が持続する．この状態で胚移植を行っても，着床は開始しないまま胚は休眠状態となる．胚は，プロゲステロン補充を続ければ数週間この休眠状態のまま生存することが可能である．これが着床遅延状態（delayed implantation）であり，ヒトを含め多くの哺乳動物においてその存在が報告されている[8)9)]．この条件下でエストロゲンサージが起こると，それが引き金となり着床が開始することより，子宮内環境の胚に対するneutral phaseからreceptive phaseへの移行を解析するうえで，この着床遅延状態は重要な実験系であると言える．

この着床遅延状態において胚移植を行い，エストロゲンの代わりにsplenocyteを静注して着床に対する効果を検討した（図70B）．その結果，妊娠個体由来のsplenocyte

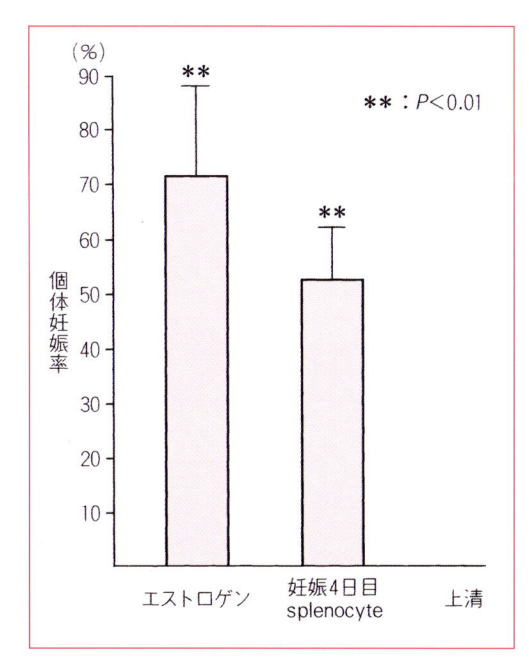

図72 マウス着床遅延状態における妊娠時splenocyteの着床促進作用

静注により，エストロゲン静注時と同様に胚着床が成立した（図72）[10]．このように，従来内分泌系が引き起こすとされてきた生理的現象が免疫系単独の作用で発現されたことは，両者の相互関係を考えるうえで興味深い．

3 免疫担当細胞の作用機構の解析

偽妊娠マウスにおいて妊娠時splenocyteの胚着床促進効果の作用経路について検討を行った．卵巣を摘出された着床遅延状態にあるマウスでも着床促進効果が認められたことより，妊娠時splenocyteの直接の作用部位として卵巣黄体ではなく子宮内膜が想定されるが，本実験によりその確認を行った．偽妊娠2日目のICRならびにBALB/c系マウスにおいて，子宮角の一方にsplenocyteを，対側にはその浮遊調整上清をコントロールとして子宮内膜間質内に局所投与し，同一個体において左右の子宮角における着床率を比較した．その結果，両系ともにsplenocyte投与側において有意に胚着床が促進され，妊娠時splenocyteは子宮に直接作用し，胚着床を促進しているものと考えられた．

続いて，同じ実験系を用いてsplenocyte中の有効細胞分画の同定を行った．妊娠個体由来splenocyte中のTリンパ球分画および単球分画をカラムにて分離し，偽妊娠2日目マウスに胚移植を行った後，これらを子宮内膜間質内へ局所投与し胚着床促進効果を検討した．その結果，Tリンパ球を除いた単球分画では有意な着床率の増加を認めなかったことより，着床促進作用にはTリンパ球分画細胞の存在が必要であることが判明した[10]．さらに，有効細胞分画はTリンパ球中のCD4（＋）CD8（－）細胞またはCD4（－）CD8（－）細胞分画であることが確認された[11]．

次に着床期のマウス子宮に発現し，マウス胚着床に必須とされるleukemia inhibitory factor（LIF）[12] を子宮内膜分化のパラメーターとして用いて，妊娠時のsplenocyteの子宮内膜分化に対する作用を検討した．着床遅延状態にあるICRならびにBALB/c系マウスに妊娠個体由来splenocyteを静注し，摘出後の子宮においてLIF発現の有無を検討した（図70C）．その結果，通常エストロゲンにより誘導されるLIF発現がsplenocyteの静注によっても誘導された．以上より，妊娠時のsplenocyteは子宮内膜に作用し，着床に有利な子宮内膜の分化を誘導することが示された．

4 マウス胚盤胞の in vitro 発育に及ぼす作用

末梢血免疫担当細胞の胚着床促進効果として子宮内膜に対する作用が明らかとなったが，続いて胚に対する直接作用について，マウス胚盤胞とsplenocyteによるInvasion assay系を作成し，これを用いて検討を行った（図73）．

底面が8ミクロンの小孔を多数有した膜構造となったチェンバーにおいて，膜上部に細胞外基質よりなるMatrigelをコートし，その上にマウス胚盤胞を静置させた．外側のチェンバー底面にマウスsplenocyteを配置すると，splenocyteから分泌される液性因子は膜小孔ならびにMatrigelを通過し胚盤胞に作用する．この作用のもとで胚盤胞は発育し，透明帯を脱出したのちMatrigel表面でspreadingを開始すると同時に，Matrigel内への浸潤を

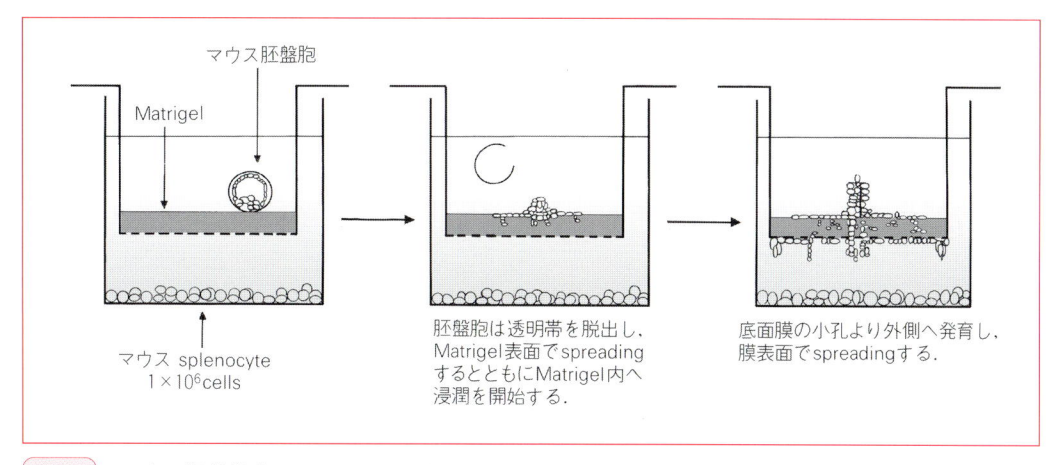

図73 マウス胚盤胞とsplenocyteによるInvasion Assay

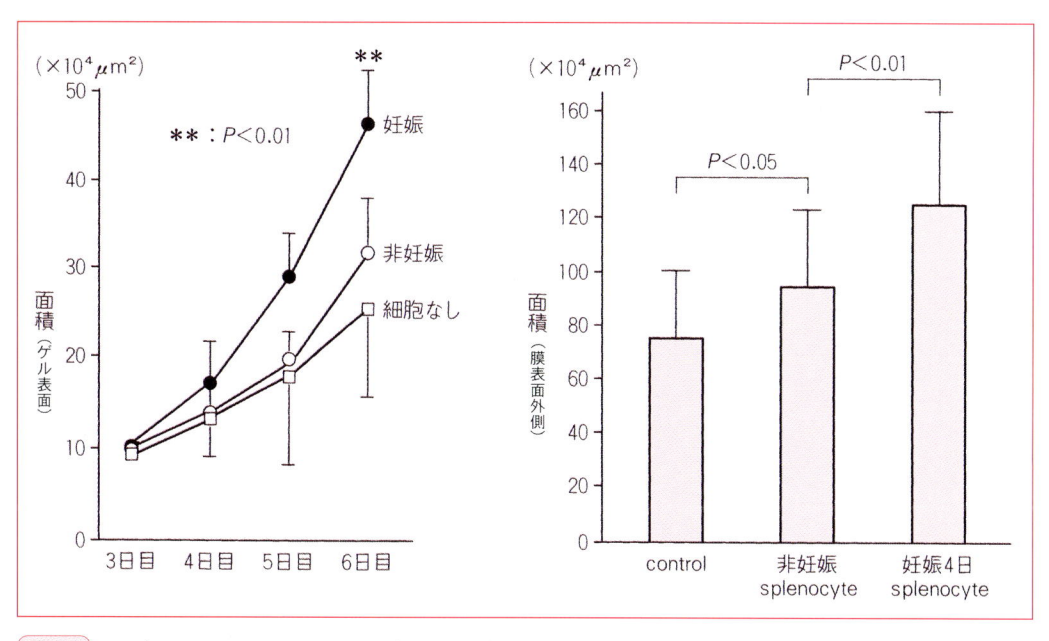

図74 マウスSplenocyteによる胚盤胞の発育促進作用

進める．そして，膜底面の小孔よりさらに外側に発育し，そこで膜外側表面をspreadingする発育を開始する．このMatrigel上でspreadingした面積，およびMatrigel内への浸潤後に，膜表面外側で発育した面積のそれぞれを測定し，マウス胚盤胞の発育能および浸潤能を評価した．

　その結果，マウス胚盤胞のMatrigel表面でのspreading面積および膜外側表面でspreadingした面積は，splenocyteとの共培養によりともに有意に促進された．また，妊娠個体由来のsplenocyteは非妊娠個体由来のものに比べ，マウス胚盤胞のspreadingを有意に促進した（図74）．以上の結果より，マウスにおいて妊娠時の末梢血免疫担当細胞は子宮内膜

177

のみならず胚に対しても直接作用し，着床に有利に働いている可能性が示された[13].

2 ヒト末梢血免疫担当細胞の胚着床促進作用について

　妊娠マウス末梢血免疫担当細胞の胚着床促進効果が，ヒト末梢血免疫担当細胞においても確認されれば，ヒトにおける胚着床機構の解明のみならず，現在，不妊症治療において最も重要な課題の一つである着床不全の原因究明や治療法の開発にもつながるものと考えられる．以下，ヒト末梢血免疫担当細胞の胚着床促作用について検討を行った．

1 ヒト末梢血単核球のマウス胚盤胞およびBeWo細胞発育能に及ぼす作用

　ヒト末梢血単核球（以下PBMCと略す）のマウス胚盤胞のMatrigel上での発育に対する作用を検討した．ヒトPBMCは妊娠初期（7週から12週）または黄体期中期のものを使用した．その結果，ヒトPBMCは，マウスsplenocyteと同じく，マウス胚盤胞のMatrigel上でのspreadingおよび膜外側表面でのspreadingを有意に促進した．また，マウスsplenocyteと同様に，妊娠時のものは非妊娠時のそれに比べ強い促進効果を示した[13]．同様のInvasion assay系でヒトPBMCのヒト絨毛癌細胞株であるBeWo細胞の浸潤能に対する作用を検討した．PBMCを外側チャンバー底面に配して，BeWo細胞を内側チャンバー底面のマトリゲル上で培養した後に，マトリゲル内を通過した細胞数をカウントしてBeWo細胞の浸潤能変化を評価した．妊娠時のPBMCは，非妊娠時のものに比べ有意にBeWo細胞の浸潤を促進することが示された．この際，各チャンバー内の総BeWo細胞数に差は認められなかったことより，妊娠時のPBMCはBeWo細胞の増殖能には影響を与えず，浸潤能のみを亢進させる作用を有していることが明らかとなった．

2 ヒトPBMCのヒト子宮内膜上皮細胞に対する作用

　ヒトPBMCは，マウス同様に胚に対して直接作用し，その発育を促進させる作用を有していることが明らかとなったが，子宮内膜自体に対しても着床促進的に作用するのであろうか．次に，この点についてヒト子宮内膜上皮細胞において検討を行った．胚と子宮内膜上皮との接着現象を解析するためin vitroモデルを作成し，PBMCの子宮内膜上皮培養細胞の接着能に対する作用を評価した．分泌期初期（排卵後5日以内）のヒト内膜上皮培養細胞と本人より採取したPBMCを共培養したのち，ヒト胚盤胞のモデルとして回転培養により集塊を形成させたBeWo細胞を用い，これを培養細胞の上に静置し培養細胞の胚接着能の変化を検討した（図75）．

　その結果，写真のようにBeWo細胞塊は無処理の子宮内膜上皮培養細胞には接着できなかったが，PBMCとの共培養を行ったものには強固に接着することが観察された（図76）．このことより，ヒトPBMCはin vitroにおいて子宮内膜上皮の接着能を亢進させることが明らかとなった．

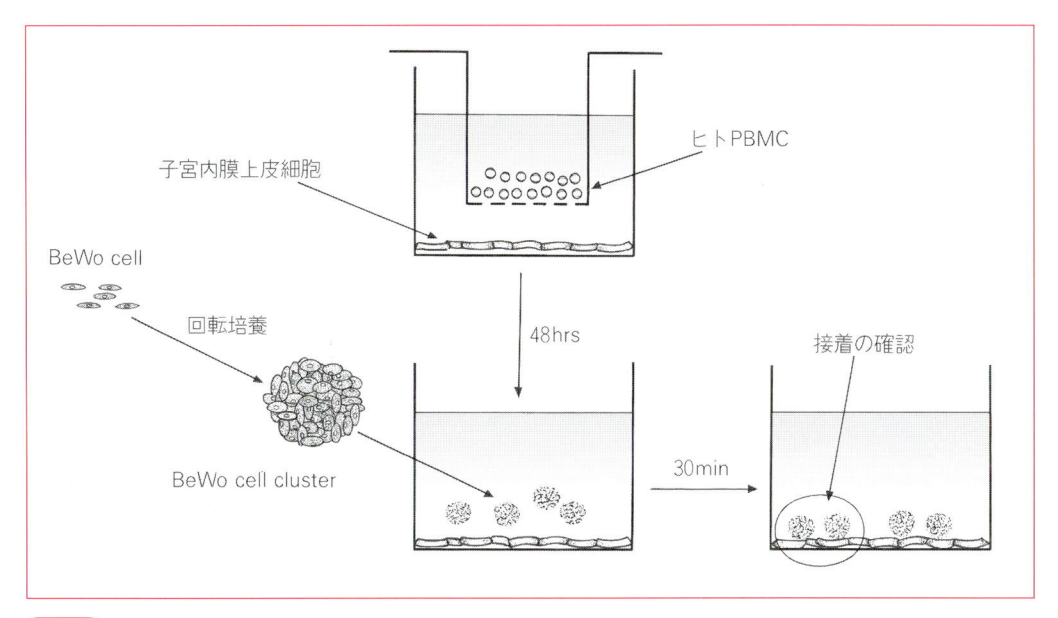

図75　子宮内膜上皮細胞のBeWo細胞に対する接着性に及ぼすヒトPBMCの作用

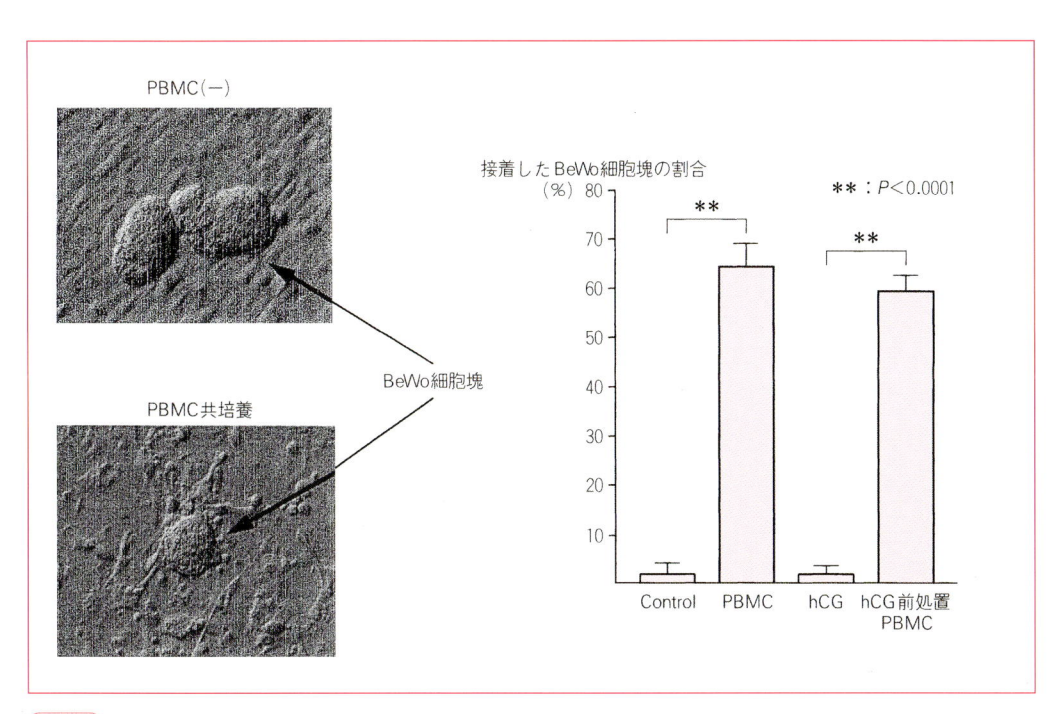

図76　PBMCとの共培養による子宮内膜上皮細胞のBeWo細胞に対する接着性の変化

3 ヒトとマウスの比較

　ヒト着床過程は，卵巣ステロイドホルモンによる子宮内膜の胚受容性獲得とそれに同期した着床前胚の発育，着床前からの胚と子宮内膜とのcross-talk，胚の子宮内膜上皮への接着，子宮内膜間質における血管透過性の亢進や着床周囲の限局した脱落膜化などの胚に対する反応性の変化，trophoblastの浸潤とその制御といった不可逆なカスケード状の現象からなる．近年，胚と子宮内膜上皮ならびに間質組織との間のcross-talkに関与するシグナルや，着床過程においてこれに関与する一連の物質が次々と見い出されてきた．しかし，ノックアウトマウスなどを除けば，具体的にこれらの物質を用いて着床現象をコントロールすることは不可能であった．ところが，上述したように，マウスにおいて妊娠時の免疫担当細胞投与によりimplantation windowの操作が可能であることが明らかとなった．これは，今までエストロゲンやプロゲステロンなどの卵巣内分泌系によって調節が行われていると考えられていた哺乳動物の着床現象に，免疫担当細胞も関与している可能性を示したものである．また，マウス着床遅延状態における実験でも認められたように，内分泌系が引き起こすとされてきた生理的現象が，免疫系単独の作用で発現されることも示された．ヒトにおける検討でも，PBMCはin vitroにおいて子宮内膜上皮の接着能亢進作用を発現したり，胚のspreading面積を増加したりするなど着床に対して促進的な作用を有していることが明らかとなった．マウスやヒトPBMCが着床過程のカスケードのどの部位にどのような機序で作用しているのかは不明であり，これらの免疫担当細胞が生理的状態でも着床促進効果を発揮しているのか否かも明らかではない．しかし，今回の結果より着床現象においては免疫系と内分泌系は相互に深く関連しており，免疫系は内分泌系調節機構が十分に作動していない場合，これをある程度代償する能力を有しているものと推察される．ヒト不妊症治療においては，原因不明の着床障害（着床不全）が大きな治療的課題の一つになっているが，本研究で得られた結果より，治療法開発について，内分泌学的アプローチとともにPBMCを用いた免疫学的アプローチの方法も考慮に値するものと考えられる．

　本研究により明らかとなったマウスやヒトPBMCの着床促進作用は，偽妊娠マウスなどの実験結果から考察すると，胚からの直接的あるいは間接的シグナルにより誘導された可能性がある．しかし，この作用は個々のPBMCが生理活性物質の効果により機能的に変化することにより発現されたものであるのか，あるいは着床促進作用を有する特定の免疫担当細胞分画が末梢に動員され，PBMCのpopulationが変化した結果，発現されたものであるのかは現在のところ明らかではない．ただ非妊娠時のヒトPBMCにおいて，hCGまたはLIFなどの妊娠に関連した物質でin vitroで前処理を行うと，妊娠時のものに匹敵する胚発育促進作用が発現されること[13]や，一方でマウスにおいて非妊娠時のTリンパ球分画に妊娠時のsplenocyteに匹敵する着床促進効果を有する亜分画が存在する結果が得られていること[11]などを考慮すれば，おそらく妊娠時PBMCの着床促進作用は両方の機序により誘導されているものと推察される．将来的に，ヒトにおいても非妊娠時のPBMCを修飾

したり，あるいは特定の有効細胞分画を分離したりすることにより，着床促進作用を有する免疫担当細胞の選別が可能となるかも知れない．

おわりに

マウスやヒトにおいては，妊娠時のPBMCは胚からの因子により機能的変化が誘導されており，これにより胚着床過程が何らかの補助を受けているものと思われる．内分泌系とのinteractionを含むこの機構の解明，ならびに臨床への応用の試みにより，今後胚着床に関連する重要な情報が得られるものと期待される．

文　献

1) Toder V et al：Am J Obstet Gynecol **145**, 7 (1983).
2) Aoki K et al：Lancet **345**, 1340 (1995).
3) Guimond MI et al：Biol Reprod **56**, 169 (1997).
4) Saito S et al：Int Immunol **5**, 559 (1993).
5) Simon C et al：Hum Reprod **10**, 43 (1995).
6) Morton H et al：Lancet **1**, 394 (1997).
7) Takabatake K et al：Hum Reprod **12**, 583 (1997).
8) Prasad MR et al：J Reprod Fertil **16**, 97 (1968).
9) Grinsted J & Avery B：Hum Reprod **11**, 651 (1996).
10) Takabatake K et al：Hum Reprod **12**, 2102 (1997).
11) Fujita K et al：Hum Reprod **13**, 2333 (1998).
12) Stewart CL et al：Nature **359**, 76 (1992).
13) Nakayama T et al：Hum Reprod (in press).

〔中山貴弘／藤原　浩／藤井信吾〕

6 着床とインターフェロン関連遺伝子

はじめに

　母親の子宮は，異種細胞である受精卵・胚盤胞を受容するだけではなく，その成長を育むことができる．では，母親はどのようにして胚仔の存在を認識し，受容（着床）のタイミングを決めるのであろうか？　反芻動物では，胚仔が着床前期に分泌するシグナルにより母親の妊娠認識が起こることが分かった．そこで，そのシグナル物質を検索したところ，インターフェロン（IFN）の一つであるインターフェロン・タウ（IFN τ）が同定された．IFN τ は胚のトロホブラスト細胞から分泌され，子宮上皮細胞上のレセプターを介し，子宮の黄体退行因子であるプロスタグランジン（PGF2α）の分泌を変化させることによって，黄体退行を抑制する．IFN τ は，他のIFNと同様に抗ウイルス活性や細胞増殖抑制作用を持つが，細胞毒性や妊娠認識における作用や発現様式は他のIFNと異なる．また，反芻類以外の動物種においても，子宮内でIFNが発現されていることやIFNによってMHC I抗原が誘導されることを考えると，IFNは胚仔という遺伝的背景の異なる細胞が母体に接合する過程で何らかの機能を果たしていることは疑いの余地がない．

1　母親の妊娠認識の概念

　「受精によって生命が始まる」と言われるが，実際は多くの受精卵が着床の前後期に死に至ってしまう．妊娠の成立には，まず遺伝的背景の異なった母体と胚盤胞が子宮腔内において，相互のコミュニケーションを基盤にしてお互いの存在を認識する「母体の妊娠認識」（Maternal Recognition of Pregnancy）が不可欠である．さらに，胚盤胞と子宮上皮・間質間にデリケートにしてかつ有機的な結合（着床）が成立し，胎盤の形成・発達がなければならない．「妊娠は子宮と胚の発達に同期性がなければ成立しない」ことが証明されたのは50年前のChangによる胚移植の実験であった[1]．では，母親は自分の子宮や卵管に受精卵・胚が存在することをどのように認識し，妊娠を成立させ維持していくのだろうか．通常の性周期においては排卵後に黄体が形成され，そこから黄体ホルモン（プロジェステロン）が分泌されるが，やがて黄体の退行に伴いプロジェステロンが低下して次の発情期へと向かう．妊娠を維持するには持続的なプロジェステロンの産生・分泌が必要であり，そのためには黄体の退行を抑制しプロジェステロンの分泌を維持しなければならない．黄体の維持機構は動物種で大きく異なる．霊長類では着床後の栄養膜（トロホブラスト）細胞から分泌される絨毛性ゴナドトロピン（chorionic gonadotropin；CG）が直接黄体に作用

し，その機能が維持される[2]．有蹄類における黄体の退行には，性周期後期に子宮内膜から分泌されるプロスタグランジンF2α（PGF2α）が必要である．ヒツジ子宮内膜ではPGF2αが通常パルス状に分泌されるが，妊娠するとパルス状の分泌が消失し，PGF2αの黄体退行作用が機能せずに黄体が維持される．以上のように，子宮内では胚仔側からのシグナルによって黄体の退行が抑制されるために妊娠が成立すると考えられ，この黄体の機能維持にかかわる現象は「母体の妊娠認識」と定義されるようになった[3]．

2 反芻動物における妊娠認識

反芻動物のヒツジは短日性季節繁殖動物であるが，繁殖期間中は16～17日ごとの完全性周期を持ち，妊娠期間は約149日である．ヒトと同様に，ヒツジ受精卵も受精後約30時間で第一分裂を開始する．これらの細胞は細胞分裂を繰り返しながら胚盤胞を形成し，その後透明帯から脱出するハッチングという現象が起こる．ヒトやマウスではハッチングを起こした胚盤胞はすぐに子宮上皮に接着を開始し，子宮内膜に侵入していく．しかし，ウシ，ヒツジそしてヤギなどの反芻動物およびブタやウマなどの単蹄類の胚は，ハッチング後に接着を開始せず，まず著しく伸長する．ヒツジの胚・トロホブラスト細胞の場合，妊娠12～13日から伸長を開始する．この伸長は着床期まで継続し，ヒツジ胚は最大約20cm，またブタの胚では最長1mにも達する．ヒツジでは妊娠16日目に子宮上皮と胚の栄養膜細胞の接着が始まり，18日目になると母子間の接着はより強固になり，子宮小丘と呼ばれる特異部位で胚のトロホブラスト細胞と子宮上皮細胞との癒着が起こる．その後，妊娠20日目頃から胎盤形成が始まり，20～22日目になると胚仔は血液をつくり始める．

1960年代より様々な実験から，反芻動物では黄体の維持に胚の存在が必要であることが示唆されていた．ヒツジでは妊娠12日目までに子宮内から胚を除去すると正常の性周期に回帰するが，13日目以降の除去ではあたかも妊娠したかのように黄体の寿命が延長される偽妊娠の状態が持続する[4]．また，性周期12日目のヒツジに胚移植を行うと妊娠が成立するが，13日目以降に胚を移植しても妊娠は成立しない[5]．さらに，妊娠14日目もしくは15日目のヒツジの胚をすりつぶしたものを子宮内に注入することにより黄体の退行が抑制され，偽妊娠状態が生じる．その作用は一度の子宮内投与よりも連続的に注入することにより大きな効果が得られるが，25日目の胚をすりつぶしたものを子宮内に注入しても同様の効果は見られない[6]．以上のことから，ヒツジでは妊娠12日目頃に胚から何らかのシグナルを受け取ることで母親の妊娠認識が起こり，黄体機能の「維持」か「退行」かが決定されると考えられていた．

1979年のMartalらの実験や1982年のGodkinらの研究から，黄体退行を抑制するペプチドがほぼ同定された[7][8]．このペプチドは，ヒツジ（ovine trophoblast protein-1, oTP-1）やウシ（bovine trophoblast protein-1, bTP-1）の胚が産生・分泌する分子量約18000，等電点5.4～5.7の物質で，いくつかのアイソフォームから成っている[10]-[12]．発情周期を持つが妊娠していないヒツジの子宮にoTP-1を注入すると黄体の退行が抑制さ

れるが[9]，胚の分泌物からoTP-1を除いたものを発情周期・黄体期の子宮に投与しても黄体の維持はみられなかった[13]．したがって，oTP-1こそが，それまで未知のファクターとされていた母親の妊娠認識にかかわるペプチドであり，胚から分泌され子宮内膜のPGF2αの分泌様式を変化させるホルモン様物質であると考えられるようになった[10]．

3 妊娠認識ホルモンとしてのIFN

1987年，今川はRobertsらとともにoTP-1 cDNAのクローニングとペプチドの精製に成功した．塩基配列とアミノ酸配列をそれぞれ解析したところ，驚くべきことにこのcDNAやペプチドは172アミノ酸から構成されるインターフェロン（IFN）であった[14)-16]．その後，さらにいくつかのアイソフォームやbTP-1の塩基配列も同定された[17)18]．

インターフェロンは血液細胞から分泌されるペプチドで，様々な細胞膜上に存在する特異的なレセプターと結合してその生理活性を発揮する．インターフェロンは大きく2つのタイプ，すなわちタイプⅠIFNとタイプⅡIFNに分類される．タイプⅡIFNは3つのイントロンを含む一つの遺伝子からなり，これにはインターフェロン・ガンマ（IFNγ）のみが含まれ[19]，主にT-リンパ球で産生される．一方，タイプⅠIFNには少なくとも3つのサブタイプ（アルファ[α]，ベータ[β]，オメガ[ω]）が存在し，これらはイントロンを持たない．IFNβに関しては，ヒトやマウスでは一つの遺伝子しか存在しないが，ウシでは少なくとも5つの遺伝子が存在する．一方，IFNαは，ほぼすべての種の哺乳類で多数の遺伝子の存在が確認されている[20]．また，IFNωについても複数の遺伝子の存在が示唆されている[21)22]．これらのIFNは血液細胞から分泌されるが，oTP-1やbTP-1の産生は胚・トロホブラスト細胞に限定される[23]．oTP-1やbTP-1は構造上タイプⅠIFNに属するが，各抗体で識別できることから別のサブタイプと考えられ，インターフェロン・タウ（IFNτ）と命名された[23]（表30）．

進化の観点からIFNτは最も新しいインターフェロンであると考えられている[22]．計算上IFNαとIFNβは少なくとも2億5千万年前に複製され，IFNωがIFNαから分岐したのは約1億3千万年前と算出されている．塩基配列を比較すると，IFNτはIFNωに最も近いが，IFNτとIFNωの遺伝子の分岐は約3千7百万年前に起こったと計算されている[22]．進化上，反芻類亜目の出現は4千5百万年前から4千8百万年前の間であり，いわゆる反芻動物の出現は2千4百万年前とされていることを考慮すると，IFNτは反芻動物とともに進化したとも考え

表30 インターフェロン（Interferon-α and τ）の比較

	IFNα	IFNτ
主な作用	抗ウイルス 細胞増殖抑制	抗ウイルス 細胞増殖抑制 黄体退行抑制
誘導因子	ウイルス 二本鎖RNA	?
発現部位	リンパ球系細胞	胚（栄養膜細胞）
発現時間	2〜4時間	6〜10日間
遺伝子数	14〜24	6〜11

られる．さらにLeamanとRobertsはサザンブロット法による解析から，IFN τは反芻動物にのみ存在すると主張した[24]．しかしながらヒトを含む多くの哺乳類の妊娠子宮内では，インターフェロンまたはそれ由来の抗ウイルス活性の存在が確認されている．事実，Whaleyらはヒト胎盤のサイトトロホブラスト細胞にもIFN τ様のmRNAが存在し，その発現はvilli構造から削げ落ちて母親の脱落膜や血管内へ移行するトロホブラスト細胞において顕著であった[25]．また，ヒトの子宮内や胎盤に存在する抗ウイルス活性の一部はIFN α，βやγのいずれに対する抗体でも中和されないことから，妊娠子宮内にはIFN αやIFN βのように抗ウイルス活性を発動しうるが，その構造や抗原認識部位が異なるインターフェロンが存在していることを示唆している[26]．マウスでも着床時にはIFN αやβの存在が胚や脱落膜で確認されている[27]．さらにブタの妊娠成立時に，胚・トロホブラスト細胞が発現するインターフェロンはIFN γであり，また139番目のシステイン残基以降のアミノ酸群が欠損するIFN α様のペプチドの存在も確認されている[28]．以上のことから考えると，インターフェロン遺伝子の発現は反芻動物に限定されず，他の動物種の妊娠子宮内でも確認されているが，その発現機序や意義は解析されていない．

4 IFN τの生理活性と着床期における作用

インターフェロンという名称は「抗ウイルス活性を示す物質」であるという意味に由来するが，IFN τは実際に1×10^8 unit/mgの抗ウイルス活性を示し，さらに他のインターフェロンと同様に細胞増殖抑制作用を持っている[29)-31)]．さらにIFN τはリンパ球に様々な分裂誘起物質を投与した際のDNA合成を抑制することから，IFN τは免疫抑制作用を持つことも明らかとなった[30)32)]．通常，IFN α，β，γは動物種特異性が高く，ある種のインターフェロンを他の動物種に投与した場合，その作用または活性が著しく低下することが知られている[33]．ところが，ヒツジIFN τはヒトIFN 2αと比較して細胞毒性が低く，しかもFIVやHIVに対して抗ウイルス活性を持つことが示唆された[34]．しかし，ヒツジIFN τが動物種を越えて，猫や人間のレトロウイルスに対して著しい抗ウイルス活性を持ち得る作用機序は明らかではないが[34]，母子間に存在するトロホブラスト細胞由来のペプチドの特殊性ではないかと推察されている．

先に記したように，IFN τの生理作用のひとつとして黄体退行の抑制がある．子宮上皮からのPGF 2αのパルス状分泌には，プロジェステロンとエストロジェンさらにオキシトシンが関与している[35)36)]．IFN τはプロジェステロン・レセプターに影響を与えないが，エストロジェン・レセプターを抑制することによりオキシトシン・レセプターを制御し，さらにPGF 2αのパルス状の分泌を抑制することが示唆された[37)-39)]．また，最近子宮上皮細胞の培養による実験から，IFN τはPGF 2αとは反対に黄体の維持に働くPGE2の発現を誘起することが示唆され，これまでとは異なった母親の妊娠認識メカニズムの存在も示唆されている[40)-42)]．さらに，タイプI IFNレセプターがヒツジの胚自身にも存在することが確認され，そのレセプターのリガンドに対する結合能は接着開始以降にしか発揮さ

れないことが示された[43]．このことは着床開始以降や胎盤形成時にIFNτが機能しており，母体の妊娠認識以外の機能を果たしている可能性が示唆された．

　反芻類以外の動物種において，妊娠・着床時に検出されるインターフェロンの生理的な意義や作用はよく分かっていない．マウスのスポンジオトロホブラスト細胞ではMHC I抗原の発現が確認されており[44]，マウスのトロホブラスト培養細胞にIFN α/βやIFN γを投与するとMHC I抗原が容易に誘導される[45]．もともとインターフェロンには免疫抑制作用がある[30)32]ことから考えると，胚と子宮の接合部位，とくにトロホブラスト細胞，ラビリンス層と脱落膜に見られるMHC I抗原の発現や提示がインターフェロンによって制御されている可能性が高い．

　最近，タイプI IFN (IFN α/β)とタイプII IFN (IFN γ)はそれぞれのレセプター・サブユニットを共有したり，リガンド・レセプター結合後に誘導される細胞内シグナル伝達因子群を共有（クロストーク）していることが分かった[46]．また，妊娠・非妊娠ヒツジの子宮内膜に発現するそれぞれの遺伝子群を解析したところ，IFNτが多量に発現している妊娠子宮内から，IFN γで誘導され免疫機能に不可欠な因子Interferon-γ inducible protein (IP10)などが検出された[47]．現在のところ，ヒツジ妊娠子宮内で発現しているIP10がどのインターフェロンによって誘導されているのかは分かっていない．しかし，母体側細胞と胚仔が共存する妊娠子宮内では，MHC I抗原の発現やそれに伴う免疫反応が微妙に調節されなければ免疫拒絶反応が起こってしまう．妊娠子宮内では動物種にかかわりなく様々なインターフェロンが発現しており，IFNτだけではなくIFN γも胚と子宮内膜の間でMHC I抗原などの発現や免疫反応の調節にかかわっていることが推察される．

5　IFN τ遺伝子の発現制御機構

　cDNA・アミノ酸配列や生理活性に共通性がみられるタイプI IFNのなかで，胚のトロホブラスト細胞が分泌するIFNτはその発現様式が異なる．IFNτ以外のタイプI IFNは血液細胞から分泌され，その発現はウイルスや2本鎖RNAで誘導され，通常その発現時間は数時間と限られている．それに対し，IFNτはウイルスや2本鎖RNAでは誘導されず，その発現は胚の着床前後期に限られ，しかもその発現期間は1週間近くにもおよぶ．これらを考慮すると，IFNτは明らかに他のタイプI IFNとは異なる発現制御を受けていると考えられる．

　体外受精したウシの胚を11日間培養すると，その胚は少量のIFNτを産生する．しかし，性周期を同期化させたウシ子宮内に培養8日目の胚を移植し，さらに4日後に胚を回収するとその胚は約500倍のIFNτを産生するようになる[48]．このことから，胚のIFNτ遺伝子の発現は，母親の子宮からなんらかの因子により調節されていると考えられた．今川らは増殖因子やサイトカインを解析し，GM-CSFとIL-3がヒツジIFNτの発現量を有意に増加させることを発見した[49)-51]．ヒツジ子宮内膜のGM-CSF mRNAはエストロジェン，そのペプチド発現はプロジェステロンで誘導され[49)52]，その発現量は妊娠してい

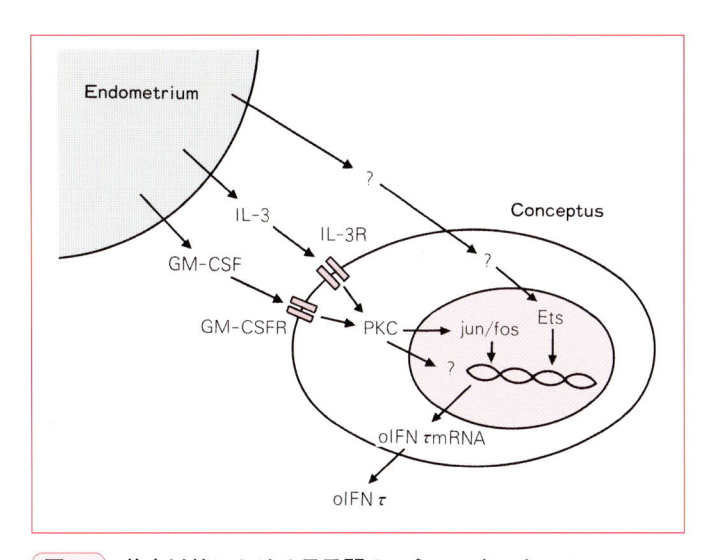

図77　着床以前における母子間のコミュニケーション
子宮内膜（Endometrium）はエストロジェンやプロジェステロンの作用によりサイトカイン（GM-CSFやIL-3）を分泌する．それらのサイトカインは胚・トロホブラスト細胞上（Conceptus）のレセプターやそれに伴う細胞内伝達因子（PKCなど）を介し，核タンパク群を活性化し，その結果としてIFN τが分泌される．

るヒツジでは妊娠していないヒツジよりも高い発現を示した．このことから子宮内のGM-CSFやIL-3の発現は母体側のステロイドにより調節され，そのサイトカインよりIFN τ産生が誘起され，さらに胚の存在やIFN τにより母体側のGM-CSFやIL-3の発現が影響される．つまり着床以前でも，母親と胚仔の間ではそれぞれのサイトカインによってコミュニケーションをとっていることになる．以前は，胚仔の遺伝子発現は胚の発生プログラムによって制御されており，IFN τ遺伝子の発現やペプチドの分泌も母親には制御されていないと考えられ，さらにその胚からの一方的なシグナルによってのみ母体の妊娠認識が起こると信じられていた．これらの結果から「実は母体側がサイトカインを利用しながら胚側の遺伝子発現を制御し，その結果として母体の妊娠認識が起こる」という新しい仮説が提唱された[51]（図77）．

　様々な実験から，子宮内のIFN τの発現には複数の遺伝子が関与していることが示されている[23) 49) 52) 53]．しかし，実際に妊娠初期に発現しているIFN τ mRNAを解析すると，驚くべきことに一つの遺伝子に基づくmRNAがその全体の発現量の75％を占めていた[52]．IFN τ遺伝子群のコード領域に関してはほとんど同じ塩基配列をしているが，それらの遺伝子の上流域をみると大きく異なっている．最も多く発現していたIFN τ遺伝子の上流域を検索したところ，そこにはIRF-1やAP-1などの転写因子結合可能部位が存在していた[49]．AP-1（JunやFos）タンパク質の発現は，着床前後期の胚のトロホブラスト細胞で確認されており，しかもその発現様式はIFN τの発現様式と一致することより[54]，これら

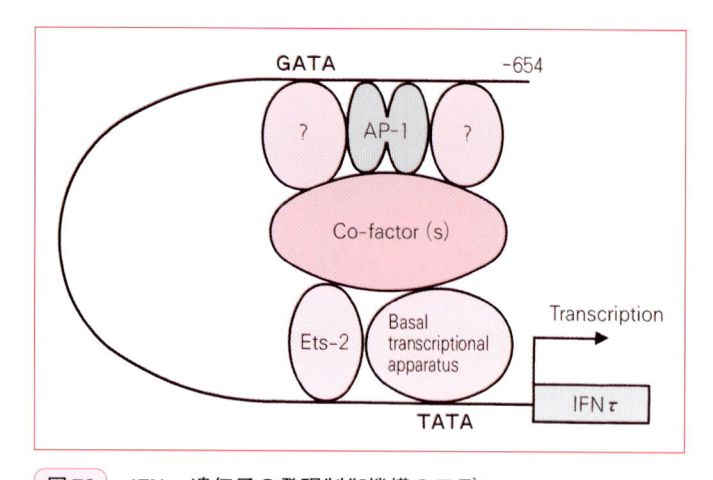

図78 IFNτ遺伝子の発現制御機構のモデル
IFNτ遺伝子の発現にはプロモーター（Basal transcriptional apparatus）とエンハンサー（AP-1, GATA領域と-654ベースの領域に結合するタンパク群）が必要であり，その両方を結ぶCo-factorが存在する．

タンパク質がIFNτ遺伝子の転写制御に関与していることが示されている．そのIFNτ遺伝子の上流-654baseまでの領域および-2000baseまでの領域を解析したところ，IFNτ遺伝子の転写活性はGM-CSFおよびホルボールエステル（PMA, phorbol 12-myristate 13-acetate）を加えることにより上昇することが示された[55]．この際，ヒツジIFNτ遺伝子の上流域-654 baseを組み込んだ方が上流域-2000 baseまでよりも高い転写活性を示したことから，上流域の-654baseと-2000baseまでの間に転写を抑制する部位が存在する可能性が示唆された．このヒツジIFNτ遺伝子の上流域を詳しく解析したところ，-654 baseから-554baseまではエンハンサーとして機能しており，その領域にはGATAやAP-1などの転写因子が関与していた[56]．また，ヒツジIFNτ遺伝子の上流域-654baseから-700baseの核酸配列と-500baseから-450baseの領域はサイレンサー様の機能を果たしていることも明らかになった[57]（図78）．

おわりに

妊娠子宮内にインターフェロンの存在が確認されて久しい．多くのインターフェロン遺伝子の発現はウイルス感染などにより誘起されるが，妊娠過程においてそのようなウイルス感染が頻繁に起こるのであろうか？　通常，妊娠子宮内ではウイルス感染がそれほど頻繁に発生しているという証拠はない．そのような子宮内でのインターフェロンの発現は，どのような制御機構のもとで行われているのであろうか？　残念ながら妊娠子宮内において，IFNτ以外のインターフェロン遺伝子やその発現制御機構を解析した研究は少ない．着床というプロセスは母体が異種細胞である胚の接着や浸潤を許容する現象であるから，母子間で免疫機能の調整が行われていることは疑いの余地がない．したがって，免疫機能の調整が不可欠である臓器移植やガ

ンの転移・浸潤などの制御法が抱える問題なども，IFNτ遺伝子の機能や発現制御機構の解析によって全く別の視点・角度から解決できるかもしれない．さらにIFNτの抗ウイルス活性を考えた場合，IFNαと同等の作用を持ちながら細胞毒性は低いことから，その作用・機能を解明することにより将来様々なウイルスに対する薬剤として利用できる可能性もある．また，数々の知見から，IFNτは家畜の受胎率を向上させるというよりは着床前後期に多発する胚の早期死滅を防ぐ方の効果がより期待できるので，妊娠のロスを減少させることによって反芻家畜の繁殖率を向上させ，家畜資源の有効利用に役立つと考えられる．以上のことより，妊娠認識時におけるIFNτの機能やその遺伝子発現機構を解明することは，農学のみならず医学においても非常に有意義であり，一日も早い解明が望まれる．

文献

1) Chang MC：J Exp Zool **114**, 197 (1950).
2) Hearn JP et al：J Reprod Fert **92**, 497 (1991).
3) Short RV：in "Foetal Anatomy", Chiba Foundation Symposium (eds Wolstenhome GEW & O'Connor M), 2(J & A Churchill, London, 1969).
4) Moor RM & Rowson LEA：Nature **201**, 522 (1964).
5) Moor RM & Rowson LEA：J Endocr **34**, 233 (1966).
6) Rowson LEA & Moor RM：J Reprod Fert **13**, 511 (1967).
7) Martal J et al：J Reprod Fert **56**, 63 (1979).
8) Godkin JD et al：J Reprod Fert **65**, 141 (1982).
9) Godkin JD et al：J Reprod Fert **71**, 57 (1984).
10) Godkin JD et al：Endocrinology **114**, 120 (1984).
11) Bartol FF et al：Biol Reprod **32**, 681 (1985).
12) Helmer SD et al：J Reprod Fert **79**, 83 (1987).
13) Vallet JL et al：J Reprod Fert **84**, 493 (1988).
14) Imakawa K et al：Nature **330**, 377 (1987).
15) Stewert HJ et al：J Endocr **115**, R13 (1987).
16) Charpigny G et al：FEBS Lett **228**, 12 (1988).
17) Imakawa K et al：Mol Endocr **3**, 127 (1989).
18) Klemann SW et al：Nucleic Acids Res **18**, 6724 (1990).
19) Patrick W et al：Nature **298**, 859 (1982).
20) Hughes AL：J Mol Evol **41**, 539 (1995).
21) Capon DJ et al：Mol Cell Biol **5**, 768 (1985).
22) Roberts RM et al：Prog Nucleic Acid Res Mol Biol **56**, 287 (1997).
23) Robetrs RM et al：Endoc Reviws **13**, 432 (1992).
24) Leaman DW & Roberts RM：J Interferon Res **12**, 1 (1992).
25) Whaley AE et al：J Biol Chem **269**, 10864 (1994).
26) Aboagye - Mathiesen G et al：Am J Reprod Immunol **35**, 309 (1996).
27) Yamamoto Y et al：J Reprod Frtil **95**, 559 (1992).
28) La Bonnardiere C：J Reprod Fertil Suppl **48**, 157 (1993).
29) Pontzer CH et al：Biochem Biophys Res Commun **152**, 801 (1988).
30) Roberts RM et al：J Interferon Res **9**, 175 (1989).
31) Pontzer CH et al：Cancer Res **51**, 5304 (1991).
32) Skopets B et al：Vet Immunol Immunopathol **34**, 81 (1992).
33) Pestka S et al：Annual Review Biochem **56**, 727 (1987).
34) Pontzer CH et al：J Immunol **158**, 4351 (1997).
35) Roberts JS et al：Endocrinology **99**, 1107 (1975).
36) McCraken JA et al：Anim Reprod Sci **7**, 3 (1984).
37) Spencer TE et al：Biol Reprod **53**, 732 (1995).
38) Spencer TE et al：Endocrinology **136**, 4932 (1995).
39) Spencer TE et al：Endocrinology **137**, 1144 (1996).
40) Asselin E et al：Biol Reprod **56**, 402 (1997).
41) Asselin E et al：Mol Cell Endocr **132**, 117 (1997).
42) Asselin E et al：Endocrinology **138**, 4798 (1997).
43) Imakawa K et al：J Mol Endocrinol (in press, 2001).
44) Redline RW & Lu CY：Labor Invest **61**, 27 (1989).
45) Zuckermann FA & Head JR：J Immunol **137**, 846 (1986).

46) Takaoka A et al : Science **288**, 2357 (2000).
47) Nagaoka K & Imakawa K : Unpublished Observation.
48) Hernandez-Ledezma JJ et al : Biol Reprod **47**, 374 (1992).
49) Imakawa K et al : Endocrinology of Embryo-Endometrial Interaction (eds Glasser SR, Mulholland J & Psychoyos A), 167 (Plenum Publishing Corporation, New York, 1994).
50) Imakawa K et al : Endocrine **3**, 511 (1995).
51) Imakawa K et al : Endocrinology **132**, 1869 (1993).
52) Nephew KP et al : Biol Reprod **48**, 768 (1993).
53) Charlier M et al : Mol Cell Endocr **76**, 161 (1991).
54) Xavier F et al : Mol Reprod Devel **46**, 127 (1997).
55) Imakawa K et al : J Mol Endocr **19**, 121 (1997).
56) Yamaguchi H et al : Biochem J **340**, 767 (1999).
57) Yamaguchi H et al : Endocrine J **47**, 137 (2000).

〔今川和彦/RK Christenson/酒井仙吉〕

7 着床と脱落膜形成

はじめに

　ヒトを含む哺乳類では，受精卵が卵割を開始し胚盤胞に達すると，浮遊状態を解消して子宮内膜に接着し，栄養膜細胞（トロホブラスト）による胎盤形成のための内膜浸潤が始まる．この遺伝的に異なる胚子と母体組織との緊密な関係が確立される胎盤形成の初期過程を着床（implantation），または卵着床（ovum implantation）と呼んでいるが，着床期を限定的に定義する場合には，通常，胚盤胞の栄養膜細胞と子宮腔上皮細胞との接着開始から，栄養膜細胞による子宮内膜組織の血管浸潤開始までを着床（期）と呼んでいる．

　着床期には胚盤胞を取り囲む間質細胞が肥大し，一方で細胞間質の減少が起こるため，肥大した間質細胞の密在する組織，すなわち脱落膜組織（decidual tissue）が形成される．脱落膜形成（decidualization）の過程は，1937年にKrehbiel[1]により，妊娠ラットを用いてかなり詳細な観察がなされた．脱落膜は2段階を経て形成され，胚盤胞が子宮腔の反間膜側（antimesometrial side）に定位する時期に，まず着床胚の周囲に肥大した間質細胞からなる一次脱落膜域（primary decidual zone）が形成され，続いてその周辺部に広範囲にわたり二次脱落膜域（secondary decidual zone）が形成される[1]．一次脱落膜域の形成過程については，1960年代から1970年代初頭にかけて実験形態学的手法を用いて行われた脱落膜種（deciduoma）の研究も含め，ラットやマウスを用いた多くの研究がなされた[2)-4)]．これらの研究により，脱落膜形成は5段階を経て形成されることが明らかにされている．すなわち，①準備期，②感受期，③誘発期，④成長期，⑤分化期を経て形成され[2),5)]，①準備期と④成長期に間質細胞の分裂・増殖が観察されるが，両期の細胞増殖には誘導機構や増殖細胞の分布が異なり，前者は準備期細胞増殖，後者は脱落膜形成細胞増殖として区別されるべきものであることも明らかにされた[3)-5)]．

1　脱落膜形成の準備期

　マウスやラットでは交尾後，膣栓の形成が確認された日，または膣スメア中に精子の観察された日，を妊娠第1日（D1と略記する）とすると，マウスでは妊娠D3，ラットでは妊娠D4の正午過ぎ頃まで，内膜上皮細胞群に分裂像が認められる．これはエストロゲン依存性細胞分裂であり，内膜上皮細胞群に特異的に誘発されるものである[3)4)]．その後，内膜上皮細胞群の細胞分裂は停止し，代わって間質細胞群が活発に分裂を開始する[3)4)]．この分裂パターンの変化は，プロゲステロンの作用下にある内膜組織へのエストロゲンに

よりもたらされたもの[4)6)-8)]であることがラットやマウスで強く示唆されている．したがって，妊娠初期に分泌されるプロゲステロンが，a）内膜上皮細胞群のエストロゲン依存性細胞分裂を抑制し，b）間質細胞群のエストロゲン依存性細胞分裂を活性化する，という妊娠初期の準備期に特徴的な分裂像の分布を示す[4)]．

2　脱落膜形成

　マウスでは妊娠D4[9)]，ラットでは妊娠D5の夕刻まで[10)]に胚盤胞は透明帯を脱し，胚子極（embryonic pole）を間膜側に向けて，子宮腔の反間膜側に定位する（図79）．この時期になると，子宮腔を生理食塩水で洗い流そうとしても胚盤胞は回収できない．内膜上皮下では，準備期に相当する間質細胞の分裂像が観察され，次第に胚盤胞を囲む反間膜側の間質細胞が肥大し始め，脱落膜細胞（decidual cell）へと分化する．このようにして，ラットでは妊娠D6の昼頃までに，数層の脱落膜細胞からなる一次脱落膜域が形成される[1)]．一次脱落膜域の周辺では，浮腫化（hyperplasia）が生じ，その領域内に多数の2核細胞（binucleated cell）が出現する[1)]．そして，一次脱落膜域に続いて次第に広範囲にわたり二次脱落膜域が形成される[1)]．われわれは接着期の内膜を観察していた際，ラットの一次脱落膜域周辺で，間質細胞に単立繊毛が存在し，また，2核細胞には中心子が2対あり，対をなす中心子の1個から単立繊毛が生じていることをすでに報告した[11)]．2核細胞は，妊娠8日目のラットとマウスの脱落膜組織内に多数観察されることが報告されているが[1)12)]，2核細胞と細胞分裂との関係，および2核細胞と脱落膜形成との関係についての解析はほとんどなされていない．これらの関係を明らかにするため，マウス妊娠子宮における間質細胞の分裂像，および2核細胞の分布パターン，および微細構造について調べた結果について述べよう．

3　材料と方法

　一定温度（24＋2℃）と照明サイクル（12時間明，12時間暗：8：00点灯20：00消灯）の条件下で飼育されたBALB/c系雌マウス（100～130日齢）に同系の成熟雄マウスを交配させ，妊娠2日目から8日目のマウスを用いた．子宮内膜組織内における分裂像の分布を調べるため，10：00（10h），あるいは18：00（18h）にコルヒチン（colchicine，Sigma社製，0.05mg/0.2ml生理食塩水/20g体重）を腹腔内投与し，4時間後にネンブタール注射液（大日本製薬株式会社/アボットラボラトリーズ製）投与による深麻酔下で，3％グルタールアルデヒド-0.1Mカコジル酸ナトリウム緩衝液[13)]を腹大動脈より注入し，子宮組織を灌流固定した[10)]．妊娠D2，D3，およびD4のそれぞれ10hにコルヒチンを投与したグループ（3～4匹/グループ）では，4時間後のD2およびD3の14hには胚子は卵管内，D4の14hには子宮腔内で浮遊状態にあるので，胚子の存在にかかわりなく子宮角の中心部1/3を切り出し，標本を作成した．妊娠D4の18hにコルヒチンを投与したグループでは，4

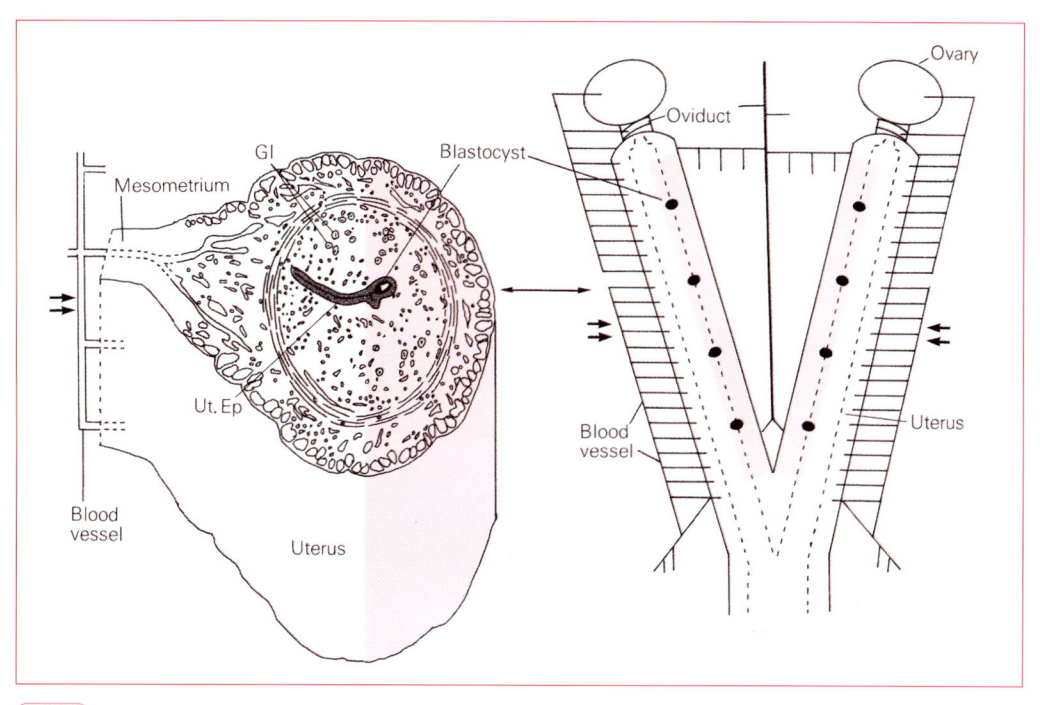

図79 マウス子宮における胚盤胞の反間膜側への着床を示す模式図
　　　左図は子宮の横断像．Blastocyst：胚盤胞，Blood vessel：血管，Mesometrium：間膜，Ovary：卵巣，Oviduct：卵管，Uterus：子宮．⇒：間膜側，編目の部分：反間膜側．

時間後の22hには胚盤胞が子宮腔の反間膜側に定位しているが（図79），子宮角の外観からはまだ着床部位がわからない時期であるので，ブルーイング反応（青染反応）[14]を利用した．灌流固定を行う10分前にEvans blue溶液（0.5mg Evans blue/0.1ml生理食塩水/20g体重）を尾静脈より注入して，10分後着床部位が青染されていることを確かめ，灌流固定を行い，青染部位を切り出した．妊娠5日目以降は，着床部位周辺が膨隆してくるため，膨隆部位を切り出し，その中心部を約1mm程度の厚さの組織片になるよう切り出し，1％OsO₄-0.1Mカコジル酸ナトリウム緩衝液で後固定し，エタノール脱水後，樹脂包埋した．光学顕微鏡用観察には厚切り切片（1～2μm）を作成してトルイジン・ブルー染色を施し，電子顕微鏡用観察には薄切切片を作成し，酢酸ウラニウムとクエン酸鉛による二重染色を行った．コルヒチン投与後4時間経過中に蓄積された細胞分裂像，および2核細胞の分布については，描画装置（Nikon）を用いて記録し，解析を行った．2核細胞としての判断基準としては，光学顕微鏡下における細胞の横断像で2核が近接し，ほぼ均等大で近似の構造を示すものに限定した．

4 結果

1 間質細胞の分裂と2核細胞の分布

　マウスにおいて，卵管中に4細胞期胚，8細胞期胚がそれぞれ観察される妊娠D2，およびD3では，子宮内膜内の細胞分裂像は主として子宮腺に，そして僅かであるが子宮腔上皮に認められる[3]ことが確認された．妊娠D4：14hでは，桑実胚を経て胚盤胞に達した胚子は透明帯に包まれた状態で子宮腔に定位するが，まだ浮遊状態であるため，子宮の外側からは存在部位を特定できない．妊娠D4：22hには，子宮腔の反間膜側で，胚盤胞はすでに透明帯を脱出し，栄養膜細胞が子宮腔上皮と緊密な接着を開始しており，子宮内膜の分裂像（●印）は間質細胞にのみ限定される（図80，81）．間質細胞は肥大して胚子を取り巻くように脱落膜形成を行う．12時間後の妊娠D5：14hでは後期接着期に相当する[10]

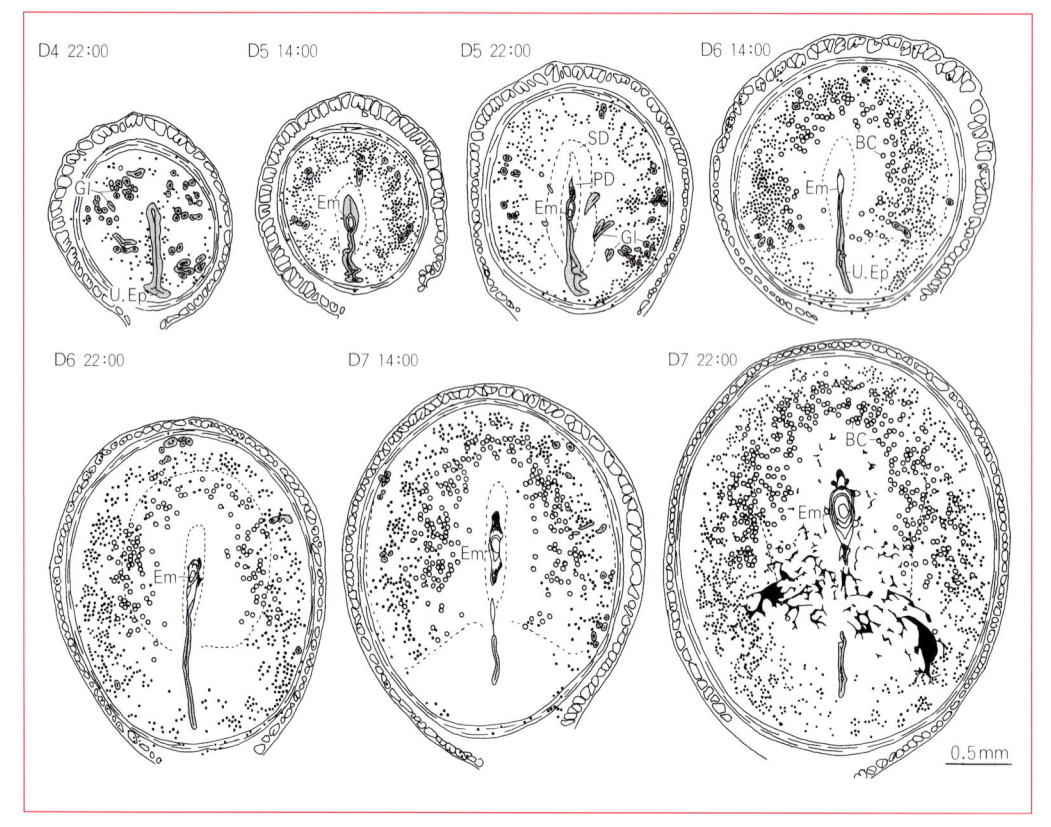

図80 マウス妊娠第4日（D4）から第7日（D7）におけるコルヒチン投与後4時間目に観察される間質細胞の分裂像（●）と2核細胞（○）の分布
BC：2核細胞，GI：子宮腺，PD：一次脱落膜域，SD：二次脱落膜域，U.Ep.：子宮腔上皮．

着床胚子は，子宮腔上皮を介して，すでに形成された脱落膜組織で囲まれており（図80，点線で囲まれた領域），この脱落膜組織を遠巻きにするように，極めて多数の分裂像が観察される（図80，81）．さらに12時間を経た妊娠D5：22hの標本では，脱落膜には2層が区別されるようになり，内側，即ち胚子に近い側にはトルイジン・ブルーでやや濃染する一次脱落膜域（PD）があり，その外側を二次脱落膜域（SD）が囲む（図80）．さらにその外側を構成する間質には，多数の分裂像が観察される（図80，81）．1切片当たりの分裂像の総数は妊娠D4：22h以降増加し続け，妊娠D6：14hにはピークに達する．ピーク時には子宮内膜の大部分の領域で間質細胞が肥大・密在し，細胞間質が極めて少なくなり，その中に分裂像が観察される（図80，81）．丁度この時期に，分裂像の観察される領域の内側に，2核細胞（○印）が間膜側から反間膜側にむかって馬蹄形に，層をなして分布しているのが観察される（図80上段右～下段右）．2核細胞は間膜側には存在しない（図80）．妊娠D6：22hからD7：14hにかけて，間質の分裂像の数は減少し続けるが，D7：22hでは再びピークに近い値を示した後，再び減少する（図80，81）．妊娠D6：14h以降，D7：22hまでのステージでは，2核細胞と分裂像の分布の仕方は，いずれの場合も両者が共存する領域を中心として，外側には分裂像，内側には2核細胞が分布しており，その傾向は各ステージで共通している．妊娠D7：14hの標本では，間膜側での分裂像は極めて少ない（図80）．妊娠D7：22hでは間膜側の内膜に血管（黒色で記した部分）が発達してくるが，それと同時に間膜側に一時消失した細胞分裂が再び盛んとなり，胎盤形成に先駆けた基底脱落膜形成が始まる．一方，横断切片当たりの2核細胞の総数はD6：14h以降妊娠D8：14hまで，12時間毎に得られた数値が示すように，比例的に増加してゆく（図81）．

2核細胞の数が比例的に増加する事実と，分裂像の分布との関係を調べるため，妊娠D8：14hの着床部位周辺に観察される2核細胞（○印）の分布を示す図（図は不掲載）に，48時間前までさかのぼって，2核細胞の出現する妊娠D6：14hよりD7：22hまで（図

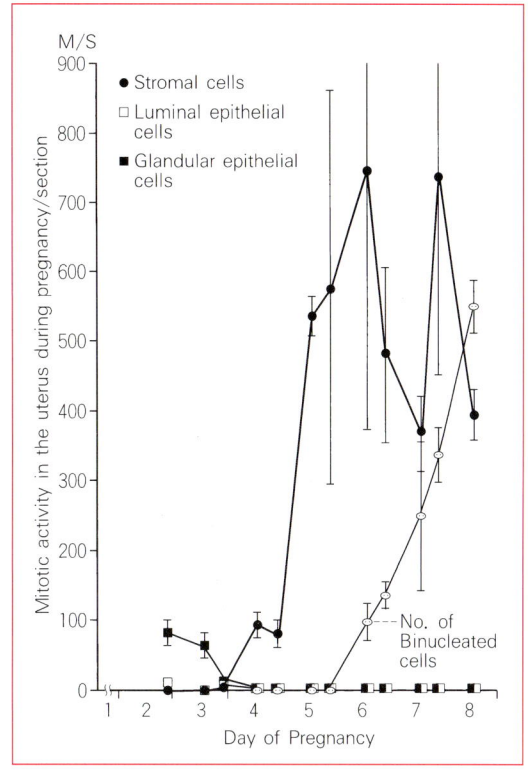

図81 マウス妊娠子宮（第1日から第8日まで）の組織切片内に観察される分裂像数と2核細胞数の変化

●：Stromal cells，間膜細胞．□：Luminal epithelial cells，子宮腔上皮細胞．■：Glandular epithelial cells，子宮腺上皮細胞．◉：Binucleated cells，2核細胞．縦軸は組織切片当たりの分裂像数（M/S）と，2核細胞数を示す．

| III | 子宮内膜・着床・免疫 |

80の上段右，下段の左，中央，右）に，12時間毎の分裂像（●）を順次重ね合わせて見る（着床胚子の位置はステージは異なっても固定しておく）と，妊娠D8：14hにおける2核細胞の分布は，48時間さかのぼった4ステージ分の分裂像の分布範囲内に，大体重なるとみて良い（図は省略）．

2　2核細胞の微細構造

　2核細胞は，妊娠D6：14hにおいて脱落膜を遠巻きにするように出現し，着床胚子周囲の脱落膜化がさらに周辺へと広がるにつれて，2核細胞自身も脱落膜化し，密在する脱落膜細胞群のなかに組込まれていく．脱落膜化する前の2核細胞は図82に示すように，正染色質（euchromatin）を主体とし異染色質（heterochromatin）の少ない明調な核と，核小体糸の発達した核小体をもち，細胞質中にはポリゾームが豊富に存在する．通常認められる細胞小器官である粗面小胞体，ゴルジ装置，ミトコンドリアなどのほかに，若干の脂質滴が含まれる．細胞の周辺部は波うち，隣接する間質細胞と細胞質突起同志が接着装置により連結している．左側には，分裂中期の間質細胞が観察される（図82）．細胞間質の減少と脱落膜化した細胞群に混在する2核細胞（妊娠D8：22h）では，隣接する脱落膜細胞と同様に，核では核内，並びに核膜に付着する異染色質の増加を主とする構造的変化がみられ，細胞質内では並列する粗面小胞体（rEr）が極めてよく発達する（図83a）．また，脱落膜化の特徴の一つである中間径フィラメント（Fi）の蓄積も観察される[10]（図83a）．近接する2核の境界部近くの細胞質中には，しばしば2対の中心子が観察されるが，それらの中心子から明らかに2本の単立繊毛が形成されていることを示す像も得られ（例：図83a矢印と図83bはその拡大像），図83bでは，基底小体から繊毛への移行部と基底小体の断面像が観察される．また，図84aでは2核細胞の2核が切片上で並列していないため，異

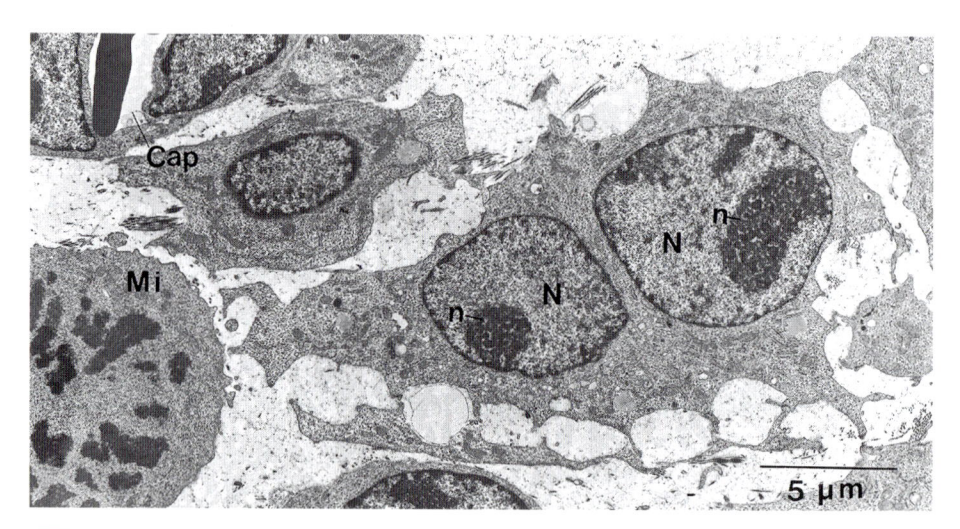

図82　**間質の2核細胞と分裂像の一部の電子顕微鏡像**（妊娠D6：14h）
Cap：毛細血管，Mi：分裂中期の間質細胞，N：核．

着床と脱落膜形成 7

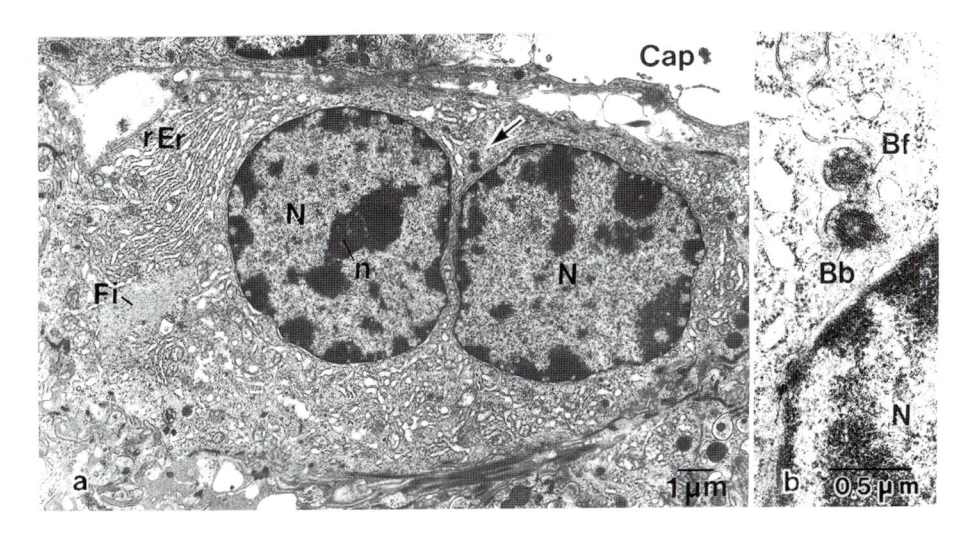

図83　a. 脱落膜組織内の2核細胞（妊娠D8：22h）.
　　　　Cap：毛細血管，Fi：中間系フィラメントの蓄積，N：核，rEr：粗面
　　　　小胞体．矢印部分の拡大像は図bに示す．
　　　b. 基底足（Bf）を伴う基底小体から単立繊毛への移行部と基底小体
　　　　（Bb）の断面像
　　　　N：核．

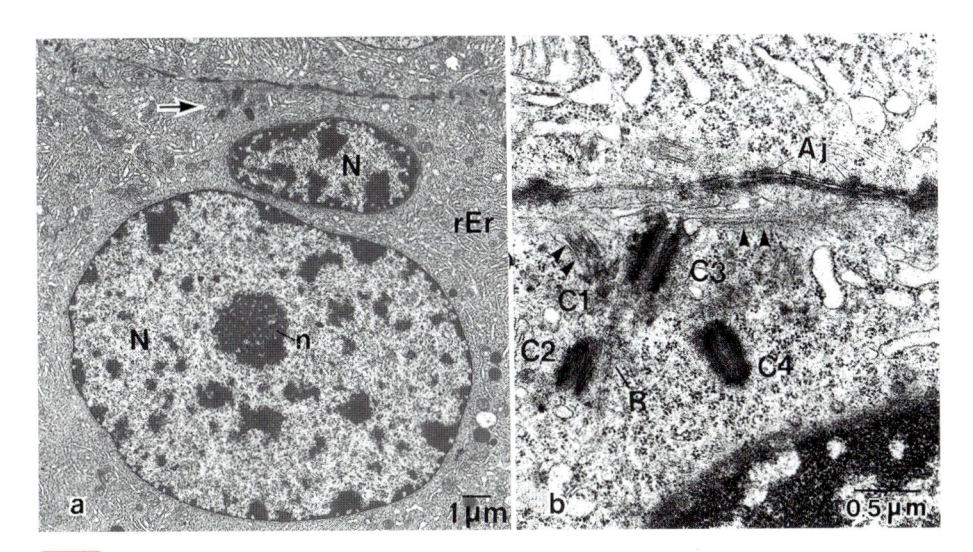

図84　a. 脱落膜組織内の2核細胞（妊娠D8：22h）
　　　　2対の中心子（矢印）が観察され，その拡大像を図6bに示す．
　　　　N：核，n：核小体，rEr：粗面小胞体．
　　　b. 図aの→部の拡大像
　　　　2対の中心子，すなわちC1とC2，C3とC4が対をなし，C1とC3は
　　　　基底小体としてそれぞれ単立繊毛（▲▲）を形成．脱落膜細胞間は接着結合
　　　　装置（Aj）で連結．RはC1からの基底根．

197

なる大きさの断面を見せていると考えられるが，2対の中心子（矢印）のそれぞれ一方が基底小体として，細胞表面近くで2本の単立繊毛を生じており(拡大像：図84b)，基底小体からのびる基底根（R）も観察された．

5 考　察

　マウスでは妊娠D4の午後に，胚盤胞が子宮腔上皮に接着を開始する頃，胚盤胞の周囲の間質細胞に脱落膜形成のための細胞分裂が始まる．妊娠D5の昼頃，すなわち栄養膜細胞による子宮内膜浸潤の開始前に，子宮腔上皮を介して胚盤胞を囲む間質細胞は脱落膜細胞へと分化を始め，一次脱落膜域を形成する．この時期に一次脱落膜域を遠巻きにするように観察される盛んな分裂像（図80参照）は，爆発的ともいうべき脱落膜形成のための間質細胞の分裂であり，ホルモン依存性で，着床胚子を囲んで局所的に起こる．また，着床胚子不在の偽妊娠子宮においても，妊娠時と類似のホルモン環境下の限られた感受期に人工的な刺激（機械的に傷をつけるなど）を与えれば，脱落膜形成と類似した組織である脱落膜腫が形成される，などの特徴をもつ．そのため，偽妊娠動物を用いて脱落膜形成を誘導する物質を特定しようとする試みもなされ，ヒスタミン[15]をはじめとして，プロスタグランディン[16)17]，リュウコトリエン[17]，など[18]のかかわりが示唆されている。

　妊娠D5の夜半頃には胚盤胞の栄養膜による子宮腔上皮の浸潤が始まるが，この時期になると脱落膜域はさらに発達し，一次脱落膜域と外側の二次脱落膜域が区別されるようになる．一次脱落膜域は，3次元的には反間膜側から胚子に湯飲み茶碗を被せたように囲んでいるとも表現され[19]，血管を欠くこと[1]が特徴であり，また栄養膜が子宮腔上皮を浸潤した後の胚子と母体血管との間で，透過性に対する選択的な障壁の役割を果たしていると考えられている[19)20]．ラットの実験では，HRP (horse radish peroxidase) は通過可能であるが，HRPに対する抗体IgGはブロックされて通過できず，この理由としては脱落膜細胞間に不連続に存在する密着結合装置（tight junction）や指状細胞間連結の存在が関与している可能性が示唆されており[19]，またわれわれの実験からはマクロファージの進入に対しても障壁の役割も担っていると考えられる[21]．妊娠D6になると，D5に続いて着床部位を遠巻きにするように盛んな分裂像が観察され，その分裂像の内側に沿うように2核細胞が多数出現する．妊娠D7，D8と，脱落膜域は子宮筋層に向かって拡張すると同時に，内膜全体も拡大し，分裂像も引き続き観察される．このように，かなり同調性を持った細胞分裂や脱落膜細胞への分化は，これらの間質細胞や脱落膜細胞間に存在するギャップ結合[22)-24]によるコミュニケーションに負うところが多いものと考えられる．

　これらの変化が進行する間に2核細胞の数はさらに増加するが，2核細胞の分布域と分裂像の分布域との関係は出現当時とほとんど変わらず，常に2核細胞は内側に，分裂像は外側に分布する．このことは，2核細胞が脱落膜細胞に分化し，脱落膜域内に組み込まれているか，脱落膜のすぐ近傍にあって，これから脱落膜化していく細胞の一員として観察されていることを示し，分裂中期（分裂像）より時間的に後に形成されることを示唆して

おり，2核細胞の形成は，分裂を開始した細胞が分裂前期，中期，後期を経て核膜形成を行ない，新たな2核を形成する終期に，なんらかの原因により細胞質にくびれができず，細胞質分裂が行われなかったため生じた結果であることを示唆している．2核細胞のほかに，マウスの脱落膜内には大型の3核細胞や4核細胞の存在することも特徴とされる[12]．また，今回は触れなかったポリプロイド細胞(倍数体細胞)(polyploid cells)の存在も知られており，マウスやラットの脱落膜腫細胞には4nや8n，さらにはもっと高い64nものDNA量をもつ細胞の存在が報告されている[25)-27)]．本研究では，マウスの2核細胞に，通常2対の中心子が観察され，これらのうちの2個から2本の単立繊毛の形成される例がしばしば観察されることを明かにした．われわれは妊娠ラットにおける間質中の2核細胞でも，2対の中心子をもつものや，それらの2個から2本の単立繊毛をもつ例をすでに報告しており[11)]，共通した構造が類似の細胞環境により形成されると推測される．通常，細胞周期中における中心子の複製はS期からG2期中に始まり，M期開始時には複製を終了して中心子は2対となり，各対は核の両極への移動を始め，紡錘糸により染色体を分離する役割を果たす．中心子が2対となっているのは，(1) 少なくともDNA合成が終了しており，(2) 核分裂により2核が形成される時点にまで到達している，という2つの可能性を示す．したがって，(1) で停止した場合にはDNAが倍化してpolyploidを形成し，(2) に進んだ後停止した場合は核分裂を終了しているので2核細胞を形成することになる．しかし，2核細胞の場合，正常の細胞分裂と同様に核分裂が起こり，その後サイトカイネシス(細胞質分裂)(cytokinesis)が省略，あるいは阻止された状態にあると考えられる．この場合，2対の中心子はいったんは核の両極に移動するが，再び2核の中央部に戻ってくることを想定しなければならない．通常，1対の中心子を有する細胞において，一個の中心子から単立繊毛を生じる例は，脱落膜細胞以外の多くの種類の異なる細胞でも報告されている[28)]．単立繊毛の場合，運動毛として知られる繊毛の構造(9組の辺縁双微細管と2本の中心微細管からなるため，9＋2で表す)と異なり，辺縁双微細管のみで中心微細管を欠くため9＋0の微細管配置をとり，サブユニットAに付着する内腕と外腕を欠く構造からなるので，不動の繊毛と考えられている．また，この単立繊毛の存在する期間は，細胞周期のG1期に相当すると考えられる[28)]．これらの推論に従えば，単立繊毛を備える2核細胞はG1期にあるが，分裂終期中に起こるべきサイトカイネシスをせずに核2個分を含む大型細胞化した状態にある．これらの細胞が多数脱落膜形成に参加していくことを考えると，サイトカイネシスを省略して効率よく，また恐らく時間も短縮して脱落膜形成を行う必然性があり，そのための工夫がなされている組織ということもできる．

おわりに

脱落膜組織内には今回調べた2核細胞のほかに，polyploidと考えられる大型の核を持つ細胞が存在するが，これらの細胞も大型であるため脱落膜形成には都合がよく，目的に適っていると解釈できる．これらpolyploidの細胞には複数対の中心子を保有している例が観察されており(同一切片上で少なくとも3対観察された例が数例ある)(未発表)，polyploidの場合，中

心子が複製され，DNA合成が行われるが，核分裂を停止した状態にあるものと考えられ，中心子が2対以上あるということは，1回以上の中心子の分裂とDNA合成を行っていることになる．polyploidの場合は核分裂とサイトカイネシスの両方が阻止されていることになり，妊娠時の子宮内膜内では通常なら分裂異常とも呼ぶべき細胞の分裂行動を起こす環境設定になっていることが予想され，今後このような観点からも研究が進められるべきであろう．

文　　献

1) Krehbiel RH：Physiol Zool **10**, 212 (1937).
2) Shelesnyak MC：Perspectives Biol Med **5**, 503 (1962).
3) Finn CA & Martin L：J Endocr **39**, 593 (1967).
4) Tachi C et al：J Reprod Fert **31**, 59 (1972).
5) 舘　鄰 & 舘　澄江：日本医師会雑誌 **74**, 844 (1975).
6) Shelesnyak MC et al：Acta Endocrinol **42**, 225 (1963).
7) Finn CA & Martin L：J Reprod Fert **25**, 299 (1970).
8) Glasser SR & Clark JH：in The Developmental Biology of Reproduction (eds Markert CL, J Papaconstantinou), 311 (Acad Press, New York, 1975).
9) Kirby DRS：in Biology of The Blastocyst, 393 (ed RJ Blandau, Univ Chicago Press, Chicago, 1971).
10) Tachi S et al：J Reprod Fert **21**, 37 (1970).
11) Tachi S et al：J Anat **104**, 295 (1969).
12) Snell GD & Stevens LC：in Biology of the Laboratory Mouse (ed EL Green), 205 (McGraw Hill, New York, 1966).
13) Sabatini DD et al：J Cell Biol **17**, 19 (1963).
14) Psychoyos A：Compt Rend Soc Biol **154**, 1384 (1960).
15) Shelesnyak MC：Am J Physiol **170**, 522 (1952).
16) Tachi C & Tachi S：in Physiology and Genetics of Reproduction (Part B) (eds Coutinho EM, Fuchs F), 263 (Plenum Press, New York & London, 1974).
17) Kennedy TG et al：in Blastocyst Implantation (ed K Yoshinaga), 135 (Adams Publishing Group Ltd, Boston, 1989).
18) Weitlauf HM：in The Physiology of Reproduction (2nd ed) (eds Knobil E, Neil JD), 391 (Raven Press Ltd, New York, 1994).
19) Parr MB & Parr EL：in Biology of The Uterus (2nd ed) (eds Wynn RM, Jollie WP), 233 (Plenum Publ Corp, New York, 1989).
20) Tung HN et al：Biol Reprod **35**, 1045 (1986).
21) Tachi C et al：J Exp Zool **217**, 81 (1981).
22) Finn CA & Lawn AM：J Ultrast Res **20**, 321 (1967).
23) Kleinfeld RG et al：Biol Reprod **15**, 593 (1976).
24) Ono H et al：Placenta **10**, 247 (1989).
25) Sachs L & Shelesnyak MC：J Endocr **12**, 146 (1955).
26) Zybina EV & Grishchenko TA：Tstologiya **14**, 284 (1972).
27) Ancell JD et al：J Embryol exp Morphol **31**, 223 (1974).
28) Tachi S：Am J Anat **169**, 45 (1984).

〔舘　澄江〕

8 子宮内膜細胞外マトリックス

はじめに

　子宮内膜の組織改変が受胎にとって重要なことは古くから指摘されているが，子宮内膜のどのような因子が受胎性を左右するかは未だ明確な解答はない．しかし，妊娠に伴う子宮内膜のダイナミックな改変は細胞外マトリックス（Extracellular Matrix, ECM）の変化に基づく．ECMは子宮内膜組織の主要構成要因であり，単に細胞の支持体として組織に存在するだけではなく細胞の増殖や分化にも重要な役割を果たしている[1]．子宮内膜ECMはホルモン，サイトカイン，成長因子に加えマトリックスを特異的に分解する酵素（Matrix metalloproteinases, MMPs）などの共同作用により調節される[2]．ECMは子宮だけでなく動物体のどの組織器官においても存在する重要なタンパク質と糖質で構成される高分子であり，産生分解調節の詳細な分子機構や遺伝子発現については他の成書を参照されたい[3,4]．本項では子宮組織の着床や妊娠に伴うECM分解，改変調節について述べる．

1　細胞外マトリックス（ECM）の構成と子宮内膜ECM

　ECMは主として線維性タンパク質，複合糖質，糖タンパク質からなる．線維性タンパク質はコラーゲンとエラスチンであり，コラーゲンは三重コイル構造をつくり，構成鎖の組成が異なる少なくとも19種が知られている[5]．子宮内膜にはⅠ型，Ⅲ型，Ⅳ型，Ⅴ型およびⅥ型の存在が確認されているが，全体の構成比率は明確でない[6,7]．Ⅰ型は内膜に広く分布して細い線維からなる明瞭な網目構造を形成している．上皮細胞直下の基底膜および内膜に豊富な血管の周囲にはⅣ型が認められる．Ⅲ型は結合組織線維の大部分を占め，内膜の間質に多量に存在する．Ⅴ型は子宮では構成鎖の異なる2種類が確認されている．エラスチンは組織に存在する不溶性タンパク質で酢酸やグアニジンで組織から抽出することができる[8]．グルクロン酸やガラクトースとアミノ糖の二糖が重合した複合糖質であるグリコサミノグリカン（GAG）には，ヒアルロン酸と硫酸基を持つコンドロイチン硫酸，ヘパラン硫酸，デルマタン硫酸などがあり，後者はコアタンパク質と結合したプロテオグリカンに分類される．子宮内膜ではヘパラン硫酸が結合したパールカン，デルマタン硫酸あるいはコンドロイチン硫酸の結合したデコリンの存在が確認されている．GAGは多量の水分を含みゲル状で粘性に富んだ高分子で，形態形成，組織機能の維持やサイトカインの貯蔵庫として多様な働きをしている[9]．他のECMを構成する主要物質である糖タンパク質として，ラミニン，フィブロネクチン，ビトロネクチン，テネイシンなどが知られ

III 子宮内膜・着床・免疫

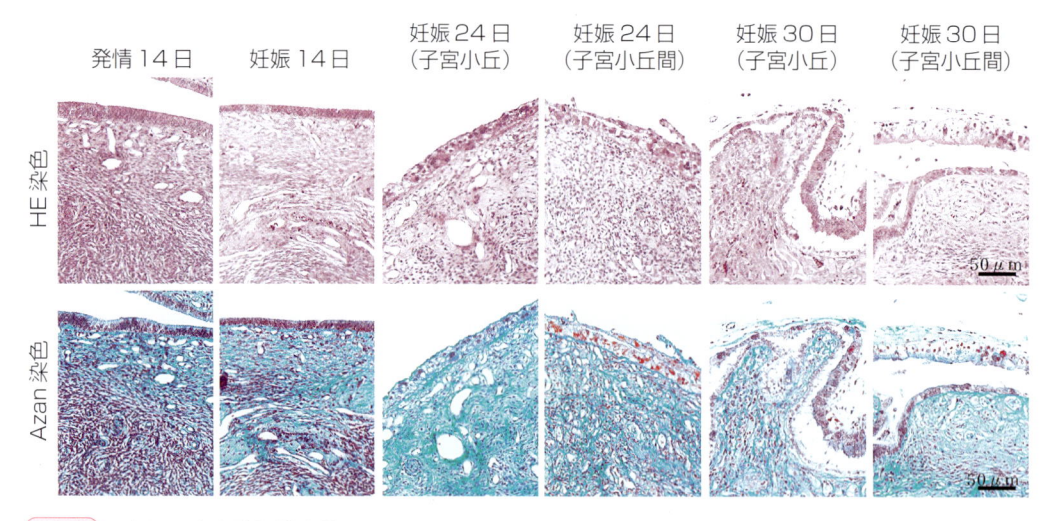

図85 ウシ子宮内膜組織変化（HE染色およびAzan染色）
子宮小丘部の上皮は発情周期では高さ約30μmで，間質は密であった．着床直前は上皮の高さは約15μmとなり，着床に伴って扁平化した．間質の結合組織は，着床直前から徐々に粗となり，絨毛が形成されると子宮小丘の子宮内膜はクリプトを形成し，それに伴って結合組織は再び密になった．

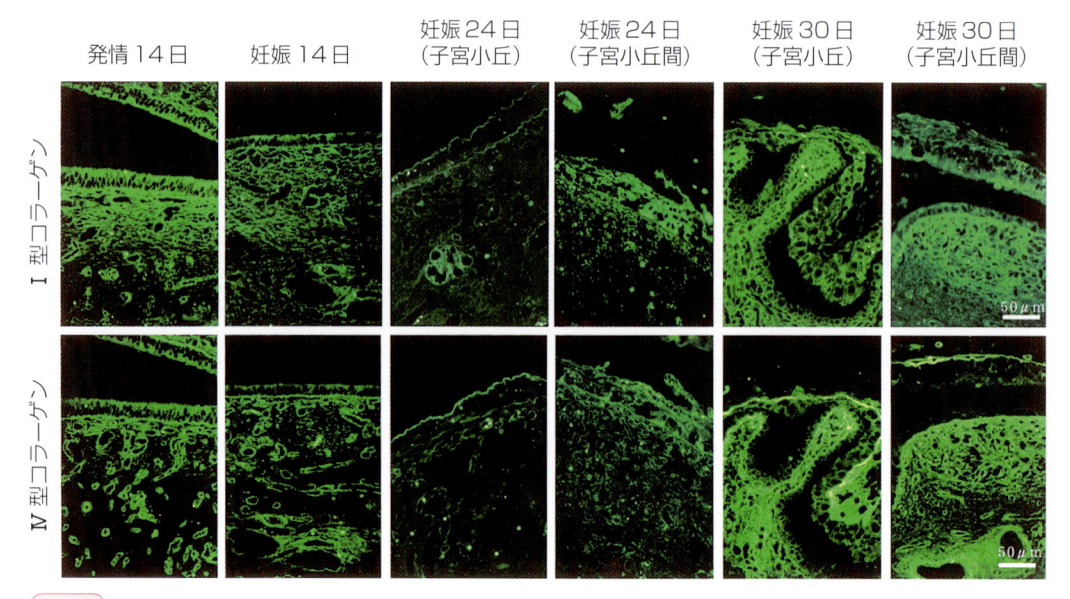

図86 子宮内膜のI型およびIV型コラーゲンの動態（蛍光免疫染色）
I型コラーゲンは上皮直下の間質に密集し，IV型コラーゲンは上皮細胞の基底膜および血管周囲に局在し，着床に伴って子宮小丘部のI型およびIV型コラーゲンの発現は減弱したが，胎盤形成に伴って（妊娠30日），それらは再び増加した．

ている．ラミニンは基底膜に多量に発現し，Ⅳ型コラーゲンとともに細胞の接着，伸展を調節している．フィブロネクチンは多種のコラーゲンやヘパラン硫酸に結合し，インテグリンの結合部位RGDS配列を持っており，胚発生や形態形成に重要な役割を有している[4]．子宮内膜組織中のECM含量は妊娠中に増加し，分娩後急激に減少すると考えられる．ラットでは妊娠の進行に伴い約10倍に増加し，分娩後その85％が消失する[10]．また，ウシでは子宮重量が妊娠中に約12倍に増加する．この増加はコラーゲン含量の増加に基づくが，コラーゲンの濃度は変化せず，妊娠中のⅠ型とⅢ型コラーゲンの比率も8：1から9：1と大きな変動はない[11)12)]．このように，子宮内膜ECMの改変はコラーゲン類を中心としたダイナミックな変化とプロテオグリカンなどの分解，改変にかかわる機構が複雑に絡み合って生じる．

2 細胞外マトリックス分解酵素

　子宮の形態変化はECMの分解によりもたらされる．ECM分解酵素は酸性プロテアーゼであるアスパラギン酸プロテアーゼとシステインプロテアーゼおよび中性プロテアーゼに分類できる．生体での分解は中性プロテアーゼが司り，その主役はセリンプロテアーゼとマトリックスメタロプロテアーゼ群（MMPs）である．セリンプロテアーゼとしてはキモトリプシン，トリプシン，エラスターゼ，プラスミン，カテプシンGが挙げられる．エラスターゼはエラスチンを溶解するほか，プロテオグリカン，コラーゲン，フィブロネクチンなどを分解する．また，カテプシンGはプロテオグリカンやⅡ型コラーゲン，フィブロネクチンを基質とする[13)14)]．MMPは胚の発達，着床，器官形成，排卵，分娩後の子宮修復，血管新生，骨形成，創傷治癒，ガンの転移など数多くの生理的，病理的機構にかかわるECM分解，調節の主役である．MMPsは活性発現に必要な金属イオンとして亜鉛を含み，プロ酵素として分泌され，細胞増殖因子などにより活性化されるECMの特異分解

表31　MMPファミリー

MMP-1	Collagenase 1, Mr52/43kD	MMP-17	MT4-MMP, 62/51kD
MMP-2	Gelatinase A, Mr72/62kD	MMP-18	Collagenase 4, 53/42kD
MMP-3	Stromelysin 1, Mr52/43kD	MMP-19	No trivial name, 54/45kD
MMP-7	Matrilysin, Mr28/19kD	MMP-20	Enamelysin, 54/22kD
MMP-8	Collagenase 2, Mr85/64kD	MMP-21	XMMP, 70/53kD
MMP-9	Gelatinase B, Mr92/84kD	MMP-22	CMMP, 51/42kD
MMP-10	Stromelysin 2, Mr52/44kD	MMP-C31	
MMP-11	Stromelysin 3, Mr51/46kD	MMP-H19	
MMP-12	Macrophage elestase, 52/20kD	MMP-Y19	
MMP-13	Collagenase 3, Mr52/42kD		Envelysin, 63/48kD
MMP-14	MT1-MMP, 64/54kD		Soybean MMP, 31/19kD
MMP-15	MT2-MMP, 71/61kD		Fragilysin, 43/21KD
MMP-16	MT3-MMP, 66/56kD		

酵素である．現在，20種を越すMMPが明らかになっている．シグナルペプチド，プロペプチド，カタリックドメイン，ヘモペキシン様ドメインを基本構造とし，cys-Zn^{2+}の崩壊による活性化により酵素作用が現れる．MMPはそれぞれ基質特異性を示す[15]．例えば，MMP-1やMMP-13はI型コラーゲンを標的とし，MMP-2やMMP-9はIV型コラーゲンの分解に特異性を示す．特に，MMP-9は着床時に胚の栄養膜細胞の浸潤や骨格形成に重要な役割を果たすことが示されている[16)17)]．このMMPの作用は，生体内では種々の活性化因子と抑制因子により巧妙にバランスが取られている．MMPの特異的な抑制因子としてTIMP（Tissue inhibitor of metalloproteinases，TIMP-1～TIMP-3）が知られている[18]．一方，活性化にかかわる因子として，膜貫通ドメインを持つ膜型MMP群（MT-MMP，MT1-MMP～MT4-MMP）が明らかにされた[19]．MT1-MMPはMMP-2を特異的に活性化し，これまで不明瞭であったMMP-2の調節に働くことが明らかとなった[20]．これら酵素群の前駆体であるproMMPの産生は各種ホルモンやサイトカインにより調節されており，生体内でのECM改変にはproMMPの産生→活性化→作用発現調節の制御が必要である[21)-23)]．これらの作用機構にはプラスミノーゲンアクチベータを代表とするセリンプロテアーゼ群やその抑制因子など他の酵素も加わった複雑な制御系が存在する．

3 子宮内膜に発現するサイトカインと細胞外マトリックスの改変

　子宮内膜ECMの改変は，妊娠の始まりとともに受精胚を受け入れる子宮組織を適正な環境へと導く必須の過程である．このECMの改変はMMPなどの酵素系の働きによりもたらされるが，それらの過程を調節制御する要因として成長因子やサイトカインは重要な役割をステロイドホルモンとともに担っている[24)25)]．その主徴は子宮内膜上皮細胞，腺細胞および間質の調節と再編成である．着床が近づくと子宮内膜では胚の接着や浸潤に伴って上皮細胞の崩壊，再編成および間質細胞の増殖，分化が盛かんになるとともに，胎児母体間の情報交通手段である血管系の新生が始まる．ECMは成長因子やサイトカインの豊富な貯蔵庫であり，MMP-9やプロテオグリカン分解酵素が貯蔵サイトカインなどの放出にかかわることが明らかにされつつある．子宮内膜はサイトカインや成長因子の宝庫で，IGFs，TGFs，EGFs，bFGF，LIF，ILs，TNFsなど数多くの因子が発現する[26)27)]．着床適期（implantation window）における受胎性，妊孕性の確立にこれらの因子がECM分解酵素やホルモンとともにかかわることは疑いのないところであるが，詳細はまだ明らかでない点が多い．これら要因の相互制御機構の解明は分子生物学的手法の発達により次々と解明されつつある．例えば，ウシの子宮間質細胞ではECM分解酵素のMMP-9はIL-1βの刺激により遺伝子発現が著しく増加するが，同じゲラチン分解酵素であるMMP-2遺伝子発現は変化しないことが明らかである．この差異は，恐らくMMP遺伝子のプロモータ領域に位置する転写因子の結合配列の違いによると推察される．LIFは着床時期特異的に発現するサイトカインでこの作用なしには着床は成立しない．また，肝細胞増殖因子（HGF）は子宮内膜間質細胞で産生され，そのリセプター（c-met）は上皮細胞に発現する

ことから上皮と間質の相互作用の面から注目される要因である[28]．このように，子宮内膜で産生あるいは放出されたサイトカインは内膜ECMを改変するだけでなく，胎児側と母体の情報交換および内膜上皮細胞と間質細胞の情報交換にも重要な役割を果たすと推察される．個々のサイトカインの詳細な作用機構は他項を参照されたい．

4 着床に伴う細胞外マトリックスの改変調節

　ヒトの子宮内膜ではI，III，IV，V，VI型コラーゲン，フィブロネクチン，ラミニン，ヘパラン硫酸プロテオグリカンなどが排卵周期や妊娠初期の内分泌変化に応じ発現することが報告されている．なかでもIV型コラーゲンやラミニンの発現は脱落膜の間質で着床時期に増加し，VI型は発現が減少する[7,28,29]．この変化はヒト以外の霊長類でも確認される着床に伴うECM改変の特徴である．また，IV型コラーゲンは胚の栄養膜細胞でも強い発現が認められることや，不妊患者の子宮内膜ではIV型コラーゲンとフィブロネクチンやラミニンの発現が低下していることなどから，霊長類における着床，胎盤形成にはIV型コラーゲンやラミニンが重要であることを示している[30-33]．これらECMの改変は，霊長類の場合，胎児側MMPが重要な鍵を握っていると考えられる．母体組織との接点にある栄養膜細胞や栄養膜合胞体層の細胞はMMP-1，MMP-2，MMP-9，MT1-MMPを発現し，ECMの改変を調節している．MMP-2は着床時よりもむしろ排卵周期の子宮内膜組織の変化に主たる役割を持つことが示唆される[20]．また，妊娠の進行に伴い胎盤でのMMP-2の発現は減少し，栄養膜細胞MMP-9の発現が上昇する．これらＭＭＰ群の変動や活性変化はステロイドホルモンやサイトカインにより制御されている．プロジェステロンはMMP-1の産生を調節しているが，MMP-2の産生にはかかわらない[34]．脱落膜のTGFβは栄養膜細胞のゲラチン活性を抑制しているが，MMP-9やTIMP-1の発現を増加する．また，IL-1βがMMP-9の産生を促進し，TIMPの発現を抑制することなどが示されている．これら産生および発現の制御は，ステロイドホルモンやサイトカインがMMPの転写調節領域におけるAP-1，Ets，PEA-3，NFκBなどを介して作用することが明らかになりつつある[17,35,36]．

　ヒトと同様に脱落膜を持つマウスやラットでは，子宮内膜マトリックスの主体はI型コラーゲンであり，着床点においてI，III，V型コラーゲンの減少が確認されているが，他のコラーゲンは変化しない[10,37]．着床にあたってはIV型コラーゲンやラミニンの消失が脱落膜の形成に必須である[38-40]．また，着床の初期には胚盤胞を取り囲む子宮上皮にヘパリン結合型EGFが発現し，胚の受け入れ準備を計ることが示されている[41]．この因子の発現制御にMMPがかかわっている．

　ヒツジやヤギでは，I型およびIV型コラーゲンの発現は子宮小丘あるいは小丘間に差がなく，発情周期および妊娠初期を通して子宮内膜間質に発現する．IV型コラーゲンおよびラミニンは内膜上皮直下の基底膜や血管の内膜に認められる．内膜組織の改変はこの種の動物でもMMPが主要な役割を担うが，反芻動物では子宮内膜に将来胎盤絨毛叢を形成す

III 子宮内膜・着床・免疫

る子宮小丘と呼ぶ組織が生まれつき100〜120整然と並んでいる．MMP-1やMMP-3，TIMP-1やTIMP-2およびMT-MMPなどの分解酵素群がこれら内膜組織に発現する[42]．それ故，この領域におけるECM改変機構が重要と考えられる．また，着床部位の内膜上皮では細胞とECMの接着にかかわるインテグリン発現の減退が確認される．栄養膜細胞が接着した部分においてだけECM発現が減退し，他の部分では変化のないことから，ヒツジ，ヤギでは受精胚子の栄養膜細胞と母体の子宮内膜細胞の接着点に限局してMT-MMPなどが働きECMの顕著な改変が生じると推察される[43)44)]．受精胚にはMMP-9が発現しており，内膜の改変にかかわっている．

ウシでは着床点における基底膜や間質のIV型コラーゲンが著しく減少し，胎盤絨毛叢が形成されると再び発現が著明になる．I型コラーゲンもまた着床時期に減退する[45]．しかし，IV型コラーゲンの分解酵素MMP-2の発現は受精後漸次減少する．また，MMP-9は着床直前の上昇後，大きな変化を示さない．胎盤絨毛叢の形成に重要な血管新生因子群（VEGFs）遺伝子はウシの子宮内膜や胎膜のどの部分でも発現が認められる．絨毛叢の形成部位においては，bFGFの発現が着床時特異的に現れる．このbFGFの発現は胎膜側に認められないことから，ウシのような点状の絨毛叢を形成する動物種では局所的なECM

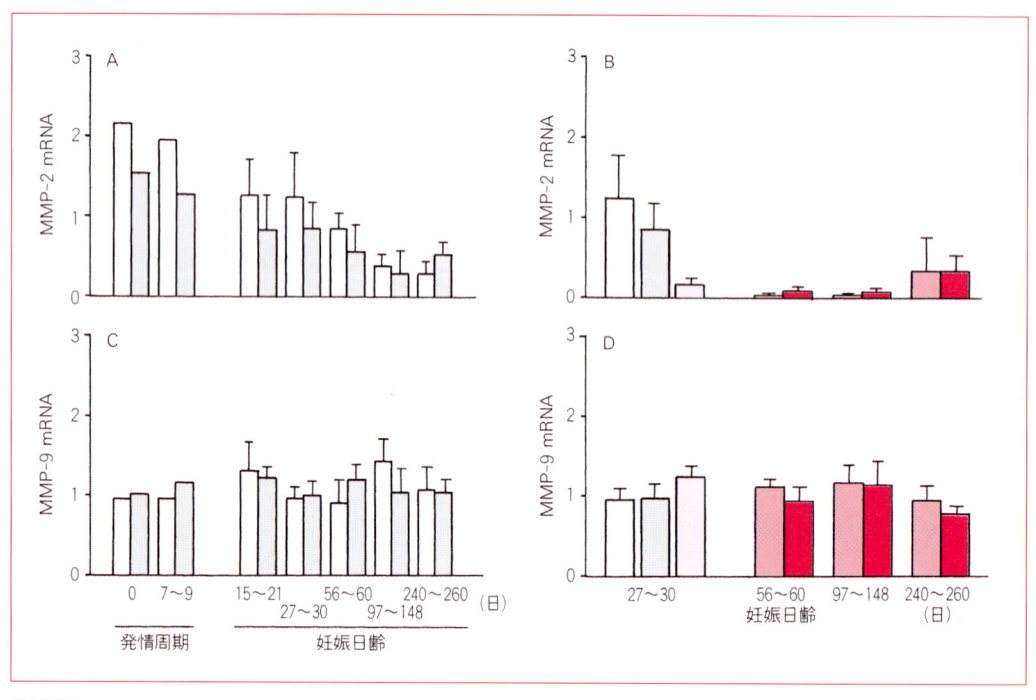

図87 ウシ子宮内膜でのMMP-2およびMMP-9の発現動態
発情（0〜9日）および妊娠各周期（15〜260日）のウシ胎盤および子宮より，子宮小丘（□），子宮小丘間内膜（▨），絨毛叢を含む胎膜（▨），絨毛叢（▨）および絨毛叢未形成部位胎膜（■）を採取し，総RNAを抽出した．得られた総RNAを鋳型として逆転写反応を行い，TaqManプローブを用いたリアルタイムRT-PCR法によりMMP-2（A，B）およびMMP-9（C，D）mRNA量を定量した．

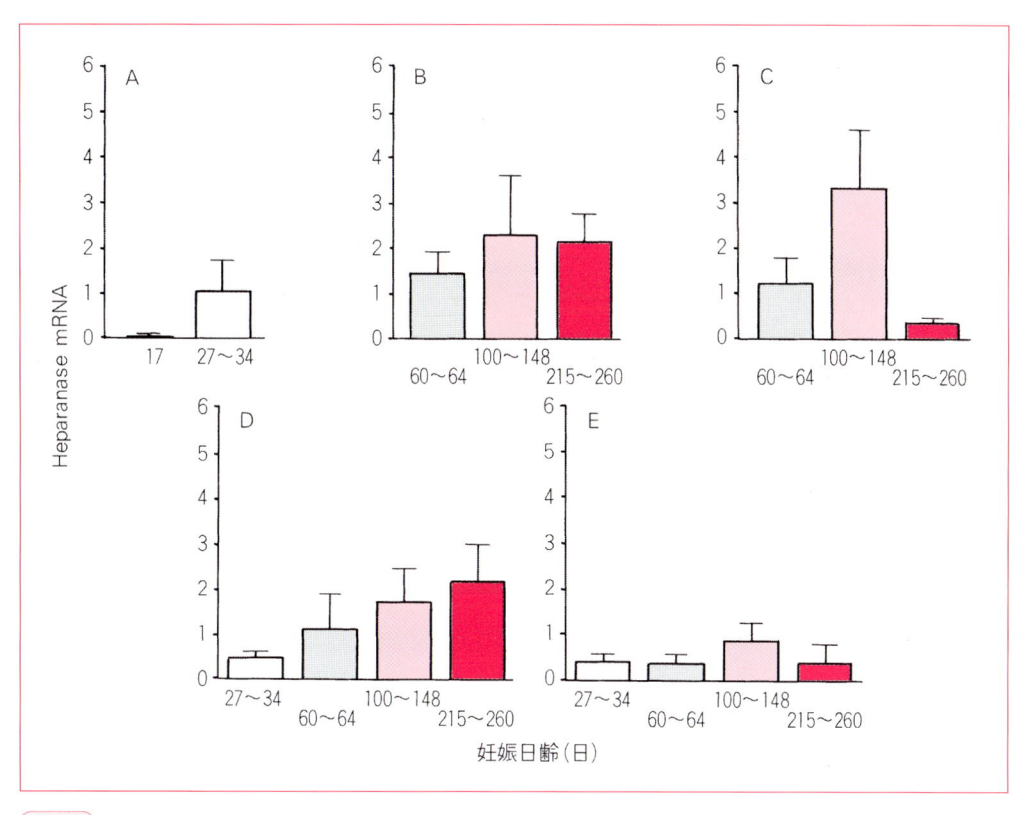

図88 ウシヘパラナーゼの発現動態

妊娠17日のウシの受胎産物(A), 妊娠27～34日(□), 60～64日(▨), 100～148日(ピンク), 215～260日(赤)の絨毛叢を含む胎膜(A), 絨毛叢(B), 絨毛叢未形成部位胎膜(C), 子宮小丘(D)および子宮小丘間内膜(E)を採取し, 総RNAを抽出した. 得られた総RNAを鋳型として逆転写反応を行い, TaqManプローブを用いたリアルタイムRT-PCR法によりヘパラナーゼmRNA量を定量した.

分解機構が存在すると考えられる．その機構にヘパラン硫酸プロテオグリカンの分解酵素であるヘパラナーゼの関与が覗える．最近，われわれがクローニングに成功したウシのヘパラナーゼ遺伝子は着床直後に胎膜に発現し，胎盤形成が始まると絨毛叢部位で発現が上昇する．それ故，ウシの受精胚は，着床時期にはMMP-9やヘパラナーゼを局所的に発現して，内膜上皮細胞の再編成や間質組織からの成長因子およびサイトカインの放出を誘導する．それ以後，MT-MMPやMMP-1，MMP-7，MMP-9や各種サイトカインの作用によるECM分解カスケード機構が稼動すると考えられる．また，反芻動物では着床直前の胚が多量にインターフェロン・タウ（IFNτ）を産生分泌することが明らかにされており，そのIFNτは内膜のMMP-1やMMP-3産生調節に関与している[46)-48)]．IFNτの着床や胚の発達に関する役割については他項を参照されたい．着床臨界面での他の重要な要因は，胚の栄養膜細胞と内膜上皮の相互作用にかかわるインテグリンなどの接着分子の動態である．インテグリンはECMのリセプターとして細胞膜に存在し，その分子はα，βサブユニットから構成され，細胞の接着，伸展，移動や細胞情報の伝達調節を司る．特

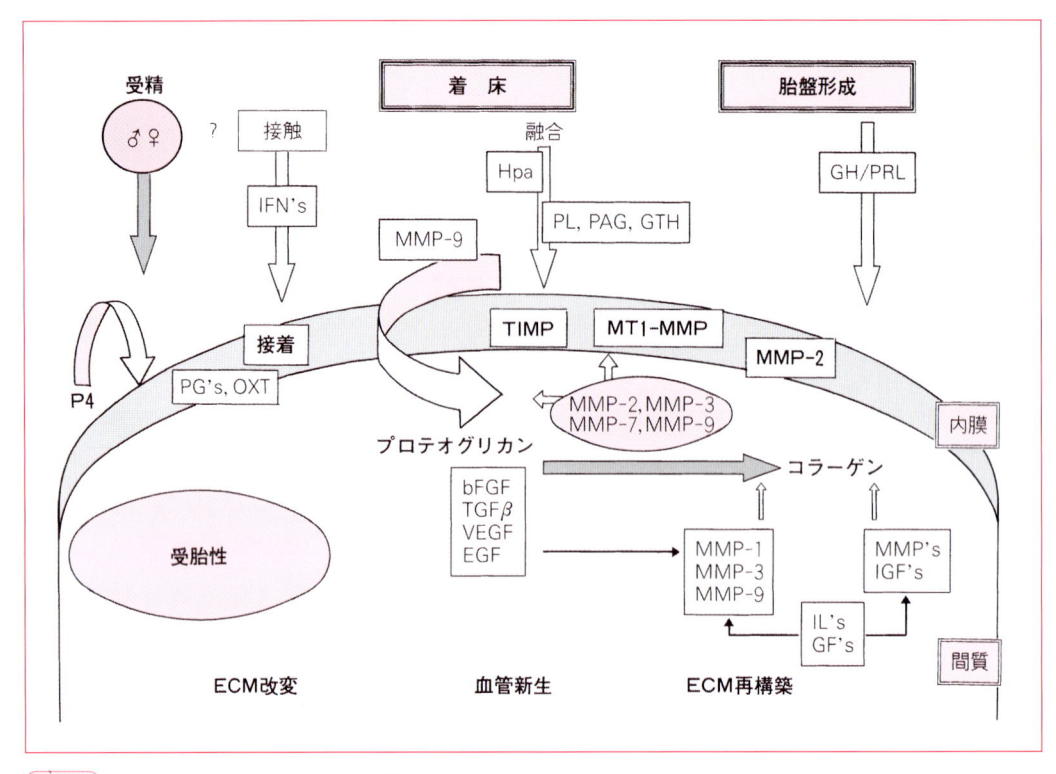

図89 着床に伴うECM改変機序（ウシ）
EGF：上皮細胞増殖因子，bFGF：塩基性線維芽細胞増殖因子，GF：増殖因子，GH/PRL：成長ホルモン/プロラクチン，GTH：ゴナドトロピン，Hpa：ヘパラナーゼ，IFN：インターフェロン，IGF：インスリン様増殖因子，IL：インターロイキン，MMP：マトリックスメタロプロテアーゼ，MT1-MMP：膜貫通型マトリックスメタロプロテアーゼ，OXT：オキシトシン，P4：プロゲステロン，PAG：妊娠関連糖蛋白質，PG：プロスタグランジン，PL：胎盤性ラクトゲン，TGFβ：トランスフォーミング増殖因子β，TIMP：組織由来マトリックスメタロプロテアーゼインヒビター，VEGF：血管内皮増殖因子

に子宮内膜では，フィブネクチン（α5β1）やビトロネクチンリセプター（αvβ3）が重要と考えられる．子宮内膜でαvβ3が異常発現すると不妊となること，動物種を問わず着床部位でのαvβ3の減少することから，αvβ3が着床に重要な役割をもつと推察される[49)-51)]．最近，着床を調節する特異的接着分子としてトロフィニンの重要性が指摘されている[52)]．

おわりに

反芻動物と脱落膜形成をもつ霊長類のECM分解発現の大きな異なりは，Ⅳ型コラーゲンが反芻動物では着床時減退するが，ヒトでは上昇することにある．この差異は胚の栄養膜細胞と子宮内膜上皮との融合接着様式の差に基づくと考えられる．それゆえ，着床，胎盤の形態，形成様式の差異を比較生物学的に検索することは，子宮内膜，着床，胎盤形成および妊娠成立機

構の解明に有効な情報を提供すると考える．

文　献

1) Salamonsen LA：Reviews Reprod **4**, 11 (1999).
2) Nagase H & Woessner JF：J Biol Chem **274**, 21491 (1999).
3) 渡辺明治，岡崎　勲（編）：細胞外マトリックス（メデイカルレビュー社，東京，1996）．
4) 小出　輝，林　利彦（編）：細胞外マトリックス（愛智出版，2000）．
5) Haralson MA & Hassell JR：Extracellular Matrix (eds Haralson MA & Hasssell JR), 1(Oxford University Press, London, 1995).
6) Aplin JD et al：Cell Tissue Res **253**, 231(1988).
7) Iwahashi M et al：J Reprod Fertil **108**, 147 (1996).
8) Fleming S & Bell SC：Hum Reprod **12**, 2051 (1997).
9) Greca CD et al：Anat Rec **259**, 413 (2000).
10) Hurst PR et al：Reprod Fertil Dev **6**, 669(1994).
11) Kaidi R et al：Matrix **11**, 101 (1991).
12) Kaidi R et al：Vet Res **26**, 87 (1995).
13) Zhang X et al：Biol Reprod **54**, 1052 (1996).
14) Niemann MA et al：Matrix **12**, 233 (1992).
15) Woessner JF & Nagase H：Matrix Metalloproteinases and TIMPs, 1 (Oxford Univ press, London, 2000).
16) Bischof P et al：Early Pregnancy **1**, 263(1995).
17) Huang HY et al：J Clin Endocrinol **83**, 1721 (1998).
18) Hurskainen T et al：J Histochem Cytochem **44**, 1379 (1996).
19) Sato H et al：FEBS Lett **385**, 238 (1996).
20) Huppertz B et al：Cell Tissue Res **291**, 133 (1997).
21) Tanaka SS et al：Placenta **19**, 41 (1998).
22) Zhang J et al：Biol Reprod **62**, 85 (2000).
23) Rider V et al：Biol Reprod **59**, 464 (1998).
24) Sharkey A：Reviews Reprod **3**, 52 (1998).
25) Keller NR et al：J Clin Endocrinol Metab **85**, 1611 (2000).
26) Rawdanowicz TJ et al：J Clin Endocrinol Metab **79**, 530 (1994).
27) Singer CF et al：Proc Natl Acad Sci USA **94**, 10341 (1997).
28) Chen C et al：Biol Reprod **62**, 1844 (2000).
29) Aplin JD & Campbell S：Placenta **6**, 469 (1985).
30) Mylona P et al：J Reprod Fertil **103**, 159(1995).
31) Autio-Harmainen H et al：Lab Invest **64**, 483 (1991).
32) Bilalis DA et al：Hum Reprod **11**, 2713 (1996).
33) Fazleabas AT et al：Biol Reprod **56**, 348(1997).
34) Irwin JC et al：J Clin Invest **97**, 438 (1996).
35) Bischof P et al：J Reprod Immunol **39**, 167 (1998).
36) Lockwood CJ et al：Endocrinol **139**, 4607(1998).
37) Bany BM et al：J Reprod Fert **120**, 125 (2000).
38) Das SK et al：Dev Genet **21**, 44 (1997).
39) Blankenship TN & Given RL：Anat Rec **243**, 27 (1995).
40) Thomas T & Dziadek M：Placenta **14**, 701 (1993).
41) Das SK et al：Development **120**, 1071 (1994).
42) Riley SC et al：J Reprod Fert **118**, 19 (2000).
43) Guillomot M：Placenta **20**, 339 (1999).
44) Salamonsen LA et al：J Reprod Fert **49**(suppl), 29 (1995).
45) Boos A：Cell Tissues Organs **167**, 225 (2000).
46) Davidson JA et al：Biol Reprod **51**, 700 (1994).
47) Roberts RM et al：Biol Reprod **54**, 294 (1996).
48) Salamansen LA：J Reprod Fertil **102**, 155(1994).
49) Aplin JD et al：Biol Reprod **60**, 828 (1999).
50) Kimmins S & Maclaren LA：Biol Reprod **61**, 1267 (1999).
51) Lessey BA et al：Am J Reprod Immunol **35**, 195 (1996).
52) Suzuki N et al：Biol Reprod **60**, 621 (1999).

〔橋爪一善／木崎景一郎／山田　治〕

9 不育症における免疫機構

はじめに

　不育症の危険因子（検査異常）は多岐にわたり，その危険因子による不育症発症危険率もまちまちである．また，多種類の危険因子が混在している例も多い．近年，Psycho-Neuro-Endocrine-Immuno-Coagulation Systemの破綻によると考えられる絨毛内毛細血管の虚血による胎芽死と，絨毛間腔の高圧による胎芽圧迫死の可能性が注目されつつある．たとえば，あるストレス状態のとき視床下部から神経伝達物質としてのセロトニンが多く分泌され，その刺激により下垂体前葉よりプロラクチンの分泌が促進される．プロラクチンは子宮内のマクロファージあるいは血管内の単球を活性化させ，Tumor Necrosis Factor-α（TNF-α）というサイトカインを放出する．TNF-αは腫瘍組織（絨毛？）における血管内皮細胞の障害を引き起こすので，凝固系が活性化し微小血栓形成による虚血が誘導されるとも考えられる．また，あるストレス状態のときプロゲステロンとエストラジオールの分泌が不十分になったとすれば，細胞性免疫が活性化してNatural Killer細胞（NK細胞）の活性が亢進する．NK細胞活性が亢進すると血管内絨毛のプラグ形成が障害されて，その結果，絨毛間腔の高圧が誘導されるとも考えられる．

　そこで本稿においては，不育症における免疫学的機構について概説し，その診断および治療を実際の臨床的立場より解説する．

1　不育症の危険因子とその検査

　不育症の主な危険因子とその検査異常の頻度は，表32の通りである．それぞれの危険因子は単独の原因ばかりではなく，相互に関係しあった原因，つまり『精神・神経・内分泌・免疫ネットワーク』のアンバランス，それに伴う凝固系異常による原因が半数以上を占めていると考えられる．それぞれの危険因子判定のための臨床検査の異常頻度については，筆者らにより1983年から1999年までの間に名古屋市立大学病院と名古屋市立城西病院にて妊娠帰結された1,307名の不育症患者について調査された．その結果，まず染色体因子について，胎芽の染色体異常による流産の割合は約20％弱であった．この流産こそが治療不可能な流産，自然淘汰としての流産と言える．換言すれば，不育症治療の1回の妊娠についての完全成功率は約80％とも言える[1]．夫婦いずれかの染色体異常率（均衡型転座保因者など）は約7％であった．子宮形態因子については，子宮奇形が約2％，子宮筋腫が約1％，子宮頸管無力症が約1％であった．内分泌因子については，黄体機能不全が

表32　習慣性の流産の危険因子別頻度

	検査異常の種類	頻度(%)	流産危険率(%)
A. 身体的異常			
□染色体異常	胎児の染色体異常	15〜20	90〜
	妻の染色体異常	4	〜50〜
	夫の染色体異常	3	〜50〜
□子宮異常	子宮奇形	2	〜50〜
	子宮筋腫	1	〜50〜
	頸管無力症	1	50〜
□内分泌異常	卵巣の黄体機能不全	21	〜50
	高プロラクチン血症	25	〜50〜
	（含．潜在性）		〜50〜
	甲状腺機能異常	1	〜50〜
	糖尿病（含．境界型）	1	〜50〜
□免疫異常			
△自己免疫異常	抗リン脂質抗体	17	〜80〜
	抗核抗体	18	〜50
△母児間免疫の異常	高ナチュラルキラー細胞活性	39	〜70〜
B. 精神的異常	流産関連ストレス	50〜	?

* 1983年から1999年までに，青木らにより検査および治療された総数1,307名の不育症患者に関する調査研究結果

約21%，高プロラクチン血症(含：潜在性)が約25%であった．代謝因子については，甲状腺機能異常が約1%，糖尿病(含：潜在性)が約1%であった．自己免疫因子については，抗リン脂質抗体陽性が約17%，抗核抗体陽性が約18%であった．同種免疫因子については，ナチュラルキラー(NK)細胞活性異常高値が約39%であった．心理社会因子(ストレス)については，現時点で流産に関与する臨床検査方法がない．しかし，以前よりストレスと流産の密接な関係が指摘されてきた[2)3)]．不育症の治療としての精神療法の有効性を指摘する報告もある[4)]．ストレスはそれ自体単独で流産を引き起こすのではなく，ストレスによる内分泌異常，そして免疫異常を誘導して，流産を引き起こす可能性が指摘されている[5)]．

2　不育症と自己抗体

　女性は男性に比べて自己抗体陽性の割合が高く，また女性の中でも妊娠初期の妊婦血中に比べて分娩時の妊婦血中に有意に多く存在していることが指摘されている[6)]．自己免疫疾患のひとつである全身性エリテマトーデスにおいては，女性の発症が男性の5〜10倍多く，とくに10〜30代の妊娠可能な女性に好発している．自己抗体の代表格である抗核抗体について，筆者らの調査では54名の健常婦人の非妊時の抗核抗体陽性率が約5%であったのに対し，230名の不育症患者の非妊時の抗核抗体陽性率は約18%であった．しか

し，抗核抗体自体が流産発症に直接関与していることはないようである[7]．

異常妊娠に関与する主な自己抗体としては，表33のように，抗核抗体以外に抗DNA抗体，抗赤血球抗体，抗血小板抗体，抗甲状腺抗体，抗SS-A抗体，抗ガングリオシドGM3抗体，抗ラミニンI抗体，そして抗リン脂質抗体が報告されている．

抗SS-A抗体については，シェーグレン症候群の患者の約50％に，またSLEの約40％，慢性関節リウマチの約20％に認められており，一般頻度では0.5～1％といわれている．抗SS-A抗体が産科領域においても注目されるようになったのは，1983年に先天性心ブロック児を出産した母親に，高率（83％）に抗SS-A抗体が認められたことが報告されてからである．その後の報告において，抗SS-A抗体陽性であり，死亡した児の心房組織に免疫グロブリンの沈着が証明されている．このように抗SS-A抗体はIgGタイプであり，胎盤を通過し胎児の心筋内刺激伝導系組織に直接障害を与え，胎児を死に至らしめる可能性を持っている．

表33　異常妊娠に関与する主な自己抗体

自己抗体	関連する疾患
抗核抗体	自己免疫異常
抗DNA抗体	自己免疫疾患
抗赤血球抗体（クームス抗体）	胎児の溶血性疾患（死産）
抗血小板抗体	血小板減少症
抗甲状腺抗体	甲状腺機能異常（流産？）
抗SS-A抗体	胎児の心ブロック（死産）
抗ガングリオシドGM3抗体	流産・死産？
抗ラミニンI抗体	流産
抗リン脂質抗体 （ループスアンチコアグラント） （抗カルジオリピン抗体）など	流産・死産 子宮内胎児発育遅延 早期発症重症妊娠中毒症 血栓症

3　不育症と抗リン脂質抗体

以前よりSLE合併妊婦には流産が多いことが報告されていた．1980年代中頃に，細胞膜の重要な構成成分としてのリン脂質に対する自己抗体の存在とその測定法の原理が発見された．1986年，この抗リン脂質抗体陽性例における一連の臨床的特徴が注目され，これらの疾患群を『抗リン脂質抗体（aPL）症候群』と呼ぶことが提唱された．aPL症候群の主な臨床所見は，①動・静脈血栓症，②習慣性の流産・死産，③血小板減少症であり，また主な検査所見は，(1) aPL陽性（現時点では主に，抗カルジオリピン・β2グリコプロテインI抗体陽性；抗CL・β2GPI抗体陽性，あるいはループスアンチコアグラント陽性；LAC陽性）である．筆者らは1993年，IgGタイプのaPL陽性不育症患者はその82％が，再度，無治療にて流産・死産を繰り返したことを報告している[8]．近年，表34に示したように，aPLの対応抗原の点でその多様性が明らかとなってきた．そのなかでも主な病的自己抗体として，抗CL・β2GPI抗体とLACの存在が明らかにされてきた．

抗CL・β2GPI抗体は固相酵素免疫測定法により測定されている．臨床の場においては，抗CL・β2GPIキット「ヤマサ」が有用であろう．現在，一部の検査依託会社（エスアールエル，三菱化学ビーシーエルなど）はこのキットを使用して抗CL・β2GPI抗体を測定し

表34 抗リン脂質抗体症候群における病的自己抗体（抗リン脂質抗体）

自己抗体[*1]	対応抗原
抗カルジオピリン（CL）[*2]抗体 【保険の適用あり】	β2グリコプロテインⅠ（β2GPI） ・CL複合体
ループスアンチコアグラント[*3] 【保険の適用あり】	プロトロンビン・リン脂質複合体 β2GPI・リン脂質複合体
抗アネキシンⅤ抗体	アネキシンⅤ・リン脂質複合体
抗ホスファチジルエタノールアミン（PE）[*4]抗体	高分子キニノーゲン・PE複合体

[*1] イソタイプとしてIgG，IgMあるいはIgA抗体がそれぞれ存在する．
[*2] カルジオピリンは安価で安定しているため，リン脂質の代表として使用されているが，他の陰性荷電を有するリン脂質としては，フォスファチジックアシッド（PA），フォスファチジルグリセロール（PG），フォスファチジルイノシトール（PI），そしてフォスファチジルセリン（PS）がある．
[*3] 検査上，リン脂質依存性血液凝固を抑制する．つまり，活性化部分トロンボプラスチン時間（APTT）を延長させる．
[*4] 双性荷電を有するリン脂質である．

ているが，ひとつの大きな問題点が存在している．陽性と判定するための基準値が3.5units/ml以上と記載されている点である．この基準値は本来，膠原病患者のための臨床的判断による設定値であるため，膠原病のない不育症患者にとって，抗CL・β2GPI抗体が偽陰性と判定される危険性が存在している．参考までに，この3.5units/mlのカットオフ値は健常人の平均値プラス6SD（3.3units/ml）プラスアルファーとして設定されている．1995年，筆者らは健常成人283名での99％信頼限界を計算し，理論的にも臨床的にも上記の基準値3.5units/ml以上を1.9units/ml以上と変更すべきだと主張している[9]．

　LACはリン脂質依存性凝固検査法により測定されるが，いまだ世界的に確立された測定方法がないのが現状である．筆者らはaPTT試薬を5倍に希釈し，被検血漿と標準血漿を1:1の比率で混ぜたものと標準血漿のみの凝固時間を測定して，その差が健常成人（104人）の平均プラス3SD以上に延長しており，なおかつ凍結融解した血小板による中和試験にて補正された場合にLAC陽性と判断している．この方法による習慣性の流産患者におけるLAC陽性率は11％（195例中22例）であった[10]．また，同じ集団で抗CL・β2GPI抗体とほぼ相関する抗β2GPI抗体を測定したところ，抗β2GPI抗体の陽性率は10％であり，LACと抗β2GPI抗体の両方とも陽性な人は4％のみであった．

　抗リン脂質抗体がどのようなメカニズムで流産・死産を引き起こすのかについては，表35のようにいくつかの仮説が提唱されている．ひとつには，抗リン脂質抗体が胎盤内の血管内皮細胞や血小板細胞のリン脂質あるいは胎盤組織のリン脂質に反応して，β2GPI（凝固抑制因子）の活性抑制，トロンボキサンA2の産生刺激，あるいはアネキシンⅤの減少を引き起こすことによる凝固亢進，血栓形成によるというものである．またもうひとつは，抗リン脂質抗体がサイトトロホブラストに直接反応してシンシチオトロホブラストへの分化を阻止することにより，トロホブラストの脱落膜への侵入，着床を障害し，流産を引き

表35 抗リン脂質抗体による流産・死産発生のメカニズム

1. 血小板細胞の活性化	①血小板膜リン脂質と反応（子宮胎盤循環中の血栓） ②トロンボキサンA2の産生刺激（子宮胎盤循環中の血栓）
2. 血管内皮細胞の刺激・障害	①PGI2の合成抑制（子宮胎盤循環中の血栓） ②ティッシュファクターの活性化（子宮胎盤循環中の血栓）
3. 抗血栓性因子の機能抑制	①β2グリコプロテインIの機能抑制（子宮胎盤循環中の血栓） ②プロテインCの不活化（子宮胎盤循環中の血栓）
4. 胎盤組織の障害	①アネキシンの減少（子宮胎盤循環中の血栓） ②トロホブラストの発育障害（血栓とは無関係）*

* サイトトロホブラスト細胞表面上のフォスファチジルセリン（PS）に対して，抗リン脂質抗体が反応し，シンシチオトロホブラストへの形成をブロックすることにより，流産（主に初期流産）を引き起こすと考えられている．

表36 抗リン脂質抗体陽性不育症患者の治療方法別生産率

抗リン脂質抗体	強陽性者[*1]（N＝16）	中/弱陽性者（N＝51）
年齢	30±5	31±4
既往流産・死産回数	5±3	4±2
治療内容[*2]		
ASA	1/2 (50%)	14/15 (93%)
PSL・ASA	3/6 (50%)	28/30 (93%)
PSL・ASA・HEP	2/4 (50%)	3/3 (100%)
PSL・ASA・IG	1/2 (50%)	2/3 (67%)
PSL・ASA・HEP・IG	1/2 (50%)	―
合計	8/16 (50%)	47/51 (92%)[*3]

[*1] 抗CL・β2GPI抗体（IgG）価が，10units/ml以上である者を強陽性者と定義した．
[*2] ASA＝アスピリン40～81mg/日を毎日内服．
　　PSL・ASA＝プレドニゾロン10～40mg/日とアスピリン40～81mg/日を毎日内服．
　　HEP＝ヘパリン10,000単位/日を1～7週間皮下注．
　　IG＝イムノグロブリン5～20g/日を5日間点滴静注．
[*3] 強陽性者と中/弱陽性者とでは有意な治療成績の差を認めた（P＜0.0005）．

起こすというものである．筆者らも，IgGタイプの抗リン脂質抗体が，直接，胎盤組織に反応していることを確認している[11]．

治療法としては，抗リン脂質抗体価抑制の目的として，プレドニゾロン(PSL)，大量イムノグロブリンあるいは血漿交換療法が試みられている．また，血栓予防の目的として，低用量アスピリン(ASA)，ジピリダモール，ヘパリンあるいはアンチトロンビン-III療法が試みられている．筆者らは，妊娠初期におけるPSLの胎児への副作用の問題と，ASAの連日投与による蓄積効果を十分考慮して，PSL 15mg/日とASA 40～81mg/日の併用療法を基本とした治療を試みている[12]．治療方法別による治療成績を検討してみると，表36

に示したように，全体としては67例中55例(82％)が生児を得ることに成功した．中弱陽性者では92％が成功し，ASA単独療法でも同様の成功率を得ることができた．PSL療法を併用した場合では，前期破水と早産が有意に多く認められた．よって，中弱陽性者では原則としてPSL療法を必要とせず，ASA単独療法あるいは症例によりヘパリン療法を追加する治療法が良いと考えられる．しかし，抗リン脂質抗体価の非常に高い強陽性症例については，その治療による生産率は50％と低い．さらに，治療後16例中3例(19％)に静脈血栓症が合併した．よって，今後は妊娠前からのPSLとASAの併用療法に加え，妊娠中は徹底したヘパリン，アンチトロンビン-III療法の追加療法が必要と考えられた．その他の合併症として，早期発症重症妊娠中毒症，あるいはSFD児出産などが高頻度に認められている．また，分娩後も十分な管理による継続した抗血栓療法が必要と思われた．最近，筆者らは分娩直前直後にASAとヘパリンを中止した症例において，分娩11日後に下肢の深部静脈血栓を合併した症例を経験した[13]．よって，凝固系検査の異常な亢進状態の症例においては，血栓予防のため分娩前後の時期においても半減期の短いヘパリン投与が必要であろう．

4　不育症と母児間免疫異常

　近年，"hybrid vigor(雑種の生殖優位性)"，あるいは"placental immunotrophism(妊娠維持への免疫学的効果)"という概念が明らかにされてきたように，「母体の子宮脱落膜内免疫担当細胞がバランス良く胎芽抗原を認識することが，妊娠の維持に有利に働く」ことが判明してきた[14]．1995年，妊娠前のナチュラルキラー(NK)細胞活性が高い反復流産患者は，通常レベルの患者に比べて，その後の妊娠の流産の危険率が約3倍高くなることを筆者らは明らかにした[15]．さらに1996年，原因不明習慣流産患者の非妊時における分泌期子宮内膜中に，NK活性の強いCD56+CD16+NK細胞が有意に増加していたことが報告されている．よって，一部の習慣性の流産患者では，脱落膜内T細胞の胎芽抗原の認識が不適当のため，NK細胞依存性の流産が起こっていると考えられる．また，ストレス状態のマウスにおいて，ストレスにより誘導される神経伝達物質：サブスタンスPが陽性の神経線維を子宮脱落膜内に多く認めており，そのサブスタンスPが脱落膜内のマクロファージ(サブスタンスPのリセプター保有)などの免疫細胞を刺激し，tumor necrosis factor α (TNF-α)などの炎症性サイトカインの産生を増強し，その結果，流産することが報告されている[5]．TNF-αは図90に示したように，NK細胞を刺激してそのキラー活性を上昇させることが判明しているので[16]，「ストレスによるサブスタンスPを介したNK細胞活性の上昇に起因する流産の存在が推測される」．よって，反復流産患者においても，ある共通した心理社会因子(慢性ストレッサー)が図90に示した『精神・神経・免疫・内分泌ネットワーク』のアンバランスを誘導したとき，その結果，流産を引き起こすと考えられる．換言すれば，図90で明らかのように精神・神経系と免疫系と内分泌系は本来一体のものであるので，ひとつの異常，たとえば内分泌異常が必ずしも流産を引き起こす

III 子宮内膜・着床・免疫

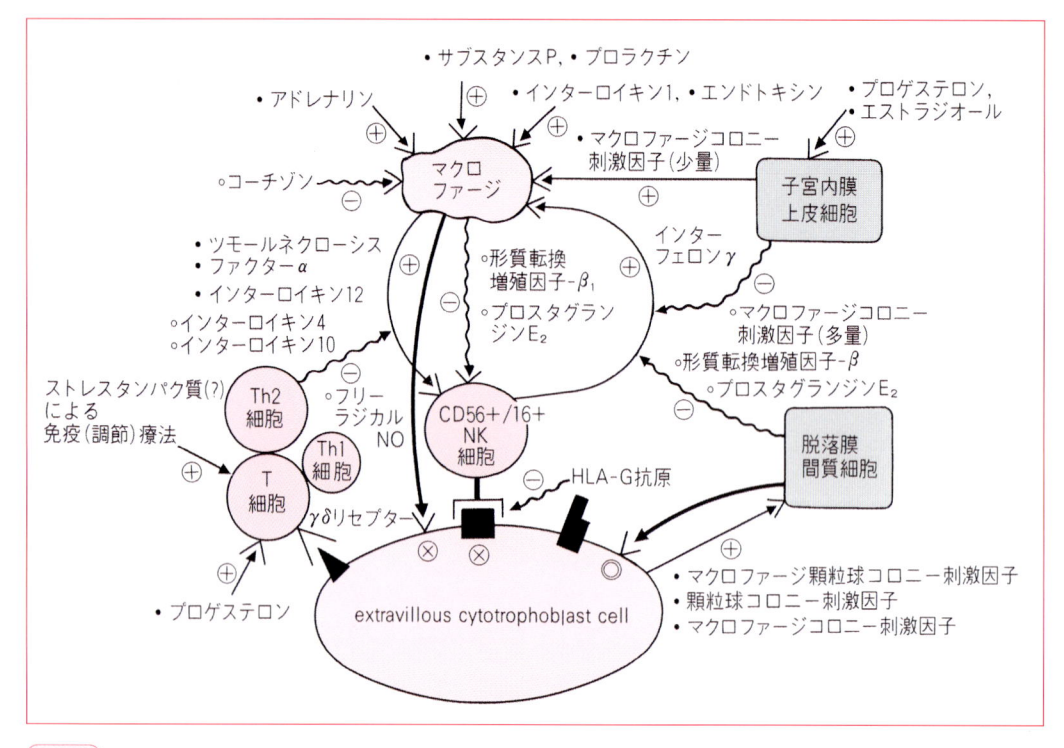

図90 胎芽・栄養膜細胞（extravillous cytotrophoblast cell）と母体・子宮脱落膜構成細胞との相互作用
　　　－とくに着床開始時点（妊娠2週末），あるいは胎芽の動静脈網形成時点（妊娠4週末）における相互関係－
　　　記号説明：◎：発育促進，⊗：発育抑制，⊕：活性化促進，⊖：活性化抑制
　　　解説：侵略的な胎芽・栄養膜細胞（胎児例の最前線に位置する細胞）は，母体の子宮脱落膜構成細胞（主に，内膜上皮細胞，間質細胞，NK細胞，T細胞そしてマクロファージ）との間で，巧妙な情報交換システムを構築している．このバランスにより，胎芽由来細胞の増殖分化がコントロールされているものと考えられる．

わけではなく，そのネットワークのアンバランスが流産の主因であると考えられる．

5　NK細胞活性に影響する心理社会因子と内分泌異常

　以前より，免疫活性と精神的要因の密接な関係は多くの報告により明らかにされてきた．たとえば，抑うつ状態の人は免疫活性（NK細胞活性）が低下しているという現象は，よく知られている．しかし最近では，抑うつ状態の退役軍人がNK細胞活性の高値を示したという報告もある．よって，抑うつ状態においても他の心理社会因子との関係によって，NK細胞活性は影響を受けていると考えられる．筆者らは，反復流産患者のNK細胞活性に影響する心理社会因子を夫婦別々にて，半構造化面接により調査した．その結果，表37のように，妊娠前のNK細胞活性は，早期養育体験，社会的支援，夫婦関係とは有意な関係がなく，神経症傾向，抑うつ症状とは有意に負の相関をしていた．またさらに，自尊感情

表37 反復流産患者のNK細胞活性に影響する心理社会因子

寄与因子	r	p
早期療育体験	有意な相関はなし	
社会的支援	有意な相関はなし	
夫婦関係	有意な相関はなし	
性格（神経症傾向）	−0.32	0.01
現在の精神症状（抑うつ症状）	−0.26	0.05
自尊感情 *	＋0.34	0.01

* ステップワイズ重回帰分析にても有意な相関関係（r＝0.34, p＝0.01）を認めた.
○対象は，既往に2回連続流産歴を持ち，染色体異常，子宮異常，自己免疫異常のない，告知同意の得られた**61名**（平均年齢＝29.5歳）の反復流産患者とその夫である.
○調査方法として，心理社会的および精神医学的因子を調査する**半構造化面接**が，第3回妊娠前に夫婦別々にて，約2時間かけて施行された.

とは有意に正の相関をしていた．これらの心理社会因子のうち最も影響の強い因子を探るため，NK細胞活性を従属変数としたステップワイズ重回帰分析を行うと自尊感情のみが有意な予測変数として残った．つまり，反復流産患者において，自尊感情が強いとNK細胞活性が高くなり，次回妊娠において流産の危険率が高くなることになる[17].

表38 反復流産患者における高プロラクチン血症と高ナチュラルキラー細胞活性の相互関係

	高NK細胞活性を示す反復流産患者の頻度
無作為に選ばれた反復流産患者（187人中）	39%（約3人に1人）
高プロラクチン（含.潜在性） の反復流産患者（31人中）	58%（約2人に1人） *

* P＝0.04

内分泌異常による免疫活性の変動についても，多くの報告により明らかにされている．なかでもプロラクチンは，その受容体を介してマクロファージやNK細胞の機能を亢進させることが判明している．そこで筆者らは，反復流産患者における高プロラクチン血症と高NK細胞活性の相互関係を調査した．その結果，表38のように，高プロラクチン血症（含：潜在性）の反復流産患者は，有意に高NK細胞活性を示すことが判明した．

6 　不育症と夫リンパ球免疫療法

1981年より世界的に施行されている夫リンパ球免疫療法あるいは第3者白血球免疫療法の治療効果は，ひとつには胎芽抗原の認識を補助することにより，II型ヘルパーT細胞優位の状態を誘導し，その結果として治療の有効性が発現されている．またひとつには免疫

学的寛容の状態を誘導することによって[14]，その有効性が発現されていると現在では考えられている．いずれにしろ，脱落膜内のNK細胞のキラー活性を調節することが，免疫療法（同種免疫異常補正療法）のメカニズムのひとつと考えられる．

　1993年7月，夫リンパ球免疫療法の有効性を審議する世界的規模の共同研究が完了し，そのコンセンサス会議が11カ国14施設の参加によりワシントンDCで開催された．その会議では，430症例の無作為二重盲検試験を含んだ約1,550症例のプロスペクティブ研究データが検討された．その結果，『いろいろな治療対象と治療方法をすべて総括した場合においても，治療群では対照群に比べ，約1.2倍の生児獲得率が得られ，よって有効であろう』という結論が得られた[18]．その後，上記の共同研究結果をさらに詳細に検討したところ，生産歴がなく，抗核抗体などの自己抗体がなく，そして抗夫リンパ球抗体というアロ抗体がない患者における治療群では，対照群に比べ約1.5倍の生児獲得率が得られることが明らかにされた．他方，夫リンパ球免疫療法の安全性に関しては，『治療による母体の自己免疫異常と同種免疫異常の若干の増加が確認され，よって十分な説明と同意に基づいた安全管理が要求される』という結論であった[18]．最近，夫リンパ球免疫療法の有効性を追試したひとつの報告が発表された．その171症例の無作為二重盲検試験によると，妊娠前に1回，あるいは6ヵ月過ぎても妊娠しない場合にはもう1回だけ夫リンパ球を接種するという方法による免疫治療に関しては，対照群に比べて有意差がなかった[19]．この結果は，妊娠前のみの治療方法より，妊娠前と妊娠初期に数回治療する方法のほうが，治療効果が良いとする報告によって説明されるかもしれない[20]．

　現時点での同種免疫因子由来の習慣性の流産に対する夫リンパ球などによる免疫療法の適応については，アメリカ生殖免疫学会の反復流産の診断と治療のための臨床指針推薦委員会の報告書（1997年8月）[21]と，筆者らの研究成果をもとにまとめると表39のようになる．

　筆者らは，1982年より夫由来抗原による免疫療法を施行しており，本邦では第一号の

表39　習慣性の流産に対する同種免疫異常補正療法の適応の原則

① 生産歴ないか，あるいは生産歴より3年経過して連続3回以上流産している症例（ただし，既往流産の胎児染色体検査が正常の場合，あるいは血中NK活性が異常高値の場合は，連続2回流産している症例）である．なぜならば，生産歴のある症例に夫リンパ球などによる免疫療法をした場合，あまり効果がないからである．また，胎児染色体検査が正常，あるいは血中NK活性が異常高値の場合は，次回妊娠の流産危険率が有意に高いからである．
② 自己免疫異常（抗リン脂質抗体あるいは抗核抗体など）のない症例である．なぜならば，自己免疫異常のある症例に夫リンパ球などによる免疫刺激をした場合，効果がないうえに自己免疫疾患を誘発する恐れがあるからである．
③ 抗夫リンパ球抗体がない症例である．なぜならば，抗夫リンパ球抗体を持つ症例に夫リンパ球などによる免疫療法をした場合，あまり効果がないからである．

＊ アメリカ生殖免疫学会の反復流産の診断と治療のための臨床指針推薦委員会の報告書（1997年8月）と筆者らの研究成果をもとに，まとめたものである．

成功例を報告した．免疫治療方法としては主に妊娠5週前後とその2週間後に合計2回免疫治療している．現在までに約400例の習慣流産患者に対してこのような同種免疫異常補正療法を施行してきた[22]．そのなかで，図91のように既往連続流産回数3回と4回の原発性習慣流産患者について，夫リンパ球の接種量別にみた免疫療法による生児獲得率を比較検討してみた．その結果，1回につき夫血液120 mlより採取された約1～2億個のリンパ球による同日の皮内免疫療法の成功率は約75％であった．他方，夫血液10 ml，あるいは夫血液1 mlによる同じ方法での免疫療法の成功率は，それぞれ約62％と55％であり，夫血液120 mlによる成功率に比べて有意に低下していた．これらの結果は，夫リンパ球の接種量により免疫療法の成功率が変動することを意味しており，換言すれば免疫療法の有効性を示しているものと考えられる．

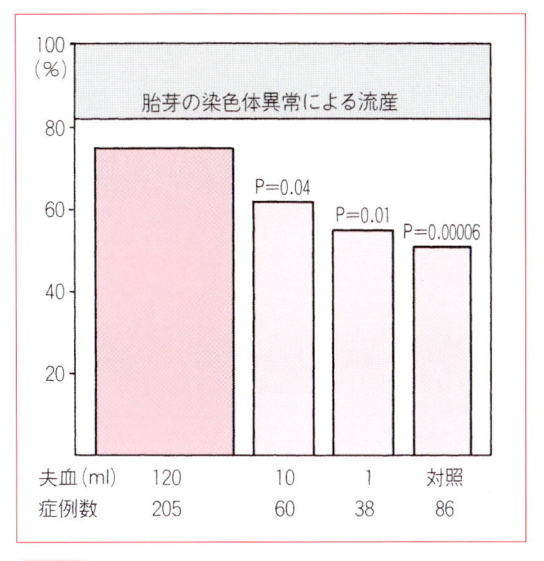

図91 夫リンパ球の接種量別にみた免疫療法による生児獲得率
* この調査は既往連続流産回数3回と4回の原発性習慣流産患者について行われた．
* 夫リンパ球免疫療法はすべて同じ方法で行われた．
* 対照は1980年と1981年に名古屋市立大学産婦人科を受診したすべての患者（N＝5,779）の妊娠歴より調査された．

おわりに

不育症における免疫学的機構においては，自己免疫異常と同種免疫異常に起因した流産の病態が明らかにされつつある．同時に，その占める割合の大きさに驚かされる．しかしその多くは免疫学的因子単独のものではなく，精神・神経系と内分泌系とさらには凝固系とのネットワークのひとつとしての免疫系のアンバランスによるものと考えられる．よって，今後はその原因診断，治療法においても多面的なアプローチが必要と思われる．

文献

1) Ogasawara M et al：Fertil Sretil **73**，300（2000）．
2) Berle BB & Javert CT：Obstet Gynecol **3**，298（1954）．
3) Aoki K et al：Acta Obstet Gynecol Scand **77**，572（1998）．
4) Tupper C, Weil RJ：Am J Obstet Gynecol **83**，421（1962）．
5) Arck PC et al：Biol Reprod **53**，814（1995）．
6) Gleicher N：in Principles and Practice of Medical Therapy in Pregnancy（eds Gleicher N），413（Appleton & Lange, Connecticut, 1992）．
7) Ogasawara M et al：Lancet **347**，1183（1996）．
8) Aoki K et al：Am J Reprod Immunol **29**，82（1993）．
9) Aoki K et al：Am J Obstet Gynecol **172**，926（1995）．
10) Ogasawara M et al：Lupus **5**，587（1996）．
11) Katano K et al：Lupus **4**，304（1995）．

12) Ogasawara M et al：Int J Gynecol Obstet **62**, 183 (1998).
13) Katano K et al：Acta Obstet Gynecol Scand **77**, 354 (1998).
14) Tafuri A et al：Science **270**, 630 (1995).
15) Aoki K et al：Lancet **345**, 134 (1995)
16) Chaouat G et al：J Reprod Fertil **89**, 447 (1990).
17) Hori S et al：Am J Reprod Immunol **44**, 299 (2000).
18) The recurrent miscarriage immunotherapy trialist group：Am J Reprod Immunol **32**, 55 (1994).
19) Ober C et al：Lancet **354**, 365 (1999).
20) Maejima M et al：Am J Reprod Immunol **39**, 12 (1998).
21) Coulam CB et al：Am J Reprod Immunol **38**, 57 (1997).
22) Aoki K et al：Am J Obstet Gynecol **169**, 649 (1993).

〔青木耕治〕

第4部　栄養膜細胞・絨毛細胞

PART 4 / Trophoblast・Villus cell

栄養膜細胞の分化と制御

はじめに

　哺乳類の胎児の子宮内における生存には，正常な機能を持つ胎盤の存在が必須である．胎盤の解剖学的形態は動物の種によって大きく異なるが，その成り立ちはすべての哺乳類において共通である．すなわち，胎盤は受精卵に由来する栄養膜細胞（trophoblast）と呼ばれる一群の細胞と，胎児血管細胞によって主に構成される．本稿の主役である栄養膜細胞は，哺乳類の胚発生に特有の細胞で，後述のように胚盤胞の形成時にその外壁をなす細胞集団として出現し，子宮壁への接着（着床）とそれに引き続く胎盤の形成に寄与する．ここでは，胎盤の形成機構に関する研究が最も多く成されているマウスを例に取り，まず胎盤の形成過程の概要と，その過程の一部を制御することが知られているいくつかの転写因子について述べ，さらに栄養膜細胞の分化制御機構の解析のためのモデルとして非常に有用であると思われる新しい栄養膜幹細胞株について紹介する．

1　栄養膜細胞系列の出現および着床後の胎盤形成過程

1　着床以前

　栄養膜細胞を形態学的に他の細胞と明らかに区別出来るようになるのは，一層の栄養膜細胞が栄養外胚葉（trophectoderm）として胚の外壁を形成する受精後3.5日の胚盤胞（blastocyst）期の頃である（図92A）．この時期，胎児のすべての体細胞と生殖細胞の起源である内部細胞塊（inner cell mass：ICM）は，未分化のまま胞胚腔（blastocoel）内の一方の極に付着する形で存在する．ICMから胞胚腔の内側を裏打ちするような形で原始内胚葉（primitive endoderm）が分化してくるまでは，胚を構成する細胞成分は栄養外胚葉とICMの二者のみである．また，いったん栄養膜細胞として分化した細胞は，その後の胚発生過程で胎児体細胞へ分布することはない．

　栄養外胚葉は，さらに発生運命の異なる二つの細胞群に分けられる．一つはICMに直に接している極栄養外胚葉（polar trophectoderm）と呼ばれる部分で，後述のようにこの部分が着床後盛んな細胞増殖活性を示し，後に胎盤を形成するすべての栄養膜細胞のサブタイプを派生する．すなわち，極栄養外胚葉はマウスにおける胎盤の幹細胞集団であると言える．極栄養外胚葉以外の部分は壁栄養外胚葉（mural trophectoderm）とよばれ，着床後速やかに細胞分裂を停止し，第一次栄養膜巨細胞（primary trophoblast giant cell）へと

IV 栄養膜細胞・絨毛細胞

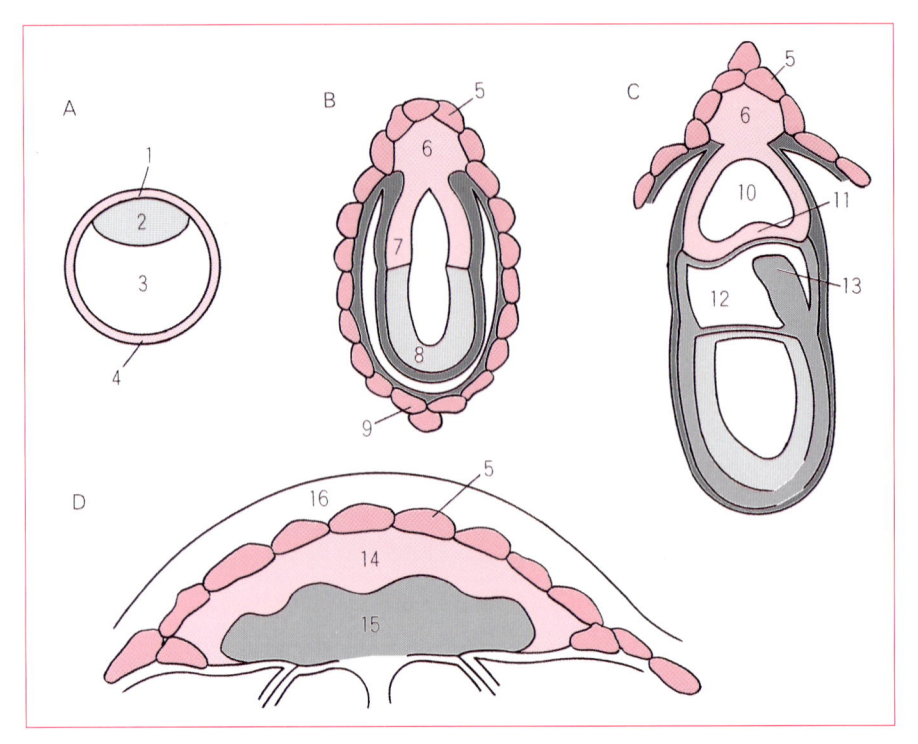

図92 マウス絨毛膜尿膜胎盤の形成過程

それぞれ，受精後3.5日胚（A），6.0日胚（B），7.5日胚（C），および，10日目以降（D）の胎盤を模式的に表した．1：極栄養外胚葉，2：内部細胞塊（ICM），3：胞胚腔，4：壁栄養外胚葉，5：第二次栄養膜巨細胞，6：外胎盤錐，7：胚外外胚葉，8：胚盤葉上層，9：第一次栄養膜巨細胞，10：外胎盤腔，11：絨毛膜外胚葉，12：胚外腔，13：尿膜，14：海綿状栄養膜細胞層，15：迷路層，16：脱落膜

分化する．巨細胞とは，核分裂や細胞分裂を伴わないままゲノムDNAの複製を繰り返す結果，高度に多倍体化する細胞である．その特殊な細胞周期の制御機構については，他稿（第7部の「4．胎盤栄養膜巨細胞形成の分子機構」）に詳しく述べられている．

栄養外胚葉内に見られるこのような性質の差はICM由来の因子によって生じる．すなわち，ICMに隣接している極栄養外胚葉の栄養膜細胞は，ICMによって産生される何らかの因子によって刺激され2倍体のまま急激に増殖するのに対し，壁栄養外胚葉の栄養膜細胞はこの因子によって刺激されることなく分化の方向へと向かう．栄養膜幹細胞株の項でも触れるが，そのような因子の少なくとも一つはFgf4であることが示されている[1]．一方，壁栄養外胚葉の細胞がなぜ巨細胞のみに分化するのか，それが既に決定された栄養膜細胞の発生運命であるのか，あるいはそこに分化の方向を規定する何らかの因子が存在するのか，については不明である．

胚盤胞期に先立つ桑実胚期以前に，栄養膜細胞に分化する割球を形態学的に同定することは困難である．8細胞期に起こるコンパクション（compaction）の際に外側に位置した

割球が栄養膜細胞へ，内側に位置した割球がICMの細胞へと運命が決定されるという説が受け入れられているが，どのような分子機構でこれらの発生運命が決定されるのかは知られていない．近年，Niwaらは，Oct 4の発現の消失が栄養膜細胞への分化を導くことを示し，Oct 4が割球の栄養膜細胞への発生運命の決定にもかかわっているとするモデルを提唱した[2]．確かにマウス胚盤胞では，Oct 4はICMでのみ発現するので，このモデルは栄養膜細胞への発生運命決定機構を説明するものとして魅力的である．しかし，ウシやブタの胚盤胞では栄養外胚葉でもOct 4タンパクが検出される[3,4]ので，Oct 4タンパクの活性が厳密に制御されているか，あるいはOct 4以外にも栄養膜細胞への割球の発生運命を方向づける遺伝子機構が存在すると考えることが妥当のように思われる．

2 着床以降

着床後，極栄養外胚葉は盛んに増殖し，受精後6.0日頃の卵円筒胚（egg cylinder）期には縦に伸長した構造をとる（図92 B）．ここで，ICMに由来する胚盤葉上層（epiblast）を押し下げるように胞胚腔内部に伸長した部分が胚外外胚葉（extraembryonic ectoderm），母体脱落膜側にくい込むように突出した部分が外胎盤錐（ectoplacental cone）と呼ばれる．これらの組織のin vitroでの培養実験や，いくつかの遺伝子の発現様式の解析，および後述の栄養膜幹細胞を用いた実験などから，胚外外胚葉の胚盤葉上層との境界近傍に，胎盤を構成する栄養膜細胞のすべてのサブタイプへの分化が可能な幹細胞が存在することが示唆されている．つまり，極栄養外胚葉を構成していた栄養膜細胞は，細胞分裂の結果生じた細胞を順次上に積み重ね，それに伴いICMとの接触を保つことによって幹細胞としての性質を維持した細胞は胞胚腔側へ落ち込むように移動する，といった機構が考えられる．外胎盤錐の辺縁部では新たな巨細胞（第二次栄養膜巨細胞；secondary trophoblast giant cell）の分化が起こる．これら第二次栄養膜巨細胞と，壁栄養外胚葉から形成された第一次栄養膜巨細胞の間に形態的な差はない．また，それぞれの分化に塩基性ヘリックス・ループ・ヘリックス（bHLH）転写因子ファミリーに属するHand1が必須である[5,6]といった点でも共通の性質を示し，両者を区別することは長らく不可能であった．しかし，ごく最近，プロラクチン様タンパクファミリー分子のひとつであるPLP-Aが第二次栄養膜巨細胞では発現するが，第一次栄養膜巨細胞では発現しないことが示され[7]，両者間に遺伝子発現レベルでの質的な差が存在することが判明している．

受精後7日目に胚盤葉上層からの中胚葉細胞の分化が起こると，胚外中胚葉（extraembryonic mesoderm）細胞が胚外外胚葉と胚盤葉上層との間に新たな腔（胚外腔；exocoelomic cavity）を形成する（図92 C）．また，それによって胚外外胚葉の下端（胚盤葉上層との境界部分）が閉じて，外胎盤腔（ectoplacental cavity）が形成される．外胎盤腔の底辺部分は特に絨毛膜（chorion）と呼ばれ，その栄養膜細胞成分が絨毛膜外胚葉（chorionic ectoderm）と呼ばれる．胚外腔内には，胎児の尾部から絨毛膜に向けて中胚葉性の尿膜（allantois）が伸長してくる．尿膜は受精後9日目には絨毛膜に融合し，内部に血管内皮細胞を生じる．またこの時期，尿膜に押し上げられるような形で絨毛膜外胚葉が外

胎盤腔の天井部分と融合し，外胎盤腔は消失する．胚外外胚葉で特異的に発現している遺伝子の一つであるErrβを相同組み換えにより破壊すると，その欠損胚では絨毛膜が形成されずに胚外外胚葉が退行し，かつ巨細胞様細胞の過形成が起こる[8]．すなわち，Errβは胚外外胚葉内に存在する栄養膜幹細胞の維持に必須の転写因子で，その欠損により栄養膜幹細胞が異所的に分化してしまったと考えられる．

　受精後10日目になると，いわゆる絨毛膜尿膜胎盤の基本的な形づくりが完了する(図92 D)．胎盤の最外層(母体側)には，外胎盤錐の辺縁部に形成された第二次栄養膜巨細胞からなる巨細胞層(giant cell layer)があり，その内側(胎児側)には外胎盤錐の芯の部分に由来する海綿状栄養膜細胞層(spongiotrophoblast layer)が形成される．この海綿状栄養膜細胞層には，妊娠中期以降(受精後約13.5日以降)グリコーゲン細胞(glycogen cell)が出現する．最も胎児側の部分(迷路層；labyrinth layer)では，胚外外胚葉に由来する栄養膜細胞層に尿膜由来の胎児血管が侵入し，それがさらに細かく枝分かれすることで毛細血管のネットワークが構築される．

　Hand1同様にbHLHファミリーの一員で，巨細胞以外の栄養膜細胞で発現する[5]Mash2遺伝子の欠損胚の胎盤では，海綿状栄養膜細胞層の消失と迷路層の形成不全が認められる[9]．キメラ解析により，海綿状栄養膜細胞層の消失がMash2遺伝子の欠損による一次的な異常で，迷路層の形成不全は二次的な異常であることが示された[10]．Mash2欠損胚の胎盤ではまた，巨細胞層を構成する細胞数の増加も報告されている．これは，おそらくMash2の欠損により海綿状栄養膜細胞に最終的に分化することが出来なかった外胎盤錐の栄養膜細胞が，栄養膜巨細胞へと分化したためと考えられる．生化学的な解析により，Mash2とHand1が，それらとヘテロダイマーを形成するE‐factorやI‐mfaといった因子を介して相互作用しうる[5]ことが明らかになっているように，bHLH転写因子群の活性調節が，栄養膜巨細胞と海綿状栄養膜細胞の分化運命の選択機構の要になっているのかもしれない．絨毛膜尿膜胎盤を構成するすべての細胞層には母体血を含む血洞(blood sinus)が見られるが，迷路層の胎児性血管を3層の迷路層栄養膜細胞(labyrinthine trophoblast)が取り囲む[11]ので，胎児性血管が直接母体血液にさらされることはない．言い換えると，栄養膜細胞系列は，妊娠期間を通じて母体血液に直接さらされる唯一の受精卵由来細胞系列である．したがって，これらの細胞に母体免疫系の攻撃をかわすような特殊な機能が備わっていることは想像に難くない．マウスでは，補体の活性化制御に関係するCrry遺伝子産物がこの機能に重要な役割を担っているようである[12]．

2　栄養膜幹細胞（TS細胞）：新しい栄養膜細胞分化のモデル系

　栄養膜細胞の分化過程を制御する様々な機構を解析する目的で，幹細胞としての性質を保持したままの培養栄養膜細胞株の樹立の試みが長年行われてきた．最近，われわれが樹立することに成功したTS細胞はキメラ形成能を持ち，またin vitroで分化を誘導するこ

とも可能である[1]．以下に，このTS細胞の特徴を簡単に述べる．

1　TS細胞株の樹立

　前述のように，ICMおよびその派生物である胚盤葉上層に由来する何らかの因子が，栄養膜細胞の幹細胞集団の維持に必要であろうということが示唆され，初期胚における発現様式[13,14]や欠損マウスの表現型[15,16]から，Fgf4とFgfr2がそれぞれこのICM由来因子とその受容体であることが予測されていた．通常，胚外外胚葉を単離し培養すると，細胞はほとんど増殖せず巨細胞へと分化する．Fgf4単独の存在下でもその結果に変化はなかったが，マウス胎児由来線維芽細胞（MEF）をフィーダーとしてFgf4と併用することによって一部の細胞が増殖し，上皮細胞様の単層のコロニーを形成することが分かった．同様の細胞は受精後3.5日の胚盤胞からも樹立され，前者がTS6.5細胞，後者がTS3.5細胞と名付けられた．これらの細胞は，少なくとも50回以上の継代を繰り返しても，その増殖活性や形態に変化は見られない．また，MEFの培養上清をMEFそのものの代わりとして用いることも可能であることから，MEFが分泌する何らかの可溶性因子（MEF因子）が，Fgf4とともにこの細胞の維持に必要であることが判明している．

2　TS細胞の分化（in vitro）

　TS細胞では，Fgfr2，Errβ，mouse Eomesodermin，Cdx2，Bmp4といった胚外外胚葉の胚盤葉上層との境界面近傍に強く発現している遺伝子の発現が見られる．Fgf4およびMEF因子を取り除くことで分化を誘導すると，これらの遺伝子発現が顕著に低下する．一方，栄養膜巨細胞特異的遺伝子であるPL-Iは分化誘導後徐々に発現が上昇する．また，核内のDNA量をFACS解析すると，大部分の細胞が多倍体化していることがわかる．海綿状栄養膜細胞に特異的な4311遺伝子は，分化誘導後2日目では発現が検出されないのに対し，4日目には非常に強い発現が見られるようになる．海綿状栄養膜細胞の分化・生存に必須であるMash2の発現は，2日目にすでに発現の上昇が見られ，4日目，6日目と徐々に低下する．迷路層栄養膜細胞で発現し，胎児性毛細血管網の構築に必須であるGcm1遺伝子[17]も，Mash2と同様に一過性の発現上昇が見られるが，分化誘導後6日目には検出されない．以上の結果から，TS細胞から胎盤を構成する栄養膜巨細胞，海綿状栄養膜細胞，および迷路層栄養膜細胞のすべてのサブタイプが分化していることがわかる．Gcm1の発現低下は，おそらくその発現の維持に胎児血管細胞由来の何らかのシグナルが必要であることを意味していると考えられている．

　TS細胞のin vitroの分化では，栄養膜細胞のサブタイプが混在したまま分化してくるが，生体内ではこれらのサブタイプはそのおかれた位置に応じて秩序正しく分化し配置される．この位置情報の実体が，今後，TS細胞を用いた研究により明らかになっていくことが期待される．

3　TS細胞の分化（in vivo）

　胚性幹細胞（ES細胞）を胚盤胞の胞胚腔内に注入し，偽妊娠マウスの子宮内で発生させると，胎児体細胞および生殖細胞へと分化し，いわゆるキメラ個体が作出される．同様の方法でTS細胞を用いるとキメラ胎盤が形成され，胎盤のすべての層にTS細胞由来の細胞の分布が確認されるが，胎児体への分布は一切起こらない．このようにTS細胞は，その発生能が栄養膜細胞系列のみに厳密に制限されている．ES細胞はキメラ胚の栄養膜細胞成分には分布できないので，TS, ES両者の遺伝子発現を比較することで，栄養膜細胞系列と，ICM由来の細胞系列間の発生運命の差を規定する分子基盤を解明することが可能になるかもしれない．また，TS細胞のキメラ形成能を利用すると，例えば機能が未知の遺伝子を強制発現させたTS細胞の正常発生における分布様式を解析することも可能になり，従来遺伝子破壊実験によって成されてきた栄養膜細胞分化制御機構の解明に，新たな側面からのアプローチを加えることができる．

おわりに

　TS細胞の樹立により，栄養膜細胞の分化制御機構の解明に向けて大きな一歩を踏み出すことができた．しかし，同様の細胞株のヒト胎盤からの樹立が，生殖医療における一つの課題として残されている．いずれにせよ，TS細胞を用いた研究の成果が，今後どの様な形で現れてくるのか非常に大きな期待を持ってその進展を眺めてみたい．

文献

1) Tanaka S et al : Science 282, 2072 (1998).
2) Niwa H et al : Nat Genet 24, 372 (2000).
3) van Eijk MJ et al : Biol Reprod 60, 1093 (1999).
4) Kirchhof N et al : Biol Reprod 63, 1698 (2000).
5) Scott IC et al : Mol Cell Biol 20, 530 (2000).
6) Riley P et al : Nat Genet 18, 271 (1998).
7) Ma GT & Linzer DI : Biol Reprod 63, 570 (2000).
8) Luo J et al : Nature 388, 778 (1997).
9) Guillemot F et al : Nature 371, 333 (1994).
10) Tanaka M et al : Dev Biol 190, 55 (1997).
11) Shin BC et al : Endocrinology 138, 3997 (1997).
12) Xu C et al : Science 287, 498 (2000).
13) Niswander L & Martin GR : Development 114, 755 (1992).
14) Haffner-Krausz R et al : Mech Dev 85, 167 (1999).
15) Feldman B et al : Science 267, 246 (1995).
16) Arman E et al : Proc Natl Acad Sci USA 28, 5082 (1998).
17) Anson-Cartwright L et al : Nat Genet 25, 311 (2000).

〔田中　智／塩田邦郎〕

2 絨毛細胞のアポトーシス調節機構

はじめに

絨毛細胞には，絨毛上皮を形成する絨毛性栄養膜細胞である細胞性栄養膜細胞（cytotrophoblast：C細胞）と合胞体栄養膜細胞（syncytiotrophoblast：S細胞），母体脱落膜へ侵入する絨毛外栄養膜細胞（extravillous trophoblast：EVT）の3種類がある．付着絨毛先端のcell columnを構成するstem cellがC細胞ならびにEVTの両者に分化する．旺盛な増殖能を持つ単核のC細胞は，fusionによって増殖能を持たない多核のS細胞へと速やかな形態的ならびに機能的変化を遂げ，S細胞は妊娠維持機構のなかで中心的役割を果たす．他方，EVTは子宮脱落膜へと侵入し強固な接着を形成するとともに，脱落膜血管に侵入し，母体血の絨毛間腔への流入にかかわると推察されているが，その詳細は十分に解明されていない．

このような一連の絨毛細胞の機能発現調節は，これまで各種ホルモン，細胞成長因子，サイトカインとのかかわりで研究されてきた[1)-3)]．本稿では，アポトーシスならびに栄養代謝関連因子による絨毛細胞の機能発現調節機構を絨毛性栄養膜細胞ならびに絨毛外栄養膜細胞に分けてそれぞれ解説する．まず，絨毛性栄養膜細胞に関しては，妊娠経過にともなう増殖，分化ならびにアポトーシス発現を示し，アポトーシス抑制遺伝子であるbcl-2（B cell lymphoma and leukemia-2）ならびに脂質代謝関連因子であるperoxisome proliferatorのその絨毛機能発現へのかかわりを述べる．一方，絨毛外栄養膜細胞（EVT）に関しては，脱落膜侵入に伴うアポトーシスならびにアポトーシス関連因子（bcl-2 familyとFas/Fas-L）発現を示すとともに，妊娠中毒症合併胎盤EVTのアポトーシスならびにその関連因子の発現動態を正常胎盤EVTのそれと比較した．

1 絨毛性栄養膜細胞の機能発現調節

1 絨毛性栄養膜細胞の増殖と分化

絨毛細胞の増殖活性を^{3}H-thymidineのラジオオートグラフィーならびにproliferating cell nuclear antigen（PCNA）の免疫染色によって検討すると，C細胞では旺盛な増殖活性が観察されるのに対して，S細胞では増殖活性は観察されない．図93は正常妊娠各期C細胞のPCNA陽性細胞比率を算出した成績である．妊娠きわめて初期のC細胞でPCNA陽性率は最も高く，妊娠経過とともに減少した[4)]．最近の分子生物学的手法を用いた細胞内増殖シグナル伝達系の解析から，細胞に伝達された増殖シグナルは核内に伝えられ，核

IV 栄養膜細胞・絨毛細胞

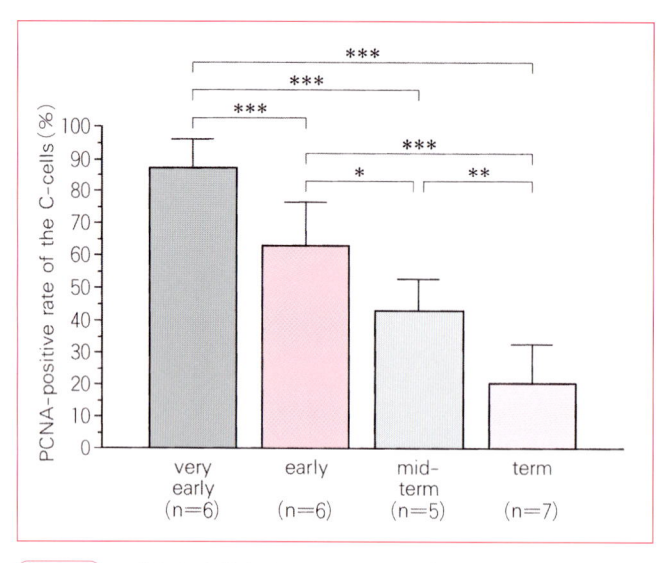

図93 正常妊娠各期細胞性栄養膜細胞（C細胞）における PCNA陽性比率
（***：P＜0.001，**：P＜0.005，*：P＜0.02）
〔Ishihara Nら，Endocrine Journal **47**，317（2000）[4] より転載〕

内に局在する癌遺伝子myc，jun，fosなどの発現を誘導することにより，増殖にかかわるmRNA転写やDNA複製を調節すると考えられている．そこでmyc癌遺伝子に注目し，絨毛細胞での発現を免疫組織学的に検討してみると，myc産物はC細胞に局在し，その発現レベルは妊娠初期で最も高いことを認めた．このmyc産物の絨毛内局在態度は，^{3}H-thymidineのラベリングならびにPCNA染色態度と一致しており，mycがC細胞の増殖シグナル伝達に重要な役割を果たしている可能性は極めて高い．また，epidermal growth factor（EGF）やinsulin-like growth factor-I（IGF-I）も妊娠きわめて初期の胎盤ではC細胞に局在することを認めており，myc癌遺伝子を介してC細胞の増殖に関与していると考えられる[5]．

一方，絨毛細胞の分化機能に関しては，hCG（α，β）mRNAとhPL mRNA発現ならびにLDL-R mRNA発現とVLDL-R mRNA発現がよい指標となる．絨毛組織切片上でin situ hybridization法によりmRNA発現を観察すると，C細胞が分化し，S細胞となる前にhCG α mRNAが発現し，その後S細胞の分化過程のなかでhCG β mRNAの発現が続き，十分に分化したS細胞において初めてhPL mRNAの発現をみる．また，妊娠の進行とともにhCG（α，β）mRNA発現レベルは減少し，妊娠末期絨毛でのhCG β mRNA発現は検出感度以下となる．しかし，妊娠各期絨毛におけるhPL mRNA発現レベルは妊娠初期，中期，末期を通じて一定である．つまり，妊娠経過に伴う絨毛組織内hCG（α，β）mRNAとhPL mRNAの発現レベルは大きく異なっている．他方，Northern blot法により正常妊娠各期絨毛組織のLDL-R mRNA，VLDL-R mRNA発現を検討したところ，LDL-R mRNA

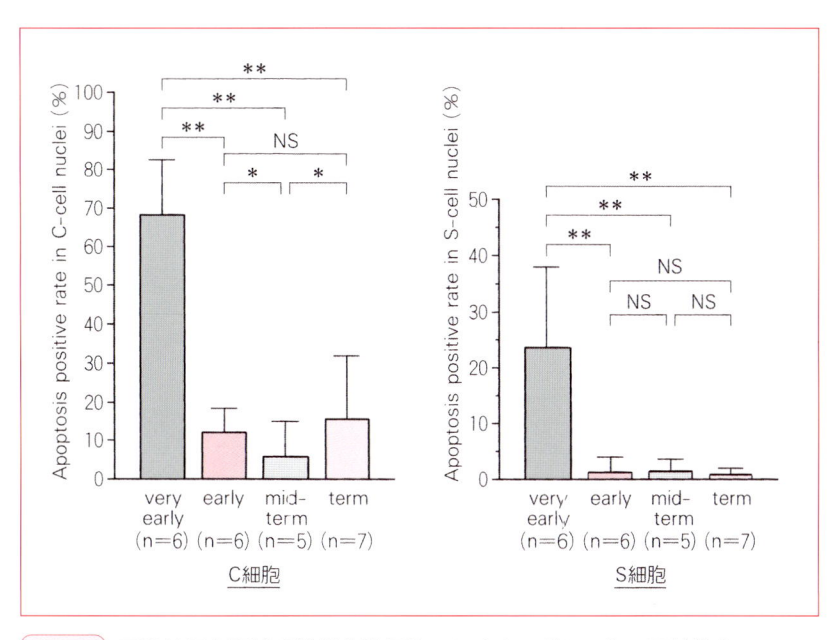

図94 正常妊娠各期絨毛性栄養膜細胞におけるアポトーシス陽性比率
(＊＊：P＜0.001，＊：P＜0.05)
〔Ishihara Nら, Endocrine Journal **47**, 317 (2000)[4] より転載〕

発現は妊娠経過中一定で，VLDL-R mRNA発現は妊娠後半に増強することを認めた[6]．このことから，hCG（α，β）mRNAとhPL mRNAならびにVLDL-R mRNAの発現レベルは絨毛細胞の分化機能を考察するうえでよい指標となる．

2 絨毛性栄養膜細胞におけるアポトーシスとBcl-2蛋白の発現

絨毛性栄養膜細胞におけるアポトーシス発現は電顕レベルで認められ，TUNEL法によりその発現陽性率を検討したところ，その陽性率はC細胞，S細胞ともに妊娠きわめて初期に高く，妊娠早期以降大きく減少した（図94）．他方，アポトーシス抑制因子のBcl-2蛋白発現はS細胞に局在し，その発現レベルは妊娠末期に向けて増強した．なお，C細胞でのBcl-2蛋白発現は観察されなかった[4)7]．また，末期胎盤より分離したC細胞in vitro培養系でBcl-2蛋白発現を観察したところ，C細胞からS細胞への分化に伴いBcl-2蛋白が発現することを認めた．

S細胞では妊娠経過とともにBcl-2蛋白発現が高まるのに対し，アポトーシス発現は逆に低下することより，Bcl-2蛋白はS細胞のアポトーシスを抑制することにより妊娠維持機構のなかで重要な役割を果たしている可能性が示唆された．

3 Bcl-2蛋白による絨毛性栄養膜細胞の機能発現調節

bcl-2遺伝子が絨毛細胞の機能発現に果たす役割を検討するために，遺伝子工学的手法でJEG-3絨毛癌細胞にbcl-2遺伝子を形質導入し，bcl-2遺伝子を過剰発現させた実験

IV 栄養膜細胞・絨毛細胞

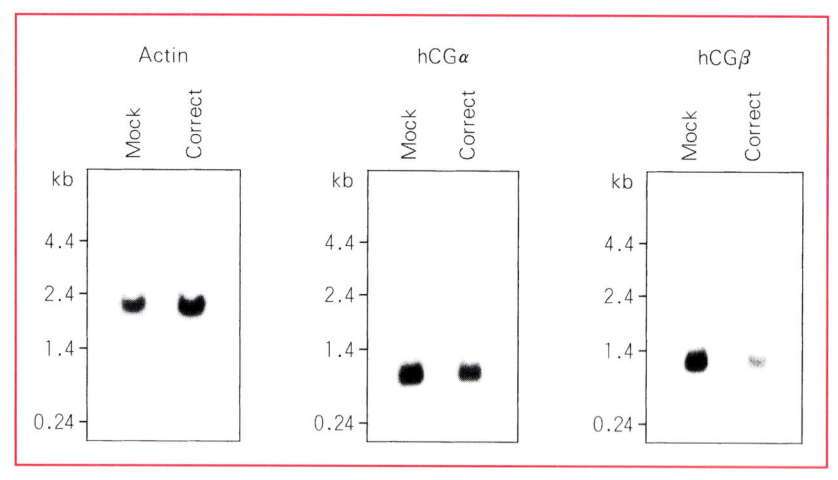

図95 JEG-3絨毛癌細胞のhCG産生に及ぼすBcl-2蛋白過剰発現の影響
ノーザンブロット法によるhCG（α，β）mRNA発現レベルの成績を示す．JEG-3絨毛癌細胞でのBcl-2蛋白過剰発現（correct orientation）はhCG（α，β）mRNA発現を抑制した．
〔松尾博哉，図説産婦人科VIEW，p116，メジカルビュー社（1995）[8]より転載〕

系を作成した．元来，JEG-3絨毛癌細胞はBcl-2蛋白を発現せず，細胞形態学的に単核でsyncytial formationを作らずS細胞機能を温存する．このJEG-3絨毛癌細胞へbcl-2遺伝子をtransfectionし，Bcl-2蛋白を過剰発現させたところ，Bcl-2蛋白が過剰発現しているJEG-3絨毛癌細胞の極く一部に単核からsyncytial formationを起こして中心性多核へと形態学的変化を示す細胞が認められた．さらに，この系を用いてBcl-2蛋白過剰発現がJEG-3絨毛癌細胞の内分泌機能に与える影響を検討したところ，Bcl-2蛋白過剰発現系においてhCG産生はhCG（α，β）mRNA転写レベルで著明に抑制されたが（図95），progesterone生成の律速酵素であるcytochrome P450sccやactinの発現レベルは影響を受けなかった．以上より，Bcl-2蛋白の過剰発現はJEG-3細胞の機能分化を誘導すると考えられ，Bcl-2蛋白による絨毛細胞の機能分化調節機構の存在が示唆された[8]．

4 Peroxisome proliferatorによる絨毛性栄養膜細胞の機能発現調節

妊娠時にはあらゆる脂質分画が上昇するが，特にトリグリセリドの上昇が著しいことから，トリグリセリドに含まれる脂肪酸である多価不飽和脂肪酸の割合が高くなる．

最近，この多価不飽和脂肪酸による遺伝子発現レベルでの細胞機能発現の修飾が消化器系臓器で明らかにされた．つまり，多価不飽和脂肪酸や高脂血症治療薬のperoxisome proliferatorをligandとし，核レセプターのsuperfamilyの一つとして同定されたperoxisome proliferator activated receptor（PPAR），さらにはperoxisome proliferator response element（PPRE）を介する細胞機能発現の修飾であり，脂質代謝酵素系の上昇，細胞増殖や分化機能の調節などが含まれる．

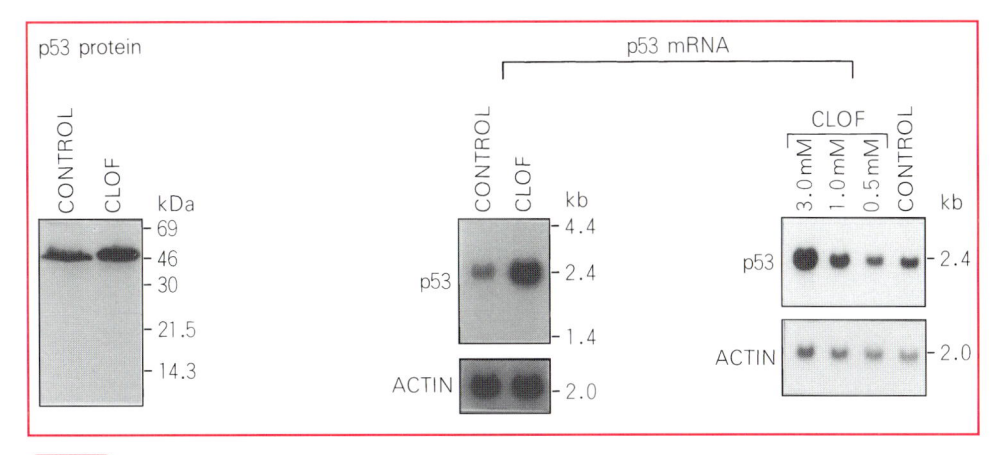

図96 JEG-3絨毛癌細胞のp53蛋白ならびにp53mRNA発現レベルに及ぼすclofibric acidの影響

ウエスタンならびにノーザンブロット法の成績を示す．clofibric acidはJEG-3絨毛癌細胞のp53蛋白ならびにp53mRNA発現レベルを高めた．

〔Matsuo Hら，Endocrinology **135**，1135（1994）[9]より転載〕

　そこで，妊娠時の多価不飽和脂肪酸の上昇を踏まえ，多価不飽和脂肪酸が絨毛細胞機能発現にいかなる影響を及ぼすかを明らかにすべく，絨毛細胞由来の絨毛癌細胞株JEG-3を用い，多価不飽和脂肪酸と同様に，PPARを刺激するperoxisome proliferatorであるclofibric acidのJEG-3細胞の増殖ならびに分化機能に及ぼす影響を検討した．Northern blot法によりJEG-3にPPAR mRNAの発現を認め，clofibric acidによりJEG-3の増殖能は抑制されたが，細胞死や多核細胞へのfusionは観察されなかった．そこで，増殖能抑制の原因を探るために細胞周期のG1期のchecking proteinである癌抑制遺伝子wild type p53の発現レベルを検討したところ，clofibric acidにより濃度依存性にwild type p53蛋白ならびにp53 mRNA発現レベルは増強した（図96）．このことからperoxisome proliferatorは，p53の発現を高めることによりJEG-3細胞の増殖能を抑制すると考えられた．

　次いで，clofibric acidのJEG-3細胞内分泌機能に及ぼす影響を観察したところ，clofibric acidによってhCG分泌はhCG（α，β）mRNA発現レベルで著明に抑制されたが，progesterone分泌やcytochrome P450sccのmRNA発現レベルには影響を及ぼさなかった[9]（図97）．

　以上，絨毛細胞由来のJEG-3絨毛癌細胞機能発現に関する成績より，絨毛細胞にはPPARが豊富に存在することが推察され，妊娠性高脂血はこのPPARを介して絨毛細胞の増殖能を抑制するとともにhCG（α，β）mRNA発現を選択的に抑制し，絨毛細胞の分化を誘導すると考えられた．

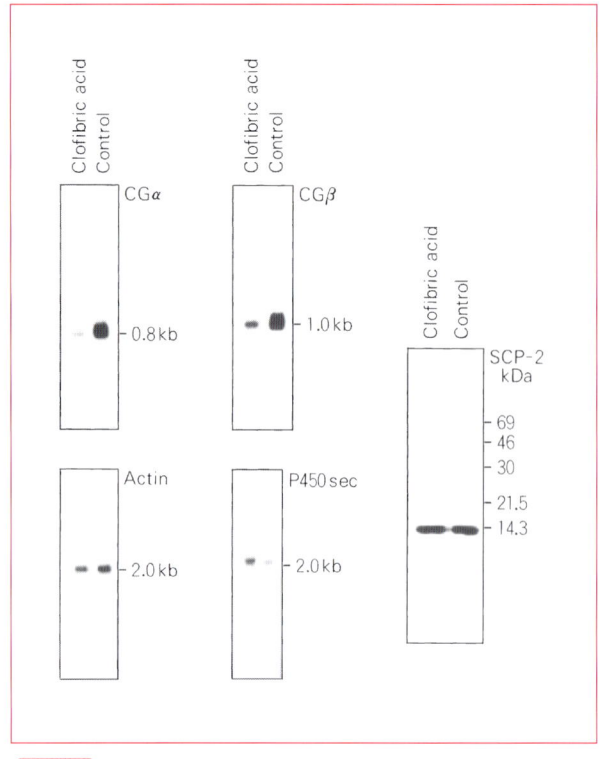

図97 JEG-3絨毛癌細胞のhCG（α，β）mRNA発現レベルに及ぼすclofibric acidの影響

clofibric acidはJEG-3絨毛癌細胞のhCG（α，β）mRNA発現レベルを著明に抑制したが，actin，P450sccならびにperoxisomal proteinであるsterol carrier protein-2の発現には影響を及ぼさなかった．

〔Matsuo Hら，Endocrinology **135**，1135（1994）[9] より転載〕

2 絨毛外栄養膜細胞におけるアポトーシスならびにその関連因子発現の調節

1 絨毛外栄養膜細胞におけるアポトーシス発現

　付着絨毛の先端にあるcell columnを構成するstem cellから分化し，母体脱落膜内さらには子宮筋層まで侵入する栄養膜細胞は絨毛外栄養膜細胞（EVT）と称される．EVTは，妊娠6週で脱落膜海綿層，8週で脱落膜基底層，9週で子宮筋層に達する．このEVTの細胞浸潤は悪性腫瘍細胞の浸潤過程と酷似するが，EVTの浸潤能は厳密に制御されており，子宮筋層表層1/3を超えない．このEVTの脱落膜への侵入の制御機構の一端を明らかにするために，正常妊娠各期EVTのアポトーシス発現を比較検討した．電顕レベルでEVTの

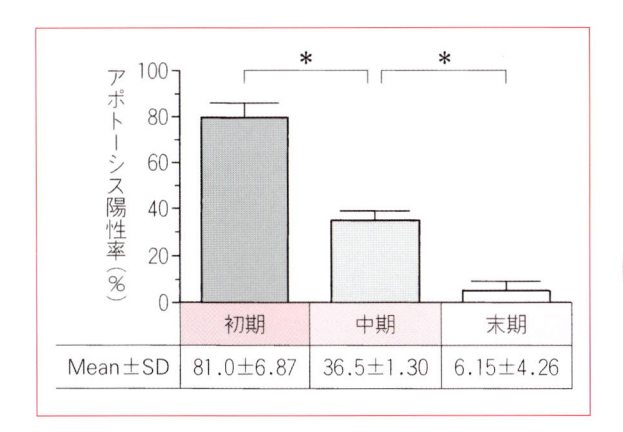

図98 妊娠経過に伴うEVTのアポトーシス陽性率
妊娠経過に伴いEVTのアポトーシス陽性率は有意に減少した．
（＊：P＜0.05）

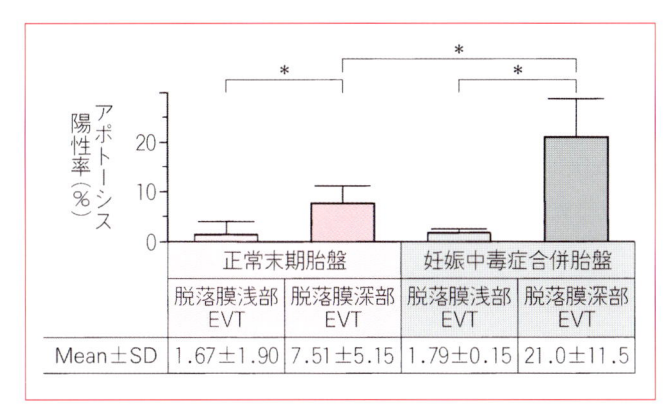

Mean±SD	初期	中期	末期
	81.0±6.87	36.5±1.30	6.15±4.26

図99 正常末期と妊娠中毒症合併胎盤におけるアポトーシス陽性率
妊娠中毒症合併胎盤では正常末期胎盤に比して脱落膜深部EVTで有意に高いアポトーシス陽性率を示した．
（＊：P＜0.05）

	正常末期胎盤		妊娠中毒症合併胎盤	
	脱落膜浅部EVT	脱落膜深部EVT	脱落膜浅部EVT	脱落膜深部EVT
Mean±SD	1.67±1.90	7.51±5.15	1.79±0.15	21.0±11.5

　アポトーシス発現を確認したのち，TUNEL法によりEVTのアポトーシス発現陽性率を算出すると，妊娠初期で有意に高く，妊娠中期以降低下することを認めた（図98）．また，妊娠末期のEVTでは，脱落膜浅部に比して深部でアポトーシス陽性率は有意に高かった（図99）．

2 絨毛外栄養膜細胞におけるアポトーシス関連因子の発現

　アポトーシス誘導因子と考えられるFas/Fas-LのEVTにおける発現を免疫組織学的に検討すると，いずれも妊娠各期で観察され，週数による明らかな差は認められなかった．また，妊娠末期において，EVTの脱落膜への侵入に伴うFas/Fas-L発現レベルを検討したところ，脱落膜浅部のEVTに比して深部EVTでその発現は増強することを認めた．一方，EVTにおけるBcl-2蛋白の発現を免疫組織学的に観察すると，妊娠初期では多核のEVTでその発現が認められ，妊娠末期では初期に比しその発現は増強した．また，妊娠末期において，EVTの脱落膜への侵入に伴うBcl-2蛋白発現レベルは，Fas/Fas-Lとは対

照的に脱落膜浅部のEVTに比して深部EVTで減弱することを認めた．さらに，Bcl-2 familyであるBax，BakならびにBadの発現を観察したところ，Baxの発現は妊娠初期で強く，末期EVTで減弱し，Bak，Badは妊娠初期，末期ともにその発現は弱く，妊娠経過に伴う明らかな差は観察されなかった．このことより，妊娠経過ならびに脱落膜侵入に伴うEVTのアポトーシス発現調節にFas/Fas-LならびにBcl-2 familyが重要な役割を担っている可能性が推察された．

3 脱落膜血管周囲の絨毛外栄養膜細胞におけるアポトーシスとその関連因子の発現

EVTの一部は脱落膜血管に侵入し，母体血液の絨毛間腔への循環に重要な役割を担う．そこで，脱落膜血管周囲ならびに血管内に存在するEVTにおけるアポトーシスとその関連因子の発現を検討した．脱落膜血管周囲のEVTでは，それ以外の深部EVTに比してアポトーシス陽性細胞はきわめて少なかった．一方，Fas/Fas-Lは，脱落膜血管周囲以外のEVTと同様に強い発現を認めたが，Bcl-2蛋白発現は脱落膜血管周囲以外のEVTに比してより強いことが観察された．このことから，脱落膜血管周囲のEVTでは，脱落膜血管周囲以外のEVTに比してBcl-2蛋白によるより強いアポトーシス抑制機構が存在する可能性が推察された．

4 正常胎盤ならびに妊娠中毒症合併胎盤のEVTにおけるアポトーシスとその関連因子発現の比較

妊娠中毒症合併胎盤ではEVTの脱落膜への侵入が不十分であり[10]，このことは妊娠維持機構の破綻につながる可能性があると指摘されている．そこで，正常末期胎盤と重症妊娠中毒症合併胎盤を用いて，TUNEL法によりEVTにおけるアポトーシス陽性率を脱落膜浅部と深部で比較検討した．脱落膜浅部EVTでは両者に有意な差は観察されなかったが，脱落膜深部EVTでは正常末期胎盤に比し妊娠中毒症合併胎盤でアポトーシス陽性率は有意に高値を示した（図99）．一方，Fas/Fas-L発現は正常末期胎盤，妊娠中毒症合併胎盤いずれにおいても観察され，両者で明らかな差は認められなかったが，Bcl-2蛋白発現は正常末期胎盤に比し妊娠中毒症合併胎盤で減弱することを認めた．以上より，妊娠中毒症合併胎盤は，正常末期胎盤に比して脱落膜深部EVTにおけるBcl-2蛋白発現が弱く，アポトーシスの発現が高くなる結果，妊娠中毒症合併胎盤ではEVTの脱落膜への侵入が損なわれている可能性が示唆された．

おわりに

アポトーシスならびに栄養代謝関連因子による絨毛細胞の機能発現調節機構を，絨毛性栄養膜細胞ならびに絨毛外栄養膜細胞に分けてそれぞれ解説した．

絨毛性栄養膜細胞では，Bcl-2蛋白がその機能分化を誘導するとともに，分化した合胞体栄養膜細胞（S細胞）のアポトーシス抑制を介して妊娠維持にかかわると推察され，Bcl-2

蛋白発現の障害と妊娠中毒症の関連が示唆された.また,妊娠時の多価不飽和脂肪酸の上昇は,peroxisome proliferator activated receptor (PPAR)を介して絨毛性栄養膜細胞の増殖能を抑制し,分化機能を誘導すると推察され,栄養代謝関連因子による絨毛性栄養膜細胞の機能発現調節機構の存在が考えられた.妊娠中毒症合併胎盤では多価不飽和脂肪酸による絨毛性栄養膜細胞の分化誘導が障害され,このことが胎児発育の障害につながる可能性が示唆された.

絨毛外栄養膜細胞(EVT)のアポトーシス発現は,Fas/Fas-Lとbcl-2 familyにより調節され,脱落膜深部のEVTでアポトーシス発現が高まることから,EVTのアポトーシス発現がその脱落膜侵入を制御している可能性が示唆された.また,妊娠中毒症合併胎盤では,正常末期胎盤に比して脱落膜深部EVTのアポトーシス発現が高く,その脱落膜への侵入が損なわれていると推察された.

文献

1) Maruo T et al：J Clin Endocrinol Metab **75**, 1362 (1992).
2) Maruo T et al：Biology Medicine **1**, 54 (1995).
3) Maruo T et al：Fertility Development **7**, 1 (1995).
4) Ishihara N et al：Endocrine Journal **47**, 317 (2000).
5) Maruo T & Mochizuki M：Am J Obstet Gynecol **156**, 721 (1987).
6) Wittmaack FM et al：Endocrinology **136**, 340 (1995).
7) Sakuragi N et al：J Soc Gynecl Inves **1**, 164 (1994).
8) 松尾博哉：in 図説産婦人科VIEW (eds 望月眞人,武谷雄二), 116 (メジカルビュー社, 東京, 1995).
9) Matsuo H & Strauss JF III：Endocrinology **135**, 1135 (1994).
10) Zhou Y et al：J Clin Invest **91**, 950 (1993).

〔松尾博哉/村越 誉/丸尾 猛〕

3 絨毛マクロファージ

はじめに

　血絨毛胎盤（placenta hemochorialis）に分類されるヒト胎盤の胎児側を構成する絨毛（placental villi）は，組織学的にトロホブラスト（栄養膜細胞），基底膜，間質から成り，その間質には細胞質内に多数の空胞を容れた遊離状の単核細胞がみられる．この細胞の存在は，既に19世紀の中期より指摘されていたが，1903年 Hofbauer が自らの名を冠し，爾来 Hofbauer細胞と呼ばれるに至っている[1]．この一群の細胞については，形態学的観察に加え，細胞化学，免疫組織化学あるいは免疫学などの多方面からの検討がなされ，今日ではマクロファージとして認識され[2]，Hofbauer細胞という呼称は現在では組織学の中の用語に留まり，絨毛マクロファージ（villous macrophages）が一般的な名称と考えられる．

　一方，マクロファージは貪食という最も原始的な特異な機能を有することに加え，主に炎症や腫瘍という病的状態で活動する免疫担当細胞として認識されてきた．しかし，マクロファージは個体発生初期の段階に既に存在し，臓器や組織の形成の一翼を担うとともに，例えば肝臓のKupffer細胞，骨の破骨細胞や神経組織の小膠細胞のように，正常の臓器や組織にも広く存在し，生体の恒常維持においても活躍している細胞という認識が過去20年間に新たに加わった[3]．さらに時期をほぼ同じくして，サイトカインの概念が生まれ，生体の各所でネットワークを形成し，その中心的な細胞としてマクロファージは注目を集めるに至っている．そして，絨毛マクロファージもその例外ではない．

1　絨毛マクロファージの起源

　ヒト絨毛マクロファージはvan Furthの提唱した単核食細胞系（mononuclear phagocyte system：MPS）[4]には含まれていない．その理由のひとつとして，胎生期の骨髄造血が開始し胎児血液循環が確立する以前の妊娠4〜5週からこの細胞が存在することにある．骨髄造血の開始されていない胎生初期では，卵黄囊の原始マクロファージ（primitive macrophages）が胎児生体内に出現するマクロファージの発生の端緒となり，胎生期が進むに従って骨髄に由来する単球・マクロファージ系が発達することから，絨毛マクロファージは卵黄囊に起源を発する[5]．

2 絨毛マクロファージの細胞性格と機能

　絨毛マクロファージは妊娠8週頃より急激にその数を増し，妊娠中期を頂点に漸増・漸減し，妊娠末期でも消失することなく少数認められる[2]．この細胞は線維芽細胞とその細長い細胞突起がつくるチャンネル様の間質の間隙に存在し（図100a），超微形態学的には細胞質内小器官の発達の程度と細胞質内の空胞や顆粒の有無により4つに分類されるが，多くが大小不同の空胞を細胞質内に容れた成熟した細胞である（図100b）[2]．

　この特異な形状から，その担う機能についてはこれまで種々の説が提示されてきた．生理的環境における機能を大別すると，物質の調節あるいは輸送，母児間の免疫寛容，そして酵素やサイトカインなどの分泌の3つである（表40）[6]．輸送の対象は，胎児由来の水分・電解質あるいは蛋白質，母体由来の抗体などで，超微形態学的に細胞質内にmicropinocytotic vesiclesが豊富に観察されることに加え，絨毛間質は解剖学的にリンパ系を欠いていることから，胎児由来の物質の調節の論拠となっている[7]．また，この細胞膜には単球-マクロファージ系細胞に共通する各種の表面抗原を表出しているが，とくにFc受容体や補体成分受容体を発現していることから，免疫学的に有害な母体由来の抗原抗体複合体から胎児を防御するなどの免疫担当細胞としての役割も論じられている[8]．その一方で，正常胎盤の免疫染色では，このマクロファージにHLA-DRは同定されず，またマクロファージから提示される主要組織適合複合体（major histocompability complex：MHC）のクラスⅡ抗原と接触するはずのTリンパ球も妊娠初期の絨毛の血管内には観察されないことから，少なくとも妊娠初期の生理的環境下では免疫担当細胞としての機能は

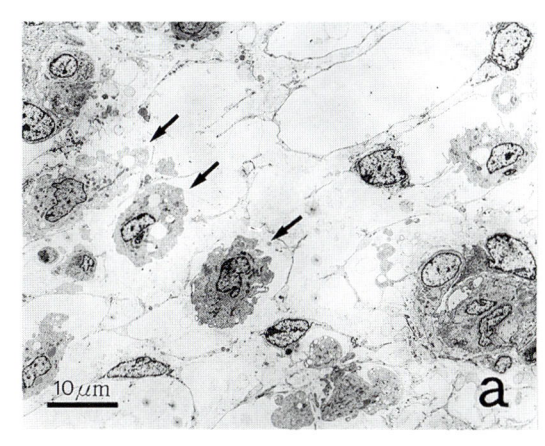

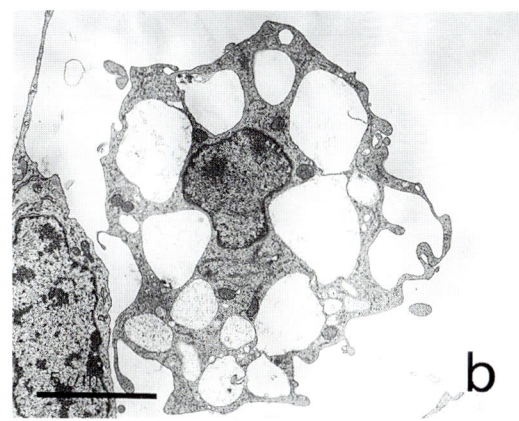

図100　ヒト胎盤絨毛マクロファージ
　　　線維芽細胞とその細長い細胞突起がつくるチャンネル様の疎な間質の中に大型のマクロファージ（←）が認められ，他の間葉系細胞と識別される（a）．多くのマクロファージの細胞質には大小不同の空胞を容れ，種々の程度の絮状物が観察される（b）．a：妊娠8週，×1,000．b：妊娠9週，×4,000．酢酸ウラニウム＋クエン酸鉛染色．

表40 ヒト胎盤絨毛マクロファージの機能に関する学説

I. 調節あるいは輸送作用
1) 水分，蛋白あるいは電解質
　　Rodway & March (1956)
　　Fox (1967)
　　Vacek (1970)
　　Enders & King (1970)
　　Castellucci et al (1980)
　　Martinoli et al (1984)
　　Demir et al (1984)
　　Katabuchi et al (1986, 1989)
2) 脂　質
　　Hofbauer et al (1925)
　　Katabuchi et al (1986, 1989)
3) メコニウム
　　Bourne (1962)
4) IgG
　　Moskalewski et al (1975)
　　Jenkinson et al (1975)
　　Loke et al (1982)
5) hCG
　　Khan et al (2000)

II. 防御作用
1) 感染症
　非特異的感染
　　Blanc (1980)
　梅　毒
　　Hofbauer (1925)
　　Walter et al (1982)
　　Greco et al (1992)
　サイトメガロウイルス感染症
　　Greco et al (1992)
　　Schwartz et al (1992)
　B型肝炎
　　Lucifora et al (1990)
　エイズ
　　Goldstein et al (1988)
　　Lewis et al (1990)
2) 細胞障害性抗体
　　Moskalewski et al (1975)
　　Jenkinson et al (1975)
　　Wood et al (1978)

III. 免疫補助作用
1) 抗原提示
　　Bulmer & Johnson (1984)
　　Uren & Boyle (1985)
　　Sutton et al (1986)
　　Goldstein et al (1988)

IV. 分泌作用
1) リゾチウム
　　Zaccheo et al (1988)
2) サイトカイン
　IL-1
　　Flynn et al (1982)
　　Glover et al (1987)
　CSF-1/M-CSF
　　Daiter et al (1992)
　　Khan et al (2000)
　TNF-α
　　Chen et al (1991)
　α-IFN
　　Howatson et al (1988)
　EGF/EGF-like substance
　　Katabuchi et al (1990)
　VEGF
　　Khan et al (2000)
3) ゴナドトロピン
　　Prosdocimi (1953)

否定的である[6]．

3　トロホブラストの増殖と機能発現

　サイトカインと妊娠との関連性については，1978年にNicolaらが胎盤上清中に造血系細胞を分化させるcolony stimulating factor (CSF) の存在を指摘したことに始まる[9]．その

後の約20年間に，従来指摘されていた内分泌機構に加え各種のサイトカインがパラクリン的あるいはオートクリン的にトロホブラストの生理機能に深く関与していることが示されている[10]．とくにmacrophage colony-stimulating factor（M-CSF），epidermal growth factor（EGF），vascular endothelial growth factor（VEGF），leukemia inhibiting factor（LIF），hepatocyte growth factor（HGF）などがトロホブラストの増殖や分化，ヒト絨毛性ゴナドトロピン（human chorionic gonadotropin：hCG）やヒト胎盤性ラクトーゲン（human placental lactogen：hPL）の分泌に影響を与えることがin vitroの実験で報告されている[11]．これらの生理活性物質の絨毛マクロファージにおける局在は免疫組織化学やin situ hybridizationなどによってin vivoでも示され，またトロホブラストの細胞膜上にそれらの受容体が証明されている[10,11]．しかし，絨毛マクロファージのトロホブラストへの直接的あるいは間接的な関与はこれまで明らかにされていなかった．

最近，ヒト絨毛マクロファージの培養上清がトロホブラストの増殖と分化を促進することが初めて証明された[12]．トロホブラストの培養には従来より10％ウシ胎仔血清を添加した培養液が用いられていた[13]．このウシ胎仔血清を対照にヒト絨毛マクロファージの48時間培養上清が妊娠初期絨毛より採取されたサイトトロホブラストに及ぼす影響を観察すると，絨毛マクロファージの培養上清が細胞増殖の指標となるKi67モノクローナル抗体で陽性を示すサイトトロホブラスト（細胞性栄養膜細胞）の数を有意に増加させ，サイトトロホブラストの癒合の後に形成されるシンシチオトロホブラスト（合胞体栄養膜細胞）の数も増加させ，形態学的な増殖と分化が示される（図101）[12]．また，培養トロホブラストからのhCGとhPLの産生・分泌もウシ胎仔血清に比べて絨毛マクロファージ培養上清で有意に高く，さらにヒト腹腔マクロファージの培養上清と比較してもきわめて高い濃度が得られる（図102）[12]．

先に挙げたサイトカインの中からM-CSFとVEGF，そしてmonocyte chemoattractant protein-1（MCP-1）について，絨毛マクロファージならびに腹腔マクロファージの48時

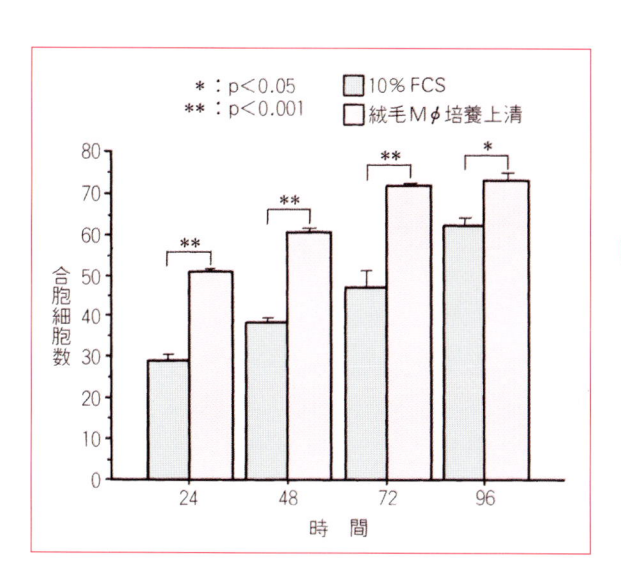

図101　ヒト絨毛マクロファージ（Mφ）培養上清のサイトトロホブラストの合胞化に及ぼす影響[12]

サイトトロホブラスト（10^6）を絨毛マクロファージ（$4×10^6$）の無血清での48時間培養上清を含む培養液で培養すると，10^3のサイトトロホブラストあたりに出現する合胞細胞数は，10％ウシ胎仔血清（FCS）を添加した培養液に比較して有意に多い．

IV 栄養膜細胞・絨毛細胞

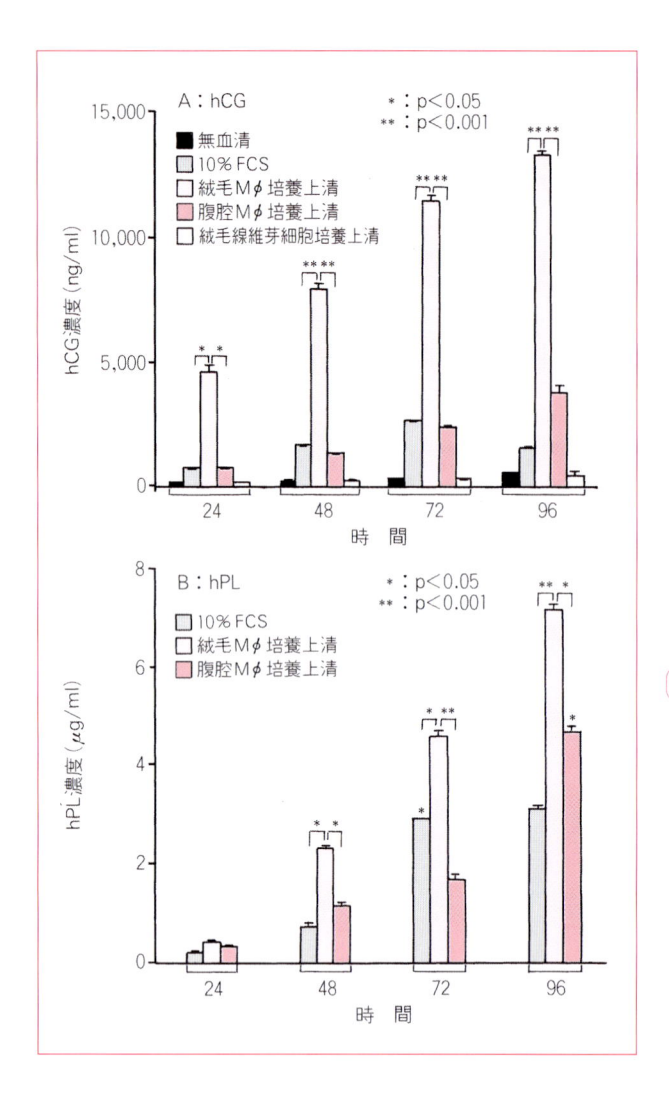

図102 ヒト絨毛マクロファージ（Mφ）培養上清のトロホブラストからのhCGならびにhPL産生に及ぼす影響[12]

サイトトロホブラスト（10^6）を絨毛マクロファージ（$4×10^6$）の無血清での48時間培養上清を含む培養液で培養すると，10％ウシ胎仔血清（FCS）添加培養液や腹腔マクロファージの培養上清を含む培養液に比較してhCG（A），hPL（B）の産生が増加する．

間培養液中の濃度を測定すると，M-CSFとVEGFは絨毛マクロファージで，MCP-1は腹腔マクロファージで有意に高い（図103）[12]．また，マクロファージにおける3つのサイトカインのmRNAの発現をみると，絨毛マクロファージではM-CSFとVEGFの発現が，腹腔マクロファージではMCP-1の発現が強く，先の培養上清中の測定結果と同様の傾向が示される[12]．

これらのことによって，絨毛マクロファージがある特定のサイトカインの産生・分泌を介したパラクリン機構によって，トロホブラストの増殖と分化に関与していることが詳らかになるとともに，マクロファージの臓器特異性の一面も明らかになった．

4 絨毛性ゴナドトロピンの摂取と分解

絨毛マクロファージは，サイトトロホブラストから分化したシンチオトロホブラスト

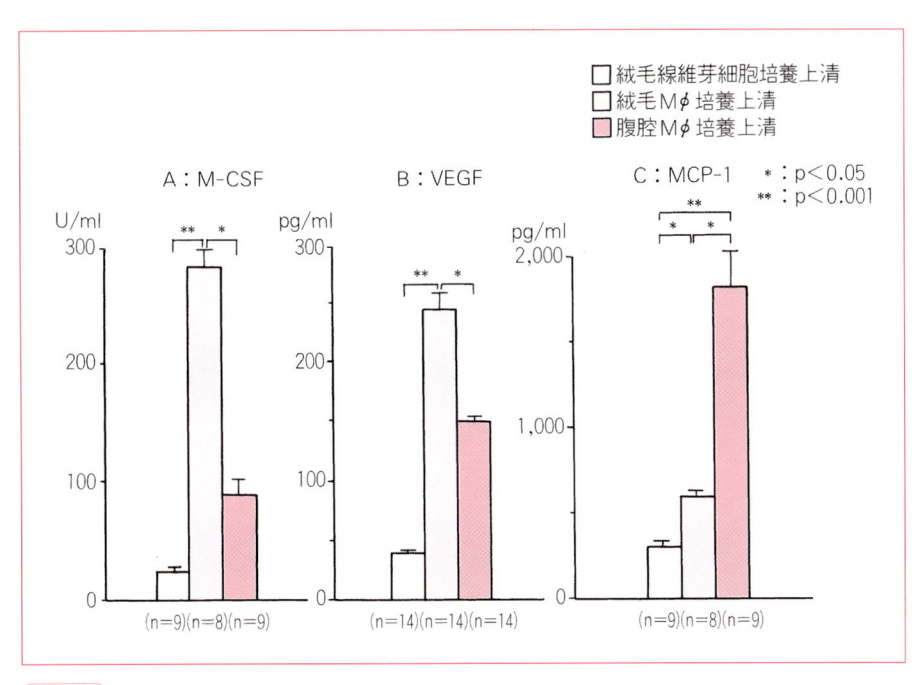

図103 ヒト絨毛マクロファージ（Mφ）培養上清中のM-CSF，VEGF，MCP-1濃度[12]
絨毛マクロファージ（4×10^6）の無血清での48時間培養上清中のM-CSFならびにVEGFの濃度は，絨毛線維芽細胞や腹腔マクロファージの培養上清中のそれぞれの濃度より有意に高いが（A，B），MCP-1の濃度は腹腔マクロファージの培養上清中で最も高い（C）．

によって分泌されるhCGの高濃度環境下にある．このことから，絨毛組織にhCG関連分子種の免疫組織化学的検討を行うと，hCG α subunit（hCG α）は妊娠経過を通じて陰性から弱陽性，hCG β subunit（hCG β）は妊娠の末期を除いて強陽性を示す反面（図104a），hCG β-terminal peptide（hCG β-CTP）は陰性で，これらの所見には絨毛の部位や胎児の性別による差異はみられない[6]．さらに，このマクロファージにおけるhCG βの局在を電子顕微鏡で観ると，細胞膜に接するcoated pits, coated vesicles, multivesicular bodies, そして空胞や顆粒に一致して認められ（図104b），hCGのマクロファージによる摂取・処理の過程が窺える[6]．

　この細胞には染色体2p21に存在するhCG/黄体化ホルモン（luteinizing hormone：LH）受容体が同定されるが，構造的にはexon 9を欠失している[3]．このタイプの受容体はラット卵巣で確認されている11種類の亜型の中のふたつに構造上相当するが，この生物学的役割はまだ明らかになっていない[14]．しかし，exon 9が細胞外ドメインの一部を成していることから，絨毛マクロファージに認められるこのhCG/LH受容体はシグナル伝達系を介するhCGの機能発現には関与せず，代わってスカベンジャー受容体に類似する機能を保有する可能性が推察される．

　hCGを含む培養液中でヒト腹腔マクロファージを培養すると，その上清中のhCGの濃

IV 栄養膜細胞・絨毛細胞

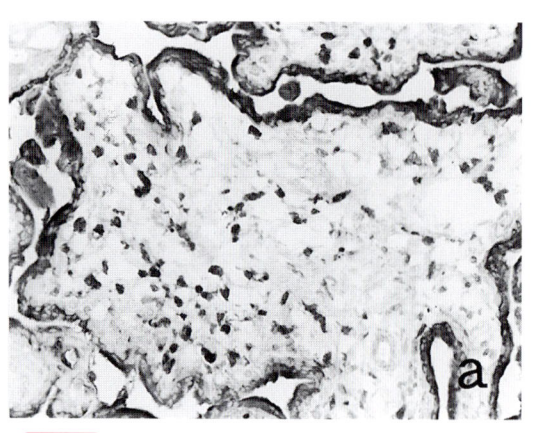

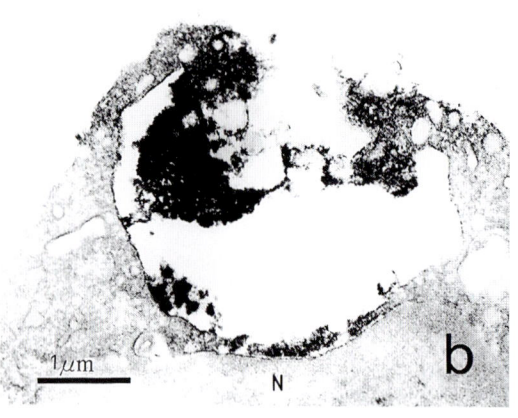

図104 ヒト絨毛マクロファージにおけるhCG βの局在[6]
抗hCGβポリクローナル抗体を用いた免疫組織化学で，シンシチオトロホブラストとともに間質のマクロファージにも強い陽性が観察される(a)．免疫電顕的手法を用いると，マクロファージの細胞質の空胞に一致してその反応産物が認められる(b)．N：核．
a：妊娠20週，×50，メチル緑染色．
b：妊娠8週，×12,000，酢酸ウラニウム染色．

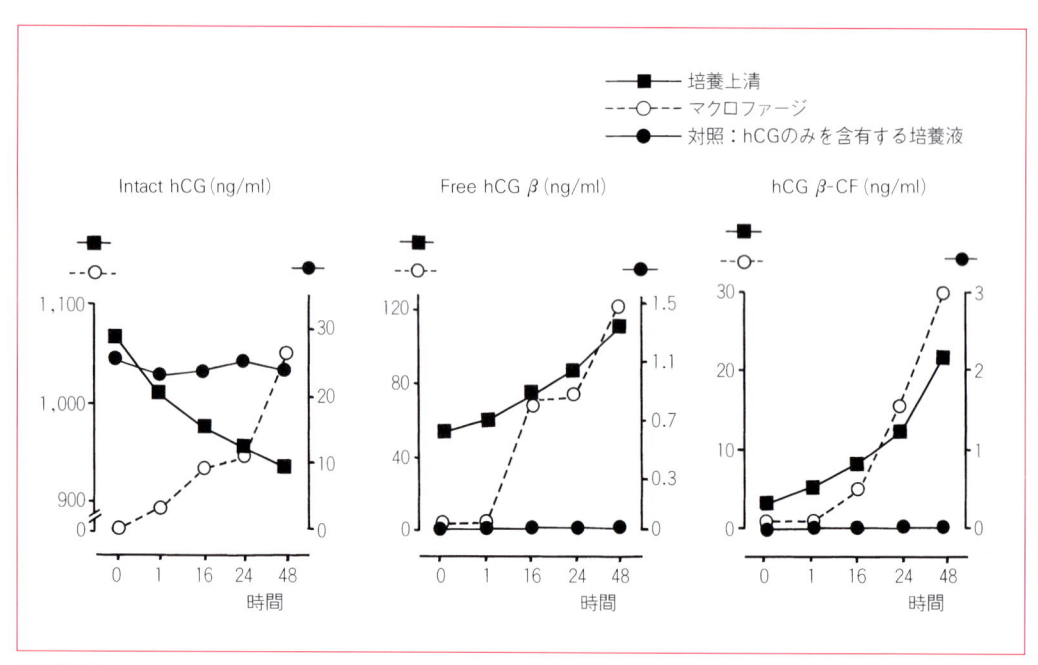

図105 ヒト腹腔マクロファージによるhCGの摂取と分解[15]
Intact hCGを含有する培養液中で腹腔マクロファージを培養すると，培養上清中ならびにマクロファージ内のintact hCG，free hCG βおよびhCG β-CFの濃度が経時的に変化する．

度は経時的に漸減する一方，hCGβとその一部を成すhCGβ-core fragment（β-CF）がマクロファージの中に出現し，さらにこれらは培養上清中にも出現し，マクロファージの細胞内外の濃度は経時的に漸増する（図105）[15]．

以上の in vivo および in vitro の結果から，マクロファージによる特異な受容体を介したhCGの摂取と分解が考えられる．

5　妊娠の異常からみた絨毛マクロファージ

絨毛マクロファージの機能のひとつとして，病的状態である母体の感染症や絨毛羊膜炎 chorioamnionitis からの防御が考えられている（表40）[6]．古くはHofbauer自らも報告しているが[16]，梅毒などの細菌感染から胎児を保護している可能性が指摘されている．また，最近ではエイズ感染の胎盤の絨毛マクロファージにそのウイルス粒子の存在が報告されている[17]．その一方で，同じレトロウイルスでも成人T細胞白血病を妊娠中に発症した症例の胎盤にはウイルス粒子が認められなかったとの報告もある[18]．しかし，炎症の場となった病的状態の胎盤で，マクロファージが一時的に免疫担当細胞としての機能を発揮する可能性は考えられる．

絨毛間質の浮腫の程度と絨毛マクロファージの出現の関連を論じた報告がみられる[19]．事実，正常の絨毛でも，結合織が網目状に配列し，広い間隙を形成する中間絨毛に絨毛マクロファージが多数認められ，かつ細胞質に空胞を有する細胞が主体を成す．Bleylは，娩出された胎盤を用いて臍帯動脈から生理食塩水を注入し，間質の浮腫を人工的に引き起こすことによって絨毛マクロファージが出現することを実験的に示している[20]．また，絨毛間質の浮腫の程度が強くなった子宮内胎児死亡や死産の症例では絨毛マクロファージが増加し[21]，これは先に述べた水分・電解質あるいは蛋白質の調節と関連があるのかも知れない．

一方，絨毛が嚢胞化する胞状奇胎でも古くからその増加が指摘されている[22]．最近，通常では尿中に排出されるhCGの代謝産物であるβ-CFが胞状奇胎嚢胞中に同定され，その構造が尿中のものと一部異なることが示されている[15]．そして，胞状奇胎の絨毛間質に増加しているマクロファージには免疫染色によってβ-CFの強い陽性像が観察される[15]．これらの結果からも，先述したようにhCGの代謝の系が腎以外の胎盤絨毛にも存在し，調節の対象のひとつがhCGである可能性を示している．

おわりに

ヒト胎盤絨毛では，トロホブラストと胎児の間に位置する絨毛マクロファージが，種々のサイトカインを産生・分泌し，トロホブラストに作用することでその機能の発現と亢進に関与するとともに，トロホブラストから産生されるhCGをはじめとした生理活性物質の分解・代謝を行うことでその調節を行うサークルを形成し，妊娠が維持されている（図106）．ヒト胎盤には，絨毛ならびに脱落膜のコンパートメントが存在し，それぞれ構成する細胞間でネット

IV 栄養膜細胞・絨毛細胞

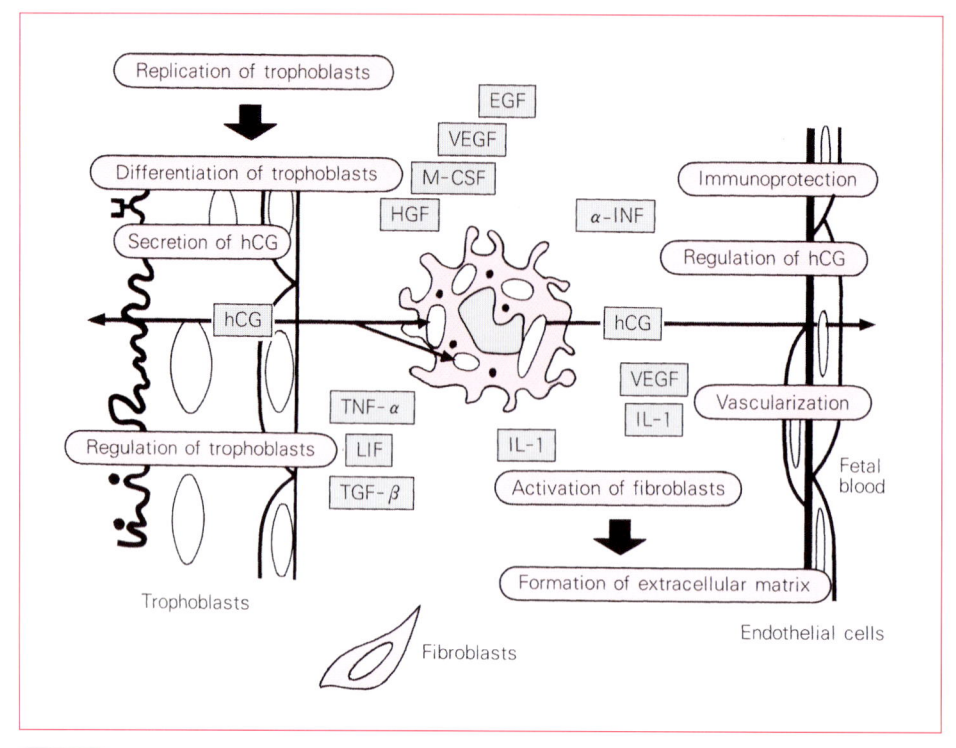

図106 ヒト胎盤絨毛におけるトロホブラストとマクロファージの相互関係

ワークを形成している．そして，両者を結ぶ第3のコンパートメントも想定される．今まで胎盤ではトロホブラストに比べ注目を浴びる機会の少なかった絨毛マクロファージは，約10ヵ月間にプログラミングされた短い寿命を終える胎盤にあって，生命誕生までの恒常維持に不可欠かつ根幹を成す細胞として存在するものと考えられる．

文献

1) Hofbauer J：Wien Klin Wochenschr **16**, 871 (1903).
2) Katabuchi H et al：Prog Clin Biol Res **296**, 453 (1989).
3) Okamura H et al：in The Macrophages - Second Edition (eds Burke B & Lewis CE), (Oxford University Press, London, in the press).
4) van Furth R：in Mononuclear Phagocytes Functional Aspects - Part I (ed van Furth R), 1 (Martinus Nijhoff, Hague, 1980).
5) Takahashi K et al：J Leukocyte Biol **50**, 57 (1991).
6) Katabuchi H et al：Endocr J **41**, S141 (1994).
7) Enders AC & King BF：Anat Rec **167**, 231 (1970).
8) Wood GW：Placenta **1**, 113 (1980).
9) Nicola NA et al：Leukemia Res **2**, 313 (1978).
10) Mitchell MD et al：Placenta **14**, 249 (1993).
11) Saito S：Jpn J Obstet Gynecol Neonatal Hematol **7**, 1 (1997).
12) Khan S et al：Biol Reprod **62**, 1075 (2000).
13) Kliman HJ et al：Endocrinology **118**, 1567 (1986).
14) Aatsinki JT et al：Mol Cell Endocrinol **84**, 127 (1992).
15) Khan S et al：Placenta **21**, 79 (2000).
16) Hofbauer J：Am J Obstet Gynecol **10**, 1 (1925).
17) Lewis SH et al：Lancet **335**, 565 (1990).
18) Ohba T et al：Obstet Gynecol **72**, 445 (1988).
19) Fox H：J Pathol Bacteriol **93**, 710 (1967).
20) Bleyl U：Arch Gynakol **197**, 364 (1962).
21) Rodway HE & Marsh F：J Obstet Gynaecol Brit Emp **63**, 111 (1956).
22) Neumann J：Monatsschr Geburtshilfe Gynakol **6**, 17 (1897).

〔片渕秀隆／岡村 均〕

4 絨毛のHLA抗原

はじめに

　胎児は父系抗原をもつ半同種移植片semi-allograftであるのにどうして母体の免疫反応により拒絶されないのであろうか．移植免疫学的には大変不思議な現象であり，そこには従来の移植免疫学では説明できない妊娠維持機構＝妊娠免疫が存在するはずである．

　子宮外妊娠とは卵管，卵巣，腹膜表面で成立する着床現象であり，子宮という環境が妊娠成立に必ずしも必要ではないことがわかる．逆に胎児細胞がシグナルを発し，自分に好都合な環境を構築していくのである．実際母体と胎児の接点である胎盤，特にその胎児側組織である絨毛がhuman leukocyte antigen (HLA) の点から注目すべき特徴を持つことが分かってきた．

1　胎盤の構造　(図107)[1]

　胎盤においては，母体側の組織である脱落膜と胎児側の組織である絨毛が接触している．syncytiotrophoblastは自由絨毛の最外層を成し，その内側にはvillous cytotrophoblastが存在する．これらは母体血液と接している．また，固定絨毛の部分から脱落膜中に侵入していく絨毛細胞があり，extravillous cytotrophoblastと総称される．この細胞は母体の細胞と混在しているにもかかわらず母体の免疫反応によって排除されない．しかし，無制限に母体組織に広がっていくこともない．したがって，絨毛細胞の増殖は厳密に調節されていることが示唆される．

2　HLA抗原と絨毛細胞

　移植免疫においてHLA抗原が中心的な役割を演じているため，その妊娠免疫における働きも注目された．HLAにはclass Iとclass IIがあり，class I (HLA-A，-B，-C) はほとんどすべての有核細胞に発現し，細胞内抗原の分解産物を結合してCD8＋細胞傷害性T細胞に提示している．その主な働きはウイルス感染細胞の除去である．一方，class II (HLA-DR，-DQ，-DP) はB細胞，マクロファージ，活性化T細胞などの免疫担当細胞に発現され，外来性抗原の分解産物を結合してCD4＋ヘルパーT細胞に提示している．最近class I抗原としてHLA-E，-F，-Gが発見されたが，これらはHLA-A，-B，-Cと性格が著しく異なっていた．そこでこれらをnon-classical class I (またはclass Ib)

IV 栄養膜細胞・絨毛細胞

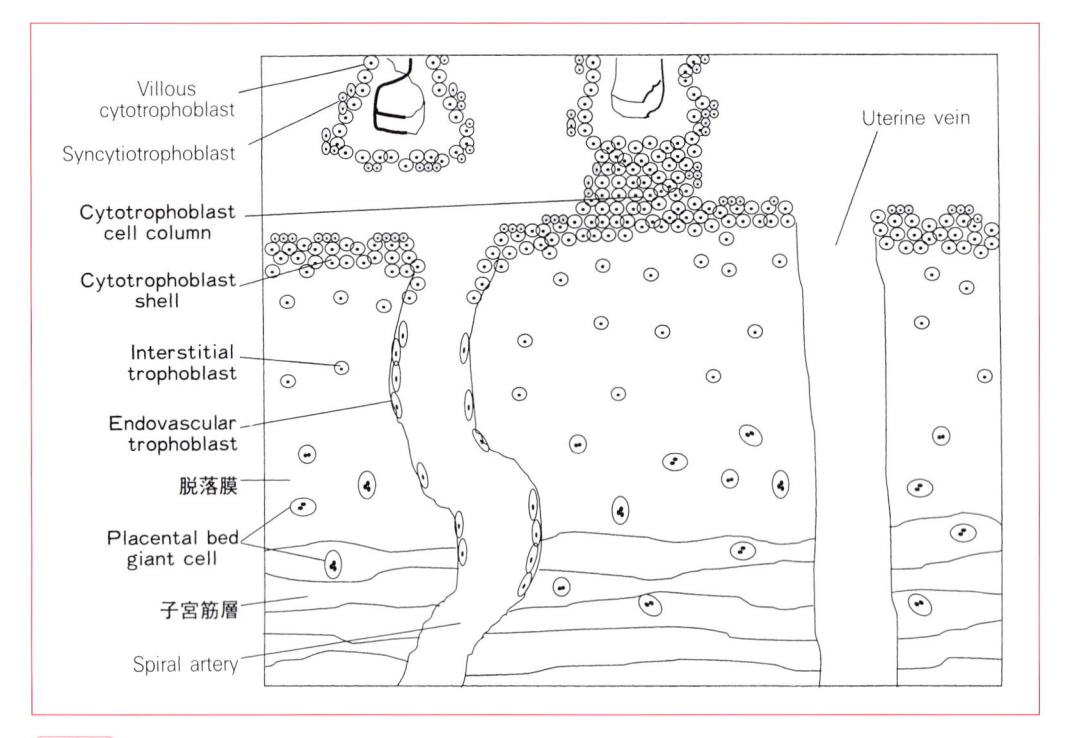

図107 胎盤の構造（文献1を改変）
絨毛には自由絨毛（上左）と固定絨毛（上右）があり，後者からcytotrophoblastが脱落膜中に侵入していく．図中の細胞はすべて絨毛細胞を示す．脱落膜中に侵入するextravillous cytotrophoblast（太字）は膜結合型および分泌型HLA-Gを発現し，絨毛のsyncytiotrophoblastとvillous cytotrophoblastは分泌型HLA-Gを発現している．

抗原，従来のHLA-A，-B，-Cをclassical class I（またはclass Ia）抗原と呼んで区別している．

　胎児由来の細胞である絨毛細胞は，有核細胞であるにもかかわらずclassical class I抗原もclass II抗原も発現していないことが知られていた．父親由来のHLAを発現しなければ母体細胞傷害性T細胞の攻撃を回避できるが，HLAを発現していない細胞はnatural killer（NK）細胞の攻撃を受けてしまう．しかし，その後一部の絨毛細胞はHLA-Gを発現していることが分かった[2]．HLA-Gは1987年にGeraghtyらにより初めてクローニングされたもので[3]，第6染色体短腕のHLA領域の中にあり，その塩基配列はclassical class I遺伝子の塩基配列と80％以上の強い相同性を有している．HLA-Gは絨毛細胞だけでしか発現されないことから，その主要な役割は妊娠の成立，維持にあると予想される．

　HLA-G抗原はclassical class I抗原同様，重鎖と軽鎖からなる．重鎖はα1，α2，α3の3つの細胞外ドメインと細胞膜貫通領域，細胞質ドメインを持つ．軽鎖はβ2 microglobulinで，α3ドメインに非共有結合している．α1とα2ドメインが抗原提示部位であり，α3ドメインには細胞傷害性T細胞のCD8が結合する[4]．

絨毛細胞はHLA-G抗原を発現することによりNK細胞の攻撃も回避でき，またclassical class I抗原が非常に多型に富むのに対しHLA-G抗原は極めて多型に乏しいので，母体細胞傷害性T細胞が自己との区別がつかず攻撃しないと考えられた．なお，HLA-CとHLA-Eも絨毛細胞に発現していることが分かってきたが，これらについては後述する．

3　HLA-Gの特徴

1　短い細胞内ドメイン

exon 6の2番目のコドンが停止コドンとなっているため，細胞内領域が短い．classical class I抗原が30アミノ酸で構成されるのに対し，HLA-Gではわずか6アミノ酸である．

2　alternative splicing（図108）

HLA-Gは一つの遺伝子から，スプライシングの違いにより4種類の膜結合型mRNAと2種類の分泌型mRNAを産生している[5)6)7)]．このうちHLA-G2と-G4は，homodimerを形成することによりclass II分子に似た構造を持つことから，HLA-Gがclass II抗原の役割をも担っている可能性が考えられる[5)]．

ただし，膜結合型のHLA-G2，-G3，-G4はendoplasmic reticulumにとどまり細胞膜表面へ発現できないという意見もあり，実際これらの発現は証明されていないので[8)]，各isoformの機能分担は現段階では不明である．

3　分泌型HLA-G

classical class I抗原と同様HLA-Gにも膜結合型抗原と分泌型抗原が存在するが，分泌型抗原を産生する方法が独特である．すなわち，細胞膜貫通領域をコードするエクソン5の直前に位置するイントロン4を21番目の停止コドンまで翻訳しており，イントロンがエクソン化している[6)]．われわれは，習慣流産患者夫婦20組のイントロン4を解析したが，変異を認めなかった[9)]．少なくとも習慣流産に関してはHLA-Gの異常が発症に関与している頻度は大きくないと考えられる．

分泌型HLA-Gが母体血中を循環し免疫反応に影響を与えている可能性も考えられる．Pfeifferらは，体外受精胚移植後の血中分泌型HLA-G濃度は妊娠例が非妊娠例より高いとしている[10)]．しかし，否定的な報告もあるので[11)12)]，母体血中分泌型HLA-Gの役割に関しては今後の更なる検討が必要である．

4　HLA-Gのきわめて乏しい多型

HLA-Gの多型は極めて乏しいとされていたが，アフリカ系アメリカ人のHLA-Gは多型に富み，アミノ酸が異なる非同義置換も多数認めたとする報告が出された[13)]．そこで，われわれは日本人についてHLA-G多型を詳細に検討した[14)]．

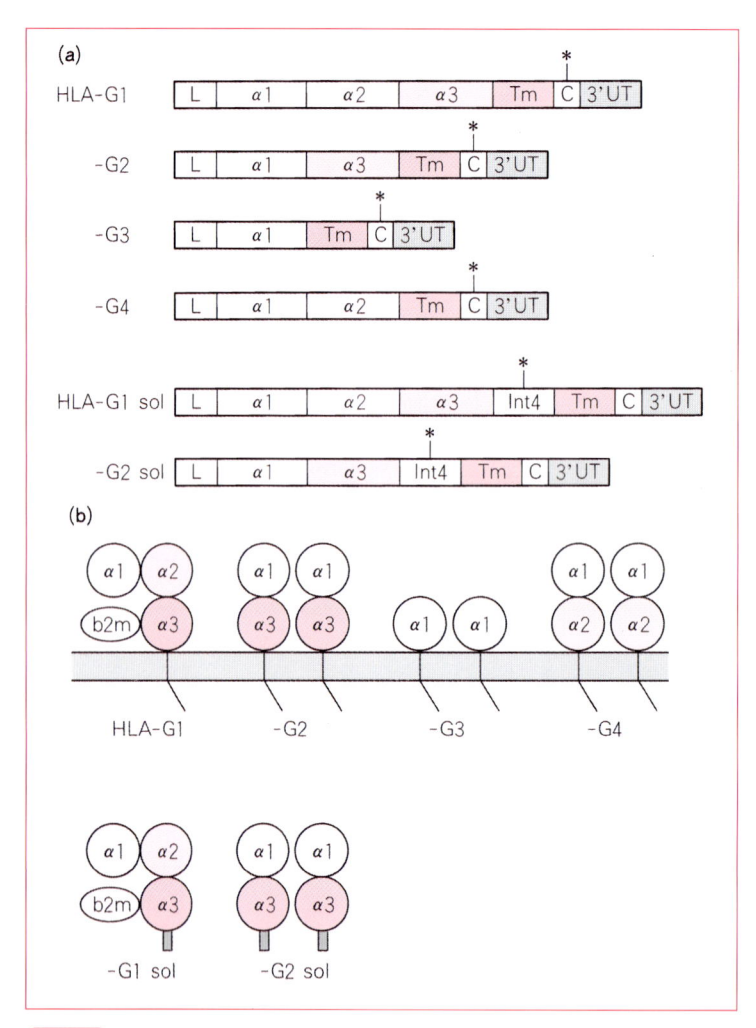

図108 alternative splicingにより産生される6種類のmRNA (a),それぞれのタンパクの推定立体構造 (b)

L：Leader sequence, α1〜α3：細胞外ドメイン, Tm：細胞膜貫通領域, C：細胞質ドメイン, 3'UT：3'非翻訳領域、Int 4：イントロン4, *：ストップコドン
HLA-G1, -G2, -G3, -G4は膜結合型HLA-G, HLA-G1 sol, -G2 solは分泌型HLA-G. 分泌型HLA-Gではイントロン4が一部翻訳される. ただし, 膜結合型HLA-G2, -G3, -G4の細胞膜表面への発現はこれまで確認されていない.

〔Ishitani Aら, 1992[5]/Fujii Tら, 1994[6]/Kirszenbaum Mら, 1994[7]を改変〕

　α1, α2, α3ドメインに相当するエクソン2, 3, 4をPCR-SSCP (Single Strand Conformational Polymorphism) 法, direct sequencing法により解析した. その結果, 日本人のHLA-Gのalleleは4つだけであった. このうちHLA-G*0104は事実上初めてのアミノ酸レベルの変異をもち, エクソン3 (α2) のコドン110がロイシンからイソロイシ

ンに置換されていた．しかも日本人では45％と最多の頻度を示した．この変異がHLA-Gの抗原結合とCD 8 結合に影響するのかどうかであるが，コドン110の位置は抗原結合部位からはずれていること，ロイシンとイソロイシンの立体構造が類似していることから，大きな影響はないだろうと考えられている．

なお，アフリカ系アメリカ人のHLA-Gについては，Ishitaniらはアフリカ系アメリカ人，ガーナ人のHLA-Gの多型は他の人種と大差ないとし[15]，またBainbridgeらはvan der Venらの方法はHLA-G以外の遺伝子を誤って検出していることを示し，彼らの結論に疑問を呈した[16]．やはりHLA-Gの多型が乏しいことは間違いないと思われる．

そのほか，われわれはHLA-G＊01012がTamakiらのHLA 7.0E[17]と同一であることを示すとともに，塩基配列の誤りを修正した[18]．

5 限られた発現部位

HLA-Gは発現部位の点でも特徴的である．抗HLA-Gモノクローナル抗体を用いた報告ではHLA-Gは胎盤だけでしか発現していない．自由絨毛のsyncytiotrophoblastやvillous cytotrophoblastには分泌型HLA-Gが発現し，母体脱落膜中に侵入していくextravillous cytotrophoblast (interstitial trophoblast, endovascular trophoblast, placental cell giant cellsも含む) には分泌型HLA-G，膜結合型HLA-Gの両方が発現している．特に脱落膜中に深く侵入していくtrophoblastほど強く発現しており，妊娠初期にもっとも強く発現し，その後発現は減じていく．

また，HLA-Gは羊膜上皮細胞でも発現し羊水中に分泌されているが[19]，われわれは初めて羊水中のHLA-G濃度を定量した[20]．胎児は羊水を嚥下するので，吸収されたHLA-Gが妊娠中後期の妊娠免疫に関与しているのかもしれない．

なお，HLA-Gが甲状腺で発現しているという報告が出てきている[21][22]．HLA-G発現細胞が細胞傷害性T細胞の攻撃を回避するのは多型に乏しいからだと考えられているが，甲状腺での発現により寛容が成立している可能性もある．

4 HLA-Gの機能

1 HLA-Gの抗原提示

HLA-Gはclassical class Iと同様 $\alpha 1$ と $\alpha 2$ が形成する溝の部分にペプチドを結合し提示できる[23]．9アミノ酸からなるものが主であり，それらはclassical class I同様内因性抗原由来である．膜結合型HLA-G1と分泌型HLA-G1 solの結合ペプチドの種類に差はないが，classical class Iに比べるとずっと少ない．なぜ少なくてもよいのかについては，胎盤がさらされるウイルスの種類は限られているからだ，との考えもある．

抗原提示によるウイルス感染細胞の除去という点に関しては否定的な意見もある．DavisらはHLA-Gの細胞内領域が短い結果endocytosisが起こりにくく，classical class I抗

IV 栄養膜細胞・絨毛細胞

原と比べturn over率が低い．したがってウイルス抗原を提示するには不適であろうと述べている[24]．

2　NK細胞に対する作用

　妊娠初期の脱落膜中には大顆粒リンパ球（LGL）が大量に存在する．これらはCD3⁻CD16⁻CD56[bright]であり，Natural Killer細胞由来と考えられている．LGLは月経周期の分泌期に子宮内膜中に認めるものだが，妊娠が成立すると脱落膜中に大量に認めるようになる．これらは胎児へのウイルス感染を防ぐほか，trophoblastの侵入をコントロールしていると予想された．そこでHLA-GをリガンドとするNK受容体が研究された．

　当初はp58.1，p58.2，p70が報告されたが，これらはclassical class I抗原しかリガンドにならないことが分かった．次にCD94/NKG2Aが注目されたが，その後HLA-GではなくHLA-Eがそのリガンドであることが判明した[25)26)]．それによるとHLA-Gはleader sequence由来のペプチド（VMAPRTLFL）をHLA-Eに供給してHLA-Eの細胞表面への発現を誘導し，そのHLA-EがNK受容体CD94/NKG2Aと作用してNK細胞による攻撃を抑制していると考えられる．

　これはHLA-Eを介した間接的な働きであるが，別のNK受容体を介してHLA-Gも直接NK細胞を抑制していると考えられている．NK受容体としてはILT-2（LIR-1）やILT-4，KIR 2DL4（p49）などが挙げられている[27)28)29)]．

3　サイトカインを介した作用

　われわれは末梢血単核球がHLA-Gを認識すると，interleukin-3（IL-3）とIL-1βの分泌が増加するのに対し，tumor necrosis factor-α（TNF-α）分泌は減少することを見いだした．このようにHLA-Gは末梢血単核球からのサイトカイン分泌を調節し，妊娠に有利となるよう環境を調節している可能性が考えられる[30)]．

　また，妊娠中はTh1よりTh2が優位になることが知られている．われわれは脱落膜単核球がHLA-Gを認識するとIFN-αの分泌が低下すること，末梢血単核球がHLA-Gを認識するとIFN-αの分泌が低下しIL-4の分泌が増加することを示し，HLA-Gがサイトカイン分泌を通してTh2優位に寄与している可能性を示した[31)]．

5　HLA-Gと妊娠中毒症

　妊娠中毒症は原因不明の症候群であるが，そのなかには妊娠免疫の破綻が原因で発症するものがあると考えられている．そこで，われわれは妊娠中毒症胎盤のHLA-G発現について解析したところ，extra-villous cytotrophoblastのHLA-Gの発現は島状に減弱していた[32)]．Goldman-Wohlらも重症妊娠中毒症の胎盤ではHLA-Gの発現が減弱または消失していたと報告している[33)]．

　われわれはすでに妊娠中毒症患者の脱落膜に正常妊娠では認めないIL-2が存在するこ

とを示し，妊娠中毒症では胎盤局所において免疫状態が異常に亢進している可能性を示唆した[34]が，HLA-G発現細胞はIL-2に対する抵抗性が高いことがその後分かった[35]．このことから，島状に分布するHLA-G発現減弱細胞がIL-2で傷害を受け，脱落膜中への侵入が不十分となり，妊娠中毒症発症に関与している可能性があると考える．

6　腫瘍とHLA-G

腫瘍細胞においてclassical class I抗原の発現が減弱することは珍しくないが，NK細胞の攻撃を逃れるメカニズムとしてHLA-Gが注目された．melanomaの一部がHLA-Gを発現している報告があるが，HLA-Gの腫瘍発育における働きについては今後の検討課題である[36]．

7　HLA-G*0105N

HLA-Gの機能を考えるうえでHLA-G*0105Nの存在は無視できない[37]．G*0105Nはエクソン3にdeletionが存在し（1597delC），その下流にframe shiftが起こる結果，α2ドメインが有効なタンパクとして翻訳されず，HLA-Gのisoformの中でもっとも大量に存在するHLA-G1が産生されないのである．HLA-G2と-G2 sol，-G3はエクソン3がalternative splicingで除かれるので影響を受けない．G*0105NはSpanishの2.9％，African Americanの7.4％に認めたという．当初ヘテロのみの報告であったが，のちにG*0105Nのホモ個体の報告がなされた[38]．その女性の母親は8回の満期分娩（いずれも単胎）と3回の自然流産を経験した．子供8人中2人は低出生体重で，2.4kg（G*0105Nホモ）と1.6kgであった．この事実は，HLA-G1が欠損しても満期まで子宮内に生着できたことを示している．2人の低出生体重と3回の自然流産がG*0105Nと関係あるのか不明だが，G*0105Nのホモ例，ヘテロ例の妊娠分娩歴のさらなる報告が待たれる．

8　HLA-C，HLA-Eと絨毛細胞

1st trimesterのextravillous cytotrophoblastはHLA-Cをわずかながら発現していることが分かった[39]．classical class I抗原の一つで多型に富むHLA-Cがtrophoblastに発現しているのに細胞傷害性T細胞による攻撃を受けない理由は分かっていないが，HLA-CはNK受容体p58.1（Cw4グループ）およびp58.2（Cw3グループ）の主要なリガンドであることから，その妊娠免疫における機能を積極的に考える意見[40]と，否定的にとらえる意見[41]の両者がある．

また，HLA-Eは相同遺伝子が哺乳類に広く存在し，塩基配列もよく保存されていることから哺乳類にとって極めて古い遺伝子で何らかの重要な役割を担っていると考えられる．HLA-Eはclass I抗原のleader配列に由来する9アミノ酸から成るペプチドを結合する

と細胞表面に発現する[42]．HLA-Eはかなり広範囲の組織で発現しており，trophoblastでも発現している[43]．上述のようにNK受容体CD94/NKG2Aの主要なリガンドであり，妊娠免疫においても重要な役割を持っていると思われる．

　ヒトサイトメガロウイルスは感染細胞のclassical class I 抗原の発現を低下させるだけでなく，サイトメガロウイルス由来のペプチドがHLA-Eに結合し，HLA-Eの細胞表面への発現を促している[44]．この両者の働きにより細胞傷害性T細胞とNK細胞による攻撃から逃れているらしい．

おわりに

　哺乳類の進化に伴い妊娠免疫も進化してきたにせよ，半分異物である胎児を拒絶しないしくみは哺乳類が出現した最初から成立していたのであるから，哺乳類にとってけして「特殊」なものではない．その解明は，妊娠中毒症，不育症など原因不明の妊娠関連疾患の解明につながることが期待される．

　トロホブラスト (trophoblast) に発現しているHLA-GやHLA-EがNK細胞の細胞傷害活性を抑制しうることは分かってきたが，それだけで妊娠免疫のすべてを説明できるのであろうか．Kingらは1st trimesterのトロホブラストを採取し，細胞表面のclass I 抗原を除去してもなおNK細胞による傷害を受けず，トロホブラストがNK細胞に対して極めて強力な抵抗性を有していることを報告している[40]．確かにsyncytiotrophoblastは母体血と直接接するのだから膜結合型HLA-Gを発現した方がよいように思えるが実際は発現していない．分泌型HLA-Gが重要な働きをしていることは間違いないだろうが，まったく異なるメカニズムも考えていく必要があろう．トロホブラストという細胞の不思議さ，妊娠免疫現象の奥の深さを痛感する次第である．

文　　献

1) Heifertz SA：in Pediatric Pathology (eds Stocker JT, Dehner LP), 391 (Lippincott, Philadelphia, 1992).
2) Kovats S et al：Science **248**, 220 (1990).
3) Geraghty DE et al：Proc Natl Acad Sci USA **84**, 9145 (1987).
4) Sanders SK et al：J Exp Med **174**, 737 (1991).
5) Ishitani A & Geraghty DE：Proc Natl Acad Sci USA **89**, 3947 (1992).
6) Fujii T et al：J Immunol **153**, 5516 (1994).
7) Kirszenbaum M et al：Proc Natl Acad Sci USA **91**, 4209 (1994).
8) Mallet V et al：Hum Immunol **61**, 212 (2000).
9) Yamashita T et al：Am J Reprod Immunol **41**, 159 (1999).
10) Pfeiffer KA et al：Hum Immunol **61**, 559 (2000).
11) Rebmann V et al：Tissue Antigens **53**, 14 (1999).
12) Puppo F et al：Transplant Proc **31**, 1841 (1999).
13) Van der Ven K & Ober C：J Immunol **153**, 5628 (1994).
14) Yamashita T et al：Immunogenetics **44**, 186 (1996).
15) Ishitani A et al：Immunogenetics **49**, 808 (1999).
16) Bainbridge DR J et al：J Immunol **163**, 2023 (1999).
17) Tamaki J et al：Microbiol Immunol **37**, 633 (1993).
18) Yamashita T et al：Tissue Antigens **49**, 673 (1997).
19) Hammer A et al：Am J Reprod Immunol **37**, 161 (1997).
20) Hamai Y et al：Am J Reprod Immunol **41**, 293 (1999).
21) Crisa L et al：J Exp Med **186**, 289 (1997).

22) Mallet V et al : Int Immunol **11**, 889 (1999).
23) Lee N et al : Immunity **3**, 591 (1995).
24) Davis DM et al: Eur J Immunol **27**, 2714 (1997).
25) Lee N et al : Proc Natl Acad Sci USA **95**, 5199 (1998).
26) Braud VM et al : Nature **391**, 795 (1998).
27) Ponte M et al : Proc Natl Acad Sci USA **96**, 5674 (1999).
28) Rajagopalan S et al: J Exp Med **189**, 1093 (1999).
29) Navarro F et al: Eur J Immunol **29**, 277 (1999).
30) Maejima M et al: Am J Reprod Immunol **38**, 79 (1997).
31) Kanai T et al: Am J Reprod Immunol (in press).
32) Hara N et al : Am J Reprod Immunol **36**, 349 (1996).
33) Goldman-Wohl DS et al : Mol Hum Reprod **6**, 88 (2000).
34) Hara N et al : Am J Reprod Immunol **34**, 44 (1995).
35) Hamai Y et al : Am J Reprod Immunol **41**, 153 (1999).
36) Frumento G et al: Tissue Antigens **56**, 30 (2000).
37) Suarez MB et al: Immunogenetics **45**, 464 (1997).
38) Ober C et al : Placenta **19**, 127 (1998).
39) King A et al : J Immunol **156**, 2068 (1996).
40) King A et al : Placenta **21**, 376 (2000).
41) Rouas-Freiss N et al : Proc Natl Acad Sci USA **94**, 11520 (1997).
42) Lee, N et al : J Immunol **160**, 4951 (1998).
43) King A et al : Eur J Immunol **30**, 1623 (2000).
44) Tomasec P et al : Science **287**, 1031 (2000).

〔山下隆博／藤井知行／武谷雄二〕

5 絨毛細胞表面ペプチダーゼ

はじめに

　ヒト胎盤絨毛細胞（トロホブラスト）は胎児と母体の接点に存在し，妊娠の維持に必要な多くの機能を有する．絨毛細胞の機能を調節する因子としてステロイドホルモンおよびそのレセプターの存在に加え，近年EGF, M-CSFによる増殖分化促進, IL-1, IL-6によるhCG分泌促進に代表される様々なサイトカイン・増殖因子とそれらのレセプターを介するオートクリン・パラクリン機構による制御が解明されてきた[1]．これらのステロイドホルモン，サイトカインに加え，絨毛細胞機能に関わる第3の因子として，胎児-胎盤系で産生されるいくつかの生理活性ペプチドが注目されている．例えば，Endothelin-1やAngiotensin-IIは強力な血管収縮作用を有し，妊娠中毒症の発症に関与するのみでなくトロホブラストに存在するレセプターを介して直接的に絨毛細胞の増殖や機能に作用することが報告されている．また，ペプチドホルモンであるGonadotropin Releasing Hormone (GnRH)はそのレセプターを介して絨毛細胞よりhCGを分泌させる．これらの低分子ペプチドはサイトカインと異なり，細胞表面ペプチダーゼによって容易に分解されるため，絨毛細胞上の膜結合型ペプチダーゼによって活性ペプチドの局所濃度や受容体結合が調節され，このことが胎児-胎盤系のホメオスターシスの維持や妊娠中毒症，絨毛性疾患の病態に役割を果たしている可能性がある．

　本稿では，絨毛細胞における主な細胞表面ペプチダーゼの発現，局在を明らかにし，これらペプチダーゼの活性ペプチド分解による絨毛細胞機能の調節機構を，正常胎盤および絨毛性疾患それぞれにおいて述べる．

1　細胞表面ペプチダーゼとは

　われわれはヒト正常胎盤より9種類のペプチダーゼを分離同定してきた[2]．これらのうち膜結合型の細胞表面ペプチダーゼは酵素学的に基質ペプチドを加水分解する部位により3種に分類される．すなわちペプチドのN末端よりアミノ酸を分解するAminopeptidase, C末端のアミノ酸を分解するCarboxypeptidase, これらの2種類のexopeptidase群に対して，ペプチドのinternal bondを加水分解するendopeptidase群がある．これらのペプチダーゼ群はin vitroで特異的基質ペプチドを分解することはすでに知られていたが，1980年代末よりクローニングをはじめとする遺伝子学的解析が導入され，いくつかの細胞表面ペプチダーゼが造血系細胞の分化抗原(CD)である細胞表面糖蛋白と同一であることが判

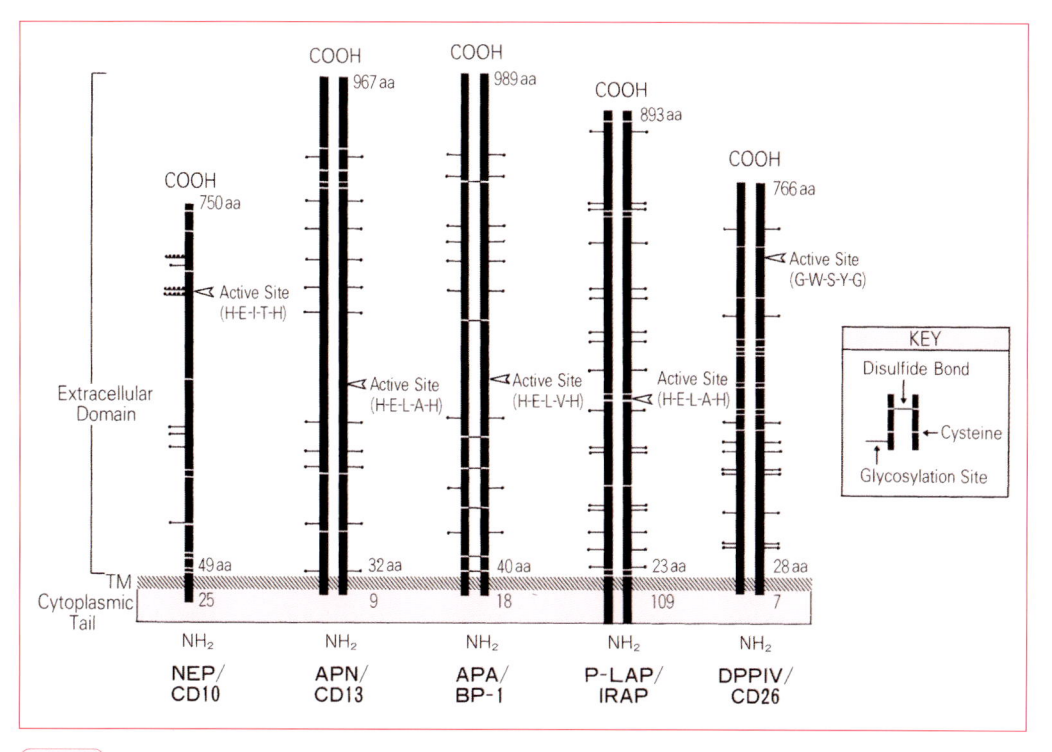

図109 細胞表面ペプチダーゼの分子構造
〔Shipp MA et al：Blood **82**，1052（1993）より一部改変引用〕

明した[3]．すなわちNeutral endopeptidase（NEP）はCD10と，Aminopeptidase N（APN）はCD13と，Dipeptidyl peptidase IV（DPPIV）はCD26と，Aminopeptidase A（APA）はマウスBP-1と同一であることが証明され，それらの分子構造が決定された（図109）．これらの細胞表面酵素群はいずれもN末端側の短い細胞内Tailとそれに続く膜貫通部分を有し，C末端側の長い細胞外ドメイン内にその酵素活性部位を有するII型の膜蛋白である．

モノクローナル抗体を用いた多くの研究により，これらの細胞表面ペプチダーゼが造血系細胞のみならず腸管腺上皮や腎臓をはじめ種々の臓器や組織に分布することが示され，藤原らは卵巣や子宮内膜など女性生殖器系においてもこれらの酵素群が分化段階に伴って発現していることを示した[4]．われわれは正常胎盤および絨毛性腫瘍においてもこれらの細胞表面ペプチダーゼが存在し，機能的役割を果たしていることを見いだしたので，これらの酵素の発現とその意義について正常胎盤絨毛と腫瘍性トロホブラストに分けて以下に述べる．

2　Aminopeptidase A（APA，EC 3.4.11.7）

表41に絨毛組織に存在する代表的な4種の細胞表面ペプチダーゼの概要を示した．APAは分子量140～160kDaのZn依存性のメタロペプチダーゼであり，N末端の酸性ア

表41 細胞表面ペプチダーゼの酵素学的特徴

Enzyme	Known Substrates	Enzymatic Activity	Cleavage Site (↓)	Inhibitors
APA/BP-1	angiotensin-II, cholecystokinin, IL-7 (?)	Catalyzes the removal of NH2 terminal acidic amino acids from peptides	APA ↓ NH2 - Asp/Glu -Xaa-Xaa-Xaa-Xaa-Xaa···COOH	amastatin, bestatin
NEP/CD10	enkephalins, substance P, bombesin-like peptides, atrial natriuretic factor, endothelin, GnRH, IL-1 (?)	Cleaves small peptides on the NH2 terminals side of hydrophobic amino acids	NEP ↓ NH2···Xaa-Xaa-Xaa- Val/Ile/Phe/Leu/Ala -Xaa-Xaa-Xaa···COOH	phosphoramidon, thiorphan
APN/CD13	opioid peptides, enkephalins, tuftsin, somatostatin, thymopentin, angiotensin-III, IL-8 (?)	Catalyzes the removal of NH2 terminal neural amino acids from peptides	APN ↓ NH2 - Ala/Leu/Phe/Tyr -Xaa-Xaa-Xaa-Xaa-Xaa···COOH	bestatin, actinonin
DPPIV/CD26	substance P, glucagon-like peptides, GRH, RANTES, hCG (?)	Cleaves Xaa-Pro and Xaa-Ala dipeptides from the NH2 terminus of polypeptides	DPPIV ↓ NH2 Xaa- Pro/Ala -Xaa-Xaa-Xaa-Xaa···COOH	di-isopropyl fluorophosphate (DFP)

表42 FACS解析による絨毛癌細胞株における細胞表面ペプチダーゼの発現

細胞株	由来	hCG分泌量 (mIU/ml)	APA/BP-1 MFI*	APA/BP-1 発現レベル	NEP/CD10 MFI	NEP/CD10 発現レベル	APN/CD13 MFI	APN/CD13 発現レベル	DPPIV/CD26 MFI	DPPIV/CD26 発現レベル
BeWo	脳転移巣	390	30.8	+	12.2	+	37.3	+	4.7	−
NaUCC-1	脳転移巣	19	66.2	++	111.8	++	4.9	−	320.9	++
NaUCC-3	子宮原発巣	1400	4.3	−	66.1	++	215.8	++	55.8	++
NaUCC-4	肺転移巣	14	109.7	++	457.2	++	19.7	+	470.7	++
NaUCC-5	子宮原発巣	16	94.9	++	143.6	++	48.1	+	81.5	++
NaUCC-6	子宮原発巣	9460	3.9	−	84.2	++	101.8	++	7.3	+

*MFI:Mean Fluorescence Intensity

[Ship MAら, 1993[3]より一部改変]

ミノ酸を特異的に分解する．生体内ではAngiotensin-II (ANG-II)を特異的基質とするため，Angiotensinaseとも呼ばれている．ヒト生体内におけるレニン-アンギオテンシン系の作用物質はペプチドホルモンであり，その調節は代謝酵素であるペプチダーゼに強く依存している．すなわち，Angiotensin Converting Enzyme (ACE)によってANG-Iから変換された血管作動性ペプチドであるANG-IIは，APAによってANG-IIIに代謝されるため，血圧の維持など全身性および局所性のレニン-アンギオテンシン系においてAPAはkey enzymeであると考えられる．われわれは胎盤よりはじめてAPAの分離精製に成功し[5]，正常胎盤においてAPAは妊娠初期には主にCytotrophoblast (CT)に局在し，中期以降ではSyncytiotrophoblast (ST)の基底膜側に局在することを明らかにした[6]．また，われわれは妊娠中毒症症例の胎盤APA活性が正常妊娠における胎盤APA活性に比して有意に高値であること，培養トロホブラストにANG-IIを添加するとAPA活性が濃度依存性に増加することを見いだした[6]．胎盤絨毛細胞にはANG-IIの受容体であるAT1-およびAT2-Receptorが存在することから[7]，胎児-胎盤系では母体とは独立したレニン-アンギオテンシン系が存在し，妊娠の維持やその機構が破綻した妊娠中毒症の病態において，APAはANG-IIのfeto-maternal barrierとして重要な役割を果たしていると考えられる．すなわち，絨毛細胞膜のAPAは正常妊娠では胎児-胎盤系で産生されるANG-IIを分解し，その濃度を一定に保つことにより妊娠のホメオスターシスの維持に働き，胎児-胎盤系のANG-II濃度が高まっている妊娠中毒症においては，過剰なANG-IIを分解するためAPAの発現量が増加し，トロホブラストおよび血管におけるANG-IIの受容体結合を調節していると推察される．

　一方，最近われわれは絨毛性疾患におけるhyperplasticあるいはanaplasticなトロホブラストにおけるAPAの発現についても検討した[8]．hCG分泌能の異なる6種類の絨毛癌細胞株を用いた検討では，興味あることにAPAの発現量はhCG分泌量に逆相関した．すなわちhCG分泌量が低く，より未分化なCT様細胞株にAPAは高発現しており，より分化度が高いと考えられる高hCG分泌株ではその発現を欠如した(表42)．この結果は，APAと同一であるマウスBリンパ球分化抗原BP-1がimmatureなB細胞や腫瘍性B細胞に発現しているが，成熟分化したB細胞になるとその発現が消失する事実によく一致しており[9]，APAの発現はトロホブラストのtransformationや分化に依存していると考えられる．

　次に絨毛性疾患組織におけるAPAの発現を免疫組織染色で検討したところ，胞状奇胎，侵入奇胎，絨毛癌いずれにおいてもAPAはCT様細胞に局在し，絨毛癌ではその発現は増加していた[8]．一方，ST様細胞ではいずれにおいてもその発現を欠如した．絨毛癌細胞株であるBeWo細胞にin vitroでANG-IIを添加すると濃度依存性にAPAの蛋白発現および酵素活性の増加が認められ，その効果はANG-IIの受容体拮抗剤Candesartanによって消失する(図110)．　この結果は腫瘍性トロホブラストにおいてもAPAが基質ペプチドであるANG-IIにより調節されていることを示している．ANG-IIは血管収縮作用以外にも細胞増殖や血管新生促進など様々な活性を有することが報告されており，絨毛癌細胞のAPAはANG-IIの受容体結合を調節しながら，細胞増殖分化などに役割を果たしていると

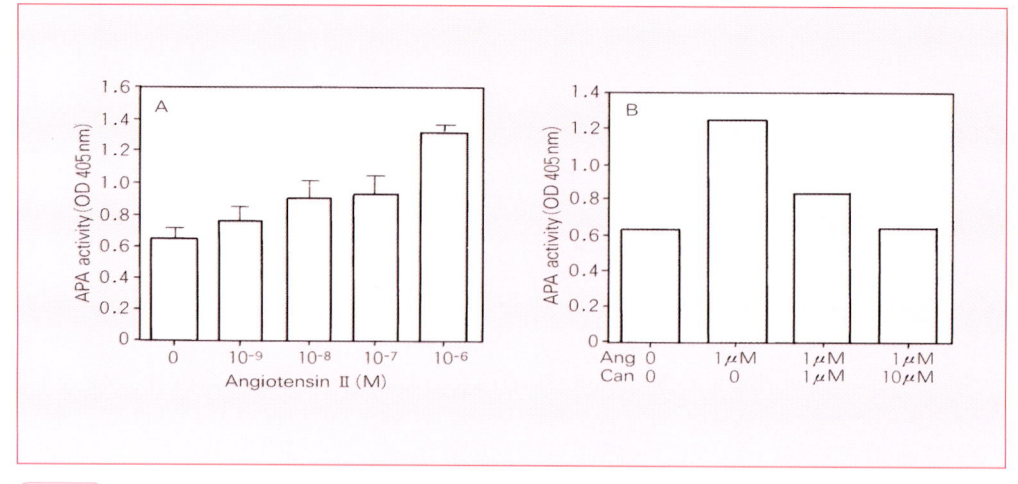

図110 Angiotensin IIによるBeWo細胞のAPA活性の調節
A：無血清培地にてAng-II添加後48時間培養し合成基質を用いてAPA活性を測定した．
B：Ang-II受容体拮抗剤であるCandesartanを同時投与するとAPA活性の増加は消失した．

考えられる．

3　Neutral endopeptidase（NEP/CD10，EC 3.4.24.11）

　NEPは分子量90〜110kDaのメタロペプチダーゼであり，生理活性ペプチドの構成アミノ酸の疎水性アミノ酸N末端側をペプチドの内側から分解し，生体内においてEnkephalinをはじめ多くの基質ペプチドが存在する（表41）．NEPは白血球分化抗原の1つであるCD10/CALLAと同一であることが報告され[3]，Bリンパ球や好中球のみでなく，消化管，腎，前立腺，子宮内膜などに広く分布し，また腎細胞癌，前立腺癌，肺癌など腫瘍細胞にも発現している[10]．NEPは子宮内膜においては分泌期の内膜間質細胞および脱落膜細胞に強く発現し[4]，Endothelin-1（ET-1）を分解することによりET-1依存性のvascular homeostasisの調節をしていると考えられている[11]．胎盤におけるNEPの存在はJohnsonらにより1984年にすでに報告され[12]，今井らはNEPは妊娠初期にはSTおよびCT両者に発現し，termではSTに弱く発現していることを示した[13]．われわれの検討でもNEPは正常胎盤では妊娠期間を通してST細胞に発現し，CT細胞においては妊娠初期に弱く発現しているのみであった．われわれは絨毛細胞の分化モデルとしてin vitroでBeWo細胞にForskolin（FSK）を添加培養し，CTからSTへと分化させるとNEPの蛋白発現および酵素活性が有意に増加することを見いだした（図111）．また，NEP阻害剤であるphosphoramidonを同時添加すると，FSK処理されたBeWo細胞からのhCG分泌量が有意に増加することから，NEPは正常絨毛では分化したSTに高発現し，hCGの分泌制御に何らかの役割を果たしていると考えられる．NEPの基質ペプチドのうち絨毛細胞の機能にかかわるものとしてGnRHとET-1がある．正常胎盤においてGnRHおよびGnRHレセプターがともに絨毛

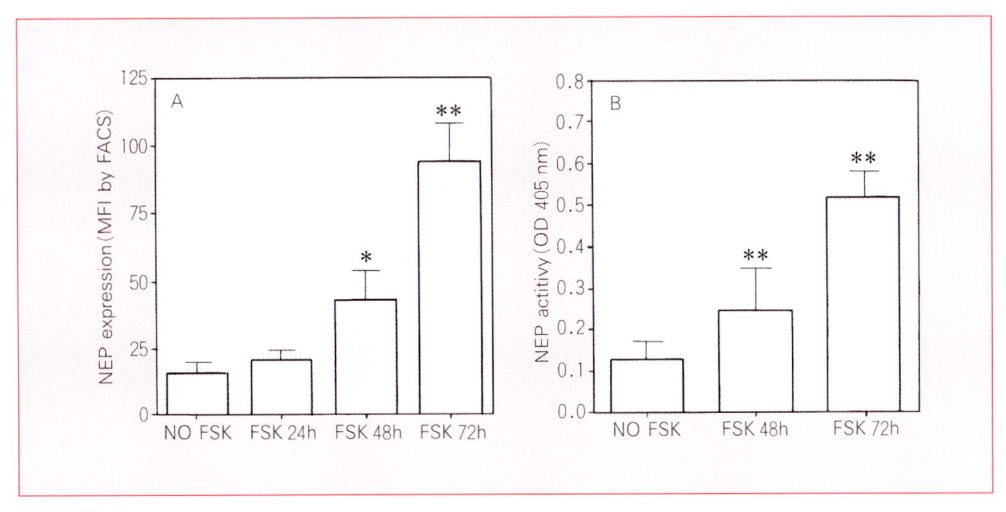

図111 Forskolin (FSK)によるBeWo細胞の分化誘導に伴うNEP発現の変化
BeWo細胞にFSK80μMを添加，24〜72時間培養しST様細胞への分化を確認後，NEP発現量をFACSにて解析し（A），NEP活性を合成基質を用いて測定した（B）．*p<0.01(vs no FSK), **p<0.001(vs no FSK)

細胞に存在し，主にCTより分泌されたGnRHがSTにあるレセプターを介してSTからhCGを放出させることが推察されている．したがって，STに存在するNEPはGnRHを分解することによりGnRHの受容体結合を調節し，hCG分泌に関与している可能性がある．一方，ET-1もGnRH同様，絨毛細胞におけるオートクリン・パラクリン機構の存在が知られている．ET-1は21個のアミノ酸からなるペプチドで強力な血管収縮物質であると同時に細胞増殖促進作用も有する．妊娠中毒症においては胎盤および母体血管におけるET-1の産生亢進状態が報告されており[14]，LiらはPre-eclampsiaにおいて絨毛細胞のNEP発現が増加することからNEPによるET-1濃度調節の重要性を示した[15]．われわれの検討でも中毒症の胎盤NEP活性は正常胎盤のそれに比較し有意に増加しており，NEPによるET-1などの活性ペプチド分解作用と妊娠中毒症の病因病態との関連は今後興味深いところである．

　次に絨毛性疾患の腫瘍性トロホブラストにおけるNEPの発現，局在について述べる．NEPは6種の絨毛癌細胞株においていずれも発現しており，hCG分泌量との因果関係は認めなかった（表42）．また，ウエスタンブロットにより胞状奇胎，絨毛癌組織におけるNEPの発現をわれわれは証明した[16]．免疫組織染色では胞状奇胎，侵入奇胎においてNEPは正常胎盤と同様にSTに局在したが，絨毛癌ではSTとともに浸潤部のCTにも局在し，その発現量は増加していた[16]（図112）．絨毛性腫瘍におけるNEPの機能的役割は未だ推測の域を出ないが，絨毛癌ではanaplasticなCT様細胞からもhCGが分泌されることから，絨毛癌細胞に高発現するNEPは，GnRHなどのhCG-stimulatory factorの分解を介するhCG分泌の制御や，ET-1, Bombesinなどの腫瘍細胞にgrowth factorとして働く基質ペ

Ⅳ 栄養膜細胞・絨毛細胞

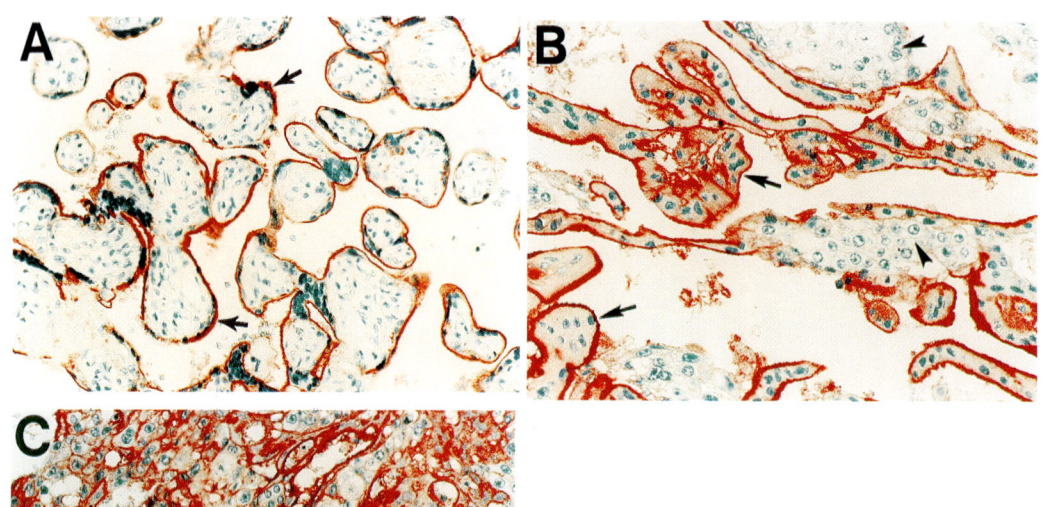

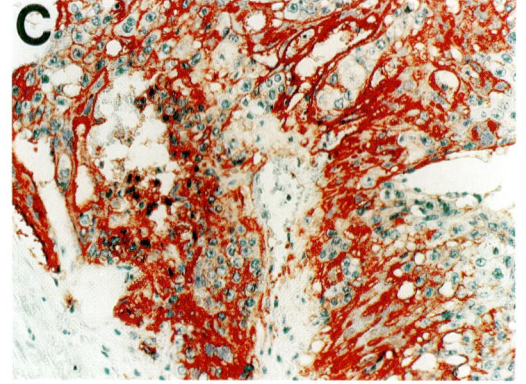

図112 抗NEP/CD10モノクローナル抗体を用いた免疫組織染色によるNEPの局在
A：満期正常胎盤，B：侵入奇胎，C：絨毛癌．
(arrow：ST，arrowhead：CT)

表43 正常胎盤および絨毛性疾患におけるAPA，NEPの局在

	APA		NEP	
	CT*	ST**	CT	ST
Normal placenta				
1st trimester	＋	＋／－	＋／－	＋
term	＋／－	＋(bm)	－	＋
Mole	＋	－	－	＋
Choriocarcinoma	＋＋	－	＋	＋＋
PSTT		－	＋(IT***)	

*CT：Cytotrophoblast，**ST：Syncytiotrophoblast，
***IT：Intermediate trophoblast，
bm：Basement membrane，
PSTT：Placental site trophoblastic tumor

プチドの分解調節などに関与していると考えられる．表43に正常胎盤および絨毛性疾患におけるAPAとNEPの局在を要約した．

4   Aminopeptidase N（APN/CD13，EC 3.4.11.2）

　APNは分子量150〜165kDaのメタロペプチダーゼであり，単球・顆粒球および骨髄球の表面マーカーであるCD13と同一である．酵素学的にはN末端の中性アミノ酸を特異的に分解しEnkephalin，ANG-III，Somatostatinなどを基質とする（表41）．生体内では腎，腸管上皮の他卵巣の発育卵胞および黄体，子宮内膜間質などに分布している[4]．われわれは胎盤膜分画よりAPNを精製したが[2]，正常胎盤における免疫組織学的検討ではAPNは絨毛間質細胞に局在しトロホブラストにはほとんど発現していない[13]．胎盤APNの生理学的役割は明らかではないが，妊娠ラットにAPN阻害剤であるBestatinを投与するとIUGRおよび胎盤重量の低下を引き起こすことから，胎児胎盤のGrowthに関連している可能性が示唆されている[17]．一方，ほとんどの絨毛癌細胞株にはAPNが発現しており（表42），Bestatinがin vitroで濃度依存性に絨毛癌細胞の増殖を抑制すること[18]，その作用機序が絨毛癌細胞の有するAPNの酵素活性阻害を介すること[19]，in vivoでもヌードマウスに移植された絨毛癌の増殖をBestatin投与により有意に抑制し得ること[20]を，われわれは証明した（図113）．腫瘍性トロホブラストに発現するAPNが絨毛癌の増殖にかかわるメカニズムとして，growth-stimulatoryまたはinhibitoryに働くある種の基質ペプチドを分解調節していることが推察されている[19]．APNが腎癌やメラノーマ細胞にも発現し，Bestatin

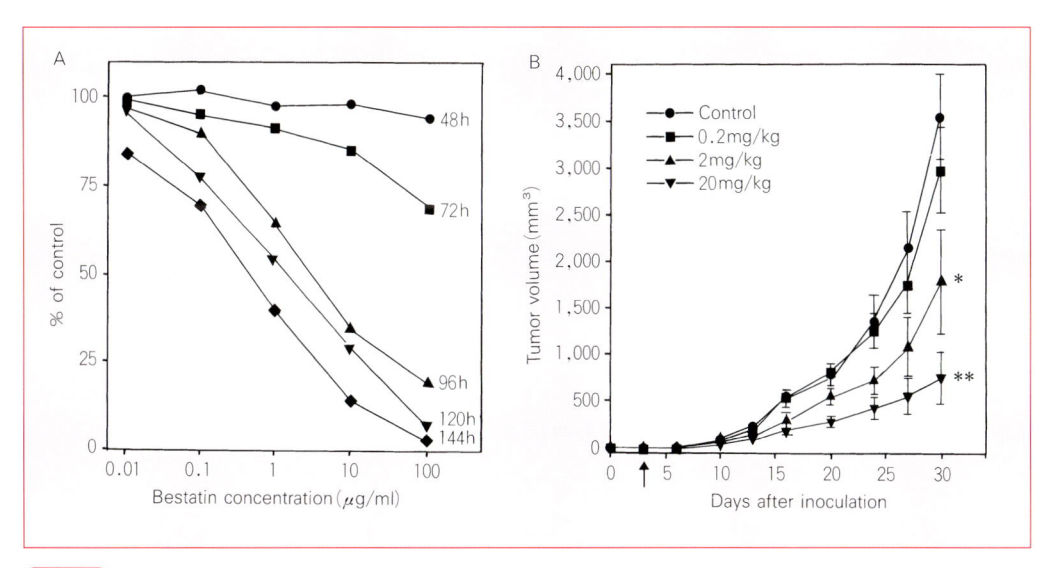

図113　絨毛癌に対するBestatinの増殖抑制効果
A：絨毛癌細胞株NaUCC-4にin vitroでBestatinを添加し，48〜144時間培養後，細胞増殖率をMTT法により測定した．
B：10^{7}個のNaUCC-4細胞をヌードマウスに皮下移植し，Day 3より毎日Bestatinを腹腔内投与し腫瘍容量を計測した．
*p<0.01（vs control），　**p<0.001（vs control）

によりその浸潤転移が抑制されること[21]，腫瘍の血管新生にAPNが関与すること[22]も報告されており，絨毛癌をはじめとするある種の癌に対するAPN阻害剤の臨床応用が期待されている．

5 Dipeptidyl peptidase IV（DPPIV/CD26，EC 3.4.14.5）

DPPIVは分子量110kDaのセリンプロテアーゼであり，活性化Tリンパ球に発現するCD26と同一である．DPPIVはN末端から2番目のアミノ酸がプロリンまたはアラニンであるペプチドからジペプチドを切断し，基質としてはSubstance-Pなどがある（表41）．生体内では腎，肝，皮膚などに分布し，卵巣や子宮内膜腺上皮にも発現することが報告されている[4]．われわれはヒト胎盤からのDPPIVの精製に成功し[23]，今井らはDPPIVが絨毛間質細胞およびCTに局在することを示した[13]．NeudeckらはPre-eclampsiaにおいて絨毛細胞のDPPIV活性が有意に上昇することを報告したが[24]，絨毛細胞におけるDPPIVの機能的役割は現在のところ明らかではない．最近，DPPIV（CD26）が癌細胞由来のFibronectinと結合し，癌細胞の接着にかかわっていることが報告されている[25]．われわれの検討ではほとんどの絨毛癌細胞株においてDPPIVが強発現しており（表42），腫瘍化したトロホブラストにおけるDPPIVが細胞接着や転移に関連している可能性があり，今後の検討が待たれる．

6 Placental leucine aminopeptidase/oxytocinase（P-LAP，EC 3.4.11.3）

P-LAPはoxytocinやvasopressinを特異的に分解するメタロペプチダーゼであり，胎盤のSTに局在し母体血中へと分泌され，妊娠中の母体血圧の調節や子宮収縮の制御に関与している[2]．われわれはP-LAPのcDNAクローニングに成功し分子構造を決定した（図109）．本酵素の詳細は本書の第6章 分娩・胎児の中のオキシトシナーゼの項に後述したので参照されたい．

おわりに

絨毛細胞表面ペプチダーゼは正常胎盤トロホブラストおよび絨毛性疾患の腫瘍性トロホブラスト両方に存在し，基質となる特異的な活性ペプチドを分解し局所濃度や受容体結合を調節することにより，絨毛細胞の増殖，分化，hCG分泌という基本的機能にかかわっていることが明らかになりつつある（図114）．今後，複数のペプチダーゼの協調作用やサイトカインとの相互作用も踏まえた絨毛細胞表面ペプチダーゼの役割のさらなる検討が，正常胎盤の生理のみならず妊娠中毒症や絨毛性腫瘍の病態解明につながると考えられる．

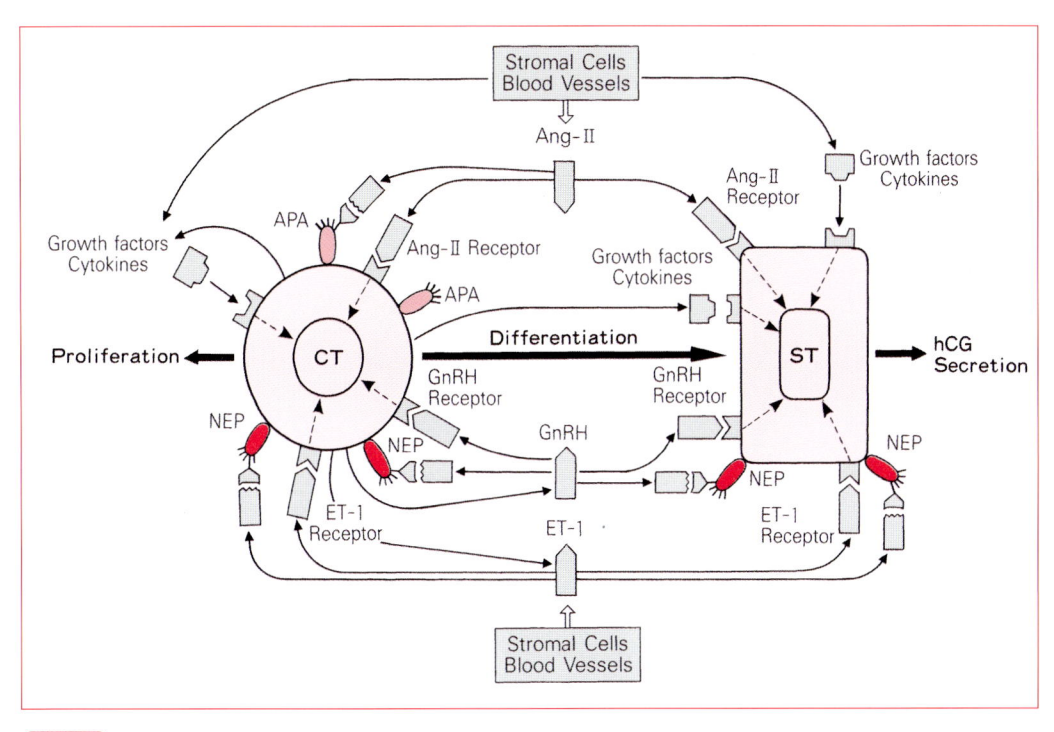

図114 ペプチドおよびペプチダーゼによる絨毛細胞機能の調節機構

文献

1) 斎藤　滋：産婦人科の世界 **49**, 609 (1997).
2) Mizutani S et al：Endocrine J **41**, S93 (1994).
3) Shipp MA et al：Blood **82**, 1052 (1993).
4) Fujiwara H et al：Endocrine J **46**, 11 (1999).
5) Mizutani S et al：Biochim Biophys Acta **678**, 168 (1981).
6) Hariyama Y et al：Placenta **21**, 621 (2000).
7) Li X et al：J Clin Invest **101**, 442 (1998).
8) Ino K et al：Placenta **21**, 63 (2000).
9) Wang J et al：Immunol Reviews **161**, 71 (1998).
10) Chu P et al：Am J Clin Pathol **113**, 374 (2000).
11) Head JR et al：J Clin Endocrinol Metab **76**, 769 (1993).
12) Johnson AR et al：Peptides **5**, 789 (1984).
13) Imai K et al：Am J Obstet Gynecol **170**, 1163 (1994).
14) 寺尾俊彦：産婦人科の世界 **52**, 273 (2000).
15) Li XM et al：Placenta **16**, 435 (1995).
16) Ino K et al：Laboratory Invest **80**, 1729 (2000).
17) Furuhashi M et al：Horm Metab Res **21**, 366 (1989).
18) Ino K et al：Biotherapy **3**, 351 (1991).
19) Ino K et al：Jpn J Cancer Res **85**, 927 (1994).
20) Ino K et al：Anticancer Res **15**, 2081 (1995).
21) Saiki I et al：Int J Cancer **54**, 137 (1993).
22) Pasqualini R et al：Cancer Res **60**, 722 (2000).
23) Mizutani S et al：Acta Obst Gynaec Jpn **37**, 769 (1985).
24) Neudeck H et al：Am J Reprod Immunol **37**, 449 (1997).
25) Cheng HC et al：J Biol Chem **273**, 24207 (1998).

〔井箟一彦／水谷栄彦〕

第5部 胎　　盤

PART 5 / Placenta

1 胎盤における IGF の役割

はじめに

　インシュリン様成長因子(IGF)はインシュリンファミリーに属する一群の成長因子の一つである．IGFにはIGF-IとIGF-IIという構造が類似した二つのポリペプチドが存在し[1)2)]，両IGFとも成長ホルモン(GH)依存性に血中に増加し，GHの生物学的作用を仲介するため，ソマトメジンと呼ばれてきた．IGFが作用を発現するためにはその受容体に結合しなければならないことはいうまでもない．IGFの受容体はtype I とtype IIの構造の全く異なるものが存在し，IGF-Iはtype I受容体と強い親和性を持つがtype II受容体とはほとんど結合せず，IGF-IIはtype II受容体に対し親和性が強いがtype I受容体とも結合する．また，親和性は弱いがインスリンはtype I受容体と，IGF-Iはインスリン受容体とそれぞれ結合する．IGFの名前の由来となったインスリン様作用は，インスリンとIGFがお互いの受容体に結合して生物学的作用を発揮することから理解される．事実，Type I受容体は α と β サブユニットからなるヘテロテトラマー構造を持ち，インスリン受容体と構造がきわめて類似している．一方，type II受容体はtype I 受容体の構造とはまったく異なり，cation-independent mannose-6-phosphateの受容体とその構造が同一であることが判明した[3)]．Type II受容体の機能については未知の点が多く，IGF-IIの生物作用はほとんどtype I受容体を介して発現されるといわれている．IGFの作用発現をさらに複雑にしているのが特異的な結合蛋白(BP)の存在である．体液中ではIGFは大部分が特異的なBPと結合して存在し，BPはIGFと結合するだけでなくその作用を促進したり抑制したりすることから[4)]，IGFの作用発現を理解するにはBPの動態が非常に重要となる．

　現在，BPには6つの異なった分子が同定されているが[5)]，そのほかにIGFとインスリンの双方に結合するIGF結合蛋白関連蛋白が数多く報告されている．各BPはその発現部位やIGFに対する作用が異なっており，組織局所でIGFの作用を細かく規定する役目を担っていると考えられている．さらに，BPに対するプロテアーゼの存在が近年報告された[6)]．このプロテアーゼは最初妊婦血中に見つかったが，種々の代謝動態の変化に応じ

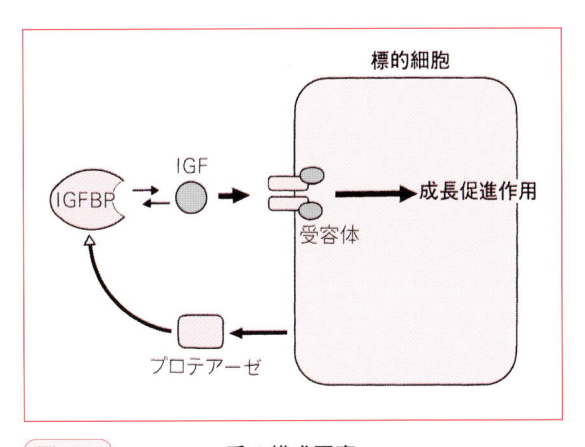

図115　IGF・BP系の構成要素

て生体で常に産生されていることがわかってきた．BPのプロテアーゼはBPを限定的に分解することにより，BPのIGFに対する作用を修飾することでIGFの作用発現に関与する．現在複数のプロテアーゼが存在することが示唆されているが，BP-4に対するプロテアーゼが従来から知られているpregnancy associated plasma protein Aと同一の蛋白であることが報告された以外[7]，その実態は不明である．以上，IGFの作用発現は多数の因子が関与しており（図115），複雑な調節系の制御を受けていることが窺える．

1 妊娠中のIGF系の動態

母体血中IGF-Iは妊娠中期以降に非妊娠時より増加し，産褥期には急速に非妊時以下のレベルにまで低下する．一方，IGF-IIは妊娠中に大きな変動を認めない．非妊娠時のIGF-Iの最も大きな制御因子は下垂体GHであるが，母体のGHは妊娠中に増加せず，GHとIGF-Iにも妊娠中は相関が見られない．一方，胎盤のhuman placental lactogen (hPL)や胎盤が産生するGH (GH valiant)は妊娠中に増加し，IGF-Iとの間に相関が見られることから[8]，妊娠時の母体のIGF-Iは視床下部・下垂体でなく胎盤による制御を受けるようになると考えられる．

妊娠中のBPの動態もIGF-I同様，非妊時とは大きく異なる．非妊娠時の血中BPをWestern ligand blotでその結合活性を解析すると，分子量順にBP-3，BP-2，BP-1，BP-4が同定されるが，妊娠中は妊娠初期よりBP-3，BP-2，BP-4の結合活性は著しく減少し，反対にBP-1の結合活性は妊娠の進行とともに漸増する．このようなBPの結合活性の減少は妊婦血中に増加したBPに対するプロテアーゼがBPを分解するためであり[6]，BP-1のみはこのプロテアーゼの影響を受けない．このように妊娠中の母体ではIGF-IとBP-1中心の系が確立されるわけであるが，この系は胎児発育に密接に関与する．母体のIGF-II値と出生時児体重は相関しないが，IGF-I値とは強い相関を認め，逆にBP-1値と出生時児体重は逆相関することが多くの研究者により報告されている[9]．母体のIGF-Iは胎盤通過性がなく，母体のIGF-Iが胎児に移行して直接胎児発育を促進することはない．また，胎盤にはtypeⅠ受容体が多量に存在することから，母体のIGF-Iは胎盤の栄養輸送機構を介して胎児発育を促進すると考えられる．

2 胎盤に対するIGF系の作用

ヒト絨毛細胞培養系にIGF-Iを添加してから，非代謝性のアミノ酸である^{3}H-AIBを培養液に加え，時間を追って細胞内に取り込まれた放射活性を測定すると，^{3}H-AIB添加30分でコントロールの2倍以上に取り込みが増加するが以後急速に細胞内放射活性は減少し，添加120分ではコントロールのレベルまで低下する（図116）．このことは取り込まれた^{3}H-AIBが放出されたことを意味する．絨毛細胞を^{3}H-AIBで飽和しておき，洗浄後にIGF-Iを添加して培養液中に放出された^{3}H-AIBの放射活性を測定すると，IGF-I添加

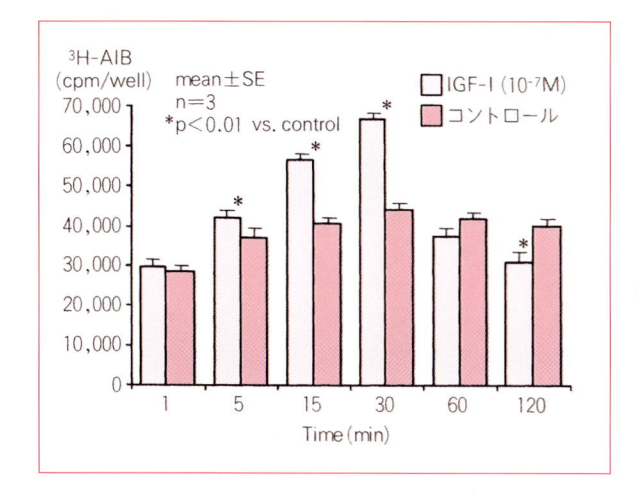

図116 IGF-Iによる絨毛細胞からの³H-AIB取り込み
ヒト絨毛細胞を10⁻⁷M IGF-Iと3時間インキュベート後1μCiの³H-AIBを添加し,時間を追って細胞内の放射活性を測定.

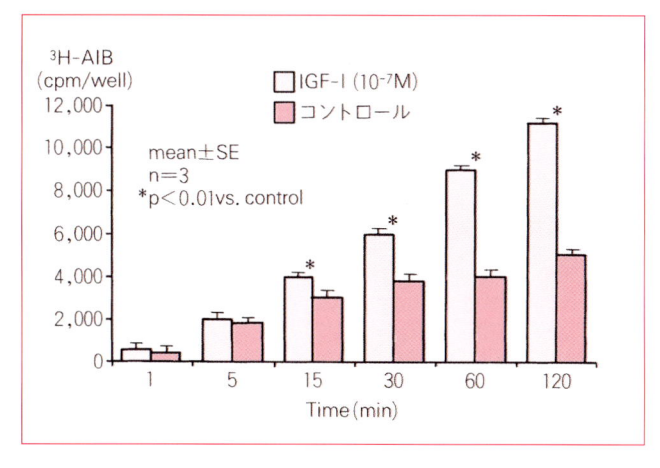

図117 IGF-Iによる絨毛細胞からの³H-AIB放出
ヒト絨毛細胞を5μCiの³H-AIBで飽和後,10⁻⁷M IGF-Iを添加し,時間を追って培養液中に放出された放射活性を測定.

後120分まで放出が促進される(図117).このことから,IGF-Iは絨毛細胞の³H-AIB取り込みと放出の双方を促進すると考えられる.非代謝性の糖である³H-2-deoxy-D-glucoseでもIGF-Iは絨毛細胞の取り込みと放出を促進するが,³H-AIBに比較してそのピークは早くなる(図118, 119).IGF-Iによる絨毛細胞の糖とアミノ酸の取り込みと放出促進という反応は,間接的ではあるが母体の栄養因子の胎児への移送を示唆している.次にIGF-Iが胎盤に対してどのような作用を持つかをin vivoで妊娠マウスを用いて検討してみた.妊娠マウス母胎のIGF-Iを抗体を投与して中和すると,胎盤並びに胎仔発育が抑制される(図120).抗体を投与した母胎の尾静脈に³H-AIBを注入し,時間を追って胎仔血中への³H-AIBの移行を測定すると,³H-AIB投与後60分まで³H-AIBの移行が抑制される(図121).このことから,母体のIGF-Iは胎盤の発育に関与し,その物質輸送系を活性化することで胎児への栄養輸送も促進することが示唆される.

胎児発育に抑制的に作用するBP-1の胎盤に対する作用はどうであろうか.ヒト胎盤の膜分画は胎盤絨毛細胞においてIGF-Iがその受容体に結合するのを抑制し(図122),妊娠マウス母胎のBP-1を抗体を用いて中和すると,胎仔の発育が促進されるのみならず,母

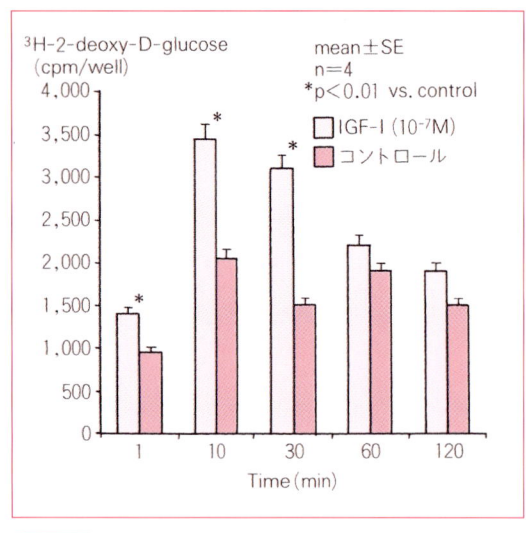

図118 IGF-Iによる絨毛細胞からの³H-2-Deoxy-D-glucoseの取り込み
ヒト絨毛細胞を10⁻⁷M IGF-Iと3時間インキュベート後，1μCiの³H-2-Deoxy-D-glucoseを添加し，時間を追って細胞内の放射活性を測定．

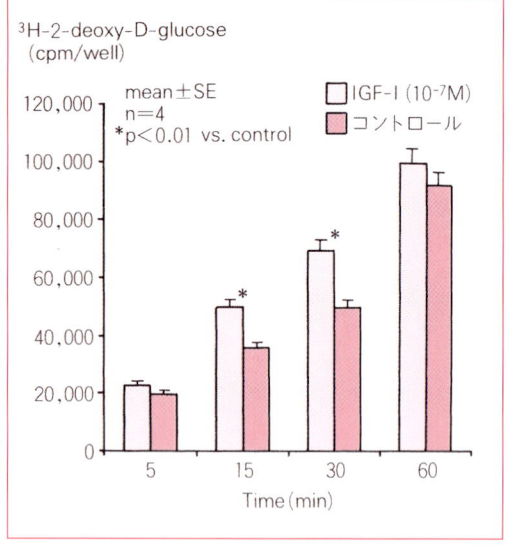

図119 IGF-Iによる絨毛細胞からの³H-2-Deoxy-D-glucose放出
ヒト絨毛細胞を5μCiの³H-2-Deoxy-D-glucoseで飽和後，10⁻⁷M IGF-Iを添加し，時間を追って培養液中に放出された放射活性を測定．

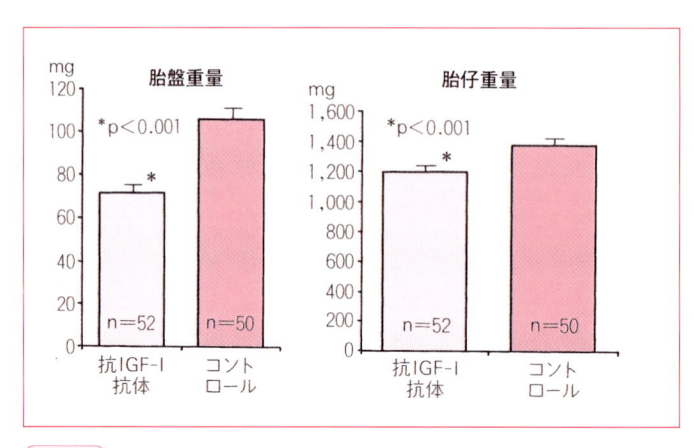

図120 IGF-I中和時のマウス胎盤重量と胎仔重量
妊娠マウス母胎腹腔にDay 12〜18の間，抗IGF-I抗体を投与したときのDay 18の胎盤重量（左）と胎仔重量（右）

胎に投与した糖やアミノ酸の胎仔への輸送も促進される（図123）．

以上より，母体のIGF-Iは胎盤を介した胎児への栄養移送を活性化することにより胎児発育を促進し，一方，BP-1はIGF-Iのこの作用を阻害し，胎児発育に抑制的に作用すると考えられる．

胎盤におけるIGFの役割 ①

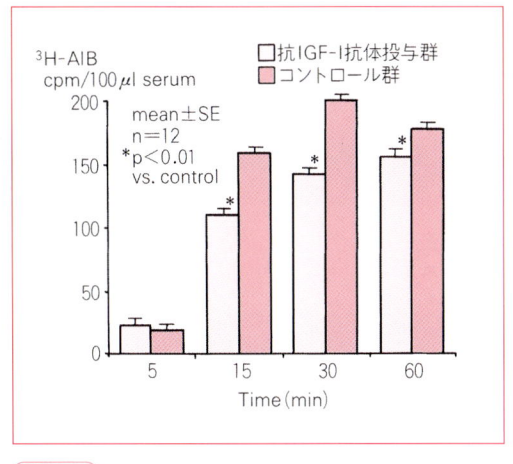

図121 抗IGF-I抗体の胎仔への³H-AIB移行に及ぼす影響
妊娠マウス母胎にDay12〜18まで抗IGF-I抗体を投与し、Day18に5μCiの³H-AIBを母胎尾静脈に注入して、時間を追って胎仔血中放射活性を測定.

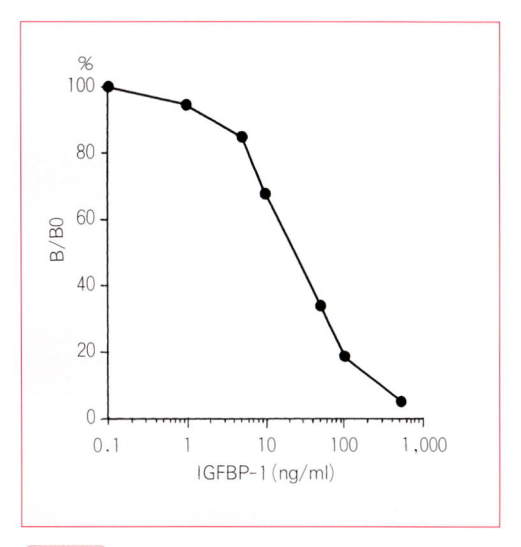

図122 IGF-Iの胎盤膜分画結合に及ぼすIGFBP-1の影響

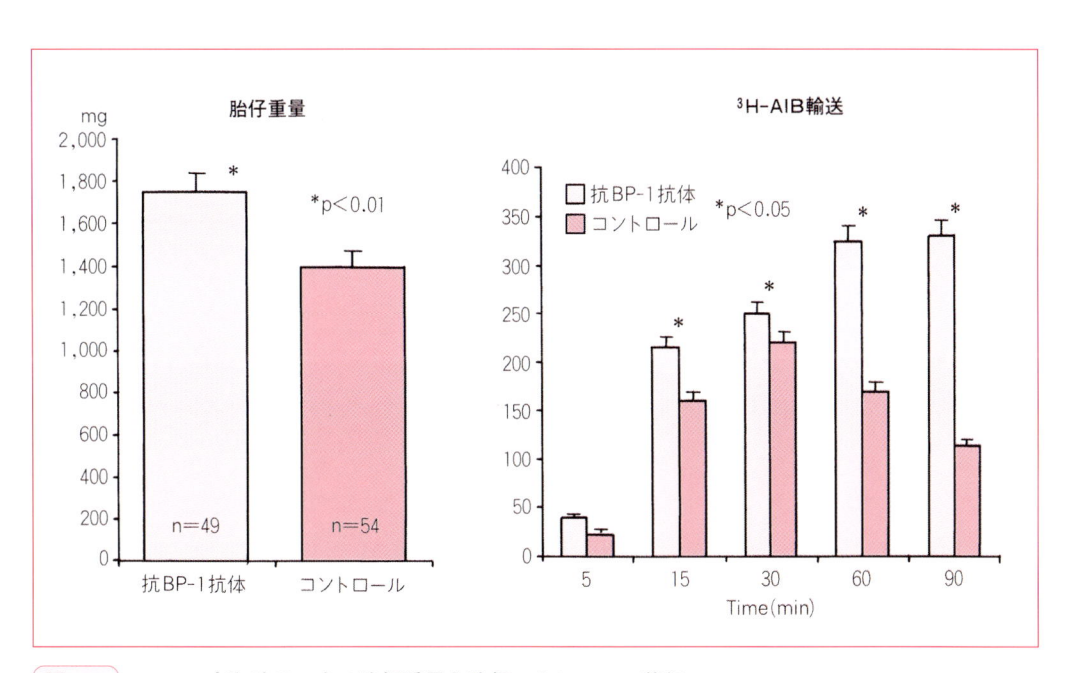

図123 BP-1中和時のマウス胎仔重量と胎仔への³H-AIB移行
妊娠マウス母胎腹腔にDay12〜18の間、抗BP-1抗体を投与したときのDay18の胎仔重量（左）と、同じくDay18に母胎尾静脈に5μCiの³H-AIBを注入して、時間を追って胎仔血中放射活性を測定（右）.

273

3 胎盤・脱落膜間のIGF調節系

ヒト胎盤はIGFのtype I受容体を保有するだけでなく，IGF-IIやBP-3も産生する[10]．このことは，胎盤の発育や胎児への栄養輸送には胎盤自身のIGF系が関与していることを示唆する．さらに重要なことは脱落膜がBPを産生することである．脱落膜はBP-1, BP-2, BP-4を産生することが報告されているが[11]，このうちBP-1は子宮内膜の脱落膜化とともに多量に産生され，母体血中に増加するBP-1は脱落膜由来と考えられている．BP-1がIGF-Iの作用を抑制することは上に述べたが，この脱落膜局所のBP-1はIGFの胎盤への作用に多大な影響を与えることは想像に難くない．脱落膜のBP-1は絨毛の栄養輸送だけでなくIGFを介した増殖を抑制的に制御していると考えられる．事実，脱落膜のない卵管妊娠や子宮頸管妊娠では絨毛が筋層深くにまで進入し，反対に重症の妊娠中毒症では胎盤付着部位の脱落膜BP-1濃度が高く，このため絨毛の子宮への進入が十分でない，いわゆる"shallow implantation"のため，常位胎盤早期剥離の頻度が高いと考えられている．BP-1はIGFに対する作用のほかに，直接的に細胞に作用し，細胞の遊走性を促進することが報告されている[12]．この作用はBP-1がその分子内に持つRGD配列（Arg-Gly-Asp）を介して細胞表面のα5β1インテグリンと結合するためと推測されている．絨毛細胞においても，BP-1はIGF-IIと共同して遊走能を促進することが報告されており[13]，BP-1の絨毛に対する作用は抑制的なものだけでなく，促進的にも作用することが示唆される．BP-1の絨毛に対する相反する作用が生体内でどのように制御されているかは，これからの研究に待たねばならない．脱落膜はBPを限定的に分解するプロテアーゼも産生し[14]，BP-1と同じくこれが母体血中に増加するBPのプロテアーゼの起源と考えられている．このプロテアーゼも胎盤局所でのIGFの作用を修飾することは間違いなく，胎盤に対するIGFの作用は脱落膜の産生するこれらの物質により複雑に制御されている．興味深いことに，これらの物質の脱落膜での産生は胎盤で産生されるプロゲステロンにより制御されており[15]，胎盤・脱落膜間という母子相関に形成されるこの複雑な局所調節系によりIGF-Iによる胎盤の物質輸送，ひいては胎児発育が制御されている（図124）．

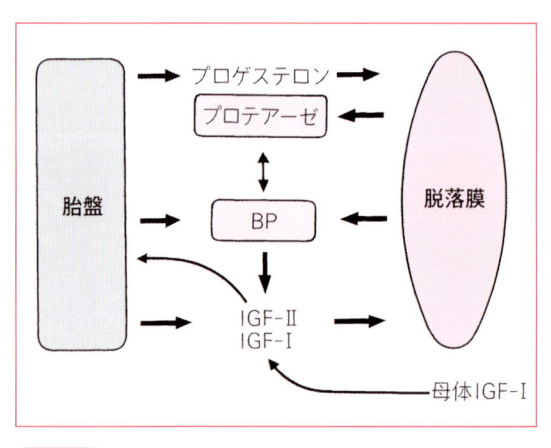

図124 胎盤・脱落膜間のIGF・BPの調節系

おわりに

胎盤におけるIGFの役割を胎児発育中心に概説した．胎盤にはIGF以外にも多くの成長因

子が存在しており，IGF以外の成長因子も当然，胎盤の物質輸送系をはじめとする胎盤の諸機能発現に重要な役割を持っていると考えられる．今後，IGFとその他の成長因子の相互制御機構に研究の目が注がれることにより，胎盤におけるIGFの生理学的意義が一層明らかになるであろう．また，胎盤と脱落膜間のIGFの調節系は複雑で十分には解明されていないが，この調節系を解き明かすことで母体と胎児間の相互作用に対する理解が飛躍的に向上すると期待される．

文　献

1) E Rinderknecht et al：J Biol Chem **253**, 2769 (1978).
2) E Rinderknecht et al：FEBS Lett **89**, 283 (1978).
3) DO Morgan et al：Nature **329**, 301 (1987).
4) JI Jones et al：Endocr Rev **16**, 3 (1995).
5) S Shimasaki et al：Growth Res **3**, 243 (1992).
6) P Hosenlopp et al：J Clin Endocrinol Metab **71**, 797 (1990).
7) JB Lawrence et al：Proc Natl Acad Sci USA **16**, 3149 (1999).
8) A Caufriez et al：Am J Physiol **258**, E1014 (1990).
9) M Iwashita et al：Early Human Develop **29**, 187 (1991).
10) VK Han et al：Placenta **21**, 289 (2000).
11) DR Clemmons et al：Endocrinology **127**, 643 (1990).
12) JI Jones et al：Proc Natl Acad Sci USA **90**, 10553 (1997).
13) JA Irving et al：Exp Cell Res **217**, 419 (1995).
14) NC Deal et al：73rd Annual Meeting, the Endocrine Society, Abstract 63 (1991).
15) 岩下光利：日本産科婦人科学会雑誌 **46**, 659 (1994).

〔岩下光利〕

2 胎盤におけるレプチンの役割

はじめに

　レプチンは脂肪細胞から分泌される新しいエネルギー代謝調節因子として，1994年にFriedmanら[1]によってcloningされたが，中枢における神経内分泌を介した生殖機能調節因子としての生理作用があることも知られている．さらに，最近レプチンがヒト胎盤絨毛細胞でも産生され，母体ならびに胎児循環へと分泌されていることが明らかになり，妊娠時の母児のエネルギー代謝調節や胎児発育との関連でも注目されている[2]．本稿では，産婦人科領域におけるレプチンの役割のうち，ヒト胎盤由来ホルモンとしての意義についてわれわれの成績を含めて最近の報告を概説する．生殖機能調節因子としての意義については他の総説[3]を参照していただきたい．

1　レプチン発見の歴史的背景

　摂食調節因子の存在は，Colemanによる遺伝的肥満マウス（ob/obマウス）と正常マウスとの併体結合実験により推定されていた．ob/obマウスは遺伝的に肥満で，過食，高血糖，高インスリン血症を呈することが知られていた．このob/obマウスと正常マウスを手術的に結合すると，正常マウスでは変化なかったが，ob/obマウスの摂食量は抑制され，

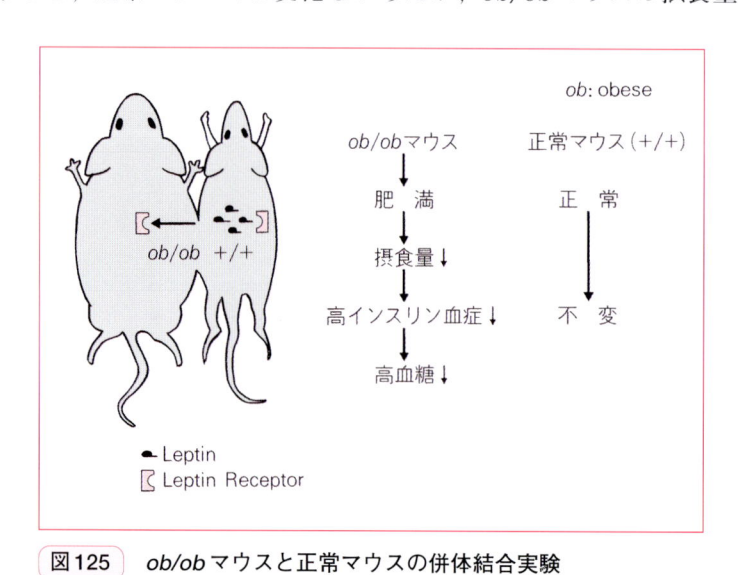

図125　*ob/ob*マウスと正常マウスの併体結合実験
〔Coleman DL, Diabetologia **14**, 141(1978)より改変引用〕

高インスリン血症や高血糖は正常化した（図125）[4]．このことは，正常マウスから摂食量や血糖値を調節する何らかの因子が*ob/ob*マウスへと移行し，*ob/ob*マウスの各種のエネルギー代謝異常を是正したことを示している．Colemanは，これとは別に遺伝的に肥満と高血糖を有する*db/db*マウスと正常マウスの併体結合実験も行っている[4]．*ob/ob*マウスの場合とは異なり*db/db*マウスには変化は生じず，正常マウスの摂食量が低下し餓死する[4]．この結果は，*db/db*マウスには*ob/ob*マウスには欠如していた摂食抑制因子が過剰に存在するにもかかわらず，その因子に対する感受性が欠如していることを示している．すなわち，摂食抑制因子に対する受容体に異常があることを示している．この摂食抑制因子およびその受容体の遺伝子は，Colemanの実験から約20年経った1994年と1995年にcloningされ[1,5,6]，その摂食抑制因子はギリシャ語で「やせ」を意味する"leptos"からleptinと命名された．レプチン受容体はIL-6受容体と同じクラスIサイトカイン受容体で，その細胞内ドメインはgp130と共通の構造を有しており，Janus kinase-STAT系を介してシグナル伝達が行われることが知られている（図126）．janus kinase-STAT系の特性から，レプチンは標的臓器により様々な生理作用を発揮する可能性が推測される[7]．

　上述のように，レプチンの主要な作用はエネルギー代謝調節である．すなわち，摂食量が十分で脂肪細胞からのレプチン分泌が増加すると，視床下部のレプチン受容体に作用しneuropeptide Y分泌を減少させ，食欲が抑制される[8,9]．同時に，レプチンは交感神経系の活性化や運動量の増加作用などを介してエネルギー消費を促進し，エネルギー摂取量の低下と併せて，体脂肪量を減少させる方向にはたらくと考えられている[10]．実際，動物モ

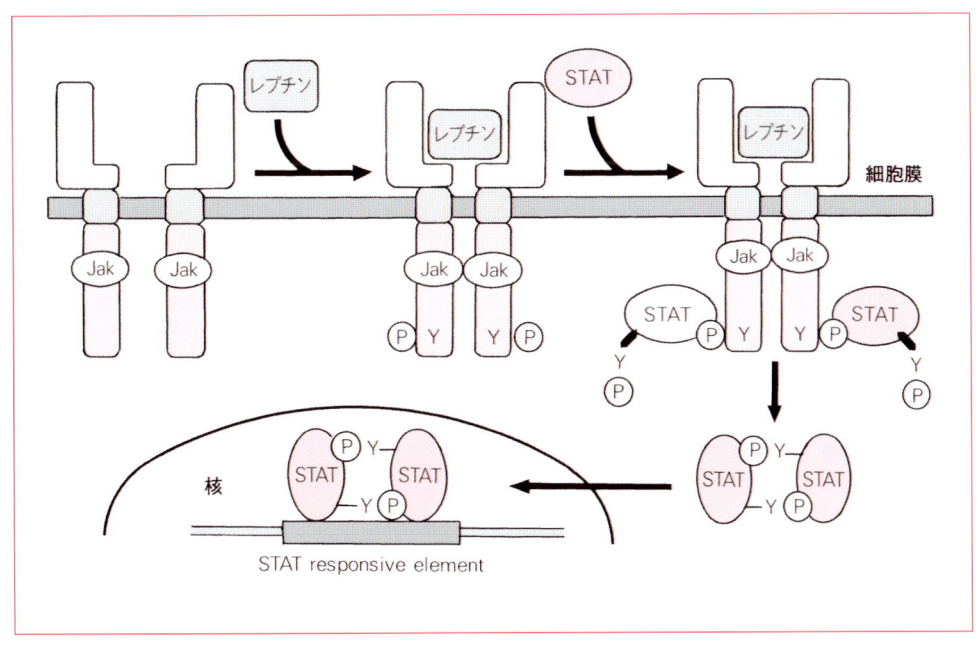

図126　レプチン受容体のシグナル伝達系
〔Auwerx Jら, Lancet **351**, 737（1998）より改変引用〕

デルでもヒトでも，血中レプチン濃度は摂食量や肥満度とよく相関することが報告されている[11)-14)]．また，ヒトでもレプチンあるいはレプチン受容体遺伝子に異常を有する家系が報告されており，これらの患者では極度の肥満のみならず糖代謝異常や生殖機能異常がみられる[15)-17)]．これらの知見は，レプチンが脂肪細胞由来の新しいエネルギー代謝情報の担い手であるとともに，中枢および末梢の受容体を介して多彩な機能を調節していることを示しており，これまで単にエネルギーの貯蔵組織としてのみ捉えられてきた脂肪組織は，生体最大の内分泌臓器として注目されることとなった．

2 ヒト胎盤由来ホルモンとしてのレプチン

1 母体血中レプチン濃度とその由来

脂肪細胞由来のレプチンの血中濃度は，非妊女性では肥満度の指標である Body Mass Index(BMI)と強い正の相関を示す．妊娠女性においても血中レプチン濃度は肥満者で高値を示すが，BMIとの相関は非常に弱くなる．肥満度の影響を除外するために便宜上BMIによって三群に区切って比較すると，BMIの高値，中等値，低値いずれの群においても妊婦の血中レプチン濃度は非妊婦の1.5〜3倍高値を示す．妊娠経過中の血中レプチン濃度の推移をみると，妊娠初期においてすでに非妊婦よりも高値を示し，妊娠中期，妊娠後期とさらに増加する（図127）[2)]．産褥期には血中レプチン濃度は胎盤娩出後24時間以内に非妊時の値にまで低下する．これらの成績は，妊娠中の血中レプチン濃度の増加が脂肪組織における産生の増加や，血中からの消失の遅延によるものではなく，子宮内組織，特に胎盤からの産生，分泌によるものであることを示唆している．

妊娠中の母体血中で増加しているレプチンの産生源を明らかにするために，子宮内各組織におけるレプチンの遺伝子発現を検討すると，妊娠初期の絨毛組織に強い発現が認められ，妊娠末期の胎盤絨毛組織と羊膜にも遺伝子発現が認められた（図128）[2)]．子宮筋層や脱落膜には発現が認められなかった．免疫染色による局在の検討では絨毛細胞，特に絨毛膜合胞体細胞に強い染色性が認められた．胎盤のほかには羊膜上皮細胞に局在が認められ，遺伝子発現と一致した結果であった．レプチンの生合成，分泌は絨毛組織の培養系で

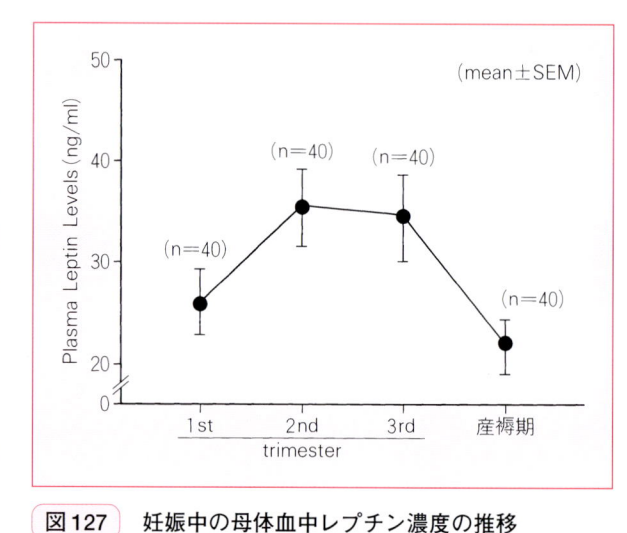

図127　妊娠中の母体血中レプチン濃度の推移
〔Masuzaki Hら, Nat Med **3**, 1029 (1997)[2)] より改変引用〕

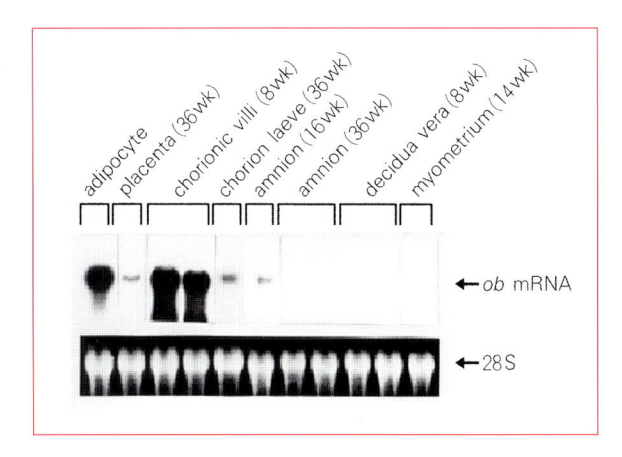

図128 妊娠子宮内組織におけるレプチン遺伝子発現
－Northern blot法による検討－
〔Masuzaki Hら, Nat Med **3**, 1029 (1997)[2]より改変引用〕

も認められ，妊娠初期絨毛からの産生量は妊娠末期胎盤と比較して単位重量当たりで約50倍多い[18]．これは両者のレプチン遺伝子発現の差とよく合致している．妊娠中の胎盤重量の増大に伴って全体としてのレプチン産生量は増加し，妊娠初期から中期にかけての血中レプチン濃度の上昇を引き起こしているものと考えられる．一方，妊娠中の脂肪組織におけるレプチンの遺伝子発現は非妊時と比較して明らかな増加は認められていない．以上をまとめれば，妊娠女性における血中レプチン濃度の上昇は主に胎盤絨毛細胞からの分泌によるものと考えられる．

2 胎児循環におけるレプチン

臍帯血中にもレプチンが存在する．分娩時に採取した臍帯動脈血，臍帯静脈血中のレプチン濃度を測定すると，同時に採取した母体血中値の約1/3と有意に低値であった（図129）[19]．これは母体循環と胎児胎盤循環（臍帯循環）の間に存在するいわゆる胎盤バリアーにより母体血中から臍帯血中へのレプチン分子の移動が完全に，または部分的にブロックされていることを示している．臍帯血中のレプチンの由来については胎児脂肪組織から産生されたレプチンが主体であるという考え方がある．しかしながら，子宮内発育が正常であったと考えられるappropriate for date (AFD)群だけに注目すると，臍帯血中レプチ

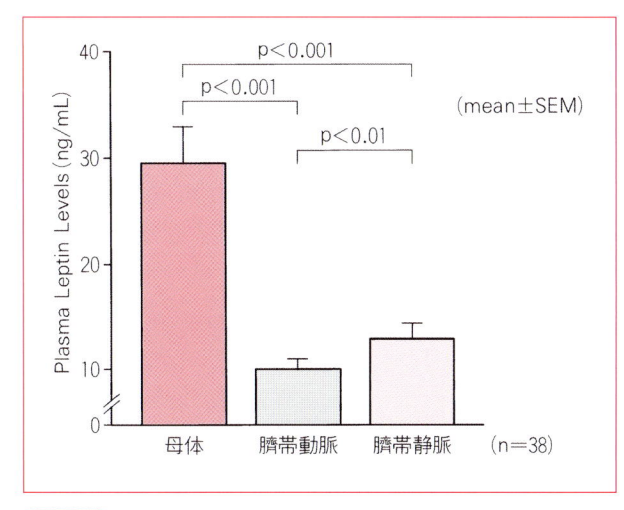

図129 分娩時の母体血中および臍帯動脈・静脈血中レプチン濃度
〔Yura Sら, Am J Obstet Gynecol **178**, 926 (1998)[19]より改変引用〕

ン濃度と生下時体重の相関は非常に低いか，または認めなくなる．さらに，胎児側から胎盤側へ向かう臍帯動脈血と比較して，胎盤側から胎児側へ向かう臍帯静脈血中のほうがレプチン濃度が高いことから，われわれは胎盤由来のレプチンが臍帯循環中にも分泌されていると考えている（図129）[19]．また，臍帯血中レプチン濃度（すなわち新生児の出生直後の濃度）は新生児の脂肪蓄積量から予測される濃度よりはるかに高く，新生児の血中レプチン濃度は出生後速やかに低下して，生後5日目には臍帯血中濃度の約1/4となる．したがって，臍帯循環中のレプチンのかなりの部分は胎盤に由来するものと考えられる．

3 合併症妊娠におけるレプチン産生

胎盤絨毛細胞の異常を伴う種々合併症妊娠における血中レプチン濃度に関して述べる．代表的な合併症である妊娠中毒症のうち，軽症妊娠中毒症では対照群と差がみられないが，重症妊娠中毒症では約3倍高値を示す[20]．胎盤におけるレプチンの遺伝子発現も重症妊娠中毒症合併例では著しい亢進が認められた（図130）[20]．ところで，重症妊娠中毒症においては胎盤循環不全を原因として胎児発育遅延が高頻度に認められるが，胎児発育を出生時体重の正常発育曲線からの偏位として示すと，血中レプチン濃度との間に有意の負の相関が認められる（著者ら；未発表）．一方，重症妊娠中毒症合併妊婦の胎盤では種々のサイトカインや内分泌因子の産生が亢進しており，それらに反応してレプチンの産生が刺激されている可能性が考えられる．また，われわれは絨毛細胞の培養系において低酸素状態がレプチンの産生を亢進させることを認めている[20]．したがって，重症妊娠中毒症の中心的病態と考えられている胎盤循環不全が局所的な低酸素状態を引き起こし，これがレプチンの産生亢進の一因となっていることも考えられる．これらの成績は，妊娠中毒症における血中レプチン濃度が胎盤循環状態を評価するための血中マーカーとして利用できる可能性を示しており興味深い．さらに，レプチンには交感神経系の活性化作用もある[21]ことから，胎盤で多量に産生されたレプチンは，局所的にまたは全身的に作用して重症妊娠中毒症の病態を修飾している可能性がある．以上より推定される，重症妊娠中毒症合併妊娠における子宮胎盤循環障害とレプチン産生亢進の関係（仮説）を図131に示す．

糖尿病合併妊娠でインスリン治療を行っている妊婦において，胎盤でのレプチンの産生が亢進し，臍帯血中濃度が上昇していることが報告されている[22]．糖尿病合併妊娠の胎盤

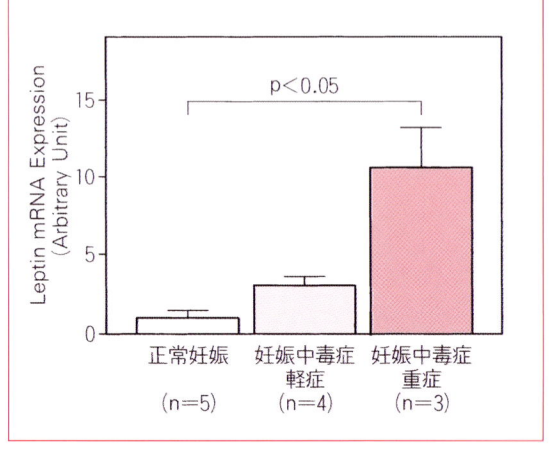

図130 妊娠中毒症合併妊娠の胎盤組織におけるレプチン遺伝子発現
〔Mise Hら，J Clin Endocrinol Metab **83**, 3225（1998）[20]より改変引用〕

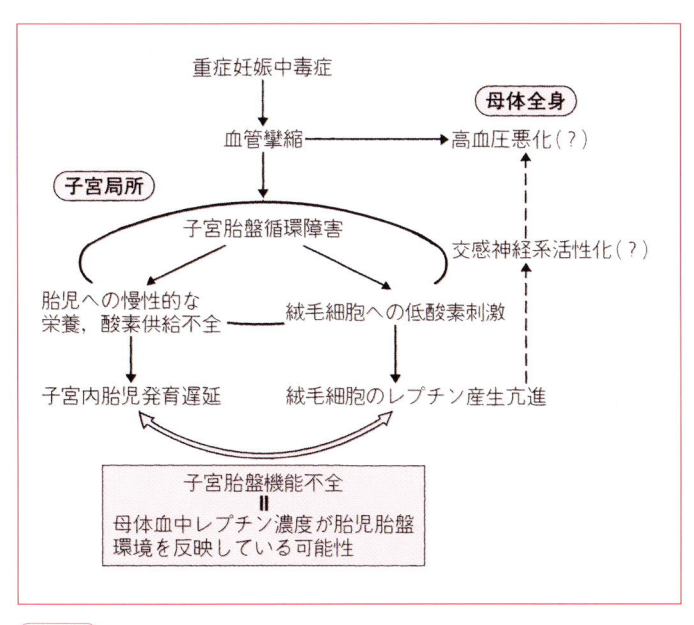

図131 重症妊娠中毒症合併妊娠における子宮胎盤循環障害とレプチン産生亢進の関係（仮説）

でレプチンの産生が亢進するメカニズムについては，高インスリン血症が関与している可能性が述べられているが詳細は明らかでない．

妊娠絨毛組織の異常である胞状奇胎でもレプチンは産生されており，そのレプチン遺伝子の発現は正常の絨毛組織よりも著しく強い[23]．胞状奇胎や絨毛癌などの絨毛性疾患において血中レプチン濃度は上昇しており，病態を修飾している可能性がある．また，治療経過とともに速やかに低下することから，病勢の把握に有用である可能性も示唆される．

3 胎盤絨毛細胞におけるレプチン産生調節

妊娠初期絨毛や妊娠末期胎盤の培養系におけるレプチンの生合成，分泌はforskolinまたはphorbol myristate acetate（PMA）の添加により増加が認められる[18]．ヒト絨毛癌由来細胞株（BeWo細胞）は正常絨毛細胞の性格を維持してレプチンを生合成，分泌しており，BeWo細胞においてもレプチンの産生はforskolin，PMAの添加によって増加する．この増加は，forskolinと同時にプロテインキナーゼAの阻害剤を，PMAと同時にプロテインキナーゼCの阻害剤を添加することにより抑制される[18]．以上より，絨毛細胞におけるレプチンの産生は少なくとも，プロテインキナーゼAおよびプロテインキナーゼCの活性化によって調節されている[18]．

ここで，絨毛細胞と脂肪細胞のレプチン産生を比較してみると，脂肪細胞においてはプロテインキナーゼAを活性化することによりレプチンの産生は抑制され，またPMAは脂肪細胞におけるレプチンの産生に影響しないとされている．このように，絨毛細胞と脂肪

細胞におけるレプチンの産生調節機序は異なっている．レプチン遺伝子の転写調節領域の塩基配列を用いて転写活性を比較すると，脂肪細胞においては－136base pair（bp）から－44bpの間の塩基配列が遺伝子の転写活性に関与しているが，絨毛細胞では－2080bpから－1732bpの間に最も強い調節部位が認められ，この領域に結合する未知の転写因子の存在が想定されている[24]．したがって，絨毛細胞と脂肪細胞の違いはレプチン遺伝子の転写調節の点からも明らかである．このように，絨毛細胞におけるレプチンの産生が，脂肪細胞とは異なった調節を受けていることから，胎盤由来のレプチンが脂肪由来のレプチンとは異なった生理的意義を有していることがうかがわれる．

4 胎盤由来レプチンの意義

胎盤由来レプチンの機能的意義について理論的に考えうる可能性を図132に模式的に示した．まず，胎盤から母体血中に分泌されたレプチンは，脂肪細胞由来のレプチンと同様に母体中枢のレプチン受容体を介して母体のエネルギー代謝調節や神経内分泌の調節にも関与している可能性が考えられる．まず，妊娠中の血中レプチン濃度と摂食量の関連を考えてみる．前述のように血中レプチン濃度は妊娠初期から中期にかけて著しく上昇するにもかかわらず，妊娠母体の食欲は亢進し，摂食量増加，体重増加が観察される．摂取エネルギーは子宮内組織の増殖肥大や胎児発育に必要なものではあるが，母体のエネルギー蓄積も認められる．すなわち，妊娠中はレプチンの摂食抑制作用，抗肥満作用がみかけ上抑制されていることを示している．妊娠中には胎盤由来の多様な生理活性物質が増加するため，レプチンの生理作用に拮抗している可能性や，レプチンの視床下部の作用部位への移

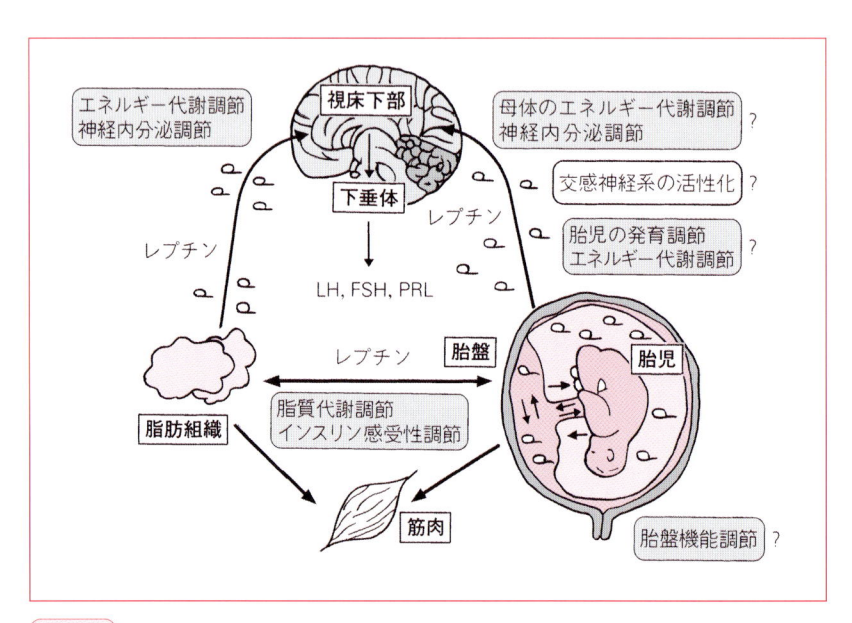

図132 胎盤由来レプチンの機能的意義（仮説）

行を阻害している可能性などが考えられる．個体としてのレプチン感受性を考えるうえで
この抑制メカニズムを解明することが期待されている．冒頭で触れたように，非妊時にお
いてもレプチンに対する感受性の低下が肥満の病態形成に関与しており，レプチン感受性
を左右する因子の解明は重要である．

　つぎに，脂肪組織や筋肉組織など末梢組織のレプチン受容体に作用して糖代謝や脂質代
謝の調節，特にインスリン感受性の調節に関与する可能性が考えられる[21)25)26)]．さらに，
レプチンは血球系をはじめとした各種細胞の分化や増殖に関与することが知られており，
胎盤絨毛細胞から母体および胎児循環へと分泌されたレプチンは，母体側での血液学的変
化や胎児の機能分化，発育やエネルギー代謝などを調節する可能性が考えられる[30)-37)]．最
後に，胎盤そのものにもレプチン受容体が存在することからautocrine的に胎盤自身の増
殖や機能分化に関与している可能性が想定される[28)31)]．例えば，レプチン受容体は血管内
皮細胞にも存在し，実際網膜の血管新生を促進することや，レプチン異常を有する*ob/ob*
マウスでは創傷治癒が遅延することが知られている[31)32)]が，妊娠初期絨毛組織中に高濃
度に存在するレプチンが血管新生の促進を介して胎盤の形成に関与している可能性も考え
られる．さらに，レプチンは免疫系細胞（特にTh1系）の増殖にも関与していることが知
られており[33)34)]，正常あるいは病的妊娠時の胎盤局所での様々な免疫現象にも関与してい
る可能性がある．今後，動物モデルやin vitroの解析により，これらの可能性が明らかに
されるものと期待される．

5　実験動物を用いた妊娠におけるレプチンの作用の解析

　レプチンの生理作用や病態における意義を考えるためには，個体全体に対するレプチン
の影響を検討する必要があるが，現在ではヒトへのレプチン投与が行えないため，実験動
物を用いた解析が中心となっている．

　マウスの妊娠中の血中レプチン濃度の変化はヒトやラットにおける変化とは大きく異
なっている．マウスの胎盤ではレプチン遺伝子の発現はなく，胎盤からのレプチン分泌
は認められないが，レプチン受容体の細胞外部分が胎盤から多量に分泌されて結合蛋白と
して働き，これと結合した形のレプチンが血中に増加する．複合体を形成したレプチンは
分解されにくいため，レプチンの血中濃度は非妊時の約20〜50倍に増加する．レプチン
の生理作用としての摂食抑制作用について考えると，このように高濃度のレプチンが存在
しているにもかかわらず，マウスの妊娠中には摂食量の増加が観察され，みかけ上はレプ
チンの作用が減弱していることになる．この点について次のような実験結果も報告されて
いる．レプチンを遺伝的に欠損している*ob/ob*マウスは生殖機能が低下して不妊であるが，
レプチンを投与することにより生殖機能が回復する．このようなマウスで，排卵，交尾の
完了した時点でレプチンの投与を中止するとレプチン欠損状態での妊娠経過を観察するこ
とができるが，受精，着床，出産の過程は正常であったと報告されており，妊娠の成立，
維持にとってレプチンは不可欠なものとはいえない[35)]．ただし，このマウスでは産後哺乳

行動をとらず，新生仔は死亡すると報告されており，レプチンが産後の乳汁分泌あるいは授乳行動に関連している可能性がある．一方，レプチン投与により妊娠成立した*ob/ob*マウスにレプチンを妊娠中投与し続けた群と，レプチン投与を中止した群を比較すると，明らかにレプチンによる摂食抑制効果が認められ，妊娠中であってもレプチンは効果を発揮していると考えられる．

われわれは現在，遺伝子操作によってレプチンを肝臓で異所性に過剰発現するトランスジェニックマウスを作成している[36]．このマウスでは血中レプチン濃度が正常マウスの10倍に上昇しており，摂食量が減少し，体脂肪が完全に消失するほどの体重減少作用がみられるにもかかわらず性周期の発現は有意に早期化するなど，レプチンの生理作用が強く発揮されている[37]．レプチン過剰発現トランスジェニックマウスが妊娠した際には，血中レプチン濃度が正常妊娠マウスよりさらに数倍高度に上昇しており，摂食量は対照群に比して約70％と有意に抑制されている．すなわち，このトランスジェニックマウスでは妊娠中でもレプチンが作用を発揮していることを示しており，妊娠中のレプチンの作用を観察するのに有用なモデル動物と考えられる．今後このトランスジェニックマウスを用いて，妊娠中の母体エネルギー代謝や胎児発育などに対するレプチンの生理作用について解析を進めていく予定である．

おわりに

以上，脂肪細胞由来のエネルギー代謝調節因子として発見されたレプチンが生殖機能調節因子としての重要な機能を有すること，および新しい胎盤由来ホルモンとして多様な機能を有する可能性を紹介した．これまでの研究から，レプチンが排卵から妊娠の成立，維持，さらには胎児発育に至るまで，生殖現象の広範に亙って関与している可能性が示された．また，今回は誌面の都合上紹介しなかったが，卵巣莢膜細胞や顆粒膜細胞[38]のみならず成熟卵細胞[39]および着床前の受精卵[40]にもレプチンmRNAあるいはレプチン受容体が発現していることが報告されており，着床や胚の初期発生への関与も推定されている．しかし，レプチンと生殖生理に関する研究は始まったばかりで，今後解明されるべき疑問点が多数残されている．近い将来，生殖現象におけるレプチンの役割の全容が解明されることを期待したい．

文献

1) Zhang Y et al : Nature **372**, 425 (1994).
2) Masuzaki H et al : Nat Med **3**, 1029 (1997).
3) 佐川典正ほか：in Annual Review 内分泌，代謝 2000 (eds 金澤康徳，田中孝司，武谷雄二，山田信博), 68 (中外医学社，東京, 2000).
4) Coleman DL : Diabetologia **14**, 141 (1978).
5) Tartaglia LA et al : Cell **83**, 1263 (1995).
6) Chen H et al : Cell **84**, 491 (1996).
7) Auwerx J & Staels B : Lancet **351**, 737 (1998).
8) Pelleymounter MA et al : Science **269**, 540 (1995).
9) Halaas JL et al : Science **269**, 543 (1995).
10) Campfield LA et al : Science **269**, 546 (1995).
11) Ogawa Y et al : J Clin Invest **96**, 1647 (1995).
12) Maffei M et al : Nat Med **1**, 1155 (1995).
13) Frederich RC et al : Nat Med **1**, 1311 (1995).
14) Considine RV et al : N Engl J Med **334**, 292 (1996).
15) Montague CT et al : Nature **387**, 903 (1997).
16) Strobel A et al : Nat Genet **18**, 213 (1998).

17) Clement K et al : Nature **392**, 398 (1998).
18) Yura S et al : J Clin Endocrinol Metab **83**, 3609 (1998).
19) Yura S et al : Am J Obstet Gynecol **178**, 926 (1998).
20) Mise H et al : J Clin Endocrinol Metab **83**, 3225 (1998).
21) Shek EW et al : Hypertension **31**[part 2], 409 (1998).
22) Lepercq J et al : Diabetes **47**, 847 (1998).
23) Sagawa N et al : Lancet **350**, 1518 (1997).
24) Ebihara K et al : Biochem Biophys Res Commun **241**, 658 (1997).
25) Cohen B et al : Science **274**, 1185 (1996).
26) Wang J et al : Nature **393**, 684 (1998).
27) Cioffi JA et al : Nat Med **2**, 585 (1996).
28) Hoggard N et al : Proc Natl Acad Sci USA **94**, 11073 (1997).
29) Mikhail AA et al : Blood **89**, 1507 (1997).
30) Wilson CA et al : Br J Haematol **99**, 447 (1997).
31) Sierra-Honigmann MR et al : Science **281**, B3 (1998).
32) Baringa M : Science **281**, 1582 (1998).
33) Lord GM et al : Nature **394**, 897 (1998).
34) Flier JF : Nat Med **4**, 1124 (1998).
35) Mounzih K et al : Endocrinology **139**, 5259 (1998).
36) Ogawa Y et al : Diabetes **48**, 1822 (1999).
37) Yura S et al : J Clin Invest **105**, 749 (2000).
38) Karlsson C et al : J Clin Endocrinol Metab **82**, 4144 (1997).
39) Cioffi JA et al : Mol Hum Reprod **3**, 467 (1997).
40) Antczak M et al : Mol Hum Reprod **3**, 1067 (1997).

〔佐川典正／由良茂夫／三瀬裕子／小川佳宏／益崎裕章／中尾一和／藤井信吾〕

3 胎盤ステロイド代謝酵素

はじめに

　妊娠という特殊な内分泌環境のもとでは，胎盤がステロイドホルモン産生に重要な役割を果たし，巨大な内分泌臓器として生殖維持に関与している．しかし，これらのステロイドホルモンはde novoにアセテートより胎盤自体で生成されているのではない．胎盤におけるステロイド生成関連酵素活性で特異的なことは，アセテートやコレステロールよりC$_{21}$ステロイドであるプロゲステロン(progesterone)を生成することはできるが，プロゲステロンよりアンドロゲン(androgen)やエストロゲン(estrogen)を生成することはできず，胎児または母体からアンドロゲンの供給があれば，それを容易にエストロゲンへ転換し得る点である．すなわち，胎盤は内分泌臓器としてはステロイド生成に必要なすべての酵素活性を備え持った完全な臓器ではなく，胎盤と胎児各臓器はステロイド生成においては各々の特有な酵素を有し，胎児・胎盤の両者が一つのユニットとして妊娠中のステロイドホルモン動態を形成している．本稿では，胎盤におけるステロイドホルモン代謝酵素のうち，エストロゲン生成機序において特に重要な働きをもつアロマターゼ(aromatase)とサルファターゼ(sulfatase)の特性および臨床的意義について概説した．

1 妊娠中エストロゲン生成機序

　妊娠経過とともに妊婦血中・尿中エストロゲンは著増し，妊娠末期には血中で非妊娠時の100倍，尿中では500〜1,000倍となり，その尿中エストロゲンの90%はエストリオール(estriol：E$_3$)である(図133)[1]．これらの妊娠中のエストロゲンの主な産生源は胎盤であるが，胎盤自体のみでその生成の全経路を行っているのではなく，胎児または母体から供給されるアンドロゲンを材料としている点がその特徴である．図134に示した性ステロイドホルモン生合成経路に関与する種々の代謝酵素のうち，胎盤にはaromatase, sulfatase, 3β-hydroxysteroid dehydrogenase (3β-HSD), 17β-hydroxysteroid dyhydrogenase (17β-HSD)は存在するが，16α-hydroxylaseは存在しない．しかし，妊婦尿中のエストロゲンのほとんどを占めるE$_3$は，その構造として16α位に水酸基をもつエストロゲンであるため，胎盤でE$_3$が生成されるには16α-hydroxylated androgenが供給されなければならない．一方，胎児肝には16α-hydroxylase活性が強く，胎児副腎で分泌された多量のdehydroepiandrosterone-sulfate (DHA-S)は胎児肝で速やかに16α-OH-DHA-Sに転換され，この胎児性16α-OH-DHA-Sが胎盤に運ばれてE$_3$が

3 胎盤ステロイド代謝酵素

図133 正常妊娠尿中エストロゲン値
〔昭和大学産婦人科：鈴木ら，産と婦 55（1988）[1] より転載〕

図134 ステロイド生成経路と関連酵素
〔矢内原巧ら，産婦人科MOOK 17,（1981）[2] より転載〕

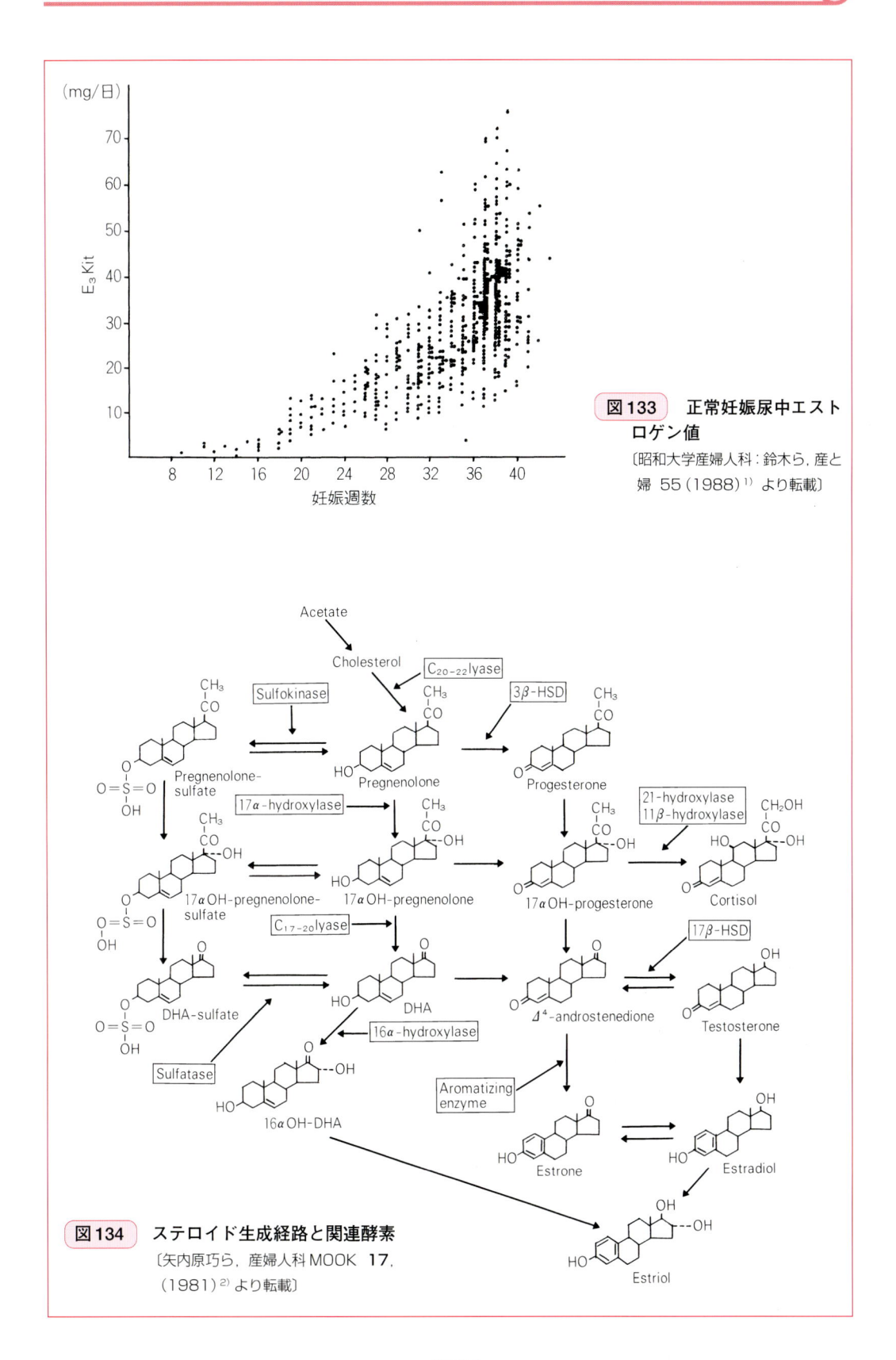

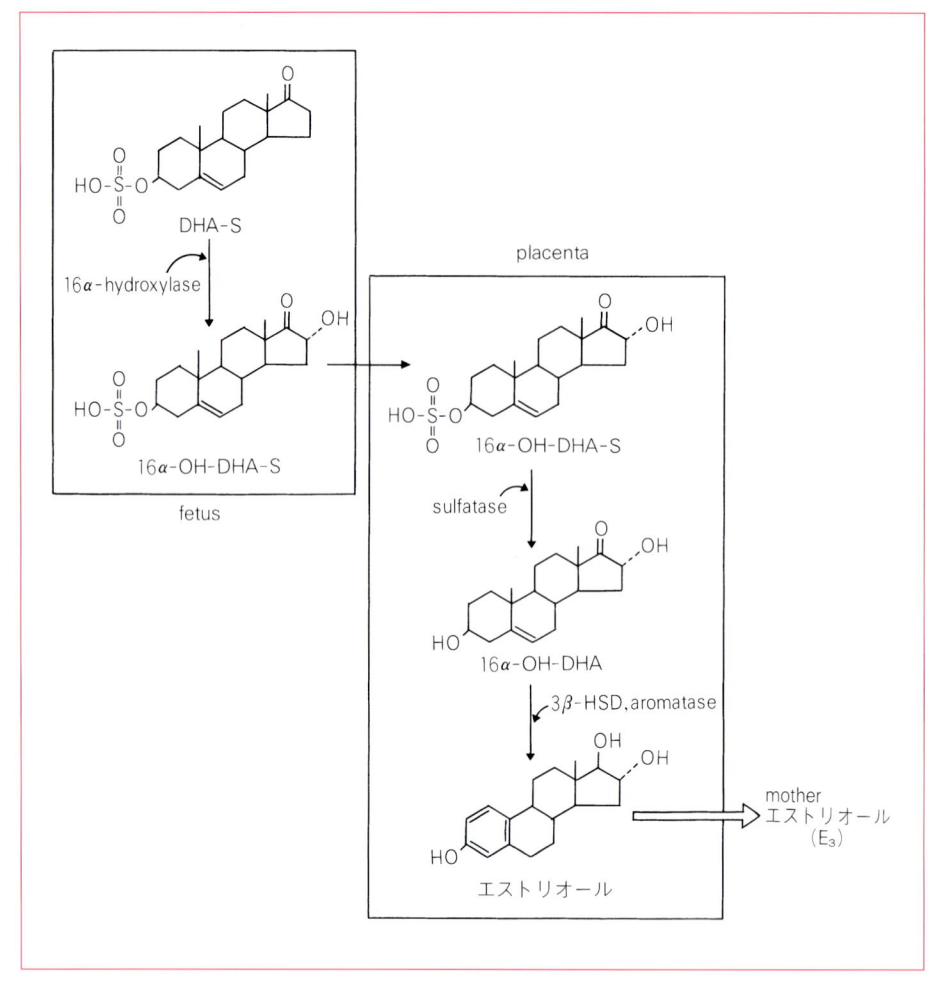

図 135 胎児・胎盤系におけるエストリオール (E₃) の生成
〔矢内原巧, 周産期医学 **13** (1983)[3] より転載〕

生成される．すなわち，図135に示すように胎盤あるいは胎児各臓器はステロイド生成において各々の特有な酵素を有し，胎児・胎盤の両者が一つのユニットとして初めて完全なE₃生合成が成立し得るのである[2,3]．

　よって，E₃は胎児・胎盤両者の機能を反映しており，母体尿中E₃値は胎児・胎盤系機能の指標として測定されている．妊婦尿中E₃は妊娠経過とともに増量し，妊娠末期には40mg/dayに達するが，胎児あるいは胎盤に障害がある場合には低値をきたし，特に胎児の予後とは密接な関係にある．妊婦尿中E₃低値を示す原因には，①胎児因子：胎児死亡，胎児仮死，無脳児，先天性副腎発育不全症，胎児発育遅延，②母体因子：腎障害，肝障害，副腎皮質ホルモン大量投与，③胎盤因子：妊娠中毒症，胎盤性サルファターゼ欠損症（placental sulfatase deficiency；PSD）などがある．一方，双胎や巨大児では高値を示す（図136)[4]．

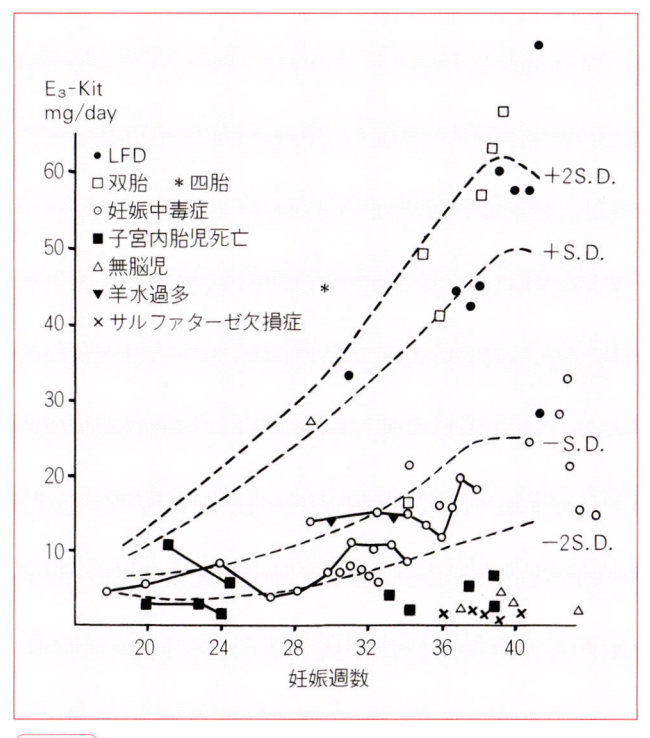

図 136 E₃ Kit 法による異常妊娠尿中エストロゲン値
〔矢内原巧, 周産期医学 18(1998)[4] より転載〕

2 胎児におけるステロイド代謝酵素の特性

1 アロマターゼ

　アロマターゼ(aromatase)はアンドロゲンをエストロゲンに転換する重要なcytochrome P-450酵素[5]で, 胎盤・卵巣・脳などに存在し, 近年は乳癌や子宮体癌などのエストロゲン産生腫瘍における存在が注目されている[6)7)]. 図137にアロマターゼのメカニズムを示す. C_{19}ステロイドであるアンドロゲンが, アロマターゼの働きによって19位のメチル基の水酸化が2回起こり, 続いてC_{19}の炭素の離脱に伴うA-ringの芳香化が起こり, C_{18}のエストロゲンが生成される. そして, この過程には3モルの分子状酸素とNADPHを必要とする[8]. 図138に抗アロマターゼ抗体によるヒト胎盤アロマターゼの免疫染色を示す[9]. 胎盤では, syncytiotrophoblastのcytoplasmaにその局在を示す. われわれはヒト胎盤アロマターゼ活性の特性を測定する場合, 胎盤マクロゾームを酵素源とするほかに, 可溶精製化したpurified aromatase[10]を用いた再構築システムを用い, その特性を検討した. これまでアロマターゼのエストロゲン自身によるproduct inhibitionの報告はなされていなかったが, われわれの検討ではエストロン(estrone：E₁), エストラジオール(estradiol：E₂),

図 137 アロマターゼのメカニズム

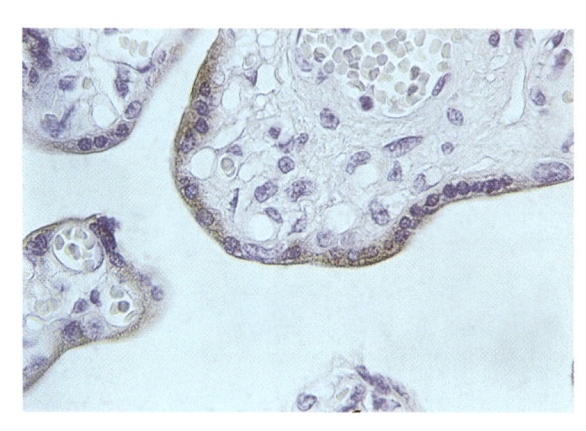

図 148 免疫染色によるヒト胎盤アロマターゼの局在
〔清水幸子, 産と婦 **64** (1997)[9]より転載〕

16α-OHE1, E3ともアロマターゼに対してcompetivitive inhibitorとして働き, 産生されたエストロゲンはアロマターゼ活性自体にproduct inhibitionをかけうることが示された[11].

　アロマターゼがエストロゲン産生の重要酵素であるのに対し, estrogen 2-hydroxylase (2-OHE)活性, すなわち, カテコールエストロゲンの生成はエストロゲンの主要代謝経路であり, その活性は肝や脳そして胎盤においても報告されている[12]. 妊娠中の妊婦血中2-hydroxy estrogen濃度は, 妊娠週数に伴い明らかな増加を示し, 妊娠中のestrogen 2-hydroxylationには胎盤が大きく関与していると推測され[13], そのresponsible enzymeはcytochrome P-450酵素であることはこれまでにも報告されているが, 同定されてはいなかった. われわれはアロマターゼの精製純化のなかで, ヒト胎盤における2-OHE活性はアロマターゼ自身が担っている可能性を示唆する成績を得た. 図139にHydroxyapatiteカラムによるヒト胎盤アロマターゼ精製過程におけるアロマターゼと2-OHE活性を示すが, 両活性は常に同一の動向を示し, そのratioは常に一定である[14]. エストロゲンがcompetitive inhibitorとしてアロマターゼP-450のactive siteに結合することから, エストロゲ

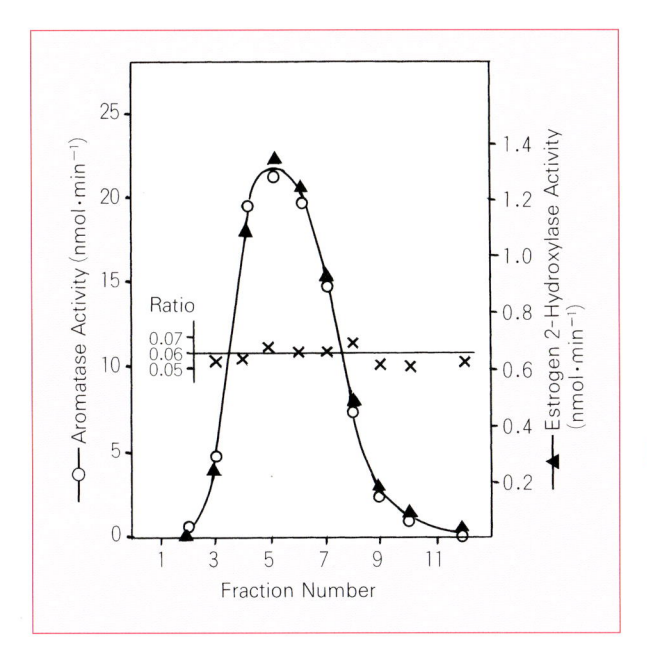

図139 Hydroxyapatiteカラムによるアロマターゼとエストロゲン2-ハイドロキシラーゼ活性

〔Osawa Yら, J Steroid Biochem Molec Biol **44**, 469 (1993)[14]より転載〕

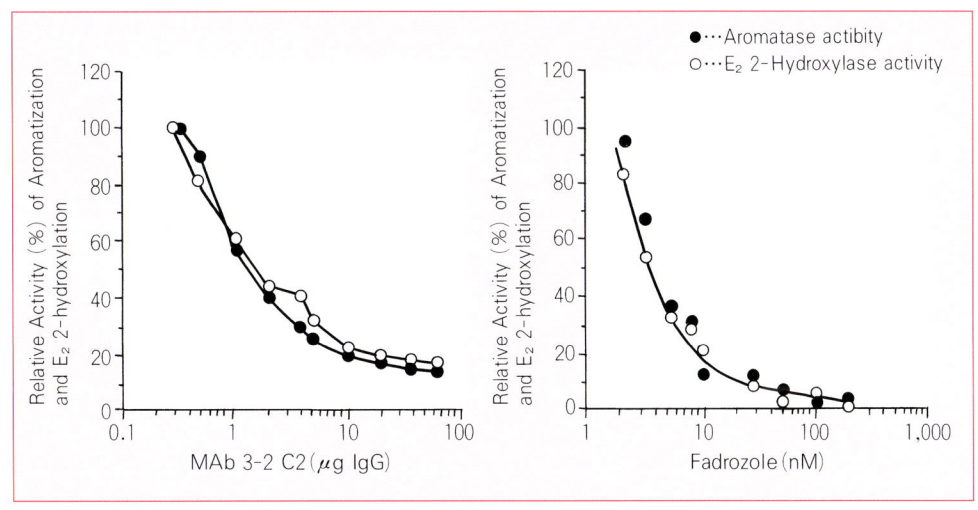

図140 精製アロマターゼ再構築システムにおけるアロマターゼ活性とエストロゲン2-ハイドロキシラーゼ活性に及ぼすアロマターゼ阻害剤と抗アロマターゼ抗体の抑制効果

〔Osawa Yら, J Steroid Biochem Molec Bio **44**, 469(1993)[14]より転載〕

ン自身が基質としてヒト胎盤アロマターゼによってさらなる代謝, すなわち2位水酸化を受け, カテコールエストロゲンとなる可能性が示唆される. アロマターゼと2-OHEの両酵素活性にアロマターゼの特異的競合型阻害剤であるFadrozole (CGS16949A) を加えると, 両活性とも一致して濃度依存性に抑制を受ける. さらに, 抗アロマターゼモノクローナル抗体 (MAb3-2C2)[15] を添加すると, やはり両活性は一致して抑制を受け (図140), さらにヒト胎盤アロマターゼcDNAをtransfectしたChinese hamster ovarian cells (CHO cells）を用いてアロマターゼと2-OHE活性の発現をみたところ，control plasmidを組み込んだcontrol cellsでは両活性とも発現しないのに比し，ヒト胎盤アロマターゼcDNAを組み込んだCHO cellsでは283fmol/min/mg p.のアロマターゼ活性と4.9/min/mg p.の2-OHE活性が認められた（図141）[14]．これらの成績より，ヒト胎盤における2-OHE活性はアロマターゼ自身が担っていると考えられる．

胎盤における2-OHE活性の意義を考えた場合，カテコールエストロゲンとcatechal-O-methyltranstransferase（COMT）活性の関係が興味深い点である．カテコールエストロゲンはカテコールアミンの不活性化に働くCOMT活性に競合し，胎盤でのその親和性はカテコールアミンの100倍強いため[16]，カテコールエストロゲンの増加が胎盤局所でのカテコールアミンの増加を来し，Pregnancy induced hypertension（PIH）の発症に関与する可能性が示唆されている[13]．すなわち，PIH症例胎盤におけるCOMT活性低下の報告[16]やPIH症例胎盤では正常胎盤に比して有意に2-OHE活性が高値を示すとの報告[17]がなされている．また，胎盤におけるアロマターゼは喫煙や薬剤でinduceされる7-ethoxycumarine O-deethylationなどのxenobioticな酵素活性も担っていると近年報告され[18]，胎盤におけるアロマターゼ活性の多様性がステロイド産生のautonomyとして種々の病態に関与していることが示唆される．

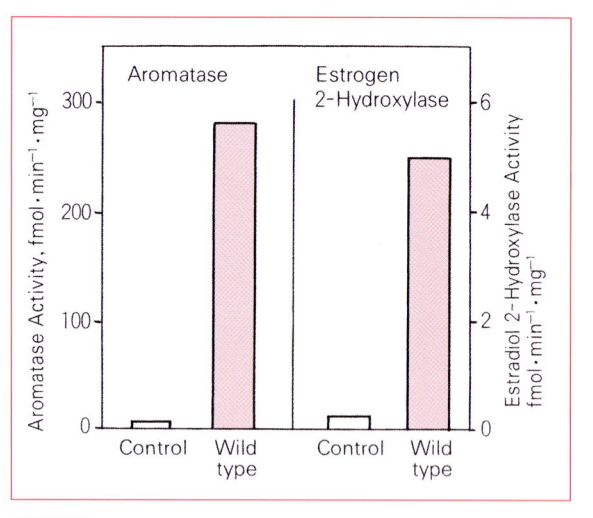

図141 ヒト胎盤アロマターゼcDNA組み入れCHO cellにおけるアロマターゼとエストロゲン2-ハイドロキシラーゼ活性の発現

〔Osawa Yら, J Steroid Biochem Molec Biol **44**, 469（1993）[14] より転載〕

2 サルファターゼ

硫酸抱合型ステロイドを遊離型に加水分解する酵素をステロイドサルファターゼ（steroid sulfatase）といい，本酵素活性は胎盤組織中に他の臓器に比べもっとも強く認められる．$\triangle^5$ステロイドのコレステロール，プレグネノロン（prognenolone）やDHAの3β位硫酸エステルに働き3β-OHとするが，5α-飽和ステロイド硫酸エステルにも作用する．母体または臍帯血中の$\triangle^5$ステロイドはほとんどがサルフェートの型で存在するが，これらが胎盤でエストロゲンやプロゲステロンに転換するためには，まず3位の硫酸エステルがサルファターゼによって-OHになる必要があり，その意味では胎盤におけるステロイド代謝の第一段階といえる[19]．Townsleyら[20]によれば，サルファターゼ活性は胎児・胎盤系で生成される各種のステロイドによって阻害され，胎盤におけるエストロゲン生成のrate limiting stepはこのサルファターゼ活性にあるという．サルファターゼ活性

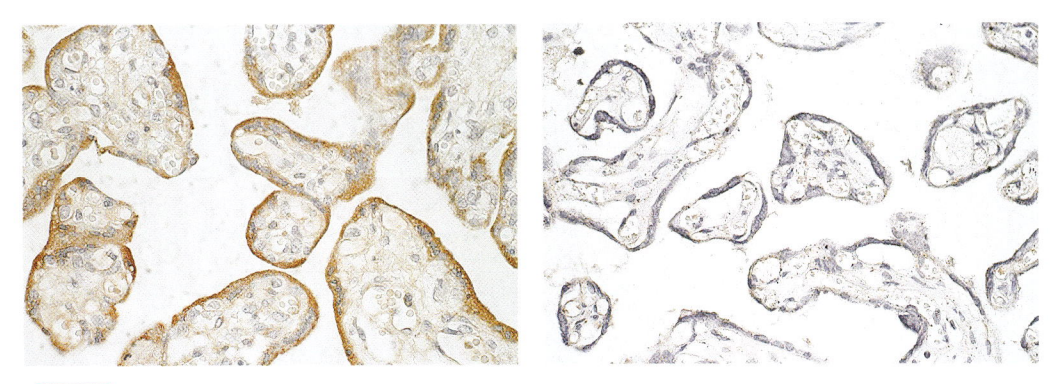

図142 免疫染色によるヒト胎盤サルファターゼの局在
左図：正常胎盤，右図：胎盤性サルファターゼ欠損症

は酸素および補酵素を必要としない．この胎盤性サルファターゼが欠損している症例が，1969年にFrance and Liggins[21]によってはじめて報告されて以来，本邦を含め世界各国より多数の報告が見られる．胎盤におけるサルファターゼは，妊娠中母児より供給された副腎性DHA-S，16α-OH-DHA-Sがエストロゲンへ転換するための第一段階の酵素活性であり，胎盤性サルファターゼの欠損は単に低エストロゲン状態を生じるだけではなく，母児ステロイド環境に影響を与える可能性が考えられる[22]．胎盤性サルファターゼ欠損症（placental sulfatase deficiency；PSD）は伴性劣性遺伝であり，児は男児で劣性遺伝性魚鱗癬を合併し，また低エストロゲンのため頸管熟化不全を呈してしばしば帝王切開による分娩となる[22]．図142にわれわれの作成した抗サルファターゼ抗体を用いた正常胎盤とPSD症例胎盤の免疫染色のデーターを示す．PSD症例胎盤ではsulfataseの欠損とそれに伴うsulfatase活性の欠失が認められる．

おわりに

胎盤におけるステロイドホルモン産生は，アロマターゼ酵素の多様性に示されるがごとく，単純な代謝酵素マップとして存在するだけではなく，胎盤自身が一つの内分泌臓器として産生物質相互の調節系が複雑に関連し合う代謝ネットワークを形成していると考えられる．よって，単独のステロイドホルモンのみならず，各種ステロイドホルモンの動態とそれにかかわる代謝酵素への調節因子の関与を解明していくことが，妊娠・分娩という特殊な内分泌状況を考えていくうえで重要な点である．

文献

1）鈴木利昭ほか：産と婦 **55**，47（1988）．
2）矢内原巧ほか：in 産婦人科MOOK17「胎児・胎盤系の基礎と臨床」，50（金原出版，東京，1981）．
3）矢内原巧：周産期医学 **13**，1199（1983）．
4）矢内原巧：周産期医学 **18**，141（1998）．
5）Chan S et al：J Steroid Biochem Molec Bial **44**，347（1993）．
6）Esteban JM et al：Am J Pathol **140**，337（1992）．
7）Brodie A et al：Breast Cancer Research Research and Treatment **49**，85（1998）．

8) Wright JN & AKhtar M : Steroids **55**, 142 (1990).
9) 清水幸子：産と婦 **64**, 1067 (1997).
10) Yoshida N & Osawa Y : Biochemistry **30**, 3003 (1991).
11) Shimizu Y et al : J Steroid Biochem Molec Biol **44**, 651 (1993).
12) Fishman J & Dixon D : Biochemistry **6**, 1683 (1967).
13) Kono S : Acta Obstet Gynaec Jap **34**, 794 (1982).
14) Osawa Y et al : J Steroid Biochem Molec Biol **44**, 469 (1993).
15) Washida N et al : Steroids **61**, 126 (1996).
16) Barnea ER et al : American J of Human Perinatology **5**, 121 (1988).
17) Okubo K et al : Endocrine Journal **43**, 363 (1996).
18) Toma Y et al : Endorinology **137**, 3791 (1996).
19) 矢内原巧ほか：産と婦 **50**, 205 (1983).
20) Townsly JD et al : J Clin Endocrinol Metab **31**, 670 (1970).
21) France JT & Liggins GG : J Clin Endocrinol Metab **29**, 138 (1969).
22) 矢内原巧：in 産婦人科医のDHA-S研究.42 (医科学出版社, 東京, 1993).

〔清水幸子／矢内原巧〕

4 胎盤における Superoxide Dismutase

はじめに

生体にかかわりの深いフリーラジカルとしては,不対電子を有するラジカル種として細胞毒性の強いヒドロキシラジカルやスーパーオキシドなどの活性酸素種やNO,NO_2などの活性窒素種があり,また不対電子は有さないが反応性の高い非ラジカル種として一重項酸素や過酸化水素などが挙げられる(表44).一般に,活性酸素とはわれわれが呼吸する大気中の酸素よりも活性化された酸素およびその関連分子の総称で,生体内では,スーパーオキシド(O_2^-),過酸化水素(H_2O_2)およびヒドロキシラジカル(HO・)の3種類の活性酸素が問題となる[1)2)].O_2^-の細胞内での寿命は短く,拡

表44 生体にかかわりの深いフリーラジカル

ラジカル種	
HO・	ヒドロキシラジカル
HO_2・	ヒドロペルオキシルラジカル
LOO・	ペルオキシルラジカル
LO・	アルコキシルラジカル
NO_2・	二酸化窒素
NO	一酸化窒素
RS・	チイルラジカル
O_2^-	スーパーオキシド

非ラジカル種	
$^1O_2$	一重項酸素
H_2O_2	過酸化水素
LOOH	脂質ヒドロペルオキシド
OCl^-	次亜塩素酸イオン
O_3	オゾン

散距離も短く,さらにO_2^-は生体内を通過できないため,O_2^-を生成する部位にsuperoxide dismutase(SOD)や抗酸化物質が存在していなくてはならない.また,活性酸素はレセプターを有さず,その反応は局所に存在する種々の抗酸化酵素や抗酸化物質の質的量的な差によって規定されている.一方,近年内皮由来の血管弛緩因子として注目されている一酸化窒素(NO)はL-アルギニンを基質としてNO合成酵素(nitric oxide synthase:NOS)により生合成される活性窒素種として,またフリーラジカルとしてさかんに研究されつつある.NOは小さく,脂溶性のため細胞膜を自由に通過でき,反応性に富み種々の生理的現象にかかわっている.さらにNOはO_2^-との反応により極めて毒性の強いパーオキシナイトレート($ONOO^-$)を産生し,かつそれらの産生および消去酵素であるNOSやSODはTNF,IL-1,IFN-γなど特定のサイトカインによって誘導され,逆にTGF-βによって抑制されるなど極めて類似した面を有している.これらO_2^-やH_2O_2などの活性酸素種とNOなどの活性窒素種が生殖生理学領域において,各々どのような作用を有し,かつ互いにどのようにクロストークしているかほとんど解明されていない.本稿においては,主に産婦人科の関連する生殖生理,周産期の領域において解明しつつある病態について概説する.

V 胎盤

1 生殖生理におけるSOD/NOS

1 排　卵

　Lalorayaらは，各性周期ラット卵巣においてSOD活性とO_2^-が逆相関で変化することを報告している[1]．また，われわれのSODの局在性に関する検討でも活性と蛋白の局在が一致しており，copper, zinc superoxide dismutase (Cu, Zn-SOD) は主に成熟卵胞顆粒膜細胞および卵管上皮に局在し，卵細胞を酸素毒より防御する役割を担い，またManganese superoxide dismutase (Mn-SOD) は成熟卵胞外莢膜細胞および黄体にそれぞれ強く局在し，黄体機能と密接に関係することが推察された．さらに，ヒト卵巣及び卵管においてSOD分布はMn-SODが中心であり，Cu, Zn-SODは比較的限局した部位にのみ存在し，ラットとはその分布が異なりSOD分布に動物種で差のあることが判明した（表45）[2]．

　また，過排卵処置ラット排卵機構におけるSOD投与の影響より，Cu, Zn-SODとMn-SODいずれも排卵抑制作用を有することより，活性酸素は排卵に対し何らかの促進的な影響を有し，その作用を特異的に消去する酵素作用によって排卵抑制がおこる可能性が示唆された[3]．さらに，ラットにNOS阻害剤を投与した場合，hCGによって起こる排卵が抑制されること，外因性NOが排卵を惹起しNOS阻害剤の効果を相殺することなどが報告されており[4]，O_2^-やNOが卵胞破裂に直接的あるいは間接的に関与していると考えられる．

表45　ヒトおよびラットにおけるSODの局在

	ラット	ヒト	機　能
成熟卵胞			ステロイド産生促進
顆粒膜細胞	CZ	Mn	配偶子の保護
莢膜細胞	CZ, Mn	Mn, CZ	卵胞破裂
黄　体			
月経黄体細胞	Mn	Mn	黄体化，黄体機能促進
妊娠黄体細胞	Mn	Mn, CZ	黄体機能維持
卵管（上皮細胞）			
膨大部	CZ	Mn	胚細胞の保護
峡部	CZ	Mn, CZ	各種成長因子

Mn : Mn-SOD　　CZ : Cu, Zn-SOD

2 受　精

　ヒト精子においてSOD活性は運動精子数と正の相関を示し，また過酸化脂質は非運動精子数と相関することが報告されている．また，精漿中に含まれる多核白血球をはじめと

する白血球より産生される活性酸素は，精子運動率を低下させることが判明している．また，男性不妊症患者での精子は比較的高頻度に活性酸素を生成し，活性酸素レベルと精液量，精子運動率，直進性などと負の相関を認めるとの報告もある．一方，NOにおいても精子運動能および受精能に種々の影響を及ぼすことが報告されており，精漿中のNO濃度と精子運動率に逆相関を認めるとされている．さらに，NO供与剤であるSNPの高・中濃度の投与（ミリモルまたはマイクロモル濃度）により用量依存性に精子運動率の抑制，生存率の低下を認め，その抑制効果はNO消去剤ヘモグロビン添加により解除されたと報告されている．このことから，高濃度のNOはO_2^-やhydrogen peroxideと反応し，peroxinitriteやhydroxyl radicalの産生により精子細胞膜の不飽和脂肪酸の過酸化を引き起こすとともに，精子ミトコンドリア内の呼吸鎖酵素を抑制し，精子機能を障害すると考えられる．一方，低濃度のNO供与剤（ナノモル濃度のSNP）は精子運動率，生存率に促進的に作用するとの報告が多く認められる[5]．

3　胚発育，着床

マウスおよびラットにおける2 cell block現象がSODやチレオドキシンなど抗酸化酵素の添加により解除され，また厳密な低酸素下での培養実験によっても同様の結果が得られたことより，受精，分割の過程でフリーラジカルが関与していることが示唆されている．また，卵管上皮細胞にも大量のSODが存在しており，これらは胚発育に対して促進的に作用するものと考えられる．

一方，銅を用いた子宮内避妊器具は着床傷害作用を有しており，この作用機序に活性酸素の関与が推測されている．子宮内膜においてもSODなど抗酸化機構が存在しており，着床に対して防御的役割をするものと考えられているが，そのメカニズムについては全く解明されていない．

4　黄体機能

過排卵および妊娠ラット黄体におけるMn-SOD，endothelial nitric oxide synthase (eNOS)，inducible nitric oxide synthase (iNOS) mRNAの発現動態を解析するとともに，Mn-SODとNOのラット培養黄体化顆粒膜細胞のprogesterone (P4) 産生能およびアポトーシスへの影響について以下の方法で検討した．Mn-SODmRNA発現，Mn-SOD蛋白およびP4を各々northern blot法，ELISA法およびRIA法で，さらにeNOS，iNOSmRNA発現はcompetitive RT-PCR法を用い，測定した．Mn-SODmRNAの発現はhCG投与7時間後および妊娠14日目にピークを示した．一方，Mn-SOD蛋白はhCG投与12時間後より増加し，24時間後にピークを示し，P4濃度と同じ推移を示し，妊娠黄体においては妊娠16日目にピークを示した．過排卵黄体におけるeNOS，iNOSmRNAはいずれもhCG投与15時間後にピークを示す増減傾向を示した．妊娠黄体においてeNOSmRNAは妊娠全過程に次第に増強する傾向であったが，iNOSmRNAは妊娠12日目より比較的急激に増強し，妊娠末期でピークを示した（図143）[6]．以上より，ラット黄体機能調節機構において，

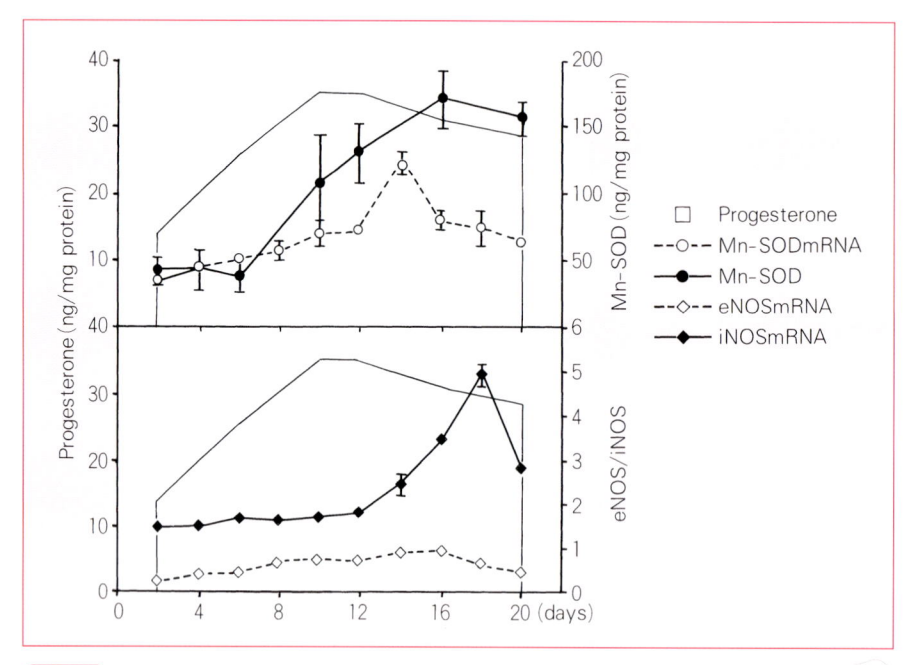

図143 妊娠ラット黄体における eNOS，Mn－SODmRNA および Mn－SOD，Progesterone の変化

　Mn－SOD は黄体機能促進的に，NO は黄体機能抑制的に作用し，各々量的，時間的変化を示し，かつ相互にクロストークしながら，その調節に関与していることが示唆された．しかし，NO においては逆に顆粒膜細胞のアポトーシスを抑制するとの報告もあり[7]，細胞環境や濃度差によって二相性の反応がみられることもあり，さらに検討が必要である．

2　妊娠における SOD/NOS

1　妊娠初期

　Watson らの胎盤における SOD の一連の報告では，Cu, Zn－SOD は妊娠 8 週では絨毛トロホブラスト細胞に局在し，ジンチウム細胞では陰性であったが，10～14 週でジンチウム細胞でも増強し，その後妊娠末期まで維持されるとしており，絨毛間腔の酸素濃度は 1st trimester においては低濃度であり，胎盤における抗酸化能獲得は 2nd trimester 初期に確立されるとしている[8]．一方，Mn－SOD もジンチウム細胞において妊娠 8 週から 14 週に増強が認められ，絨毛細胞培養系において，高酸素濃度に対する抵抗性は 14 週以上の細胞において亢進していると報告している[9]．Church et al は Mn－SOD の遺伝子発現がヒト胎盤トロホブラストの形態学的，生化学的な分化に先行または協調していると報告している[10]．また，最近細胞外 SOD に関しても胎児血管周囲に認められ，それらの増殖，分化に関与しているとの報告がみられる[11]．

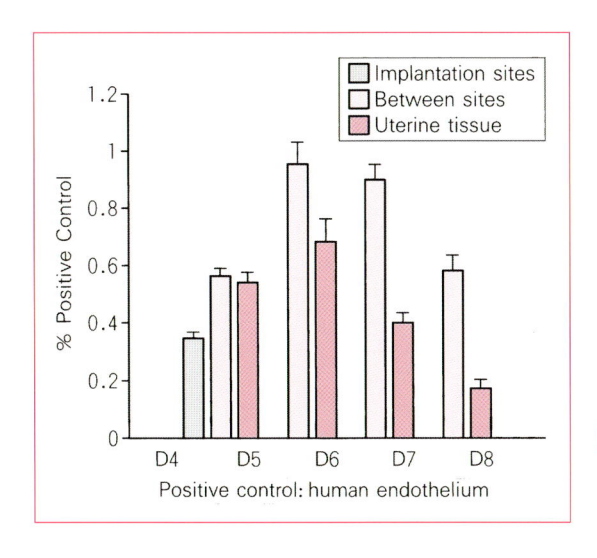

図144 着床期におけるeNOSの発現
〔Purcell TLら：Mol Hum Reprod **5**, 476 (1999)[12] より転載〕

また，Purcellらはマウスを用いた実験より，交配後6日目から8日目の子宮内膜着床部位は他の部位と比較して明らかに強いeNOSおよびiNOSの発現が認められ（図144），子宮内膜組織のリモデリング，免疫抑制，血管収縮調整に関与していると報告している[12]．

2 妊娠中・後期

ヒト妊娠中・後期における胎盤，子宮でのSOD，NOSの局在性に関する検討は数多く報告されており（表46）[13)-17)]，一般的にはトロフォブラスト細胞など広範囲に局在するとされている．特に絨毛間質やジンチウム細胞を含むfeto-maternal interfaceや主に胎児側血管上皮細胞に強く発現が認められる傾向がある．

NOは妊娠によって増加し，プロスタサイクリン（PGI_2）などの降圧物質およびエンドセリン，アンギオテンシンⅡ，トロンボキサンA_2などの昇圧物質とバランスをとりながら妊娠中の血圧コントロールを行っている．SODの妊娠中における生理的意義は明らかではないが，胎盤においてはNOの作用調節を行っていると考えられる．

妊娠中において母体血中のMn-SODの蛋白量をみると妊娠に伴いMn-SODのレベル

表46 ヒト妊娠後期の胎盤，子宮におけるSOD，NOSの局在

	ST	VS	vET	MY	
Mn-SOD	+	+	+〜+++	+	Telfer (1997)
Cu, Zn-SOD	+	+〜+++	+	+	Myatt (1997)
eNOS	+〜+++	−〜+	+〜++	+++	Lyall (1998)
iNOS	−〜+	+	−〜+	−〜+	Baylis (1999)
Nitrotyrosine		−〜+	−〜++		Norman (1999)

ST : synctiotorophoblast　　VS : villous strome
vET : vascular endothelium　　MY : myocyte

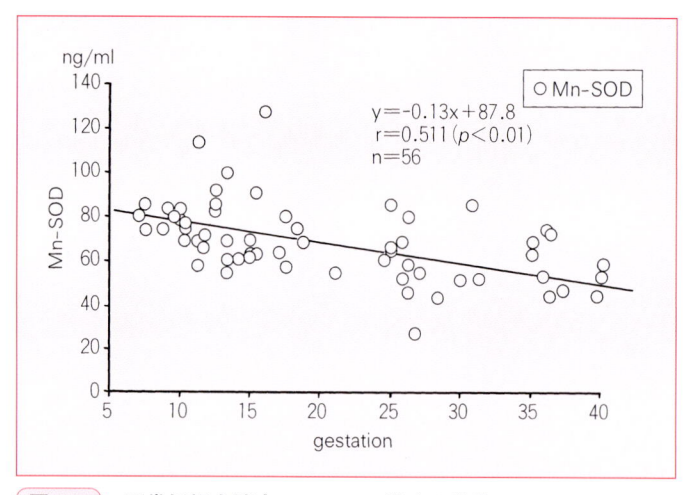

図145 正常妊婦血清中 Mn‑SOD 濃度の推移

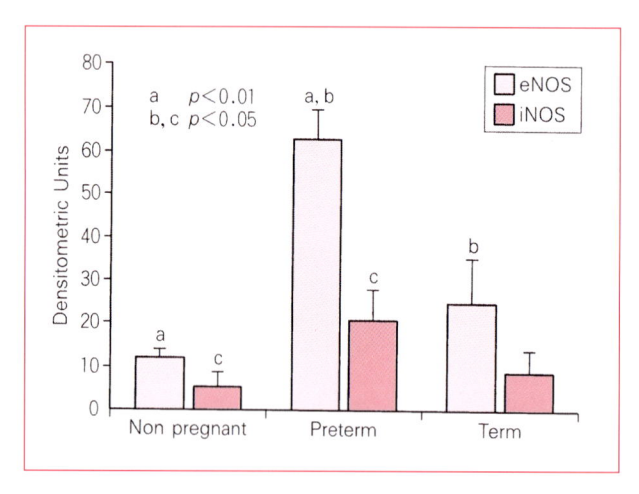

図146 妊娠中期・後期・非妊娠子宮筋における cNOS の比較
(Norman JE ら, Mol Hum Reprod **5**, 175 (1999)[17] より転載)

　が減少していることが判明した．妊娠初期の8〜12週での78.3±12.0ng/mlは，後期の30〜36週62.4±14.0と比較すると，1％レベルで有意にMn‑SODのレベルが低下していた（図145）．

　また，子宮筋層内においてはL‑アルギニン−NO−cGMPシステムが存在し，子宮筋収縮抑制作用を有しているとされており，妊娠中期では高NO状態となり妊娠維持に働き，妊娠末期においてNOが減少し，分娩の準備状態をつくる一因となっていると考えられる[18]．NormanらはNOSおよびNOは妊娠中の子宮筋休止の調節を行っていると報告している（図146）[17]．以上より，重症妊娠中毒症や切迫早産例にNO供与剤であるニトログリセリン投与が臨床的に試みられているが，明らかな結論はでていない．

3 胎　　児

　正常分娩直後の臍帯血中Mn‑SOD濃度を示す．分娩後の臍帯血であるため分娩時のス

トレスなどの影響も含まれており明確な傾向は示せないが，39週で40.1±3.7 ng/ml，41週で54.4±6.4と39週から41週と週数が進むにつれ母体血とは異なり増加傾向を認めた（表47）．

胎児は胎盤を介して母体血より酸素を供給しており，かつ独特の胎児循環により動脈血中酸素濃度は低い状態にある．しかし，分娩直後，急激に体外生活を余儀なくされ，肺呼吸により血中酸素濃度は急激に上昇し，急激な環境変化に対応する能力を準備しなくてはならない．

朝山らは，ラットにおいて，またヒトにおいても赤血球，肺および脳などの組織内SOD濃度が検討されており，各臓器によりその発現時期も異なるものの赤血球では妊娠初期より徐々に増加し，40週前後ではほぼ成人値と同レベルに達し，さらにグルタチオンペルオキシターゼやカタラーゼなど他の抗酸化酵素においても同様の傾向が認められると報告している[19]．

表47　妊娠末期における臍帯血中Mn-SOD濃度の比較

Gestational week	Mn-SOD(ng/ml)
39W	40.1±3.7*
40W	44.1±5.7
41W	54.5±6.4*

*P<0.01

4　妊娠中毒症

Wangらは，子癇前症の胎盤におけるMn-SOD，Cu，Zn-SOD，グルタチオン-ペルオキシターゼ，ビタミンEなどの抗酸化物質は正常胎盤に比して明らかに低く，子癇前症においてはこれら抗酸化能低下による過酸化脂質などの増加がみられたと報告している（表48）[20)21]．

子癇前症においてManyら，Myattらは，スーパーオキシドとNOの反応によって産生されるパーオキシナイトレートの増加がトロフォブラスト細胞や絨毛血管においてみられ[22)23]，Lyallらは同様に糖尿病妊婦で認められると報告している[15]．

また，妊娠中毒症においては正常に比してNOS-NO系の減少が認められ，ラットにおけるNOS阻害剤投与実験では中毒症でみられる高血圧，胎児発育遅延，胎盤重量減少お

表48　子癇前症および正常胎盤中の抗酸化酵素の比較

	Normal	Preeclampsia without IUGR	Preeclampsia with IUGR
I. Mn-SOD	6.75±1.96 (22)	4.23±1.25 (24)	3.50±1.29 (21)
II. CZ-SOD (U/mg protein)	3.71±0.71 (16)	1.13±0.49 (12)	
GSH-Px (U/mg)	0.26±0.02	0.18±0.01	
Vit E (ug/mg)	0.18±0.01	0.08±0.01	
Catalase (U/mg)	83±2	93±3	

Mn-SOD: activity by spectophtometry
(Wiktor Hら (1998)[20] およびWang Yら (1996)[21] による)

よび病理所見が認められると報告されている[24]．

一方，母体血中Mn-SODは多くの妊婦で分娩後増加し，妊娠中毒症妊婦では明らかに正常妊婦より高値をとることが判明した（図147）．この結果は胎盤局所におけるMn-SODと反対のものであった．

前述のLyallらは，子癇前症やDM妊娠でのMn-SODの増加は反応性のものであると述べており，われわれの母体血中におけるMn-SOD増加の一因として反応性のものも考慮すべきであるが，胎盤局所での増加は著しいものではなく今後さらに検討が必要である．

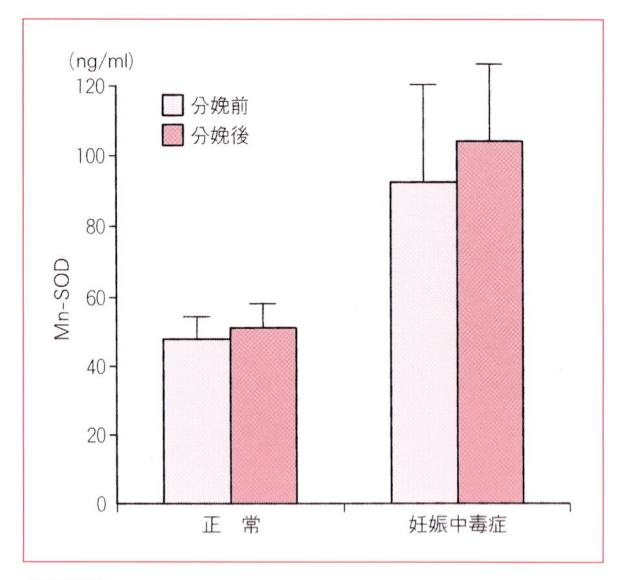

図147　正常および妊娠中毒症の分娩前後における母体血中SOD濃度

おわりに

以上，活性酸素と活性窒素のクロストークは種々の生理現象に関与しており，われわれも黄体化顆粒膜細胞培養系において検討を行っている．PMSG投与48時間後の顆粒膜細胞をGIT培地で培養し，NO発生剤であるSNAPと SIN-1およびMn-SODを添加した結果，SNAP，SIN-1はいずれも用量依存的にP4産生を抑制したが，Mn-SODとの同時添加によってい

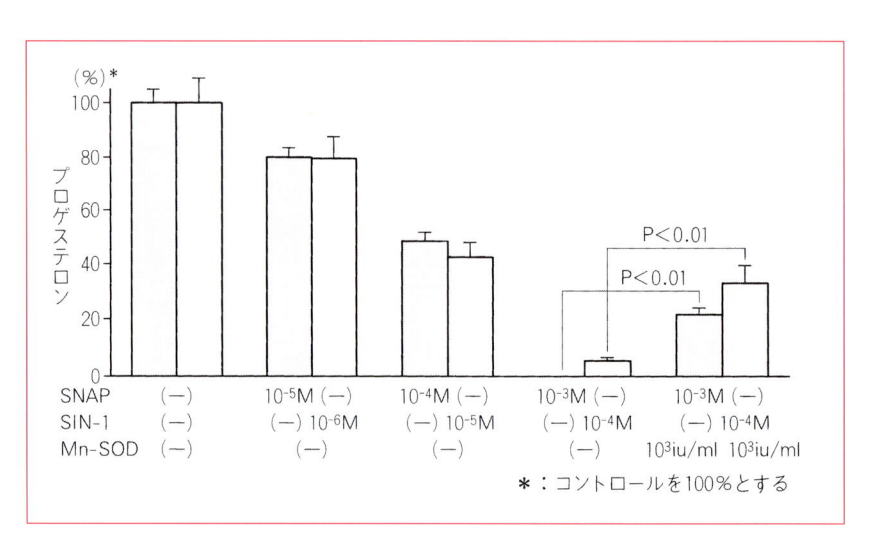

図148　培養顆粒膜細胞におけるSNAP，SIN-1およびMn-SODの添加によるP4産生への影響

ずれのP4産生能も有意に回復した（p＜0.01）（図148）．また，SNAP，SIN-1の添加によってDNA断片化が認められ，Mn-SODの同時添加によってDNA断片化が抑制された．さらに，SNAPおよびSIN-1の添加によってMn-SOD mRNA発現は無添加群よりそれぞれ1.6倍および1.3倍増強し，以上より黄体化顆粒膜細胞における活性酸素と活性窒素は互いにクロストークしながら生理的作用を有すると考えられた[6]．

　一般に，妊娠中の抗酸化能は非妊娠時より亢進しており，胎盤自体の抗酸化作用の全身に及ぼす影響も大きいが，心筋，肝臓などにおいても亢進が認められるとの報告もある[25]．TCDDなどダイオキシン類は，マウスにおいてIUFD，IUGR，口蓋裂，水腎症などの異常を引き起こすことが知られており，これらの胎盤，胎児において過酸化脂質の上昇，DNAの異常が認められ，ビタミンEやエラジ酸などの抗酸化剤投与により軽減することより，ダイオキシンによる胎児毒性，催奇形性は活性酸素などラジカルを介したものと報告されている[26]．ヒトにおいては不明であるが，中毒症やDMなどパーオキシナイトレートなど活性酸素種や窒素種の亢進した状態とされている病態では，より感受性が増すことが考えられる．今後これらの方面の研究も進んでくるものと考えられる．

文　　献

1) Laloraya M et al：Biochem Biophys Res Comm **157**, 146 (1988).
2) Tamate K et al：J Obstet Gynecol **21**, 401 (1995).
3) 玉手健一ほか：日産婦誌 **44**, 1 (1992).
4) Shukovski L et al：Endocrinology **135**, 2287 (1994).
5) 千石一雄ほか：Horm Front Gynecol **6**, 343 (1999).
6) 干　立志ほか：日産婦誌 **52**, 1 (2000).
7) Matsumi H et al：Endocrine J **45**, 745 (1998).
8) Watson AL et al：Placenta **18**, 295 (1997).
9) Watson AL et al：Clin Endocrinol Metab **83**, 1697 (1998).
10) Church SL et al：Develop Biol **149**, 177 (1992).
11) Boggess KA et al：Am J Obstet Gynecol **183**, 199 (2000).
12) Purcell TL et al：Mol Hum Reprod **5**, 476 (1999).
13) Telfer JF et al：Hum Reprod **12**, 2306 (1997).
14) Myatt L et al：J Histochem Cytochem **45**, 1433 (1997).
15) Lyall F et al：Diabetes Care **21**, 1753 (1998).
16) Baylis SA et al：Mol Hum Reprod **3**, 277 (1999).
17) Norman JE et al：Mol Hum Reprod **5**, 175 (1999).
18) 石川睦男ほか：日産婦誌 **46**, 855 (1994).
19) Asayama K et al：Pediatr Res **29**, 487 (1991).
20) Wiktor H et al：Ginekol Pol **69**, 915 (1998).
21) Wang Y et al：J Soc Gynecol Investg **3**, 179 (1996).
22) Many A et al：Am J Pathol **156**, 321 (2000).
23) Myatt L et al：Hypertention **28**, 488 (1996).
24) 大澤洋之：日産婦誌 **48**, 813 (2000).
25) Haya Mover-Lev et al：Comp Biochem Physiol **118**, 353 (1997).
26) Hassoun EA et al：Toxicology **124**, 27 (1997).

〔石川睦男／玉手健一〕

5 胎盤関門における糖輸送

はじめに

　胎盤は胎児（仔）と母体の間をつなぐ生命線であり，胎児の発育のための栄養分は胎盤を介して母体から供給されている．一方で母体にとって胎児は遺伝的なバックグラウンドも異なる非自己であり，相互の物質の自由な交換を妨げる関門機構が発達している．この輸送と関門という一見矛盾する課題を，合胞体などの特殊な細胞層の形成や，特異的な輸送系の発達により生物は非常にたくみに解決している．

　胎盤は種によるバリエーションがきわめて大きな臓器である[1]．ちなみにヒトの胎盤とラットやマウスの胎盤はともにchorioallantoic placentaであるが，ヒトでは絨毛型，ラットやマウスでは迷路型であり，また細胞レベルでの胎盤関門の構造も異なる．ここではヒトとラットの胎盤を例にとって，その関門の構造と，最も重要な栄養分のひとつである糖の輸送機構について述べる．

1　糖輸送と細胞膜の糖輸送体

　グルコースなどの糖は生命活動のエネルギー源として，また様々な生体分子合成の原料として極めて重要な地位を占めている．糖の細胞への出入にあたっては，細胞膜蛋白質の糖輸送体（sugar transporters, glucose transporters）が重要な役割を果たしている[2)-6)]．糖輸送体には，Na^+K^+-ATPaseによって作りだされた細胞内外のNa^+濃度勾配を駆動力として，糖を能動的すなわち濃縮的に取り入れるNa^+依存型糖輸送体（SGLTファミリー）と[5)7)-9)]，基質である糖の濃度勾配に従って糖の移送をおこなう促進拡散型糖輸送体（GLUTファミリー）[4)5)10)-12)]の二種類がある．SGLTファミリーは小腸の吸収上皮細胞や腎臓の近位尿細管に局在し，食物中からの糖の吸収や原尿からの糖の再吸収に関与している[12)13)]．一方，GLUTファミリーには少なくとも7種のアイソフォームがあり，生体を構成する個々の細胞への糖の取り込み，血液-組織関門での糖輸送，膵臓ランゲルハンス島ベータ細胞での血糖値センシング，脂肪細胞や筋細胞でのインスリン刺激による糖の取り込みなどで重要な役割を果たしている[6)12)14)15)]．

2　ヒト胎盤の構造

　ヒトの胎盤は絨毛型であり，分枝した多数の絨毛が母体血に直に接している[16)]．絨毛の

最表面は一つの巨大な多核の合胞体性栄養膜細胞（シンシチオトロホブラスト：syncytio-trophoblast）によって隙間なく覆われていて，これが主たる胎盤関門をなしている[17]．合胞体性栄養膜細胞に接してその基底側には，細胞性栄養膜細胞（サイトトロホブラスト：cytotrophoblasts，ラングハンス細胞；Langhans cells）が散在している．妊娠中期までは多数の細胞性栄養膜細胞がみられるため，絨毛の表面は二層の細胞層からなる．細胞性栄養膜細胞は細胞融合によって合胞体栄養膜細胞に加わることによってその供給源となっている．妊娠が進行するにつれて細胞性栄養膜細胞数は減少し，出産間近の胎盤ではわずかに散在するのみとなる（図149，図150a）．細胞性栄養膜細胞やそれを欠く部位では，合胞体性栄養膜細胞が直接基底膜に接している．結合組織中には胎児の血液の流れる毛細血管が血管内皮細胞に覆われている．

　以上のような構造から，母体血から胎児血への物質の移送は，次のような部位を通過することになる．すなわち「母体血→絨毛表面を覆う合胞体性栄養膜細胞→栄養膜細胞と内皮細胞の基底膜→胎児血管の内皮細胞→胎児血」となる．このなかで胎盤関門として決定的に重要な働きをしているのは，つなぎ目のない1枚の大きなシート状に絨毛の最表面を覆う合胞体性栄養膜細胞である．発達した絨毛の切片を電子顕微鏡で観察すると，この絨毛壁を構成する合胞体性栄養膜細胞と内皮細胞が非常に近くに隣接し，しかもそれらの細胞質がきわめて薄くなった上皮板（epithelial plate），ないしは血管合胞体膜（vasculosyncytial membrane）と呼ばれる部位がある．ここでは非常に効率よく様々な物質の移送が行われていると考えられている．

3　ヒト胎盤における糖輸送体

　一般に血液－脳関門，血液－眼関門，血液－神経関門などの血液－組織関門の部位では，関門を形成する細胞での関門となっている細胞膜に促進拡散型糖輸送体の一つのGLUT1が多量に発現していて，血液ならびにそれに連続する細胞外コンパートメントから関門内への糖の輸送に関与している[5,6,18]．ヒト胎盤関門においても，関門をなしている合胞体性栄養膜細胞の微絨毛側ならびに基底側の細胞膜標本には高い糖輸送活性がみられる[19,20]．抗GLUT1抗体を用いた蛍光抗体法ならびに免疫電顕法により，合胞体性栄養膜の微絨毛側と基底側の両ドメインにGLUT1が多量に局在するのが明らかとなった（図150b，c）[21]-[24]．母体血中の糖（グルコース）は，微絨毛側細胞膜のGLUT1の働きで合胞体細胞質へ入り，ついで基底側細胞膜のGLUT1の働きで細胞外へ出て基底膜を通過し，絨毛の芯を構成する細胞外基質へと移行する．胎児血管内へは，内皮細胞の間隙あるいは内皮細胞に発現しているGLUT1ないしGLUT3の働きで内皮細胞の中を通過していくと考えられる（図149）[1,23]-[25]．GLUT1は「細胞内→細胞外」ならびに「細胞外→細胞内」の両方向の糖輸送を，糖の濃度勾配に従ってなかだちすることができる．胎児での活発な代謝のために母体血から胎児血へ向かっての糖の濃度勾配ができるので，通常の状況では糖は母体側から胎児側へと方向性を持って輸送されると考えられる．

V 胎盤

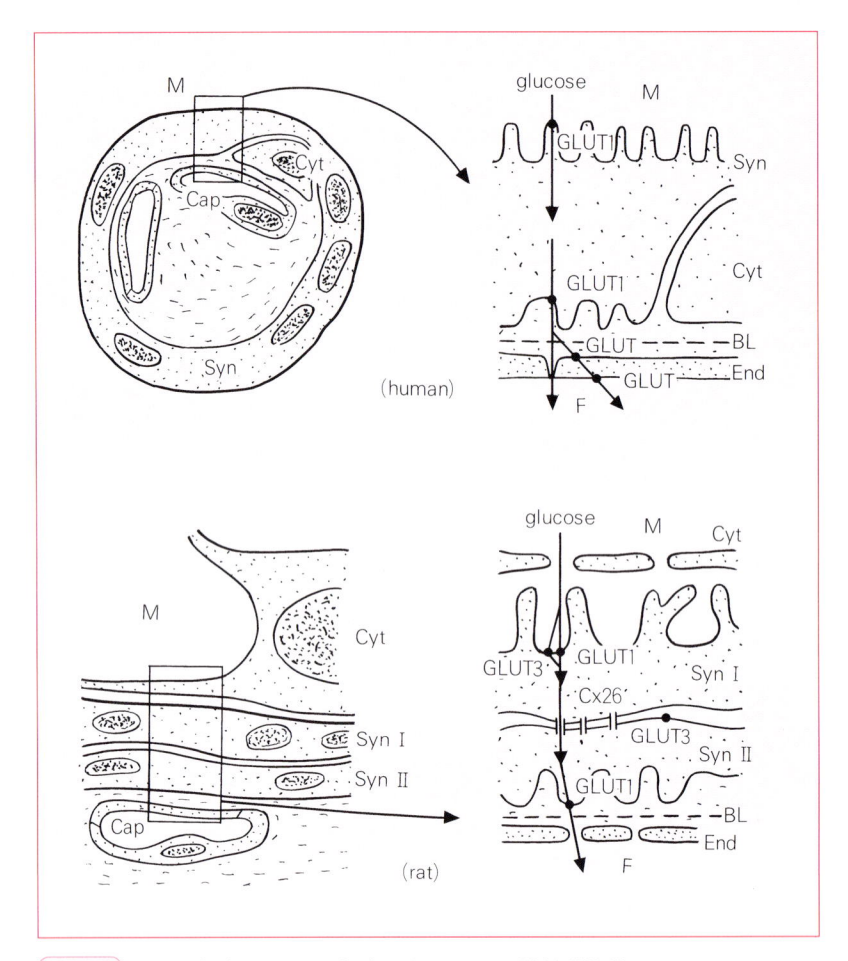

図149 ヒト（上）とラット（下）胎盤における糖輸送機構

ヒト胎盤絨毛（上）では，その表面を合胞体性栄養膜細胞が隙間なく覆う．糖は，この合胞体の母体血側と胎児血側の細胞膜にあるGLUT1により関門を通過する．胎児血に入るには血管内皮細胞間，あるいは細胞内を経由する．ラット胎盤迷路部（下）では，母体血側から細胞性栄養膜細胞，合胞体性栄養膜細胞I，合胞体性栄養膜細胞II，内皮細胞の順に細胞が配列している．このなかで二層の合胞体性栄養膜細胞が胎盤関門を形成している．母体血中の糖は合胞体性栄養膜細胞IのGLUT1とGLUT3の働きでこの細胞内へと入り，ついでCx26ギャップ結合を通過して合胞体性栄養膜細胞IIへと入る．胎仔側への放出は基底部細胞膜のGLUT1の作用による．なお，細胞性栄養膜細胞と内皮細胞は有窓性で，糖通過の障害とはならない．

M：母体血，F：胎児（仔）血，Cyt：細胞性栄養膜細胞，Syn：合胞体性栄養膜細胞，End：内皮細胞，Cap：毛細血管，BL：基底膜．
右図の矢印は糖の移送を示す．

〔Takata Kら，J Reprod Develop **43**, 13（1997）[1]）より改変引用〕

胎盤関門における糖輸送 ⑤

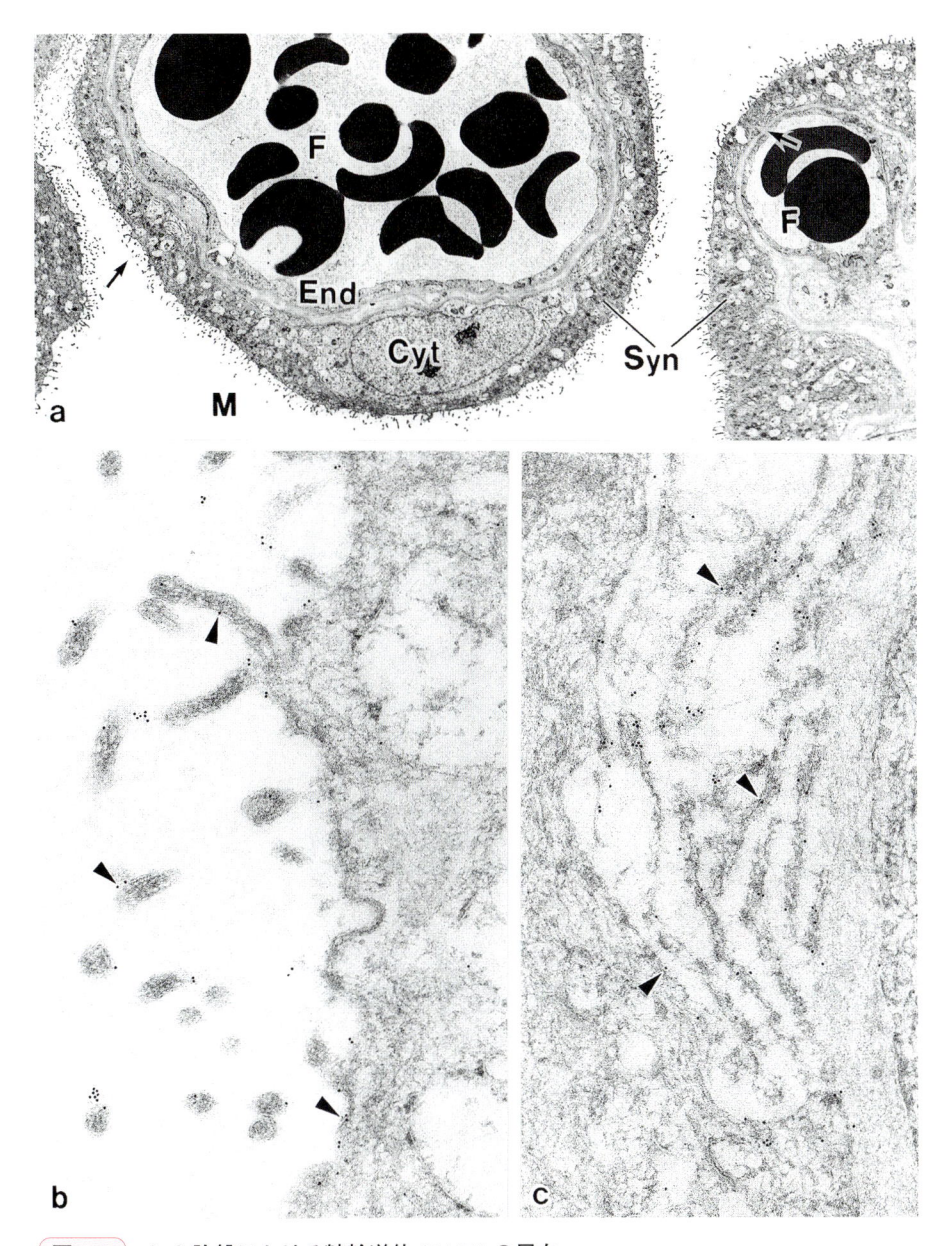

図150　ヒト胎盤における糖輸送体GLUT1の局在
　　a．絨毛の横断面の低倍像．M：母体血，F：胎児血，End：内皮細胞，Cyt：細胞性栄養膜細胞，Syn：合胞体性栄養膜細胞．左矢印の部位をb，右矢印の部位をcで拡大（×2,200）．
　　b．母体血に接する合胞体性栄養膜細胞の表面．aの左矢印の部位の拡大像．GLUT1の局在を示すコロイド金が細胞膜に沿ってみられる（矢尻）（×42,000）．
　　c．合胞体性栄養膜細胞基底部．aの右矢印の部位の拡大像．陥入した細胞膜に沿ってGLUT1がみられる（矢尻）（×42,000）．
　　〔Takata Kら，Cell Tissue Res **267**，407（1992）[21]より転載〕

Ⅴ 胎盤

4　ラット胎盤の構造

　ラットの胎盤は迷路（ラビリンス：labyrinth）型とよばれる構造をとる[1]．母体血と胎仔血の間で物質交換の起こるこの迷路部では，これら二つの血液の流路が複雑にからみあって文字通り迷路が形成されている．細胞レベルでみると，胎仔由来の細胞性栄養膜細胞が母体血と直接接している点ではヒトと同じだが，栄養膜細胞の層構成自体はヒトとは大きく異なっている[1]．すなわち，栄養膜細胞層は三層の細胞から構成されている（図149）．母体血に直接接しているのは細胞性栄養膜細胞で，この細胞は特徴的な大型の核を持ち，細胞質に多数の窓を持つ．この窓は下層の細胞層への通路を提供している．ついで二層からなる合胞体性栄養膜細胞（ここでは母体血の側から順に合胞体性栄養膜細胞Ⅰ，合胞体性栄養膜細胞Ⅱと呼ぶ）があり基底膜に至る．胎仔毛細血管は有窓性で，物質透過性はきわめて高い．すなわち，西洋ワサビペルオキシダーゼ（HRP）をトレーサーとして胎仔血側から投与すると，血管壁を簡単に通過し合胞体性栄養膜細胞Ⅱで阻止される[26]．一方で，母体血側からHRPのトレーサーを投与すると，有窓性の細胞性栄養膜細胞を容易に通過して合胞体性栄養膜細胞Ⅰで阻止される[27]．このように，ラット胎盤の迷路部では合胞体性栄養膜細胞Ⅰ，Ⅱの二層の合胞体層が胎盤関門を形成し，単層の合胞体層が関門を形成するヒトの胎盤絨毛と好対照をなしている．なお，マウスではラットとほぼ同じ構造がみられる．

5　ラット胎盤における糖輸送機構

　ラットの迷路部においても多量のGLUT1の発現が見られる．抗GLUT1抗体を用いた蛍光抗体法ならびに免疫電顕法により，合胞体性栄養膜細胞Ⅰの母体血側細胞膜と，合胞体性栄養膜細胞Ⅱの胎仔血側（すなわち基底膜に接する側）に多量のGLUT1が存在するのが明らかとなった（図149）[18,28,29]．これは，それぞれ母体血からの糖の取り込み部位と胎児血側への放出部位にGLUT1が局在するのを示している．それでは合胞体性栄養膜細胞ⅠとⅡの間では糖はどのようにして運ばれるのであろうか．超薄切片を電子顕微鏡で観察すると，この二層の間にギャップ結合が発達しているのがわかる[30]．凍結割断レプリカ法によってもギャップ結合斑が多数認められる（図151）[29]．ギャップ結合の細胞間チャネルを構成する蛋白のコネキシンファミリーについて調べると，そのなかのコネキシン26（Cx26）がこの合胞体性栄養膜細胞ⅠとⅡの間のギャップ結合を形成しているのが判明した[31]．ギャップ結合は細胞間で互いの細胞質を直接つなぐチャネルであり，分子量1000程度までの大きさの物質を非特異的に通過させることが可能である[32,33]．ちなみに蛍光標識グルコースを用いた実験から，グルコースはギャップ結合を容易に通過することが示されている[34]．このようなギャップ結合の性質と合胞体性栄養膜細胞ⅠとⅡの間にギャップ結合が非常に良く発達している点を考慮に入れると，合胞体性栄養膜細胞Ⅰの細胞質から

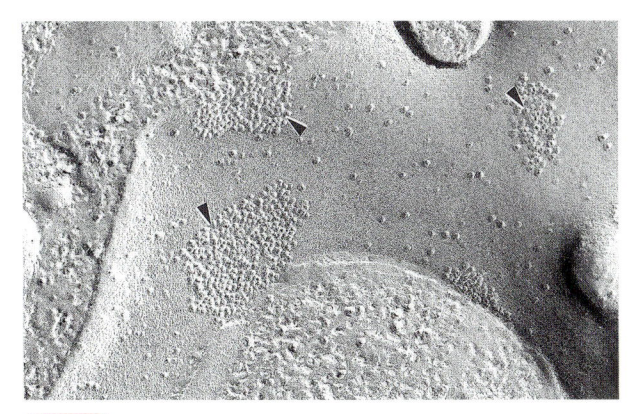

図151 ラット胎盤で二層の合胞体性栄養膜細胞間に発達したギャップ結合（矢尻）
凍結割断レプリカ法（×110,000）.

IIの細胞質への糖の移送は，細胞膜糖輸送体ではなく細胞質間を直に連結するギャップ結合によってなされていると考えられる[6)24)29)31)]．すなわち，母体血中の糖は，「合胞体性栄養膜細胞Iの母体血側細胞膜GLUT1→合胞体性栄養膜細胞Iの細胞質→合胞体性栄養膜細胞IとIIをつなぐCx26ギャップ結合→合胞体性栄養膜細胞IIの細胞質→合胞体性栄養膜細胞IIの胎仔血側細胞膜GLUT1」という段階を経て母体血側から胎仔血側コンパートメントへと移送される（図149）．このように，ラットでは合胞体細胞は二層あるが，ギャップ結合で連結されることより，糖の輸送に関しては機能的には単層の合胞体層として機能しているといえる．胎仔血管壁を構成する内皮細胞は有窓性で，糖はこの細胞質を貫通する窓を容易に通過して胎仔血流へと移行し，胎仔本体へ供給される．

Cx26ノックアウトマウスでの結果も胎盤のCx26ギャップ結合の重要性を示している[35)]．すなわち，Cx26ノックアウトマウスは致死性であるが，胎盤迷路部での母体からの物質移送が盛んになるまでは正常な胎仔とほぼ同様に発生が進む．ところが，迷路部が形成され，この部分での物質移送が盛んになる胎生10日以降は急速に成長が鈍化停止し，11日頃には死んでしまう．このときグルコースの胎盤関門での輸送を測定すると顕著に低下していた．この結果はCx26のギャップ結合が二層の合胞体性栄養膜細胞層からなる胎盤関門の通過に決定的に重要な役割を果たしているのを示している．ギャップ結合チャネル自体は分子の大きさ以外に通過させる物質にさしたる特異性を示さないので，胎盤のCx26ギャップ結合は，糖の移送のほかにアミノ酸，水などの他の低分子量の物質移送でも重要な役割を果たしていると考えられる．すなわち，ラットの胎盤関門では，二層の合胞体性栄養膜細胞の，母体血側と胎仔血側に面する細胞膜にある輸送体やチャネル蛋白質が，関門を通過する物質の特異性を決めていて，ギャップ結合は非特異的なチャネルとして二層の細胞からなる関門層を機能的に一つにしている．

血液-組織関門が二層の上皮からなり，それがギャップ結合で結ばれた系は，このほかに眼の血液-房水関門をなす毛様体の上皮がある[6)36)37)]．ここでは，糖の関門通過は

「GLUT1→Cx43ギャップ結合→GLUT1」という系により行われる．ここでもギャップ結合は糖以外の物質の共通の通路となっていると考えられる．

ラットの胎盤ではGLUT1のほかにGLUT3も発現している[38]．GLUT3は神経組織に高レベルに発現するグルコース高親和性の糖輸送体である[39]．抗GLUT3抗体による免疫染色により，GLUT3は合胞体性栄養膜細胞に局在しているのが判明したが，その局在部位はGLUT1とは若干異なった[38]．すなわち二層の合胞体性栄養膜細胞ともに，GLUT3は母体側の細胞膜にも局在した．したがって，胎盤関門の入り口である合胞体性栄養膜細胞Ⅰでは，母体血側の細胞膜にGLUT1とGLUT3の両者が存在し，ギャップ結合で結ばれた出口にあたる合胞体性栄養膜細胞Ⅱの基底側細胞膜にはGLUT1のみが局在することになる．このような糖輸送体分子種の配置の胎盤関門における非対称性は，糖輸送の方向性にある程度寄与していると推定される．GLUT3はGLUT1に比べてさらにグルコース親和性が高いとされているので，このような糖輸送体の配置は胎仔血から母体血への糖の逆流を防ぐ上で効果的なのかもしれない．

合胞体性栄養膜細胞ⅡのⅠに接する側にあるGLUT3の役割については不明な点が多い．合胞体性栄養膜細胞ⅠからⅡへは主にCx26のギャップ結合によって糖が移送されていると考えられることから，この部位のGLUT3が糖の胎盤関門通過において中心的な役割を果たしているとは考えにくい．合胞体性栄養膜細胞Ⅰの胎仔血側の細胞膜にGLUT1やGLUT3以外の糖輸送体があって，その作用で糖がいったん二つの合胞体層にはさまれたスペースに移行し，それが合胞体性栄養膜細胞Ⅱの細胞膜のGLUT3によって取り込まれる系，すなわちCx26ギャップ結合を介さない系が存在する可能性もある．

胎盤の発達過程での糖輸送体の発現をみると，GLUT1は他の臓器でも見られるように基本的な糖輸送体として迷路部以外も含めてかなり普遍的にみられる．一方，GLUT3は迷路部の形成とともに出現し，しかもある程度分化した合胞体性栄養膜細胞に限局している[38]．このことはGLUT3の迷路部糖輸送における役割の重要性を示唆している．

おわりに

胎盤は胎仔の発育を維持するために関門機能や輸送機能のきわめて発達した器官である．ヒト胎盤は比較的単純な系であるが，ラットやマウスではギャップ結合を介したやや複雑な系からなる．胎盤は哺乳類のなかでは最も種の間で変化に富んだ器官であり，その物質移送機構についても不明な点が多い．今後の研究の進展が待たれる．

文 献

1) Takata K et al : J Reprod Develop **43**, 13 (1997).
2) Wheeler TJ et al : Ann Rev Physiol **47**, 503 (1985).
3) Silverman M : Ann Rev Biochem **60**, 757 (1991).
4) Baldwin SA : Biochim Biophys Acta **1154**, 17 (1993).
5) Takata K et al : Acta Histochem Cytochem **26**, 165 (1993).
6) Takata K et al : Intl Rev Cytol **172**, 1 (1997).
7) Wright EM : Ann Rev Physiol **55**, 575 (1993).
8) Hediger MA et al : Physiol Rev **74**, 993 (1994).

9) Hediger MA et al : J Physiol **482**, 7S (1995).
10) Bell GI et al : Diabetes Care **13**, 198 (1990).
11) Mueckler M : Eur J Biochem **219**, 713 (1994).
12) Takata K : J Electron Microsc **45**, 275 (1996).
13) Takata K et al : Cell Tissue Res **267**, 3 (1992).
14) Doege H et al : J Biol Chem **275**, 16275 (2000).
15) Doege H et al : J Biochem **350**, 771 (2000).
16) Enders AC : Am J Anat **116**, 29 (1965).
17) Benirschke K et al : in Pathology of the Human Placenta. 116 (New York, Springer Verlag, 1995).
18) Takata K et al : Biochem Biophys Res Commun **173**, 67 (1990).
19) Bissonnette JM et al : J Membr Biol **58**, 75 (1981).
20) Johnson LW et al : Biochim Biophys Acta **815**, 44 (1985).
21) Takata K et al : Cell Tissue Res **267**, 407 (1992).
22) Takata K et al : in Fourth Lake Shirakaba Placenta Conference (eds Nakayama T, Makino T), 54 (Keiseisha, Tokyo, 1993).
23) Takata K et al : J Reprod Develop **43** (suppl), 53 (1997).
24) Takata K et al : Microsc Res Tech **38**, 145 (1997).
25) Illsley NP : Placenta **21**, 14 (2000).
26) Aoki A et al : Cell Tissue Res **192**, 409 (1978).
27) Metz J et al : Cell Tissue Res **192**, 391 (1978).
28) Takata K : Endocrine J **41** (suppl), S3 (1994).
29) Takata K et al : Cell Tissue Res **276**, 411 (1994).
30) Forssmann WG et al : J Ultrastruct Res **53**, 374 (1975).
31) Shin B-C et al : Cell Tissue Res **258**, 83 (1996).
32) Spray DC et al : Ann Rev Physiol **47**, 281 (1985).
33) Pitts JD et al : J Cell Sci suppl **4**, 239 (1986).
34) Loewenstein WR : Biochim Biophys Acta **560**, 1 (1979).
35) Gabriel H-D et al : J Cell Biol **140**, 1453 (1998).
36) Takata K et al : Invest Ophthalmol Vis Sci **32**, 1659 (1991).
37) Shin B-C et al : Histochem Cell Biol **106**, 209 (1996).
38) Shin B-C et al : Endocrinology **138**, 3997 (1997).
39) Nagamatsu S et al : J Biol Chem **267**, 467 (1992).

〔高田邦昭〕

第6部　分娩・胎児

PART 6 / Labor・Fetus

早産とホスホリパーゼA₂

はじめに

　胎盤絨毛や羊膜の感染症（絨毛羊膜炎）が早産を誘発することは，周産期臨床の場でしばしば観察される現象である[1)2)]．陣痛や分娩の進行は子宮頸管の細胞外マトリックスの再構築とそれに伴う適切な子宮筋の収縮が必要となる．子宮収縮を誘発する機構は生化学，生理学など多方面からの研究により次第に明らかとなりつつあるが，分娩の発来のinitiationは未だ明らかとはなっていない．子宮内を構成する各組織の細胞膜グリセロリン脂質の代謝，プロスタグランディンを含むアラキドン酸カスケードが子宮収縮に関連することは，これまでの研究の蓄積によって，疑いのない事実であると考えられる[3)]．グリセロリン脂質の代謝において，その過程を司る脂質分解酵素（作用部位によりホスホリパーゼA1，ホスホリパーゼA2，ホスホリパーゼC，ホスホリパーゼDなどに分類される）が重要な役割を果たす．これらの酵素によって生成された二次代謝物，すなわちプロスタグランディン，ロイコトリエンなどのエイコサノイドやPlatelet derived factor（PAF）は子宮収縮を誘発する機構において重要な役割をすると考えられる[4)5)]．また，感染によって生成されるさまざまな菌体成分や宿主側の免疫担当細胞や内皮細胞などから分泌されるサイトカインなどによってアラキドン酸カスケードが活性化され，その結果エイコサノイドが産生されることも明らかとなっている[6)7)]．脂質分解酵素のなかで，特にホスホリパーゼA2（PLA2）はアラキドン酸生成反応の律速酵素として注目され，これまでいくつかのアイソザイムの一次構造や酵素化学的性質が明らかとなっている．本稿ではPLA2のアイソザイムと絨毛羊膜炎，それに伴う早産，子宮収縮とのかかわりについて著者らの成績も含めて述べる．

1　ホスホリパーゼA₂

　ホスホリパーゼA2はグリセロリン脂質のsn-2位にエステル結合する脂肪酸を加水分解する酵素で，生体内の組織に広く分布している[8)]．細胞膜のリン脂質のグリセロール骨格の第2位にはアラキドン酸が含まれ，ホスホリパーゼA2によって加水分解されることにより，プロスタグランジン，トロンボキサン，ロイコトリエンなどの生理活性脂質へと転換される．ホスホリパーゼA2には酵素活性発現にCa^{2+}を必須とするカルシウム依存性PLA2とCa^{2+}を必要としないカルシウム非依存性PLA2とに大別される．本稿ではこれまで研究の進んでいるカルシウム依存性PLA2について紹介するが，最近種々のカルシウム非依存性PLA2が次々とクローニングされ，粘膜局所での生体防御反応に関与するこ

表49 Ca^{2+}依存性ホスホリパーゼA_2の分類

	分泌型 PLA2		細胞質型 PLA2
	I 群	II 群	(cPLA2)
分子量 (kDa)	14	14	85
Ca^{2+}要求性	mM	mM	<μM
基質特異性	PE, PC	PE > PC	PE, PC
アラキドン酸認識特異性	なし	なし	あり
組織分布	膵外分泌腺 胃, 肺, 膵臓 血清	種々の臓器 炎症浸出液 血清	種々の臓器
生理機能	リン脂質消化	炎症亢進 脱顆粒	受容体刺激 アラキドン酸遊離

PE：ホスファチヂルエタノールアミン，PC：ホスファチヂルコリン

とが報告されている．代表的なカルシウム依存性PLA2のイソフォームを表49に示した．大別して分泌型と細胞質型が存在する．分泌型のPLA2は分子量14kDaで，さらにI群およびII群に分類される．I群PLA2はおもに膵臓腺房細胞から分泌され，消化酵素として働くいわゆる古くから知られる膵ホスホリパーゼである[9]．II群PLA2は分子量14kDaで，ほとんどすべての臓器と血清中に存在し，特に炎症局所の浸出液中に高濃度に検出されることにより，炎症反応の増悪に関与していると考えられている[10)-12)]．I群PLA2は12番染色体から，II群PLA2は1番染色体からそれぞれ単離され，2つの遺伝子構造はイントロンの存在位置が同一で，その相同性から共通の祖先遺伝子から派生したものであることが示唆されている[13)14)]．

細胞質型PLA2（cPLA2）は，そのN末端に細胞質から細胞膜に移行するのに必要なCaLBドメインをもち，アラキドン酸含有リン脂質を選択的に分解する酵素である．分子量は85KDaで，遺伝子は1番染色体上から単離され，種々の臓器に分布している[15)16)]．血小板，血管内皮細胞，免疫担当細胞の細胞膜上にある受容体が刺激されると，cPLA2が活性化され細胞内にアラキドン酸が切り出される．細胞質型PLA2は分泌型PLA2に比べて他の飽和脂肪酸と異なり，アラキドン酸を選択的に加水分解することが報告されている[8]．このPLA2遺伝子のノックアウトマウスのマクロファージにおいてエイコサノイドおよびPAF産生が障害され，雌では分娩発来が障害されたことは興味深い研究成果として注目される[17]．

2　妊娠とホスホリパーゼA2

1　羊水および血清中のホスホリパーゼA2の測定

　著者らは妊娠・分娩とPLA2の関連を検討するため，羊水中および血清中のPLA2濃度とその酵素活性を測定した[18]．測定した対象の患者は，A群：17週から30週の胎児診断のために施行された羊水穿刺による症例6例，B群：37週から41週の選択的帝王切開症例11例，C群：37週から41週の陣痛開始後の症例9例，D群：23週から36週の病理学的に絨毛羊膜炎を認めなかった早産症例19例，E群：23週から36週の病理学的に絨毛羊膜炎を認めた早産症例19例，合計58症例から羊水および母体血清を患者の同意を得て採取した．PLA2の酵素活性の測定にはホスファチジルグリセロールとコール酸を基質として，$CaCl_2$存在下にサンプルを加え，遊離した脂肪酸を逆相HPLCで分析する方法を用いた．従来本酵素の活性は，放射性同位元素でラベルしたリン脂質（ホスファチジルコリン）を基質として酵素によって遊離した放射活性を測定する方法が用いられ，感度の低い測定法であった．著者らの施設では，基質をホスファチジルグリセロールとし遊離した脂肪酸を逆相HPLCを測定することで，PLA2活性の測定感度は飛躍的に向上した[19]．PLA2（I群，II群）濃度の測定は，それぞれのマウスモノクローナル抗体を用いた固相化−抗体RIAキット〔塩野義製薬より供与，シオノリヤ膵PLA2（I群），S-1647（II群）〕を用いて測定した[20,21]．

　A〜E各群でのPLA2活性とRIA法を用いたPLA2濃度の測定の結果を図152（羊水）および図153（血清）に示す．A，B，Cの3群ではほぼ同様の低いPLA2活性を認めに対し，D群（病理学的絨毛羊膜炎を認めない早産）とE群（絨毛羊膜炎の病理診断を得た早産）E

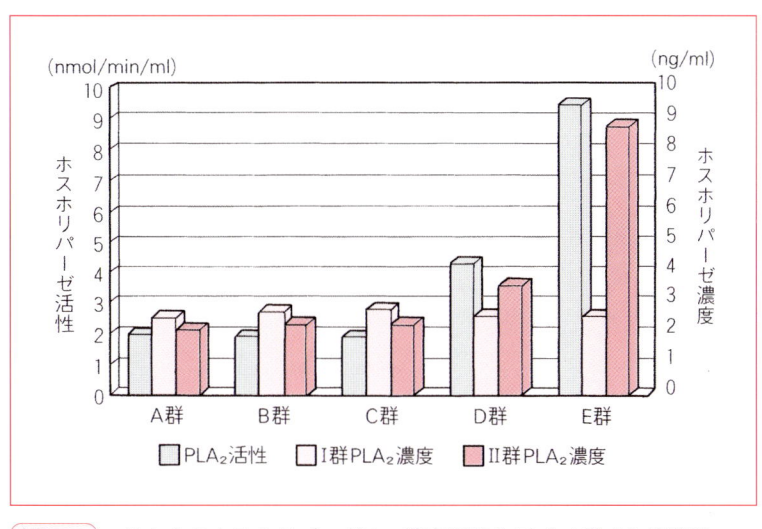

図152　羊水中のホスホリパーゼA2酵素活性とアイソザイムの濃度

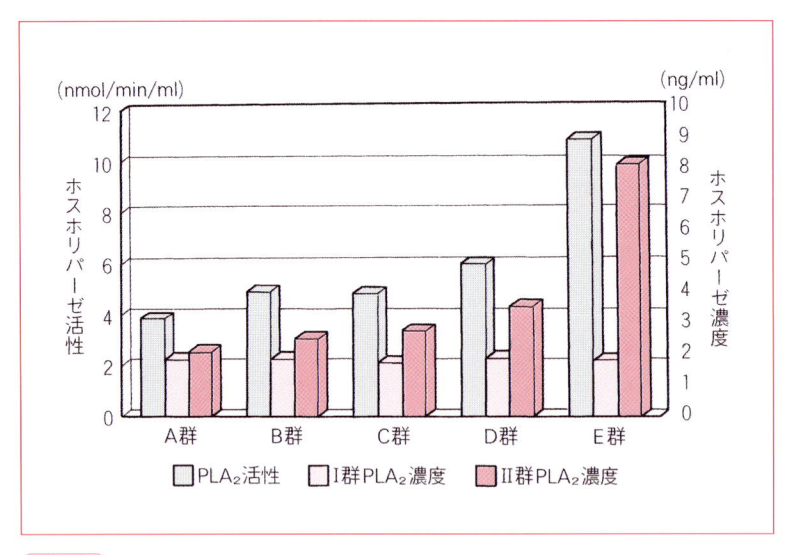

図153 妊婦血清中のホスホリパーゼA2酵素活性とアイソザイムの濃度

　群で有意に高いPLA2活性を認めた．RIA法を用いたⅠ群，Ⅱ群PLA2濃度は，A，B，C群においてはⅠ群PLA2，Ⅱ群PLA2とも平均2.0ng/mlから2.9ng/mlの濃度であり，A，B，C 3群には有意な差を認めなかったが，早産群ではⅡ群PLA2はD群において3.6ng/ml，E群において8.8ng/mlと高値を示し，有意な上昇を認めた．患者血清中のPLA2活性を測定した結果は羊水中のPLA2値とほぼパラレルに推移しており，その活性はⅡ型PLA2の濃度と相関した．羊水および血清中のPLA2活性とⅡ群PLA2の濃度の相関の解析では，羊水サンプルではPLA2活性とⅡ群PLA2濃度はR値0.842，血清サンプルではR値0.871と高い相関を認めた（図154）．絨毛羊膜炎を病理学的に同定できた早産において羊水，血清中に高いPLA2活性を認め，その活性がⅡ型PLA2濃度と相関を示したことは，PLA2活性の大部分は分泌型Ⅱ群PLA2によるものと考えられる．炎症反応によって胎盤，絨毛脱落膜，羊膜などの細胞からⅡ群PLA2が分泌され，羊水中，血清中に同定できたと考えられる．

2　ホスホリパーゼA2アイソザイムの分布と子宮収縮との関連

　分泌型および細胞質型のホスホリパーゼA2の胎盤および胎児付属物の構成組織における分布は，免疫組織学的あるいは分子生物学的（In situ hybridization）に多数の報告がみられる．特にⅡ群PLA2は，羊膜細胞，胎盤を構成する絨毛細胞，線維細胞，網状細胞，子宮筋細胞など広く分布している[22)-24)]．細胞質型PLA2は羊膜細胞や子宮筋層の血管内皮細胞に分布している[25)26)]．著者らの免疫組織学的検討でも，病理学的絨毛羊膜炎を合併した患者の羊膜細胞に，炎症のない羊膜細胞に比べて非常に強いⅡ群PLA2の染色性を確認している[18)]．細胞質内PLA2はアラキドン酸カスケードの中心的な鍵酵素でプロスタグランディンFの代謝に直接かかわる可能性が示唆され，子宮収縮との関連が解析され

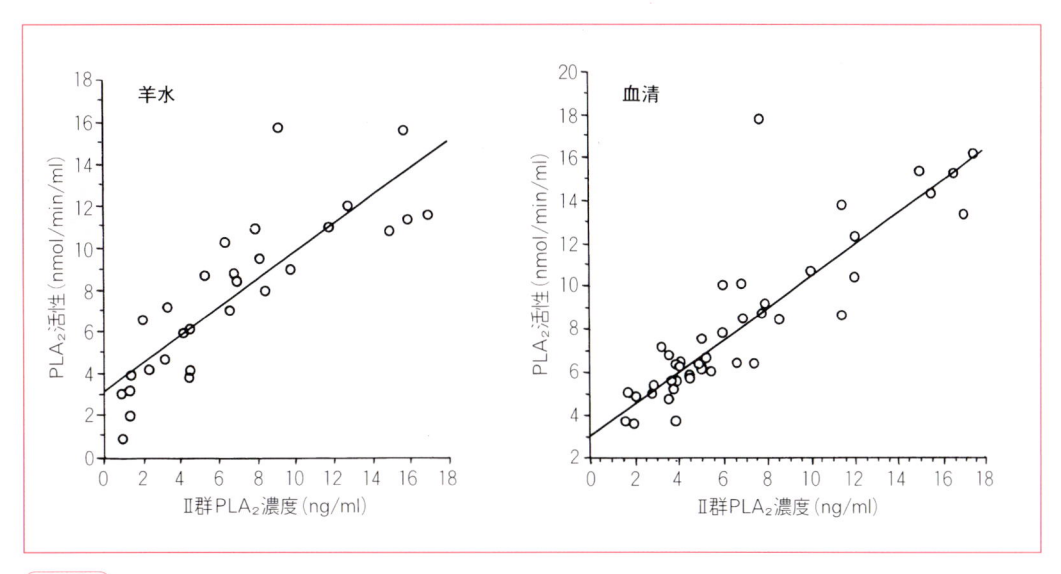

図154 羊水および血清中のPLA2酵素活性とⅡ群PLA2濃度の相関
左図は羊水の，右図は妊婦血清の結果を示す．羊水でR=0.842，血清でR=0.871と強い相関を認める．

〔Koyama Mら，Am J Obstet Gynecol（2000）[18]より転載〕

ているが，分娩発来の前後での子宮筋や羊膜でのcPLA2の量的な変化は観察されなかった[27]．著者らの検討でも，陣痛のある正期産分娩時の羊水，血清中のPLA2活性は陣痛のない群と比較して変化はなく，細胞質内PLA2は分娩時の子宮収縮発来のon-offを直接調節している因子ではないと推測される[18) 27)]．

一方，Ⅱ群PLA2と妊娠の関係においては興味深い結果が得られた．絨毛羊膜炎を病理学的に同定できた早産では著明なⅡ群PLA2濃度の上昇を認めたが，絨毛羊膜炎と診断できなかった早産症例においても，炎症症例ほどの高値ではないものの有意なⅡ群PLA2濃度の上昇を確認した．正期産の陣痛開始後の症例ではⅡ群PLA2は高値を示さなかったので，子宮収縮自体によるものとは考え難い．したがって，病理学的炎症所見を伴わない早産症例での軽度のPLA2の上昇は，早産において顕性の炎症はなくともPLA2が増加し，アラキドン酸カスケードに何らかの変化が生じていることを示唆しており，早産発症のメカニズムを探る鍵の一つと考えられる[28) 29)]．

3　炎症マーカーとしてのホスホリパーゼA2

早産の誘因となる病態のなかで絨毛羊膜炎は重大な疾病である．子宮内の感染から，前期破水，陣痛発来（子宮収縮）までの過程のなかで，様々なChemical mediaterが介在している[30)-32)]．細菌感染による菌体成分や毒素は白血球やマクロファージなどの免疫担当細胞，血管内皮細胞，絨毛細胞，羊膜細胞からIL-1，IL-6，IL-8，TNF-αなどのサイトカインの分泌が誘発され，C反応性蛋白（CRP）などの炎症性蛋白が上昇する．これらの

Ⅵ 分娩・胎児

表50　各種母体血清マーカーによる絨毛羊膜炎の正診率

Markers	(cut off value)	PPV (%)	NPV (%)	Sensitivity	Specificity
PLA2 (ng/ml)	7.0	84.2	86.4	94.7	87.5
CRP (mg/gl)	0.3	71.4	92.9	95.0	60.8
IL-6 (pg/ml)	7.5	74.9	73.1	78.8	79.2
IL-8 (pg/m)	7.0	60.7	44.8	51.5	54.2

PPV：Positive predictive value, NPV：Negative predictive value

化学物質は，絨毛羊膜炎のマーカー蛋白として有用性が報告されている[33]．著者らは，血清中のⅡ群PLA2の絨毛羊膜炎の血清マーカーとしての有用性を検討した．同一血清サンプルのⅡ群PLA2，CRP，IL-6，IL-8の測定し，カットオフ値をそれぞれ7.0ng/ml，0.3mg/dl，7.5pg/ml，7.0pg/mlとして絨毛羊膜炎の正診率を比較した（表50）．血清中Ⅱ群PLA2濃度はsensitivityでは94.5％とCRPと同程度の値を得，specificityで87％と他の3つのマーカーより良好な結果を得た．Ⅱ群PLA2はRIAキットによって簡便に測定することが可能となっている．また，著者らが用いた本酵素の活性をホスファチジルグリセロールを基質とし，遊離した脂肪酸を逆相HPLCを測定する方法は，放射性同位元素を使用する必要がなく，短時間でしかも高感度に測定することができる．したがって，ホスホリパーゼA2は絨毛羊膜炎の有用なマーカーの一つとして臨床応用が期待される．

おわりに

リン脂質代謝の重要な酵素であるホスホリパーゼA2，とくにⅡ群PLA2は敗血症や関節リウマチなどの患者の血漿中や炎症組織の浸出液中に高濃度に検出されるため，炎症としての病態への関与が考えられている酵素である．近年，この酵素の分子レベルの解析や，アラキドン酸カスケードにおけるアラキドン酸遊離の機構が明らかとされつつあり，本酵素の阻害剤による抗炎症治療にも注目が集まっている[34]．早産，とくに絨毛羊膜炎などの炎症性疾患では，羊水および患者血清中に有意なⅡ群PLA2活性の増強を認めた．炎症刺激によって細胞外にⅡ群PLA2が分泌され，細胞外からオートクリンあるいはパラクリン的に細胞に作用し，プロスタグランディンやロイコトリエンの産生を亢進させ，頸管熟化，羊膜傷害，子宮収縮を起こし，早産の誘発に関与していると考えられる．RiceはⅡ群PLA2の作用機序として3つの経路，

　①分泌されたⅡ群PLA2が細胞膜のPLA2受容体を介して細胞内にシグナルを伝達
　②細胞外に分泌されたⅡ群PLA2が膜リン脂質を加水分解し，生成されたエイコサノイドが伝達物質となる経路
　③ホスファチジルセリンなどの陰性荷電のリン脂質が蓄積される（flip-flop）のを防止

をあげている（図155）[28]．また，顕性の絨毛羊膜炎を伴わない早産群においても，正常妊娠に比較してⅡ群PLA2の軽度の上昇を確認したことは，早産のなかにⅡ群PLA2を上昇させアラキドン酸経路を動かせる何か他のトリガリングが存在するのか，あるいは非常に軽度の炎症性変化がすでに起こっているのかを示唆している．

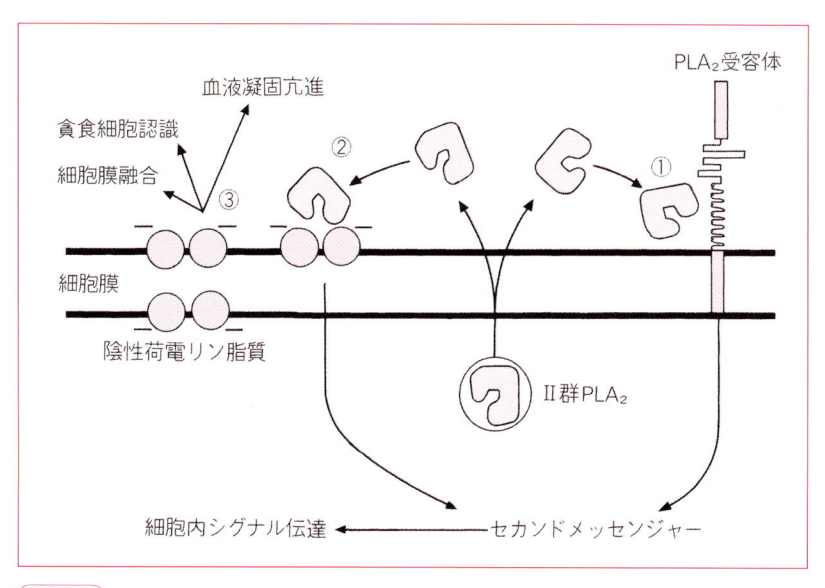

図155 妊娠子宮内での分泌型 II 群 PLA2 の作用機序
①分泌された II 群 PLA2 が細胞膜の PLA2 受容体を介して細胞内にシグナルを伝達する経路（オートクリン反応）
②細胞外に分泌された II 群 PLA2 が膜リン脂質を加水分解し，生成されたエイコサノイドが二次伝達物質となる経路
③血液凝固，貪食細胞の認識，細胞融合などを起こすと考えられるホスファチヂルセリンなどの陰性荷電のリン脂質の蓄積 (flip-flop) を防止
〔GE Rice：Placenta (1998)[28] より転載〕

文献

1) Romero R et al：Clin Obstet Gynecol **31**，553 (1988).
2) Potkul RK et al：Am J Obstet Gynecol **153**，642 (1985).
3) Olson DM：Reprod Fertil Dev **3**，413 (1991).
4) Dudley DJ et al：Biol Reprod **48**，33 (1993).
5) Liggins GC：Biol Neonate **55**，366 (1989).
6) Northup JK et al：J Clin Invest **82**，1347 (1988).
7) Kramer RM et al：J Biol Chem **264**，5768 (1989).
8) Kudo I et al：Biochim Biophys Acta **1170**，217 (1993).
9) Verheij H et al：Rev Physiol Biochem Pharmacol **91**，91 (1981).
10) Baek SH et al：Life Sci **49**，1095 (1991).
11) Minami T et al：Gut **33**，914 (1992).
12) Seilhamer JJ et al：J Biol Chem **264**，5335 (1989).
13) Johnson L et al：Adv Exp Med Biol **275**，17 (1990).
14) Seilhamer JJ et al：DNA **5**，519 (1986).
15) Kramer RM et al：Adv Exp Med Biol **275**，35 (1990).
16) Clark J et al：Proc Natl Acad Sci USA **87**，7708 (1990).
17) Uozumi N et al：Nature **390**，618 (1997).
18) Koyama M et al：Am J Obstet Gynecol **183**，1537 (2000).
19) Tojo H et al：J Lipid Res **34**，837 (1993).
20) Misaki A et al：J Clin Biochem Nutr **11**，79 (1991).
21) Misaki A et al：J Clin Biochem Nutr **11**，91 (1991).
22) Rice GE：Reprod Fertil Dev **7**，613 (1995).
23) Andersen S et al：Prostaglandins Leukot Essent Fatty Acids **51**，19 (1994).
24) Aitken MA et al：Placenta **17**，423 (1996).
25) Skannal DG et al：Am J Obstet Gynecol **177**，179 (1997).
26) Skannal DG et al：Am J Obstet Gynecol **176**，

878 (1997).
27) Munns MJ et al：Placenta **20**, 21 (1999).
28) Rice GE：Placenta **19**, 13 (1998).
29) Mikamo H et al：Am J Obstet Gynecol **179**, 1579 (1998).
30) Shimoya K et al：J Infect Dis **165**, 957 (1992).
31) Taniguchi T et al：Am J Obstet Gynecol **165**, 131 (1991).
32) Maeda K et al：Gynecol Obstet Invest **43**, 225 (1997).
33) Mazor M et al：J Reprod Med **38**, 799 (1993).
34) Tanaka K et al：J Antibiot Tokyo **47**, 631 (1994).

〔古山将康／村田雄二／東城博雅〕

2 ヤギ胎仔を用いた子宮外保育実験

はじめに

　近年の未熟児・新生児医療の進歩は目覚ましく，1,000g未満の超低出生体重児もintact survivalが期待できるようになってきた．しかし，現行の未熟児保育法では，どんなに肺の形成・発達が未熟であっても，保育器の中で肺呼吸が強制されなければならない．本来，胎児期は臍帯循環を保ったまま羊水中で保育されるのが自然であることはいうまでもない．

　未熟な胎児を子宮外に取り出し，肺呼吸させることなく胎児循環を保ったまま人工羊水中で保育しようとする研究の究極の目的は，現行の未熟児保育法とは根本から異なる新たな未熟児保育法の開発である．この人工子宮とでもいうべき方法によれば，現行の未熟児保育法では救命できないような，極めて未熟な児の救命も期待できる．

　一方，これまで胎児の生理・病理に関する実験的研究は，そのほとんどが子宮内慢性実験法(in utero chronic preparation)を用いて行われてきたが，動物胎仔を用いて行う子宮外保育法を新たな胎児実験モデルと位置づけることにより，実験周産期学と呼ばれる学問分野における新たな展開が期待できる．

　子宮外胎仔保育実験は，すでに1960年代から行われていたが[1)2)3)]，子宮外保育時間は最も長いものでも50数時間であった．その後，1970年以降，新たな報告はみられず，一時期この研究は，長時間胎外循環を維持してゆくことの困難性を最大の理由として放棄されていた観がある．

　1987年，桑原らは独自の方法で子宮外保育装置の開発を行い[4)]，それまでとは比較にならないほど安定した状態でヤギ胎仔の子宮外保育を可能とした[5)]．さらに1993年には，子宮外保育法の改良によって500時間を越える長期子宮外保育が達成された[6)]．

　本稿では，桑原らによって開発された子宮外ヤギ胎仔保育システムの概要を説明するとともに，本システムを用いて得られた実験から最近のデータを紹介し，人工子宮に関する臨床的および実験研究上の将来の展望と問題点について述べてみたい．

1 子宮外保育システムの概要

1 母体子宮内から子宮外保育システムへの胎仔の移行

　妊娠ヤギをハロセン全身麻酔下で開腹，子宮を切開し，胎仔の後肢を把持して臍輪部が露出するまで胎仔の後半身を子宮外に牽出する．子宮外に引き出された臍帯の臍輪近くで

臍帯動脈を露出・切開し，8Frまたは10Frのポリビニール製のカテーテルを臍帯動脈から腸骨動脈を経て，先端が腎動脈直下の腹部大動脈に達するまで挿入し，これを固定する．カテーテルをこの位置まで挿入することにより，胎外循環への血液流出量が安定して維持される．続いて対応する臍帯静脈にもカテーテルを挿入するが，これは先端が臍輪を約2cm程度越えたところで固定する．

　一対の臍帯動・静脈にカニュレーションが完了したところでカテーテルをECMO回路に接続し，胎外循環を開始する．この時点では，胎外循環と胎盤循環の併用という状態になっている．ヤギ胎仔では臍帯血管は2動脈・2静脈であるため，もう一対の臍帯動・静脈にも同様にカニュレーションを行いECMO回路に接続することも可能であるが，血圧測定用の動脈ラインを挿入したり，血液サンプル採取用のカテーテルの挿入用として用いることも可能である．以上の処置が終了したところで臍帯を切断し，胎仔を人工羊水中に移す．

2　子宮外保育システムの構成（図156）

　ヤギ胎仔は人工羊水中に置かれる．臍帯動脈に留置したカテーテル（先端は腹部大動脈にある）から，胎仔自身の心臓のポンプ作用により脱血された血液は，いったん脱血リザーバにためられる．脱血リザーバには発光ダイオードを用いたセンサーが設置してあり，血液の量（高さ）が一定になるように，コントローラーが自動的にロータリー式血液ポンプの回転数を制御し，脱血量に応じた血液を膜型人工肺に送り込む．この方法により，胎

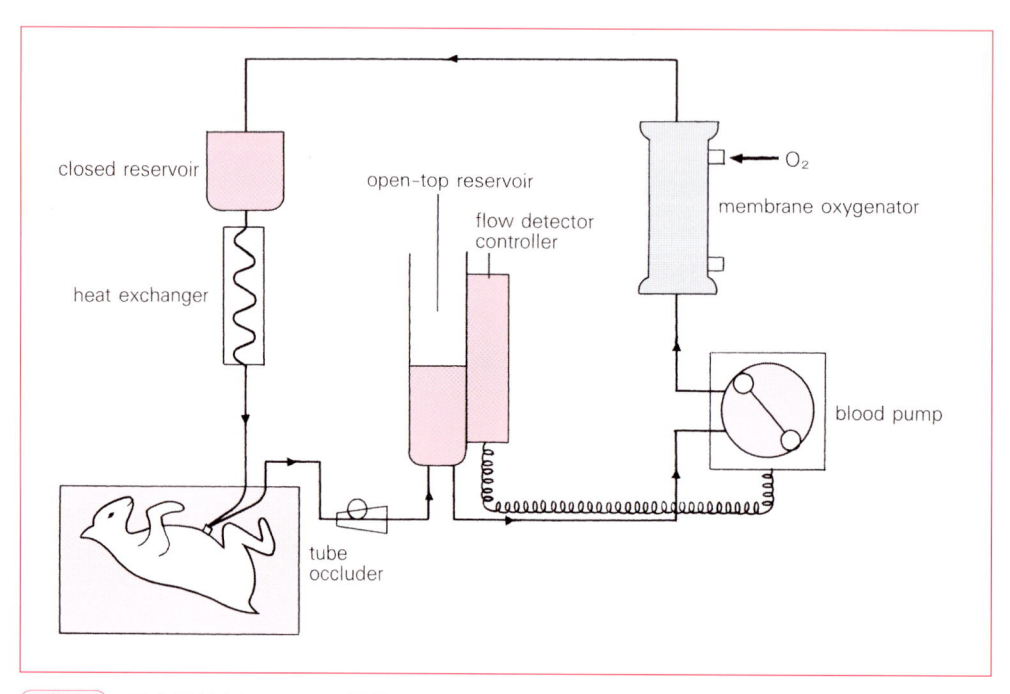

図156　子宮外保育システムの構成

仔の心臓に前負荷をかけることなく胎仔の状態の変化にあわせた胎外循環血液量の調節が可能となっている[7]．人工肺によって完全に酸素化された血液は，閉鎖式の送血リザーバを経由することで血液ポンプの脈流に由来する圧変化が緩衝され，その後，熱交換機を介して臍帯静脈を経て胎仔へと戻される．

本システムは人工肺への脱血ルートならびに酸素化した血液を胎仔へ送る送血ルートが通常の新生児ECMOとは異なり，臍帯動・静脈を用いることからA‐V ECMOシステムと言うことができる．この胎外循環回路は，胎仔にとっては臍帯・胎盤循環と全く同一の循環であり，胎仔は胎児循環をそのまま保持していることになる．

3　人工羊水槽

胎仔を収容する人工羊水槽は外槽・内槽からなる二重構造の透明なアクリル製のタンクとなっている．外槽はヒータで加温した温水で満たされ，人工羊水を満たした内槽を39.5℃に保温する．人工羊水はヤギ胎仔の羊水にできるだけ近似した組成となっており，Na 75mEq/l，K 2mEq/l，Cl 55mEq/l，アルブミン 2.2g/l，ブドウ糖 130mg/lを含有するように調製する．

4　体外循環の維持

体外循環回路のプライミングは200～230mlのヘパリン加成獣血で行う．体外循環を開始してからは，回路内の血液凝固は人工肺の塞栓をひきおこし致命的であるので，活性化凝固時間（ACT）を指標とし，ACTが180～250秒になるようヘパリン加生理食塩水を回路内に持続注入する．また，検査のための採血分を補う目的で，成獣の血液を1～2ml/hの割合で回路に輸血する．また，胎仔の栄養と電解質バランスを保つため，5～10％ブドウ糖を含有する電解質液を回路内へ輸液する．

5　胎仔のモニター

子宮外保育中のヤギ胎仔は透明なアクリル製タンクの中の人工羊水内におかれるため，保育中の胎仔の様子は肉眼で観察可能であるとともに，種々の生理的パラメーターのモニターが可能である．さらに，保育中に胎仔に対し手術的操作も容易に行える．最近の実験では，胎仔のvital signのほか，総頸動脈に装着した電磁流量計により，脳循環血流量の評価も行っている．また，脳波も採取可能であるため，胎仔の中枢神経活動のきめ細かい評価を行うことができる．

6　体動抑制

これまでの本システムによる長期保育における胎仔死亡の主たる原因は慢性循環不全によるものであった．これは，保育中に観察される体動に伴う体内の呼吸循環系の変動に，体外循環系が対応できないことが最大の要因と考えられた．この対策として，体外循環回路に副回路を設け透析・限外濾過を行ったこともあったが，あまり有効ではなかった．そ

のため，長期間の子宮外保育実験に際しては，胎仔の体内環境の変動をできるだけ少なくすることが最も重要と考え，minor tranquilizer（diazepam 1.0〜2.5mg/day）と，筋弛緩剤（pancronium bromide 0.3〜0.6mg/day）の投与を行った．

2　子宮外保育中の胎仔の状況

人工羊水槽に移された胎仔は，麻酔から覚醒するにつれてしだいに活発な体動を示すようになる．体動は躯幹・四肢の運動のみならず，呼吸様運動，飲水運動，眼球運動などの通常胎児期に認められるすべての行動が観察される．

一般に，子宮外保育導入直後は，麻酔および手術のストレスにより胎仔の循環動態も不安定であるが，保育開始48時間以降は生理的レベルで安定する．

子宮外保育中の胎仔の循環動態をみると，体外循環血液量は個体差がみられるものの，子宮外保育が100時間を超えた長時間生存群ほどより狭い範囲（60〜130ml/min/kg）に分布し，変動の仕方も少ない傾向にある．平均動脈圧も個体差が大きいが，45mmHg前後で推移する．$PaCO_2$は人工肺のガス交換能と換気血流比に大きく依存しており，体外循環血流量にかかわらず40mmHg前後に維持するように人工肺に流す酸素流量を適切に維持・調節する．PaO_2は子宮内の値が20mmHgであるのに対して20〜40mmHgと全体的に高い傾向にある．

子宮外保育中のヤギ胎仔の酸素消費量は実験ごとのばらつきが大きいものの，6 ml/min/kg前後に維持されている．この酸素消費量はヒツジ胎仔の酸素消費量7〜8 ml/min/kgと比較すると子宮外保育下ヤギ胎仔の酸素消費量は軽度に抑制されているということができる．

3　長期保育実験

薬物による体動抑制を行った長期保育実験では，筋弛緩剤投与後は飲水行動を含め体動は完全に抑制され，投与5〜6時間経過後に弱い緩慢な四肢運動・呼吸様運動が認められるのみであった．胎仔は極めて安定した状態で約500時間にわたって人工羊水中で保育された．また，この間，体毛の伸長や眼裂の形成により開眼が可能になるなどの成熟徴候も認められた．また，子宮外保育システムから離脱後は，人工換気を必要としたものの，良好な換気が得られ，肺の機能的成熟も確認できた[6]．

薬剤による体動抑制は生理的状態とは異なるものであるが，子宮外保育中の胎仔の状態悪化と関連があると考えられた因子を除去することができ，極めて長期間の子宮外保育が可能であった．さらにこの間，胎仔肺に機能的成熟が得られ，本システムによる子宮外保育は胎仔の生命維持にとって有効であるということが判明した．以上の点から，本実験は臍帯動静脈A-V ECMOの臨床的可能性を動物実験で初めて具体的に示したものであるということができる．

しかし，肺呼吸開始後の新生仔が自力で生命維持可能な状態に到達できなかったことは，長期間の体動抑制が未熟動物の筋力の発達・成熟に影響をおよぼす可能性が示唆された．そのほかにも，本システムでは栄養供給が十分でないこと，水バランスの検討が行われていないことなど長期間前進状態を維持するうえで問題となる点が多く，本システムの臨床応用を考えるにはさらに多くの検討課題が存在する．

4　実験モデルとしての応用

　本装置による子宮外保育中の胎仔は，母体から切り離され，母体の胎盤から独立した状態で維持されているものの，呼吸用運動の存在や脳波から分析すると，子宮内の胎児とほぼ同様のbehavioral stateを示すことが判明した[8]．したがって，周産期領域の実験モデルとして従来の慢性実験モデルにはない利点を有している．

　低酸素に対する胎児の反応をみる実験を例にとると，従来の慢性実験モデルを用いる場合は母獣を低酸素にすることで胎仔に低酸素負荷が加えられていた．そのため，母獣の状態の悪化によって長時間の負荷実験が行えないことや，低酸素だけでなく同時に存在する高炭酸ガス血症の影響も無視できないなどの問題があった．しかし，本実験モデルによれば，膜型人工肺に流す酸素の濃度と流量をさまざまに変化させることで，胎仔に対する低酸素負荷と高二酸化炭素負荷を，実験的にそれぞれ独立して作成し加えることが可能である[9]．

　近年，脳室周囲白質軟化症(periventricular leucomalacia：PVL)の発症は，未熟児の脳性麻痺の原因として注目されているが，とくに出生前に発症するPVLの原因として，臍帯の圧迫に伴う脳の深部白質の虚血・再還流が重要であろうと推察されている．慢性実験モデルで臍帯の圧迫実験を行う場合，通常，臍帯にoccluderを装着して圧迫を行うことから，臍帯静脈のみならず臍帯動脈も圧迫・閉塞されるため，胎仔の血圧上昇を伴うことや，圧迫負荷を繰り返しによって胎児のacidosisが引き起こされるなどの問題点があげられる．

　著者らは，本子宮外保育システムでは，胎仔の臍帯動・静脈が別々のルートとなっていることに着目し，臍帯静脈からの還流血液のみを一時的に減少させ，その後減少させた血液を，短時間で再還流させる負荷実験系を作成し，この負荷実験によってPVLが発症するかどうか検討した．その結果，臍帯静脈の還流異常によって，胎仔はacidosisに陥ることなく，深部白質にPVLの初期病変と考えられる凝固壊死像が生じることが判明した[10]．

おわりに

　人工子宮内の児は，母体子宮内の児と比べるといくつかの相違点はあるものの，新生児に比較すると明らかに胎児に近く，これが本装置の最大の特徴といえる．現在，早産の結果生まれた超低出生体重児や極低出生体重児は，新生児として保育されるしか手段が存在しないが，無理に外界への適応を求められる新生児としてではなく，胎児として保育されるのがより自然であり望ましいことはいうまでもない．

さらに，現在，直達的胎児手術が唯一の治療法であるとされている重症の先天性横隔膜ヘルニアなどの疾患を有する胎児の治療の場として，本装置は恰好のものであろうと思われる．

しかし，子宮の機能のうち，胎盤に限ってみても，本装置で代用しているのはガス交換といったごく一部にすぎず，胎盤機能のうち，栄養補給，排泄，さらには内分泌といった重要な機能についての検討はほとんどなされていないのが現状である．このように，本装置が実用化されるまでには，解決しなければならない多くの問題点がある．

現在，わが国においても，独自の方法で，子宮外保育システムの開発ならびに保育実験を行っている施設が存在する[11]．今後，この分野の研究のさらなる発展を期待したい．

文　献

1) Callaghan JC et al：Can J Surg **8**, 208 (1965).
2) Alexander DP et al：Am J Obstet Gynecol **102**, 969 (1968).
3) Zapol WM et al：Science **166**, 617 (1969).
4) Kuwabara Y et al：Artificial Organs **11**, 224 (1987).
5) Kuwabara Y et al：Artificial Organs **13**, 527 (1989).
6) Unno N et al：Artificial Organs **17**, 996 (1993).
7) Unno N et al：Artificial Organs **21**, 1239 (1997).
8) Kozuma S et al：Biol Neonate **75**, 388 (1999).
9) Itoh S et al：Fetal Deagn Thr **12**, 314 (1997).
10) 吉田幸洋ほか：日本新生児学会誌 **35**, 700 (1999).
11) Sakata M et al：J Thorac Cardiovasc Surg **155**, 1023 (1998).

〔吉田幸洋／中村　靖／仁科秀則／伊藤　茂／湯原千治／松尾　敦／米本寿志／西岡暢子〕

3 子宮収縮とオキシトシン

はじめに

　子宮収縮とオキシトシンの作用を論じる場合，子宮筋切片の収縮調節機序に対するオキシトシンの直接的な影響と，生体における陣痛発来機構に対するオキシトシンの直接または間接的な影響とを分けて考察しなければならない．もちろん，これらは図157に示すように一部重なり合った部分があり，健康な胎児を娩出する分娩現象は両者が揃って初めて成立する．一方，分娩のメカニズム解明を目的とした研究には多くの方法論が導入されているが，それぞれの手法の固有の限界により，結果に導かれる解釈はどちらかに偏ったものとならざるを得ない．したがって，時に同じものを論じているようで議論がかみ合わないことがある．そこで本稿では，われわれの報告を中心に，それらを分けて解説することを試みる．

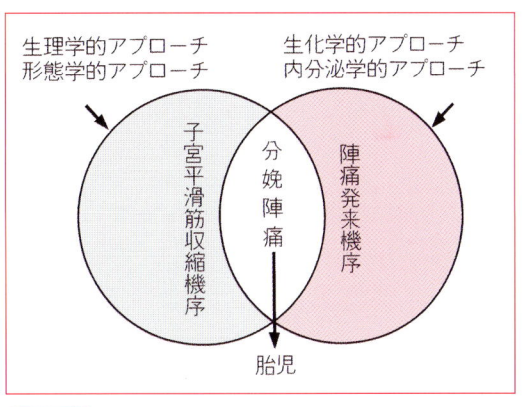

図157 子宮平滑筋収縮調節機序と陣痛発来機序

1　子宮平滑筋の特徴

　内臓平滑筋を基本的な細胞膜特性から分類すると，子宮筋は小腸や大腸と同じように自発活動を持ち興奮性の高い筋群に含まれ，トーヌスを維持するだけの気管や血管などとは異なり，生理的な収縮調節は基本的には自発性の活動電位変化によってなされている．したがって，静止膜電位を少し変えるだけで自発収縮の頻度や持続を容易に変えることが可能である．これは，子宮における妊娠中の収縮抑制と分娩開始からの収縮促進という対極の生理的役割を考えると，調節性に優れた機構であるといえる．平滑筋の収縮に関しては細胞内遊離Caの増加が必須であるが，そのためには電位依存性Caチャネルや非選択的陽イオンチャネルを介した細胞外からのCaイオンの流入や細胞内貯蔵部位からのCaの放出が必要になってくる．このようにして誘発された収縮において，さらに収縮系におけるCa感受性の増強が影響して，少量の細胞内Caの増加でも大きな収縮を維持することができるような機構も明らかになっている．ヒト子宮筋に関しても，ラットなどと同じように自発性の活動電位が発生して，それに伴った電位依存性Caチャネルを介した細胞外

からのCaイオンの流入により収縮が誘発されているが，その時間経過はラットと異なり，分娩陣痛と同じ1分間位の収縮と3〜5分間位の弛緩が繰り返される．これらのヒト子宮筋切片の自発収縮パターンは妊娠週数に無関係でほぼ一定であり，直接筋肉の電気刺激を繰り返してもその周期性は維持され[1]，この強い周期性の維持力が妊娠ヒト子宮筋の特徴でもある．そして，温度や外液イオンなどの環境を変えると収縮性は変化するが，強さ・持続・頻度の収縮3要素のうち頻度への影響が最も大きい[2]．

　一方，平滑筋の弛緩機構について，基本的には収縮時に増加した細胞内CaイオンをCaポンプとNa−Ca交換機構によって細胞外へ排出したり，筋小胞体などの細胞内貯蔵部位へ取り込んだりして速やかに弛緩しているが，子宮筋においては筋小胞体が少ないことが知られている．そこで，妊娠ヒト子宮筋におけるNa−Ca交換機構の特徴について検討した．同筋において外液のNaイオンを除去すると外液Caイオン濃度に依存する強い拘縮が発生し，これはNa−Ca逆交換機構によるものだと考えられている．そこで，従来からメカニズムの解明が進んでいる高カリウム拘縮と比較すると，Na-free拘縮は高K拘縮と異なり，Tonic相はMgイオンによって著明に抑制される．しかしながら，高K拘縮のPhasicおよびTonic相はCa拮抗薬のニフェジピンで抑制されるが，Na-free拘縮のTonic相は抑制されなかった[3]．これらの結果から，妊娠ヒト子宮筋はスパイクおよびプラトー型の自発性活動電位を発生して収縮を誘発し，その持続は約1分であり，頻度とともに分娩陣痛の周期性に一致する．また，その周期性は外液の環境に強い影響を受けていて，弛緩期の形成は活動電位の休止が基本であり，CaポンプやNa−Ca交換機構が強く関与しているということができる．

2　子宮収縮調節とオキシトシン

　オキシトシンは，基本的には視床下部の室傍核および視索上核の大細胞ニューロンで産生され，担体蛋白質であるニューロフィシンとともに軸索輸送されたあと，神経終末より神経分泌されて下垂体後葉に貯蔵され，必要に応じて放出されるペプチドホルモンである．生理作用は多彩であり，末梢からの刺激によって子宮や乳腺を初めとして輸精管，脂肪細胞，膵臓，腎臓，下垂体前葉など多くの標的臓器に作用し，一部はバゾプレッシンと作用が交差している．そして，オキシトシンは陣痛発来やその維持に強く関与し，また，古くから薬物として子宮収縮の誘発や促進に使用されている．動物実験によるその収縮増強作用は，ナトリウム(Na)やカルシウム(Ca)イオンなどの細胞膜透過性亢進によるスパイク放電群の頻度や持続の増加によるとされ，Caイオンの細胞内流入の増加やミクロゾーム分画からの同イオンの放出が収縮増強に関与していることが報告されてきた．妊娠ヒト子宮筋においては，活動電位のプラトー相を増強することによって収縮増大作用を惹起するが(図158)，その作用は外液Caイオン濃度に依存し，高濃度のCa拮抗剤の前投与により抑制され，低濃度の前投与によって収縮高と頻度の増加が分離した(図159)．この結果から，収縮増大と頻度増加の作用点は異なることが考えられ，さらに，K拘縮実験により細胞内

子宮収縮とオキシトシン

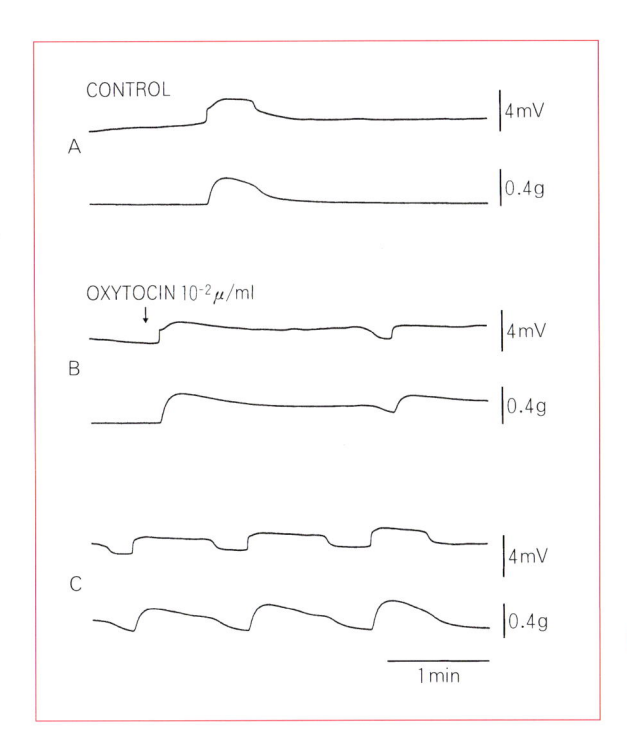

図158 妊娠ヒト子宮筋のプラトー型活動電位と収縮に及ぼすオキシトシンの効果

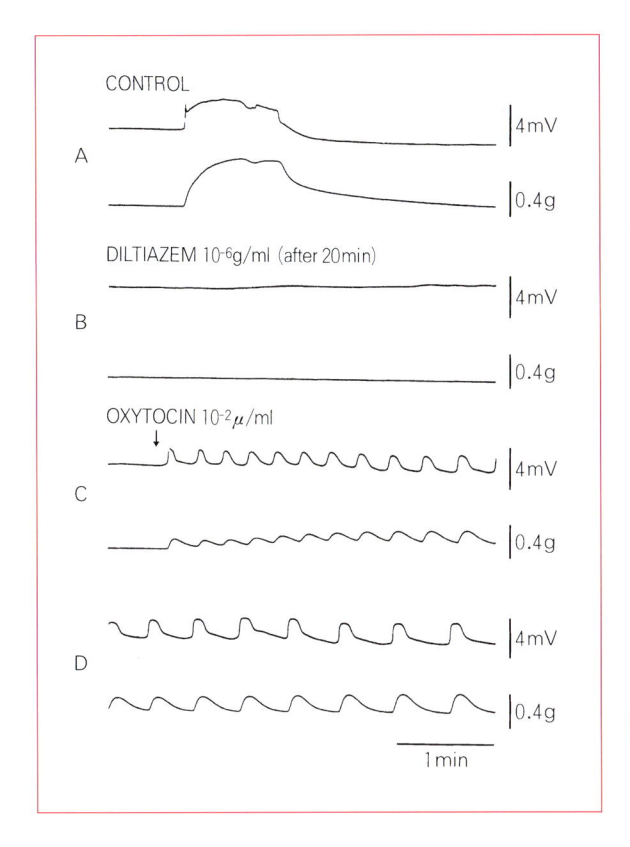

図159 妊娠ヒト子宮筋のプラトー型活動電位と収縮に及ぼすCa拮抗剤ジルチアゼムとオキシトシンの効果

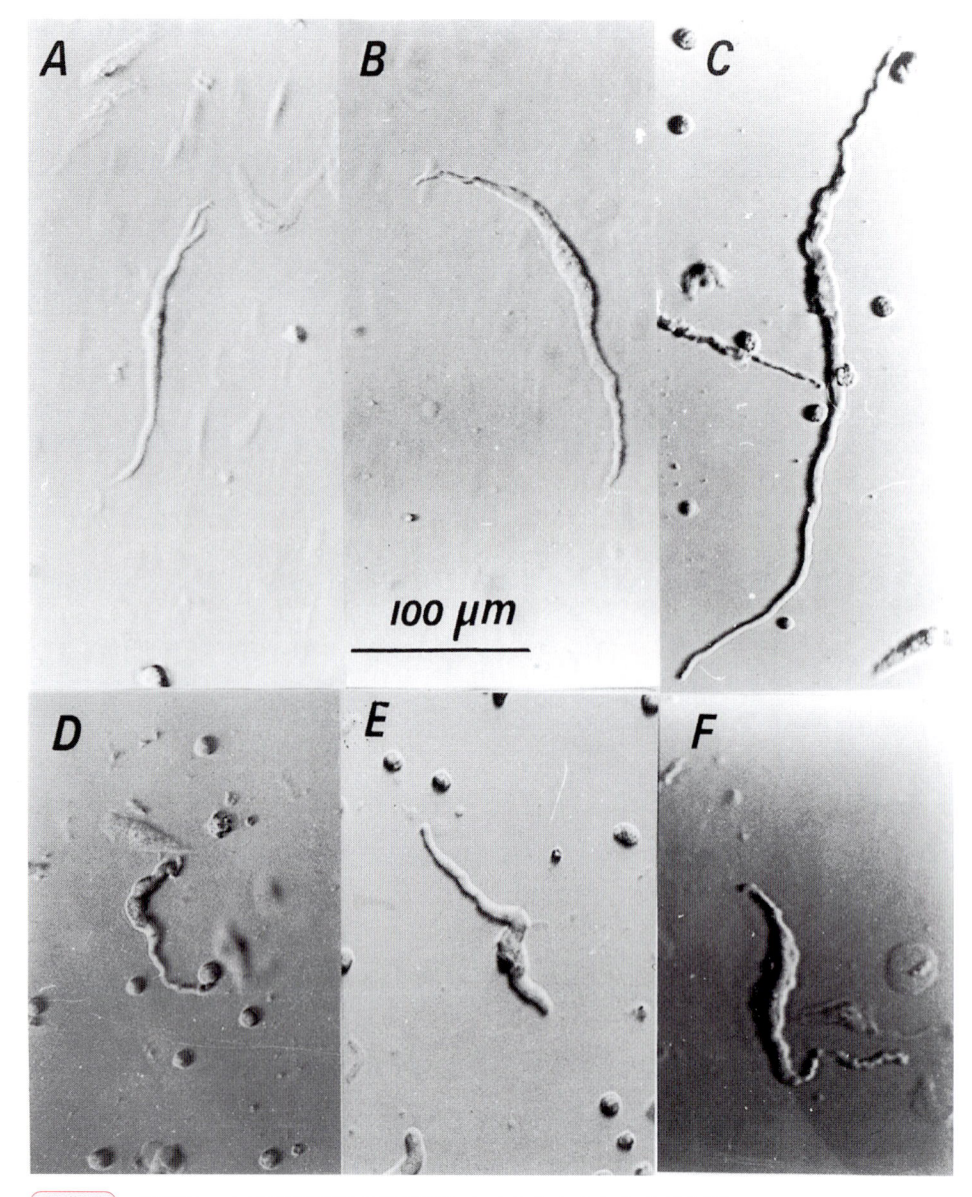

図160 妊娠ラット子宮縦走筋の単離細胞とオキシトシンによる収縮
妊娠15日(A, D), 18日(B, E), 21日(C, F)

貯蔵Caの遊離も示唆された[4]．さらに，細胞内微小電極法による研究でもこれらの事実が再確認され，低濃度のオキシトシンは静止膜電位に変化を与えずにプラトー型活動電位の振幅と持続を有意に増大させ，高濃度では頻度も増加させた．一方，スパイク型活動電位においても，高濃度のオキシトシンにより膜透過性が亢進して脱分極し，活動電位もプラトー型に変化した[5]．このように，妊娠ヒト子宮筋においてオキシトシンは細胞膜の電気現象に直接影響を与えることにより収縮性を制御していることが明らかになった．これら

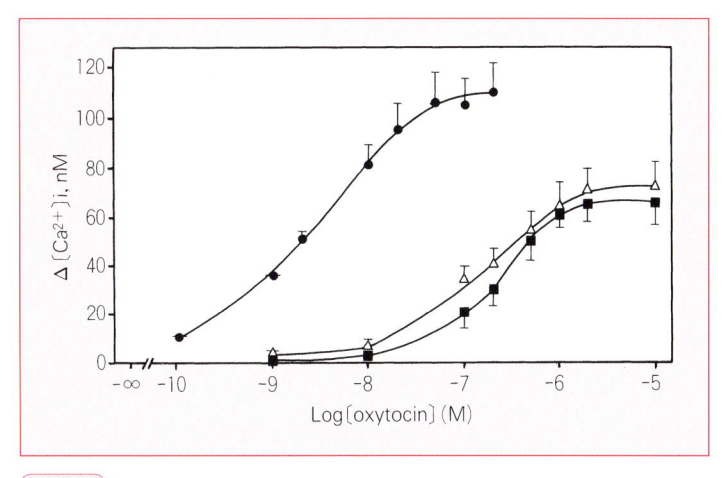

図161　右より妊娠15, 18, 21日ラット子宮縦走筋のオキシトシンと細胞内Ca増加量の用量－作用曲線

の結果は妊娠ラット子宮筋においても確認することができた．妊娠15, 18, 21日目のラット子宮筋を酵素処理をして慎重に単離すると，図160に示すように収縮・弛緩能力を維持した形で単離細胞群を採取することができる．上段が弛緩細胞で，下段がオキシトシンにより収縮させた細胞である．そこでCa感受性蛍光色素であるFura-2の使用によりオキシトシン投与後20秒までの初期の細胞内Ca濃度変化に注目すると，妊娠21日目には妊娠15, 18日に比較して急速にオキシトシンによる細胞内Ca量の増加が認められ，それらの子宮筋細胞内Ca増加量の用量－作用曲線は図161のようになった．次に外液Ca除去，カルシウム拮抗薬ベラパミル，細胞内貯蔵部位からのCa遊離を阻害するライアノジンの影響を見てみると，この順番でオキシトシンによる細胞内Ca濃度の増加を強く抑制した[6]．これらの結果から，オキシトシンは電位依存性Caチャンネルを主とする細胞内Caの流入を促進することによって子宮筋の収縮増強作用を発現し，細胞内貯蔵部位からのCaイオンの放出の関与は少ないことが示唆された．さらに，これらの作用は外液マグネシウム（Mg）イオンによって強く影響されていて，数mMのMgイオンはオキシトシンの収縮増大作用をさらに増強することが判明している[7]．マグネゾール投与中の妊娠中毒症症例の分娩誘発に従来よりオキシトシンが使用されてきたが，血中濃度を考慮すると，Mgイオンの作用は収縮を抑制するよりオキシトシンの作用をむしろ増強しているものと考えることができる．

3　陣痛発来とオキシトシン

1　陣痛発来と子宮筋

ラットやマウスなどの双角子宮は，漿膜側の縦走筋と内膜側の輪走筋を明らかに区別す

ることができるが，分娩開始直前から特に輪走筋において自発収縮の頻度や持続が変化して縦走筋に近似してくる．そこで細胞内微小電極法により活動電位を同時に記録すると，輪走筋においては妊娠中期に見られるプラトー型活動電位が分娩開始直前からスパイク型に変化し，分娩開始後は縦走筋と同じようなスパイク放電群に劇的に変化してそれに伴う収縮のパターンを変えていることが判明した．この変化は分娩陣痛の子宮全体としての同期性を形成するのに基本的に重要になると考えられる．次にその変化に必要な因子を明らかにするために，一側妊娠，一側胎盤剥離，両側卵巣切除をすることにより子宮筋の伸展，循環血中の性ホルモン，胎仔胎盤系の影響について検討した．その結果，一側妊娠および両側卵巣切除によって輪走筋の活動電位の分娩発来におけるパターン変化が起こらずに異常収縮が出現し，胎内死亡や死産などを呈する異常分娩になった．これは分娩の発来や維持に胎仔発育による子宮筋の伸展と循環血中の性ホルモンが必要であることを示唆している．そこで両側卵巣切除ラットにエストロゲンを投与すると，活動電位のパターンはスパイク放電群に変化して正常に分娩が終了した．これらの結果から，妊娠ラット子宮筋は分娩開始直前から自発性活動電位および収縮のパターンが変化して規則正しく同期する分娩陣痛発来の準備状態を形作り，この急激な細胞膜活動の変化には胎仔発育による子宮筋の伸展と循環血中のエストロゲン増加が必要であることが判明した[8]．

次に妊娠ラット子宮筋のオキシトシン受容体の妊娠経過に伴う変化を観察すると，妊娠15，18，21日と妊娠進行に伴いオキシトシンの受容体結合速度も結合量も増加した．一方，結合とは反対に解離速度は妊娠進行に伴って遅延した．表51にそれらの値を示すが，妊娠進行に伴い最大結合部位数（B max）および結合速度定数（K1）は増加し，解離速度定数（K-1）は減少している．そこで結合様式をさらに詳細に解析するためにスキャッチャード・プロットを作成すると，妊娠18，21日目のプロットは上に凸の曲線を示し，さらにヒル・プロットからヒル定数を求めると，妊娠15，18，21日それぞれ1.0，1.5，3.0になり，妊娠15日目のオキシトシン受容体は独立した均一な結合部位であり，18，21日目は正の協同性を示す結合部位に変化していることが示唆された[9]．図162は正の協同性変化の模式図であるが，妊娠進行に伴って子宮筋のオキシトシン受容体はオキシトシンが結

表51 妊娠ラット子宮縦走筋オキシトシン受容体の妊娠進行に伴う結合定数の変化

assay condition	B_{max}[a]	K_d^{app} (nM)[b]	k_1 ($M^{-1}min^{-1}$)[c]	K_{-1} (min^{-1})[c]	K'_d (=k_{-1}/k_1) (nM)[b]
Day 15	0.070	3.4	1.80×10^7	0.301	16.7
Day 18	0.160	2.7	4.65×10^7	0.266	5.7
Day 21	0.220	2.3	1.00×10^8	0.193	1.9

[a] pmol/mg membrane protein.
[b] The dissociation constants, K_d^{app} and K'_d, for the radioligang[^{3}H]oxytocin were estimated from the equilibrium binding and the kinetic methods, respectively, as described in the Experimental section.
[c] The determinations of K_1 and k_{-1} were carried out as described in the Experimental section.

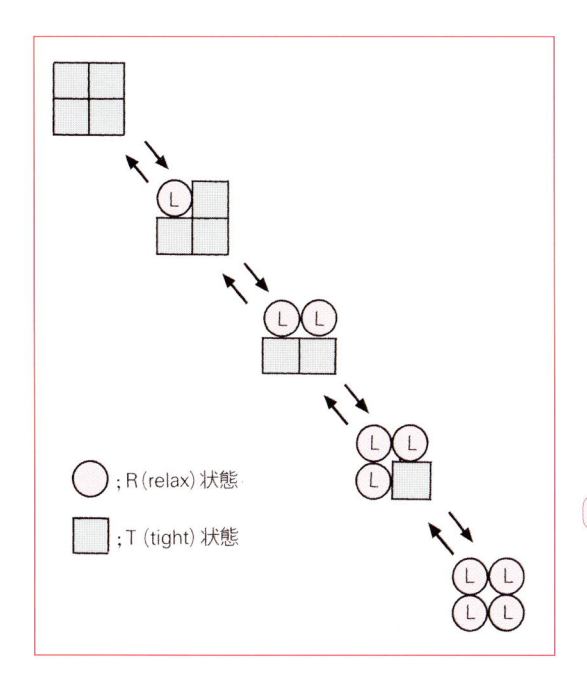

図162 受容体協同性変化のモデル図
（KNFの逐次モデル）
リガンド（L）が親和性の低いT状態に結合すると，コンホメーション変化が誘導され，高親和性のR状態になる．

○；R(relax)状態
□；T(tight)状態

合すると次々に高親和性状態に変わって行くことを示している．これらの結果から，妊娠ラット子宮筋のオキシトシン受容体は，妊娠進行に伴って量的に増加するとともに，受容体自体が形態変化を起こして質的にも正の協同性を示すようになり興奮性反応を促進し，また結合半減期も延長して収縮促進作用を増強していることがわかった．

2　陣痛発来と視床下部

ラット視床下部のオキシトシン産生細胞の機能変化も陣痛発来に関係している．まず，図163は視床下部室傍核の組織写真で，上段が神経細胞のニッスル染色であるが，室傍核の大細胞ニューロン群が確認できる．そこで，オキシトシン産生細胞を免疫染色すると，室傍核の側方にまとまって存在するのが認識できる．この室傍核を含んだ平面で脳をスライスし，温生食で灌流して室傍核側方の神経細胞に電極を当てると，図164のように上段のオキシトシン産生細胞と下段のバゾプレッシン産生細胞は明らかに異なる発火パターンを示すので区別することができる．そこで，雄と未妊娠の雌ラットの視索上核および室傍核のオキシトシン産生細胞におよぼすオキシトシンの作用を見てみると，雄では興奮作用を，反対に雌では抑制作用を示すことが判明した．また，これらの作用はオキシトシン拮抗薬の前投与により消失した．次に雌ラットの両側卵巣を切除して去勢すると，抑制反応が興奮反応に逆転し，その去勢ラットにエストロゲンを投与する再び抑制反応に戻った．次いで妊娠・分娩・産褥経過における反応性の変化について見てみると，妊娠中はオキシトシンによる抑制反応は持続して分娩開始前はむしろ抑制効果が強くなるが，分娩が開始すると興奮反応に逆転した（図165）．

これはオキシトシン自体による妊娠中のオキシトシン産生の抑制と分娩開始後のオキシ

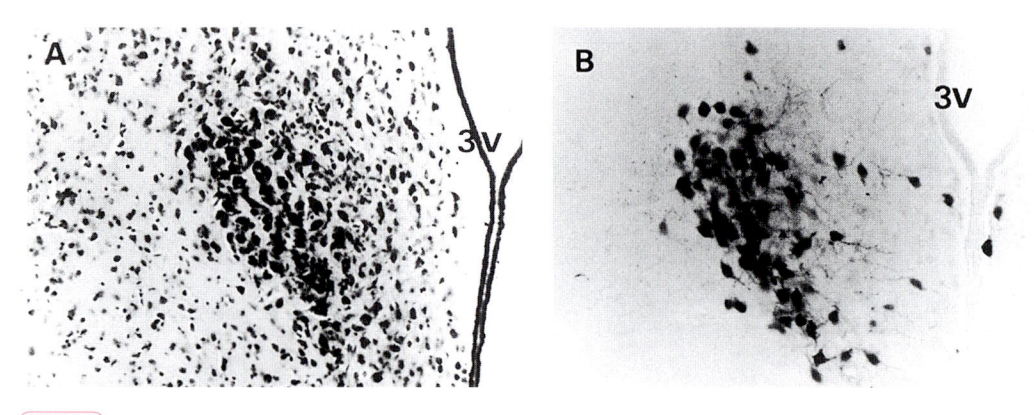

図163　妊娠ラット視床下部室傍核の組織写真
　　　　上段はニッスル染色，下段はオキシトシンの免疫染色

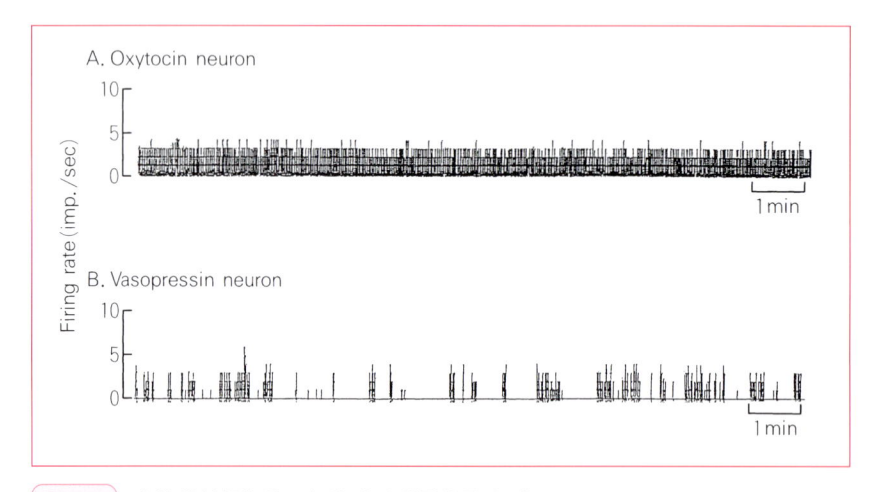

図164　室傍核神経細胞の細胞外活動電位発火パターン
　　　　Aはオキシトシンニューロン，Bはバゾプレッシンニューロン

トシン産生の促進を意味していると思われる．この興奮反応は産褥授乳期間は維持されて，授乳が終了すると元の抑制反応に戻った[10]．これらの結果をまとめてみると，ラット視床下部のオキシトシン産生細胞の活動電位はオキシトシン投与によって雄では興奮反応，雌では抑制反応を示し，この抑制反応は妊娠中増強した後に分娩時には興奮反応に逆転して産褥授乳期まで持続し，授乳終了後には元の抑制反応に戻った．これらは妊孕現象におけるオキシトシン分泌の中枢性オートクリン調節機構を示唆しているものと考えることができる．

　最後に，これらの神経核の形態および免疫組織学的変化についてふれる．一般的に中枢神経細胞の核内Fos蛋白は代謝活性の高い細胞に認められ，視索上核および室傍核においても分娩中のものに多数出現している．そこで，Fos陽性細胞数を未妊娠，妊娠，分娩，授乳中，授乳後に分けて数えてみると，両神経核共に分娩中は急速に増加するが，授乳期

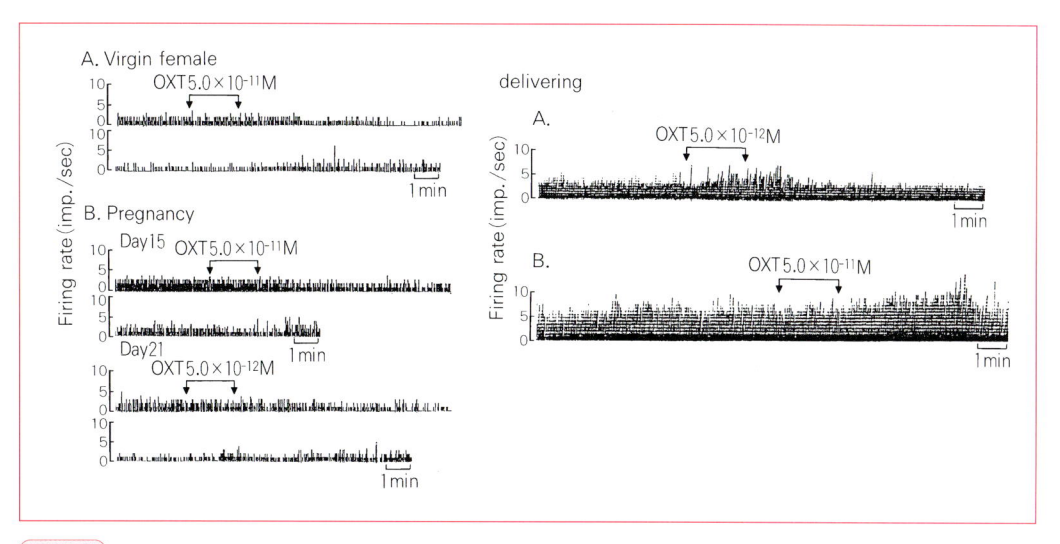

図165 ラットの妊娠，分娩経過における室傍核神経細胞の細胞外活動電位発火パターンの変化

　には急速に減少する．また，分娩中の標本の細胞質内のオキシトシンまたはバゾプレッシンを核内のFos蛋白と同時に2重染色してみると，オキシトシン細胞には両神経核ともに多数Fos陽性細胞が認められたが，バゾプレッシン細胞には視索上核では多く認められたものの，室傍核では有意に少ない結果になった．これらの結果から，分娩期と授乳期および両神経核の生理的役割の違いが示唆される[11]．さらに，オキシトシン細胞は分娩時から肥大して授乳中も維持されるが，分娩直後に新生仔を除去して授乳を中止すると急速に未妊娠時の細胞サイズに戻った．この細胞肥大の持続には新生仔の数は関係せず，一方，バゾプレッシン細胞は分娩，授乳時には変化はしなかったが，脱水刺激時にはオキシトシン細胞と同様に著明な細胞肥大が認められた．次に，授乳期の循環血中の性ホルモンの影響を見るために，まず，分娩後に両側卵巣を切除して授乳量への影響を新生仔の体重増加を計測することで見てみると，コントロール群との有意差は初期の手術の影響が残っている間だけで，その後は差は認められなかった．そこで，視索上核大細胞ニューロンの電子顕微鏡写真による細胞間接着領域や多神経接合部に注目してその変化を計測した．その結果，授乳期に増加した細胞間接着領域や多神経接合部は，両側卵巣を切除しても新生仔に授乳している限り維持されることが判明した．

　以上の結果から，妊娠ラット視索上核のオキシトシン産生細胞は，分娩・産褥授乳期には細胞が肥大して細胞間接着領域や多神経接合部が有意に増加するが，分娩後に卵巣を摘出しても，授乳行動が維持されている限りその形態変化は持続し，また視索上核および室傍核のFos陽性細胞は妊娠中はほとんど認められないが，分娩時には著明に増加し，分娩数日後にはほとんど消失する．これらの事実から，視床下部オキシトシン，バゾプレッシン産生細胞の分娩期や授乳期における機能や役割の相違が示唆された．

おわりに

妊孕現象におけるオキシトシンの産生調節機序や，その子宮筋への作用は，エストロゲンというホルモン環境を背景にして，母仔相関を含めた末梢からの求心性刺激が，細胞形態や細胞膜活動を維持していることが明らかになった．そして，そのなかで活動電位や受容体などがダイナミックに変化して，中枢も末梢の標的臓器も同じような方向性を持って生理現象を円滑に進行させていることが理解できる．分子生物学をはじめとする要素還元主義の医学の進歩のなかで，脳と子宮という距離的にも離れた異質の臓器の細胞膜が，一つの生物現象のなかで極めて近似した変化をしていることになる．これらが総合的に同時に機能して分娩現象を形作っている．

文献

1) Kawarabayashi T et al：Gynecol Obstet Invest **25**, 73 (1988).
2) Kawarabayashi T et al：Biol Reprod **40**, 942 (1989).
3) Morishita F et al：Am J Obstet Gynecol **172**, 186 (1995).
4) Kawarabayashi T et al：Am J Obstet Gynecol **155**, 671 (1986).
5) Nakao K et al：Am J Obstet Gynecol **177**, 222 (1997).
6) Kawarabayashi T et al：Mol Cell Endocrinol **128**, 77 (1997).
7) Kawarabayashi T et al：Obstet Gynecol **76**, 183 (1990).
8) Kawarabayashi T & Marshall JM：Biol Reprod **24**, 373 (1981).
9) Kaneko Y et al：J Mol Recog **8**, 179 (1995).
10) Kawarabayashi T et al：Am J Obstet Gynecol **168**, 969 (1993).
11) Lin S-H et al：Neurosci Res **23**, 29 (1995).
12) Lin S-H et al：Zool Sci **13**, 161 (1996).
13) Miyata S et al：Brain Res Bull **37**, 405 (1995).

〔瓦林達比古〕

4 オキシトシンレセプターの発現調節

はじめに

　オキシトシン（以下OT）は主に脳下垂体後葉から分泌されるアミノ酸9個からなるペプチドホルモンである．当初より，その強くかつ生理的な子宮収縮を惹起する生理活性から陣痛誘発に広く用いられてきた．また，射乳反射の中心をなすホルモンでもあり，一部の国では鼻腔用スプレーが乳汁分泌促進の目的で用いられている．OTの血中濃度をラジオイムノアッセイで測定すると，ヒト妊娠においてOTは妊娠前期，中期，後期とその血中濃度は漸増することが明らかになった．しかし，陣痛発来前後での有意な変化はなく，分娩第2期（子宮口全開大以後）にようやくOTの血中濃度が増加した[1]．その結果，OTは陣痛発来には関与しないとする考えが主流となり，陣痛発来メカニズムの研究者は主にプロスタグランジンを研究する時代が長く続いた．

　1960年代後半より様々な生理活性物質に対する特異的レセプターの検出が可能になり，1973年にはOTに対するレセプター（以下OTR）の測定法が確立された[2]．その結果，組織膜分画の最大リガンド結合量を用いてOTRの量的な評価が可能になった．この評価法を用いて1979年Soloffらが，ラット妊娠子宮筋においてOTRは陣痛発来直前に急増し分娩終了後に減少すること，一方乳線においては分娩の終了後にOTRが増加しそれが授乳期間中継続することを示した[3]．その後，ウシ[4]，ヒト[5][6]などで同様の報告が続き，OTの陣痛，分娩に対する生理作用はホルモンの血中濃度ではなくそのレセプター量が調節している，という考え方が生じた．また，OTRの発現は子宮筋，乳線のみでなく，子宮内膜，卵巣，精巣，腎臓，脳などにも見られることが明らかとなり（総説[7]参照），その臓器特異的，時期特異的な発現が注目された．しかし，その発現調節は動物個体に何かを投与し，組織のOTに対する反応性やリガンド結合量を調べるという方法しかとれなかった．この方法で，去勢雌ラット子宮でエストロゲンがOTRを増加させること[8]，去勢雌雄ラットの脳（視床下部腹内側核）でそれぞれエストロゲン，テストステロンがOTRの発現を誘導すること[9][10]などが示された．また，ラット妊娠末期子宮における急激なOTRの増加はエストロゲン/プロゲステロン比の増加（プロゲステロン消退）がその原因であると解釈された[3]．しかし，ヒトでは妊娠初期より大量の血中エストロゲン，プロゲステロンが存在し，陣痛発来直前でもプロゲステロン消退は起こらないこと[11]が示されている．さらに，ワラビー（オーストラリア大陸に住む有袋類，双角子宮を有するが，通常単胎で片方の子宮角にしか妊娠せず，妊娠中に反対側の子宮角は次の妊娠の受容準備を始める．Tammar Wallaby, *Macropus eugenii*）の妊娠子宮では，胎児のいる側ではOTRは分娩直前に増加するのに，反対側では逆に低下する[12]ことなどからも，全身血中

を流れるホルモンが子宮でのOTRの妊娠—分娩時の発現を調節するという考えには大きな疑問が残った．

1 分子生物学の導入

OTRをクローニングし分子レベルで解析する試みは1980年代後半より始まり，ゲル濾過法やphotoaffinity labeling法で蛋白を可溶化，精製する試みがなされたが[13)14)]，いずれもアミノ酸部分配列の決定には至らなかった．アフリカツメガエル卵母細胞を用いた発現系でOTRの再構成が可能であることが報告され[15)16)]，この方法を用いて分娩直後のヒト子宮筋cDNAライブラリーから1992年にOTRはクローニングされた[17)]．cDNAがクローニングされると，今度はそれをプローブとしてOTR遺伝子の構造がヒト[18)]，ラット[19)]，ウシ[20)]，野ネズミ(Vole)[21)]，マウス[22)]で明らかになった．これらの構造を比較すると（図166)，OTR遺伝子は4，または3個のエクソンからなり，その5'上流領域は各種の間で比較的よく保存された塩基配列があることが明らかになった．ヒトOTR遺伝子は染色体3p26.1の位置にあり，BAC遺伝子クローンから遺伝子マーカーD3S4539の近傍にあり，カ

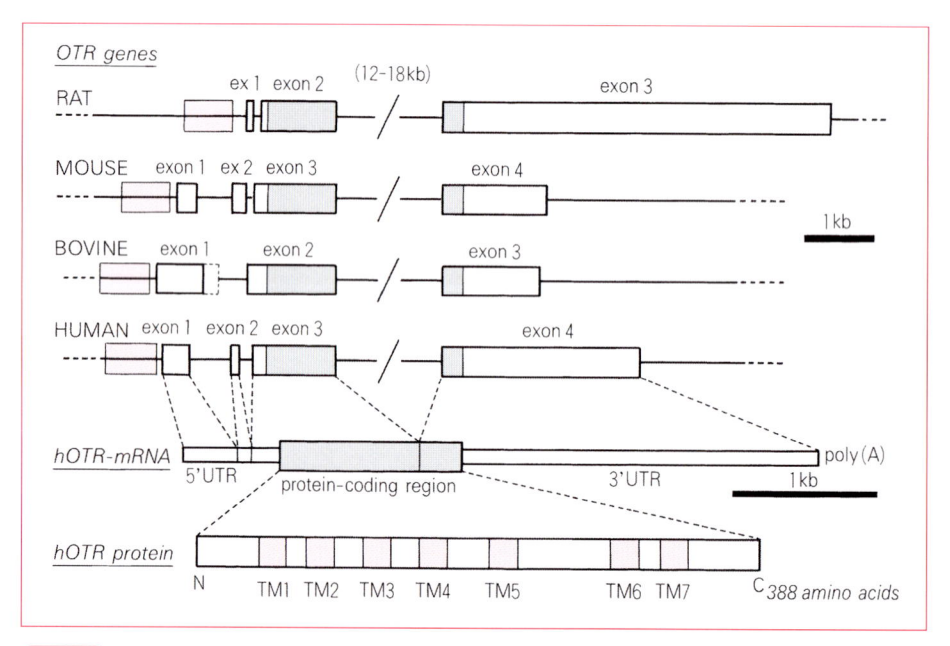

図166 ラット，マウス，ウシ，ヒトにおけるOTR遺伝子の構造

OTR遺伝子は，3ないし4個のエクソンからなり，第6，第7膜貫通領域の間に最大のイントロンが存在する．遺伝子の転写を調節すると考えられる転写開始点より約1kbの間は各種で比較的塩基配列は類似している．また，EREハーフサイト，C/EBPβ，Stat-3などの結合エレメントが共通して存在する．転写開始点と翻訳開始点の間のエクソン数には種差がある．

〔T Kimuraら，Regulatory peptides and cognate receptors. Springer-Verlag, Berlin・Heidelberg, pp135 (1999)[7)]より転載〕

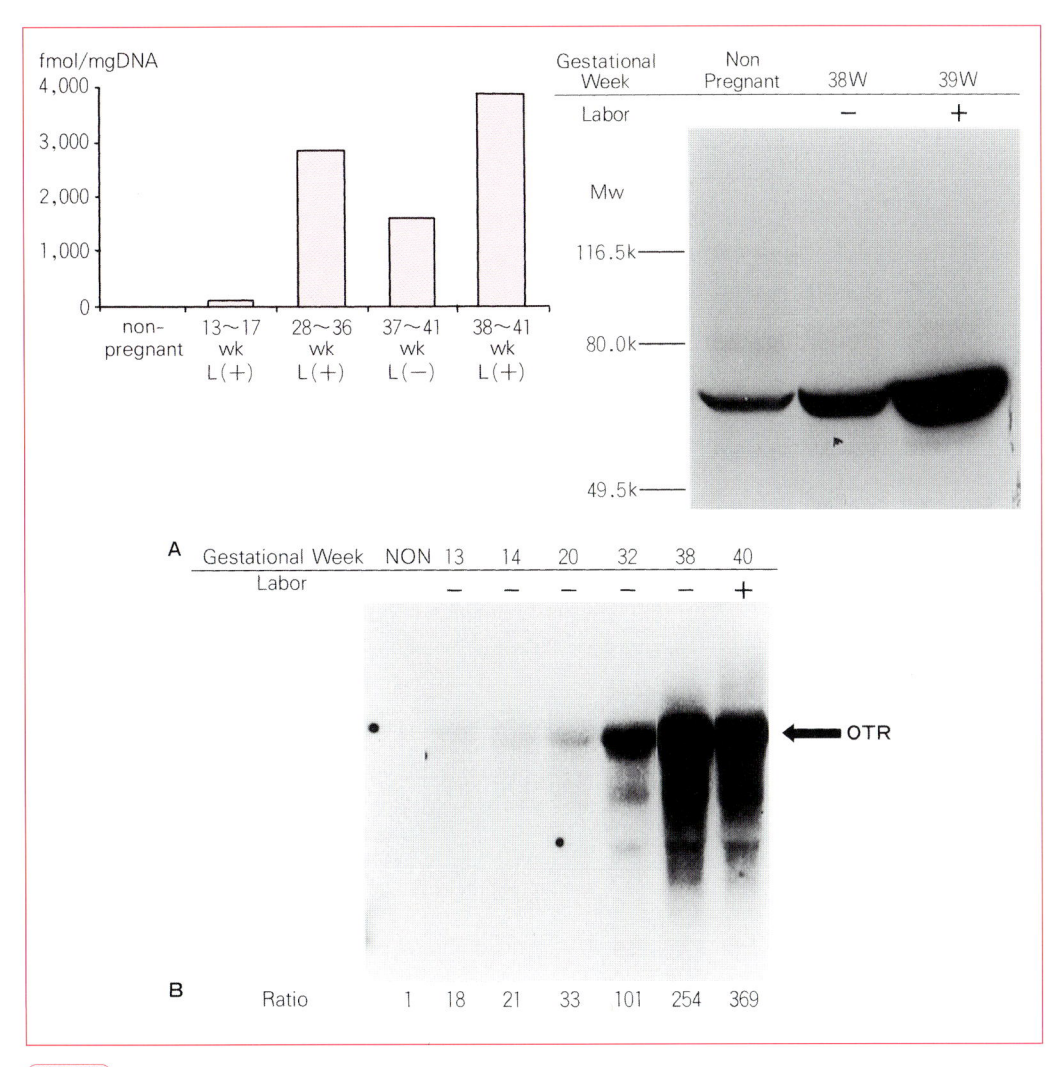

図167 ヒト妊娠子宮筋におけるOTRの発現

左上：³H-オキシトシンを用いた子宮筋膜分画における結合量の変化
〔AR Fuchsら, Am J Obstet Gynecol **150**（1984）[5]より改変引用〕

下：OTRcDNAプローブを用いたノーザンブロット．Aは用いた検体の妊娠週数と陣痛の状態．Bは各週数における相対発現量をイメージアナライザーで定量化したもの．

右上：抗OTRモノクローナル抗体2F8を用いたウエスタンブロット．OTR蛋白は約70kDである．
〔T Kimura et al：Endocrinology **137**, 780（1996）[24]より転載〕．

ベオリン（caveolin）-3遺伝子と隣接していることが明らかになった[23]．

ノーザンブロットによるOTRmRNA発現レベルの検討の結果，妊娠子宮筋においては，ヒト[24]，ラット[19]，ウシ[20)25)]で従来リガンド結合実験で示されてきた発現量の変化パターンと同じであることが示された．また，ヒトOTRに対するモノクローナル抗体（2F8，ロート製薬／コスモバイオ）によるウエスタンブロットでも蛋白とmRNAの変化パターンはほ

ぼ一致し[24]，OTRは主にその転写レベルで発現調節を受けていることが明らかになった（図167）．ヒトでは子宮収縮に必要なOT投与量が，妊娠末期では非妊娠時の1/200〜1/1000になることが知られており[26]，これはOTR蛋白やmRNAの変化とよく一致している．また，ヒト[27]，ウシ[25]で妊娠末期の脱落膜，子宮内膜にOTRが誘導されており，分娩時ヒト脱落膜でOTが産生されること[28]，脱落膜にOTを作用させるともう一つの子宮収縮物質であるプロスタグランジンF2αが分泌されること[29]と合わせて，OT-OTR系が子宮内でオートクリン/パラクリン系を形成していることが示された．

2 オキシトシンレセプターの発現調節研究

　ある生理活性物質の遺伝子クローニングに成功すると，その物質の転写調節に関する研究は飛躍的に進むことが多い．1990年代に多数の転写調節因子がクローニングされ，それらの結合エレメントが明らかにされてきた．データーベースの発達により，遺伝子の転写調節領域の塩基配列から結合する可能性のある転写因子を容易に検索できるようになった（たとえば，Akiyama Yにより配布されているTFSEARCH, http://pdapl.trc.rwcp.or.jp/research/db/TFSEARCHJ.html）．ヒトOTR遺伝子上流領域をこれらのデーターベースを用いて検討してみたところ，図168のような結果が得られた．このなかで従来のエストロゲンがOTRを誘導するとする生理実験との関連で，エストロゲン応答領域（ERE）ハーフサイト，子宮内感染と早産の関係からNF-IL6（C/EBPβ），APRE（Stat-3）結合領域が注目された．これらの塩基配列はヒト，ラット，マウス，ウシの遺伝子上流領域でよく保存されていた．

　ラット脳内では，去勢雌にエストロゲンとインターロイキン（以下IL）-6を同時投与すると，とくに腹内側核でそれぞれの単独投与に比べてOTRmRNA量が増加していた[30]．IL-6単独投与ではこの効果は見られない．彼らは子宮での発現は調べていない．われわれは，Hela細胞にEREハーフサイトを含むヒトならびにウシOTR上流領域を応答遺伝子（ルシフェラーゼ）につなぎ，エストロゲン受容体発現ベクターを共導入し，エストラジオール（E2）を添加したが，E2はむしろルシフェラーゼの発現を抑制した[31]．ラットOTR遺伝子では転写開始点より約2.4kb上流にほぼ完全なEREが存在したが，そのままの形ではE2による誘導を受けず[32]，むしろE2の直接作用については否定的である．われわれは，ヒト，ウシのOTR遺伝子の塩基配列をそれぞれ転写開始点より約4.5kb，3kbまで決定したが（未発表），完全なEREは存在しなかった．

　IL-1，IL-6などの炎症性サイトカインがOTRをC/EBPβやStat-3を介して子宮で誘導する，とする仮説は早産の病態解明のうえでも魅力的である．しかし，ヒト満期産帝王切開時に得られた子宮筋初代培養系にIL-1を添加すると，OTR蛋白，mRNAともに減少した[33]．C/EBPβ結合領域を含むヒトOTR上流をC/EBPβ発現ベクターとCOS細胞に共導入してもOTR遺伝子転写は誘導されない（未発表）．Stat-3についてはまだ検討していないが，炎症性サイトカインにより制御される転写因子もOTR遺伝子に対する直

```
-1848  CAGCTGTCTT  CCAGGAGAAA  GAAGGGCAGG  CTTGGTTCTA  CAGGCCAGTG  TTTTCCTTCT
-1788  CACATTCACC  GGTCAGGGGC  TCATAGGGAA  AAATCTGCCT  TCATCCAGCC  GTGGGGTGAG
                   ERE-5'
-1728  GCAGGGGTGT  TTTACCTGCT  AGGATTGAAC  CCTCAGATTG  CACAGATTAT  ACAGTTCAG
-1668  AAACCAGAG   GGACAGGACC  TCAGACATTA  GOTATCTTGA  CCAGTGCTCT  CATTTTACAT
                                           GATA-1 ERE-3'
-1608  ATGAGGAGAC  TGAGGCCCAA  AGAGAAGGGG  CTTGCCCAAG  GTCACTTCAT  TCTCACCCGA
                                                      ERE-5'
-1548  GTCGTCTGTA  ACTTTAATCT  GTAATTTTCG  AGGCCGATAG  GTACTATTGA  CTAATATTGA
                                                              AP-1        AP-1
-1488  TTAATACTGC  CTGCCACCCC  TTGGCAATGC  TGTCAAGATT  CCCAGCCCCC  ATTCTGGAAT
                                                                        NFIL6
-1428  GATTACTCAG  CTAGAACCCT  GGGATCCAGG  TGCTGTAAGG  TTGGCCCCTG  GGATATCTCG
                              APRE        NFIL6        AP-2 APRE    GATA-1
-1368  GCATGGGGCT  GTAATTGTGG  ATTAAGGAAA  CCCAGTCCTT  GGCTAACTCA  AGTCTCTCCA
-1308  CATAATAAAA  AGACGGAGAA  GTGAAATGTC  AGGAGGAAAT  ACACATTTAA  TGCATTTTAA
-1248  AGAGCCCTGT  TTATTTTGA   ATCCTGGCCT  TTTTTTCTGA  CTTAATTCTT  GGCCACTGTA
-1188  AATTACTTCA  AAAATGATT   TTTAGAATAG  AGAAGGGGCA  GGGAGGCTGA  GAAGCTGTCT
                                                                  SP-1
-1128  TTAACATTTT  ATCTTCCTTT  GGCATCATTT  AGAATTTTAA  TTCCGAAGCG  CGACAAGGAG
                   GATA-1
-1068  GCAGAAACGG  CTCTTGGGCG  CAGACAAGCA  GAATCACTTT  AAATGAAGAC  AGTGTTGTGC
-1008  TTCAGAATTT  CCTCTAAAAC  TACCGAAAAA  ATAACGCCTC  TTCCAGCACT  GCTTAGAATA
-948   GAGGCCATTT  CTAATTCCTC  ATTAACGGGA  ATAGGAACAA  AAGTATTCCA  AAGCAAAGAC
                                          MYB
-888   TTATTTGAGT  TCACTGCTAA  AGCCGCTACA  TCAAGCTGGA  GGTGTGGGGG  GAGAGAAAAG
-828   CCTGAAAATT  AACATCATTT  TTGGGAAATA  ATCAGTTAAA  ATGCTTTTGT  AACTTCATCA
                               NFIL6                                GATA-1
-768   CTATCTACCC  GGGGAAGAAC  ATTATTATTC  AAGCCTCCTA  TGTGTCTCGC  AGTCAAGAGC
-708   TTCTAAACCA  AGAAAGGAAG  AAACGGGCGG  GTTATTGACG  AGTTCCCTCC  CTCTCGCAGT
                               SP-1
                               *    *
-648   TTTAAACCAC  TGCAAAATAA  ACCCATTTGT  TAAGGCTCTG  GGACCAACGC  TGGGCGAACC
       TATA like motif
```

図168 ヒトOTR遺伝子の転写開始点とその上流約1.2kbまでの塩基配列と予測される転写因子結合エレメント

最新版のTFSEARCHなどを用いると，さらに多くのエレメント候補が検索されてくる．これらは実際の結合を示すものではなく，あくまでコンピューターの上で塩基配列が数塩基一致しただけであり，そこから実際の結合や機能を証明して行かねばならない．

〔Inoue T et al：J Biol Chem **269**, 32451 (1994)[18] より転載〕

接作用は持たないようである．

このような場合，次の研究手段としては(a) OTRが発現している細胞株を捜し，そのなかにOTR上流を含む応答遺伝子を導入するという方針と，(b) OTRが発現している組織からOTR上流に結合するDNA結合蛋白を捜し出し解析するという方針が考えられる．(a)の方針で進んだのはSoloffらTexasのグループである．彼らはまずRINm5F（ラット膵臓由来細胞株[34]），ウサギ羊膜初代培養細胞[35]，Hs578T（ヒト乳線癌肉腫由来細胞株[36)37]），Saos-2（ヒト骨肉腫由来細胞株[38]），Ishikawa（ヒト子宮内膜癌由来細胞株[39]）などにOTRmRNAとOTR蛋白の存在を示し，また細胞内カルシウム濃度を測定することでOTRが機能的受容体であることを示した．それらのなかで，まずウサギ羊膜細胞でOTRはフォルスコリンとコルチゾールの同時添加がOTRmRNAを誘導することを示した[35]．次にHs578T細胞において，OTRは血清とデキサメタゾンの同時添加で誘導され，血清のOTR誘導作用はプロテインキナーゼC（PKC）阻害剤で抑制されることからPKCがOTR転写促進に重要な役割を果たしており，それはAP-1を介していると考えられた[36]．彼らは，続いてヒトOTR遺伝子の様々な長さの上流域をHs578T細胞に導入することにより，転写開始点より85bp上流までに最小プロモーター構造があることを発見し，転写因子GABPα/βとc-Fos/c-Junを同時に発現させるとOTR最小プロモーターに対し強い転写促進効果が得られることを報告した[37]．また，Dorsaらも乳癌細胞株MCF-7，SK-N-SHを用い，ラットOTR遺伝子はこれらの細胞のなかでホルボールエステル（PMA）とフォルスコリンの同時添加で転写促進を受けることを報告した[40]．これらのデータはOTRの転写促進にPKAとPKCの両方が関与していることを示している．実験としては非常に美しい結果であるが，実際に生体内で起こっていることを示しているかどうかについては大きな疑問が残る．例えば早産の治療において，アドレナリンβ2レセプターを介しPKAを活性化する子宮収縮抑制剤リトドリンを，胎児の肺を成熟させる目的でベータメタゾン（リンデロン）と同時に投与することがある．これはウサギ羊膜細胞におけるOTR誘導と同じ条件であるが，このような治療が陣痛を発来させることはない．われわれはMCF-7，MDA-MB-231，MDA-MB-361，MDA-MB-468（ヒト乳癌細胞株[41]）やSKN（ヒト子宮平滑筋肉腫由来細胞株，理研細胞銀行／石渡博士より供与，未発表）におけるOTRmRNAや蛋白の発現を検討したが，その発現レベルが分娩時子宮筋に比べ非常に低いため陣痛発来のモデルとしては不適当であると考えた．

われわれ大阪大学のグループは，ハンブルグ大学Ivellらと共同で(b)すなわち発現組織を用いた研究方法をとった．患者の同意を得て採取した，非妊娠時子宮筋と満期産子宮破裂由来の子宮筋より核蛋白を抽出し，OTR遺伝子上流約1.2kbを8個のDNA断片に分けてそれぞれに対しゲルシフトアッセイを行った（図169a）．そのなかで両者に差のある断片2つを選び，メチル化干渉フットプリント法を用いて結合エレメントを決定した．その1つ，US-1は子宮平滑筋肉腫株SKNのなかで弱いエンハンサー活性を示した．この蛋白をSKN細胞核抽出液からラテックスビーズを用いたバッチ法で部分精製し，分子量が約45～50kDと推定した[42]．しかし，この結合活性分画を再度バッチ法にかけると失活し，

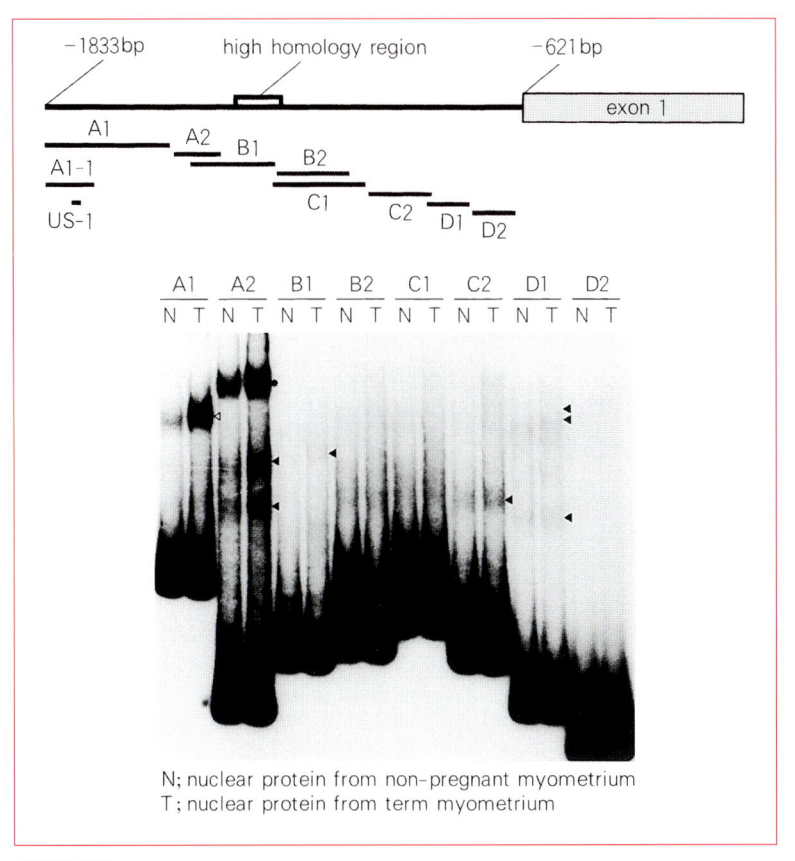

図169a 非妊娠子宮筋，分娩時子宮筋由来の核蛋白を用いたゲルシフト法（differential display EMSA）とDNA結合蛋白のクローニング(1)
上：OTR遺伝子上流約1.2kbの断片化．
下：^{32}Pでラベルした後のゲルシフト．分娩時子宮筋に多く発現している結合蛋白（A1，A2，B1などで見られる）に対するエレメントをメチル化干渉フットプリント法で決定し，蛋白精製，イーストOne hybrid法に進んだ．
〔Kimura T et al：Mol Cell Endocrinol **148**, 137 (1999) [42] より転載〕

アミノ酸配列を決定できなかった．そこで，この2つのエレメント（US-1とUS-2）を応答遺伝子につなぎ，イーストOne hybrid systemを用いてヒト分娩時子宮筋cDNAライブラリーをスクリーニングすることでDNA結合蛋白のクローニングを試みたところ，US-2に対する特異的結合蛋白のクローニングに成功した．そのアミノ酸配列は，ニワトリMafFという転写活性化ドメインを持たないDNA結合蛋白と高いホモロジーを有しhMafFと名付けた[43]．しかし，hMafFをその結合エレメントUS-2を含むOTR上流とCOS細胞に共導入しても，応答遺伝子の転写に影響は与えなかった（未発表）．ほぼ同時期にマウスMafFのクローニングとそのノックアウトマウスが報告されたが，MafF欠損マウスに生殖，分娩を含めて何ら異常は認められなかった[44]．しかし，small maf familyの一員である

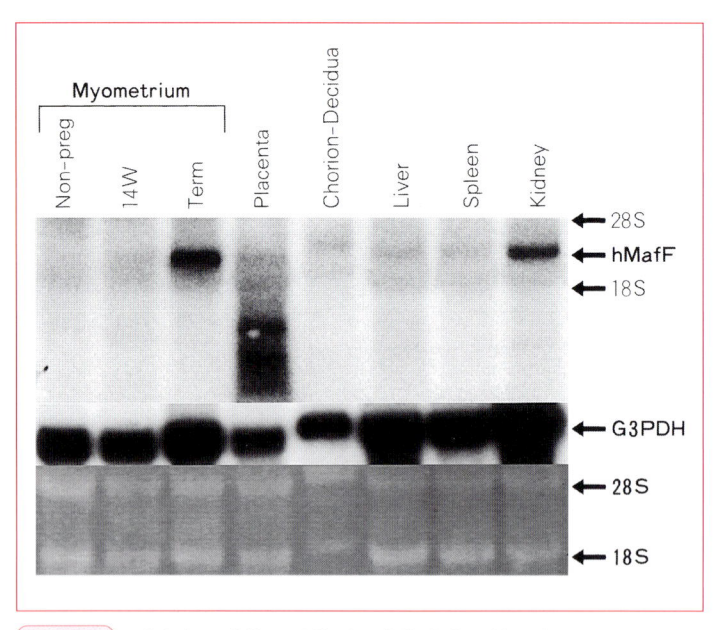

図169b 非妊娠子宮筋，分娩時子宮筋由来の核蛋白を用いたゲルシフト法（differential display EMSA）とDNA結合蛋白のクローニング（2）
DNA結合蛋白hMafFのノーザンブロットによる発現検索．結合エレメントUS-2に対する結合蛋白をクローニングした．得られたhMafFは分娩時子宮筋と腎臓に多量に発現していた．
〔Kimura T et al：Biochem Biophys Res Comm 264, 86 (1999)[43]より転載〕

hMafFは，そのロイシンジッパー構造を介して他の蛋白と会合し転写を調節する可能性があり[45]，hMafFの子宮筋における特異的な発現パターン（図169b）から考えても今後の研究課題として残されている．

ゲノムDNA上のメチル化パターンの変化が，その近傍の遺伝子の転写を調節する例が癌組織を中心に多く報告されている[46]．OTR遺伝子は大きな第3イントロンを持ち，この部分のメチル化パターンを非妊娠，分娩時子宮筋と末梢血単核球の核ゲノムDNA間で比較した．ヒトOTR遺伝子においては，第3イントロンのちょうど中間で子宮筋で脱メチル化が起こっている部分があり，その部分に結合するDNA結合蛋白も単核球と子宮筋では異なっていた[47]．この変化の機能的意義については今後の検討課題である．

おわりに

OTR遺伝子クローニングの後，いくつかのグループがその転写調節機構の解明に挑戦したが，分娩時子宮筋に見られるような定常状態の100倍以上の転写を誘導するメカニズムは全くわかっていない．Hela細胞やSKN細胞のようなOTRmRNAが極少量のみ発現している細胞に，応答遺伝子につないだ約4kbのOTR上流を導入するとかなり高い応答遺伝子活性が得

られた（未発表）．OTR遺伝子の転写は基本的にはONの状態にあり，臓器特異的な発現はむしろ転写抑制により制御されているのかも知れない．分娩時のような大量のOTR誘導は，ONの状態の遺伝子をさらに活性化するだけなら比較的低い転写活性化能で事足りる．これらの仮説を証明するためには，なるべくゲノムDNAに近い形でトランスジェニック技術を用いて生体内に導入した外来性遺伝子の転写活性を見る，という方法が有効かも知れない．事実，視床下部magnocellular neuron特異的なバゾプレッシン遺伝子の転写が，様々な長さの人工遺伝子断片を組み込んだトランスジェニックラットを用いた方法で解析されている[48]．プロスタグランジンF2α受容体（以下FP）欠損マウスでは，分娩直前の卵巣黄体退縮が起こらず，プロゲステロン消退が起こらないため子宮にOTRが誘導されず，陣痛が発来しない[49]．胎盤がプロゲステロンを合成するヒトではこのモデルは単純には当てはまらない．ヒトOTR上流に古典的なグルココルチコイド／プロゲステロン受容体結合エレメントは見つからなかったが，プロゲステロンがOTR転写に与える影響とその種差についても今後の検討課題である．分娩時に量が数百倍も子宮で変化する物質はOTRのほかになく，その転写制御の解析が陣痛発来機構の解明につながると考えて始めたOTRの分子生物学的解析であったが，相手は非常に複雑な系であることを痛感させられた．今後さらに多くの研究者の参入によって新たな知見が得られることを期待したい．

文献

1) Dawood MY et al：J Clin Endocrinol Metab **49**, 429 (1979).
2) Soloff MS et al：J Biol Chem **248**, 6471 (1973).
3) Soloff MS et al：Science **204**, 1313 (1979).
4) Fuchs AR et al：Biol Reprod **47**, 937 (1992).
5) Fuchs AR et al：Am J Obstet Gynecol **150**, 734 (1984).
6) Maggi M et al：J Clin Endocrinol Metab **70**, 1142 (1990).
7) Kimura T & Ivell R：in Regulatory peptides and cognate receptors (ed Richter D), 135 (Springer-Verlag, Berlin - Heidelberg, 1999).
8) Ruzycky AL & Crankshaw DJ：Can J Physiol Pharmacol **66**, 10 (1988).
9) Johnson AE et al：Endocrinology **125**, 1414 (1989).
10) Johnson AE et al：Endocrinology **128**, 891 (1991).
11) Mathur RS et al：Am J Obstet Gynecol **136**, 25 (1980).
12) Parry LJ et al：Biol Reprod **56**, 200 (1997).
13) Soloff MS & Fernstrom MA：Endocrinology **120**, 2474 (1987).
14) Kojro E et al：J Biol Chem **266**, 21416 (1991).
15) Morley SD et al：J Mol Endocrinol **1**, 77 (1988).
16) Kimura T et al：J Steroid Biochem Mol Biol **42**, 253 (1992).
17) Kimura T et al：Nature **356**, 526 (1992).
18) Inoue T et al：J Biol Chem **269**, 32451 (1994).
19) Rozen F et al：Proc Natl Acad Sci USA **92**, 200 (1995).
20) Bathgate R et al：DNA Cell Biol **14**, 1037 (1995).
21) Young LJ et al：J Neuroendocrinol **8**, 777 (1996).
22) Kubota Y et al：Mol Cell Endocrinol **124**, 25 (1996).
23) Sotgia F et al：FEBS lett **452**, 177 (1999).
24) Kimura T et al：Endocrinology **137**, 780 (1996).
25) Ivell R et al：Biol Reprod **53**, 553 (1995).
26) Caldeyro - Barcia R & Theobald GW：Am J Obstet Gynecol **102**, 1181 (1968).
27) Takemura M et al：J Clin Invest **93**, 2319 (1994).
28) Chibbar R et al：J Clin Invest **91**, 185 (1993).
29) Fuchs AR et al：Am J Obstet Gynecol **141**, 694 (1981).
30) Young LJ et al：J Neuroendocrinol **9**, 859 (1997).
31) Ivell R et al：Adv Exp Med Biol **449**, 297 (1998).
32) Bale TL & Dorsa DM：Endocrinology **138**, 1151 (1997).
33) Rauk PN & Friebe - Hoffmann U：Am J Reprod Immunol **43**, 85 (2000).

34) Jeng YJ et al : Neuropeptides **30**, 557 (1996).
35) Jeng YJ et al : Endocrinology **139**, 3449 (1998).
36) Copland JA et al : Endocrinology **140**, 2258 (1999).
37) Hoare S et al : Endocrinology **140**, 2268 (1999).
38) Copland JA et al : Endocrinology **140**, 4371 (1999).
39) Zlatnik MG et al : Am J Obstet Gynecol **182**, 850 (2000).
40) Bale TL & Dorsa DM : Mol Brain Res **53**, 130 (1998).
41) Ito Y et al : Endocrinology **137**, 773 (1996).
42) Kimura T et al : Mol Cell Endocrinol **148**, 137 (1999).
43) Kimura T et al : Biochem Biophys Res Comm **264**, 86 (1999).
44) Onodera K et al : J Biol Chem **274**, 21162 (1999).
45) Blank V & Andrews NC : TiBS **22**, 437 (1997).
46) Signal R & Ginder GD : Blood **93**, 4059 (1999).
47) Mizumoto Y et al : Mol Cell Endocrinol **135**, 129 (1997).
48) Venkatesh B et al : Proc Natl Acad Sci USA **94**, 12462 (1997).
49) Sugimoto Y et al : Science **277**, 681 (1997).

〔木村　正／竹村昌彦／荻田和秀／松村洋子／楠井千賀／中村仁美／東　千尋／佐治文隆／村田雄二〕

5 オキシトシナーゼ

はじめに

強力な子宮収縮作用を有するオキシトシンは，図170に示すような9個のアミノ酸よりなる環状ペプチドである．オキシトシンの分解には，①アミノペプチダーゼによってCys¹-Tyr²の切断に伴う環状構造の開環に引き続き，N末端から順次アミノ酸を遊離する，②C末端からカルボキシペプチダーゼにより順次アミノ酸を遊離する，③エンドペプチダーゼによりオキシトシン内部のペプチド結合に直接作用する，といった3通りの経路が考えられるが，現在明らかになっているのは①③の2通りである．③の経路を担当する酵素はPro⁷-Leu⁸の結合を切断するProlyl endopeptidase (EC 3.4.21.26)であることが明らかにされており[1]，胎盤にもその存在が認められている[2]が，この酵素によってはオキシトシンの環状構造が保たれるため，オキシトシンの生物活性が残ると考えられている．また，この環状構造に直接作用するエンドペプチダーゼの報告はない．オキシトシンの不活化には①の経路である環状構造の開環が必須であり，オキシトシンの不活化酵素をオキシトシナーゼとするならば，①の経路を担当する酵素をオキシトシナーゼとするのが一般的である．

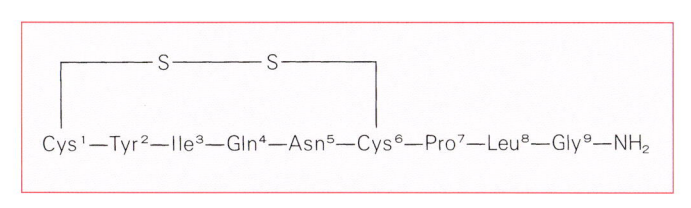

図170 オキシトシン分子構造

Cys¹—Tyr²—Ile³—Gln⁴—Asn⁵—Cys⁶—Pro⁷—Leu⁸—Gly⁹—NH₂（Cys¹とCys⁶の間にS—S結合）

1 オキシトシナーゼの歴史

すでに1930年に，妊婦血中にはオキシトシン分解活性が存在することが報告されていた[3]．Cysteineの遊離により発色する合成基質L-Cys-di-β-Naphtylamide (Nap)を用いた比色法[4]によりこの酵素活性測定を行ったことから，この酵素はCystine aminopeptidase (CAP)と呼ばれた．CAPはジスルフィド結合を形成するCysteineと隣接するアミノ酸の間の結合 (Cys↓Xaa)を切断する活性があったことから，この酵素がオキシトシナーゼであるとされ[5]，CAP活性は妊娠の進行に伴い著増することが判明した．一方，妊婦血

中のL‐Leu‐β‐Napを切断するLAP活性も妊娠の進行とともにCAPと同様の挙動をとることが同時期に報告された[6]．LAPには一般生化学検査にもある肝臓・消化管由来LAPと胎盤由来LAPが存在し，胎盤性LAP（Placental‐LAP, P‐LAP）は①L‐methionineにより活性が阻害されない，②60℃ 30分熱処理により失活するといった特徴を有しており，これらはアイソザイムであるものの異なった酵素であることが証明された[7]．肝臓・消化管由来LAPと考えられる耐熱性LAP活性は妊娠経過中ほとんど変化を示さないものの，L‐methionineにより活性が阻害されないP‐LAP活性は妊娠の進行に伴い漸増し，CAP活性と極めて類似の挙動をとる[8]ことから，P‐LAPとCAPは同じ酵素を異なる基質を用いて測定しているにすぎないことが強く示唆され，実際妊婦血からのP‐LAP精製により，P‐LAPとCAPは同一であることが判明した[9]．すなわち，オキシトシナーゼ，P‐LAP, CAPは同義語であると言えることから，今後本稿ではオキシトシナーゼをP‐LAPとも換言する．

2　オキシトシナーゼ活性の生化学的特性

　P‐LAPの至適pHは7.4であり，60℃ 30分の熱処理により酵素活性は90%以上失われるが，L‐methionine存在下でもLeu+β‐Nap活性は影響を受けない．P‐LAPのNapを使った合成基質に対するアミノ酸特異性は低く，ことにCys+β‐Nap活性よりLeu+, Arg+, Ala+β‐Nap活性の方が高い[9]．一方，注意すべき点として，aminopeptidase N（APN, CD13；EC 3.4.11.2），あるいは肝臓・消化管由来LAPなど他の中性アミノペプチダーゼはN末端にジスルフィド結合が存在するオキシトシンを基質とすることができないものの，合成基質に対するCys+β‐Nap活性，あるいはLeu+β‐Nap活性は有しており，この活性はL‐methionineによって阻害される点がP‐LAPと異なる．こういった事実から，P‐LAPの簡便な特異的活性測定法として，20mMのL‐methionine存在下にLeu‐β‐Nap（β‐Napの部分はp‐nitroanilideあるいは4‐methyl‐coumaryl‐7‐amideでも代用できる）を基質とする方法が確立されており[7]，最近この活性測定法がAPNと交差しないことが改めて確認された[10]．

3　妊娠中のオキシトシナーゼの動態

　図171に正常妊婦888例における血清中P‐LAP活性を示す．P‐LAP活性は妊娠18週より37週にかけて漸増し，その後分娩に至るまでは横ばい，あるいはわずかに減少傾向を示す[11]．切迫早産妊婦においては，入院時のP‐LAP活性が低い者は早産に至る率が有意に高いとされ，早産の予知マーカーとしての可能性が示唆されている[12]．一方，妊娠中毒症妊婦血清中のP‐LAP活性を経時的に測定した場合は，軽症妊娠中毒症の段階では正常妊婦血清P‐LAP値よりむしろ高値となるものの，重症化に従いP‐LAP活性は正常パターンとは逆に減少し，正常妊婦より低値となる．

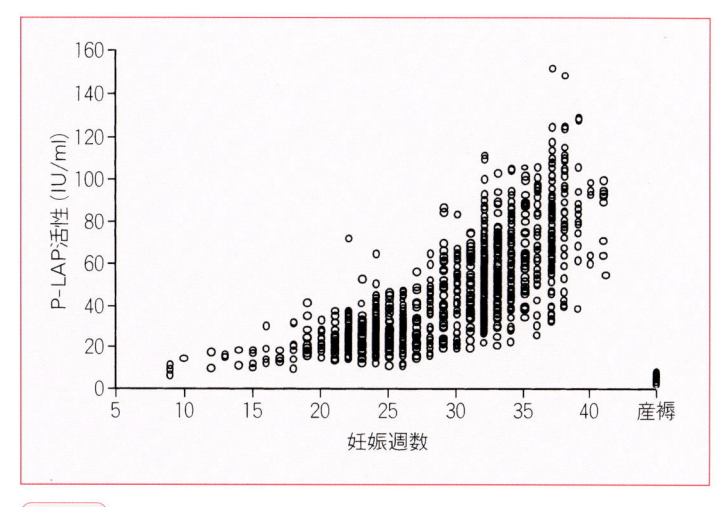

図171　正常妊婦血清 P-LAP 活性

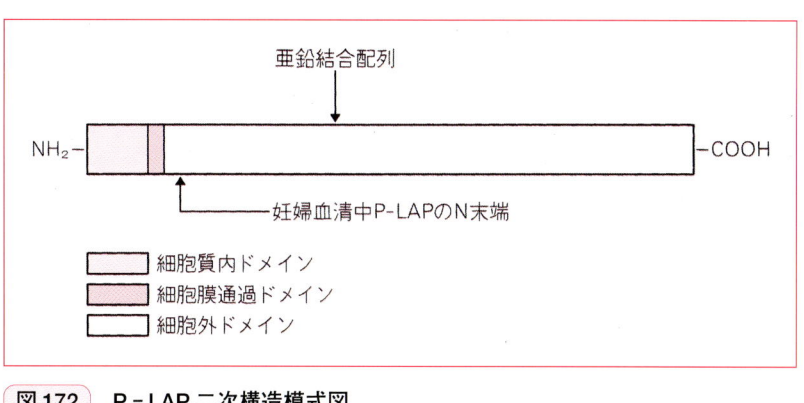

図172　P-LAP 二次構造模式図

4　オキシトシナーゼ遺伝子解析

1　P-LAPcDNA クローニング

　ヒト P-LAP の cDNA クローニングは1996年に水谷らによって初めて報告された[13]．その後の検討も合わせ，現在 cDNA 塩基配列から推測される P-LAP の二次構造を図172に示すが，P-LAP は①108アミノ酸よりなる細胞質ドメイン，②23アミノ酸よりなる細胞膜通過ドメイン，③893アミノ酸よりなる細胞外ドメインの3つのドメインを有し，1ヵ所の細胞膜通過部分が存在したことから，aminopeptidase N，aminopeptidase A などと同様にⅡ型膜蛋白ファミリーに属すること，また細胞外ドメインに亜鉛結合配列を有するメタロプロテアーゼであることが判明した．こういった構造から，酵素活性部位を細胞表面に露出し基質ペプチドを切断するものと考えられる．

VI 分娩・胎児

　図173に示すようにノザンブロット解析によれば，P-LAPmRNAは4 kbと10.5kbの2種類が存在する．10.5kbの全塩基配列は決定していないが，コードする蛋白は同一であると考えられている．成人組織では，胎盤，心筋，骨格筋にはmRNAの発現が強く認められる一方，肺，肝臓，腎臓には弱く，脳はその中間である．胎盤におけるP-LAP遺伝子発現は，妊娠20週頃より増加し，妊娠35週以降はその増加が著しい[11]．

2　P-LAPゲノム構造

　プロモーター領域を中心にヒトP-LAPのゲノム構造が1999年に明らかにされたが[14]，転写開始点は翻訳開始点の480bp上流にあり，転写開始点より上流800bpはGC配列が豊富であった．この部分には，AP-2，SP-1などの転写因子結合配列が存在している．また，妊婦血中に存在するP-LAP

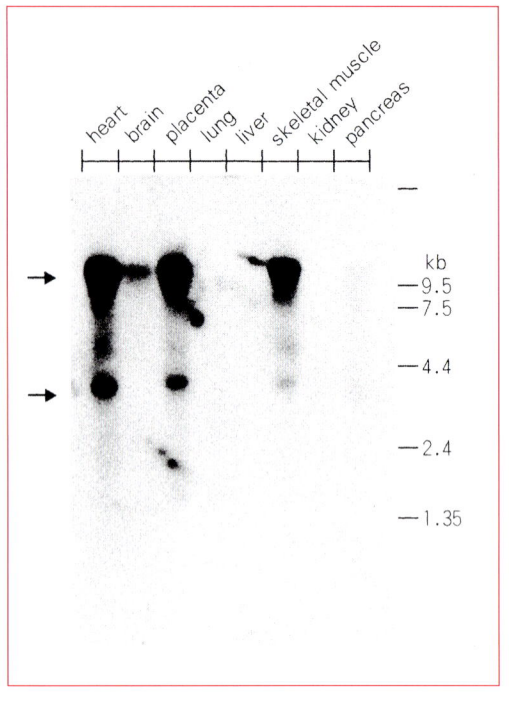

図173　ヒト正常組織におけるP-LAPノザンブロット解析

蛋白は，N末端アミノ酸配列によれば細胞膜通過部位が存在しない可溶型であり，このN末端配列がエクソン2に含まれ，この部分にスプライシングサイトがなかったことから，妊婦血中のP-LAP遺伝子はalternative splicingではなく，蛋白翻訳後の修飾によって形成されると考えられる．同時にP-LAP遺伝子はヒト5番染色体長腕に存在することがFISH法にて決定されたが[14]，現在までにその近傍には遺伝性疾患の報告はない．その後，P-LAPの全ゲノム遺伝子構造は75bp以上に渡る18のエクソンよりなり，亜鉛結合酵素活性部位は他のアミノペプチダーゼ同様エクソン6とエクソン7に分かれてコードされていることが報告された[15]．

5　オキシトシナーゼ蛋白組織分布

　P-LAP蛋白の組織内局在は免疫組織染色法にて詳細に検討されている[16]．図174に示すように，胎盤ではP-LAPは栄養芽細胞には免疫染色を認めず，合胞体細胞の細胞膜にほとんどが局在しており，この傾向は妊娠期間を通じて変化がない[11]．また，脱落膜細胞は染色されないものの，子宮内膜上皮細胞は染色される．一方，ノザンブロットの結果同様に，胎盤に特異的とも考えられていたP-LAPは蛋白レベルでも全身に広く分布することが明らかになっている．特に成人，胎児とも，汗腺，腎尿細管，膵ランゲルハンス島，消化管粘膜始め検討されている範囲では，すべての腺管上皮に染色を認めている．また，

オキシトシナーゼ ⑤

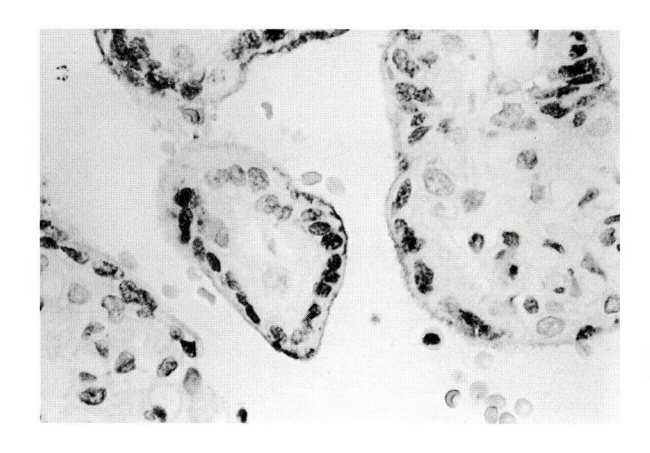

図174 ヒト正常末期胎盤P-LAP免疫組織染色

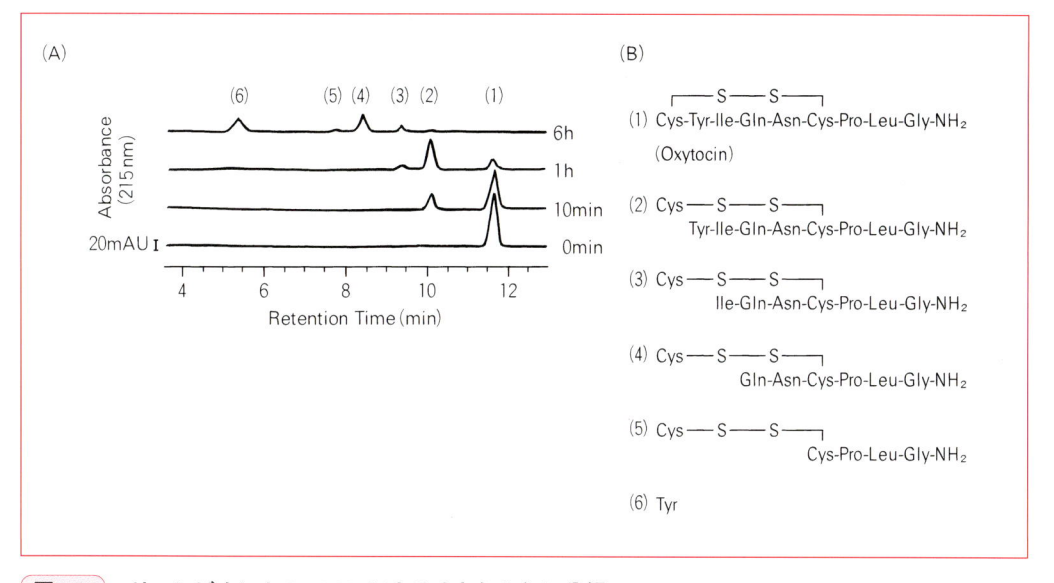

図175 リコンビナントP-LAPによるオキシトシン分解

脳ではニューロン細胞の細胞質内に顆粒状に染色される．

6 リコンビナントオキシトシナーゼ

　P-LAPcDNAが獲得されたことにより，P-LAPを大量生産することが可能になった[17]．Chinese hamster ovary細胞に可溶型P-LAP発現ベクターをトランスフェクションすることにより得られたリコンビナントP-LAPのサイズは，SDS-PAGE上170kDaであり，これは血清より精製したものとほぼ一致する．一方，溶液中のリコンビナントP-LAPのサイズは超遠心法によれば280kDaであることから，血中ではダイマーで存在すると考えられている．リコンビナントP-LAPによるオキシトシン分解様式は，図175に示すように既に10分以内にCys-Tyr結合の切断に伴うオキシトシン環状構造の開環が始まる．1

353

Ⅵ 分娩・胎児

時間後にはもはや本来のオキシトシンはほとんど認められず，Tyr-Ileの結合が切断され，Tyrが遊離する．最終的なP-LAPによるオキシトシン分解産物は図175-Bの(5)に当たるAsnまでが遊離したペプチドフラグメントである．

7 オキシトシナーゼの新たな展開

　脂肪や骨格筋には促通拡散性糖輸送担体(GLUT)ファミリーのうち，インスリン調節性糖輸送担体(GLUT4)を特異的に発現しており，インスリン刺激により細胞内プールからGLUT4が細胞膜表面へトランスロケーションされる結果，これら臓器で糖を取り込み血糖値が下降すると考えられている．さて，GLUT4のトランスロケーションは，GLUT4を含んだ小胞いわゆるGLUT4小胞の細胞内輸送によるが，このGLUT4小胞にアミノペプチダーゼ活性を有する分子量160kDaの糖蛋白gp160が存在しており[18]，gp160はGLUT4とともにインスリン刺激により細胞膜へ移動することがわかっていた．ラット脂肪細胞からgp160がクローニングされたが，インスリン反応性のほかにgp160は細胞膜1回貫通型の亜鉛結合部位を有するアミノペプチダーゼであったことから，insulin-regulated membrane aminopeptidase(IRAP)と命名された[19]．

　遺伝子解析によれば，P-LAPとIRAPはアミノ酸レベルで87%と高いホモロジーを有しており，この結果からIRAPはラットにおけるP-LAPのホモログであると考えられている．ラットにおけるIRAPの組織分布はP-LAPと類似のパターンを示し，胎盤などGLUT4の存在が明らかでない組織にもP-LAP同様発現を認めている．また，IRAPがオキシトシン，バゾプレッシン，アンジオテンシンⅢを基質とする点についてもP-LAPと同様である．また，IRAPはその発見の経緯から，脂肪細胞においてはインスリン刺激によって細胞膜表面の酵素活性，すなわちオキシトシナーゼ活性が上昇することが確かめられている[20]．こうしたオキシトシナーゼ活性の細胞内移動について，臍帯血管内皮細胞においてはオキシトシン刺激により細胞表面オキシトシナーゼ活性が上昇するといった，いわゆるnegative feedback機構の可能性が考えられている[21]．

おわりに

　オキシトシナーゼの本体であるP-LAPについて概説したが，陣痛発来とP-LAPの関連を始め，胎盤からのP-LAP遊離機構，P-LAP発現調節因子の同定など解明されるべき点も多く残されており，今後トランスジェニック動物の樹立やP-LAP上流域の解析，さらには臨床応用に向けたオキシトシナーゼ阻害剤の開発が望まれる．

文　献

1) Walter R et al：Science **173**, 827 (1971).
2) Mizutani S et al：Biochim Biophys Acta **786**, 113 (1984).
3) Fekete K：Endocrinologie **7**, 364 (1930).
4) Tuppy H & Nesbadva H：Monatsh Chem **88**, 977 (1957).
5) Muller-Hartburg W et al：Arch Gynäk, **191**, 442 (1959).

6) Bressler R & Forsyth BR : New Engl J Med **261**, 746 (1959).
7) Mizutani S et al : Clin Biochem **9**, 16 (1976).
8) Mizutani S et al : Clin Biochem **9**, 228 (1976).
9) Tsujimoto M et al : Arch Biochem Biophys **292**, 388-392 (1992).
10) Nakanishi Y et al : Placenta **21**, 628 (2000).
11) Yamahara N et al : Life Sci **66**, 1401 (2000).
12) Kosaki, H et al : (submitted).
13) Rogi T et al : J Biol Chem **271**, 56 (1996).
14) Horio J et al : Biochem Biophys Res Commun **262**, 269 (1999).
15) Rasumussen TE et al : Eur J Biochem **267**, 2297 (2000).
16) Nagasaka T et al : Reprod Fertil Dev **9**, 747 (1997).
17) Matsumoto H et al : Eur J Biochem **267**, 46 (2000).
18) Kandror KV et al : J Biol Chem **269**, 30777 (1994).
19) Keller SR et al : J Biol Chem **270**, 23612 (1994).
20) Herbst JJ et al : Am J Physiol **272**, E600 (1997).
21) Nakamura H et al : Endocrinology **141**, 4481 (2000).

〔野村誠二／辻本雅文／水谷栄彦〕

第7部　ゲノム・クローン

PART 7 / Genome Clone

1 卵母細胞のゲノムインプリンティング

はじめに

　哺乳動物では，受精により卵子に備わる精子由来ゲノムと卵子由来ゲノムとの協調した働きが個体発生に不可欠なことから，単為生殖（無性生殖）により個体を複製することはできない（図176）[1)-4)]．この事実は，雌雄ゲノム機能が決定的に異なることを意味している．最近の研究により，雌雄ゲノム間の機能差異は，生殖細胞形成過程でゲノムに付加される後天的遺伝子修飾であるゲノムインプリンティングに起因していることが明らかになってきた[5)-12)]．本来，遺伝子発現は父方・母方の対立遺伝子アレルから等しくしく行れるが，ゲノムインプリンティングにより父方あるいは母方アレルからのみ発現するインプリント遺伝子が出現し，雌雄両ゲノム間の機能差を生み出している（表52）．生殖細胞ゲノムが次世代を生産する能力を持つためには，巧妙に仕組まれた後天的遺伝子修飾を受けなければならないのである．特に，卵母細胞形成過程で行われるゲノムインプリンティングが，片親性遺伝子発現の成立に大きな影響を持つことが明らかになってきた[10)-12)]．ここでは，雌の生殖細胞である卵子成長過程におけるゲノムインプリンティングと発生制御機構に焦点を当てて解説する．

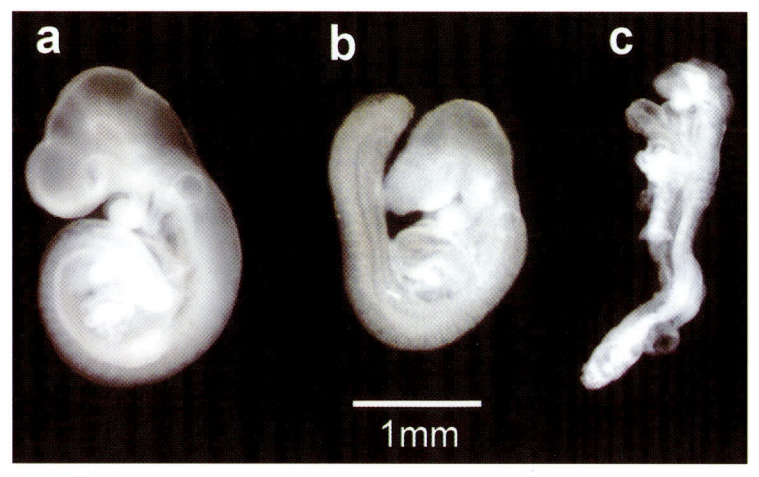

図176　マウス妊娠9.5日目の胎仔
　a．コントロール（受精卵由来胎仔）／b．雌核発生胚／c．雄核発生胚

表52 マウスとヒトで刷り込みを受ける遺伝子

マウス遺伝子	発現アレル	位置	ヒト遺伝子	発現アレル	位置	機能	KOマウス
Gnas	父由来	第2染色体遠位部	GNAS1	母由来?	20q13	G蛋白質αサブユニット	
Peg1/Mest	父由来	第6染色体近位部	PEG1/MEST	父由来	7q32	加水分解酵素	
Peg3	父由来	第7染色体	PEG3	N.D.	19q13.4	Znフィンガー蛋白質	
Znf27	父由来	第7染色体中央部	ZNF127	父由来	15q11-q13	Znフィンガー蛋白質	
Snrpn	父由来	第7染色体中央部	SNRPN	父由来	15q11-13	スプライシング	
—			PAR5	父由来	15q11-13	RNA	
—			PAR1	父由来	15q11-13	RNA	
Ipw	父由来	第7染色体中央部	IPW	父由来	15q11-13	RNA	
p57kip2	母由来	第7染色体遠位部	p57kip2	母由来	11p15.5	細胞増殖抑制因子	+
Kvlqt	N.D.	第7染色体遠位部	KVLQT	母由来	11p15.5	カリウムチャンネル	+
Mash2	母由来	第7染色体遠位部	HASH2/ASCL	母由来	11p15.5	転写因子	+
Ins2	父由来	第7染色体遠位部	Ins2	?	11p315.5	血糖調節	
Igf2	父由来	第7染色体遠位部	IGF2	父由来	11p15.5	胎児成長因子	+
H19	母由来	第7染色体遠位部	H19	母由来	11p15.5	RNA	+
U2af-rs1	父由来	第11染色体近位部	—			スプライシング?	
Igf2r	母由来	第17染色体近位部	IGF2R	両方	6q25-q27	IGF-IIの分解,M6P受容体	+
Mas	母由来	第17染色体近位部	MAS	両方	6q27-q27	原癌遺伝子	
Impact	父由来	第18染色体					
Ins1	父由来	第19染色体	—			血糖調節	
Xist	父由来	X染色体	XIST	N.D.	X	X染色体の不活性化	+
Htr2			HTR2	母由来	13q14	セロトニン受容体	
Wt1	N.D.	第2染色体	Wt1	母由来	11p13	癌抑制遺伝子	+

N.D.:未検定, —:相同な遺伝子がないもの.

1 発生からのアプローチ

　インプリント遺伝子の片親性発現はどのように支配されているのか興味深い問題であるが, 不明な点も多い. 遺伝子刷り込みが成立するためには, アレルが雌雄どちらの生殖細胞ゲノムに由来するのかを明確に識別するためのDNA上のマークが必要となる. その情報に基づいて, 父方アレルおよび母方アレルにそれぞれ特異的な遺伝子発現が確立され, 生涯を通じて体細胞で維持されることになる[13)-16)]. 片親性発現を成立させるためのDNA上への印付けは, 雌雄生殖細胞ゲノムがそれぞれ独立して存在する生殖細胞形成過程で行われる. それらの印付けをもとに片親性遺伝子発現が成立するのは, 受精・初期発生過程を経て着床後の胚においてである. この時間のズレとその間におけるゲノム上の変化が, 生殖細胞形成過程で行われる遺伝子修飾機構を研究する上で最も厄介な問題となっている. すなわち, 生殖細胞形成過程で生じたゲノム上の変化のうち, DNAのどの特異的サイト (CpG) のメチル化が, 実際に片親性発現の成立を支配しているのか判断するのが難しい場合が多い. そこで, 母方ゲノムインプリンティングが卵母細胞の成長過程で行われると仮定し, 核移植法を用いて種々の成長過程にある卵母細胞ゲノムをもつ成熟卵子を構築する

卵母細胞のゲノムインプリンティング 1

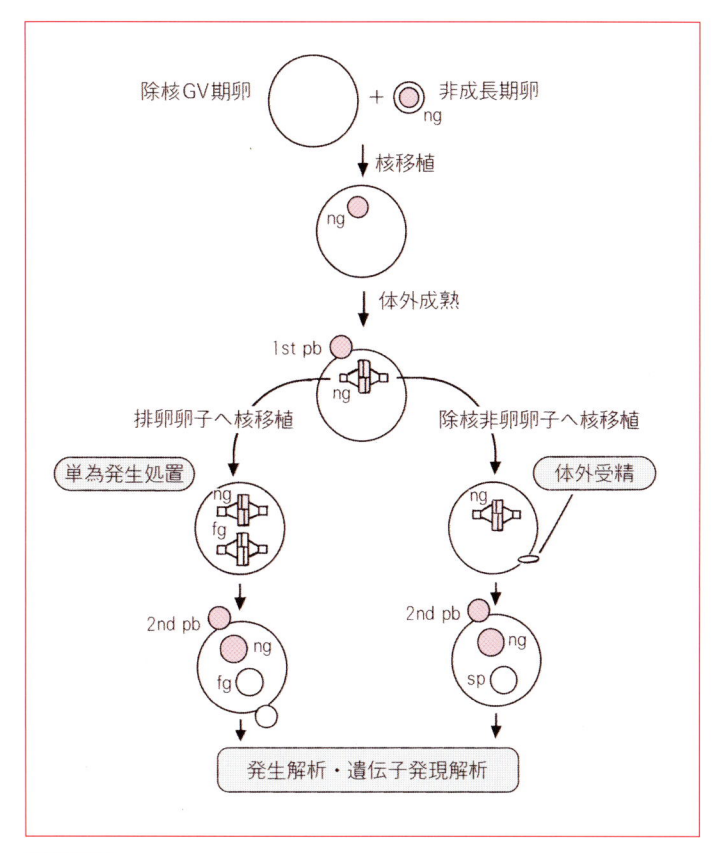

図177 ゲノムインプリンティング改変胚の作出

　システムが開発され，ゲノムインプリンティングと胚発生支持能[10]および片親性遺伝子発現[11]との関係が追求されている．

　まず，核移植による卵子の構築方法について簡潔に説明する(図177)．eCGを投与した成熟マウスの卵巣から採取した成長を完了した卵母細胞の卵核胞を，顕微操作により除去する．これに新生仔マウスの卵巣から採取した非成長期卵母細胞を融合させる．融合にはセンダイウイルスを用いる．ここで注目すべき点は，非成長期卵母細胞はすでに第一減数分裂前期の複糸期に達しており，両卵子間に細胞周期上の差異がないことである．構築卵子を体外培養して第二減数分裂中期に成熟させる．次いで前核形成能を補足するために，無処置の排卵卵子へ形成されたMⅡ分裂装置を再び核移植したのち，10 mMのストロンチウムを含む培地で培養し単為発生させる．このようにして作製された単為発生胚は，ゲノムインプリンティングを完了していない非成長期卵母細胞由来の半数体ゲノム(ng)と，ゲノムインプリンティングを完了した成長卵母細胞由来の半数体ゲノム(fg)を持ち合わせた2倍体の胚となる．この雌核発生胚の発生能が丹念に調べられた．よく知られているように，哺乳類の雌核発生胚は個体発生できず，マウスでは妊娠10日までに必ず致死となる．ところが，新たに構築した2倍体雌核発生卵では，形態的には受精卵由来の胎仔とほ

ぼ同等の器官形成を遂げた体長10mmの13.5日齢の胎仔にまで発生した（図178）．4日間の発生延長であるが，この間にマウス胚の発生は驚くほど進む．しかも，この胎仔は，雌核発生胚では極めて貧弱なはずの胚体外組織が，よく分化・増殖した迷路部および基底層を持つ発育良好な胎盤を形成していた．これらのことから，単為発生胚の発生延長は，卵母細胞の成長過程で行われるゲノムインプリンティングを欠如した非成長期卵母細胞ゲノムの存在に起因していることが容易に想像できる．

次に，どのようにして発生延長が成し遂げられたのかを探るために，インプリント遺伝子の発現が調べられた．この胎仔は母親由来のゲノムだけを持つことから，本来発現していないはずの父方発現遺伝子が調べられた[11]．その結果，驚いたことに，解析された9種の父方発現インプリント遺伝子のうち *Igf2* 遺伝子を除くすべての遺伝子の発現が認められた．もちろん，成熟した雌ゲノムのみを持つ雌核発生胚では，それら父方発現遺伝子の発現は認められない．父方発現遺伝子の発現が非成長期卵母細胞ゲノム由来のアレルから生じていることを確認するため，発現遺伝子領域に多型を持つマウスを用いて卵子を構築して発現アレルの特定を行ったところ，間違いなく非成長期卵母細胞ゲノム由来のアレルから父方発現遺伝子が発現していることが確認された．したがって，父方発現インプリント遺伝子の多くは，卵母細胞の成長過程において母方アレルからの発現が抑制されるよう後天的遺伝子修飾を受けていることが明らかとなった．さらに，父方発現遺伝子に止まらず，母方発現をするインプリント遺伝子の挙動もまた卵母細胞の成長過程で調節されていることが判明した．母方発現遺伝子 *Igf2r* および *p57^{Kip2}* の発現をそれぞれJF1およびspretusマウス間の多型を活用し調べたところ，非成長期卵由来のアレルからの発現が抑制されていることが明らかとなった．興味深いことに，少なくともそれらの遺伝子は卵母細胞の成長過程で活性化されるよう調節されていたことを示している．ただし，*H19* 遺伝子は非成長期卵由来のアレルから発現しており，卵母細胞の成長過程ではインプリンティングを受けないことが示され，*Igf2* 遺伝子との発現制御の関連性が強く示唆された．さらに，雌胚の胚体外組織における雄由来X染色体の特異的な不活性化も，どうやら雌由来のX染色体が不活性化を免れるよう卵母細胞の成長過程でインプリンティングされるらしい[12]．

さて，卵母細胞の成長過程でインプリンティングを受けないと判断された父方発現遺伝子 *Igf2* と母方発現遺伝子 *H19* の両者は近接する遺伝子で，*H19* の上流90kbに *Igf2* が位置し，*H19* 遺伝子の下流に存在するエンハンサーを両者が共有している[17)18)]．このエンハンサーは，*H19* 遺伝子のプロモーター領域が低メチル化の雌アレルでは，*H19* 遺伝子に作

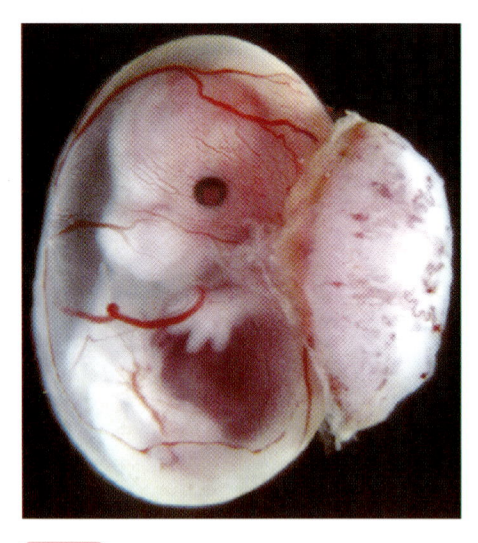

図178 インプリンティング制御による単為発生胚の発生延長

用し，一方，高メチル化の雄アレルでは，*Igf2* に作用して発現を促すことが知られていた．したがって，*Igf2* の発現は *H19* の発現制御領域のメチル化状態に依存していることになる．また最近同時に，独立した2つの研究グループから *H19* 遺伝子発調節に関する新しい知見が報告されている．それによれば，*H19* 遺伝子のプロモーター領域にエンハンサー阻止タンパク質であるCTCFが関与しているという[19)20)]．このCTCF依存性のエンハンサー結合阻止エレメントはインスレーターとして機能しているらしい．いずれにしても *H19* 遺伝子の発現制御に必要な遺伝子修飾は，雌側ではなく雄側の生殖細胞形成過程で行われている可能性が高い．

　上述したように，卵母細胞の成長過程で行われる後天的遺伝子修飾が，多くのインプリント遺伝子の片親性発現を成立させ，胚発生を制御していることは間違いなさそうである．それでは残された雄側生殖細胞系列で制御を受けるインプリント遺伝子の発現量およびアレルの補正を行うことができれば，哺乳類においても単為生殖個体の発生が可能なのであろうか？　この疑問に答えるために，*H19* 遺伝子など雄側で制御されているインプリント遺伝子をターゲティングしたマウスを活用して発現補正を試みることも検討されている．哺乳動物における雌雄生殖細胞ゲノムの決定的な機能差を特徴づける機構がさらに明らかにされ，単為生殖による個体発生も可能となるかもしれない．

2　ゲノムインプリンティングの進行

　卵母細胞の成長過程については他の成書を参照願いたいが，マウスでは新生仔の時点と成長を完了した卵母細胞の細胞周期は，ともに第一減数分裂前期の複糸期にある[21)]．この間に卵胞が形成され卵母細胞の直径は20μmから75μmにまで成長する．インプリント遺伝子個々に対する修飾がいつ行われているのかをそれぞれ明らかにすることは，卵母細胞ゲノムの機能および遺伝子修飾の分子メカニズムの解明からも興味が持たれる．そこで，成長過程にある様々なステージの卵母細胞を用いて雌核発生胚を作出し，片親性遺伝子発現の決定時期が特定された(投稿中)．その結果，片親性発現を制御する遺伝上への修飾は一過性に行われるのではなく，卵母細胞の成長過程全般にわたって行われていることが判明した(図179)．最も早くインプリンティングが行われる *Igf2r* では，5日齢から10日齢の間にインプリンティングが完了している．一方，*Impact* は最も遅く，卵母細胞の成長が完了した時点でインプリンティングが行われている．しかし，卵母細胞の特異的な成長過程で，どのように遺伝子個々がインプリンティングされるかの分子機構については今のところ全く不明である．

　インプリンティングを調節する最も有力な機構はDNAのメチル化であると考えられている[13)]．卵母細胞の成長過程でDNAのメチル化が生じることは，メチル化を触媒する酵素活性からも裏付けられる．DNAのCpGのシトシン残基にメチル基を付加する酵素としてメチルトランスフェラーゼ(Dnmt1)が知られている[14)]．この酵素は，DNA複製時にもともとメチル化されていたCpGサイトから複製されたメチル化されていないCpGサイト

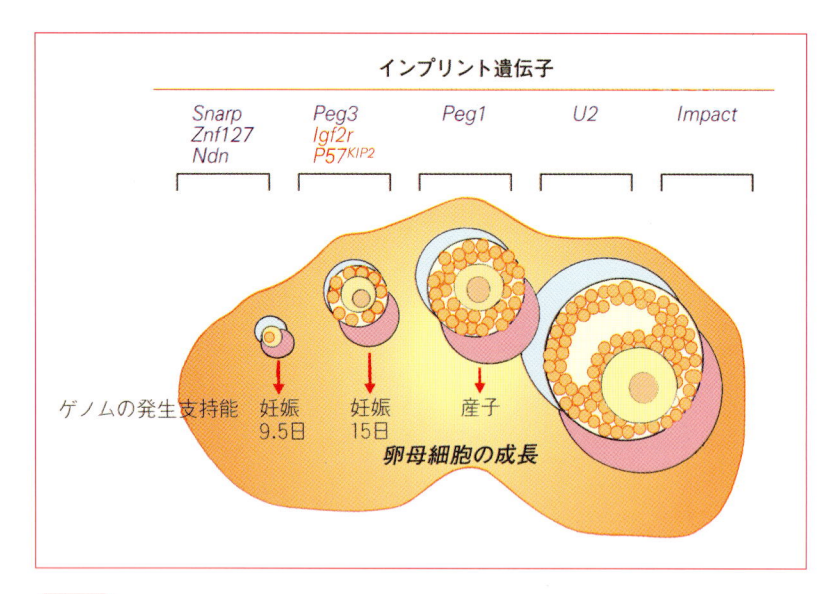

図179 インプリンティングの成立時期の特定とゲノムの発生支持能力

　に働き，これをメチル化する維持メチル化活性が強い．しかし，Dnmt1は全くメチル化されていないCpGサイトのシトシン残基をメチル化する新規 (de novo) メチル化活性も併せ持っている．この酵素の卵母細胞内での局在を見ると，成長過程にある卵母細胞では核に高濃度で局在していることから，盛んに雌ゲノムの修飾を行っていることが推察される[22]．したがって，上述したインプリント遺伝子における発現調節領域のDNAのメチル化の変化と上手く対応していることが分かる．このほか，最近強い新規メチル化活性を持つメチル化酵素Dnmt3αおよびβが同定されたが，生殖系列細胞における活性は今のところ明らかでない[23)24)]．

　それでは，卵母細胞ゲノムにおける段階的なインプリンティングの進行がゲノムの胚発生支持能とどのような関係があるのであろうか．この興味ある問題に対する答えを得るために，さまざまな成長段階にある卵母細胞のゲノムを持つ成熟卵子を構築し，これを体外受精して胎仔および産子への発生能が丹念に調べられた[25]．その結果，ゲノムインプリンティングを受けていないことが想定される非成長期卵母細胞のゲノムを持つ構築卵子は，正常に受精して胚盤胞に発生するにもかかわらず着床後の発生能を全く欠いていることが判明した．卵母細胞ゲノムが持つ着床後の発生支持能は卵母細胞の成長に伴い向上し，一次卵胞から回収された直径40〜49μmの卵母細胞のゲノムでは10日齢胎仔への発生を支持するようになり，次いで直径50〜59μmの成長期卵母細胞になって初めて個体発生を完全に支持できる能力を獲得することが分かった．また，これとは逆に，非成長期卵由来と成長を完了した卵母細胞由来の半数体ゲノムを持つ2倍体雌核発生卵では，形態的には受精卵由来の胎仔とほぼ同等の器官形成を遂げた体長10mmの13.5日齢の胎仔にまで発生する．これらのことから，母性ゲノムは卵母細胞の成長過程で遺伝子修飾を受けて，は

じめて胚の個体発生を支持する遺伝子発現調節ができるようになること，および卵母細胞ゲノムは卵母細胞が完全に成長を遂げる以前に個体発生支持能を獲得していることが判明した(図179)．卵母細胞の成長過程で行われるゲノムインプリンティングの進行は，卵母細胞ゲノムの胚発生支持能の向上ともよく一致している．すなわち，雌ゲノムは卵母細胞の成長に伴い，かなりの長い期間をかけて卵母細胞ゲノムは後天的に修飾され，段階的に発生支持能を昂進していくのである．

おわりに

卵母細胞の成長過程では，形態ばかりでなくゲノム上にも隠された変化が生じていること，そしてその変化こそ卵子が生殖細胞として機能するために不可欠な遺伝子発現パターンを成立させていることが分かってきた．現在，このDNA上に行われる修飾機構についてはようやく研究が途に着いたところで，解明されなければならないことが数多く残されている．まして，それを人為的に調節する術は全くない．生殖細胞の隠された機能を解明するうえで，ゲノムインプリンティング機構が重要な意味を持つことは明白である．遺伝子発現の分子機構のみならず，雄に比べ圧倒的に少数の雌生殖細胞の高度利用の観点や，最近のクローン動物誕生の謎に対する生物学的な疑問に答える手がかりを得るためにも，今後の研究の進展に大きな期待が持たれる．

文　献

1) Surani MAH & Barton SC : Science **222**, 1034 (1983).
2) McGrath J & Solter D : Cell **37**, 179 (1984).
3) Barton SC et al : Nature **311**, 374 (1984).
4) Surani MA et al : Cell **45**, 127 (1986).
5) Monk M : Genes Dev **2**, 921 (1988).
6) Surani MA : Genet Dev **1**, 241 (1991).
7) Sasaki H et al : Genes Dev **6**, 1843 (1992).
8) Kono T : Reprod Fertil Dev **10**, 593 (1998).
9) Tilghman SM : Cell **96**, 185 (1999).
10) Kono T et al : Nat Genet **13**, 91 (1996).
11) Obata Y et al : Development **125**, 1553 (1998).
12) Tada T et al : Development **27**, 3101 (2000).
13) Brannan C & Bartolomei M : Current Opinion in Genet & Dev **9**, 164 (1999).
14) Bestor TH : Hum Mol Genet **9**, 2395 (2000).
15) Szabo PE & Mann JR : Genes Dev **9**, 1857 (1995).
16) Ueda T et al : Genes to Cells **5**, 649 (2000).
17) DeChiara TM et al : Cell **64**, 849 (1991).
18) Forne T et al : Proc Natl Acad Sci USA **94**, 10243 (1997).
19) Bell AC & Felsendeld G : Nature **405**, 482 (2000).
20) Hark AT et al : Nature **405**, 486 (2000).
21) Hogan B et al : in Manipulating the Mouse Embryo (1994).
22) Mertineit C et al : Development **125**, 889 (1998).
23) Okano M et al : Cell **99**, 247 (1999).
24) Lyko F et al : Nat Genet **23**, 363 (1999).
25) Bao S et al : Biol Replod **62**, 616 (2000).

〔河野友宏〕

2 胎児と胎盤におけるゲノムインプリンティング

はじめに

ゲノムインプリンティングは，哺乳類における父親，母親由来のゲノムの機能的差異を表す言葉である[1)-3)]．これは実験的に作製されたマウスの雌性単為発生胚や雄性発生胚が，胎児と胎盤の発育に関して全く異なる異常を示して致死になることから発見された[1)2)]（図180）．哺乳類では，父，母由来の両方のゲノムが揃って始めて正常な個体発生が起きるとことがここで初めて確認された．この実験結果は，母親由来のゲノムが胎児の発育に，父親由来のゲノムが胎盤の形成に必須である様にも解釈できるが，実際には父，母由来のどちらのゲノムも，それぞれ胎児，胎盤の生育に必須であることが分かっている．

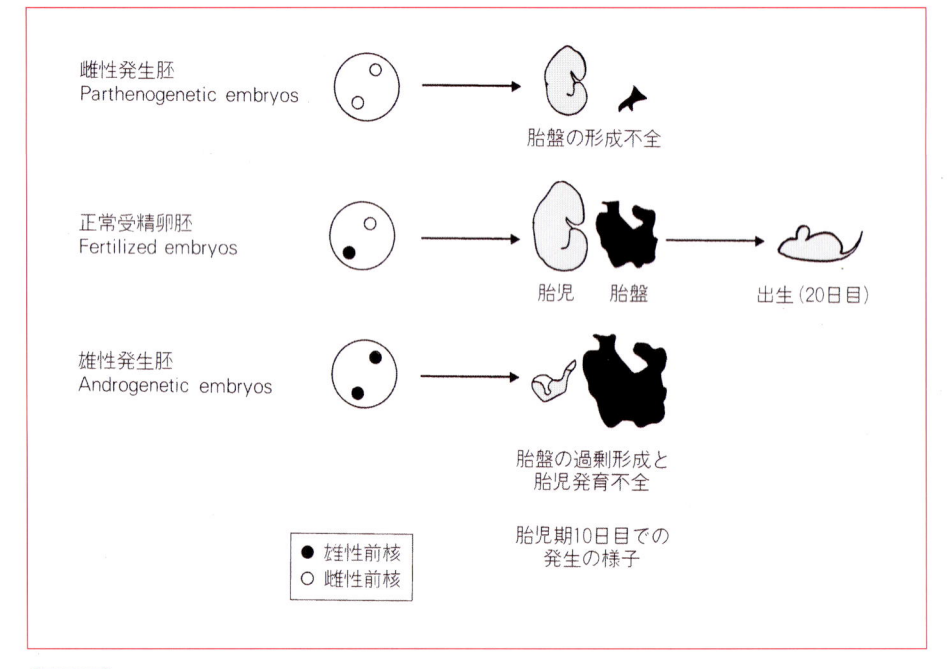

図180　ゲノムインプリンティングの発見
前核移植手術により，受精直後のマウス卵から雄性前核（黒丸），雌性前核（白丸）の除去と注入操作を行うことにより，雌性前核を2つ持つparthenogenetic embryosと雄性前核を2つもつandrogenetic embryosを作製する．前者において，胎児はほぼ正常に発育するが，胎盤形成が起こらない．逆に，後者においては胎盤の発生過剰と胎児の発育不全を示す．このことから，父親，母親由来のゲノムの機能に差があることが発見された．

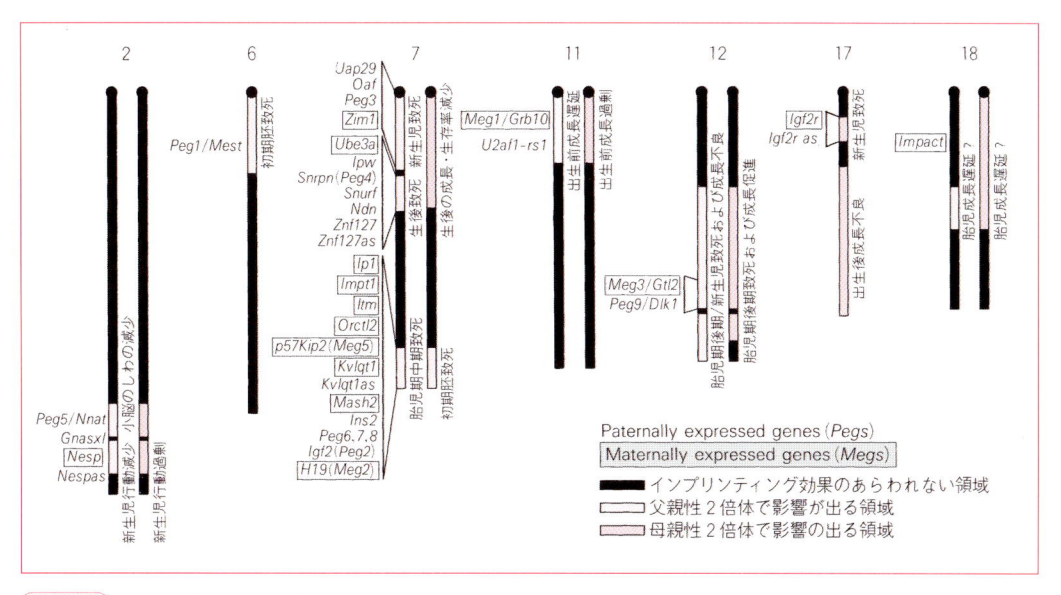

図181 インプリンティング遺伝子地図
マウスは20本の染色体を持つ．このうち，片親性2倍体になると個体発生，成長，行動に異常が起きる領域が染色体上約10ヵ所に存在している．これはインプリンティング領域と呼ばれている．これまで分離されたインプリンティング遺伝子は，そのほとんどがこのインプリンティング領域に同定されている．インプリンティング遺伝子は，父親性発現を示す遺伝子群(Paternally expressed genes: *Pegs*)と母親性発現を示す遺伝子群(Maternally expressed genes: *Megs*)の2つに大別される．

遺伝学的な実験からも，父，母由来のゲノムの機能的な差異が証明された．X線を照射して染色体転座（均衡転座）を起こしたマウスを作製する．このマウス同士を交配すると，特定の染色体領域のみが2つの染色体部分とも片親由来となるものが生まれる．図181にはこの実験により，さまざまな異常が確認された領域が示してある[3]．この領域をインプリンティング領域，そこで現れる表現型をインプリンティング効果と呼んでいる．これには，種々の発生段階での致死性や成長，形態形成，行動に関係した異常がある．本稿では胎児と胎盤の生育に関係する遺伝子や領域について紹介する．

1　胎児と胎盤の生育に関係するインプリンティング遺伝子

ゲノムインプリンティングにおける父親，母親由来のゲノムの機能的差異は，片親性発現を示す遺伝子（インプリンティング遺伝子）の存在によって説明できる．これは，父親性発現を示すPaternally expressed genes(*Peg*)と母親性発現を示すMaternally expressed genes(*Meg*)の2群に大別できる[4)5)]．

最初のインプリンティング遺伝子である*Igf2*（インスリン様成長因子）[2]が発見されたのは1991年のことである[6]．それ以降，われわれのサブトラクション法を応用した体系的

VII ゲノム・クローン

遺伝子分離[4)5)]を含め，数多くの方法によって30を超えるインプリンティング遺伝子が分離された(図181)．現在では，個々のインプリンティング遺伝子の機能解析も進み，胎児と胎盤の成長，機能に重要な遺伝子の実態が明らかになってきた．胎児や胎盤の大きさ決定には幾つもの独立した代謝系の寄与が考えられる．インプリンティング遺伝子の解析からこの問題にアプローチしてみる．

1 *Igf2* の関係する代謝系

最も理解しやすい例は，*Igf2*遺伝子のケースである．図182に示したように胎児期にはインスリン様成長因子1 (Igf1) と2 (Igf2) の2つの成長因子が発現しており，これらは共通の受容体であるインスリン様成長因子1受容体 (Igf1 receptor) に結合することによって成長促進機能を発揮する．これらの因子が結合することにより，受容体の細胞質内のキナーゼドメインがリン酸化され，さらにこのリン酸化がシグナルとしてインスリン受容体基質1タンパク質(Irs1)などに伝わっていく．ここにあげたタンパク質は総べて胎児期の成長促進に機能している．これは胎児の成長に関係する代表的な代謝系の一つである．

インスリン様成長因子2受容体 (Igf2r) タンパク質は，Igf2を分解する活性を持つ膜タンパク質であり，成長に阻害的に働く．この図の中でIgf2が父親性発現[6)]，Igf2rが母親性発現[7)]のインプリンティング遺伝子にコードされている．

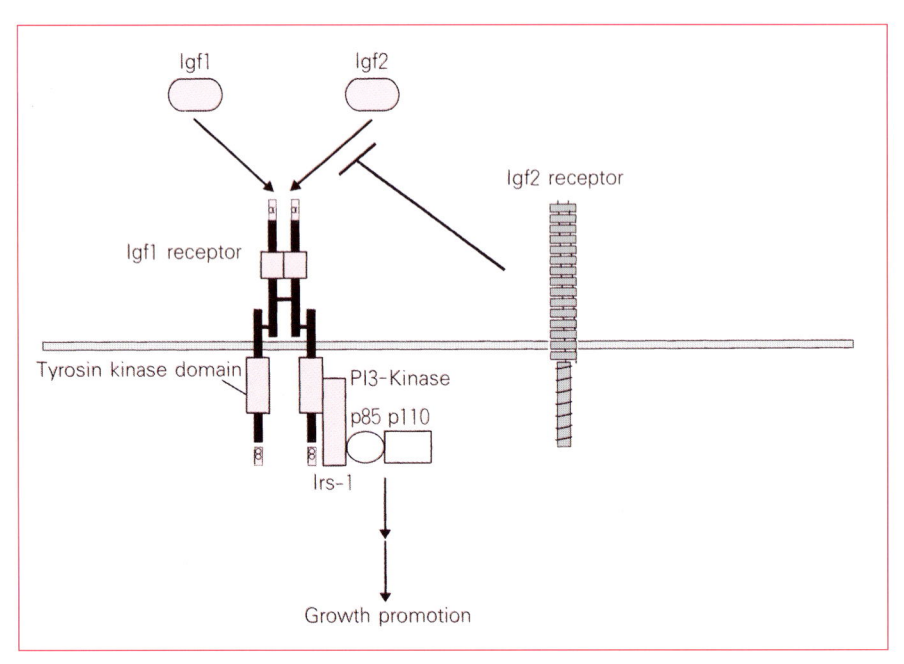

図182 **父親性発現遺伝子 *Igf2* と母親性発現遺伝子 *Igf2r* のかかわるシグナル伝達系**
灰色で示したタンパク質（インスリン様成長因子1と2，インスリン様成長因子1受容体，インスリン受容体基質1）は，成長促進に機能する代謝系を構成している．どのタンパク質を欠失しても胎児成長が阻害される．黒で示したIgf2rはIgf2の分解にかかわり，成長阻害に機能する．

2 *Peg1/Mest* 遺伝子の関係する代謝系

われわれが分離した成長に関係する3つのインプリンティング遺伝子の例を紹介する．*Peg1/Mest* 遺伝子は，マウス染色体6番の近位部の初期胚致死の領域に同定された初めてのインプリンティング遺伝子である[4]（図181）．この遺伝子は*Igf2*遺伝子のケースと同様，父親性の発現を示す．このため，父親から変異が伝わったときにのみ，胎児および新生児の成長不良が観察される[8]．実際には，成長不良だけではなく何割かの子供は新生児に致死となる．

この遺伝子の機能は，コードされるタンパク質のホモロジーから何らかの加水分解酵素であると予想される．図183には α/β hydrolase fold family に属する加水分解酵素とPeg1/Mestタンパク質の比較を示す[4]．この一群の加水分解酵素は複雑な分子構造をした物質を基質にする特徴があるが，Peg1/Mestタンパク質の基質はまだ解明されていない．この基質が同定できれば，新しい成長に関係する代謝系を明らかにできると考えている．

3 Silver-Russell 症候群

ヒトのゲノムインプリンティング型疾患の一つにSilver-Russell症候群（SRS）がある．これは小奇形を伴った出生前後の成長不良を特徴としている．SRS患者の7％にヒト7番染色体の母親性2倍体がみられることから，7番染色体上の成長促進効果のある*PEG*遺伝子の発現がなくなることが原因と考えられる[9]．ヒトの*PEG1/MEST*もマウス同様，父親性発現を示し，7番の長腕（7q32）に存在している[10]．この7q32領域は染色体欠失により成長阻害が見られる領域でもある．*Peg1/Mest* KOマウスの出生前後の成長不良という表現型は，SRSの特徴と酷似している．そこでヒトSRS患者における*PEG1/MEST*遺伝子の変異解析が行われた．しかし現在のところ，この遺伝子の変異は見つかっていない．もともとこの疾患の原因遺伝子領域は複数考えられている．染色体7番が原因で発症する例はあまり多くないのかもしれない．しかし，マウスとヒトのタンパク質の相同性は非常に高いこと（図183）から，少なくとも染色体7番の母親性2倍体で発症するSRSにおいて，表現型の主要部分はこの遺伝子の発現の欠損によるものであろうと考えている．先ほど述べたように，この遺伝子産物が加水分解酵素をコードしていることから，PEG1/MESTタンパク質の基質の代謝系にかかわる遺伝子群が総べてSRSの原因遺伝子群である可能性が高いと考えている．

4 *PEG1/MEST* KO マウスの示す母性保育行動の異常

Peg1/Mest 遺伝子のノックアウトマウスの解析から，さらにこの遺伝子が雌の母性保育行動に関係していることが分かった[8]．父親から変異を受けついだ雌は，前述のように出生前後の成長不良を示すが，その後は正常に成熟し，交配，出産する．しかし，出産後に子供の世話をほとんどしないため，産子が離乳期まで育たない．詳細に保育行動を調べてみると，以下のような異常が確認された．①出産が近づいても巣作りをしないこと，②出

```
                                                          RVIAPD motif  GxGxS motif
                                                          ******        *****
human PGE1   (73)    VLLHGF-P-TSSYD-WYKIWEGLTLRFHRVIALDFLGFGFSDKPRP-HHY
mouse Peg1   (73)    VLLHGF-P-TSSYD-WYKIWEGLTLRFHRVIALDFLGFGFSDKPRP-HQY
XAADHLA      (51)    LCLHGE-P-TWSYL-YRKMIPVFAESGARVIAPDFFGFKGSDKPVDEEDY
PSEULINB     (33)    LFQHGN-P-TSSYL-WRNIMPHCAGLG-RLIACDLIGMGDSDKLDPSGPE
HUMCYTEPOX  (261)    CLCHGF-P-ESWYS-WRYQIPALAQ GYRVLAMDMKGYGESSAPPEIEEY
MUSEPOHYDE  (259)    CLCHGF-P-ESWFS-WRYQIPALAQAGFRVLAIDMKGYGDSSSPPEIEEY
PPDMPCD      (33)    MMIHGSGPGVTAWANWRLVMPELAKSR-RVIAPDMLGFGYSERPADA-QY
PSEF1HYOX    (31)    VLVHGSGPGVTAWANWRTVMPELS HR-RVIAPDMVGFGFTQRPHGIH-Y
PILIPAA      (71)    LLIHGFG-GNKDNF-TR---IARQLEGYHLIIPDLLGFGESSKPMSA-DY

human PGE1  (119)    SIFEQ-ASIVEALLRH-LGLQNRRINLLSHDYGDIVAQELLYRYKQNRS
mouse Peg1  (119)    SIFEQ-ASIVESLLRH-LGLQNRRINLLSHDYGDIVAQELLYRYKQNRS
XAADHLA      (98)    TFEFHRNFL-L-ALIERLDLRNI---TIVVQDWGGFLGLTLPMADPSRFK
PSEULINB     (79)    RYAYAEHRDYLDALWEALDLGDRV-VLVVHDWGSALGFDWARRHRERVQ
HUMCYTEPOX  (308)    CMEVLCKEMVTF-LDK-LGLSQA--VFIGHDWGGMLVWYMALFYPERVR
MUSEPOHYDE  (306)    AMELLCKEMVTF-LDK-LGIPQA--VFIGHDWAGVMVWNMALFYPERVR
PPDMPCD      (81)    NRDVWVDHAVGV-LD-ALEIEQA--DLVGNSFGGGIALALAIRHPERVR
PSEF1HYOX    (79)    GVESWVAHLAGI-LD-ALELDRV--DLVGNSFGGALSLAFAIRFPHRVR
PILIPAA     (115)    RSEAQRTRLHEL-LQ-AKGLASN-IHVGGNSMGGAISVAYAAKYPKDVK
                                                     ↑
                                                nucleophile motif

human PGE1  (276)    IHFIYGPLDPVNPYPEFLE
mouse Peg1  (276)    IHFIYGPLDPINPYPEFLE
XAADHLA     (252)    TFMAIGMKDKLLGPDVMYP
PSEULINB    (231)    SESPIPKLFINAEPGALTT
HUMCYTEPOX  (487)    ALMVTAEKDFVLVPQMSQH
MUSEPOHYDE  (486)    ALMVTAEKDIVLRPEMSKN
PPDMPCD     (220)    TLVIHGREDQIIPLQTSLT
PSEF1HYOX   (219)    TLILHGRDDRVIPLETSLR
PILIPAA     (256)    PLVVWVIKIKIIKPETVNL
                               ↑
                          catalitic motif

human PGE1  (309)    DDHISHYPQLEDPMGFLNAYMGFINSF
mouse Peg1  (309)    DDHISHYPQLEDPMGFLNAYMGFINSF
XAADHLA     (284)    IADAGHFVQEFGEQVAREALKHFAETE
PSEULINB    (266)    TVAGAHFIQEDSPDEIGAAIAAFVRRLRPA
HUMCYTEPOX  (518)    IEDCGHWTQMDKPTEVNQILIKWLDSDARNPPVVSKM
MUSEPOHYDE  (517)    IEDCGHWTQIEKPTEVNQILIKWLQTEVQNPSVTSKI
PPDMPCD     (251)    FGQCGHWTQIEHAARFASLVGDFLAEADAAAIS
PSEF1HYOX   (249)    FGRCGHWVQIEQNRGFIRLVNDFLAAED
PILIPAA     (287)    MEDVGHVPMVEALDETADNYKAFRSILEAQR
                        ↑
```

図183 Peg1/Mestタンパク質とα/β hydrolase fold familyに属する加水分解酵素とのホモロジー

α/β hydrolase fold familyに属する加水分解酵素の共通アミノ酸配列に関係する部分だけを示している．（ ）は各タンパク質のアミノ酸番号に対応する．ヒトPEG1/MESTとマウスPeg1/Mestタンパク質間の相同性は97％と非常に高い．タンパク質の略号は以下の通り

XAADHLA: haloalkane dehalogenase (Xantobactor autotrophicus),
PSELINB: 1,3,4,6 - tetrachloro - 1,4 - cyclohexadiene hydrolase (Psudomonas paucimobilis),
HUMCYTEPOX: human cytosolic epoxide hydrolase,
MUSEPOHYDR: mouse cytosolic epoxide hydrolase,
PPDMPCD: 2 - hydroxymuconic semialdehyde dehydrogenase (Pseudomonas putida),
PSEF1HYOX: 2 - hydroxy - 6 - oxohepta - 2,4 - dienoate hydrolase (Pseudomonas putida),
PILIPAA: lipase (Pseudomonas immobilis).

産後の胎盤を食べる行動をしないこと，③子供をケージ内にばらして置く場合，いつまでも子供を集める行動をしないことなどがあげられる．これは全く予期しなかった表現型ではあるが，この発見により新たに母性行動という研究分野に遺伝子解析の面からのアプローチが可能になった．この表現型が注目され，結果的にこの遺伝子の基質探しが本格的に始まった．近い将来，Peg1/Mestタンパク質の基質が同定されることにより，胎児期，新生児期の生育に重要な物質，成熟した雌の脳で母性行動に重要な物質が解明され，どちらの分野においても研究の新展開が見られることを期待している．

5 Peg3遺伝子の成長への関与

 Peg3遺伝子は，マウス染色体7番の近位部の新生児致死性を示すインプリンティング領域に存在する父親性発現遺伝子である[11]（図181）．この遺伝子もノックアウトマウスを作製することにより胎児期の成長に促進的に働くこと，また極めて偶然であるが母性行動に関係していることを明らかにした[12]．この遺伝子はコードしているタンパク質に特徴がある．図184aに示したように，Peg3タンパク質はC2H2 typeのzinc finger proteinで[11]，このタイプのタンパク質は非常に多く報告されているが，Peg3タンパク質の場合，zinc finger motifの間隔が30～40アミノ酸とまばらになっている．他のタンパク質の場合，この間隔は共通して7～8アミノ酸である．また，図184bに示したように，zinc finger motifのアミノ酸配列自体も非常に特徴がある．黒塗りで示した2ヵ所の部分のアミノ酸は，DNA鎖との結合やDNAの塩基配列の認識に重要な部分で，一般には塩基性アミノ酸で占められている．しかし，Peg3タンパク質のみがどちらも酸性アミノ酸が占めている．データーバンクを調べてみても，この構造を持つタンパク質はほかにない．現在，このユニークなPeg3タンパク質がどのような機能を持つのか，DNA結合性，タンパク質相互作用の

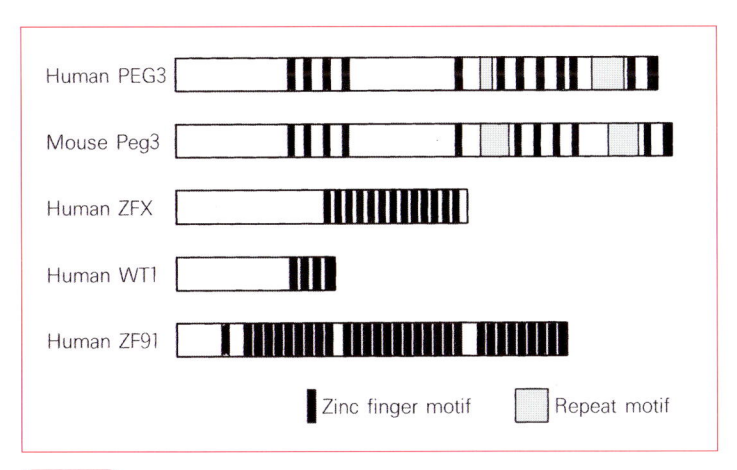

図184a Peg3タンパク質と他のC2H2タイプのzinc fingerタンパク質の比較
Peg3タンパク質のzinc fingerモチーフの間隔が他のタンパクと比べて広くなっている．このような配置をもつタンパク質はほかにない．

VII ゲノム・クローン

C	D	E	C	G	R	Q	F	S	V	I	S	E	F	V	E	H	Q	I	M	–	H
C	K	E	C	G	E	T	F	S	R	S	A	A	L	A	E	H	R	Q	I	–	H
C	K	V	C	K	E	T	F	L	H	S	S	A	L	I	E	H	Q	K	I	–	H
C	K	V	C	G	E	S	F	L	H	L	S	S	L	R	E	H	Q	K	I	–	H
C	Q	E	C	G	E	A	F	A	R	R	S	E	L	I	E	H	Q	K	I	–	H
C	Q	D	C	G	L	G	F	T	D	L	N	D	L	T	S	H	Q	D	T	–	H
C	P	K	C	G	E	S	F	I	H	S	S	L	L	F	E	H	Q	R	V	–	H
C	R	Q	C	G	Q	G	F	I	H	S	S	A	L	N	E	H	M	R	Q	–	H
C	T	I	C	G	E	C	F	F	T	A	K	Q	L	G	D	H	T	K	V	–	H
C	H	E	C	A	E	T	F	A	S	S	S	A	F	G	E	H	L	K	S	–	H
C	D	V	C	G	Q	L	F	N	D	R	L	S	L	A	R	H	Q	N	S	–	H

図184b Peg3タンパク質のzinc fingerモチーフのアミノ酸配列
Peg3タンパク質の11個のzinc fingerモチーフを順に並べた．C_2H_2タイプのzinc fingerモチーフで共通する2つのシステインとヒスチジン残基を四角で囲って示した．黒塗りで示したアミノ酸の位置はDNA鎖や塩基配列の認識に重要な部分であり，一般には塩基性アミノ酸（または疎水性アミノ酸）で占められている．この位置が2ヵ所とも酸性アミノ酸に変わったモチーフは非常に少ない．

観点から解析している．おそらくIgf2やPeg1/Mestとはまた別のシステムで機能している胎児生育調節系の遺伝子であると考えている．

6　*Meg3/Gtl2 - Peg9/Dlk1* 領域

　マウス染色体12番遠位部の母親性2倍体では胎児・胎盤の成長不良が見られ，逆に父親性2倍体では過成長がみられる[13]．このため，胎児期後期の発育に関係したインプリンティング遺伝子の存在が考えられている．最近，われわれは母性発現インプリンティング遺伝子*Meg3/Gtl2*を初めてこの領域に同定した[14]．Gtl2マウスという父親由来で発育遅延が起こる変異マウスが報告されている[15]．これはトランスジーンの挿入変異で作製されたマウスであり，*Gtl2*遺伝子はこの挿入部位の近傍に同定された遺伝子である．私たちが*Meg3*として分離した遺伝子はこれと一致した．しかし，この遺伝子はタンパク質をコードしている可能性が低く，その機能の同定には至っていない．

　またその後，われわれは*Meg3/Gtl2*遺伝子の上流に，父親性発現インプリンティング遺伝子*Peg9/Dlk1*を同定した[16]．Dlk1はショウジョウバエで発見された*Delta*遺伝子に高い相同性を示す遺伝子である[17]．ショウジョウバエでは，この遺伝子が*Notch*遺伝子（Deltaタンパク質の受容体の遺伝子）とともに神経細胞の発生運命の決定に機能していることが報告されている．マウスでも他の*Delta*相同遺伝子である*Dll 1*，*Dll 3*という2つ

の相同遺伝子が解析され，脊椎の形態形成に機能していることが報告されている[18)19)]．マウス染色体12番遠位部および相同染色体であるヒト14番長腕においては，成長異常に加えて形態形成（骨格）異常，行動異常など多様なインプリンティング効果が報告されている[20)]．おそらくヒト母親性2倍体でみられる脊椎側弯症の原因になっている可能性が高く，これら脊椎の形成異常で出生児の身長の低下などが起こっているのではないかと考えている．これらの多彩な症状が示すように，この領域には複数のインプリンティング遺伝子の存在が予想される．現在この領域のゲノム解析を進めている．

2 絨毛癌とゲノムインプリンティング

　胎盤の機能に関連して絨毛癌について最後に触れたいと思う．ヒトの雄核（雄性）発生胚である胞状奇胎（Complete hydatidiform mole）では絨毛癌多発（3〜5％）し，これは正常出産のケースの2,000〜4,000倍の高い確率であることが報告されている．これは，ゲノムインプリンティングの立場からは，ガン促進に機能する父親性発現インプリンティング遺伝子，またはガン抑制効果をもつ母親性発現インプリンティング遺伝子の存在が予想される．絨毛癌の発生に関係するインプリンティング遺伝子の同定も現在進めている．

おわりに

　哺乳類の個体発生の理解には，ゲノムインプリンティングのようなエピジェネティス（後天的遺伝子発現）の制御機構の解明は重要な課題である．最近の体細胞クローンの誕生は哺乳類の生物学にとって画期的な出来事であった．これにより体細胞は，遺伝情報と，父親，母親に由来する記憶の両者を完全に有していることが示された．面白いことに，ゲノムインプリンティングの存在のためにクローンによる生殖は，体細胞では可能であるが，生殖細胞系列の細胞では不可能であると予想される．また，現在のクローン技術において出生率が低いことが，ゲノムインプリンティングの乱れと関係している可能性もある．クローン動物は，哺乳類の個体発生におけるゲノムインプリンティング研究にも新しい局面をもたらしている．

文献

1) McGrath J & Solter D：Cell **37**, 179 (1984).
2) Surani MA et al：Cell **45**, 127 (1986).
3) Cattanach BM & Kirk M：Nature **315**, 496 (1985).
4) Kaneko-Ishino T et al：Nat Genet **11**, 52 (1995).
5) Miyoshi N et al：Proc Natl Acad Sci USA **95**, 1102 (1998).
6) DeChiara TM et al：Cell **64**, 849 (1991).
7) Barlow DP et al：Nature **349**, 84 (1991).
8) Lefebvre L et al：Nat Genet **20**, 163 (1998).
9) Ledbetter DH & Engel E：Hum Mol Genet **4**, 1757 (1995).
10) Kobayashi S et al：Hum Mol Genet **6**, 781 (1995)
11) Kuroiwa Y et al：Nat Genet **12**, 186 (1996).
12) Li L-L et al：Science **284**, 330 (1999).
13) Cattanach BM & Beechey CV：(Website) http://www.mgu.har.mrc.ac.uk/anomaly/anomaly.html
14) Miyoshi N et al：Genes to Cells **5**, 211 (2000).
15) Schuster-Gossler K et al：Mamm Genome **7**, 20 (1996).
16) Kobayashi S et al：Genes to Cells (in press).
17) Laborda J et al：J Biol Chem **268**, 3817 (1993).
18) Kusumi K et al：Nat Genet **19**, 274 (1998).
19) Hrabe de Angelis M et al：Nature **386**, 717 (1997).
20) Temple IK et al：J Med Genet **28**, 511 (1991).

〔石野史敏〕

3 マウス体細胞核移植クローン技術

はじめに

　発生工学的にクローン個体を作出する技術には，受精卵（2細胞期，4細胞期胚など）を割球で複数に分割する方法（割球分断クローン）と，核を除核卵子へ移植する方法（核移植クローン）とがあり，後者には核のドナーとして受精卵の割球を用いる方法（受精卵核移植クローン）と体細胞を用いる方法（体細胞核移植クローン）とがある．受精卵核移植クローンは，1個のドナー胚から1回の核移植で作出するクローン胚の数に限界があるが（4細胞期胚なら4個のクローン胚），体細胞核移植クローンは1匹のドナー個体あるいは1つのドナー細胞株からほぼ無限の数のクローン胚を作出することが可能である．カエルなどでの体細胞核移植の実験から，体細胞まで分化が進んだ細胞の核ゲノムは，受精卵のゲノムと全く同じ全能性を有する状態に脱分化（初期化）することは不可能であると考えられていた．しかし，1990年代後半から家畜を中心に胎仔および成体由来の体細胞を用いた核移植クローン技術の開発が進み，現在までに多くの種類の細胞がクローンのドナーとして使用することが明らかになった．体細胞核移植クローン技術は，家畜で多くの研究が進められてきたことから分かるとおり，産業上（家畜の生産や生物製剤作出）極めて重要な技術である．この技術は一方で，ゲノム初期化の解明やDNAメチル化，ゲノム刷り込み研究への応用など，基礎生物学への貢献も期待されている．家畜はほとんどの種で遺伝的背景が均質でなく，また世代交代も遅いために核移植クローン技術を用いた基礎実験には明らか不向きである．そこで一部の研究室では，基礎生物学的視点からマウスを用いた実験も鋭意進められてきた．しかし，家畜で初の胎仔由来体細胞クローン個体が作出された当時（1996年）[1]，マウスでは4細胞期核から個体を作るのがせいぜいであり，しかも2回の核移植（クローン胚核をもう一度受精卵へ移植する）必要があった[2]．このように，核移植に関しては，マウスは特殊な動物であり家畜の常識はあてはまらない，という見方が支配的であった．マウスで核移植クローンが難しい理由として，ゲノム初期化因子（未同定）が少ない，あるいはそれが機能する期間が短くてドナー細胞が完全に初期化されないことなどが考えられていた．

1　マウス体細胞核移植クローンの成果

　1998年，すなわちクローンヒツジのドリー[3]が発表された翌年，いきなり卵丘細胞由来のマウス核移植クローンの出産がハワイ大学柳町研究室から発表された[4]．柳町教授の研究室は哺乳類の受精機構に関する研究で優れた功績を残しており，特にマウスの顕微授精

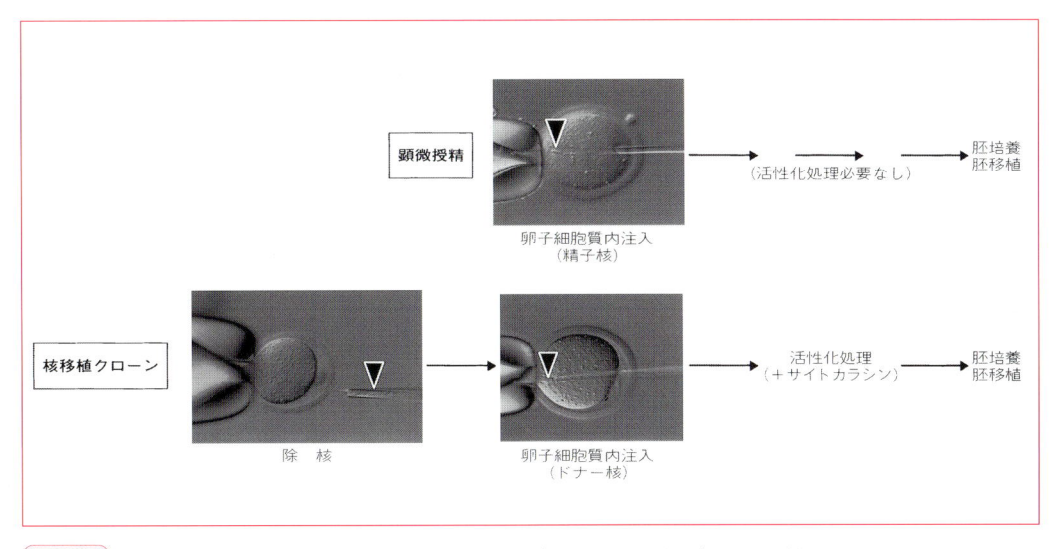

図185 注入法による顕微授精と核移植クローン（ハワイ大の方法）との比較
核移植クローンでは除核操作と卵子活性化処理が入るが，細胞質内注入に必要とされる技術は同じである．

では最先端を走っていた．顕微授精は広い意味での核移植であり，当時ポスドクだった若山博士らはその基本的技術をクローン胚作出に応用したのである（図185）．その後，同様の方法を用いて，尾由来細胞[5]，胚幹細胞（ES細胞）[6]，未成熟セルトリ細胞[7]からの産子が報告された．一部を除き，これらはG1/G0期の細胞を利用したものである．

尾由来細胞は，皮膚を除いた尾の組織からプラスチックシャーレの底面に移動してきた細胞である．線維芽細胞の可能性が高いが，正確な同定はされていない．シャーレ内の組織の周辺の細胞は密度が高くなるため細胞はconfluentの状態になり，大部分の周期がG1/G0に入っていると考えられる．これが産子が得られた原因であろう．

ES細胞は，培養下で未分化の状態で維持され，遺伝子改変動物の作出などに用いられる．通常はキメラ作製を通じて生殖系列に入った個体を選んで次世代以降に遺伝子改変を定着させるが，クローン技術を用いると選抜は必要なく，確実に次世代に遺伝子改変を伝えることが期待される．既存のES細胞では，E14は遺伝子操作をしていなくても正常クローン産子をほとんど得られず，R1などのハイブリッド系統のES細胞で産子が効率よく得られた[6]．遺伝子改変ES細胞由来クローンは，129×B6ハイブリッド系のES細胞を新たに作出し，継代が少ないうちにクローンに用いる，という手法により初めて作出されている（knock in）[8]．ES細胞は培養条件によっては容易にepigeneticな変化が生じることが知られており[9]，これが核移植クローンの効率を下げている可能性が高い．今後ES細胞由来クローンを効率よく作出するには，その培養条件を検討する必要があろう．

未成熟セルトリ細胞は，新生仔精巣から酵素処理をすることにより採取した．この時期の精巣では，小型（約8μm）の細胞で塊を作っているのは大部分がセルトリ細胞である．筆者の研究室では，卵丘細胞よりも効率良く胚盤胞および産子が得られる．未成熟セルト

表53　マウス核移植クローンに用いられる主なドナー細胞の特徴

細　胞	産子の報告	細胞周期	特　　徴
卵丘細胞	○	G1/G0＞90%	細胞の準備，注入が容易．産子が得やすい．
未成熟セルトリ細胞	○	G1/G0＞70%	注入が容易．産子が得やすい．
胎児線維芽細胞	○	培養条件による	細胞周期の調節が必要．増殖が早い．
ES細胞	○	培養条件による	由来する系統，培養条件，継代数などで効率に差が出る．
尾部細胞	○	培養条件による	個体を生かしたまま細胞が採取できる．細胞膜が堅く，注入法に向かない．
胎仔精巣内始原生殖細胞	×	G1/G0＞90%	同定，注入が容易．

リ細胞は，血清無添加，FSH存在下で未成熟のまま培養が可能である．また，小型の細胞であるので凍結も容易である．培養および凍結由来のセルトリ細胞からも効率よく産子が得られている[7]．培養下で遺伝子(GFP)導入を行い，蛍光を発するクローン胚を得られたが，産子は生まれなかった[7]．

家畜で頻繁にドナー細胞として用いられる胎仔線維芽細胞からはクローンマウスはなかなか生まれなかった．東京農業大学の河野研究室では，マウス割球での連続核移植クローン技術を応用し，初めて胎仔線維芽細胞由来のクローン産子を得た[10]．この方法は，連続核移植以外に，ドナー核をノコダゾールでM期に同調させる，センダイウイルス(HVJ)による膜融合で核移植をする，というハワイ大の方法と異なる特徴を持つ．

体細胞ではないが，雄性の原始生殖細胞も胎仔精巣内でG1/G0で増殖を停止しているため，容易にクローン胚を作出できる．しかし，両親由来のゲノムインプリンティング(ゲノム刷り込み)が大部分消去されているため，妊娠中期でクローン胎仔の発生は停止する(本書のゲノムインプリンティングに関する項も参照)[11]．

表53にそれぞれのドナー細胞の性質を筆者の経験をもとにまとめた．

2　マウス体細胞核移植クローンの効率を左右する因子

上記のように，すでに多くの種類のドナー細胞からクローンマウスが得られているが，ではなぜ急に成功するようになったのであろうか．ハワイ大学の方法には，少なくとも以下の4つの特徴がある．①卵子細胞質内注入法による核移植，②注入後のドナー核の完全な凝縮，③ストロンチウムでの活性化，④活性化の際のサイトカラシン処理(G1期染色体を極体として放出させないという意味もある)である．①の注入法による核移植は，手間が少ないために処理の効率化の面では役立っているが，その後，電気融合法で同様の成績を得たので必須ではない[12]．③および④もそれぞれ最近の実験で必須条件でないことが明らかにされている[6)13)]．よって，①の注入後のドナー核の凝集が成功のポイントになっていることが示唆されている．実際に，活性化後の除核卵子をレシピエントに用いてドナー細胞核を凝集させないと，クローン胚の発生が著しく低下することが知られている．すな

わち，ドナー細胞のゲノムは，染色体凝集時あるいは脱凝集（前核形成）時に初期化されることが示唆される．前出の河野研究室の方法は，M期の細胞を用いて卵細胞質内では脱凝集のみが進むので，脱凝集だけでも初期化には十分であると考えられる．

　一般に核移植に必須の条件として，ドナー細胞とレシピエント卵子の細胞周期の同期化およびドナー細胞ゲノムの初期化が挙げられる．前者の細胞周期の同期化は，マウス卵子と体細胞を用いる限り比較的容易である．よって後者の初期化の問題が残っているが，同じ方法を用いて同じ効率でクローン胚が再構築できても，実際のクローン個体が生まれる効率には研究室による差が生じている．核移植そのものの技術に差がないとすると，それは用いる試薬や胚培養条件などに違いがあると考えられ，逆にこれらの条件を吟味することにより，初期化を促進する要因が見つかるかもしれない．

　マウスで体細胞核移植クローンを行うと，再構築胚のなかには全く分割しないもの，2細胞期で発生を停止するもの，胚盤胞まで発生したりするものなど様々なパターンが現れてくる．これらは実験を評価するうえで重要な情報を与えてくれる．注入の失敗や，期待される細胞周期以外のドナー細胞の混入は常につきまとい，これらは1細胞期停止あるいはフラグメンテーションを生じる．2あるいは4細胞期で発生が停止する場合は，初期化が不完全なようである．実験条件が整ってくると（初期化がうまくいくと），分割したほとんどの胚は桑実期胚あるいは胚盤胞期胚へ発生する（図186）．

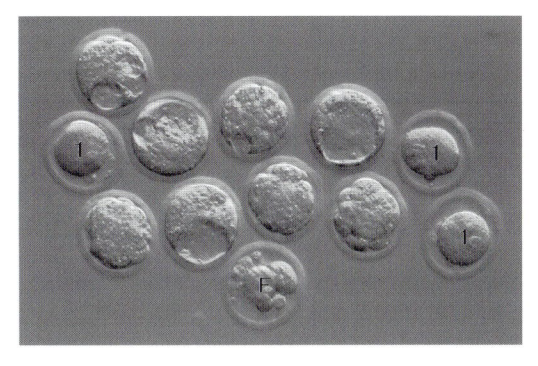

図186　セルトリ細胞クローン胚（活性化後68時間）
分割した胚のすべて（8個）が桑実期胚，あるいは胚盤胞期胚へ発生している．1細胞期での発生停止（I）やフラグメンテーション（F）は，ドナー細胞の注入，細胞周期同期化，卵子活性化の失敗などで起こる．

3　マウス体細胞核移植クローンの正常性

　核移植クローン個体が正常かどうか，もし異常があるとすればどのような異常か，ということは，今後の応用を考えるうえでも最も重要で，かつ社会的にも影響をおよぼす問題である．体細胞核移植クローンマウスが最初に生まれたのが1997年であり（発表は1998年），それ以来作出されたクローンマウスの数は着実に増加している．筆者の知る限り，2000年現在，国内外それぞれ少なくとも4，5カ所で作出されているようである．数がそろえばクローンマウスが正常であるかどうか，通常の受精で生まれたマウスと比較して調べることができる．これまでにいくつかの方面で解析が進んでいる．家畜では，特にウシで肉眼的および組織学的異常が詳細に調べられているが，その病変は多岐にわたるようである[14]．

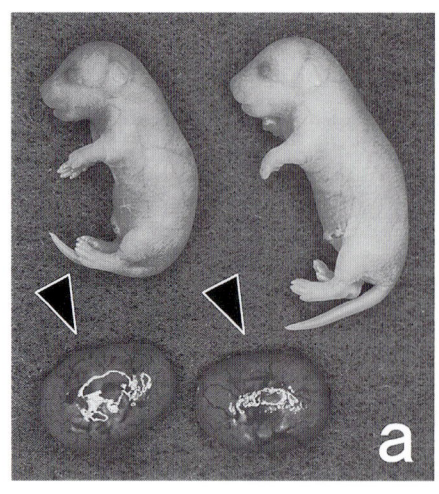

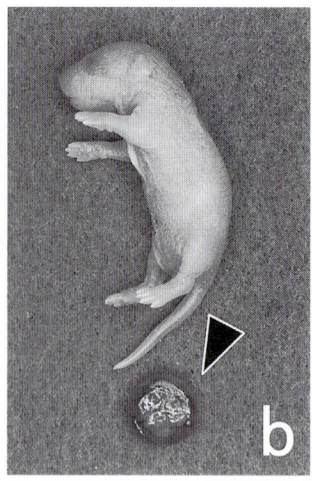

図187 セルトリ細胞クローン胎仔（a）と正常受精由来胎仔（b）
クローン胎仔は正常であるが，胎盤が正常胎仔の胎盤に比べて著しく大きい（矢頭）．

　マウス核移植クローンも家畜と同様，最も顕著な異常は死産あるいは出生直後の死亡である．ただしこれは，用いたドナー細胞，ドナーの系統，核移植の方法で差が見られる．ハワイ大学の方法は移植胚の数％しか生まれないが，卵丘細胞や未成熟セルトリ細胞を用いれば生まれてきた産子のほとんど（90％以上）が正常であり，普通のマウスと同程度の率で離乳する．ES細胞をドナーにした場合は，上述したとおり株での差が顕著である．一方，同じ卵丘細胞や胎仔線維芽細胞を用いても，連続核移植で生まれてくるクローンマウスは死産あるいは出生直後の死亡が多い傾向がある[10)15)]．その原因は明らかにされていないが，最近のES細胞を用いた学会報告では連続核移植でも1回核移植でも正常産子が多く生まれるという．

　体細胞クローンマウスの大部分に現れる顕著な減少として胎盤の大型化がある．これは妊娠13日くらいですでに明らかであり，出生児には通常の胎盤（約100mg）の2～4倍の大きさになる（図187）．これはドナー細胞の種類，核移植の方法によらずに一般的に見られることから[5)-7)10)]，マウスの体細胞核移植にこの異常を生じさせる潜在的要因があるといえる．組織学的には，母胎側組織に接する胎仔胎盤基底部の細胞の増加，とくにグリコーゲン細胞と呼ばれる栄養膜性の細胞の増殖が著しい．特定の遺伝子の発現異常などが明らかになりつつあるが，胎盤の大型化と結びつけられるような異常は見つかっていない．

　体細胞クローン個体のテロメア長は，細胞生物学的見地からも非常に興味深い問題である．通常の受精を経た繁殖ではテロメア長は回復するが，もしその機序がクローン作製過程に働いていなければ，テロメアは短いままのはずである．卵丘細胞での核移植クローンが発表された当初から，cloned cloneとして核移植クローン技術を用いて継代したラインが作出されている．最終的に6世代目までのクローンマウスが作出されたが，テロメアが短くなるという確証は得られなかった[16)]．また，記憶力など加齢に影響される因子も有意

な低下は認められなかった．しかし，世代を経るにつれてクローン個体作出の効率が下降する傾向があり，核移植による何らかの悪影響が蓄積している可能性もある．

クローンマウスの成長や行動についても詳細に調べられている．卵丘細胞由来のクローンマウス（すべて雌）は，性成熟後の体重増加が正常のマウスよりも明らかに著しく，1年で10g以上の差が生じるという．離乳前の成長（開眼，反射行動など）には一部遅延が見られるが，胎児期での発生遅延が原因である可能性がある[17]．筆者の研究室でも多くの未成熟セルトリ細胞由来のクローンマウス（すべて雄）が1年以上生きているが，同じ遺伝的背景（B6D2F1）の雄と比べて著しい体重増加はないようである（未発表）．また，主な血清生化学値も調べたが，今のところ顕著な異常は見つかっていない．

4　今後に期待されること

マウスの核移植クローンで期待されることは，やはりゲノム初期化機構の解明であろう．もう一つは，実用面として確実な遺伝子改変動物作製法の開発が挙げられる．数％程度と低値で安定している核移植クローンの効率が10〜20％へ上がれば，それは立派なブレイクスルーであり，それは直ちにこれらの研究に大きなヒントを与えると期待される．

おわりに

初のマウス体細胞核移植クローンが発表されて約2年が経過したが，現在もその報告は色褪せることなく多くの研究者がその追試に勢力を注いでいる．ここでは，マウス体細胞核移植クローンの成果やその意義について解説した．家畜の核移植クローンについてはほとんど言及しなかったが，現段階では社会的産業的意義および繁殖生物学的差異から，家畜のクローンとマウスのクローンは区別して考えた方が良いと思われる．しかし，最近マウスの核移植クローン法をブタに応用し，産子を得られたとの報告があったことから[18]，近い将来はあらゆる動物に適用しうる核移植クローン技術が開発されるかもしれない．

文献

1) KHS Campbell et al：Nature **380**, 64 (1996).
2) Kwon OY & Kono T：Proc Natl Acad Sci USA **93**, 13010 (1996).
3) Wilmut I et al：Nature **385**, 810 (1997).
4) Wakayama T et al：Nature **394**, 369 (1998).
5) Wakayama T & Yanagimachi R：Nature Gen **22**, 127 (1999).
6) Wakayama T et al：Proc Natl Acad Sci USA **96**, 14984 (1999).
7) Ogura A et al：Biol Reprod **62**, 1579 (2000).
8) Rideout III WM et al：Nature Gen **24**, 109 (2000).
9) Dean W et al：Development **125**, 2273 (1998).
10) Ono Y et al：Biol Reprod **64**, 44 (2000).
11) Kato Y et al：Development **126**, 1823 (1999).
12) Ogura A et al：Mol Reprod Dev **57**, 55 (2000).
13) Kishikawa H et al：Cloning **1**, 153 (1999).
14) Hill JR et al：Theriogenology **51**, 1451 (1999).
15) Kato Y et al：Biol Reprod **61**, 1110 (1999).
16) Wakayama T et al：Nature **407**, 318 (2000).
17) Tamashiro KLK et al：Biol Reprod **63**, 328 (2000).
18) Onishi A et al：Science **289**, 1188 (2000).

〔小倉淳郎〕

4 胎盤栄養膜巨細胞形成の分子機構

はじめに

　胎盤の形態は哺乳類のなかでも動物種によって異なるが，基本的構造は内部の血管ネットワークとそれを取り囲む栄養膜細胞と呼ばれる上皮系細胞によって形づくられている．栄養膜細胞は，妊娠期間を通じてきわめて多様な機能を有するが，そのためにいくつかのサブタイプに分化する．それらのサブタイプのなかには反芻動物などに見られる二核細胞，またヒトを含む霊長類で見られる多核の合胞体細胞といった二倍体細胞以上のDNA量を有する細胞が見られ，こうした細胞はいずれも妊娠の維持，進行にきわめて重要な役割を有することが明らかになっている．とくに齧歯類で見られる栄養膜巨細胞（trophoblast giant cell）は，細胞質分裂と核分裂なしにDNA合成を繰り返す特殊な機構（endoreduplication）によって大型の単一核を形成し，その染色体は多糸染色体（polytene chromosome）様の構造をとっている．本稿ではまずendoreduplicationにおける細胞周期の分子機構について，次に栄養膜巨細胞核のpolyploid化および多糸染色体DNA構造について述べる．

1　栄養膜巨細胞の出現と特徴

　栄養膜細胞の系譜は，胚盤胞期に内部細胞塊（inner cell mass：ICM）から分かれて生じる栄養外胚葉（trophectoderm）に由来する．齧歯類の胚盤胞では約50〜60個の細胞が栄養膜を形成しており，着床後これらの細胞が胎盤へと分化する．栄養膜細胞の増殖にはICMに由来する増殖シグナルが必要であることから，主に極栄養外胚葉（polar trophectoderm）と後の胚外外胚葉（extraembryonic ectoderm）で細胞増殖が行われると考えられている．栄養膜の最外層で母体子宮上皮と接する栄養膜細胞は，細胞分裂を停止しendoreduplicationを起こして栄養膜巨細胞へと分化する．栄養膜巨細胞層は妊娠初期には壁栄養外胚葉（mural trophectoderm）が分化した絨毛膜卵黄膜胎盤（choriovitelline placenta）側で顕著であり，中期以降には外胎盤円錐（ectoplacental cone）や海綿栄養膜細胞層（spongiotrophoblast layer）の細胞に由来する絨毛膜尿膜胎盤（chorioallantoic placenta）側が主になる．栄養膜巨細胞の新生は妊娠12日目頃までがもっとも活発であり，その後あまり見られなくなることが観察されている．その結果妊娠中期の栄養膜巨細胞層は6〜7細胞が重なった層になっているが，妊娠後期では1〜4細胞の層に減少する[1,2]．栄養膜細胞の分化と胎盤形成については，第4部の「1．栄養膜細胞の分化と制御」の項に詳しいのでそちらも参照されたい．

分化後の栄養膜巨細胞は直径が100μmを超える二倍体の栄養膜細胞に比べてきわめて大型の細胞であり，細胞質は好塩基性で大きく，滑面小胞体やゴルジ装置が発達している[3]．また妊娠期間を通じてリソソーム様の貪食胞を有しており，子宮上皮への浸潤に伴って着床後数日間は特に顕著な貪食作用が認められる．栄養膜巨細胞は絨毛性ゴナドトロピンや胎盤性ラクトジェンといったペプチドホルモン[4)5]や，プロジェステロン，アンドロジェンなどのステロイド[6)7]を産生していることも知られており，よく発達した細胞小器官がそれを裏付けている．単一の核には複数の大きな核小体が存在し，核内のDNA量はマウスやラットでは最大1000N（NはhaploidのDNA量）にも達することが報告されている[8)9]．

2　栄養膜巨細胞の形成における細胞周期の調節

　分裂，増殖を行っている体細胞は，合成準備期（G1期），DNA合成期（S期），分裂準備期（G2期）を経て分裂期（M期）に入り，2つの娘細胞になる．通常の体細胞分裂では分裂の前後の細胞が有する核内DNAが正確に複製される必要があるので，DNA合成が終了する以前の分裂開始は許されず，細胞周期の進行は厳密な制御を受けている．真核細胞ではcyclinと呼ばれるタンパク質とそれに結合するcyclin dependent kinase（Cdk）の活性の調節が，細胞周期進行の制御に用いられている[10]（図188）．例えばcyclin A/Cdk2とcyclin E/Cdk2の活性はG1期からS期への移行に必須であり，cyclin B/Cdc2の活性化はM期に入るのに不可欠である．またcyclin E/Cdk2はG2期以降のcyclin B/Cdc2の活性化に必要であり[11]，一方でG2期のcyclin活性はG1期のcyclin活性を減少させる[12]という具合に，それぞれのcyclin活性は相互に影響を及ぼし合っている．

　栄養膜巨細胞の分化をもたらすendoreduplicationでは，DNA合成期（endo-S期）と間期（endo-G期）のみのendocycleと呼ばれる特殊な細胞周期が繰り返される．通常の細胞周期からendocycleへの移行はどのような仕組みで起こり，その際cyclin/Cdkをはじめとする細胞周期調節因子はどのような制御を受けているのだろうか．これまでの研究から，図188に示したように通常の細胞周期からendocycleへの移行はG2期に起こると考えられている．このときcyclin BとCdc2はともに細胞内で発現はしているが結合しておらず，リン酸化活性を発揮することができない[13]．またZn fingerタンパク質である*Drosophila Snail*の哺乳類のホモログ（Sna）がG2期を進行させ[14]，逆にbHLH transcription factorのHand1はG2期進行を止めてendocycleへと細胞周期を導くらしい[15]．

　このようにして一度endocycleへの移行が完了すると，M期が存在しないためにその後cyclin Bの発現は起こらないが，cyclin Aの発現およびそれに付随するリン酸化活性は，通常の細胞周期同様にendo-S期に限局したパルス状の発現をすることが分かっている[13]．しかし，cyclin Eの発現はendo-S期でより強いものの，cyclin Aに比べると必ずしもendo-S期特異的発現とは言えない（図188）．ハエなど双翅類のpolytene chromosomeをもたらすendocycleではendo-S期に限局したcyclin Eの発現がきわめて重要で，外来

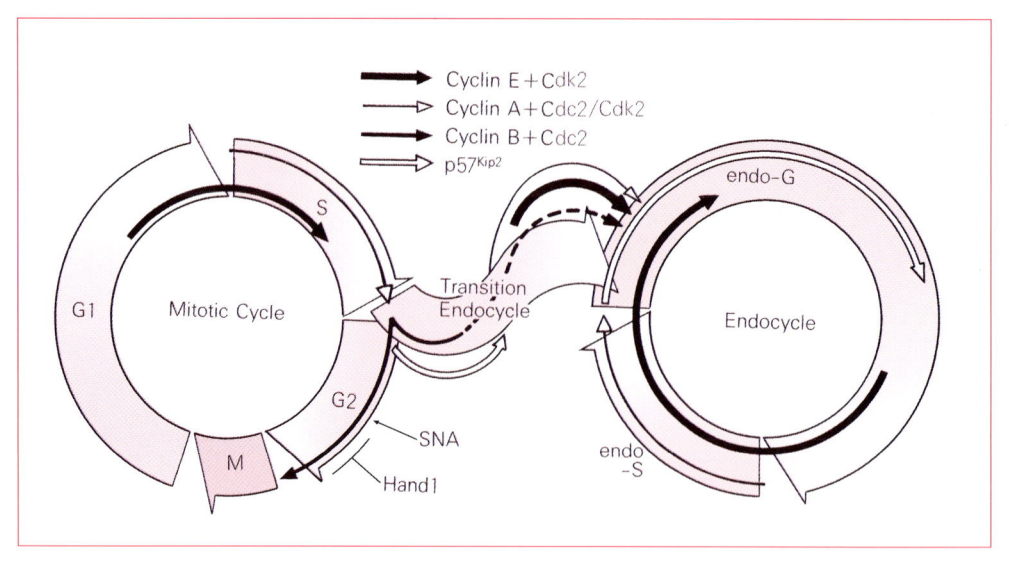

図188 通常細胞周期からendoreduplicationの細胞周期（endocycle）への移行はG2期に起こり，cyclin B/Cdc2は発現しているが活性化していない移行期（Transition endocycle）を通過する．移行期を過ぎたendocycleではcyclin Bは発現しない．cyclin Aはendo-S期に特異的に発現するが，cyclin Eの発現はendo-G期にもまたがっている．栄養膜巨細胞ではp57[kip2]がendo-G期に発現して，cyclin/Cdk活性の低い時期を作り出している．

のcyclin Eを過剰に発現させるとendocycleが停止してしまう[16)17)]．栄養膜巨細胞のendocycleでは，このcyclin E/Cdk2活性を制御する別の機構の存在が明らかにされている．Cdk inhibitorのひとつであるp57[Kip2]は通常の細胞周期にある栄養膜細胞では発現していないが，endocycleに入るとendo-G期に特異的な発現をして，S期から漏れたcyclin E/Cdk2活性を抑制しているらしい[18)]．通常の細胞周期ではG1/S期のcyclin活性の低下する時期がDNA複製機構の初期化に必要であると考えられているが[19)]，G2期cyclinであるcyclin B/Cdc2を持たない栄養膜巨細胞のendocycleでは，p57[Kip2]の発現によってこの初期化を確実なものにしていると考えられる．

3　栄養膜巨細胞の倍数性と多糸染色体構造

　栄養膜巨細胞の核はendoreduplicationの結果，通常二倍体細胞の実に数百倍にも及ぶDNA量を有するに至るが，endocycleではDNA合成後の細胞分裂（核分裂）が存在しないため，染色体の凝集とそれに続く染色体の分離を観察することはできない．したがって，栄養膜巨細胞がendo-S期ですべての染色体を完全に複製し，ゲノム全体としてのDNA量が2^nNであるpolyploidなのか，あるいは「昆虫細胞で見られるように活発に転写されている遺伝子領域は増幅されてパフ様構造をとるいっぽうで，ヘテロクロマチン領域の一部は複製されないままのpolytene構造」であるのかという議論があった[20)]．この議論に決着をつけ，栄養膜巨細胞はpolyploidであることを証明したのは，restriction landmark ge

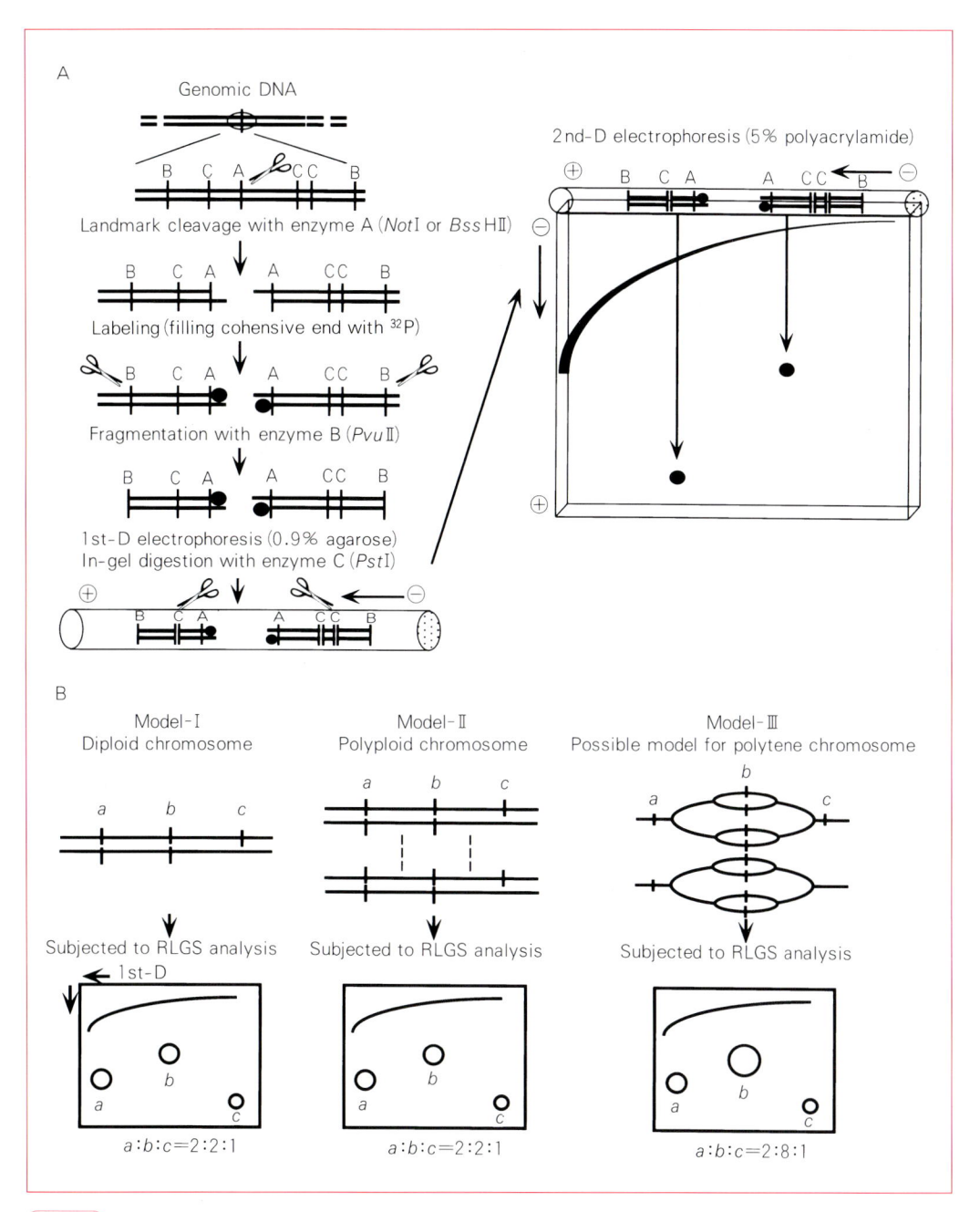

図189　A：RLGS法の概略図を示す．制限酵素A，B，CはそれぞれNot I, Pvu II, Pst Iを表す．A（Not I）切断部位の5'末端をラベルし，二次元電気泳動でポリアクリルアミドゲルに展開する．
B：栄養膜巨細胞ゲノムがPolyploid (Model-II) またはPolytene (Model-III) のときにDiploid (Model-I) と比較して得られると予想されるスポットパターン．Polyteneの場合はスポットの一部がDiploidに比べて増幅される．

nomic scanning (RLGS) 法によるゲノム解析である[21]. 図189 Aに概略を示すように, RLGS法では制限酵素切断部位をゲノムDNA内のランドマークとして^{32}Pで5'末端を標識し, 二次元電気泳動によって分離することで, 一度に1000以上のランドマークをスポットとして解析することが可能である. 制限酵素切断後の5'末端のみを標識するため, ゲノムDNA内のコピー数がスポット濃度に反映される. したがって, 栄養膜巨細胞がpolyploidである場合とpolyteneである場合では, 図189 Bに示すように検出されるスポットパターンが異なることになる. 栄養膜巨細胞を多く含む胎盤と子宮の境界部より抽出したゲノムDNAを Not I 切断部位をランドマークとして展開したRLGS解析では, 1033のスポットが検出された. 栄養膜巨細胞を含まない胎盤迷路部と腎臓のゲノムDNAを同様にして解析したものでは, 1031, 1026のスポットがそれぞれ検出され, 全体の97.6%に当たる1009スポットが共通して観察された. Not I はメチル化感受性酵素であり, 各組織で異なるパターンのスポットは組織特異的ゲノムDNAメチル化の結果として現れている. 他の大部分のスポットは, 栄養膜巨細胞を多く含む境界部と二倍体細胞のみを含む胎盤迷路部, 腎臓とのあいだに相対的なスポット強度に変化はなく, 図189 BのモデルBに合致することが明らかになった. したがって, 栄養膜巨細胞はpolyploidであることが証明されたことになる.

　これまで述べてきたように栄養膜巨細胞はpolyploid細胞であるが, endocycleではM期が存在しないことから, 染色体の凝集やそれに続く有糸分裂 (mitosis) による姉妹染色分体 (sister chromatid) の分離は観察することができない. 栄養膜巨細胞の染色体構造としては, endomitosisを起こす肝臓細胞のように染色体が完全に分離した状態である場合と, DNA複製後の姉妹染色分体が各endocycleで分離せずpolytene様構造を取っている場合とが考えられる. 染色体内のマーカー遺伝子に対するDNA in situ hybridizationによる解析では, 検出されるマーカー遺伝子のシグナルの数はDNA量 (=倍数性のレベル) とともに増加するわけではなく, 二倍体細胞と同じであるか[8], または倍数性のレベルほどには増えないという結果が得られた[22]. このことは, 栄養膜巨細胞の染色体は姉妹染色分体が分離せずに一体化しているか, 少なくとも部分的には姉妹染色分体が隣り合ったままであるということを示しており, ショウジョウバエなど双翅類の唾液腺細胞で見られる多糸染色体 (polytene chromosome) 様の構造を取ると考えられる. しかし, 唾液腺細胞で見られる巨大染色体のように凝集した構造を観察することは困難であることと, 相同染色体同士は結合していないという点で, 唾液腺細胞の多糸染色体とは異なる構造であるといえる[8]. 栄養膜巨細胞の核膜には多くのくびれ構造が見られるため無糸分裂 (amitosis) による多核化が起こっているという意見が存在する[23]. こうした意見では, 栄養膜巨細胞の染色体構造はpolyteneと呼ぶほどには姉妹染色分体同士が強く結合しておらず, むしろ複製後のDNA鎖が離れずにただ近接している状態であるとされている. いずれにしても, 栄養膜巨細胞の染色体構造は, 双翅類の細胞に見られるpolytene構造とは異なる独特なものであると考えられる.

おわりに

　本稿では栄養膜巨細胞の分化機構と染色体構造について述べてきたが，巨細胞化の生物学的意義については現在のところまだ想像の域を出ない．栄養膜巨細胞は母体と胎仔の接点にあり，母体子宮内膜への浸潤，母体側からはallograftと見なされる胎仔の母体免疫機構からの保護，複数のホルモン物質の分泌といった多くの機能を発揮しなければならない．この時期の胎仔器官は分化，発生の途上であることから，栄養膜細胞がきわめて速やかに分化してこれらの機能を獲得する必要がある．Endoreduplicationによるpolyploid化では，M期のないendocycleを繰り返すことでより速やかにDNA量と細胞質量を増大させ，妊娠維持に必要な機能の開始を可能にしているのだろう．また，細胞浸潤作用のある栄養膜巨細胞は無秩序に増殖すると悪性腫瘍化するおそれがあるため，細胞分裂による増殖を不可能にするpolytene様の染色体構造を取ることでそれを未然に防いでいることも考えられる．今後，増幅された染色体内での遺伝子の転写状況などを解析することで，栄養膜巨細胞に対するより一層の理解が進むことと考えられる．

文献

1) Müntener M & Hsu Y：Acta Anat **98**, 241 (1977).
2) Dickson A & Bulmer D：J Anat **94**, 418 (1960).
3) Bevilacqua E & Abrahamsohn P：J Morphol **198**, 341 (1988).
4) Shiota K et al：Trophoblast Res **9**, 1 (1997).
5) Shinozaki M et al：Endocr J **44**, 79 (1997).
6) Sherman M：in Biology of Trophoblast (eds Loke Y & Whyte A), 401 (Elsevier, Amsterdam, 1983).
7) Johnson D：Biol Reprod **46**, 30 (1992).
8) Varmuza S et al：Development **102**, 127 (1996).
9) Zybina E & Zybina T：Int Rev Cytol **165**, 53 (1996).
10) Sherr C：Cell **73**, 1059 (1993).
11) Guadagno T & Newport J：Cell **84**, 73 (1996).
12) Amon A et al：Cell **74**, 993 (1993).
13) MacAuley A et al：Mol Biol Cell **9**, 795 (1998).
14) Nakayama H et al：Dev Biol **199**, 150 (1998).
15) Riley P et al：Nature Genet **18**, 271 (1998).
16) Follette PJ et al：Curr Biol **8**, 235 (1998).
17) Weiss A et al：Curr Biol **8**, 239 (1998).
18) Hattori N et al：Mol Biol Cell **11**, 1037 (2000).
19) Hartwell LH & Kastan MB：Science **266**, 1821 (1994).
20) Hoffman L & Wooding F：J Exp Zool **266**, 559 (1993).
21) Ohgane J et al：Dev Genet **22**, 132 (1998).
22) Bower D：Chromosoma **95**, 76 (1987).
23) Kuhn E et al：Placenta **12**, 251 (1991).

〔服部　中／塩田邦郎〕

索 引

英文索引

A
allantois 225
A-V ECMO 325
acrosome 61
acrosome reaction 61
ACT 325
Ad4bp 103
AID 38
AIH 38
α-フェトプロテイン 113
alternative splicing 249
Aminopeptidase 256
Aminopeptidase A 257
Aminopeptidase N 263
Anaphase Promoting Complex 82
ANG-II 259
Angiotensin-II 259
Angiotensinase 259
APA 257, 259
APC 82
aPL症候群 212
APN 263
aromatase 286, 289
ART 36
arylhydrocarbon receptor 134
ASA 214
assisted reproductive technology 36
AZF領域 70
Azoospermia 70

B
BALB/c系 192
bcl-2遺伝子 231
Bcl-2蛋白 231
Bestatin 263
BeWo細胞 281
BeWo細胞発育能 178
bHLH転写因子 225
　　Mash2 226
blastocyst 223
blastocyst transfer 41
BMI 278
Bmp4 227
Body Mass Index 278
BP 269
BT 41

C
cAMP 81
catechal-O-methyltransferase 292
Caポンプ 330
Ca感受性蛍光色素 333
CD10 260
CD13 263
CD16⁻CD56^bright NK細胞 153
CD26 264
CD34抗原 52
CD34陽性細胞 52, 53, 54
CD56⁺CD16⁺NK細胞 215
CD94/NKG2A 252
cdc2キナーゼのリン酸化 122
cDNA解析 129
Cdx2 227
2-cell block 119
CG 10
chorion 225
chorionic ectoderm 225
classical class I 248
classical class Ib 248
colony stimulating factor 240
COMT 292
condensin 78
connexin 78
corona radiata 78
COX-2 153
CPE配列 76
CPEB 76
cPLA₂ 316
CRP 319
CSF 83, 240
CSF-1 153
cumulus cell 78
Cx 78, 81
Cx26 307
cyclin B 78
cyclin活性 381
cyclooxygenase-2 153
cytochrome P-450酵素 289
Cytoplasmic Polydenylation Element配列 76
cytostatic factor 83
cytotrophoblast 305
Cytotrophoblast(CT) 229, 259
C反応性蛋白 319

D
Dax 1 104
DAZ遺伝子 74
*db/db*マウス 277
DDE 32
DDT 32
dehydroepiandrosterone-sulfate 286
delayed implantation 175
deleted in azoospermia 74
DES 33
DHA-S 286
differential display法 34
Dipeptidyl peptidase IV 264
Dmt-1 103
DNA microarray法 34
Dnmt1 363, 364
donation 43
DPP IV 264

E
E-カドヘリン 125
E₃ 286
ECM 201
ECMレセプター 168
ECMO
　　A-V ECMO 325
　　ECMO回路 323
　　新生児ECMO 325
　　ECMO回路 323
ectoplacental cavity 225
ectoplacental cone 225
EDTAの発生改善効果 119
EGA 128
EGF 125, 142, 241
egg cylinder 225
Emx 2 102
endocycle 381
endocycle cyclin活性 381
endoreduplication 381
Endothelin-1 260
Eomesodermin 227
epiblast 225
epidermal growth factor 142, 241
epithelial plate 305
Errβ 226, 227
estriol 286
estrogen 2-hydroxylase 290
ES細胞 228, 375
ET-1 260, 261
Extracellular Matrix 201
extraembryonic ectoderm 225
extravillous cytotrophobalst 247
extravillous trophoblast 229

F
Fasリガンド 169
Fas抗原 169
FGF4 154
Fgfr2 227
flip-flop 320
follicle stimulating hormone 108
forskolin 281
FSH 86, 108
Fura-2 333

G
G1期 199
GAG 201
gamete intrafallopian transfer 36
γδT細胞 163
gap junction 78
Gata 4 104
germinal vesicle 77
giant cell layer 226
GIFT 36
GJ 78, 81
GLUT 304
GLUT1 305, 307
GLUT3 310
glycogen cell 226
GMG 153
Gn-RHパルスジェネレイター 7
GnRH 108, 260, 261
GnRHa 38
GnRHサージジェネレーター 110
GnRHパルスジェネレーター 108
gonadotropin-releasing hormone 108
gonadotropin-releasing hormone agonist 38
graft-versus-host disease 55
granulated metrial gland 153, 165
granulin 113
GV 77
GVBD 82
GVHD 55, 56

H
Hand1 225
hCG 241, 242, 259, 260
hCGの代謝 245
hCG α subunit 243
hCG β subunit 243
hCG β-CF 245
hCG β-core fragment 245
hCG β c-terminal peptide 243
hCG/黄体化ホルモン受容体 243
HECM-1 120
HELLP症候群 161
hepatocyte growth factor 142, 241
hepatocyte growth factor 241
HGF 241
HGFノックアウトマウス 156
HLA 57, 247
HLA class I 247
HLA class II 247
HLA抗原 55
HLA-C 253
HLA-E 252, 253
HLA-G 248
hMG 39
Hofbauer細胞 155, 238
Hormonally Active Agent 31
Hoxa-10 145
hPL 241
HRP 198
human leukocyte antigen 247
human menopausal gonadotropin 39
hybrid vigor 215
16α-hydroxylase 286

I
ICM 223, 227
ICSI 36
IDO 157
IFNτ 182, 184, 185, 186, 187, 188
　遺伝子発現 186, 187, 188
　黄体退行 182, 183, 185
　抗ウイルス活性 185, 189
　免疫抑制 185, 186
IFN-γ 171
IGF 269
IGFの受容体 269
IGF結合蛋白 269
IGF-I 125
IGF-II 125
IGFBPプロテアーゼ 269
IL-1 143
IL-1 receptor antagonist 144
IL-11 144
IL-15 146
IL-2 252
IL-2Rβ鎖 169
IL1-1ra 144
immunotropism 143
implantation window 144
in vitro fertilization & embryo transfer 36
inducible NO synthetase 170
inner cell mass 223
intracytoplasmic sperm injection 36
IVF-ET 36

J
janus kinase 277

K
K-1 334

L
labyrinth layer 226
LAC 49
Langhans cell 305
leukemia inhibiting factor 241
leukemia inhibitory factor 143, 152, 176
LH 87, 108, 243
Lhx 9 102
LIF 143, 144, 152, 176, 241
Lim 1 102
long-term culture initiating cell 52
low dose effect 131
*lpr/lpr*マウス 169
LTC-IC 52
lupus anticoagulant(LAC) 49
luteinizing hormone 108, 243

M
M-CSF 143, 153, 241
M33 103
macrophage colony-stimulating factor 143, 241
MafF 345
Manganese superoxide dismutase 296
MAPキナーゼ 81
MAPキナーゼカスケード 81
MAPK 81, 83
Mash2 226, 227
maternal mRNA 76
Maternal to zygotic transition 127
Maternally expressed genes 367
Matrix metalloproteinases 201
Maturation Promoting Factor 78
MCP-1 241
Meg 367
MESA 41
metrial gland 165
MFG-E8分泌細胞 100
Mgイオン 330
microsurgical epidydimal spem aspiration 41
MIH 80
MIS 99
MMPs 201
Mn-SOD 296, 300
monocyte chemoattractant protein-1 241
Mos 81, 83
MPF 78, 122
MPF活性 79
MPF活性の抑制機構 79
MT-MMP 203
mural trophectoderm 223
myc癌遺伝子 230

索引

N
MZT 127
Na-Ca交換機構 330
Na-free拘縮 330
NADH/NAD+比 122
Natural Killer細胞 210, 248
NEP 260
neuropeptide Y 277
Neutral endopeptidase 260
nitric oxide 295
nitric oxide synthase 295
NKT細胞 157
NK細胞 210, 248
NK細胞活性異常高値 211
NO 154, 295
non-classical class I 247
non-classical class Ib 247
NOS 295, 298
NO合成酵素 295

O
ob/obマウス 276
2-OHF 290
OHSS 39, 42
OMI 80
oocyte 76
oocyte Maturation Inhibitor 80
ovarian hyperstimulation syndrome 39
oxytocinase 264

P
P-LAP 264
$p34^{cdc2}$ 78
$p90^{rsk}$ 81, 83
PAF 315
PAI-2 24
PaO_2 326
Paternally expressed genes 367
PBMC 178, 180
PCB類 29
PCNA 229, 230
PCR法 70
PDGF 142
Peg 367
$PEG1/MEST$ KOマウス 369
　母性保育行動 369
$Peg3$遺伝子 371
　母性行動異常 371
perforin 166, 169
periventricular leucomalacia 327
pFSH 39
phorbol myristate acetate 281
PL-I 227
I群PLA₂ 316
II群PLA₂ 316
PLA₂
　細胞質型PLA₂ 316
　分泌型PLA₂ 316
placenta villi 238

placental immunotrophism 215
Placental leucine aminopeptidase 264
placental sulfatase deficiency 288, 293
plasminogen activator inhibitor-type 2 24
Platelet derived facto 315
platelet derived growth factor 142
PLP-A 225
PMA 281
POF 38
polar trophectoderm 223
polymerase chain reaction法 70
polyploid 199, 382
polytene 382
polytene chromosome 384
premature ovarian failure 38
primary trophoblast giant cell 223
PRL 9
proliferating cell nuclear antigen 229
prolonged coasting 42
PRTR 35
PSD 288, 293
PSL 214
Psycho-Neuro-Endocrine-immuno-Coagulation System 210
pure FSH 39
PVL 327

R
RAG$^{-/-}$・γc$^{-/-}$マウス 171
RBM遺伝子 74
restriction landmark genomic scannning法 384
RLGS法 384
RNA binding motif遺伝子 74

S
SCIDマウス 166, 170
secondary trophoblast giant cell 225
sequential media 120
serine esterase 166
Sf-1 103
SFD児出産 215
Silver-Russell症候群 369
SOD 120, 295, 298
$Sox 9$ 102
spongiotrophoblast layer 226
SRS 369
Sry 101
steroid sulfatase 292
sulfatase 286
superoxide dismutase 295

SXR 33
syncytiotrophoblast 305
syncytiotrophoblast(ST) 229, 247, 259

T
TESE 41
testicular sperm extraction 41
Tg2Rβ 169
TgE26マウス 166, 170
　血管壁の肥厚 170
　血栓の形成 170
TGF 142
TGF-α 125
TGF-β 125
Th1 159
Th1細胞 156
Th2 156, 159
Th2細胞 156
TIMP 203
Tissue inhibitor of metalloproteinases 203
TNF 110
TNF-α 125, 210
trophectoderm 223
trophinin 150
trophoblast 223
trophoblast giant cell 223, 225
TSPY遺伝子 74
TS細胞 226, 227
　樹立 227
　分化 227
tumor necrosis factor 110
Tumor Necrosis Factor α 210
T細胞 162, 163

U
uNK細胞 153, 166

V
vascular endothelial growth factor 142, 241
vasculosyncytial membrane 305
Veeckの分類 40
VEGF 142, 241
villous cytotrophoblast 247
VLA-α4 168
VLA-α5 168

W
Whitten効果 118
Wnt-4 105
$Wt 1$ 101

Y
Y染色体 69

Z
ZIFT 36
zinc superoxide dismutase 296
Zn-SOD 296
zona pellucida 78
zygote intrafallopian transfer 36

389

和文索引

あ

アクチビン　125
アテローシス　23
アフリカツメガエル　127
アポトーシス　120, 168, 229, 231
アミクシス生殖　13
アミノ酸　124
アメリカ生殖免疫学会　218
　　臨床指針推薦委員会　218
アラキドン酸カスケード　315, 319
アルドース・レダクターゼ　122
アロマターゼ　87, 286, 289
アンチセンスオリゴデオキシヌクレオチド　114
アンチトロンビン - III 療法　214
アンドロゲン　286

い

移植医療　58
移植片対宿主病　55
依存型生殖　13, 17
依存型生殖様式　18
遺伝子
　　4311遺伝子　227
　　Gcm1遺伝子　227
遺伝子診断　43
遺伝子操作　18
遺伝子治療　18
遺伝子発現　126, 186, 187, 188
　　インプリント遺伝子の発現　126
遺伝情報　12
遺伝的肥満マウス　276
遺伝的リンパ節欠損マウス　167
一次脱落膜域　191
　　浮腫化　191
一卵性多胎生　15
一酸化窒素　295
一側胎盤剥離　334
一側妊娠　334
インスリン　125
インスリン感受性　283
インスリン様成長因子　125, 269
インターフェロン・タウ　182, 184, 185, 186, 187, 188
インテグリン　150
インテグリン・ファミリー　125
インテグリン$\alpha V \beta 3$　144
インヒビン　87
インヒビンA　88
インヒビンB　88

インヒビンワクチン法　94
インヒビン抗体療法　95
インプリンティング遺伝子　367
インプリンティング効果　367
インプリンティング領域　367
インプリント遺伝子の発現　126
インポセックス　31

う

ウェーブ　90
ウォルフ管　99
ウシ　90
ウシ胎仔血清　241
ウマ　90

え

栄養外胚葉　223
栄養膜幹細胞　226, 227
栄養膜巨細胞　223, 225, 227, 380
　　細胞周期　380
　　染色体構造　384
　　分化　380
栄養膜合胞体層　205
栄養膜細胞　191, 205, 223, 229, 305, 306, 307, 380
　　合胞体栄養膜細胞　229, 241, 305, 306, 307
　　細胞性栄養膜細胞　229, 241, 305, 307
　　絨毛外栄養膜細胞　229, 234
栄養膜細胞層　226, 227
エイコサノイド　315
エイズ　245
エストリオール　286
エストロゲン　191, 286, 334, 335
エストロゲンサージ　174, 175
エストロゲンレセプター　135
エストロゲン依存性細胞分裂　192
エストロゲン作用　135
　　サブタイプ特異性　135
エストロゲン受容体　32
　　α　32
　　β　32
　　生成機序　286
エストロジェン　87, 108
エチニルエストラジオール　31
エネルギー基質　118
エネルギー代謝調節因子　276
エラスチン　201
塩基性ヘリックス・ループ・ヘリックス転写因子　225
炎症マーカー　319

お

黄体機能　297
黄体機能不全　210
黄体形成ホルモン　108
黄体退行　182, 183, 185
黄体ホルモン　40
オートクリン　125
オキザロ酢酸　118
オキシトシン　329, 339
オキシトシンレセプター　339
オキシトシン産生細胞　335
オキシトシン受容体　334
夫リンパ球免疫療法　217

か

下垂体　17
過酸化水素　295
過大子症候群　127
過排卵　94
過排卵誘起法　94
顆粒性間膜腺細胞　153, 165
顆粒膜細胞　40
顆粒リンパ球　165
解糖系　65
解離速度定数　334
海綿状栄養膜細胞層　226
外胎盤腔　225
外胎盤錐　225
核移植クローン　374
核移植法　360
核内Fos蛋白　336
核分裂　199
片親性2倍体　367
片親性発現　360
割球分断クローン　374
活性化凝固時間　325
活性ペプチド　264
活動電位　329
カテコールエストロゲン　290
環境汚染物質の排出移動登録制度　35
環境ホルモン　29
幹細胞　223, 227, 228
　　胎盤の幹細胞　223
間質細胞　191, 192
　　分裂像　192
間膜側　192, 193
間膜腺　165, 166, 169
　　顆粒性間膜腺細胞　165
完全性周期　7
完全生殖周期　5, 6, 16, 17

索　引

灌流固定　192

き

基質ペプチド　256
基礎科学　11
基礎体温　37
基底根　198
基底小体　196
基底脱落膜　165，166，169
機能性不妊　37
偽妊娠　198
偽妊娠子宮　198
偽妊娠マウス　173
逆相 HPLC　317
ギャップジャンクション　78，81
ギャップ結合　198，306，307，308，
　　309
巨細胞層　226
去勢ラット　335
胸腺 T 細胞　162
協同性変化　334
共同繁殖　16
極栄養外胚葉　223
キレート剤　119
筋小胞体　330
筋様細胞　101

く

偶発的多胚胎生　15
クサフグ　16
グラニオン　16
グラニュリン　113
クラブトリー効果　122
グリコーゲン細胞　226
グリコサミノグリカン　201
グリシン　125
グリセロリン脂質　315
グルコース　117，118
グルタミン　124
クレブス・リンゲル重炭酸緩衝液
　　117
クローン　374
　　核移植クローン　374
　　割球分断クローン　374
　　受精卵核移植クローン　374
　　体細胞核移植クローン　374
クローン動物誕生　365
クロルピリホス　29

け

頸管熟化　320
頸管粘液検査　37
形質　12
経腟採卵法　95
血液－組織関門　304
血液－房水関門　309

血管合胞体膜　305
血管新生　170，283
血管新生因子　206
血管壁の肥厚　170
血漿交換療法　214
血清マーカー　320
血清アルブミン　124
血栓の形成　170
結合速度定数　334
月経　10
月経血培養検査　37
月経周期　18，86
ゲノムインプリンティング　359，
　　366
ゲノムインプリンティング型疾患
　　369
ゲノムの初期化　377
ケモカイン　150，151
原因不明習慣流産　215
原因不明不妊　37
原始生殖細胞　376
原始マクロファージ　238
減数分裂　79，82
　　再開機構　79
　　進行　79
　　成熟卵の停止機構　82
　　未成熟卵の停止機構　78

こ

個体　12
個体発生　16
固有の周期　86
抗 CL・β_2GPI 抗体　212
抗 DNA 抗体　212
抗 SS-A 抗体　212
抗ウイルス活性　185，189
抗夫リンパ球抗体　218
抗カルジオリピン・β_2グリコプロ
　　テイン I 抗体　212
抗ガングリオシド GM3 抗体　212
抗核抗体陽性　211
抗血小板抗体　212
抗血栓療法　215
抗甲状腺抗体　212
抗赤血球抗体　212
抗ラミニン I 抗体　212
抗リン脂質抗体　49，212
抗リン脂質抗体症候群　49，212
抗リン脂質抗体陽性　211
高 NK 細胞活性　217
高カリウム拘縮　330
高度生殖医療　36
高度乏精子症　41
高プロラクチン血症　211，217
　　潜在性　211
光学顕微鏡　193

後期接着期　194
後分娩排卵　17
膠原病　213
甲状腺機能異常　211
交代性生殖　13
交尾排卵　7
交尾（反射）排卵動物　5，6
合胞体栄養膜細胞　229，241，305，
　　306，307
ゴールデンハムスター　88
ココノオビアルマジロ　15
コネキシン　78，81，307
コモチカナヘビ　15
コラーゲン　201
コルヒチン　192
コンデンシン　78

さ

再生医療　58
臍帯血　51，279
臍帯血移植　55
臍帯血造血幹細胞　51，52
臍帯血バンク　56，57
臍帯静脈血　279
臍帯動脈血　279
最大結合部位数　334
細胞外基質　167
細胞外マトリックス　201
細胞外マトリックス分解酵素　203
細胞間接着領域　337
細胞呼吸　65
細胞質型 PLA$_2$　316
細胞質分裂　199
細胞傷害性蛋白　166，169
細胞性栄養膜細胞　229，241，305，
　　307
細胞性免疫　210
細胞増殖　191
細胞内微小電極法　332
細胞内遊離 Ca　329
細胞の分化　283
細胞表面ペプチダーゼ　256，264
細胞分裂　199
　　エストロゲン依存性細胞分裂
　　　　192
細胞分裂像　193
細胞膜　304
採卵　39
　　経腟採卵法　95
サイクリン B　78
サイトカイン　143，150，153，157，
　　203，229，241，280，315
サイトカインクロストーク　150
サイトカイン受容体　154
サイトトロホブラスト　241
サイトメガロウイルス　253

索引

サケ 15
雑種の生殖優位性 215
サブスタンスP 215
サブタイプ特異性 135
サルファターゼ 286
酸化ストレス 119
産褥授乳期間 336

し

自家不和合 16
自己抗体 211
自己抗体異常 48
自己免疫異常 218
自己免疫疾患 211
自然淘汰 43, 210
自然淘汰としての流産 210
自然排卵動物 5
自然流産 45
自然流産モデル 169
自尊感情 216
雌核発生胚 361, 363
雌性単為発生胚 366
子宮 18, 193
子宮NK細胞 148, 166
　　ECMレセプター 168
　　Fasリガンド 169
　　Fas抗原 169
　　VLA-α4 168
　　VLA-α5 168
　　アポトーシス 168
　　血管新生 170
　　細胞外基質 166
　　走化性 168
　　分化 166
子宮外保育 323, 326
子宮奇形 210
　　先天性子宮奇形 46
子宮筋 329
子宮筋腫 210
子宮筋層 198
子宮頸管無力症 210
子宮形成術 47
子宮形態因子 210
子宮腔 192
子宮腔上皮 194
子宮収縮 320, 327
子宮小丘 206
子宮摘出 10
子宮内胎児死亡 245
子宮内膜 10, 18
子宮内膜上皮細胞 178
子宮内膜組織 191
　　灌流固定 192
　　検査 37
　　分裂像 192
子宮卵管造影検査 37

視索上核 330, 335
死産 245
支持細胞 99
脂質代謝 283
指状細胞間連結 198
次世代影響 135
シェーグレン症候群 212
ジエチルスチルベストロール 33
ジコホール 32
室房核 330, 335
実験周産期学 323
ジピリダモール 214
主席卵胞の選択 90
種に固有な排卵数 86
腫瘍壊死因子 110
主要生殖様式 13
受精 14, 16, 36, 296
　　体外受精 14, 36
　　体内受精 14
受精卵核移植クローン 374
習慣流産 160, 249
　　原因不明習慣流産 215
周期
　　月経周期 18
　　排卵周期 18
周生期 33
収縮調節機序 329
絨毛 238, 247, 304
絨毛外栄養膜細胞 229, 234
絨毛癌 259, 261, 263, 281
絨毛癌細胞 259, 261, 263
絨毛間質の浮腫 245
絨毛細胞 229, 256, 264, 278
　　増殖 264
　　分化 264
　　分化機能 230
絨毛性栄養膜細胞 229
絨毛性ゴナドトロピン 242
　　摂取 242
　　分解 242
絨毛性疾患 259, 281
絨毛性性腺刺激ホルモン 10
絨毛組織 278
絨毛マクロファージ 238, 246
　　起源 238
　　機能 239
　　細胞性格 239
　　調節作用 239
　　分泌作用 239
　　防御作用 239
　　免疫補助作用 239
　　輸送作用 239
絨毛膜 225
絨毛膜外胚葉 225
絨毛羊膜炎 245, 315, 317
ジュウシチネンゼミ 15

初期胚 116, 117, 132, 134
　　着床前初期胚 132
初期胚発生過程 116
初期発生のエネルギー源 118
漿尿膜胎盤 3
小配偶子 14
ショウジョウバエ 127
上皮板 305
神経症傾向 216
新生児ECMO 325
真胎生 15
侵入奇胎 259, 261
人工子宮 323
人工授精
　　配偶者間人工授精 38
　　非配偶者間人工授精 38
人工肺 325
人工羊水 324, 325
人工羊水槽 325
人工流産モデル 169
陣痛発来 339
陣痛発来機構 329
シンシチオトロホブラスト 241

す

刷り込み 4
スーパーオキサイド・ジスムターゼ 119
スーパーオキシド 295
ステップワイズ重回帰分析 217
ステロイド 9
　　生合成経路 9
ステロイドサルファターゼ 292
ステロイドホルモン 286
ステロイド産生細胞 100
ストレス 211
スパイク型活動電位 332

せ

世代交代 13
精液検査 37
精子 14
精子の構造 61
精神・神経・内分泌・免疫ネットワーク 210
精神療法 211
精巣 98
性形質 18
　　性徴 18
　　第一次性形質 18
　　第三次性形質 18
　　第二次性形質 18
　　第四次性形質 18
性決定 18
性決定機構 18
　　離散量的性決定機構 18

連続量的性決定機構　18
性交後試験　37
性周期　7
　　完全周期　7
　　不完全周期　7
性ステロイドホルモン　150
性腺刺激ホルモン　108
性腺刺激ホルモン放出ホルモン　108
性腺老化　3
　　雄　3
性徴　18
性分化　98
　　脳の性分化　112
静止膜電位　329
成熟促進因子　78
成熟誘起ホルモン　80
成熟卵　76
　　減数分裂停止機構　82
成人T細胞白血病　245
成長因子　124
成長促進　368
生殖　12, 14, 15, 16, 17, 45
　　依存型生殖　13, 17
　　交代性生殖　13
　　高度生殖医療　36
　　多回生殖　14, 15, 16
　　単回生殖　14, 15
　　定義　12
　　非依存型生殖　13
　　非交代性生殖　13, 17
　　補助生殖医療　36
　　ミクシス型生殖　17
生殖医療　36
生殖過程　13
生殖原基　98
生殖行動　18
生殖周期　5, 6, 16
　　完全生殖周期　5, 6, 16, 17
　　不完全生殖周期　5, 6, 16, 17
生殖腺形成　99
生殖戦略　17
生殖年齢　3
生殖のロス　45
　　頻度　45
生殖様式　13, 14, 17
　　主要生殖様式　13
　　副次的生殖様式　14
　　哺乳類　17
生殖機能調節因子　276
生物学　11
生命　11
生理活性ペプチド　256
生理作用
　　レプチン　283
生理的多胚胎生　15
青染反応　193

青染部位　193
接合子卵管内移植　36
接着分子　150
セリンプロテアーゼ　264
セルトリ細胞　99
セロトニン　210
前核期　128
前駆細胞　51
　　多能性前駆細胞　51
　　単能性前駆細胞　51
染色体異常　43, 47
　　頻度　47
染色体異常率　210
染色体構造　384
先体　61
先体反応　61
先天性子宮奇形　46
　　頻度　46
先天性心ブロック児　212
選択的配偶　14
全身性エリテマトーデス　211
全身性進行性硬化症マウス　167

そ

早期発症重症妊娠中毒症　215
早産　315
早発卵巣不全　38
相互転座　48
桑実胚　194
造血幹細胞　51, 52
　　移植　55
　　全能性造血幹細胞　51
造精機能　69
増殖因子　142

た

多回生殖　14, 15, 16
多糸染色体　382
多糸染色体構造　382
多雌配偶　16, 18
多神経接合部　337
多ニューロン発射活動記録法　109
多能性前駆細胞　51
多胚胎生　15
多排卵動物　86
多雄配偶　16
多卵性多胚胎生　15
胎芽抗原を認識　215
胎芽の染色体異常　210
胎児・胎盤系機能　288
胎児発育　270
　　BPの動態　270
　　IGF-1　270
　　プロテアーゼ　270
胎児発育遅延　280
胎生　13, 14

一卵性多胚胎生　15
偶発的多胚胎生　15
真胎生　15
生理的多胚胎生　15
多胚胎生　15
多卵性多胚胎生　15
卵胎生　15
胎盤　3, 20, 223, 247, 270, 278, 295, 361, 378
　　BP-1　270
　　^{3}H-AIB　270
　　IGF-1　270
　　Superoxide Dismutase　295
　　一側胎盤剥離　334
　　栄養膜細胞層　226
　　海綿状栄養膜細胞層　226
　　巨細胞層　226
　　グリコーゲン細胞　226
　　漿尿膜胎盤　3
　　肉眼的所見　20
　　培養系　281
　　迷路層　226
　　迷路層栄養膜細胞　226, 227
　　卵黄嚢胎盤　3
胎盤関門　304
胎盤外円錐　168
胎盤形成　18, 154, 191, 223
胎盤床　23
　　トロホブラストの侵入　23
胎盤ステロイド代謝酵素　286
胎盤性サルファターゼ欠損症　288, 293
胎盤の幹細胞　223
胎盤迷路部　166, 169
体外受精　14, 36
体外生産胚　127
体細胞核移植クローン　374
体内受精　14
大量イムノグロブリン　214
大顆粒リンパ球　252
大細胞ニューロン　330
大配偶子　14
第一次栄養膜巨細胞　223
第二次栄養膜巨細胞　225
ダイオキシン　131
ダイオキシン類　29
タウリン　125
脱落膜　165, 166, 191, 236, 247, 274
　　プロテアーゼ　274
脱落膜化反応　166
脱落膜形成　191
　　感受期　191
　　細胞増殖　191
　　準備期　191
　　準備期細胞増殖　191

索引

成長期 191
分化期 191
誘発期 191
脱落膜細胞 192
脱落膜腫 191, 199
脱落膜腫細胞 199
脱落膜組織 191
脱落膜内T細胞 215
タモキシフェン 133
単為生殖 359
単為発生胚 366
単一精子 71
単回生殖 14, 15
単核食細胞系 238
単能性前駆細胞 51
単配偶 14, 16, 18
単排卵動物 86
単離uNK細胞 167, 169
単離細胞群 333
単離子宮NK細胞 167, 169
単立繊毛 192

ち

遅延着床 17
父親性2倍体 372
父方発現遺伝子 362
着床 17, 150, 173, 182, 183, 191, 297
着床期 191
着床胚 191, 192
着床許容期 152
着床前初期胚 132
着床前胚 116
着床遅延 175
着床部位 193, 198
中間径フィラメント 196
中腎 98, 101
中心子 192, 199
中心微細管 199
中枢性オートクリン調節機構 336
超音波検査 37
超出生体重児 323
チロシンキナーゼ 154

て

低酸素 280, 327
低用量アスピリン 214
低用量効果 34
滴定モデル 128
テストステロン（T） 99
テネイシン 201
テロメア 378
転写因子 225
転写調節 342
電位依存性Caチャンネル 329
電子顕微鏡 193

と

糖代謝 283
糖尿病 211
　　潜在性 211
糖輸送 307
糖輸送系 304
糖輸送体 307
透明帯 78, 192, 194
同型配偶子 14
同時的雌雄同体 16
同種免疫異常 218
　　補正療法 218
特異的Ahレセプター 134
トランスジェニックマウス 284
　　レプチン過剰発現トランスジェニックマウス 284
トリス4クロロフェニルメタノール 34
トリス4クロロフェニルメタン 34
トリプトファン異化酵素 157
トロフィニン 208
トロホブラスト 191, 240, 245, 256, 259, 264
トロホブラストの浸潤 151
トロホブラストの増殖 154
トロポブラスト幹細胞 154
トロホブラスト細胞 182, 183, 185, 186, 187

な

内部細胞塊 124, 223
内分泌撹乱物質 29, 129
内分泌検査 37
内膜
　　卵胞膜内膜 87
　　子宮内膜 18
内膜上皮細胞 191
内膜浸潤 191
内膜組織 191
　　子宮内膜組織 191
内卵胞膜細胞 100
ナチュラルキラー細胞活性異常高値 211

に

2核細胞 192
　　分布パターン 192
2重染色 337
二次脱落膜域 191
20α-水酸化ステロイド脱水素酵素 9
20α-水酸化脱水素酵素 7
日本さい帯血バンクネットワーク 57
ニフェジピン 330

乳酸 117, 118
乳酸カルシウム 118
乳汁分泌 284
尿道下裂 34
尿膜 225
妊娠 3
　　一側妊娠 334
　　エストロゲン生成機序 286
妊娠維持 156
妊娠維持複合体 45
妊娠維持への免疫学的効果 215
妊娠悪阻 161
妊娠初期 192
妊娠成立の比較生物学 3
妊娠第1日 191
妊娠中毒症 151, 161, 236, 252, 280, 301
　　早発症重症妊娠中毒症 215
妊娠認識 182, 183
妊娠ヒト子宮筋 330
妊娠の比較生物学 3

ぬ

ヌードマウス 170

ね

熱ショックたんぱく 120, 127

の

脳室周囲白質軟化症 327
脳の性分化 112
ノニルフェノール 31

は

ハーレム 8
胚
　　初期胚 116, 117
　　体外生産胚 127
　　着床前胚 116
　　桑実胚 194
　　8細胞期胚 194
　　4細胞期胚 194
胚移植 36, 40
胚外外胚葉 225
胚ゲノムの活性化 127, 128
胚子 192
胚子極 192
胚性幹細胞 228
胚操作 18
胚着床期 174
胚着床促進作用 173, 178
胚凍結 36
胚発育 297
胚盤胞 17, 118, 176, 177, 191, 223
胚盤葉上層 225, 227

索引

配偶　14, 16
　　限定的複配偶　18
　　社会的単配偶　18
　　選択的配偶　14
　　多雌配偶　16, 18
　　多雄配偶　16
　　単配偶　14, 16, 18
　　非選択的配偶　14
　　複配偶　14, 16, 18
配偶子　14, 36
　　小配偶子　14
　　大配偶子　14
　　同型配偶子　14
配偶子卵管内移植　36
配偶者間人工授精　38
配偶選択　18
排卵　16, 17, 296
　　過排卵　94
　　種に固有な排卵数　86
　　多排卵動物　86
　　単排卵動物　86
排卵数　86
排卵間隔　7
排卵周期　18
排卵誘発　39
排卵抑制効果　5
倍数体細胞　199
培地　117, 124
　　BMOC　117
　　CZB　117
　　G1/G2　118
　　HTF　118
　　kSOM　117
　　M16　117
　　SOF　118
　　TYH　117
　　Whittenの培地　117
　　体外受精用培地　117
　　無血清・無タンパク培地　124
培養子宮NK細胞　167
梅毒　245
パスツール効果　122
バゾプレッシン産生細胞　335
8細胞期胚　194
白血球　151
発情周期　86
発情の発現間隔　8
発生胚　361, 363, 366
母親性2倍体　372
母方発現遺伝子　362
パラクリン　125
反間膜側　191
繁殖期　16

ひ

非依存型生殖　13

非交代性生殖　13, 17
非選択的配偶　14
非選択的陽イオンチャンネル　329
非配偶者間人工授精　38
非必須アミノ酸　124
微小欠失　72
微小欠失の移行　73
尾静脈　193
ヒスタミン　198
ヒストン　62
ヒストンH1キナーゼ　78
ビスフェノールA　132, 133
必須アミノ酸　124
ビテロゲニン　31
ヒト　88
ヒトPBMC　178
ヒドロキシラジカル　295
ビトロネクチン　201
ヒト胎盤　306, 307
ヒト胎盤構造　304
ヒト胎盤性ラクトーゲン　241
ヒト末梢血単核球　178
ヒト卵胞液　131
　　汚染　131
ヒト絨毛癌由来細胞株　281
ヒト絨毛性ゴナドトロピン　241
描画装置　193
ピルビン酸　117, 118

ふ

不育症　45, 210
　　危険因子　210
　　自己免疫因子　211
　　心理社会因子　211
　　ストレス　211
　　精神療法　211
　　代謝因子　211
　　同種免疫因子　211
　　染色体因子　210
　　内分泌因子　210
　　免疫学的因子　219
　　免疫学的機構　210, 219
不完全性周期　7
不完全生殖周期　5, 6, 16, 17
不妊
　　機能性不妊　37
　　原因不明不妊　37
不妊症　37
　　一般検査　37
　　基礎体温　37
　　頸管粘液検査　37
　　月経血培養検査　37
　　子宮内膜組織検査　37
　　子宮卵管造影検査　37
　　精液検査　37
　　性交後試験　37

　　超音波検査　37
　　内分泌検査　37
　　フーナーテスト　37
浮腫　245
フィブロネクチン　201
フーナーテスト　37
複配偶　14, 16, 18
フタル酸ジ-2-エチルヘキシル　29
フタル酸ジ-n-ブチル　29
フタル酸ジエチル　29
腹腔鏡　37
プラトー型活動電位　332
フリーラジカル　295
ブルーイング反応　193
プレドニゾロン　214
プロゲステロン　156, 174, 175, 191
プロゲステロン受容体　32
プロジェステロン　9
プロスタグランジン　145, 150, 198, 315
プロスタグランジン$F_{2\alpha}$　9
プロタミン　62
プロテアーゼ　264
プロテインキナーゼA　281
プロテインキナーゼC　281
プロテオグリカン　201
プロラクチン　9, 210
プロラクチン様タンパク　225
分化抗原　256
分泌型PLA2　316
分娩間隔　4
　　短縮化　4
分娩遅延モデル　169

へ

閉経　3
閉塞性無精子症　41
壁栄養外胚葉　223
ヘパラナーゼ　207
ヘパラン硫酸プロテオグリカン　207
ヘパリン　214
ペプチダーゼ　256, 257, 263
　　細胞表面ペプチダーゼ　256
ペプチド　256, 259, 260, 264
ペプチドホルモン　259
II型ヘルパーT細胞　217
辺縁微細管　199

ほ

保育　13
補助生殖医療　36
哺乳　5
　　排卵抑制効果　5
哺乳間隔　5

索引

哺乳期間　4
哺乳類の生殖様式　17
哺乳類初期胚　117
哺乳類初期胚のための培地　117
母児間免疫異常　215
母・児の免疫ネットワーク　49
母性遺伝子　127, 128
母性遺伝子産物　127
母性ゲノム　364
母性行動異常
　　Peg3遺伝子　371
母性保育行動　369
　　PEG1/MEST KOマウス　369
母性mRNA　76
芳香化酵素　113
放射冠細胞　78, 81
胞状奇胎　245, 259, 261, 281
法的整備　43
抱卵　13
紡錘糸　199
乏精子症
　　高度乏精子症　41
ホスホエノールピルビン酸　118
ホスホフルクトキナーゼ　118
ホスホリパーゼA2　315
ポリプロイド細胞　199
ホルモン　150

ま

マウス　116, 191
　　マウス妊娠子宮　192
膜型MMP　203
膜型人工肺　324, 327
マクロファージ　198
　　腹腔マクロファージ　241, 243
マクロファージ絨毛　238
末梢血免疫担当細胞　173
マトリックスメタロプロテアーゼ
　　203
慢性関節リウマチ　212

み

未成熟卵　76
　　減数分裂停止機構　78
ミクシス生殖　13, 17, 18
密集群形成　16
密着結合装置　198
ミトコンドリア　63, 120
ミトコンドリアDNA　64
ミューラー管　99
ミューラー管抑制因子　99

む

無血清・無タンパク培地　124
無精子症
　　閉塞性無精子症　41
無脳児　288
ムリタアルマディロ　15

め

迷路　307
迷路層　226
迷路層栄養膜細胞　226, 227
メタロペプチダーゼ　257, 260, 263, 264
メチルトランスフェラーゼ　363
メチル化　360, 363
免疫異常
　　母児間免疫異常　215
免疫学的寛容　217
免疫学的機構　210
免疫系　157
免疫系細胞　283
免疫担当細胞　173, 174, 176, 178
免疫ネットワーク
　　子宮因子　49
　　絨毛因子　49
　　母児の免疫ネットワーク　49
免疫抑制　185, 186
免疫療法　50

や

ヤギ胎仔　326

ゆ

有性ミクシス生殖　18
雄性発生胚　366

よ

養育　13
羊水　323, 325
　　人工羊水槽　325
　　人工羊水　324, 325
羊膜細胞　318
羊膜傷害　320
抑うつ症状　216
抑うつ状態　216
4細胞期胚　194

ら

螺旋動脈　20, 170
ライディッヒ細胞　99, 100
ラクトフェリン　32
ラット　191
ラット胎盤　306, 308
ラミニン　201
ラミンB　78
卵円筒胚　225
卵黄タンパク　29
卵黄嚢　238
卵黄嚢胎盤　3

卵核胞　77
卵管　193
卵丘細胞　78
卵形成　16
卵細胞質内精子注入法　36
卵子　14
卵子性　15
卵生　14
卵成熟　76
卵成熟抑制因子　80
卵巣　98, 193
　　両側卵巣切除　334
卵巣過剰刺激症候群　39, 42
卵胎生　15
卵着床　191
卵母細胞　76, 360, 362, 363
　　特徴的構造　76
卵胞の動員　90
卵胞顆粒層細胞　86
卵胞刺激ホルモン　108
卵胞上皮細胞　99
卵胞発育波　90
卵胞膜内膜　87
卵・卵丘細胞複合体　78
ランゲルハンス細胞　305

り

離散量的性決定機構　18
流産　156, 210
流産モデル　169
　　Tg2Rβ　169
　　自然流産モデル　169
　　人工流産モデル　169
流産率　45
リュウコトリエン　198
両側卵巣切除　334
倫理的問題　43
リン酸　120
リン酸化　122
　　cdc2キナーゼのリン酸化　122
リン脂質依存性凝固検査法　213

る

ループスアンチコアグラント　212

れ

レニン-アンギオテンシン系　259
レプチン　276
レプチンの生理作用　283
レプチン過剰発現トランスジェニックマウス　284
レプチン受容体　277, 282
連続量的性決定機構　18

ろ

ロバートソン転座　48

妊娠の生物学　　　　　　　　ISBN4-8159-1607-1 C3047

平成13年5月20日　第1版　発行　　　　　　　　　〈検印省略〉

　　監　修 ── 中山徹也・髙橋迪雄
　　　　　　　 牧野恒久
　　編　者 ── 塩田邦郎・松林秀彦
　　発行者 ── 永　井　忠　雄
　　印刷所 ── 服部印刷株式会社
　　発行所 ── 株式会社　永　井　書　店
　　　　　　〒553-0003　大阪市福島区福島8丁目21番15号
　　　　　　電話 (06) 6452-1881 (代表) / Fax (06) 6452-1882
　　　　　　東京店
　　　　　　〒101-0062　東京都千代田区神田駿河台2－4
　　　　　　　　　電話 (03) 3291-9717/Fax (03) 3291-9710

Printed in Japan　　　　　　　　　　©SHIOTA K & MATSUBAYASHI H, 2001

本書の内容の一部あるいは全部を無断で，複写器機等いかなる方法によっても複写複製することは，著作権法上での例外を除き，著作者および出版者の権利の侵害になりますので，予め小社の許諾を求めて下さい．